国家科学技术学术著作出版基金资助出版

# 海产品保鲜贮运技术与冷链装备



谢　晶　编著

科　学　出　版　社

北　京

## 内 容 简 介

本书全面而系统地介绍了海产品保鲜贮运技术与冷链装备方面的研究进展和技术成果，具有相当的科学价值和实用性。全书共七章，内容主要包括水产品低温保鲜技术的研究现状，冰温、气调包装和微冻在水产品保鲜上的应用，生物保鲜剂在水产品冷藏保鲜中的应用及其抑菌机理研究，海产品冷链物流保鲜工艺的研究，海产品低温贮运过程中的菌相变化，物流过程中水产品鲜活度特征指标及其动态模型的研究，以及水产品冷链流通相关装备研发。其中，第四章和第六章有关海产品物流过程中保鲜工艺、品质动态监控技术针对目前海产品流通过程品质保持和食品安全管理的产业需求，具有重要的实际指导意义。

本书可作为从事食品科学、水产加工理论研究的科技人员和水产企业研究开发人员的参考书，以及高等院校水产品、食品相关专业本科生、研究生的学习参考书。

**图书在版编目（CIP）数据**

海产品保鲜贮运技术与冷链装备 / 谢晶编著. —北京：科学出版社，2019.1
ISBN 978-7-03-058484-7

Ⅰ. ①海… Ⅱ. ①谢… Ⅲ. ①海产品－冷冻保鲜②海产品－冷冻食品－物流管理－设备管理 Ⅳ. ①TS254.47②F253.9

中国版本图书馆CIP数据核字（2018）第180638号

责任编辑：陈　露
责任印制：黄晓鸣 / 封面设计：殷　靓

科 学 出 版 社 出版
北京东黄城根北街16号
邮政编码：100717
http：/ / www. sciencep. com
南京展望文化发展有限公司排版
苏州市越洋印刷有限公司印刷
科学出版社发行　各地新华书店经销

*

2019年1月第　一　版　开本：787×1092　1/16
2019年1月第一次印刷　印张：22 1/2
字数：520 000

**定价：160.00 元**

（如有印装质量问题，我社负责调换）

# 序

自20世纪90年代以来，我国水产品总量一直位居世界第一，是我国重要的动物蛋白来源；生鲜水产品因新鲜、美味、营养丰富，是我国水产品消费的主要形式。然而，生鲜水产品具有易腐性、季节性和地域性的特点，在贮藏、流通及产品开发方面受到很大限制。生鲜水产品的保鲜是保证其贮藏期品质稳定、优质流通的前提，然而由于低温贮藏、流通保鲜及商品化技术和冷链装备的相对滞后，我国生鲜水产品捕后损失率高达15%（发达国家低于5%），这已成为制约我国水产业发展，影响养殖户/渔民增收和产品市场竞争力的重要因素。行业迫切需要解决生鲜水产品的保鲜和商品化的问题，从而有效地降低水产品物流过程中的损耗并扩大其流通范围。

该书集成了海产品保鲜贮运工艺研究和低温物流装备研发的相关研究成果，密切联系产业实际，全面而系统地介绍了海产品保鲜工艺、贮运技术、物流过程中水产品品质实时监测技术、低温物流设备优化设计的最新研究方法、研究进展和研究成果。同时，该书还详细介绍了生物保鲜剂保鲜机理、海产品低温贮运过程中菌相变化、物流过程中水产品鲜活度特征指标及其动态模型等方面的最新研究进展。该书对于从事海产品保鲜、贮运、冷链装备研发的科研和技术人员，具有很强的针对性，不但对新技术、新工艺和新装备的开发有指导作用，而且还能从理论上寻找相关技术难题的解决办法。因此，该书具有很高的工程技术价值。

该书的主编谢晶教授，入选国家“万人计划”科技创新领军人才、国家百千万人才工程专家、科技部中青年创新领军人才，是上海市“食品科学与工程”高原学科带头人，享受国务院政府特殊津贴，也是农业部“十三五”海水鱼现代产业技术体系保鲜与贮运岗的岗位科学家。目前，国内外综合阐述海产品保鲜贮运技术与冷链装备的书籍不多，该书汇集了谢晶教授在海产品保鲜贮运技术与冷链装备领域多年的研究成果，具有很高的学术价值，对我国水产保鲜与贮运业的健康发展有很重要的指导意义。

朱蓓薇

2018年5月23日

# 前言

我国是水产品生产和消费大国，自20世纪90年代以来，我国水产品总量一直位居世界第一，水产品是我国重要的动物蛋白来源。2014年全国水产品总产量为6 461.52万t，其中海产品的产量为3 296万t，占全国渔业总产量的51%。然而，我国水产品流通过程中的高损耗及水产品流通所依托的制冷设备的高能耗却是一个不容忽视的问题。生鲜海产品因新鲜、美味、营养丰富，是我国水产品消费的主要形式；然而，生鲜海产品具有易腐性、季节性和地域性的特点，在贮藏、流通及产品开发方面受到很大限制。生鲜海产品的保鲜是保证其贮藏期品质稳定、优质流通的前提；但是由于低温贮藏、流通保鲜及商品化技术和冷链装备的相对滞后，我国生鲜海产品捕后损失率高达15%（发达国家低于5%），这已成为制约我国水产业发展，影响养殖户/渔民增收和产品市场竞争力的重要因素。

虽然我国近年来低温物流的建设成效显著，但目前仍然存在不少问题，其中最主要的是冷链设备或设施设计不合理（主要表现为流场不合理、库内外冷热交换严重等）造成能耗大，以冷藏环节为例，我国冷藏耗电量全国平均为131 kW·h/($m^3$·a)，是英国平均水平的2倍多，是日本平均水平的2.5倍左右；而且冷链装备设计不合理还会影响贮存商品的质量。

本书全面而系统地介绍了海产品保鲜贮运技术与冷链装备方面的研究进展和技术成果，具有相当的科学价值和实用性。全书共七章，内容主要包括水产品低温保鲜技术的研究现状、冰温气调包装和微冻在水产品保鲜上的应用、生物保鲜剂在水产品冷藏保鲜中的应用及其抑菌机理研究、海产品冷链物流保鲜工艺的研究、海产品低温贮运过程中的菌相变化、物流过程中水产品鲜活度特征指标及其动态模型的研究以及水产品冷链流通相关装备研发。其中的第四章和第六章有关水产品物流过程保鲜工艺、品质动态监控技术针对目前水产品流通过程品质保持和食品安全管理的产业需求，具有重要的实际指导意义。本书是谢晶教授团队在海产品保鲜贮运技术与装备领域多年研究成果的归纳和总结。本书对于从事海产品保鲜、贮运、冷链装备研发的科研人员和技术人员，有很强的针对性；本书不但对新工艺、新装备的开发有指导作用，而且还能从理论上寻找相关技术难题的解决办法。

本书涉及的相关研究内容得到“十二五”国家科技支撑计划项目“物流农产品品质维持与质量安全控制技术”之课题“物流过程协同管理与溯源平台”（2013BAD19B06）、国家农业成果转化资金项目“农产品贮运保鲜技术与设备”（2013GB2C000156）、上海市科学技术委员会社发海洋领域重点项目“海产品供应全过程食品安全监管与控制技术”（14dz1205100）、上海市科技兴农重点攻关项目“水产品物流过程品质动态监测与质量安全控制技术研究与示范”[沪农科攻字(2013)第3-4字)]等资金的资助，相关内容分别获得省部级的奖项，作者在此表示衷心的感谢。本书的出版受到国家科学技术学术著作出版基金、上海市食品科学与工程高原学科建设项目资助。

本书可作为从事水产品保鲜、水产物流和贮运、食品科学理论研究的科技人员，水产企业研究开发人员的参考书，以及海洋水产品相关的高等院校食品科学与工程、水产品加工及贮藏工程专业本科生、研究生的学习参考书。

本书所涉及的内容领域广泛，限于作者水平，本书难免存在疏漏和不妥之处，恳请读者批评指正。

谢　晶

2018年4月13日

# 目 录

# 第一章　水产品低温保鲜技术的研究现状

本章从分析水产品腐败变质的原因开始，引出了水产品目前的保鲜技术的研究现状，特别是生物保鲜剂在水产品保鲜中的应用及其保鲜机理。

## 第一节　水产品的腐败变质

新鲜的食品在常温（20℃左右）下存放，由于附着在食品表面的微生物作用和食品内所含酶的作用，食品的色、香、味和营养价值降低，如果久放，食品会腐败或变质，以致完全不能食用。每年由食品的腐败变质引起的浪费是十分惊人的。引起食品变质腐败的原因按其属性可划分为生物学、化学和物理因素，每类中又包含诸多不同的引发食品变质腐败的因子。

水产品捕捞致死后，由于体内各种酶及外部细菌的作用，会发生一系列的物理、化学及生理上的变化，整个过程可以分为4个阶段：僵直、解僵、自溶、腐败。在这个过程中，水产品的组织逐渐分解成为低级的化合物，腐败由此开始[1]。死后僵直期间，一方面肝糖原通过无氧酵解产生肌酸，另一方面体内肌磷酸也会分解成磷酸，使得肌肉的pH降低。同时，ATP分解释放出能量使得鱼体温度上升，蛋白质发生酸性凝固，肌肉开始收缩变得僵硬。随着ATP分解完成，肌肉失去弹性，缓慢解僵进入自溶阶段，水产品肌肉的蛋白质由组织内的酶分解成氨基酸及其他低分子含氮物而变软，产生自溶现象；自溶前期，蛋白质分解成氨基酸、肽等含氮化合物，酚类物质在多酚氧化酶的作用下生成黑色素。自溶后期，鱼体内部和表面的微生物在体内迅速繁殖，肌肉中的蛋白质、氨基酸等含氮化合物进一步分解成氨、三甲胺（trimethylamine, TMA）、硫化氢、硫醇、吲哚、尸胺及组胺等化合物[2-4]，使鱼体腐败变质，并产生异味。进入腐败阶段时间的长短主要取决于水产品种类、体型大小、捕捞季节、贮藏温度和最初染菌程度[5]。此外，脂肪含量较高的水产品还易受空气中氧的作用而氧化酸败。因此，水产品保鲜所采取的根本措施在于：抑制水产品微生物的生长繁殖和酶的活性。

### 一、引起水产品腐败变质的主要原因

#### 1. 微生物引起的变质

自然界微生物分布极其广泛，几乎无处不在，而且生命力强，生长繁殖速度快。食品

中的水分和营养物质是微生物生长繁殖的良好基质，如果贮藏不当，易被微生物污染，使它们迅速生长繁殖，促使食品营养成分迅速分解，由高分子物质分解为低分子物质（如鱼体蛋白质分解，可部分生成三甲胺、四氢化吡咯、六氢化吡啶、氨基戊醛、氨基戊酸等），食品质量下降，进而发生变质和腐败。

引起水产品腐败变质的微生物种类很多，主要有细菌、酵母菌和霉菌三大类，以细菌引起的最为显著。一般将引起食品腐败的微生物称作腐败微生物。腐败微生物的种类及其引起的腐败现象，主要取决于食品的种类及加工等因素。

（1）微生物与水产品的腐败

健康新鲜的鱼贝类肌肉及血液等是无菌的，但鱼皮、黏液、鳃部及消化器官等是带菌的。

海水鱼中常见的腐败微生物有假单胞菌、无色杆菌、摩氏杆菌、黄色杆菌、小球菌、棒状杆菌及葡萄球菌等。海水鱼中的腐败微生物种类将随渔获海域、渔期及渔获后处理方法的不同而不同；虾等甲壳类中的腐败微生物主要有假单胞菌、不动细菌、摩氏杆菌、黄色杆菌及小球菌等；而牡蛎、蛤、乌贼及扇贝等软体动物中常见的腐败微生物包括假单胞菌、无色杆菌、不动细菌、摩氏杆菌等；淡水鱼中带有的腐败微生物除海水中常见的那些细菌以外，还有产碱杆菌属、产气单胞杆菌属、短杆菌属等细菌。

污染鱼贝类的腐败微生物首先在鱼贝类体表及消化道等处生长繁殖，使其体表黏液及眼球变得混浊，失去光泽，鳃部颜色变灰暗，表皮组织也因细菌的分解而变得疏松，鱼鳞脱落。同时，消化道组织溃烂，细菌扩散进入体腔壁并通过毛细血管进入肌肉组织内部，使整个鱼体组织分解，产生氨、$H_2S$、吲哚、粪臭素、硫醇等腐败特征产物。一般当细菌总数（total viable count, TVC）达到或超过$10^6$～$10^7$个/g时，从感官上即可判断鱼体已进入腐败期。

（2）微生物与冷冻食品的腐败

微生物是引起冷冻食品腐败的最主要原因。冷冻食品中常见的腐败微生物主要是嗜冷性菌及部分嗜温性菌，有些情形下还可发现酵母菌和霉菌。在嗜冷性菌中，假单胞菌（Ⅰ群、Ⅱ群、Ⅲ群/Ⅳ群）、黄色杆菌、无色杆菌、产碱杆菌、摩氏杆菌、小球菌等是普遍存在的腐败菌，而在嗜温性菌中，较为重要的是金黄色葡萄球菌、沙门菌及芽孢杆菌等，冷冻食品中常见的酵母菌有酵母属、圆酵母属等，常见的霉菌有曲霉属、枝霉属、交链孢霉属、念珠霉属、根霉属、青霉属、镰刀霉属及芽枝霉属等。

冷冻食品中存在的腐败微生物的种类与食品种类及所处温度等因素有关。例如，冷藏肉类中常见的微生物包括沙门菌、无色杆菌、假单胞菌及曲霉、枝霉、交链孢霉等；而冷藏鱼类中常见的微生物主要是假单胞菌、无色杆菌及摩氏杆菌等。另外，虽然同是鱼类，但是微冻鱼类的主要腐败微生物是假单胞菌（Ⅰ群、Ⅱ群）、摩氏杆菌、弧菌等，冻结鱼类的主要腐败菌是小球菌、葡萄球菌、黄色杆菌、摩氏杆菌及假单胞菌等，它们之间存在明显的差异。

冷冻食品中微生物存在的状况还要受$O_2$、渗透压、pH等因素的影响。例如，在真空下冷藏的食品，其腐败菌主要为耐低温的兼性厌氧菌如无色杆菌、产气单胞杆菌、变形杆菌、肠杆菌，以及厌氧菌如梭状芽孢杆菌等。

(3) 微生物与食物中毒

某些微生物在引起食品腐败的同时，还会导致食物中毒现象，这些微生物被称为病原菌或食物中毒菌。因污染了病原菌而引起的食物中毒也称细菌性食物中毒，包括感染型食物中毒和毒素型食物中毒两类。

引起感染型食物中毒的细菌主要是沙门菌、病原性大肠菌、肠炎弧菌等。这类食物中毒现象的共同特点是食用了含有大量上述病原菌的食物而引起人体消化道的感染从而导致食物中毒。

引起毒素型食物中毒的细菌主要有葡萄球菌、肉毒杆菌等。这类食物中毒的共同特点是食物污染了上述细菌后，这些细菌又在适宜的条件下繁殖并产生毒素，人体在摄入了这些食物之后就会引起中毒。

比较而言毒素型食物中毒比感染型食物中毒更需引起注意。因为引起感染型食物中毒的病原菌容易通过加热杀灭，而毒素型食物中毒菌虽可通过加热杀灭，但其产生的某些毒素却有较强的耐热性，如金黄色葡萄球菌所产生的肠毒素，在120℃下处理20 min仍不能被完全破坏。

另外，还有些病原菌引起的食物中毒既不完全属于毒素型，也不完全属于感染型，被称为中间型食物中毒。能够引起此类食物中毒的病原菌主要是肠球菌、魏氏杆菌及亚利桑那菌等。

**2. 化学因素**

水产原料是由多种化学物质组成的，绝大部分为有机物质和水分，另外还含有少量的无机物质。蛋白质、脂肪、碳水化合物、维生素、色素等有机物质的稳定性差，从原料生产到贮藏、运输、加工、销售、消费，每一环节无不涉及一系列的化学变化。有些变化对水产品质量产生积极的影响，有些则产生消极的甚至有害的影响，导致其质量降低。其中对水产品质量产生不良影响的化学因素主要有酶的作用、氧化作用、非酶褐变等。

(1) 由酶引起的变质

生物催化剂酶是生物体内的一种特殊蛋白质生物催化剂，酶与被作用的基质结合形成一定的中间产物后，基质分子内键的结合力便会减弱，从而降低反应的活化能，酶能促使化学变化的发生而不消耗自身，具有高度的催化活性。鲜活和生鲜水产品的体内存在着具有催化活性的多种酶类，因此在加工和贮藏过程中，由于酶的作用，特别是由于氧化酶类、水解酶类的催化会发生多种多样的酶促反应，造成食品色、香、味和质的变化。另外，微生物也能够分泌导致水产品发酵、酸败和腐败的酶类，与其本身的酶类一起作用，加速水产品变质腐败的发生。

无论是动物性食品还是植物性食品，它们本身都含有酶。进行生化反应的速度随食品的种类而不同。例如，鱼类由于本身组织酶的作用，在相当短的时间内经过一系列中间变化，使蛋白质水解为氨基酸和其他含氮化合物及非含氮化合物，脂肪分解生成游离的脂肪酸，糖原酵解成乳酸。鱼体组织中氨基酸一类物质的增多，为腐败微生物繁殖提供了有利条件，使鱼类的品质急剧变坏，以致不能食用，这是酶引起的不良作用。畜肉生化过程较缓慢。牲畜经屠宰放血后生命活动停止，停止了对肌肉细胞供给氧气，破坏了肌肉组织的新陈代谢及正常的生理活动，体内氧化酶的活动减弱，自行分解的酶活动加强，自行分解的酶在有机磷化物参加下很快地将糖原变成乳糖，磷化物形成正磷酸。由于乳酸和磷酸的积聚，肉呈酸性反应，这时肉成僵硬状态，坚硬干燥，不易煮烂。僵硬以后，肉中乳酸量继续增加，又使肌肉变得柔软、富有汁液，具有肉香味，较易煮烂。从僵硬到柔软的过程称为肉的成熟。虽然肉的成熟能改善肉类本身的质量和风味，但也为肉的腐败创造了条件。原因是经过成熟的肉呈酸性，不利于腐败细菌的繁殖，但如果继续在较高温度条件下保存，蛋白质在蛋白酶的作用下分解产生氨，使肉呈碱性，为腐败细菌创造了有利的生长环境，引起肉类腐败变质。对于蛋白质含量少的蔬菜类食品，氧化酶的催化促进了呼吸作用，使绿色新鲜的蔬菜变得枯萎、发黄，失去了原有的风味；同时由于呼吸作用的加强，温度升高，加速了蔬菜的腐败变质。另外霉菌、酵母、细菌等微生物对食品的腐败作用，也是这些微生物活动过程中产生的各种酶引起的。

常见的与水产品变质有关的酶主要是脂肪酶、蛋白酶、果胶酶、淀粉酶、过氧化物酶、多酚氧化酶等。酶的作用引起的食品腐败变质现象中较为常见的是虾的黑变、脂质的水解和氧化，以及鱼类、贝类的自溶作用等。

（2）由非酶引起的变质

引起水产品变质的化学反应大部分是由于酶的作用，但也有一部分不与酶直接有关，如油脂的酸败。

1）氧化作用：当食品中含有较多的如不饱和脂肪酸、维生素等不饱和化合物，而在贮藏、加工及运输等过程中又经常与空气接触时，氧化作用将成为食品变质的重要因素。这会导致食品的色泽、风味变差，营养价值下降及生理活性丧失，甚至会生成有害物质。

油脂与空气直接接触，发生氧化反应，生成醛、酮、酸、内酯、醚等化学物质，并且油脂本身黏度增加，相对密度增加，出现令人不愉快的“哈喇”味，这称为油脂的酸败；维生素C很容易被氧化成脱氢维生素，若脱氢维生素C继续分解，生成二酮古乐糖酸，则失去维生素C的生理作用；番茄色素由8个异戊二烯结合而成，由于其中有较多的共轭双键，易被空气中氧所氧化（胡萝卜色素也有此性质）。无论是细菌、霉菌、酵母等微生物引起的食品变质，还是由酶引起的变质，以及非酶引起的变质，在低温环境下，均可以延缓、被减弱。但低温并不能完全抑制微生物的作用，即使在冻结点以下的低温时，食品进行长期贮藏，其质量仍然有所下降。

另外，氧气的存在也有利于需氧性细菌、产膜酵母菌、霉菌及害虫等有害生物的生长，同时也能引起罐头食品中金属容器的氧化腐蚀，从而间接地引起食品变质。

2）非酶褐变：主要有美拉德反应（Maillard reaction）引起的褐变、焦糖化反应引起的褐变，以及抗坏血酸氧化引起的褐变等。这些褐变常常由于加热及长期的贮藏而发生。

由葡萄糖、果糖等还原性糖与氨基酸引起的褐变反应称为美拉德反应，也称为羧氨反应。美拉德反应所引起的褐变与氨基化合物和糖的结构有密切关系。含氮化合物中的胺、氨基酸中的盐基性氨基酸反应活性较强。糖类中凡具有还原性的单糖、双糖（麦芽糖、乳糖）都能参加这反应。反应活性戊糖（木糖）最强，己糖次之，双糖最低，褐变的速度随温度升高而加快，温度每上升10℃，反应速率增加3 ～ 5倍。水产品的水分含量高则反应速率加快，如果其完全脱水干燥，则反应趋于停止，但干制品吸湿受潮时会促进褐变反应。美拉德反应在酸性和碱性介质中都能进行，但在碱性介质更易发生。一般是随介质的pH升高而反应加快。因此，高酸性介质不利于美拉德反应进行。氧、光照及铁、铜等金属离子都能促进美拉德反应。

（3）其他生物学因素

害虫和鼠类对于食品贮藏有很大的危害性。它们不仅是食品贮藏损耗加大的直接原因，而且害虫和鼠类的繁殖迁移，以及它们排泄的粪便、分泌物和尸体等还会污染食品，甚至传播疾病，因而使食品的卫生质量受损，严重者甚至丧失商品价值，造成巨大的经济损失。

1）害虫：害虫的种类繁多，分布较广，并且躯体小、体色暗、繁殖快、适应性强，多隐居于缝隙、粉屑或食品组织内部，所以一般的食品仓库中都可能有害虫存在。对食品危害性大的害虫主要有甲虫类、蛾类、蟑螂类和螨类。例如，危害禾谷类粮食及其加工品、水果蔬菜的干制品等的害虫主要是象虫科的米象、谷象、玉米象等甲虫类。

2）鼠类：鼠类是食性杂、食量大、繁殖快和适应性强的啮齿动物。鼠类有咬啮物品的特性，对包装食品及其他包装物品均能造成危害。鼠类还能传播多种疾病，鼠类排泄的粪便、咬食物品的残渣也能污染食品和贮藏环境，使之产生异味，影响食品卫生，危害人体健康，防治鼠害要防鼠和灭鼠相结合。

## 二、引起水产品腐败和变质的因素

### 1. 微生物的生长和繁殖

微生物对水产品的破坏作用，与其种类、成分及贮藏环境有关。水产品由于含水分多、营养丰富，也为微生物的繁殖提供了良好的环境。为了很好地保鲜水产品，要掌握微生物繁殖和生长的条件，以便更好地采取措施抑制微生物繁殖，达到保持其原有的色、香、味的目的。下面分别叙述微生物生长和繁殖的条件。

（1）水分

水分是微生物生命活动所必需的，是组成原生质的基本成分。微生物借水进行新陈代谢。食品中的水分越多，细菌越容易繁殖。一般认为食品含水分50%以上时细菌才能正常繁殖，食品水分约在30%以下时细菌繁殖开始受到抑制，当食品中水分在12%以下时细菌繁殖困难，当食品含水量在14%以下时对某些霉菌孢子有一定的抑制作用。当空气湿度达到80%以上时，食品表面水分达18%左右，即使贮藏水分较少的食品，若存放在湿度较大环境中时，食品表面水分增加，仍然会加速食品的发霉。如果微生物在很浓的糖或盐的溶液中，则因原生质失去水分而使微生物难以提取养料和排除体内代谢物，甚至原生质随即收缩而与外面的细胞壁相分离，还会产生蛋白质变性等现象，从而抑制微生物的生命活动，甚至使微生物生命活动完全停止，所以人们用腌制保存食品。低温贮藏食品的原理是使食品内的水分结成冰晶，与腌制的效果相仿，这两种情况都降低了微生物生命活动和实现生化反应所必需的液态水的含量，所不同的是水在冻结过程中只是转变为冰，并不与食品分离，并未像腌制那样将水分去掉。

（2）温度

温度是生物生长和繁殖的重要条件之一，各种微生物有其生长所需的一定范围的温度，超过该范围，会停止生长，或终止生命。此温度范围对某种微生物而言，又可分为最低、最适和最高三个区域。在最适温度，微生物的生长速度最快。由于微生物种类的不同，其最适温度的界限也不同。根据其最适温度的界限，可将微生物分为嗜冷性微生物、嗜温性微生物、嗜热性微生物三种，大部分腐败细菌属于嗜温性微生物。

由表1-1可知，温度如果超过微生物生长温度范围，对微生物有较明显的致死作用。

**表1-1 微生物对温度的适应性**

| 类　别 | 最低温度 / ℃ | 最适温度 / ℃ | 最高温度 / ℃ | 种　类 |
|---|---|---|---|---|
| 嗜冷性微生物 | −5 ～ 0 | 10 ～ 20 | 25 ～ 30 | 霉菌、水中细菌 |
| 嗜温性微生物 | 10 ～ 20 | 20 ～ 40 | 40 ～ 45 | 腐败菌、病原菌 |
| 嗜热性微生物 | 25 ～ 45 | 50 ～ 60 | 80 ～ 95 | 温泉、堆肥中的细菌 |

一般细菌在100℃温度下可迅速死亡，而带芽孢菌要在121℃高压蒸汽作用下经过15 ～ 20 min才死亡。高温之所以能杀死微生物，主要是因为蛋白质受热凝固变性，即刻终止它的生命活动。而低温不能杀死全部微生物，能阻止存活微生物的繁殖，一旦温度升高，微生物的繁殖又逐渐旺盛起来。因此要防止由微生物引起的变质和腐败，必须将食品保存在稳定的低温环境中。

相对而言，细菌对低温耐力较差，在培养基冻结后，部分细菌即死亡，但很少见到全部细菌死亡的情况。嗜冷微生物如霉菌或酵母菌最能忍受低温，即使在−8℃的低温下，仍然发现有孢子存在。部分水中细菌也都是嗜冷性微生物，它们在0℃以下仍能繁殖。个别的致病菌能忍受极低的温度，甚至在温度−20 ～−44.8℃下，也仅受到抑制，只有少数死亡。因此冻结对微生物的低温致死作用，是由生理过程不正常所引起的，原因是微生物对不良的环境条件不能适应，例如，在低温时，细胞中的类脂物变硬，减弱了原生质的渗透作用，此外，温度下降使细胞部分原生质凝固。由于在低温下，水结成冰，所生成的冰结晶对细胞有致命的影响，因此用低温来贮藏食品，必须维持足够低的温度，以抑制微生物的作用，使它失去分解食品的能力，达到低温贮藏食品的目的。

（3）营养物

微生物和其他生物一样，也要进行新陈代谢。营养物质如乳糖、葡萄糖与盐类等简单物质，可直接渗透过微生物细胞膜进入细胞内；而淀粉、蛋白质、维生素等有机物质，首先分解成简单物质，然后渗透到微生物细胞内。每种微生物对营养物质的吸收都有选择性，例如，酵母菌喜欢糖类营养物，不喜欢脂肪；而一些腐败菌都需要蛋白质营养物。

（4）pH

影响微生物生长和繁殖的因素除上述水分、温度、营养物三个基本条件外，还有其他因素，如pH。微生物对培养基pH的反应是很灵敏的，微生物在最适的pH环境中生长和繁殖正常，且都有其各自的最适pH。大多数细菌在中性或弱碱性的环境中生长较适宜，霉菌和酵母则在弱酸的环境中较适宜。若培养基过酸或过碱，常能影响微生物对于营养物质的提取，当pH不同时，组成原生质的半透膜的胶体所携带的电荷也不同，胶体在一定pH下，带正电荷，而在另一pH下带负电荷，由于电荷的更换，则引起某些离子渗透性的改变，影响了微生物的营养作用。若在培养基中加入某些化学药品，能使微生物立即死亡。如重金属盐类、酚类和酸类物质，能使原生质中蛋白质迅速凝固变性；加漂白粉、臭氧与氧化物，能使原生质中的蛋白质因氧化而破坏；醛类能使蛋白质中的氨基酸分解成更简单的物质；加浓盐和浓糖能使原生质萎缩，而促使细胞质壁分离。不过化学药品只对营养细胞有效，对芽孢的作用则较弱。此外，放射线对微生物也能起杀灭作用，这主要是由于射线对细胞核质猛烈冲击的缘故。

**2. 酶的作用**

（1）温度

酶的活性与温度有关，在一定温度范围内（0 ～ 40℃），酶的活性随温度的升高而增大。即在低温时，酶的活性很小；温度升高，酶所催化的化学反应速率也随之加快；温度降低，反应速率减慢。但酶是蛋白质，其本身也因温度升高而变性，使反应速率降低或完全失去其催化活性。在酶促反应中，提高温度使反应速率加快，但使酶失去活性，这两个相反的影响是同时存在的。在温度低时，前者影响大，这时反应速率随温度上升而加快；当温度不断上升时，酶的变性成为主要矛盾，因此，酶的有效浓度逐渐降低，反应速率也减慢，只是在某一温度时，酶促反应速率最大；此时的温度称为酶的最适温度。一般自30℃酶开始被破坏，到80℃几乎所有酶都被破坏，酶促反应到达某一高峰后，温度再行升高，速度反而降低。与微生物一样，酶也有一个最适温度，在此温度下反应速率最大，例如，蛋白酶在30 ～ 50℃时活性最强。降低温度也可以降低酶的反应速率，因此食品在低温条件下，可以防止由酶作用而引起的变质。低温贮藏要根据酶的种类定，一般要求在−20℃低温下贮藏；而对含有不饱和脂肪酸的多脂鱼类及其他食品，则需在−25 ～−30℃低温中贮藏，以达到有效抑制酶的作用的目的，防止氧化。

（2）其他因素

pH、水分活度等因素也会影响到酶促反应的进行。

**3. 物理因素**

食品在贮藏和流通过程中，其质量总体呈下降趋势。质量下降的速度和程度除了受食品内在因素的影响外，还与环境中的温度、湿度、空气、光线等物理因素密切相关。

（1）温度

温度是影响食品质量变化最重要的环境因素，它对食品质量的影响表现在多个方面。食品中的化学变化、酶促反应、鲜活食品的生理作用、生鲜食品的僵直和软化、微生物的生长繁殖、食品的水分含量及水分活度等无不受温度的制约。温度升高引起食品的腐败变质，主要表现在影响食品中发生的化学变化和酶催化的生物化学反应速率及微生物的生长繁殖速度等。一般温度每升高10℃，化学反应速率大约增加2 ～ 4倍。故降低食品的环境温度，就能降低食品中的化学反应速率，延缓食品的质量变化，延长其贮藏寿命。

温度对食品的酶促反应比对非酶反应的影响更为复杂，这是因为一方面温度升高，酶促反应速率加快，另一方面当温度升高到使酶的活性被钝化时，酶促反应就会受到抑制或停止。淀粉含量多的食品，要通过加热使淀粉α化后才能食用，若放置冷却后，α化淀粉会老化，产生回生现象。淀粉老化在水分含量为30%～60%时最容易发生，而10%以下时基本上不发生。温度在60℃以上淀粉老化不会发生，60℃以下慢慢开始老化，2～5℃老化速度最快。粳米比糯米容易老化，加入蔗糖或饴糖可以抑制老化。α化淀粉在80℃以上迅速脱水至10%以下可防止老化，如挤压食品等就是利用此原理加工而成。

（2）水分

水分不仅影响食品的营养成分、风味物质和外观形态的变化，而且影响微生物的生长发育和各种化学反应，因此，食品的水分含量特别是水分活度与食品质量的关系十分密切。食品所含的水分分为结合水和游离（自由）水，但只有游离水才能被微生物、酶和化学反应所利用，水分含量可用水分活度来估量。微生物的活动与水分活度密切相关，低于某一水分活度，微生物便不能生长繁殖。

水分的蒸发会导致一些新鲜果蔬等食品外观萎缩，使其鲜度和嫩度下降。

（3）光

光线照射也会促进化学反应，如脂肪的氧化、色素的褪色、蛋白质的凝固等均会因光线的照射而促进反应。因此，食品一般要求避光贮藏或用不透光的材料包装。

（4）氧

空气组分中约78%的氮气对食品不起什么作用，而只占20%左右的氧气因性质非常活泼，能引起食品中多种变质反应和腐败。首先，氧气通过参与氧化反应对食品的营养物质（尤其是维生素A和维生素C）、色素、风味物质和其他组分产生破坏作用。其次，氧气还是需氧微生物生长的必需条件，在有氧条件下，由微生物繁殖而引起的变质反应速率加快，食品贮藏期缩短。

（5）其他因素

除了上述因素外，还有许多因素能导致食品变质，包括机械损伤、环境污染、农药残留、滥用添加剂和包装材料等，这些因素引起的食品变质现象不但普遍存在，而且十分重要，特别是农药残留、滥用添加剂引起的食品变质现象呈愈来愈严重的趋势，必须引起高度重视。

综上所述，引起食品腐败变质的原因多种多样，而且常是多种因素共同作用的结果。因此必须清楚了解各种因素及其作用特点。找出相应的防止措施，从而应用于不同的食品原料及其加工制品中。

## 三、水产品的冷藏与冻藏

现在水产品保鲜的方法有低温保鲜、保鲜剂保鲜、气调保鲜、辐照保鲜和高压保鲜等。作为最传统、最直接、最有效的保鲜方法——低温保鲜是目前水产品保鲜中最常用的方法。一般根据食品是否发生冻结可以将低温保鲜分为冷藏和冻藏两大类别，低温保鲜能够最大限度地抑制微生物和酶的活性，最大程度地保持鱼肉的鲜度和品质。

### 1. 水产品冷藏

水产品冷藏是指将食品的温度降低到某一指定的温度，但不低于其汁液的冻结点。

冷却的温度通常在10℃以下，其下限为4～−2℃。水产品的冷却贮藏，可延长它的贮藏期，并能保持其新鲜状态，但由于在冷却温度下，细菌、霉菌等微生物仍能生长繁殖，冷却的动物性食品只能作短期贮藏。

**2. 水产品冻结贮藏**

（1）冻结目的

鱼虾贝藻等新鲜水产品是易腐食品，在常温下放置很容易腐败变质。采用冰藏保鲜、冷海水保鲜和微冻保鲜等低温保鲜技术，可使其体内酶和微生物的作用受到一定程度的抑制，但并未终止，经过一段时间后仍会发生腐败变质，故而只能作短期贮藏。为了达到长期贮藏，必须把水产品的温度降低至−18℃以下，使其中90%以上的水分冻结成冰，成为冻结水产品，并在−18℃以下的低温进行贮藏。一般，冻结水产品的温度越低，其品质保持越好，贮藏期也越长。以鳕鱼为例，15℃可贮藏1 d，6℃可贮藏5～6 d，0℃可贮藏15 d，−18℃可贮藏4～6个月，−23℃可贮藏9～10个月，−30～−25℃可贮藏1年。

用冻结方法贮藏水产品的场合是很多的。当渔场远离卸鱼港口，捕捞航次时间长，渔获物必须在海上进行冻结才能保持其优良品质；渔业生产季节性很强，渔汛期时，渔获物高度集中，采用冻结方法并进行低温贮藏，可使销售量与市场的需求相适应，调节市场，稳定价格，鱼货的质量也有保证；采用冻结方法贮藏，还可有计划地向食品加工厂、罐头加工厂提供冻结水产品作为原料使用，也可将鱼类经采肉、漂洗、擂溃制成的鱼糜冻结起来，制成冷冻鱼糜，成为加工食品和鱼糜制品的中间原料；此外，有很多水产品都是以冻结品的形式出口，如冷冻对虾仁、冷冻鳕鱼片、冷冻翡翠贻贝等。

（2）冻结贮藏的原理

水产品的腐败变质是体内所含酶及体表附着细菌共同作用的结果。适宜的温度和水分是酶的作用和细菌生长繁殖的必要条件，在低温和不适宜的环境下，这些生理生化作用就难以进行。鱼体上附着的腐败细菌主要是水中细菌，有假单胞菌属、无色杆菌属、黄色杆菌属、小球菌属等，都是嗜冷性微生物，其生长的最低温度为−5～0℃，最适温度为10～20℃。当温度低于最低温度，即下降至−10℃以下时，细菌的繁殖就完全停止（图1-1），表1-2列举了一些微生物的最适生长温度。当温度降至−18℃以下，鱼体呈冻结状态时，鱼体中90%以上的水分冻结成冰，造成不良的渗透条件，使细菌无法利用周围的营养物质，也无法排出代谢产物，加之细胞内某些毒物积累，阻碍了细菌的生命活动。除低温

**表1-2　几种微生物的最适生长温度[6]**

| 菌　　名 | 最适生长温度/℃ |
|---|---|
| *Streptococcus thermophilus*（嗜热链球菌） | 37 |
| *Streptococcus lactis*（乳酸链球菌） | 34 |
| *Streptomyces griseus*（灰色链霉菌） | 37 |
| *Corynebacterium pekinense*（北京棒杆菌） | 32 |
| *Clostridium acetobutylicum*（丙酮丁醇梭菌） | 37 |
| *Penicillium chrysogenum*（产黄青霉） | 30 |

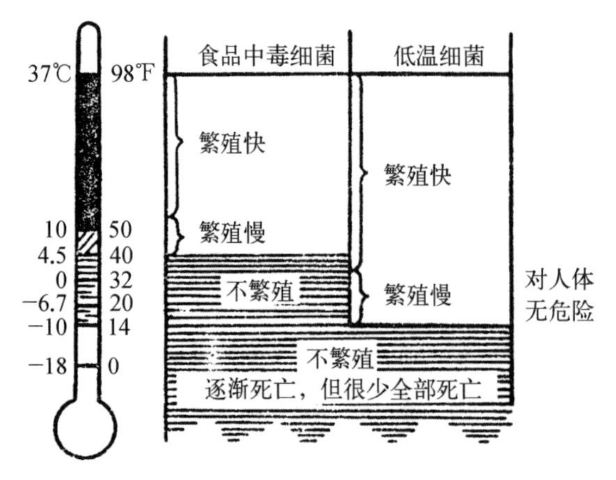

图1-1 食物中毒细菌和低温细菌繁殖的温度区域[7]

作用外，细菌的繁殖被抑制，还与水分活度的降低有关。水分是微生物繁殖的必要条件，细菌繁殖所需水分活度$A_w$值一般为0.91 ～ 0.98，当海产品温度降至−10 ℃时，$A_w$值为0.907；降至−15 ℃时，$A_w$值为0.864；降至−20 ℃时，$A_w$值为0.823，降至−30 ℃时，$A_w$值为0.75。因此，将海产品冻结贮藏，可有效地抑制细菌繁殖。

冻结对海产品中酶的活性也有抑制作用。酶都有它的最适温度，在最适温度时酶的活性最强。降低温度，酶的活性减弱，由其催化的化学反应速率随之减低。当海产品呈冻结状态贮藏时，其中90%的液态水分变成固态的冰，固相条件下酶所催化的生化反应速率变得非常缓慢，加之油脂氧化等非酶变化也随温度下降而减慢。因此，−18℃以下的冻结贮藏，可使水产品较长时间的贮藏。

（3）水产品的冻结点

水产品冻结时，温度降至0℃，体内的水分并不冻结，这是因为这些水分不是纯水，是含有机物和无机物的溶液。其中有盐类、糖类、酸类和水溶性蛋白质，还有微量气体，所以发生冰点下降。水产品的温度要降至0℃以下才产生冰晶。水产品体内组织中的水分开始冻结的温度称为冻结点。新鲜水产品的冻结点如表1–3所示。

**表1–3 新鲜水产品的冻结点和共晶点**

| 种 类 | 冻结点 / ℃ | 共晶点 / ℃ |
|---|---|---|
| 淡水鱼、青蛙 | −0.5 | −60 |
| 鲸鱼肉、贝类 | −1.0 | |
| 洄游性海水鱼 | −1.5 | |
| 底栖性海水鱼、海藻 | −2.0 | |

水产品的温度降至冻结点，体内开始出现冰晶，此时残存的溶液浓度增加，其冻结点继续下降，要使水产品中的水分全部冻结，温度要降到−60℃，这个温度称为共晶点。要获得这样低的温度，在技术上和经济上都有困难，因此目前一般只要求水产品中的大部分水分冻结，品温在−18℃以下，即可达到贮藏的要求。

（4）水产品的冻结率

鱼类的冻结率是表示冻结点与共晶点之间的任意温度下，鱼体中水分冻结的比例，可参见表1–4。它的近似值可用下式计算：

$$冻结率=(1-食品的冻结点/食品的温度)\times 100\%$$

表1-4　鱼类的冻结率[7]

| 鱼类的温度/℃ | 冻结率/% | | | |
|---|---|---|---|---|
| | −0.5 | −1 | −1.5 | −2 |
| 0 | 0.00 | 0.00 | 0.00 | 0.00 |
| −5 | 90.00 | 80.00 | 70.00 | 60.00 |
| −10 | 95.00 | 90.00 | 85.00 | 80.00 |
| −15 | 96.67 | 93.33 | 90.00 | 86.67 |
| −20 | 97.50 | 95.00 | 92.50 | 90.00 |
| −25 | 98.00 | 96.00 | 94.00 | 92.00 |
| −30 | 98.33 | 96.67 | 95.00 | 93.33 |
| −35 | 98.57 | 97.14 | 95.71 | 94.29 |
| −40 | 98.75 | 97.50 | 96.25 | 95.00 |
| −45 | 98.80 | 97.78 | 96.67 | 95.56 |
| −50 | 99.00 | 98.00 | 97.00 | 96.00 |
| −55 | 99.00 | 98.18 | 97.27 | 96.36 |
| −60 | 100.00 | 100.00 | 100.00 | 100.00 |

在冻结过程中，水产品温度随时间下降的关系如图1-2所示，该曲线称为冻结曲线。它大致可分为三个阶段。第一阶段是鱼体温度从初温降至冻结点，放出的是显热。此热量与全部放出的热量相比其值较小，故降温快，曲线较陡。第二阶段是鱼体中大部分水分冻结成冰。由于冰的潜热大于显热50～60倍，整个冻结过程中绝大部分热量在此阶段放出，故降温慢，曲线平坦。第三阶段是鱼体温度继续下降，直到终温。此阶段放出的热量，一部分是冰的继续降温，另一部分是残留水分的冻结。因水变成冰后，比热容显著减小，而残留水分冻结虽然单位质量的热量大，但这部分水分的量很少，所以曲线比第一阶段陡峭。

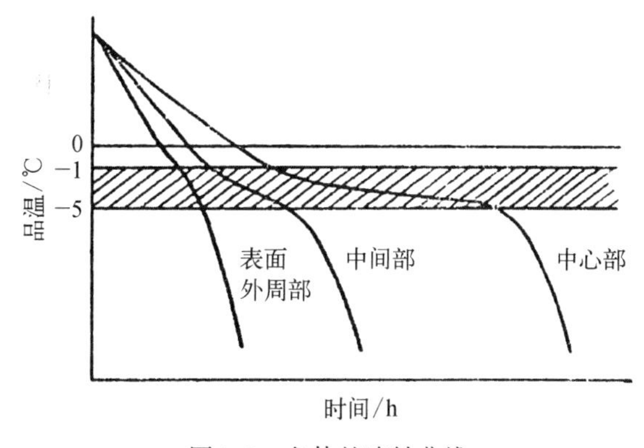

图1-2　鱼体的冻结曲线

水产品在冻结过程中，体内大部分水分冻结成冰，其体积约增大9%，并产生内压，这必然给冻品的肉质、风味带来变化。特别是厚度大、含水率高的水产品，当表面温度下降极快时因冻结膨胀压的作用易产生龟裂。

（5）冻结速率

为了生产优质的冻结水产品，减少冰结晶带来的不良影响，必须采用快速的冻结方式。据1972年国际制冷学会（International Refrigeration Institute, IIR）食品科学与工程（C2）专业委员会所作的定义，所谓某个食品的冻结速度是食品表面到热中心的最短距离（cm）与食品表面温度达到0℃后，食品热中心温度降至比冻结点低10℃所需时间（h）之比，该比值就是冻结速度$v$（cm/h）[8]。

快速冻结$v \geqslant 5 \sim 20$ cm/h；

中速冻结$v \geqslant 1 \sim 5$ cm/h；

慢速冻结$v = 0.1 \sim 1$ cm/h。

目前国内使用的各种冻结装置，由于性能不同，冻结速度差别很大。一般鼓风式冻结装置，冻结速度为0.5～3 cm/h，属中速冻结；流态化冻结装置冻结速度为5～10 cm/h，液氮冻结装置冻结速度10～100 cm/h，均属快速冻结装置。

快速冻结的含义主要有两点。

1）水产品不仅要快速通过−5～0℃最大冰晶生成带，并要快速到达冻结的终温。以鱼片为例，冻结速度在0.35～2.54 cm/h以上为快速冻结。冻全鱼或鱼块，冻结速度在0.6～4 cm/h范围内冻品质量即可有保证。

2）冻品的平均或平衡温度应在−18℃以下，并在−18℃以下低温贮藏。冻结水产品刚从冻结装置中取出时，其温度分布是不均匀的，热中心部位最高，其次通常是依中间、表面之序而减低，接近介质温度。待整个水产品的温度趋于均一，其平均或平衡品温大致等于中间部的温度。冻结水产品的平均或平衡品温要求在−18℃以下，则水产品的中心温度必须达到−15℃以下才能从冻结装置中取出，并继续在−18℃以下的低温进行贮藏。

众所周知，冻结速度快，冻品的质量好，这是因为组织内结冰层推进的速度大于水分移动的速度，产生冰结晶的分布接近于组织中原有液态水的分布状态，并且冰结晶微细，呈针状晶体，数量多、分布均匀（表1-5），故对水产品的组织结构无明显损伤。特别是采用快速冻结，水产品快速到达冻结终温，使体内90%的水分在冻结过程中来不及移动，就在原位置变成微细的冰晶，并在−18℃以下、稳定而少变动的温度贮藏，冰结晶的变化小，从而使冻品的质量得到保证。

**表1-5　冻结速度与冰结晶的关系**

| 冻结速度（通过−5～0℃的时间）/min | 冰结晶 | | | | 冰晶推进速度$I$<br>水分移动速度$W$ |
|---|---|---|---|---|---|
| | 位置 | 形状 | 大小（直径/μm×长度/μm） | 数量 | |
| 数秒 | 细胞内 | 针状 | 1～5×5～10 | 无数 | $I \gg W$ |
| 1.5 | 细胞内 | 杆状 | 0～20×20～50 | 多数 | $I > W$ |
| 40 | 细胞内 | 柱状 | 50～100×100以上 | 少数 | $I < W$ |
| 90 | 细胞外 | 块粒状 | 50～200×200以上 | 少数 | $I \ll W$ |

沈月新[7]曾采用不同冻结方法对鲫鱼背部肌肉中冰结晶的分布状况进行了研究。将市场购得的鲜活鲫鱼（约200 g）击毙，分别采用液氮浸渍冻结2 min（−196℃），干冰接触冻结10 min（−78.5℃），单门冰箱冻结24 h（−8.4℃），取其背部肌肉作组织切片、显微观察（倍率为160），并与新鲜肌肉作对照（图1-3、图1-4）。从图中可看到，液氮冻结（−196℃）肌肉中产生的冰结晶数量多、细小，2～8 μm×5～10 μm（直径×长度），均匀地分布在肌细胞内，细胞膜完整，外形不变，组织结构与新鲜品相同。

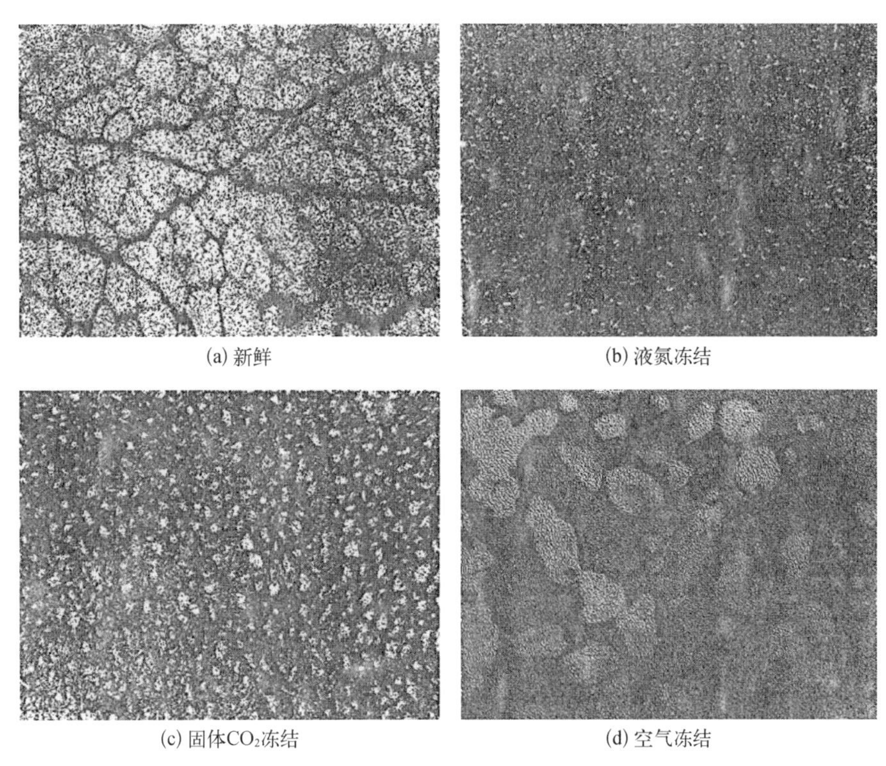


图1-3　鲫鱼肌肉中不同冻结方法的冰结晶分布（横断面）[7]

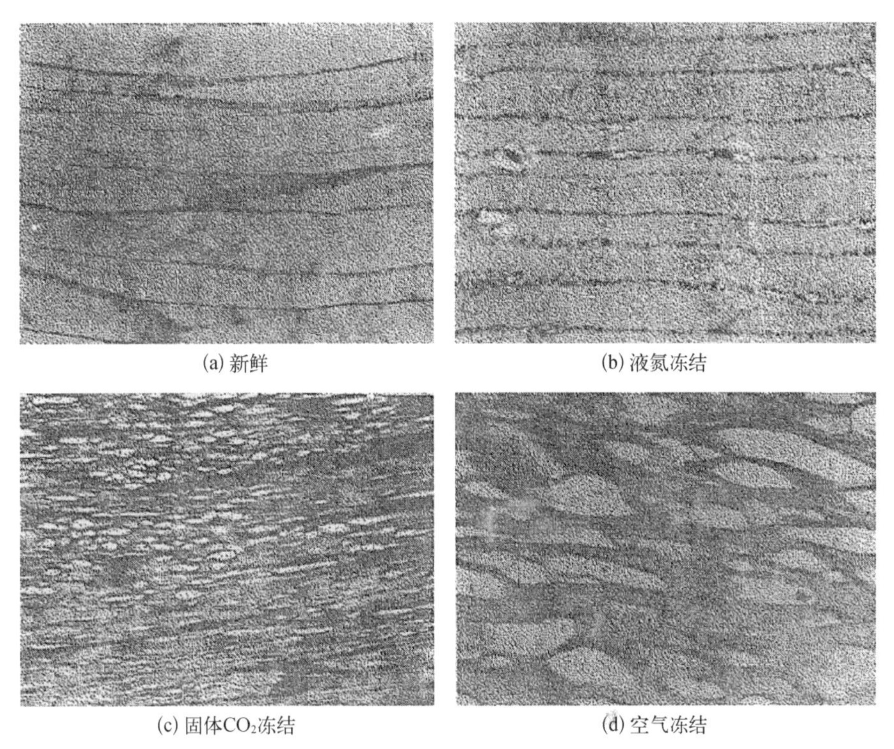


图1-4　鲫鱼肌肉中不同冻结方法的冰结晶分布（纵断面）[7]

干冰冻结（−78.5℃）肌肉中产生的冰结晶比液氮冻结稍大，每根肌纤维中有5～10个冰晶体，约2～10 μm×20～50 μm，均匀分布在肌细胞内，细胞膜完整，外形不变，组织结构基本不变化。空气冻结（−8.4℃）肌肉中产生的冰结晶大且数量少，约50～100 μm×120～250 μm，大部分在细胞外生成，分布不均匀。细胞膜变形、破损，肌肉组织破坏。从纵断面看，肌纤维受挤压且失水收缩，形成很多空洞。

为了提高水产品的冻结速度，可以从减小冻品厚度，降低冷冻介质的温度及增大传热面的表面传热系数等方面来考虑，根据品种的需要选择各种不同形式的冻结装置。从目前使用的各种冻结装置来看，其冻结速度大致在0.2～100 cm/h的范围内，详见表1-6。

**表1-6 常用冻结装置的冻结速度**

| 名　　称 | 冻结速度/(cm/h) |
|---|---|
| 在吹风冷库中整批慢速冻结 | 0.2 |
| 在隧道式吹风冻结装置或平板冻结器中速冻 | 0.5～3 |
| 在流态化冻结装置中小型制品速冻 | 5～10 |
| 在液氮和液态二氧化碳中超速冻结 | 10～100 |

### 3. 水产品冷藏时的变化

冷藏是指水产品保持在冷却或冻结终了温度的条件下，将食品低温贮藏一定时间。根据食品冷却或冻结加工温度的不同，冷藏又可分为冷却物冷藏和冻结物冷藏两种。冷却物冷藏温度一般在0℃以上，冻结物冷藏温度一般为−18℃以下。对一些多脂鱼类和冰淇淋，欧美国家建议冷藏温度为−30～−25℃，以获得较高的品质和延长贮藏期。

水产品在冷藏过程中食品表面水分的蒸发（又称干耗）是一个需要特别注意的问题。因为蒸发不仅造成食品的重量损失，而且使水产品发生干缩现象，降低了质量，使水产品的味道和外观变差。

产生干耗的原因在于水产品表面水蒸气压力与冷间内空气中水蒸气压力之间存在着差值。食品表面的水蒸气压力处于饱和，而空气中水蒸气压力处于不饱和。水蒸气的压力差引起水产品表面水分的蒸发，而食品蒸发的水汽即被冷间内不饱和空气所吸收。水蒸气的这种转移过程又称扩散过程，在扩散过程中，水产品表面水分的蒸发又造成食品内部水分比例的变化，因而使水产品中心的水分向表面转移。水分在水产品内部转移称为内部扩散。

冻结水产品贮藏过程中的水分蒸发与冷却水产品不同。冷却水产品表面水分蒸发表现为内部扩散和外部扩散，冻结水产品的水分蒸发是冰晶的升华过程，而没有水产品内部的扩散现象。由于冰的升华，经过若干时间后，冻结水产品表面形成了海绵状的脱水层，水蒸气通过脱水层在压差作用下扩散到周围空气中去，同时，空气不断充满海绵层，使水产品内氧化作用加强，造成水产品形状、颜色改变，质量降低。

冷间空气温度与蒸发温度之间的温差，对水产品干耗影响极大。要求冷间空气保持较高的相对湿度，就必须减小温差。冷间内空气的流动速度对食品干耗也影响极大，一般冷藏间以自然对流为最佳，当采用强制循环时，空气流速一般控制在0.3 m/s以下。另外，水产品冷藏时的干耗量还与水产品的种类、大小、表面状态、堆放位置、贮藏期、冷间容量大小、开门次数、周围空气的状态等因素有关。减少冷藏水产品干耗的主要办法有下列几种。

1）用聚乙烯（无毒）塑料薄膜袋对食品进行密闭式包装；

2）对冷冻水产品入库前进行镀冰衣，冷藏过程中进行定期喷水或重镀冰衣；

3）减小冷间空气温度与蒸发温度的差值，保持冷间空气有较高的相对湿度；

4）减小强制空气循环中的气流速度。

## 第二节 水产品保鲜技术研究进展

### 一、水产品鲜度等级及鉴定

水产品在贮藏、运输、销售或加工等环节中，对其鲜度的评定是一项极其重要的工作，据文献报道，现有的评定方法有20多种。但因水产品种类繁多、评定方法自身的局限性，要做到简易、迅速、正确地评定水产品的品质并非易事，这一方面要求评定人员掌握系统的、科学的评定知识，另一方面要求评定人员有丰富的评定经验。

水产品鲜度评定方法通常有感官评定和指标测定两大类。前者包括对生鲜状态进行评定及在煮熟状态下进行评定，后者则包括细菌学方法、物理学方法和化学方法测定。各方法的测定结果应有良好的一致性。对于不同的品种，应侧重于某些指标，但感官鉴定是最重要的方法。

#### 1. 水产品鲜度等级

由于水产品的种类繁多，质量特征不一，在谈论水产品的鲜度等级时无法统而论之。对于鱼类来讲，鲜度一般分为新鲜、次新鲜及变质三个等级，结合具体的品种及质量特征，可以分得更详细些。这里要注意的是，鲜度等级只是水产品质量等级的一部分。水产品的质量还受个体大小、品种等的影响。一般在同一鲜度等级下，水产品按个体大小分级，例如，带鱼按习惯分成1指宽、2指宽、3或4指宽、5指宽及5指以上五个级别。

#### 2. 水产品的感官评定

水产品感官评定是以人的感官来判别鱼鳃、鱼眼的状态，鱼肉的松紧程度，鱼皮上和鳃中所分泌的黏液的量、色泽和气味及鱼肉断面上的色泽等基本标志和对鱼的鲜度进行鉴定的方法。感官检验对检验人员的要求较高，除了具备一定的水产品基本知识外，还应身体健康，不偏食，不色盲，无不良嗜好，有鉴定和综合评定的能力。感官评定人员应具有良好的专业知识和职业道德，排除各种干扰因素，实事求是地进行鉴定。

感官评定可分为对生鲜品的鉴定和对熟制样品的鉴定两种。

（1）生鲜品评定

此法是利用除人的口腔之外的感官对样品进行鉴定，依据如下。

鲜度良好的鱼类：此类鱼基本处于僵硬期刚过之前状态，腹部和肌肉组织弹性良好，体表、眼球保持鲜鱼固有状态，色泽鲜艳，口鳃紧闭，鳃耙鲜红，气味正常，鳞片完整并紧贴鱼体，肛门内缩。

鲜度较差的鱼类：此类鱼基本处于自溶阶段，腹部和肌肉组织弹性较差，体表、眼球、鳞片等失去固有色泽，颜色变暗，口鳃微启、鳃耙变暗紫或紫红，气味不快，肛门稍有膨胀，黏液增多变稠。

接近腐败变质的鱼类：此类鱼基本处于自溶后期及腐败刚开始阶段，腹部和肌肉组织失去弹性，眼球下陷、浑浊无光，体表鳞片灰暗色，口鳃张开，鳃耙暗紫色并有臭味，肛门凸出呈暗红色，黏液浓稠且有异味。

腐败变质鱼类：此类鱼处于腐败阶段中、后期，鳃耙有明显腐败臭，腹部松软、下陷或溃烂（穿孔）。

凡是鳞片脱落和有机械损伤的鱼类，即使其他方面质量是良好的，也不易保存，应及时处理。

感官鉴定的主要内容和鉴定标准可以参照表1-7 ～表1-16[9]。

**表1-7 一般海水鱼感官鉴定指标**

| 项目 | 新鲜（僵硬阶段） | 较新鲜（自溶阶段） | 不新鲜（腐败阶段） |
|---|---|---|---|
| 眼球 | 眼球饱满，角膜透明清亮，有弹性 | 眼角膜起皱，稍变浑浊，有时由于内溢血发红 | 眼球塌陷，角膜浑浊 |
| 鳃部 | 鳃色鲜红，黏液透明无异味（允许淡水鱼有土腥味） | 鳃色变暗呈淡红、深红或紫红，黏液带有发酸的气味或稍有腥味 | 鳃色呈褐色，灰白有混浊的黏液，带有酸臭、腥臭或陈臭 |
| 肌肉 | 肌肉有弹性，手指压后凹陷立即消失，无异味，肌肉切面有光泽 | 稍松软，手指压后凹陷不能立即消失，稍有腥臭味，肌肉切面无光 | 松软，手指压后凹陷不易消失，有霉味和酸臭味，肌肉易与骨骼分离 |
| 体表 | 有透明黏液，鳞片有光泽，贴附鱼体紧密，不易脱落 | 黏液多不透明，并有酸味，鳞片光泽较差，易脱落 | 鳞片暗淡无光泽，易脱落，表面黏液污秽，并有腐败味 |
| 腹部 | 正常不膨胀，肛门凹陷 | 膨胀不明显，肛门稍突出 | 膨胀或变软，表面有暗色或淡绿色斑点，肛门突出 |

**表1-8 几种海水鱼感官鉴定指标**

| 鱼名 | 新鲜 | 不新鲜 |
|---|---|---|
| 鲐、鲹鱼 | 眼明亮突出且平坦，鳃鲜红，腥气正常，肌肉坚实有弹性，脊上脊下骨与腹部肌肉未分离，保持固有色泽 | 眼睛发糊，深度凹陷，鳃暗红，灰白，有臭气，骨、肉分离，肌肉腐烂，肚破，体表褪色发白 |
| 鳓鱼 | 鳞片完整，体表洁净，色银白有光泽 | 眼发红，混浊下陷而变色，鳃发白，腹部破裂 |
| 乌贼 | 体表背面全白或骨上皮稍有紫色，去皮后肌肉白色，具有固有气味或海水气味 | 背面全部紫色或稍有红色，去皮后肌肉薄处微红，无异味 |
| 海鳗 | 眼球突出明亮，肉质有弹性，黏液多 | 眼球下陷，肉质松软 |
| 梭鱼 | 鳃盖紧闭，肉质紧密，肛门处污泥黏液不多 | 体软，肛门突出，有较重的泥臭味 |
| 鲈鱼 | 体色鲜艳，肉质紧实 | 体色发乌，头部呈黄色 |
| 黄鱼 | 眼球饱满凸出，角膜透明；鳃鲜红或紫红；鳃丝清晰，黏液透明，稍有腥气；肌肉坚实、有弹性，以手按之即弹起；体表金黄色，有光泽，鳞片完整 | 眼球严重下陷或塌陷，有时破裂，角膜严重模糊或覆有一层污膜；鳃灰褐或灰绿，鳃丝模糊，黏液呈脓样，有明显的酸败或腐败臭；肌肉严重松弛，失去弹性；体表暗淡无光，色泽减退至灰白色，腹部发软甚至破裂，肉易离骨，鳞片严重脱落 |

续表

| 鱼名 | 新鲜 | 不新鲜 |
|---|---|---|
| 黄姑鱼 | 色泽鲜艳，鱼体坚硬 | 色泽灰白，腹部塌陷 |
| 白姑鱼 | 色泽正常，肉质坚硬 | 体表有污秽黏液，肉质稍软有特殊气味 |
| 鳘鱼 | 眼球明亮突出，鳃色为深红及褐色，肉质坚实 | 体色呈灰暗，眼变混浊，鳃褪色至灰白，腹部膨胀，肉质松软，肛门有分泌液溢出 |
| 真鲷（加吉鱼） | 体色鲜艳有光泽，肉质紧密，肛门凹陷 | 色泽乌光，鳞片易脱落，肉质弹性差，有异味 |
| 带鱼 | 富有光泽，鳞不易脱落，眼突出，银鳞多而有光泽，肌肉弹性强 | 光泽较差，变成灰色，鳞较易脱落，眼球稍凹陷，鳃黑，表皮有皱纹，角膜稍混浊，肌肉弹性较差，破肚，掉头，胆破裂，有胆汁渗出 |
| 鲅鱼 | 色泽光亮，腹部银白色，鳃色鲜红，肉质紧密，有弹性 | 鳃色发暗，破肚，肉成泥状，并有异味 |
| 鲳鱼 | 鲜艳有光泽，鳃红色，肉质坚实 | 体表发暗，鳃色发灰，肉质稍松 |
| 牙鲆鱼 | 鳃色深而鲜艳，正面为灰褐色至深色 | 鳃部黑而微黄，体色变浅，腹部先破，肉离骨呈泥状 |

**表1-9　几种淡水鱼感官鉴定指标（青、草、鲢、鲤、鳙）**

| 等级＼指标 | 鉴定指标 | | | | |
|---|---|---|---|---|---|
| | 体表 | 鳃 | 眼 | 肌肉 | 肛门 |
| 新鲜 | 有光泽，鳞片完全、不易脱落 | 色鲜红，鳃丝清晰，具有腥气 | 眼球饱满凸出，眼膜透明 | 坚实、有弹性 | 紧缩（雌鱼产卵期除外） |
| 次鲜 | 光泽较差，鳞片不完全、易脱落 | 色淡红、紫色或暗红，鳃丝黏连稍有异臭，但无腐败臭 | 眼球平坦或稍陷，角膜混浊 | 松弛，弹性差 | 稍凸出 |

**表1-10　对虾鲜度感官等级指标**

| 等级 | 质量指标 |
|---|---|
| Ⅰ | 虾体完整，品质新鲜，色泽清亮，皮壳附着坚实，无黑箍，黑裙或黑斑不超过一处 |
| Ⅱ | 虾体完整，品质新鲜，有弹性，色泽正常，允许有黑箍一处，黑裙或黑斑不超过两处 |
| Ⅲ | 虾体基本完整，稍有弹性，允许有黑箍一处，黑裙、黑斑不超过三处 |
| Ⅳ | 虾体基本完整，无异味，不发红，黑箍、黑裙、黑斑不严重影响外观 |

注：① 自然斑点不限。② 头上黑点不限。③ 无头对虾其质量符合上述等级标准的，按各等级分别确定。

**表1-11　梭子蟹鲜度感官等级指标**

| 等级＼指标 | 鉴定项目 | | | |
|---|---|---|---|---|
| | 体表色泽 | 鳃 | 蟹黄性状 | 肢体连接程度 |
| 新鲜 | 背壳呈青褐色或紫色，纹理清晰有光泽，脐上无印，螯足内壁洁白 | 鳃丝清晰，白色或微带褐色 | 凝固不流动 | 步足和躯体连接紧密，提起蟹体时，步足不松弛下垂 |
| 变质 | 背壳褐色，纹理模糊无光泽，腹壁灰白色，脐上不透现出深色胃印，螯足内壁灰白色 | 鳃丝暗浊，灰褐色或深褐色 | 呈液状，能流动 | 步足和躯体连接松弛，提起蟹体时步足下垂 |

**表1-12　冻有头对虾（海捕对虾）的品质标准**

| 项　目 | 要　求 |
|---|---|
| 鲜度 | 品质新鲜 |
| 色泽 | 虾体呈现鲜虾自然色泽，甲壳有光泽，无黑变和红变，允许有不影响外观的自然斑点，不允许串清水和血水 |
| 状态 | 虾体完整，虾头与颈部间的联结膜不破裂，尾肢不得残缺，允许有不大的愈后伤疤，不允许有软壳虾 |
| 气味口味 | 气味正常，无任何不良气味，水煮后具有对虾鲜味，肉质口感有弹性 |
| 肌肉 | 紧密有弹性 |
| 杂质 | 虾体清洁，未混入任何外来杂质 |

**表1-13　冻有头对虾（养殖对虾）的感官质量标准**

| 项　目 | 要　求 | |
|---|---|---|
| | 一级品 | 二级品 |
| 鲜度 | 品质新鲜 | 品质正常 |
| 色泽 | 正常，呈现鲜虾自然色泽。甲壳无黑变和其他色变现象，允许有轻微的水锈和自然斑点，不允许串清水和有严重寄生虫类的病虾 | 虾体不得变红，允许有黑箍一个、黑斑四处，自然斑点不限，允许串清水和局部串血水 |
| 状态 | 虾体完整，联结膜不破裂，尤其虾头和颈部间的联结膜不得破裂，不允许有软壳虾 | 虾体完整，允许节间松弛和虾头与颈部联结膜破裂，但虾头不得脱落，允许尾肢有不大的残缺，不可有软壳虾 |
| 肌肉 | 紧密有弹性 | 弹性较差 |
| 风味 | 正常无异味，水煮后具有对虾固有鲜味，肉质口感有弹性 | 正常无异味，水煮后肉质口感不腐烂 |
| 杂质 | 虾体清洁，未混入任何外来杂质 | 虾体清洁，几乎未混入外来杂质 |

**表1-14　冻去头对虾（海捕对虾）的品质标准**

| 项　目 | 要　求 | | |
|---|---|---|---|
| | 一级品 | 二级品 | 三级品 |
| 鲜度 | 品质新鲜 | 品质正常 | 品质正常 |
| 色泽 | 虾体呈现自然色泽，甲壳有光泽无红变，允许有黑箍一个、黑斑三处及轻微水锈，虾尾允许有轻微变色，不影响外观的自然斑点数不限，卵黄呈现自然色泽，允许在正常冷藏中卵黄变色，颈角允许轻微变红但不得有变质红色，允许串清水和局部串血水 | 虾体色泽正常，甲壳允许有黑箍两个、黑斑四处及轻微水锈，虾尾允许有轻微变色 | 虾体色泽正常，允许有局部轻微红色，允许有黑箍三个，黑斑不限，但不得严重影响外观 |
| 状态 | 虾体完整，允许节间松弛，联结膜可有两处破裂，破裂处虾肉可有轻微裂口，甲壳不脱落，第一节甲壳脱落者，允许联结膜破裂一处。虾体允许有愈后伤疤及较小的刺擦伤，不允许有软壳虾 | 虾体基本完整，允许甲壳断节但不脱落，允许有愈后伤疤和较小的刺擦伤，虾尾有较小的残缺和部分尾肢脱落，不允许有软壳虾 | 虾体基本完整，允许甲壳断节，但不脱落，允许有愈后伤疤和刺擦伤，允许虾尾有残缺和部分尾肢脱落，不允许有软壳虾 |
| 风味 | 气味正常，无任何不良异味，水煮后具有对虾固有鲜味肉质，口感有弹性 | 气味正常，无任何不良异味，水煮后具有对虾鲜味，肉质口感有弹性 | 气味正常无异味，具有对虾鲜味，肉质较差 |

续　表

| 项　目 | 要　求 | | |
|---|---|---|---|
| | 一级品 | 二级品 | 三级品 |
| 肌肉 | 紧密有弹性 | 弹性一般 | 弹性较差 |
| 杂质 | 虾体清洁，未混入任何外来杂质，几乎未混入虾须、甲壳、虾足等 | 虾体清洁，几乎未混入任何外来杂质，略有少量的触鞭、甲壳、附肢等 | 虾体清洁，几乎未混入任何外来杂质，略有少量的触鞭、甲壳附肢等 |

**表 1-15　冻去头对虾（养殖对虾）的感官质量标准**

| 项　目 | 要　求 | |
|---|---|---|
| | 海牌 | AAA 牌 |
| 鲜度 | 品质新鲜 | 品质新鲜 |
| 色泽 | 呈现该种虾固有的正常自然色泽 | 正常，呈现虾类自然色泽 |
| 气味 | 正常，无硫化氢、氨、三甲胺或其他不应该有的异味 | 正常无异味 |
| 肉质 | 紧密，有良好的硬度及弹性 | 紧密，有弹性 |
| 外观 | ① 对虾头部完全去除，其余部分具有完整良好的形态，允许虾第一节甲壳脱落及尾肢部分残缺，允许有愈合的伤疤和轻微的刺擦伤，不允许有软壳虾。<br>② 甲壳不允许有红变，不得有黑箍和黑斑，虾尾肢允许有轻微黑变。<br>③ 允许颈肉因虾头或肠腺浸染呈现轻微异色（不包括变质红色）。<br>④ 虾体清洁，允许串清水 | ① 虾体完整，允许节间松弛，联结膜可有两处破裂，破裂处虾肉可有轻微裂口，但甲壳不脱落。允许有愈后的伤疤和不大的刺擦伤，允许部分虾尾肢残缺。不允许有软壳虾。<br>② 甲壳发黑，允许有黑箍一个、黑斑四处，黑斑可抵补黑箍。虾尾允许轻微变色，甲壳可有轻微水锈和自然斑点。<br>③ 颈肉允许因虾头感染呈现轻微异色（不包括变质红色）。<br>④ 虾体清洁，允许串清水及局部串血水。 |

**表 1-16　冻对虾仁（养殖对虾）的感官标准**

| 项　目 | 要　求 | |
|---|---|---|
| | 一级品 | 二级品 |
| 鲜度 | 品质新鲜 | 品质新鲜 |
| 色泽 | 呈现该种类虾固有的色泽，允许颈肉因虾头或肠腺浸染轻微变色，不允许虾仁有轻微红变 | 正常，允许有因肠腺及甲壳黑变感染的异色，虾体局部可略显红色 |
| 气味 | 正常，无硫化氢、三甲胺、氨和其他不应有的异味 | 正常，无异味 |
| 肉质 | 紧密，有良好的硬度及弹性 | 弹性、硬度稍差 |
| 外观 | ① 虾仁完整，尾尖肉允许有轻微的残伤。<br>② 61 ～ 70 只规格以上的虾仁要从虾尾倒数第三节处去净前部肠腺。<br>③ 清洁无杂质 | ① 虾仁完整，尾尖肉允许有轻微的残伤。<br>② 61 ～ 70 只规格以上的虾仁要从虾尾倒数第三节处去净前部肠腺。<br>③ 清洁无杂质 |

（2）熟制样品的评定

此法是把样品蒸熟或煮熟后，通过嗅觉闻气味，观察样品色泽或汤汁色泽，品尝滋味、口感从而判定样品鲜度等级的评定方法。具体步骤如下。

1）样品准备

把具有代表性的样品（如鱼则取中段，虾类则随机抽取一定数量）去除不可食部分，洗净、沥水，用铝箔纸严密包好，置于蒸锅中隔水蒸熟，如用汤煮则放置于适量水中煮熟。

2）人员准备

评定人员必须感觉灵敏，且有一定经验。评定前三天内应忌烟、酒及辛辣食物。评定前用清水漱口—咬嚼淡面包—漱口，重复三次。

3）记分表准备

记分表有多种形式，也可根据需要自己设计。表1-17及表1-18是采用10分制记分时的分级标准和记分表形式。

**表1-17　10分制感官分级标准**

<table>
<tr><td rowspan="5">可接受</td><td rowspan="2">非常好的味道</td><td>理想</td><td>10</td></tr>
<tr><td>好</td><td>9<br>8<br>7</td></tr>
<tr><td rowspan="3">在缺乏好产品时可接受</td><td>较好</td><td>6</td></tr>
<tr><td>一般</td><td>5</td></tr>
<tr><td>可接受</td><td>4</td></tr>
<tr><td rowspan="2">不可接受</td><td colspan="2">差</td><td>3<br>2<br>1</td></tr>
<tr><td colspan="2">非常之差</td><td>0</td></tr>
</table>

**表1-18　10分制记分表形式**

| | 气　味 | 色　泽 | 口　感 | 味　道 | 汤　汁 | 平　均 |
|---|---|---|---|---|---|---|
| A | | | | | | |
| B | | | | | | |
| C | | | | | | |
| D | | | | | | |

4）评定

① 首先把锡箔纸打开一个小口子，用手把气味扇至鼻子底下，鉴定食物气味。不论食品质量好坏，不提倡直接用鼻子凑上去闻气味，以免影响对下一个样品的鉴定。鉴定应及时、迅速，防止最后一个鉴定人员鉴定时气味淡化。

② 把锡箔纸完全打开，鉴定食物色泽。

③ 品尝：鉴定食物的口感、味道。

④ 如用汤煮，鉴定汤汁色泽、味道及煮熟过程中散落于汤汁中的碎肉。

5）注意事项

① 每项鉴定后，应及时打分并作记录。评定人员在评定期间，不得交流对某个样品的看法，以免相互影响。

② 为样品编号的人员原则上不参加鉴定。编号情况应对评定人员保密，以免评定人员受主观因素的影响。

③ 评定人数不少于5人，评分汇总时可去掉一个最高分、去掉一个最低分，其他算出平均分，以评定鲜度等级。

**3. 水产品的微生物学方法评定**

由于鱼体在死后僵硬阶段，细菌繁殖缓慢，到自溶阶段后期，由于含氮物质分解增多，细菌繁殖很快，因此测出的细菌数的多少，大致反映了鱼体的新鲜度。一般细菌总数小于$10^4$个/g的作为新鲜鱼；大于$10^6$个/g作为腐败开始，介于两者之间为次新鲜鱼。具体可见表1-19。其测定方法可参照《食品安全国家标准食品微生物学检验　菌落总数测定》(GB4789.2)执行。由于该方法花费时间长(培养时间需24 h)，操作较烦琐，需要专门的实验室，故较多用于研究工作中。

**表1-19　鱼、贝类等生化和细菌总数的鲜度指标**

| 品　种 | 等　级 | 项　目 | | |
|---|---|---|---|---|
| | | 挥发性盐基氮量不得超过/(mg/kg) | pH | 细菌总数不得超过/(个/g) |
| 鲹鱼 | 新鲜 | 15 | ≤6.2 | $3 \times 10^4$ |
| | 次新鲜 | 30 | ≤6.6 | $10^6$ |
| 黄鱼 | 新鲜 | 15 | | $10^4$ |
| | 次新鲜 | 35 | | $10^6$ |
| 带鱼 | 新鲜 | 15 | <6.8 | $10^4$ |
| | 次新鲜 | 30 | <7.2 | $10^5$ |
| 对虾 | 一级 | 25 | 6.8～7.2 | $10^5$ |
| | 二级 | 30 | 6.8～7.2 | $5 \times 10^5$ |
| 梭子蟹 | | 20 | ≤7.5 | $10^5$ |
| 乌贼 | 一级 | 12 | | |
| | 二级 | 25 | | |
| | 三级 | 35 | | |
| 青鱼、草鱼、鲢鱼、鳙鱼、鲤鱼 | 新鲜 | 15 | | $10^3$ |
| | 次新鲜 | 20 | | $10^6$ |
| 鲱鱼 | 新鲜 | 15 | | $5 \times 10^3$ |
| | 次新鲜 | 30 | | $5 \times 10^6$ |
| 湟鱼 | 新鲜 | 10 | | $10^3$ |
| | 次新鲜 | 15 | | $10^4$ |
| 青虾 | 新鲜 | 15 | | $5 \times 10^6$ |
| | 次新鲜 | 25 | | $10^7$ |
| 牡蛎 | | | ≤6.2 | 致病菌不得检出 |
| 花蛤 | | 8 | | $10^7$(参考) |
| 缢蛏 | | 10 | | $10^7$(参考) |

**4. 水产品的物理学方法评定**

用此法主要测定鱼的质地、持水率、鱼肉电阻、眼球水晶体混浊度等。质地测定需专用的质地测定仪。质地包括硬度、脆性、弹性、凝聚性、附着性、咀嚼性、胶黏性等参数。持水率的测定只需一台离心机及称量设备。由于物理学测定还未建立起系统的参照标准，故测定结果只能相对比而言。要准确判断鱼的鲜度等级，目前还较困难。

**5. 水产品的化学方法评定**

此法主要测定挥发性盐基氮(TVB-N)、挥发性硫化物、挥发性脂肪酸及吲哚族化合物量。国内常测的是TVB-N、pH、鲜度指标(*K*值)。一般把挥发性盐基氮的含量30 mg/100 g作为初步腐败的界限标准(具体见表1-19)。pH在鱼死后的各个阶段也不一致,僵硬阶段pH在6 ~ 6.8,自溶阶段pH接近7,腐败开始后pH大于7。因此,可根据pH的不同判别鱼的鲜度。*K*值在20%以下为新鲜鱼,60% ~ 80%为初期腐败。

除上述指标外,对于鲐、鲹等中上层鱼类,还要测定其组胺的含量,因为组胺达到700 ~ 1 000 mg/kg时,会使一些人发生过敏性食物中毒。

## 二、低温保鲜技术

冷藏保鲜是指通过一系列手段使水产品的温度降低但不冻结,并在低温的环境中进行冷藏。传统的冷藏保鲜方法有冰藏保鲜和冷海水(冷盐水)保鲜,自从冰温带被发现后,冰温保鲜和微冻保鲜的研究成为热点,发展相当迅速。

**1. 冰藏保鲜**

冰藏保鲜是指以冰为介质,将鲜鱼的温度降低至接近冰点进行贮藏,又被称为冰冷却保鲜。冰藏保鲜的温度一般在0 ~ 3℃,保鲜时间在7 ~ 12 d左右[10]。根据不同的用途和使用条件,冰藏保鲜有干冰法和水冰法两种。干冰法又称撒冰法,是将冰屑一层一层撒在鱼层上,从而使鱼体温度降低。水冰法是用冰将水温降低到冰点左右,然后将鱼体浸渍其中达到降温的目的。由于冰易造便携、使用方便、冷却无需动力,以及冰鲜鱼的质量与鲜活鱼的生物特性更接近等优点[11],目前这种传统的保鲜方法在水产品保鲜中仍然占有重要地位,是生鲜水产品保鲜运输过程中最常用的技术手段。

黄晓春等[12]对美国红鱼冰藏过程中生化特性及鲜度的变化进行了研究,发现冰藏第7 d时红鱼的TVB-N值为24.49 mg/100 g,仍处于Ⅱ级鲜度(≤30 mg/100 g)。杨文鸽等[13]对大黄鱼冰藏期间的鲜度进行研究,发现冰藏前4 d内大黄鱼的鲜度一直处于一级水平,冰藏11 d后大黄鱼的鱼肉才开始出现腐败,得出冰藏大黄鱼的货架期为10 ~ 11 d。Losada等[14]对分别贮藏于冰浆和冰屑中的鲹鱼的货架期进行了比较研究,研究表明:冰浆贮藏鲹鱼的货架期可以达到15 d,远远高于冰屑贮藏的货架期(5 d)。Özogul等[15]对冰藏条件下欧洲鳗鱼的质量变化进行了研究,欧洲鳗鱼在无冰(3±1℃)的条件下的货架期为5 ~ 7 d,然而在冰藏的条件下其货架期是无冰时的2倍,可以达到12 ~ 14 d。

**2. 冷海水(冷盐水)冷却保鲜**

冷海水(冷盐水)冷却保鲜是把水产品浸渍在−1 ~ 0℃的冷海水(冷盐水)中,从而使鱼体温度得以冷却,达到保鲜抑腐的目的。此方法使水产品的保鲜期达到10 ~ 14 d。冷海水(冷盐水)保鲜一般由制冷剂和碎冰结合共同提供冷却保鲜所需要的冷量。冷却过程中,制冷剂主要提供低温保持阶段所需要的冷量,碎冰的主要作用是使开始阶段被浸渍的渔获物的温度迅速降低。这种保鲜方法操作简单快捷、处理量比较大,缺点是由于吸收水分和盐分,鱼体发生膨胀,鱼肉味道变咸。此方法主要适用于海产品的保鲜,淡水水产品在海水或盐水中会发生变色等不良反应,因此不适用[11]。

李来好等[16]利用冷海水喷淋保鲜装置对褐蓝子鱼和褐菖鲉进行保鲜试验，结果表明：采用冷海水喷淋保鲜褐蓝子鱼和褐菖鲉的效果优于冰鲜，褐蓝子鱼、褐菖鲉的货架期分别达到8 d和7 d。Erikson等[17]对不同冷却处理的大西洋鲑鱼的加工阶段（4 h）和销售阶段（7 h）的保鲜效果进行模拟研究，结果表明加工时用冷海水[(−1.93±0.27)℃]冷藏，销售时用冰冷藏的样品的保鲜效果最佳。Himelbloom等[18]研究了冰藏和冷海水条件下分别贮藏10 d后粉鲑的质量变化，研究表明冷海水条件下粉鲑的质量比冰藏条件下的质量下降得快。

**3. 冰温保鲜**

冰温保鲜是指将食品放在0℃到其冰点之间这一温度区域（冰温带）贮藏。冰温保鲜技术与冷藏保鲜相比，能更好地保持食品的风味和营养，延长货架期；与冻藏保鲜相比，不仅耗能小，而且克服了蛋白质冷冻变性、鱼肉组织破坏和汁液流失等缺点。因此，冰温保鲜受到广大消费者的青睐，得到了快速的发展。

凌萍华等[19]对冰温贮藏条件下南美白对虾的保鲜效果进行研究，研究得到南美白对虾在冰温条件下的货架期达到8 d，与4℃条件下冷藏相比，货架期延长了1倍。梁琼[20]将青鱼片分别放在(−0.8±0.2)℃、(−2.0±1.0)℃和(4.0±1.5)℃的环境下贮藏，结果显示冷藏和微冻条件下的青鱼片分别在实验的第5 d和第8 d时已接近腐败，而在冰温贮藏的青鱼片在第11 d时才接近腐败。Jornet等[21]对冰藏、冰温贮藏条件下的大西洋鲑鱼肉片的新鲜度进行研究，得出冰温贮藏9 d的肉片的新鲜度可以和冰藏2 d后的肉片的新鲜度相媲美，与冰藏9 d的肉片相比蛋白质的变性和降解程度明显小。Fernández等[22]发现−1.5℃冰温和气调结合使用可把鲑鱼的货架期从11 d延长到22 d。

**4. 微冻保鲜**

微冻是将水产品的温度降低到冰点和冰点以下1～2℃之间进行贮藏，又称部分冷冻或过冷却冷藏。水产品微冻保鲜的保鲜期是4℃冷藏的2.5～5倍[23]。低温条件可以抑制微生物的繁殖和酶的活性，作为水产品的主要腐败微生物，嗜冷菌在0℃生长缓慢，温度继续下降，生长繁殖受到抑制，低于−10℃时生长繁殖完全停止[24]。另外经过微冻鱼体中的水分会发生部分冻结，鱼体中的微生物中水分也会发生部分冻结，从而影响微生物的生理生化反应，抑制了微生物的生长繁殖。

李卫东等[25]在−3℃的微冻条件下对南美白对虾的鲜度进行研究，结果表明：微冻18 d后的南美白对虾仍能保持其原有的风味及鲜度，$K$值为23.5%。洪惠等[26]对冷藏和微冻条件下的鳙鱼的品质变化规律进行研究得到：4℃冷藏下的鳙鱼的货架期是6 d，而−3℃微冻的鳙鱼的货架期达到20 d，货架期明显延长。Duun等[27]对鳕鱼肉片进行微冻保鲜，研究表明鳕鱼在−2.2℃条件下微冻与冰藏相比，细菌数量和汁液流失明显降低，产品的货架期显著提高。Beaufort等[28]对零售前的冷熏鲑鱼在微冻条件下的微生物和感官指标进行分析研究，在−2℃贮藏28 d后的鲑鱼感官指标才达到极限，货架期终点的微生物指标符合欧洲标准。

**5. 冻藏保鲜**

冻藏保鲜是利用低温设施使水产品的中心温度降低至−18℃以下，鱼体组织中水分绝大部分发生冻结，然后保持在−18℃的条件下进行贮藏的一种保鲜方法。这种方法的原理是一方面使水产品保持在冻结状态，生成的冰晶体会破坏微生物细胞，从而导致其丧失活性，无法生长繁殖；另一方面低温抑制了酶的活性，使水产品的化学反应变慢，腐败变质的速率降低[29]。正因为如此，冻藏保鲜能长期地保持水产品原有的色、香、味和营养价值，保鲜期可以达到数月乃至1年之久。适用于水产品的冻结方法有空气冻结法、盐水浸渍冻结法、平板冻结法和液氮喷淋冻结法，在冻结过程中冻结的速度和温度对冻结效果影响较大。

孙翠玲等[30]研究了−40℃冻藏条件下缢蛏的品质变化，结果得到：缢蛏的TVB-N值在第26周时才达到17.7 mg/g。5个月后的感官指标仍然处于可接受范围。李汴生等[31]对不同冻藏温度下的脆肉鲩鱼片的品质进行了研究，结果表明：在−30℃贮藏的鲩鱼片的理化指标及感官指标好于−18℃和−25℃。张志广[32]对冷冻条件下养殖大黄鱼品质进行研究得到：将大黄鱼的中心温度速冻至−18℃，再进行常规冻藏的冷冻方法能够更好地保持鱼肉的品质，并指出速冻−冻藏是一种极有应用价值的保鲜加工技术。Lugasi等[33]对贮藏在−20℃的条件下鲇鱼的生物和感官指标分析，研究得到：−20℃贮藏的鲇鱼在5个月后仍然有很好的生物和感官指标，植物保鲜液浸泡后再−20℃贮藏，鲇鱼货架期可以达到7个月。Siddaiah等[34]对在−18℃贮藏的银鲤肉的脂类、蛋白质和鱼糕发泡能力的变化进行研究，实验得出：180 d后银鲤肉的各项指标仍然在可接受水平。

虽然冻藏产品的货架期比较长，但是在冻藏过程中会由于冷库温度波动、空气中氧气存在等原因，发生干耗、冰晶长大、色泽变化和脂肪氧化等现象，导致冷冻产品的质量下降。因此冻藏过程中温度的稳定十分重要。

**6. 其他的低温保鲜技术**

(1) 真空冷冻干燥

真空冷冻干燥是指先将食品中的水分完全冻结，然后在低压条件下使食品中的水分由固态不经过液态直接升华成气态从而达到干燥保鲜的目的。真空冷冻干燥的条件是缺氧、低温和避光，所以水产品中微生物的繁殖和酶的活性受到了抑制，水产品原有的鲜度和各种营养成分的损失率降到最低，尤其是那些较易挥发的热敏性成分[35]。真空冷冻干燥最早是用于菌种、病毒和血清的生产和保藏[36]，随着发展逐渐运用到了食品上。目前有关食品方面的冻干研究以农产品居多，尤其是果蔬类的加工，水产品因表面致密水分不易升华而运用相对较少。而且真空冷冻干燥设备要求高，生产成本高，海参、鲍鱼、鱼翅等名贵水产品干货比较适合运用冻干技术来提高其产品档次和附加值[37]。不过随着冻干设备的不断改进和完善，冻干工艺的不断优化和进步，冻干技术将会更多地运用到生产过程中去，为人们提供更加健康、绿色的食品。

(2) 玻璃化保鲜

玻璃态是指当高分子聚合物的温度在玻璃化转变温度($T_g$)之下时，温度较低，分子能量低使得其热运动变小，而且运动单元小，使得分子没有充足的空间去运动，高分子聚合物失去柔韧性变为像玻璃一样的无定形态的固体[38]。食品在玻璃态下，分子链和链段均处于被凝固的状态，体系中的分子密度大，扩散速率很小，影响食品品质的理化反应的速率十分缓慢，甚至不发生反应，所以食品采用玻璃化贮藏可达到长期保鲜的目的[39]。在玻璃化保鲜过程中，$T_g$的测定是最为关键的一步，$T_g$的测量方法有差示扫描量热法（最常用)、核磁共振法、等效串联电阻法、动态力学热分析法等。水产品富含蛋白质和糖类等大分子或小分子物质及各组分之间的相互作用,使得水产品体系过于复杂,$T_g$的测量有一定的难度[40]。因此,目前这种方法较多地应用在成分相对简单的农产品(如草莓、马铃薯等)的保鲜研究方面。玻璃化保鲜能够更好地保持食品质构和化学成分的稳定性,拥有很好的发展前景,随着此技术研究地不断深入,将会更多地应用在水产品的贮藏保鲜上。

**7. 低温保鲜的展望**

水产品的低温保鲜能在最大程度上保持其原有的色、香、味、形和维生素、蛋白质等营养成分,但在目前研究中也存在一些问题。① 冰藏和冷海水(冷盐水)保鲜虽然是市场上最常用的水产品保鲜方法,但是其保鲜效果不能完全满足消费者需求,有关这些比较传统的保鲜方法的提升研究并不多。时下利用臭氧冰保鲜的研究相对较热,并取得很好的效果。因此,冰藏和冷海水(冷盐水)与一些可溶性、抑菌性的气体相结合进行保鲜有待研究。② 水产品的冰温区很小使冰温保鲜的操作性差,对冰温设备的依赖性增加。但目前有关冰温设施的研究较少或建设成本较高,使得冰温保鲜很难大范围地应用到实际生产中。③ 对微冻过程中引起蛋白质冷冻变性轻重的研究尚存争议,需要进一步深入研究。④ 冻藏也容易引起蛋白质的冷冻变性,而且在冻藏过程中由于冷库温度波动的原因,容易形成大冰晶而影响产品的品质,温度波动对于冻藏水产品影响程度的研究有待进一步的量化。

针对低温保鲜过程中存在的一些问题,并且随着人们对食品质量要求的不断提高,未来低温保鲜的研究方向可能会发生如下改变: ① 由于传统的低温保鲜技术不能满足需求,有关先进的低温设备及全程无间断冷链的研究会日益加强,发展会日益加快,玻璃化保鲜等新型低温保鲜技术将会越来越受到关注; ② 单独的低温保鲜方法由于其自身存在的局限性,将会更多地与其他保鲜方法相结合,随着低温与保鲜剂、气调相结合技术的成熟和完善,低温与高压、辐照等新型保鲜技术相结合的研究会越来越多,并且随着保鲜要求的提高,组合保鲜法会日益多元化,例如,低温、保鲜剂和气调三者相结合等; ③ 由于不同鱼类的组成成分及销售渠道的差异性,可以对鱼类根据不同低温保鲜方法分类贮藏,使其分别达到最好的保鲜效果。

## 三、冰温保鲜技术

### 1. 冰温保鲜技术的原理与特点

(1) 冰温保鲜技术的原理与贮藏方法

冰温贮藏原理是“生物防御反应”,即生物细胞在冰温的胁迫下,为防止被冻结和过多的失水,由糖、蛋白质、高级醇等天然高分子复合物组成了立体网状结构,阻碍了水分子的移动作用,产生了冻结回避,使生物体细胞休眠,从而新陈代谢率、耗能变得最小。这个过程产生的不冻液与各种食品的风味、品质等都有紧密的联系[41]。

冰温贮藏方法有两种: 第一种是将食品温度控制在其冰温带内,从而维持细胞活体状态。这种方式适合冰点稍低、易将温度控制在冰温带内的食品。第二种是当食品本身的冰点较高时,加入一些有机物等冰点调节剂,如氯化钠、蔗糖、葡萄糖、山梨醇等,通过这些成分与生物体之间反应,冰点降低,从而扩大冰温带。

(2) 冰温保鲜技术的优缺点

冰温保鲜技术被视为继冷藏保鲜和冻藏保鲜之后第三代保鲜技术。在保鲜技术上相对于冷藏、冻藏的优点为以下4点[42]: ① 冰温保鲜技术对细胞组织破坏小,有利于保持细胞的完整性。② 冰温保鲜可抑制酶活性和有害微生物的生长繁殖,延缓食品的腐败变质。③ 冰温保鲜可减少食品营养成分的流失,延长食品的货架期。④ 冰温保鲜可降低食品的新陈代谢,在色香味口感上均优于普通保鲜方法,极大地提高了食品的食用品质。鉴于冰温保鲜的一系列优点,该技术被广泛应用。

其缺点为: 环境要求苛刻,对于材料的选择,制冷设备的匹配,各类传感器、气调系统自动化控制元器件等都有很高的要求[43],其中对于温度控制的要求较重要,一般各部分温差不得高于0.3℃,时间段温差不得高于0.2℃,必须严格控制温度波动范围。

**2. 冰温保鲜的两大关键技术**

(1) 恒温技术

冰点越低,生物体分泌不冻液浓度越高,从而更大程度地提高食品品质。这就要求食品在冰温贮藏过程中,必须保存在一个极接近冻结点、温度变化幅度小、温度分布均匀的低温环境中[44]。冰温贮藏保鲜要求温度波动范围小于0.5℃[4]。有研究表明,冰温库冷风机变频调节控制后,可显著延长温度波动周期至13 ~ 15 min,提高温度控制精度在(−1±0.5)℃内[45]。部分研究者已关注温度波动对食品冰温贮藏品质的影响[46,47]。

陈秦怡等[48]研究温度波动对冰温贮藏鸭肉品质的影响,鸭肉在(−3±0.1)℃、(−3±1)℃、(−3±2)℃贮藏,其货架期分别为33 d、33 d、30 d,温度波动会加速蛋白质、脂肪的分解和高铁肌红蛋白(metmyoglobin, MetMb)生成,与恒温相比,肉褐变提前发生,且温度波动越大,以上变化越明显。

(2) 冷冻诱导

食品在降温冷却过程中通过自身适用调节,其组成成分、酶活力、耗能都发生改变,在该过程中生物的细胞状态受到冷却诱导时间、速度影响,使食品的品质、风味、货架期产生差异。冷却诱导的关键技术是5℃到冻结点之间的冷却速度[44],有研究表明从5℃到冻结点的低温驯化过程中,温度降低速度越慢越有利于食品经自身适应调整进入"冬眠"[49],降低呼吸强度、酶活性速率,减少某些食品的冷害发生率,较好地保持原有品质。

李江阔等[50]采用冰温结合低温驯化研究了磨盘柿软化硬度和软化相关物质代谢的影响,将果实于10℃放置12 h,4℃放置12 h,再冷库(0±1)℃放置24 h后放入微孔袋,扎口后置于冰温保鲜库−0.5 ~−0.2℃贮藏0 d、15 d、45 d、75 d。结果表明: 与直接冰温贮藏相比,低温驯化可显著延缓乙烯释放速率的上升,抑制多种酶活性的上升和提高可溶性果胶含量,保持果实硬度,磨盘柿经低温驯化结合冰温贮藏的效果优于直接冰温贮藏的效果。

**3. 冰温对水产品品质的影响**

目前冰温技术在水产品中的研究报道逐渐增多,研究对象有鱼、蟹、贝、虾等。冰温能减少水产品中与腐败有关的挥发性含氮物质的生成，增加与鲜味有关的各种氨基酸含量，如天冬氨酸、谷氨酸等，降低与苦味有关的亮氨酸、异亮氨酸的含量[51,52]。

（1）冰温贮藏对水产品感官品质的影响

感官指标是衡量水产品品质的一项重要指标，一般来说，感官指标的恶化要晚于理化指标。鱼类感官指标主要通过眼、鳃、体表外观、组织形态和组织弹性进行评定。根据水产品的感官评定进行打分，当水产品腐败变质时，其黏性和酸败味会逐渐增加，甚至出现褐变、黑斑及汁液流失增加等。

王亮等[53]研究凡纳滨对虾在冰温贮藏下品质特征的评价中，通过感官评价员的检出力（感官敏感性）、识别力（等级尺度判断准确性）、记忆力（重复及再现一致性）及表现力（感觉表述精确性）对凡纳滨对虾进行气味、外观、滋味、口感和质地等感官评定。结果表明：冰温贮藏期间，虾的熟鲜味在第5 d开始出现显著性差异，去壳后的虾肉腹节连接处也明显褐变，陈腐味加重，咀嚼性、弹性下降。2 ～ 5 d内，虾肉表面逐渐变得黏稠，虾肉的熟鲜气味由浓烈转向清淡。Duun等[54]研究鳕鱼在−2.2℃冰温条件下品质变化，以冷冻贮藏对照，结果表明：与冷冻相比，冰温贮藏鳕鱼的汁液流失率（不高于总重1.5%）要比冷冻组（15 d后高于总重5%）低，且冰温结合真空包装鳕鱼可延长货架期至49 d。

（2）冰温贮藏对水产品微生物的影响

引起食品腐败变质的主要原因是食品内腐败微生物分解和自溶酶作用，而食品在冰温区间保鲜，温度较低，微生物生命活动减慢。在此条件下，水分子有序排列导致可利用自由水降低，所以冰温能抑制多种细菌的生长繁殖，如常见的假单胞菌属、产碱杆菌属、弧菌属、气单胞菌属、肠杆菌科[55]等。

李蕾蕾等[56]研究虾蛄在冷藏、冰温、冻藏条件下，随着贮藏时间延长，细菌总数均不断增加。其中冻藏＜冰温＜冷藏，冷藏最长货架期仅2 d[ 7.25 lg（CFU/g）]，冰温货架期为6 d[ 6.75 lg（CFU/g）]。Liu等[57]研究冰温结合冰点调节剂（蔗糖和山梨糖醇）在鱼糜中的保鲜效果，结果显示：以−1℃冰温、−3℃冰温、−3℃冰温结合冰点调节剂、−18℃冷冻为条件下，鱼糜的细菌总数增加量分别为2.8 lg（CFU/g）、1.8 lg（CFU/g）、1.5 lg（CFU/g）、1.1 lg（CFU/g）（35 d；$p < 0.05$）。其中，冷冻的细菌总数最小，−1℃冰温的细菌总数最多，−3℃冰温条件可抑制细菌生长繁殖，−3℃冰温与−3℃冰温结合冰点调节剂在35 d后都可达到食品可接受细菌数量[ 5.9 lg（CFU/g）和5.5 lg（CFU/g）]。改变冰温条件，−1℃冰温降至−3℃冰温，鱼糜的货架期从21 d增加至35 d[58]。

（3）冰温贮藏对水产品鲜度的影响

在水产品保鲜中，冰温可有效地抑制因微生物和酶的作用产生的鲜度下降。目前测定水产品鲜度的指标主要有*K*值、TVB-N、组胺、三甲胺等。杨胜平等[59]研究发现，在冻结点附近*K*值变化与温度的相关性不连续，在邻近冻结点的温度区域其相关性曲线有一拐点，在拐点附近*K*值变化明显。冰温贮藏罗非鱼等淡水鱼12 d内TVB-N值均处于一级鲜度水平，比目鱼冰温下贮藏，不仅能延长其保鲜期，而且能增加天冬氨酸含量，增加鲜味[50]。

梁琼等[60]研究沙丁鱼冰温成熟时新鲜度的变化显示，−3℃冰温的*K*值虽然比−20℃冻结条件下有所上升，但是与5℃冷藏相比，沙丁鱼的新鲜度仍保持良好状态。蔡慧农等[61]对罗非鱼冷藏期间新鲜度变化及控制的研究中得出，随着感官品质的下降，鱼体组织中的组胺、三甲胺含量增加，这两种物质的含量与鱼体的鲜度之间呈负相关。

（4）冰温贮藏对水产品脂肪的影响

冰温贮藏相较冷藏贮藏能显著抑制水产品脂肪氧化反应。酶水解和自动氧化是导致脂肪氧化的主要原因。测定脂肪氧化程度的主要指标是硫代巴比妥酸（thiobarbituric acid, TBA）。Pearson等[62]研究得出，贮藏过程中脂肪的氧化和色素的改变是引起色泽变化的主要原因，而且红度值的降低也与脂肪氧化有关。

孙卫青等[63]研究冰温贮藏对草鱼鱼糜脂肪氧化和质构变化的效应，以冷藏、冷冻作对照。测定TBA含量得出：冰温组在贮藏前期，TBA值增加不显著，到贮藏后期才显著升高，同时也显著高于冷冻组。冷藏组TBA值的增长率一直高于冰温组和冷冻组。结果表明冰温保鲜草鱼鱼糜可在一定程度上抑制脂肪氧化，但效果不如冷冻鱼糜。胡烨[64]在冰温保鲜大黄鱼的货架期研究中测定了大黄鱼贮藏期间色度$a$, $b$, $L$的变化，$a$在整个贮藏过程中均为负值，冷藏、冰温等处理条件下的变化程度不明显，这是由于大黄鱼的鱼肉偏白，没血色，但$b$为鱼肉的黄蓝程度，在冷藏、冰温中均略有上升，其中冷藏组上升最明显，说明冷藏对脂肪氧化抑制不明显，而冰温对延缓脂肪氧化的效果较好。

（5）冰温贮藏对水产品蛋白质的影响

冰温贮藏虽然较冷藏贮藏延长水产品的货架期，但水产品中蛋白质结构仍会发生改变，Rodriguez等[65]提出肌原蛋白的稳定性直接影响水产品品质。在贮藏过程中，蛋白质发生氧化，破坏肌球蛋白的完整性[23]而变性，影响肌原纤维蛋白的功能特性。测定冰温对蛋白质影响的指标有$Ca^{2+}$-ATPase活性、活性巯基、总巯基和羰基含量等。

何雪莹[66]在冰温保鲜对鲤鱼鱼肉品质特性及其理化特性影响的研究中测定了鲤鱼肌原纤维蛋白结构，测定了$Ca^{2+}$-ATPase活性、活性巯基和总巯基、羰基的含量，得出：虽然$Ca^{2+}$-ATPase活性与冷冻组相比上升，但总趋势不断下降。鱼肉蛋白中的巯基氧化成二硫键，使活性巯基的含量降低，总巯基含量也不断降低，而羰基含量增加。这说明冰温虽能延缓贮藏期间蛋白质的变性，但只能起延缓作用，不能完全抑制。Liu等[67]研究冰温结合冰点调节剂对鲤鱼鱼糜的蛋白质、质构改变的影响，以−1℃、−3℃及−3℃加冰点调节剂（蔗糖：山梨糖醇=1：1）为条件，测定肌纤维蛋白的羰基、巯基、疏水性的变化。实验得出：经过35 d贮藏，肌纤维蛋白的羰基含量从31.4 nmol/mg分别增至53.4 nmol/mg、46.3 nmol/mg、39.7 nmol/mg，说明在−3℃冰温条件下贮藏鱼糜可抑制羰基的形成，且−3℃加入冰点调节剂后显著抑制羰基形成，巯基、$Ca^{2+}$-ATPase含量稳定下降，提高蛋白质表面疏水性。

**4. 冰温保鲜结合其他技术在水产品的应用**

冰温保鲜克服了冷藏和冻藏的种种缺陷，较冷藏延长了水产品的货架期，但冰温保鲜仍会对水产品的品质产生影响，例如，冰温保鲜不能抑制水产品因某些微生物引起的褐变。加上单纯冰温贮藏要求很高，例如，冰温库各部分温差不得高于0.3℃，温度波动范围不得高于0.5℃，所以研究者们将冰温保鲜技术和其他保鲜技术结合起来，在保持水产品的风味、口感、新鲜度上进行了更深入的研究。目前冰温和冰点调节剂、酸性电解液、真空包装、气调包装、生物保鲜剂等相结合，既保持水产品原有鲜度又延长其保存期。冰温与其他技术的结合也将是水产品保鲜的发展趋势。

（1）冰温与冰点调节剂结合的应用

某些水产品的冰点较高，贮藏时不易将其稳定地贮藏在冰温带内，加入冰点调节剂后，由于冰点调节剂与水产品中的组织发生物理化学反应，其组织细胞的冰点降低，扩充了冰温带的温度范围，可较稳定地贮藏水产品。冰点调节剂有多种，如食盐、蔗糖、多聚磷酸盐等，其种类、浓度、环境温度对冰温食品的贮藏来说均至关重要。

何雪莹等[68]在冰温结合冰点调节剂保鲜对鲤鱼肉糜贮存期间品质特性的影响中，研究了−1℃冰温、−3℃冰温、−3℃冰温添加冰点调节剂以及−18℃冷冻贮藏几种不同条件对肉糜的影响，测定菌落总数、硫代巴比妥酸值、挥发性盐基氮和亮度值等指标。得出加入冰点调节剂（主成分为蔗糖和山梨醇）并在−3℃冰温条件下贮藏的肉糜的各种指标含量均显著低于其他贮藏方式的肉糜，表明冰点调节剂可降低鱼肉糜的冰点，抑制微生物生长，延长鲤鱼肉糜的保质期。Zhou等[69]研究冰点调节剂（乳酸钠和海藻糖）对罗非鱼肉糜的影响，研究发现冰点调节剂可阻止巯基氧化形成二硫键，且能显著保护蛋白质疏水基团的暴露及盐溶性的下降。Sultanbawa等[70]对加入冰点调节剂的凌鳕鱼肉糜和肌动球蛋白的结构变化进行研究，研究表明加入蔗糖、山梨醇、乳糖醇、葡聚糖冰点调节剂后，肌动球蛋白的活性巯基都远比未加冰点调节剂的对照样高，而疏水性比对照样低，这表明加入冰点调节剂的肌动球蛋白在低温贮藏时变性比不加的小。

（2）冰温与酸性电解液结合的应用

目前酸性电解液结合冰温贮藏食品的应用较少，酸性电解水原理是将稀NaCl或稀HCl溶液在电解槽中进行电解，离子通过中间的双向渗透迁移到正负电极附近，在正极附近聚集的即是酸性电解水[64]。酸性电解水改变细菌细胞膜的通透性，导致细胞质内容物溢出，细胞质酶失活[71-74]。酸性电解水还可杀灭水产品表面微生物[75]。有研究将酸性电解水与溶菌酶结合应用在带鱼的品质变化上，发现酸性电解水处理带鱼能显著降低带鱼中的细菌总数、挥发性盐基氮、硫代巴比妥酸等含量[76]，而实验结果未说明酸性电解液是否对带鱼的品质造成影响。

胡烨[64]将优化的酸性电解水、冰点调节剂结合起来探讨大黄鱼冰温贮藏关键技术，将大黄鱼贮藏在−4℃和−1.5℃冰温条件下，以4℃冷藏作对照，结果显示，优化的酸性电解液处理大黄鱼，可除去大黄鱼体表大部分细菌，且未对鱼肉的质构、氨基酸等造成影响。优化酸性电解液结合冰点调节剂处理的大黄鱼在冰温条件下贮藏后，持水力、气味变化均优于对照组，贮藏期一级鲜度可达16 d，二级鲜度达24 d。

（3）冰温与气调包装结合的应用

气调贮藏的气体成分一般由$CO_2$、$N_2$、$O_2$按一定比例构成，也会因情况需要添加其他气体。$CO_2$起抑菌效果，$N_2$延缓氧化酸败，抑制好氧菌生长，$O_2$会促进好氧菌生长，抑制厌氧菌的生长，但$O_2$也可促进高脂水产品的酸败，所以一定量的$O_2$适合用于低脂水产品的保鲜[77]。

Duun等[77]在冰温结合真空包装贮藏大西洋大麻哈鱼的研究中，将大麻哈鱼分别贮藏在−1.4℃和−3.6℃中，以冰藏组和冷冻组为对照，研究35 d内鱼肉的组织变化情况，结果表明：贮藏在−3.6℃条件下的大西洋大麻哈鱼质地硬度高于其他组，失水率低，且组织蛋白酶B和组织蛋白酶B＋L活性在所有实验组中均稳定，同时，将冰温结合真空包装后再贮藏在−1.4℃和−3.6℃中，其贮藏期又比单纯冰温贮藏延长1倍。吕凯波等[78]研究各种包装方式对冰温贮藏黄鳝片的品质影响，表明真空或$CO_2$气调包装有利于抑制黄鳝片的细菌生长和TVB-N的产生，23 d后TVB-N含量分别为95.80 mg/kg和89.10 mg/kg，仍可达到1级鲜度（TVB-N≤130 mg/kg），但真空包装会导致冰温贮藏后期黄鳝片肉汁渗出率增大。

（4）冰温与保鲜剂结合的应用

保鲜剂具有延缓氧化、抑菌杀菌、防腐等效果。冰温与保鲜剂结合能更好地延长水产品的货架期。

凌萍华[79]将冰温结合4-己基间苯二酚（4-HR）、柠檬酸（CA）、抗坏血酸（AsA）对南美白对虾进行贮藏保鲜，通过正交试验优化保鲜剂的配方，在不同冰温结合保鲜剂条件下测定多酚氧化酶（PPO）活性、TVB-N、pH 及菌落总数等指标，得出冰温结合保鲜剂既弥补了单纯保鲜剂处理对南美白对虾的黑变具有显著抑制效果但货架期较短的劣势，又弥补了单纯冰温能抑制挥发性盐基氮和菌落总数但抑制虾的黑变能力不足的缺陷。刘骞等[80]在鲤鱼鱼肉糜中添加复合保鲜剂[丁香提取物：维生素C：Nisin=1.5%：0.02%：0.01%（*W*/*W*）]，−1℃冰温贮藏期间，测定鱼糜的品质变化。结果表明，与对照组相比，随着贮藏时间的延长，复合保鲜剂能够显著抑制鱼肉糜的pH（20 d，pH=6.12）、TBARS值（0.426 6 mg/kg上升至0.933 5 mg/kg）、TVB-N和菌落总数（20 d，TPC＜20 mg/100 g）的增加，同时对颜色具有良好的保护作用。复合保鲜剂能延缓鱼肉糜腐败变质，延长其货架期。

**5. 展望**

现今，冰温保鲜技术在国内外水产品的保鲜中应用广泛，尤其日本、美国起源早，发展成熟。国内外研究者发现冰温与冷藏、冻藏相比，不仅保持水产品鲜度，还能延长其货架期，但在某些具体方向仍有待深入研究，例如如下几点。

1）水产品冰温贮藏前期温度降低至冰温带过程中，发现“低温驯化”过程越慢越好，未来可关注不同水产品低温驯化过程的适宜的降温速度。

2）根据栅栏效应将冰温与其他保鲜技术结合是未来水产品保鲜的重要发展方向之一。

3）冰温技术的广泛应用需要发达的“冰温冷链”做基础。冰温冷链包括冰温贮藏、冰温运输、冰温销售一系列过程，其中任何一个环节断冷都将会造成极大经济损失。达到运营成本低、经济效益高、环境污染小的冰温冷链体系需要长期发展。除配套设施改进以外，应加强冰温管理，有关部门应制定冰温冷链相关标准，以便统一和稳定管理冰温冷链一系列过程。

## 四、微冻保鲜技术

### 1. 微冻保鲜技术的产生

1931年，已有专家提出了在贮藏过程中，冷却温度低于细胞液冻结点温度的微冻保鲜方法的概念。在1935年，英国一渔业杂志首次介绍了鱼类经捕捞后，用冷盐水微冻法进行保鲜处理，从而在贮运过程中保证水产品的品质，但是由于人们受到最大冰晶生成带理论的影响，认为最大冰晶生成带在−1 ～−5℃贮藏时应尽快通过，导致微冻保鲜技术一直未受到重视[23]。1967年，葡萄牙捕鱼船远洋捕鱼时，将微冻保鲜技术应用于实践中，开发了通过循环海水将鱼保存在−2 ～−5℃的一整套微冻保鲜系统，在贮运过程中能较好地保证鱼的品质[81]。之后各国相继开展对微冻保鲜技术的研究。20世纪70年代末期，我国南海水产研究所对出海渔船上所捕获的鱼类，采用低温盐水微冻保鲜技术并成功延长贮藏期达20 d以上[82]。近年来，我国研究人员对真鲷[83]、罗非鱼[84]、鲈鱼[85]、大菱鲆[86]、南美白对虾[87]等分别进行了大量微冻保鲜实验，实验结果表明，微冻是一种有效延长贮运过程中水产品保鲜期的贮藏方法，经微冻处理的水产品，在贮藏一定期间内，仍能保持较好的风味、鲜度和营养价值。

**2. 微冻保鲜技术的原理**

微冻保鲜技术和传统的冷藏技术比较，能显著地抑制微生物的生长、繁殖，从而较好地保证贮运过程中水产品的品质及作为生食原料的风味和营养价值。微冻保鲜的原理是在低温条件下，微生物细胞内水分发生部分冻结，低温的内环境使微生物生理功能受到影响，从而限制微生物的生长繁殖。在低温条件下，随着鱼肉组织体内的一部分水分结冰，细菌体内部分水分也相继结冰，因此，内环境的改变使细菌的生理功能受到影响，微生物基本停止生长繁殖。尤其在微冻温度条件下，鱼体上附着的主要腐败菌——嗜冷菌生长、繁殖会受到显著抑制，生命活动程度也大幅度降低，这样就能使水产品在较长时间内保持较高的品质[82]。

**3. 微冻保鲜技术的特点**

微冻技术通过低温手段来抑制微生物的生长繁殖，微冻与冻结相比，微冻过程中所产生的冰晶造成的机械损伤程度小，更能提高贮藏过程中产品的品质。微冻产品的优越性在于通过抑制盐融效应和细胞液浓度的增加，缓解了蛋白质的降解，从而可以更好地维持食品较好的品质，保持了鱼体原有的鲜度和风味，所需产品无需解冻或者解冻时汁液流失少，鱼体表面色泽好鲜度高，微冻技术所需的设备操作也相对简单，运行成本低廉，降温耗能少等[16]。其缺点就是微冻整个过程对温控要求很严格，水分冻结抑制腐败细菌的同时形成的冰晶可能影响水产品的品质[88]。

**4. 水产品常用的微冻技术**

水产品常用的微冻技术有三种：冷盐混合微冻法、冷风微冻法和低温盐水浸渍微冻法[82]。冷盐混合微冻法是通过盐与碎冰的混合出现两种吸热反应来降低温度，一种是冰融化吸热，另一种是盐溶解吸热。但食盐会影响食品原有风味，盐与碎冰的混合过程中，由于冰融化速度快，需要不断及时补冰，导致总耗冰盐量大，一般适合应用于水产品原料的保鲜。冷风微冻法是通过制冷机冷风降温，再转入恒温舱保存。因此冷风微冻法能较好地维持食品鲜度、色泽及外观。低温盐水浸渍微冻法利用盐水传热系数大、冷却速度快的原理，先使用低温盐水浸渍水产品降温，再转入恒温舱做进一步处理。低温盐水浸渍微冻法多应用于水产品原料的处理，因为低温盐水浸渍微冻能有效地延长保鲜期，但水产品盐水浸渍过度会产生不佳的口感，同时盐溶性蛋白的析出使商品的色泽不佳。

**5. 问题及展望**

水产品在微冻过程中理化指标、感官品质、卫生质量方面明显优于冷藏保鲜处理，其保鲜期是4℃冷藏的2.5～5倍[89]。将微冻保鲜技术与气调、保鲜剂等相结合，能进一步优化水产品的保鲜效果，减少贮藏过程中的营养成分流失，保证食用品质和商业价值。目前，主要的研究是有关双栅栏因子的保鲜技术，如微冻和保鲜剂结合、微冻和气调结合，以及微冻和杀菌技术结合等。为了尽量延长水产品的食用期限，并更好地保证水产品的品质，可将三种或三种以上的保鲜手段作为栅栏因子进行科学的组合，通过各种因子之间的交互作用，最大限度地抑制微生物的生长，从而在贮藏过程中保证水产品品质。然而，目前微冻保鲜技术也存在一些问题有待今后深入研究来解决。

1）微冻物流从生产、加工、运输、销售等每一环节温度都要严格把关。任一环节的温度波动，都将对水产品品质、感官和风味产生不良影响。有研究表明，若水产品贮藏温度多次变化则对其品质有较大的负面影响，具体体现在pH、高铁肌红蛋白、TVB-N、菌落总数等指标上升[41]。而且若温度波动大，则微冻会使贮藏的水产品生成不规则的大冰晶，这就会对水产品的品质、感官和风味造成不利影响，为了尽可能控制冰晶生成位置、大小，对微冻贮藏的制冷设备的温度控制就提出了严格要求。

2）我国微冻保鲜研究起步较晚，微冻保鲜技术在水产品贮藏流通过程中还没有得到广泛应用，归根到底是因为微冻保鲜设备研制技术的落后。这就要求我们在掌握了微冻保鲜机理的基础上，加强对于微冻装备的研制，提高其温度控制的精度，保证微冻工艺的准确实施。

## 五、保鲜冰在水产品保鲜中的应用

### 1. 传统冰

传统冰藏保鲜一般是指用天然冰或机制冰将新鲜水产品的温度降低并维持在冰点附近，但不使其冻结的保鲜方法。水产品捕捞后通常立即进行加冰处理来维持其品质，冰藏保鲜不仅能减少贮藏中水产品的温度波动与水分流失，还能最大限度地保留水产品的营养成分[90]。其中，Mathew等[91]用层冰层鱼的方法冷藏斜齿鲨，发现其在12 d时鱼肉的凝胶形成能力略有下降。周忠云等[92]发现，在0℃条件下对松浦镜鲤作冰藏处理，得出其保鲜效果明显优于冷藏。徐慧文等[93]在0℃对经解冻处理的金枪鱼分别进行冰藏和冷藏。结果表明，冰藏能减缓金枪鱼中微生物的生长速度，对鱼肉TVB-N值、TBA值与高铁肌红蛋白的升高也有较好的抑制作用，能使金枪鱼的贮藏期相应延长。包玉龙等[94]以鲫鱼为研究对象，通过感官分值和鲜度指标分析其在冷藏和冰藏条件下的品质变化规律。研究发现，鲫鱼在冰藏时各指标的变化速率低于冷藏，与冷藏相比，冰藏可延长鲫鱼货架期2 d。

传统冰的使用虽方便快捷，但其用量易受外界温度、包装容器隔热效果与贮藏时间的影响，且易造成样品的机械损伤。因此，在使用传统冰进行保鲜的同时，可适当考虑采用其他方式加以预处理，电子束辐照处理则是其中之一。此法主要利用电子加速器产生的低能或高能电子束辐照食品，产生物理效用、化学效应与生物学效应，具有不存在放射性及核泄漏等安全性问题的特点[95]。电子束辐照作为冷杀菌技术之一，可通过高能脉冲与细胞核内物质发生交联反应，破坏细胞内DNA，使微生物无法正常生长繁殖[96]。电子束辐照技术在肉制品、农作物和果蔬的杀菌保鲜上应用较广泛，近年来也逐渐在水产品保鲜中加以应用。现有研究证明，电子束辐照可抑制水产品在贮藏期间的微生物生长和品质劣化[97,98]。刘冰冰等[99]研究了电子束辐照对美国红鱼冰藏期间品质的影响。结果发现，电子束辐照处理可延缓样品冰藏期间TVB-N值和POV值的上升、降低其菌落数，在辐照剂量为4 kGy时，与未经辐照处理的对照组相比，可使其货架期延长6 ～ 7 d。

**2. 臭氧冰**

臭氧是一种具有特殊气味和强氧化性的不稳定气体，因其具有杀菌力强、杀菌谱广、可自行分解、不产生残留污染等优点，被誉为世界上最洁净的消毒剂，现已被广泛应用于食品保鲜与加工等领域中。但由于臭氧极不稳定，常温条件下难以保存，从而大大降低了其实际作用效果。

臭氧冰是用臭氧发生器产生臭氧，用高效涡旋泵气水混合装置将其与水混合形成臭氧水，并送入制冰机或置于低温环境下使其冻结制成臭氧冰[100]。其不仅保持了臭氧原有的性能功效，还具有保鲜效果好、使用方便的优点。早在20世纪30年代就有关于使用臭氧冰保鲜鱼类的报道，发现其可使产品保鲜期延长2倍[101]。Blogoslawski等[102]利用臭氧冰保鲜墨鱼和鲑鱼，通过与传统冰比较发现，臭氧冰处理组样品的菌落总数降低了4个对数值，且无不良气味。Nelson[103]用臭氧冰保鲜阿拉斯加鲑鱼，得出臭氧冰处理组样品的保鲜期较普通冰对照组样品延长了2 d。徐泽智等[104]用臭氧冰进行对虾和罗非鱼保鲜效果研究。结果表明，5 mg/kg臭氧冰处理后的样品，其菌落总数比对照组减少91%以上，且能延缓TVB-N值的升高，使其保鲜期延长3 ～ 5 d。黎柳等[105]结合菌落总数、感官与理化指标分析研究了臭氧冰与电解水冰对东海白鲳的保鲜效果。结果显示臭氧冰和电解水冰均能有效抑制微生物的生长繁殖，保持鲳鱼的良好品质，显著延长其货架期。

臭氧冰主要通过其在保存过程中的融化缓慢释放臭氧，对鱼、虾体表面细菌的生长产生抑制作用，从而在水产品保鲜中得到利用。因此，臭氧冰的使用不仅解决了臭氧的保存与运输等问题，也为水产品保鲜提供了新的途径。

**3. 流化冰**

流化冰是指由冰粒子和载液组成的两相均匀混合物，载液主要为纯淡水或由水和冰点抑制剂构成的二元溶液。其冰晶粒子直径大小为0.2 ～ 0.8 mm，载冷能力是普通冷冻水的1.8 ～ 4.3倍[106]。流化冰具有3个显著特点：① 降温速率快，主要源于其具有很大的传热面积和很高的热传递能力；② 由于流化冰与传统冰相比是微小的球形颗粒，其可减少产品的机械损伤；③ 流动性良好，可用泵直接输送而不堵塞管道[26,27]。基于以上特点，流化冰现已被应用于水产品保鲜中。

王强等[106]使用流化冰进行南美白对虾冷藏，分别以传统碎冰与普通冷藏作对照处理，由感官评价和理化指标测定发现，经流化冰保鲜处理的虾体组织结构及色泽能获得最大程度的保持，且其理化指标（如pH与TBA值）显著低于传统碎冰和冷藏保鲜组。Rodríguez等[65]分别用流化冰和片冰冷藏养殖比目鱼40 d，对样品进行感官、微生物与生化指标测定。结果表明，流化冰可减缓核酸降解与脂肪氧化，使三甲胺、挥发盐基氮与微生物数量维持在较低水平。Múgica等[107]研究发现，用流化冰冷藏鳐鱼可显著延缓其生化降解速率与微生物数量的增长($p < 0.05$)。Kilinc等[108, 109]在贮藏前用流化冰分别对海鲷鱼和海鲈鱼、沙丁鱼进行预处理并结合感官、微生物和化学分析，研究其在冷藏、冷冻期间对三种鱼品质变化的影响。研究发现，用流化冰预处理可有效延长其贮藏货架期。Oscar等[110]研究得出流化冰可降低鳕鱼贮藏期间的核苷酸降解速率，降低脂肪氧化速度，抑制TBA值与TVB-N值的升高。

流化冰以其迅速降温冷却的优点而被广泛应用，但其使用期间易受水产品表面的微生物污染，从而导致样品间的交叉污染。此外，中国在流化冰保鲜的研究方面尚处于初始阶段，在流化冰制备和保鲜基础理论研究等方面还不成熟。因此，可适当考虑将其与其他技术相结合，从而进一步拓展流化冰的应用范围。臭氧流化冰也为当下应用拓展方式之一。将流化冰与臭氧结合使用，不仅扩大了臭氧的应用范围，也可以利用臭氧的杀菌效果提高流化冰的抑菌保鲜作用。现有研究[111]表明，臭氧流化冰能在冷藏梅鱼时显著减缓蛋白质的变性降解，抑制肌肉组织的劣变和质地软化，保护蛋白质的空间结构不受破坏，抑制细菌总数的增长，由流化冰和臭氧流化冰处理的梅鱼货架期同碎冰处理组样品相比，能分别延长7 d和9 d。Campos等[112-114]用臭氧流化冰分别对沙丁鱼、养殖比目鱼和帆鳞鲆进行冷藏，通过对冷藏期间样品的感官、理化指标和微生物加以分析，综合评价臭氧流化冰对样品的保鲜效果。研究表明，与单一流化冰和普通冰相比，臭氧流化冰可明显减缓冷藏沙丁鱼肉TVB-N值与三甲胺氮(TMA-N)值的上升，使其货架期由传统冰的8 d、流化冰的15 d延长至19 d；同时，还能明显降低养殖比目鱼冷藏期间的菌落总数和TMA-N值，使其货架期从7 d延长至14 d；帆鳞鲆的冷藏货架期则可从14 d延长至20 d。陈伟等[115]以南美白对虾为研究对象，评价臭氧流化冰对南美白对虾的保鲜效果。结果表明，臭氧流化冰对南美白对虾中的细菌有显著的抑制作用，能延缓TVB-N值的升高，有效保持其感官品质，浓度为10.0 mg/L的臭氧流化冰处理南美白对虾20 min后可延长其保鲜期6 d。

**4. 电解水冰**

电解水是在二槽隔膜式电解槽中电解一定浓度电解质溶液后，在阳极生成具有氧化能力的酸性电解水和在阴极生成具有还原能力的碱性电解水。酸性电解水由于具有低pH、高氧化还原电位和一定的有效氯含量而能快速高效杀灭各种病原菌。李秀丽等[116]以熟制虾仁为研究对象，用酸性电解水对其进行处理，结果表明在pH为3.0、料液比1：2($m$：$V$)与浸泡时间25 min时，样品的菌落总数与对照组的4.79 lg(CFU/g)相比，减至1.94 lg(CFU/g)。

近年来，电解水冰正逐步成为一种新型的冷杀菌保鲜技术。该技术不仅结合了普通冰的低温优势，还能发挥电解水快速、广谱杀灭微生物的优点。张越扬等[117]用酸性电解水对冷冻金枪鱼肉进行浸渍处理，使其表面形成具有阻隔空气，防止不良氧化反应作用的冰衣，金枪鱼的保鲜效果评价表明，酸性电解水冰衣可通过缓慢释放有效氯，结合其高氧化的还原作用，有效降低冻藏金枪鱼中的菌落总数与TVB-N值，对鱼肉色泽和质构特性具有良好的保持作用。Phuvasate等[118]分别用电解水和电解冰处理食物接触表面(陶瓷、不锈钢)和鱼皮(大西洋鲑鱼、金枪鱼)，由微生物分析发现，有效氯含量为50 mg/L的电解水可作为食品接触表面产组胺细菌的杀菌剂；将鱼体贮藏在含100 mg/L有效氯的电解水冰中可分别将产气肠杆菌和摩氏摩根菌减至2.4 lg（CFU/$cm^2$）和3.5 lg（CFU/$cm^2$）。Wang等[119]通过测定对虾的化学、微生物指标和多酚氧化酶活性来探究酸性电解水冰在黑暗条件下对样品品质的影响。研究表明，酸性电解水冰可有效抑制微生物的增长、降低TVB-N值的升高，且能钝化多酚氧化酶的活性。杨琰瑜等[120]以传统冰衣处理为对照，评价酸性电解水镀冰衣对单冻南美白对虾虾仁的保鲜效果，通过冻藏虾仁的感官分析与微生物数量评价酸性电解水冰衣的作用效果，结果表明pH为4.5与6.0的酸性电解水冰衣对单冻虾仁的抑菌效果显著，且对虾仁感官品质无显著性影响。Kim等[121]研究发现，酸性电解水冰对秋刀鱼肉冷藏期间好氧菌和嗜冷菌的生长有明显抑制作用。Feliciano等[122]研究得出电解水冰可减少鱼片中的大肠杆菌和假单胞菌数。通过以上研究，进一步证实了电解水冰具有广谱抑菌性与延长食品贮藏货架期的优点。

在水产品保鲜过程中，随着时间延长，电解水冰pH逐渐升高，氧化还原电位和有效氯含量则会随之降低，杀菌效果也会受到影响。因此，加强对电解水冰的挥发动力学研究将有助于将其更好地应用于水产品保鲜。

**5. 生物保鲜冰**

生物保鲜剂是指从动植物、微生物中提取或利用生物工程技术获得的对人体安全的保鲜剂。按其来源可分为4类：① 从天然植物中提取的物质，主要有茶多酚（tea polypherols）、大蒜素等；② 从微生物产业中提取的产品，如乳酸链球菌素、纳他霉素等；③ 用人工方法从动物体内制得的产品，主要有壳聚糖（chitosan）、蜂胶（proplis）等；④ 生物酶类保鲜剂，包括溶菌酶、葡萄糖氧化酶等[46-47]。生物保鲜剂的来源不同，其保鲜机制也各有差异，作用效果主要体现在杀菌、抗氧化、降低酶的活性与成膜阻绝空气等方面，也有部分学者[123]通过研究细胞分子的变化阐释生物保鲜剂的作用机理。生物保鲜剂因其安全无毒等优点而被广泛应用于水产品保鲜中，将其与冰藏相结合制成生物保鲜冰应用于水产品保鲜，现已成为水产品冰藏保鲜的新趋势。

其中，黎柳等[124]以鲳鱼为研究对象，用含植酸（phytic acid）、茶多酚的生物保鲜冰贮藏鲳鱼，通过指标测定对其效果进行评价。结果表明，与普通冰相比，植酸组和茶多酚组可使鲳鱼的货架期分别延长1 ～ 3 d和6 ～ 11 d。Bensid等[125]通过在冰中分别添加0.04%百里香提取物、0.03%牛至提取物和0.02%丁香提取物进行欧洲鳀冷藏，由相关指标测定结果表明，3组植物提取物保鲜冰处理组的保鲜效果明显优于传统冰组，使其货架期从9 d延长至12 d。然而，生物保鲜剂冰的抑菌机理尚不明确，单一生物源保鲜剂由于其自身特点，例如，溶菌酶仅能分解芽孢细菌的活细胞而对芽孢不产生影响，且对酵母菌、霉菌和革兰氏阴性菌无作用效果；壳聚糖水溶性差、干燥难度大，用于涂膜保鲜工作效率低等，保鲜效果也不尽理想。此外，部分生物保鲜剂的提取成本过高，对其活性成分的纯化和结构鉴定亟待深入研究。不同种类的单一保鲜冰由于其自身特点与作用机制各不相同，使其在水产品保鲜上的应用存在着一定的局限性。

生物保鲜剂由于其来源广泛，可从动植物、微生物中获取，具有广谱抗菌性、高效性与相对安全性的特点，通过各种生物保鲜剂的复配使用，可解决其获取难度大与使用成本高的不足。已有研究表明，将生物保鲜剂复合使用可有效延长水产品的货架期，减缓水产品的品质劣变。吴雪丽等[126]将0.2%茶多酚、1.5%羧甲基壳聚糖与0.3%蜂胶提取液复配用于0℃条件下的扇贝贮藏，结果表明复合保鲜剂可延缓扇贝中的蛋白质降解与感官品质下降、抑制微生物生长，延长其贮藏期；谢晶等[127]用含0.07%植酸、1.5%壳聚糖和0.1% ε-聚赖氨酸的复合生物保鲜剂对南美白对虾进行防黑变保鲜，结果表明该复合保鲜剂能有效抑制其黑变，使产品的冷藏货架期从3 ~ 4 d延至6 ~ 8 d。在此基础上，将复合保鲜剂制成保鲜冰，使复合保鲜剂在水产品贮藏过程中随着冰的融化持续渗入样品而发挥其作用。

**6. 展望**

随着人们对水产品的需求量逐年递增，采用经济适用、高效安全的保鲜方法将成为水产品保鲜技术研究发展的新趋势，生物保鲜冰也因其独具优势而必将在水产品保鲜上得到广泛应用。为获得全面有效的抑菌保鲜效果，将不同类型保鲜冰复配或结合保鲜剂开展的生物保鲜冰研究也逐渐为国内外研究工作者所熟悉。在此基础上，生物保鲜冰作为水产品保鲜的新兴研究领域，必将使水产品保鲜技术朝着安全无毒、高效节能的方向发展。

## 六、气调保鲜技术

气调包装（MAP）是通过改变一定封闭系统中气体组成，得到不利于微生物生长繁殖的环境，从而抑制微生物的生命活动，达到减缓食品质量降低速率、延长食品货架期的目的。国内外众多研究表明气调保鲜与其他保鲜技术结合还能显著延长水产品的货架期。

**1. 气调保鲜的气体组成**

气调包装中的气体通常是由二氧化碳（$CO_2$）、氧气（$O_2$）、氮气（$N_2$）、一氧化碳（CO）根据实际需要以一定比例混合而成。气体在气调包装中有着不同的作用，不同保鲜食品需要不同的气体组成。

（1）二氧化碳

$CO_2$能降低细胞的呼吸作用，延缓细胞的新陈代谢，同时$CO_2$能溶解于食品，形成弱酸性环境，降低食品的pH，从而抑制微生物的生长。$CO_2$对一些需氧微生物、革兰氏阴性低温菌的抑制作用明显[128]。有研究表明$CO_2$的抑菌浓度范围是25% ~ 100%[77]。杨胜平等[129]通过比较不同体积分数$CO_2$对冷藏带鱼品质的影响实验，发现$CO_2$浓度为80%组对微生物的抑制效果最好，第14 d菌落总数为4.93 lg（CFU/g），远低于浓度为60%组和40%组。Lu[130]通过对比空气包装、气调包装（40% $CO_2$ /30% $O_2$/30% $N_2$）和气调包装（100% $CO_2$）3种气调方式下中国对虾货架期的变化。研究结果表明气调包装（100% $CO_2$）的货架期达到17 d，而空气包装为13 d，随着$CO_2$浓度的提高，其对微生物的抑制作用越明显。

（2）氧气

环境中$O_2$的浓度是影响微生物生命活动的主要因素之一。$O_2$能促进需氧微生物的生长繁殖和酶促反应，也能抑制厌氧微生物的生长繁殖，$O_2$能保持鲜肉的色泽，$O_2$也能引起水产品脂肪的酸败。阮贵萍[131]究表明高氧环境减弱了$CO_2$对好氧菌的抑制作用，但较好地保持了肉的色泽和嫩度。Hovda等[132]对比了高氧环境下和无氧环境下大比目鱼在4℃下的贮藏情况，研究表明大比目鱼贮藏在气调包装50% $CO_2$/50% $O_2$中比在气调包装50% $CO_2$/50% $N_2$中的保鲜效果更好，由于$O_2$的存在，高氧组能更好地抑制嗜冷菌的生长繁殖。Ioannis等[133]比较了60% $CO_2$/40% $N_2$（A）和92.9% $N_2$/5.1% $CO_2$/2% $O_2$（B）两种气调环境下虾的理化和微生物变化，结果表明：由于$O_2$的存在，A组对虾中假单胞菌的抑制效果最显著。

（3）氮气

$N_2$是一种无毒、无色、无味且化学性质稳定的气体。由于其化学惰性，在气调保鲜中多用于充当保护气体，维持包装的饱满外观，同时稀释包装中的$O_2$，抑制需氧微生物的生长繁殖，防止高脂肪水产品因$O_2$而发生酸败变质。Chia等[134]研究表明气调包装100% $N_2$组相比于空气包装和100% $CO_2$组，能提高盐溶蛋白的稳定性。

（4）一氧化碳

CO在气调包装中的主要作用是与肌红蛋白形成稳定的红色的一氧化碳肌红蛋白（MbCO），从而使肉制品在贮存过程中能长期保持鲜红色，提高食品的感官品质。Wilkinson[135]研究了充有CO的气调保鲜对新鲜猪肉品质的影响。研究结果表明添加有0.4% CO包装中肉颜色的明亮度和新鲜度都要比100% $CO_2$组效果好，且CO对腐败微生物的生长无影响。但CO具有毒性，Oddvin等[136]研究表明气调包装中CO体积分数低于5%的浓度不会对消费者身体造成有毒危害。CO在气调包装中的运用多见于对鲜猪肉和牛肉的保鲜，在水产品中的应用较少。含CO的气调包装对金枪鱼、三文鱼等肉色鲜艳的鱼类保鲜也有一定的应用。

**2. 影响气调保鲜效果的因素**

（1）水产品前处理

水产品死后的品质变化呈现出三个阶段。① 僵硬阶段：此阶段鱼肉的新鲜度与活体差距不大，处于优良鲜度。② 自溶阶段：此阶段鱼肉硬度降低，原有风味变化，鲜度降低。③ 腐败阶段：此阶段腐败微生物大量繁殖，产生各种代谢产物，鱼肉腐败变质。水产品气调包装的保鲜效果与水产品包装前处理关系密切。原料鱼的微生物数量越少，后续的保鲜效果越好。Gioacchino等[137]对比了1℃下$O_3$结合气调包装（50% $CO_2$，50% $N_2$）处理、气调包装（50% $CO_2$，50% $N_2$）和空气包装三种保鲜方式下红鲻鱼品质的变化，实验结果表明经$O_3$处理并结合气调包装的鱼的保鲜效果明显优于其他两组，这是由于$O_3$对微生物具有抑制作用。Nilesh[138]对比了经过绿茶提取物处理过的太平洋白对虾结合气调保鲜与无处理气调保鲜虾品质的变化，实验结果发现处理组在微生物繁衍、虾颜色变化等方面的抑制效果均优于未处理组。

（2）贮藏温度

贮藏温度是影响水产品货架期的最重要因素，温度是影响微生物代谢活动和酶活性的主要原因，温度越低活性越低。温度还可以影响包装材料的阻隔性，从而影响包装环境内的气体比例组成。马海霞等[139]采用冰温结合气调对罗非鱼进行保鲜研究，实验结果发现气调结合冰温能显著地延长罗非鱼的货架期。Nejib等[140]研究表明0℃下的黄鳍金枪鱼相比于8℃和20℃，从微生物菌落总数、感官等方面都显示出更好的保鲜效果。国内外众多研究表明气调保鲜与低温结合保鲜效果更明显。Thomas[141]研究了在3℃、7℃、12℃三种温度下真空、空气、100% $CO_2$三种气调包装虾体内的李斯特菌的生长情况。研究结果表明3℃ 100% $CO_2$气调包装能更好地抑制李斯特菌的生长，更好地延长了虾的货架期。

（3）包装材料

气调包装材料是影响气调保鲜效果的最重要因素之一。包装材料有严格的阻隔率要求，包装材料决定气调环境的稳定性和气体比例的变化。包装材料还应考虑其热成型性和密封性及安全性。刘永吉[142]比较不同包装材料对气调包装鱼糜制品的品质影响。研究结果表明保鲜性能优劣的次序是PVDC/CPP材料＞PET/CPP材料＞PP/CPP材料，对应的鱼糜制品的货架期分别为42 d、28 d、21 d。张敏[143]研究了50% $O_2$、50% $CO_2$气调比例下猪肉在不同材料中的保鲜效果，从肉的颜色变化、菌落总数等结果表明保鲜效果好坏依次为：高阻隔性材料（BOPP/AL/PET/CP复合膜）＞良阻隔性包材料（BOPP/PA/CP复合膜）＞中阻隔性包装材料（PET/CP复合膜）＞低阻隔性材料（BOPP/CPP复合膜）。

（4）气体比例

不同的食品需用不同的气体比例。彭城宇等[144]研究了罗非鱼在100% $CO_2$、70% $CO_2$/30% $N_2$、50% $CO_2$/50% $N_2$、30% $CO_2$/70% $N_2$ 4种气调比例下的品质变化，结果表明70% $CO_2$/30% $N_2$组保鲜效果最好。刘永吉等[145]对比了0℃贮藏的鱼糜制品在空气包装、低氧气调包装（60% $CO_2$＋10% $O_2$＋30% $N_2$）、无氧气调包装（60% $CO_2$＋40% $N_2$）中保鲜效果，研究表明无氧气调包装（60% $CO_2$＋40% $N_2$）组鱼糜制品货架期可高达47 d。吕飞等[146]对比空气、真空、MAP（60% $N_2$/40% $CO_2$）、MAP（100% $CO_2$）4种包装方式对醉虾贮藏品质的影响，研究结果表明60% $N_2$/40% $CO_2$的气体比例更适合醉虾的贮藏。

（5）充气比率

充入包装容器的气体体积与包装容器内物料体积比影响着物料的货架期。Morten[147]研究表明贮藏在0℃、MAP（63 mL/100 mL$O_2$ ＋37 mL/100 mL$CO_2$）、气体体积与鳕鱼体积比2∶1的环境中鳕鱼保鲜效果最好。Fagana等[148]研究了鳕鱼、鲭鱼、鲑鱼在冷冻结合气调包装保鲜条件下的品质变化，鱼、气体积比为1∶3，研究结果表明鲭鱼（60% $N_2$/40% $CO_2$）、鲑鱼（60% $N_2$/40% $CO_2$）、鳕鱼（30% $N_2$/40% $CO_2$/30% $O_2$）结合冷冻都表现了良好的保鲜效果。李杉等[149]研究了恒定气体组成70% $CO_2$/30% $N_2$的气调包装，充气比率分别为2∶1、3∶1、4∶1和5∶1条件下罗非鱼品质的变化，结果表明充气比率为3∶1～4∶1的气调包装能显著地延长罗非鱼的货架期。

（6）其他因素影响

单一的气调包装保鲜方式已不是当今的发展趋势，多方式的结合逐渐成为保鲜的主流。盐渍、生物保鲜剂和高压等与气调包装的结合代替了单纯的气调保鲜。Yang等[150]研究表明4℃真空保存下经过电子束照射的大西洋鲑鱼片其货架期能显著地延长。轻盐腌制的鳕鱼产品保质期是短暂的，而在María等[151]的研究中发现轻盐腌制结合气调在低温下保存的鳕鱼货架期更长，保鲜效果更好。Amanatidou等[152]研究表明气调（50% $CO_2$，50%$O_2$）结合高压（150 MPa，10 min）处理新鲜大西洋鲑鱼能显著地延长其货架期。李丽娜等[153]研究表明采用−3℃微冻结合气调包装（60% $N_2$/40% $CO_2$）和生物保鲜剂（乳酸链球菌素、溶菌酶、氯化钠、甘氨酸、山梨酸钾、维生素C)处理毛蚶能使其货架期高达25 d。

### 3. 气调保鲜对水产品品质的影响

(1) 对水产品特定腐败菌和微生物菌落总数的影响

水产品的腐败变质主要是由微生物引起的,在捕捞到销售过程中水产品受到多种微生物的污染,但引起产品腐败的只是小部分特定腐败菌(specific spoilage organism ,SSO)。不同条件下水产品的特定腐败菌也不尽相同。真空或气调包装由于对好氧菌的抑制,磷发光杆菌和乳酸菌是特定腐败菌;冷藏环境下,特定腐败菌是希瓦氏菌和耐冷的革兰氏阴性菌假单胞菌[154]。大量研究也表明不同气体比例的气调保鲜对水产品菌落总数的影响较大。David等[155]通过PCR技术检测大西洋鲑鱼在高$CO_2$浓度的气调包装结合低温保存下微生物的生长情况,结果表明在30 d后,大西洋鲑鱼中的特定腐败菌是假单胞菌。3℃ $CO_2$气调保鲜能显著地抑制李斯特菌和低温嗜冷菌的生长[28]。Hovda等[156]研究了不同气调环境下鳕鱼中的优势微生物,研究结果表明50% $CO_2$∶50% $O_2$组中假单胞菌是特定腐败菌,而50% $CO_2$∶50% $N_2$或空气环境下,发光杆菌属、假单胞菌、腐败希瓦氏菌属是特定腐败菌,这与两组中$O_2$的浓度有关。Qian等[157]研究了4℃、80% $CO_2$/10% $O_2$/10% $N_2$气调环境对虾中肉食杆菌、腐败希瓦氏菌和杀鲑气单胞菌三种特定腐败菌的影响,结果表明气调环境能很好地抑制革兰氏阴性腐败菌(腐败希瓦氏菌和杀鲑气单胞菌)的生长。

(2) 对水产品品质的影响

气调保鲜对水产品的品质影响表现在颜色、气味、汁液流失、弹性、挥发性盐基氮等方面。Özogul等[158]通过对比空气、真空、气调包装60% $CO_2$/40% $N_2$ 3种保鲜环境下沙丁鱼品质的变化,结果表明气调保存15 d的组胺含量低于真空和空气的,气调组的TVB-N值也远低于真空和空气包装组,*K*值也具有相同趋势。Ioannis等[133]比较了气调包装A(60% $CO_2$∶40% $N_2$)、气调包装 B(92.9% $N_2$/5.1% $CO_2$/2% $O_2$)和空气对照组3种气调方式虾的品质变化,结果发现保存5 d的后气调包装 B的硬度高于气调包装 A和对照组。Qian等[159]研究南美白对虾在不同$CO_2$浓度气调环境下的品质变化,结果表明气调包装(80% $CO_2$/15% $N_2$/5% $O_2$)组TVB-N和TVC值最低,白度、感官评分和PPO活性值最高,说明高$CO_2$浓度气调包装能显著提高虾的品质。在气调包装中,多数水产品都有汁液流失的问题而降低产品的感官价值。杨胜平[129]采用不同浓度$CO_2$气调包装带鱼得出相似结果,气调包装组中带鱼汁液流失率高于空气包装组,随着$CO_2$浓度的增加,汁液流失率越高。

(3) 对水产品安全性的影响

气调包装不仅要考虑对食品的保鲜效果,更应考虑到食品的安全性。水产品在加工过程中不仅感染了特定腐败菌,还可能感染了致病菌。气调比例与其他保鲜方法的结合对致病菌的研究就显得必不可少。水产品中常见的致病菌包括:沙门氏菌、肉毒梭状芽孢杆菌、单增李斯特菌、副溶血性弧菌、金黄色葡萄球菌、志贺氏菌等。低温下气调包装贮藏能抑制沙门氏菌、副溶血性弧菌、金黄色葡萄球菌、志贺氏菌的生长繁殖,但单增李斯特菌、肉毒梭状芽孢杆菌能在低温气调包装环境下增长繁殖[160]。张春琳等[161]研究表明0℃左右,低水分活度,再结合高浓度$CO_2$的气调包装有利于控制单增李斯特菌的繁殖。

Mejlholm等[162]研究表明虾通过盐渍再结合苯甲酸、柠檬酸、山梨酸在7℃能抑制单增李斯特菌的生长达40 d，但气调包装对单增李斯特菌的抑制效果并不明显。如何更好地利用气调技术抑制致病菌的增长繁殖，增加食品的安全性还需要更多的研究。

**4. 讨论与展望**

目前我国气调包装大多应用于果蔬保鲜，对水产品的应用还处于发展阶段，随着气调保鲜技术的发展与成熟及对气调保鲜的进一步认识，气调保鲜在水产品方面的应用具有广阔的发展空间。当然气调保鲜也将面临更多的问题，例如，怎么更好地达到水产品安全优质美观保鲜的目的，这需要更多种类保护气体的运用，如多方式与气调保鲜的结合即栅栏技术的运用等；新型包装材料的研发以使气调环境更加稳定，同时可以改变传统气体包装的外观，使产品能更规范地堆放，节省运输和贮藏成本。

## 第三节 生物保鲜剂在水产品保鲜中的应用

近年来全球海鲜市场活跃，产销量呈现增长趋势。2007年全球海鲜产量为1.007亿t，2014年增长至1.098亿t，消费量从2007年的9 260万 t增长至2014年的1.014亿t[163]。随着海产品产销量的增长，其贮运过程中的保鲜技术对其经济价值及食用价值的影响逐渐增大，而海产品品质下降的一个主要原因是内源性蛋白水解酶和细菌的频繁活动，所以找到有效的方法抑制其腐败对延长货架期有重要意义。

化学保鲜方法是最传统的保鲜方法之一，它利用化学试剂作为防腐剂。即使化学保鲜能够控制酶的活性并且在一定程度上抑制微生物繁殖，但是它可能会在食品中引入一些未知的化学污染物。随着化学保鲜引发的安全问题越来越突出，生物保鲜技术逐渐引起人们的关注[123]。生物保鲜剂是指从动植物和微生物中提取或利用生物工程技术改造而获得的对人体安全的具有保鲜作用的天然物质。生物保鲜技术因其具有天然、安全和方便等优点，逐渐成为海产品保鲜技术的研究重点。本节首先分类概述生物保鲜剂，然后详细阐述了其在海产品中的应用及展望。

### 一、生物保鲜剂的分类

根据来源和性质的不同，生物保鲜剂可分为植物源性、动物源性、微生物源性和酶类生物保鲜剂及复合生物保鲜剂。植物源性生物保鲜剂大部分是次级代谢物，其本质上是酚类及其取代氧的衍生物，这些次级代谢物具有抑制致病菌和腐败菌等多种益处，且植物源性保鲜剂抗菌作用的差异主要取决于其结构和化学组成[7]，如橘子精油中的柠檬烯、柠檬醛等，可以抑制微生物及酶的活性[164]；芥末精油具有高度的抗菌活性[165]；迷迭香提取物具有较好的抗氧化特性[166]。壳聚糖及蜂胶是主要的动物源性保鲜剂，壳聚糖通过成膜作用起到抑菌、杀菌的效果，而蜂胶则因其含有多酚、萜类等抗菌物质从而保鲜食品。微生物的生长代谢能够产生有机酸、细菌素、抗生素等多种抗菌活性化合物，其中细菌素被证明可抑制其他菌种生长繁殖[167]。海产品中常用的微生物保鲜剂主要有Nisin、双歧杆菌及乳酸菌等。酶类保鲜剂溶菌酶凭借其自身的溶菌性而广泛应用于肉、肉制品、鱼、鱼制品、牛奶和奶制品、水果和蔬菜等的保鲜[12]。

## 二、生物保鲜剂国内外研究现状

**1. 植物源性生物保鲜剂茶多酚及其应用**

植物源性生物保鲜剂种类众多，来源广泛，其中茶多酚有良好的抑菌效果。

茶多酚是由茶叶主要成分组成的化学混合物，包括儿茶素、倍儿茶素、表没食子儿茶素和表儿茶素等，这些多酚类物质具有强抗氧化和抑菌作用，可减少微生物对海产品造成的破坏；大量的动物实验和人体实验证明，茶多酚具有抗癌和抗心血管疾病作用，常用来保存肉制品和鱼制品。

张旭光等[165]研究茶多酚浸泡处理对养殖大黄鱼的品质变化，实验结果显示，在4℃冷藏条件下，经茶多酚处理的养殖大黄鱼感官变化延缓7 d，细菌总数、TVB-N值和$K$值均低于对照组，可延长货架期7 ~ 8 d，表明茶多酚在冷藏条件下能有效地发挥抑菌和抗氧化作用。吴圣彬等[166]通过对−18℃冻藏下带鱼鱼肉感官评分、pH、TVB-N值、TBA值、TMA值等鲜度指标的研究发现：茶多酚实验组的各项鲜度指标都优于空白对照组，且6 g/L茶多酚实验组的保鲜效果最好，能够明显延长冻藏带鱼的贮藏期。Fan等[167]发现在−3℃的碎冰中的白鲢鱼喷淋0.2%茶多酚能有效抑制鱼肉内源酶的活性及腐败菌的生长、繁殖，明显降低鱼肉的pH和TVB-N，货架期比对照组延长了7 d。作为一种植物源性生物保鲜剂，茶多酚以其安全无毒的特性在海产品保鲜中具有较高的实际应用价值。

植物源性生物保鲜剂在海产品保鲜的众多研究中，均显示出较好的保鲜作用[168-170]；并且由于其在防腐和抗氧化方面有很大的优势，安全、健康、无毒副作用，受到消费者的欢迎。

**2. 动物源性生物保鲜剂及其应用**

动物源性生物保鲜剂品种较多，目前研究较多的有壳聚糖和蜂胶等。各种动物源性保鲜剂因其化学成分不同，保鲜机理也各有差异，但基本上都是通过以下三方面起到防腐作用的：抑菌、抗氧化和成膜性。

（1）壳聚糖

壳聚糖是由甲壳素脱乙酰作用得到的一种多糖。作为一种具有半透性膜的天然多糖，壳聚糖有许多独特的功能，如减弱呼吸速率、控制水分损失及抑制微生物等[171-173]。壳聚糖通过清除机体自由基等作用隔离食品与空气的接触，抑制好氧性细菌生长的同时达到抗氧化效果，且与其他聚合物相比，由于其生物相容性、生物降解性和无毒安全等特性，备受众多研究者关注，一些研究也已经证明壳聚糖在食品保鲜领域具有较高的应用价值[174]。Mohan等[175]评估了壳聚糖涂层对冷藏印度小沙丁鱼的保鲜作用，结果发现：1%的壳聚糖涂层实验组在对照组感官不可接受时TVB-N和TMA-N的含量分别减少了14.9%和26.1%，2%壳聚糖处理组的TVB-N和TMA-N含量分别为32.7%和49.0%；并且和对照组相比，壳聚糖涂膜处理组的持水能力、滴水损失和质地特征都有所提升，相对延长货架期3 ~ 5 d。Arancibia等[176]在4℃下验证壳聚糖和对虾的蛋白脂质浓缩物组成的涂膜对对虾的保鲜作用，实验表明：涂膜能有效地推迟细菌的对数期，减缓微生物的生长繁殖并且涂膜后的对虾相应地延长货架期5 d。李仁伟等[177]在−18℃冻藏条件下研究壳聚糖保鲜液对金枪鱼的保鲜作用，发现在相同的贮藏期内，经壳聚糖保鲜液处理后，可使金枪鱼鱼肉TVB-N值、pH和高铁肌红蛋白含量维持在相对较低的水平，其中15 g/L壳聚糖保鲜液浸渍处理金枪鱼肉保鲜效果最好。壳聚糖在海产品的抑菌及抗氧化作用的应用可较长时间地保持海产品的品质，且所需剂量小，因此在海产品的防腐和延长货架期方面发挥重要作用。然而壳聚糖自身的透水气能力限制了其作为独立包装材料的应用，提升壳聚糖的保鲜效果将成为进一步研究的主题。

（2）蜂胶

蜂胶是各种植物和树的胶状物质经蜜蜂采集加工产生的一种天然、安全的胶状固体物质，被认为是蜂巢中发挥防御作用的防护屏障。蜂胶含有许多化学物质，包括多酚、萜类、甾类和氨基酸等，这些化学物质具有抑菌和抗氧化功能，因此常被用来作为食物的保鲜剂[178, 179]。吴雪丽等[180]采用不同浓度的蜂胶提取液对扇贝进行保鲜分析发现，在(0±1)℃下贮藏，使用蜂胶处理液处理扇贝保鲜效果优于对照组($p < 0.05$)，其中采用0.009 g/mL的蜂胶提取液处理的扇贝保鲜效果最好，其第5天的TVB-N含量仅为10.51 mg/100 g，菌落总数值为5.02 lg(CFU/g)。Duman等[181]研究在2℃贮藏温度下不同浓度的蜂胶水提取物对真空包装的涩谷鱼保鲜效果，其中蜂胶水提取物浓度分别为0、0.1%、0.3%和0.5%，经过24 d的冷藏贮藏后，对应的TVB-N值分别为57.76 mg/100 g、44.66 mg/100 g、42.23 mg/100 g和36.50 mg/100 g，TVC分别为8.90 lg(CFU/g)、8.30 lg(CFU/g)、7.96 lg(CFU/g)和6.95 lg(CFU/g)；以TVB-N可接受的最高值30 mg/100 g为标准，不同浓度的蜂胶水提取物处理组对应的货架期分别为9 d、15 d、18 d和21 d；试验结果表明蜂胶水提取物能较好地保鲜涩谷鱼。目前蜂胶多用于水果蔬菜的保鲜，国内外使用蜂胶对海产品保鲜的研究还很少。作为一种天然安全的保鲜剂，蜂胶在食品保鲜方面具有广阔的应用前景。

**3. 微生物源性生物保鲜剂及其应用**

在衡量海产品的可食性时，新鲜度是一个重要的标准。衡量海产品新鲜度的常规方法是通过一些指标，包括颜色、光泽、气味和质地等。新鲜度也可以通过化学和微生物分析判断[182]。因此对微生物源性生物保鲜剂的研究逐渐成为重点，目前应用最多的就是乳酸链球菌素、双歧杆菌和乳酸菌等。

（1）乳酸链球菌素(Nisin)

Nisin是从链球菌属(*Streptococcus* sp.)的乳酸链球菌(*Lactococcus lactis*)发酵产物中提取制备的一种多肽化合物，是唯一一种天然抗菌肽作为食品防腐剂被美国食品药品监督管理局(Food and Drug Administration, FDA)/世界卫生组织(World Health Organization, WHO)批准使用。它可通过与细胞膜上的磷脂交互作用，破坏细胞膜功能和抑制细胞萌发的膨胀过程，抑制革兰氏阳性菌的活性，因此Nisin经常被用来抑制香肠、牛肉和家禽等的微生物增长[183, 184]。祝银等[185]研究了不同浓度Nisin保鲜液对金枪鱼的保鲜效果。金枪鱼用Nisin保鲜液浸渍处理后，在−18℃下冻藏，TVB-N值的上升得到有效抑制，保鲜液浸渍处理30 d仍能保持一级鲜度，即使贮藏150 d仍保持二级鲜度，而金枪鱼的感官并没有受到影响。大量的研究表明，Nisin对革兰氏阳性菌具有很好的抑制作用，而对革兰氏阴性菌的抑制效果比较弱[186]。而最近有研究者发现，Nisin与其他抗菌物质如$\varepsilon$-多聚赖氨酸或乙二胺四乙酸（ethylenediaminetetraacetic acid，EDTA）联用可以抑制革兰氏阴性菌，提升保鲜效果，因此在这方面的研究还有很大的空间。

（2）双歧杆菌

双歧杆菌（Bifidobacterium）是人和动物肠道菌群的重要组成部分，这些微生物是健康的哺乳新生儿体内正常肠道菌群中的优势菌群。双歧杆菌在厌氧环境下产生乳酸和乙酸，可调节海产品的pH，从而抑制腐败菌[187]。Altieric等[188]用双歧杆菌和麝香草酚处理新鲜比目鱼片，保存在不同温度和不同气体中，发现双歧杆菌能抑制鱼类优势腐败菌，且低温环境下可显著增强双歧杆菌对鱼片的抑菌效果，延长货架期。双歧杆菌广泛应用于乳制品中[189]，但是作为生物保鲜剂应用于海产品的保鲜研究还刚刚开始。

（3）乳酸菌

乳酸菌（lactic acid bacteria，LAB）能产生各种具有抗致病菌特性的初级和次级代谢物，包括有机酸、双乙酸、$CO_2$和细菌素等，通过调节贮藏环境的气体组成及相对湿度，营造对腐败菌生长不利的环境，有效地对海产品进行保鲜；所产生的抗菌多肽易被蛋白酶消化分解，它们不会造成肠道紊乱，因此LAB具有安全性、稳定性、兼容性和抗菌的高效性及广谱性，可广泛应用于海产品保鲜。另外，LAB和食品发酵的联系密切，长期被用作食品级细菌，被FDA公认为安全类添加剂[190]。唐文静等[191]以冷藏海鲈鱼块为研究对象，于腐败冷藏海鲈鱼中分离出3株能抑制优势腐败菌的单一乳酸菌，同时筛选出最显著抑制优势腐败菌的一组乳酸菌，通过接种处理后在4℃贮藏，结果发现复合乳酸菌的抑菌效果比单一乳酸菌更为显著，复合乳酸菌能使冷藏海鲈鱼TVB-N的升高延缓2 d，发生感官变化延缓6 d；复合乳酸菌显著抑制优势腐败菌的生长，能较好地保持冷藏海鲈鱼的鲜度，有效地延长货架期。作为一种新型微生物源生物保鲜剂，乳酸菌的安全、无残留等优点优势逐渐展现，已成为研究和应用的研究热点。然而乳酸菌保鲜技术对海产品的制造加工和运输渠道的要求较高，这对于市场推广来说是急需攻克的障碍[190]。

**4. 酶类生物保鲜剂溶菌酶及其应用**

酶类生物保鲜剂以其低成本、保鲜效果好而受到人们的喜爱，其中以溶菌酶为代表。但是酶类本身的不稳定性还需进一步研究解决。

溶菌酶（lysozyme）是一种具有抗菌活性的天然蛋白质，能水解存在于细胞壁上的肽聚糖，破坏细胞壁中肽聚糖内$N$-乙酰胞壁酸和$N$-乙酰氨基葡萄糖胺之间的$\beta$-1，4糖苷键，从而在细胞内压的作用下使细胞壁破裂，细菌裂解，延长货架期；由于溶菌酶本身无毒副作用，FDA批准溶酶菌为GRAS（generally recognized as safe）[192]。Shi等[193]研究不同浓度的溶菌酶对鲳鱼贮藏过程中品质变化的影响，结果表明：经溶菌酶处理的实验组通过抑制革兰氏阳性菌的增长，显著降低TVB-N、TMA、$K$值等的含量（$p < 0.05$），相对延长货架期1～2 d。虽然溶菌酶专一性好，针对特定的微生物发挥抑菌效果，但海产品一般在低温下贮藏，低温会限制溶菌酶的使用效果，且其对阴性菌的抑制能力差，限制了其市场应用[194]。研究发现某些物质如EDTA和天然抗菌剂可以增加溶菌酶的抗菌谱，增加溶菌酶的抗菌效果[195]。

### 5. 复合生物保鲜剂的应用

单独使用一种保鲜剂常会因自身特性而受限，有时无法达到预期效果，因此产生了复合生物保鲜剂。它是将不同功能的生物保鲜剂按照一定的比例混合，使多种保鲜剂形成协同效应，提升海产品的抗菌和抗氧化特性，从而表现出更好的保鲜效果。复合型保鲜剂因其更高效、经济受到研究者和大小企业的青睐。

（1）壳聚糖及其复合生物保鲜剂

一些研究人员尝试把壳聚糖作为海产品的保鲜材料，但是壳聚糖本身水溶性和成膜性不足的特性增加了该研究继续进行的难度。最近有研究发现，明胶和脂类物质可以增强壳聚糖的成膜性，而且柠檬酸、甘草提取物等天然抗菌剂与壳聚糖混合使用能显著提高抗菌能力[196]。Feng等[197]在4℃下将明胶添加到壳聚糖膜中对金鲳鱼片进行涂膜处理，与单独使用壳聚糖的对照组相比，复合保鲜剂不仅能有效减缓金鲳鱼各鲜度指标（pH，TVB-N值、TVC等）的上升，而且表现出较低的重量损失和较长的肌原纤维，其中0.4%壳聚糖和7.2%明胶复合保鲜效果最好，能够延长金鲳鱼片的货架期到17 d。Hui等[196]在研究大黄鱼的保鲜中得到使用浓度为1%壳聚糖与0.6% Nisin组成的复合保鲜剂，大黄鱼的鲜度指标TVB-N经过8 d还未达到对照组4 d达到的34.8 mg/100 g，且感官品质变化不大。这说明壳聚糖复合保鲜剂的确有着明显的保鲜效果。

（2）溶菌酶及其复合生物保鲜剂

溶菌酶对细菌细胞壁的特异性和其GRAS性质使其纳入食品保鲜剂。虽然溶菌酶能很好地抑制革兰氏阳性菌的活性，但其对阴性菌的抑制效果较差，限制了其在食品保鲜中的应用[192]。因此为了弥补溶菌酶自身的缺点，扩大溶菌酶的抗菌谱，研究者们做了大量尝试。张璟晶等[198]将Nisin、溶菌酶和壳聚糖混合，通过正交试验结果显示最佳复合保鲜剂的配比是溶菌酶0.4 g/L、壳聚糖5 g/L和Nisin 0.4 g/L，实验结果表明，浸泡在最佳配比的复合保鲜剂中30 s的银鲳鱼，在冷藏保鲜中感官劣变相比对照组延缓，其TVB-N、TVC、TBA值均低于对照组，溶菌酶复合保鲜剂能相对延长银鲳鱼的一级鲜度2～3 d、二级鲜度6～7 d。刘金昉等[199]选取纳米$TiO_2$/壳聚糖、溶菌酶和蜂胶三种保鲜剂，采用正交试验确定最优复合配比是0.05%纳米$TiO_2$/壳聚糖、0.065%溶菌酶、0.7%蜂胶，复合配比的保鲜剂浸泡处理10 min，使冷藏对虾的感官劣变延长4 d，能有效减缓南美白对虾各鲜度指标（pH、TVB-N、TVC）的上升，延长南美白对虾货架期至8～9 d。

（3）茶多酚及其复合生物保鲜剂

虽然茶多酚具有良好的抗氧化能力和一定的抑菌作用，但是随着应用范围的扩大，茶多酚难溶于油脂的特性阻碍了其在含油脂食物中的应用，因而研究能抑制油脂氧化的茶多酚复合保鲜剂成为热点。Feng等[164]在4℃贮藏15 d茶多酚与臭氧水复合对黑鲷抑菌作用的研究中发现，茶多酚和臭氧水混合可有效抑制核苷酸分解、脂质氧化、蛋白质分解和细菌的生长繁殖，并且控制黑鲷的感官和颜色在可接受程度，同时比对照组延长货架期6 d。

### 6. 生物保鲜剂与其他技术结合用于海产品保鲜

（1）生物保鲜剂结合冰温贮藏

冰温保鲜是将温度降低到0℃至食品的初始冰点之间的区域，处于冷藏和冻结的之间。在冰温贮藏的温度区间内，大多数微生物活性被抑制，从而可有效保持食品鲜度。然而冰温贮藏食品的保质期远远低于冻结食物的货架期，无法满足市场的需求；大多生物保鲜剂可与冰温保鲜技术形成协同保鲜效果，因而生物保鲜剂结合冰温贮藏逐渐成为海产品保鲜的研究热点。吴雪丽等[200]通过冰温技术结合复合保鲜剂研究扇贝的货架期，研究发现经过复合保鲜剂浓度为0.2%茶多酚＋0.3%蜂胶溶液＋1.5%羧甲基壳聚糖处理后贮藏在（−1.2±0.1）℃下的扇贝肉，菌落总数、pH、TVB-N和TBA的上升得到有效的延缓，与单一的冰藏保鲜和冷藏结合生物保鲜剂处理的样品相比，冰温结合生物保鲜剂能延长扇贝的货架期至13 d。刘金昉等[201]比较直接冰温贮藏和冰温结合复合保鲜剂处理对南美白对虾的保鲜效果差异，发现冰温结合复合保鲜剂处理组的感官、菌落总数、TVB-N和TBA值评价结果均优于对照组，货架期相对延长7 d。冰温结合生物保鲜剂的使用有效地延长了海产品的货架期，而且安全、经济的特点决定了该技术具有广阔的应用前景。

（2）生物保鲜剂结合气调包装

气调包装一般被用作海产品保鲜的应激因素，国内外有很多气调包装联合冷藏保鲜海产品的研究，均有效地延长了海产品的货架期，并且复合保鲜剂能有效地抑制海产品中腐败菌的生长繁殖，因此研究复合保鲜剂结合气调包装对冷藏海产品的保鲜效果引起人们的关注。Nilesh等[138]研究气调包装结合绿茶提取物（1 g/L）和抗坏血酸（0.05 g/L）对南美白对虾品质变化的影响，相比单独使用气调包装，气调包装结合绿茶提取物和抗坏血酸处理的南美白对虾的微生物、品质变化及结肠黑变病的发生大大降低，最大程度地保持了食品品质。齐凤生等[202]将生物保鲜剂与气调包装技术相结合，研究其对冷藏海湾扇贝柱的保鲜效果，发现生物保鲜剂与气调包装结合使用的保鲜效果优于单独使用复合保鲜剂，可延缓TVB-N和TVC等升高的时间，具有良好的抑菌保鲜作用。将生物保鲜剂结合气调包装技术应用于海产品冷藏保鲜不仅保鲜效果显著，而且成本低廉，可操作性强，具有实际应用价值。

**7. 结语及展望**

随着我国海产品消费市场的扩大、人们生活水平的提高和健康意识的增强，海产品的安全日益得到重视。目前最广泛应用于海产品保鲜的是物理方法——低温保鲜技术，但单一低温保鲜技术存在保鲜期短、能耗高等问题，无法满足市场需要。生物保鲜技术以其天然、无毒、安全的特点备受人们喜爱，对海产品的生物保鲜研究更趋向于专业化、多样化和高效化。复合使用生物保鲜剂可不同程度地扩大抑菌谱和保鲜功效，将其经济价值提升到最大。另外，在复合生物保鲜剂的基础上，还可以将传统的保鲜技术如冰温保鲜和气调保鲜等相结合，更大程度地提高海产品保鲜效果。

即使生物保鲜技术较传统的物理和化学保鲜方法有其自身独特的优势，但由于国内外研究普遍较晚，双歧杆菌等生物保鲜剂的研究还处于起步阶段，在食品上使用生物保鲜剂而产生的不良风味和香气等副作用限制了生物保鲜技术的市场应用；我国海产品保鲜标准适用性差，覆盖面较窄，缺乏基础性研究；虽然我国海产品冷藏链在设备上取得了很大的进步，但冷藏链水平仍然低于发达国家。因此，我们需要进一步研究使用生物保鲜剂，达到不过度影响感官特性并且可安全使用的最佳水平；海产品保鲜标准应与海产品的生产销售密切结合，完善海产品保鲜技术标准体系，借鉴国际上最新的相关规范和研究进展，加强对保鲜机理的研究，为推进海产品发展提供有力技术支撑和保障；加快海产品冷藏链的设施建设，实现规范管理。超高压、流化冰、臭氧杀菌等保鲜新技术将为保障海产品安全和延长货架期提供技术支持。通过与经典的保鲜方法结合使用，这些新技术在探索和设计高效的生物保鲜技术方面有巨大的潜力，从而可以开发更安全的保鲜技术和实用的保鲜方法。

## 第四节　生物保鲜剂抑菌机理的研究现状

近年来，随着人们对食品安全意识的日益重视，越来越多具有各种抑菌功效且安全健康的天然生物保鲜剂完全替代了化学合成的生物抑菌剂，并被逐渐应用于生产中，对生物保鲜剂的抑菌机理研究也已成为食品与医药领域的研究热点。对抑菌机理的研究可归纳为如下几个方面。

### 一、茶多酚的抑菌机理

茶多酚具有广谱的抑菌性能，其对革兰氏阴性需氧杆菌和球菌、兼性厌氧细菌、球菌与球杆菌、革兰氏阳性球菌、芽孢杆菌都有明显的抑制作用[203]。其抑菌的结构基础主要是分子中的酚羟基，分子中的众多酚羟基可与蛋白质分子中的氨基或羧基发生氢结合，其疏水性的苯环结构也可与蛋白质发生疏水结合，茶多酚与蛋白质之间的这种多点结合作用使其具有抑菌性。姚开河等[204]研究表明，茶多酚对19个细菌类群的12个类群近百种细菌均有抑制作用，其抑菌能力与浓度呈正相关。茶多酚的抑菌机理主要有以下两个方面：第一，茶多酚能降低细菌的黏附力；第二，茶多酚能破坏细胞膜的结构。国外Tumay等[205]进行了茶多酚对假丝酵母的抑菌机理研究，Weiduo等[206]通过扫描电镜观察茶多酚对金黄色葡萄球菌菌体形态的影响。

### 二、溶菌酶的抑菌机理

溶菌酶的抑菌机理主要有以下两种：一种是溶菌酶水解细胞壁中的糖苷键，破坏了细胞壁结构使细胞壁出现部分缺失，形成L型细菌，失去对细胞的保护作用，细胞质解体出现空腔；另外一种作用是溶菌酶通过渗入细胞内，吸附细胞内带有阴离子的细胞质，发生絮凝作用，扰乱细胞正常的生理活动，进而杀灭细菌[207]。不同来源的溶菌酶抑菌效果可能有所不同，杨向科[208]认为海洋微生物溶菌酶，对多种革兰氏阴性菌、革兰氏阳性菌、真菌都有明显的抑制作用。也有人认为溶菌酶对热死环丝菌、金黄色葡萄球菌和乳酸菌有非常明显的抑菌作用，但对假单胞菌、大肠杆菌无抑菌作用，这可能与溶菌酶的来源不同有关。史荚芳等[209]研究发现，溶菌酶对$G^+$菌和$G^-$无芽孢杆菌有溶解作用。$G^+$菌有细胞壁存在，而溶菌酶的作用点正是细胞壁的氨基多糖；对$G^+$菌的溶菌作用大于无细胞壁$G^-$菌的溶菌作用。

## 三、壳聚糖的抑菌机理

目前，壳聚糖的抑菌机理主要有以下几种猜测：① 壳聚糖的带电性影响细胞膜或胞内物质的正常生理代谢活动。壳聚糖在酸性溶液条件下形成—$NH_3^+$，阳离子吸附表面有负电的细菌，使之凝聚沉淀，阻碍菌体代谢[210]；壳聚糖所带的正电荷与细胞膜表面的负电荷相互作用，进而改变细胞膜的通透性，引起细菌死亡[211]；分子量小于5 000Da的壳聚糖可透过细胞膜，与胞内代谢物质结合，使细菌内部生理过程紊乱，导致细菌死亡[212]。② 壳聚糖的黏性和成膜性。大分子壳聚糖在细菌表面形成高分子膜，阻止了营养物质向胞内运输，同时有害代谢物质不能运出胞外，导致菌体死亡[213]。③ 壳聚糖参与细胞代谢，破坏细胞膜或胞壁。壳聚糖的有效基团—$NH_3^+$可参与细胞膜的类脂蛋白反应，使细胞膜遭受破坏[214]；壳聚糖激活了细菌体内的几丁质酶，使几丁质酶过分表达，甚至溶解了自身的细胞壁，导致细胞壁结构的破坏[215]。Zheng等[216]研究了壳聚糖对金黄色葡萄球菌（$G^+$）和大肠杆菌（$G^-$）的影响，壳聚糖对金黄色葡萄球菌的抑菌性能随其分子量的升高而提升，而对于大肠杆菌的抑菌效果随着分子量的降低而增大。

## 四、Nisin的抑菌机理

近年来，国内外对Nisin进行了广泛研究，但其抑菌机理尚未完全清楚。Nisin作用的主要目标是敏感的细胞膜，其抑菌作用主要是通过形成孔道的方式进行。Nisin能与细胞膜相互作用，通过结合、插入、孔道形成等过程形成孔道复合物，从而引起细胞液渗漏[217]。吕淑霞等[218]研究了乳酸链球菌的抑菌机理，结果表明含有Nisin的发酵液对革兰氏阳性细菌有抑制作用，但对革兰氏阴性细菌、酵母菌和霉菌无抑制作用。Nisin作用使金黄色葡萄球菌菌体内蛋白质减少，培养液中蛋白质增加。推测Nisin的作用位点为细胞膜，具有破坏菌体细胞膜完整性的作用。

## 参考文献

[1] 熊善柏. 水产品保鲜储运与检验[M]. 北京：化学工业出版社，2007，85.
[2] 张慜，肖功年. 国内外水产品保鲜和保活技术研究进展[J]. 无锡轻工大学学报，2002，21(1)：104–107.
[3] 赵海鹏. 生物保鲜剂在南美白对虾保鲜中的应用及菌相研究[D]. 上海：上海海洋大学，2010.
[4] Bartolo I, Birk E. Some factors affecting Norway lobster (*Nephrops norvegicus*) cuticle polyphenol oxidase activity and blackspot development[J]. International Journal Food Science and Technology, 1998, 33(3): 329–336.
[5] 罗傲霜，淳泽，罗傲雪，等. 食品防腐剂的概况与发展[J]. 中国食品添加剂，2005，4：55–58.
[6] 何国庆，贾英民，食品微生物学[M]. 北京：中国农业大学出版社，2009，9.
[7] 沈月新. 水产食品学[M]. 北京：中国农业出版社，2001，5.
[8] 谢晶. 食品冷冻冷藏原理与技术[M]. 北京：中国农业出版社，2015，4.

[ 9 ] 郑永华. 食品贮藏保鲜. 北京：中国计量出版社，2006，11.
[10] 贾景福. 水产品的冷藏保鲜技术[J]. 科学养鱼，2009，(5)：69–70.
[11] 熊善柏. 水产品保鲜储运与检验[M]. 化学工业出版社，2007：68–69.
[12] 黄晓春，侯温甫，杨文鸽，等. 冰藏过程中美国红鱼生化特性的变化[J]. 食品科学，2007，28(1)：337–340.
[13] 杨文鸽，薛长湖，徐大伦，等. 大黄鱼冰藏期间ATP关联物含量变化及其鲜度评价[J]. 农业工程学报，2007，23(6)：217–222.
[14] Losada V, Pineiro C, Velazquez J B, et al. Inhibition of chemical changes related to freshness loss during storage of horse mackerel (*Trachurus trachurus*) in slurry ice[J]. Food Chemistry, 2005, 93(4): 619–625.
[15] Özogul Y, Özogul F, Gokbulut C. Quality assessment of wild European eel (*Anguilla anguilla*) stored in ice[J]. Food Chemistry, 2006, 95(3): 458–465.
[16] 李来好，刁石强，林黑着，等. 冷海水喷淋保鲜装置在海水鱼保鲜中的应用试验[J]. 中国水产，2000，1.
[17] Erikson U, Misimi E, Gallart-Jornet L. Superchilling of rested *Atlantic salmon*: Different chilling strategies andeffects on fish and fillet quality[J]. Food Chemistry, 2011, 127(4): 1427–1437.
[18] Himelbloom B H, Crapo C, Brown E K, et al. Pinksalmon (Oncorhynchus-Gorbuscha) quality during iceandchilled seawaterstorage[J]. Food Quality, 1994, 17(3): 197–210.
[19] 凌萍华，谢晶，赵海鹏，等. 冰温贮藏对南美白对虾保鲜效果的影响[J]. 江苏农业学报，2010，26(004)：828–832.
[20] 梁琼，万金庆，王国强. 青鱼片冰温贮藏研究[J]. 食品科学，2010，31(6)：270–273.
[21] Jornet L G, Rustad T, Barat J M, et al. Effect of superchilled storage on the freshness and salting behaviour of *Atlantic salmon (Salmo salar)* fillets[J]. Food Chemistry, 2007, 103(4): 1268–1281.
[22] Fernandez K, Aspe E, Roeckel M. Shelf-life extension on fillets of *Atlantic salmon (Salmo salar)* using natural additives, superchilling and modified atmosphere packaging[J]. Food Control, 2009, 20(11): 1036–1042.
[23] 马海霞，李来好，杨贤庆，等. 水产品微冻保鲜技术的研究进展[J]. 食品工业科技，2009，(4)：340–344.
[24] 沈月新. 水产食品学[M]. 北京：中国农业出版社，2001.
[25] 李卫东，陶妍，袁骐，等. 南美白对虾在微冻保藏期间的鲜度变化[J]. 食品与发酵工业，2009，34(11)：48–52.
[26] 洪惠，朱思潮，罗永康，等. 鳙在冷藏和微冻贮藏下品质变化规律的研究[J]. 南方，2011，7(6)：7–12.
[27] Duun A S, Rustad T. Quality changes during superchilled storage of cod (*Gadus morhua*) fillets[J]. Food Chemistry, 2007, 105(3): 1067–1075.
[28] Beaufort A,Cardinal M,Le-Bail A, et al. The effects of superchilled storage at −2℃ on the microbiological and organoleptic properties of cold-smoked salmon before retail display[J]. International Journal of Refrigeration, 2009, 32(7): 1850–1857.
[29] 兀征，王登临. LAL试验快速检测肉品细胞污染程度及鲜度的研究[J]. 中国预防兽医学报，2002，24(4)：304–309.
[30] 孙翠玲，杨文鸽. 缢蛏在−40℃冻藏过程中的质量变化[J]. 水产科学，2011，30(3)：171–173.
[31] 李汴生，朱志伟，阮征等. 不同温度冻藏对脆肉鲩鱼片品质的影响[J]. 华南理工大学学报：自然科学版，2008，36(7)：134–139.
[32] 张志广. 冷冻对养殖大黄鱼品质影响的研究[D]. 杭州：浙江工商大学，2010.
[33] Lugasi A, Losada V, Hovari J, et al. Effect of pre-soaking whole pelagic fish in a plant extract on sensory and biochemical changes during subsequent frozen storage[J]. LWT-Food Science and Technology, 2007, 40(5): 930–936.

[ 34 ] Siddaiah D, Reddy G V S, Raju C V, et al. Changes in lipids, proteins and kamaboko forming ability of silver carp (*Hypophthalmichthys molitrix*) mince during frozen storage[ J ]. Food Research International, 2001, 34(1): 47–53.
[ 35 ] 朱克庆,吕少芳. 真空冷冻干燥技术在食品工业中的应用[ J ]. 粮食加工,2011,36(3): 49–51.
[ 36 ] [ 德 ]G. W. 厄特延,P. 黑斯利. 冷冻干燥[ M ]. 徐成海,彭润玲,刘军,等译. 北京: 化学工业出版社,2005.
[ 37 ] 王鹏. 真空冷冻干燥技术在水产品加工中应用的探讨[ J ]. 农产品加工,2009,(8): 69–70.
[ 38 ] 钟芳. 食品的冷冻玻璃化保藏[ J ]. 食品与机械,2000,(5): 9–11.
[ 39 ] 何健. 论食品的玻璃化保藏[ J ]. 郑州轻工业学院学报: 自然科学版,2002,17(3): 54–57.
[ 40 ] 徐海峰,刘宝林,高志新,等. 食品玻璃化保存的研究进展[ J ]. 低温技术,2010,38(10): 9–13.
[ 41 ] 施建兵,谢晶. 冰温保鲜技术在水产品中的应用[ J ]. 广东农业科学,2012 ,(17): 96–99.
[ 42 ] 朱志强,张平,任朝晖,等. 国内外冰温保鲜技术研究与应用[ J ]. 农产品加工学刊,2011,(3): 4–10.
[ 43 ] 孙天利,武俊瑞,岳喜庆. 冰温技术在食品领域中的应用研究[ J ]. 农业科技与装备,2013,(2): 54–56.
[ 44 ] 李林,申江,王晓东. 冰温贮藏技术研究[ J ]. 保鲜与加工,2008,8(2): 38–41.
[ 45 ] 刘靓,万金庆,王国强. 冷风机变频控制冰温库温度波动的实验研究[ J ]. 节能技术,2009,27(5): 394–400.
[ 46 ] Oiafsdottir G, Lauzon H L, Martinsdottir E, et al. Evaluation of shelf life of superchilled cod(*Gadus morhua*) fillets and the influence of temperature fluctuations during storage on microbial and chemical quality indicators[ J ]. Journal of Food Science, 2006, 72(2): S97–S109.
[ 47 ] 李珊,朱毅,傅达奇,等. 温度波动对草莓贮藏和货架期品质的影响[ J ]. 农产品加工学刊,2013,(2): 18–21.
[ 48 ] 陈秦怡,万金庆,王国强. 冷藏与中间温度带下鸭肉的贮藏品质研究[ J ]. 食品科学,2009,34(6): 97–100.
[ 49 ] 杨瑞丽,邸倩倩,刘斌,等. 冰温贮藏库构造关键技术[ J ]. 制冷技术,2012,32(4): 5–7.
[ 50 ] 李江阔,梁冰,张鹏,等. 冰温结合低温驯化对磨盘柿软化生理的影响[ J ]. 北方园艺(贮藏保鲜加工),2014,(03): 123–126.
[ 51 ] Gallart-Jornet L, Rustad T, Barat J M, et al. Effect of super chilled storage on the freshness and salting behaviour of *Atlantic salmon* (*Salmo salar*) fllets[ J ]. Food Chemistry, 2007, 103: 1268–1281.
[ 52 ] 山根昭美. 冰温贮藏的科学[ M ]. 东京: 日本农山渔村文化协会,1996.
[ 53 ] 王亮,曾名湧,董士远,等. 凡纳滨对虾在冰温贮藏下品质特征的评价[ J ]. 中国海洋大学学报,2011,41(1/2): 71–79.
[ 54 ] Duun A S, Rustad T. Quality changes during superchilled storage of cod (*Gadusmorhua*) fillets[ J ]. Food Chemistry, 2007, 105: 1067–1075.
[ 55 ] 王真真. 大黄鱼(*Pseudosciaena crocea*)冰温气调保鲜技术的研究[ D ]. 青岛: 中国海洋大学,2009.
[ 56 ] 李蕾蕾,任怡然,王素英. 虾蛄在低温贮藏过程中的细菌菌相分析[ J ]. 食品工业科技,2013,34(18): 331–335.
[ 57 ] Liu Q, Kong B H, Han J C, et al. Effects of superchilling and cryoprotectants on the quality of common carp (*Cyprinus carpio*) surimi: Microbial growth, oxidation and physiochemical properties[ J ]. LWT-Food Science and Technology, 2014, 57: 165–171.
[ 58 ] Kaalle L D, Eikevik T M, Rustad T, et al. Superchilling of food: a review[ J ]. Journal of Food Engineering, 2011, 107: 141–146.
[ 59 ] 杨胜平,谢晶. 冰温结合生物保鲜剂技术在水产品保鲜中的应用[ J ]. 安徽农业科学,2009,37(22): 10664–10666.
[ 60 ] 梁琼,万金庆,成轩,等. 日本水产品冰温技术研究概况[ J ]. 水产科技情报,2010,37(5): 246–250.
[ 61 ] 蔡慧农,陈发河,吴光斌,等. 罗非鱼冷藏期间新鲜度变化及控制的研究[ J ]. 中国食品学报,2003,3

(4): 46-50.
[62] Pearson A M, Love J D, Shorland F B. Warmed-over flavor in meat, poultry and fish[J]. Advanced Food Research, 1977, 23: 1-74.
[63] 孙卫青，吴晓，杨华，等. 冰温贮藏对草鱼鱼糜脂肪氧化和质构变化的效应[J]. 湖北农业科学，2013，52(4): 913-917.
[64] 胡烨. 大黄鱼冰温保藏关键技术研究及应用[D]. 舟山：浙江海洋学院，2013.
[65] Rodriguez O, Barros-Velazquez J, Pineiro C, et al. Effects of storage in slurry ice on the microbial, chemical and sensory quality and on the shelf life of farmed turbot (*Psetta maxima*)[J]. Food Chemistry, 2006, 95(2): 270-278.
[66] 何雪莹. 冰温保鲜对鲤鱼鱼肉品质特性及其理化特性影响的研究[D]. 哈尔滨：东北农业大学，2012.
[67] Liu Q, Chen Q, Kong B H, et al. The influence of superchilling and cryoprotectants on proteinoxidation and structural changes in the myofibrillar proteins of common carp (*Cyprinuscarpio*) surimi[J]. LWT-Food Science and Technology, 2014.
[68] 何雪莹，孔保华，刘骞，等. 冰温结合冰点调节剂保鲜对鲤鱼肉糜贮存期间品质特性的影响[J]. 食品科学，2012，33(12): 309-312.
[69] Zhou A, Benjakul S, Pank, et al. Cryoprotective effects of trehalose and sodium lactate on tilapia (*Sarotherodon nilotica*) surimi during frozen storage[J]. Food Chemistry, 2006, 96(1): 96-103.
[70] Sultanbawa Y, LI-CHAN E. Structural changes in natural actomyosin and surimi from ling cod (*Ophiodon elongatus*) during frozen storage in the absence or presence of cryoprotectants[J]. Journal of agricultural and food chemistry, 2001, 49(10): 4716-4725.
[71] Liao L B, Chen W M, Xiao X M. The generation and inactivation mechanism of oxidation-reduction potential of electrolyzed oxidizing water[J].Journal of Food Engineering, 2007, 78(4): 1326-1332.
[72] Kiura H, Sano K, Morimaysu S, et al. Bactericidal activity of electrolyzed acid water from solution containing sodium chloride at low concentration, in comparison with that at high concentration[J]. Journal of Microbiological Methods, 2002, 49(3) : 285-293.
[73] Osafune T, Ehara T, Ito T. Electron microscopic studies on bactericidal effects of electrolyzed acidic water on bacteria derived from kendo protective equipment[J]. Environmental Health and Preventive Medicine, 2006, 11(4): 206-214.
[74] Nakajima N, Nakano T, Harada F, et al. Evaluation of disinfective potential of reactivated free chlorine in pooled tap water by electrolysis[J]. Journal of Microbiological Methods, 2004, 57(2): 163-173.
[75] Fabrizio K A, Cutter C N. Application of electrolyzed oxidizing water to reduce *Listeria monocytogenes* on ready-to-eat meats[J]. Meat Science, 2005, 71(2): 327-333.
[76] 蓝蔚青，谢晶. 酸性电解水与溶菌酶对冷藏带鱼品质变化的影响[J]. 福建农林大学学报(自然科学版)，2013，42(1): 100-105.
[77] Parry R T. Principles and applications of modified atmosphere packaging of foods[M]. London : Blackie Academic and Professional, 1993: 187-228.
[78] 吕凯波，熊善柏，王佳雅. 包装处理方式对冰温贮藏黄鳝片品质的影响[J]. 华中农业大学学报，2007，26(5): 714-718.
[79] 凌萍华，谢晶. 冰温技术结合保鲜剂对南美白对虾品质的影响[J]. 食品科学，2010，31(14): 280-284.
[80] 刘骞，李双梅，李艳青，等. 香辛料复合保鲜剂对冰温鲤鱼鱼肉糜品质的影响[J]. 包装与食品机械，2013，31(5): 11-14.
[81] 米红波，郑晓杰，刘冲，等. 微冻技术及其在食品保鲜上的应用[J]. 食品与发酵工业，2010，36(9): 124—128.
[82] 蔡青文，谢晶. 微冻保鲜技术研究进展[J]. 食品与机械，2013，29(6): 248-252.

[ 83 ] 朱丹实，吴晓菲，徐永霞，等. 微冻保鲜真鲷的水分迁移规律[J]. 中国食品学报，2015，15(2)：237-243.
[ 84 ] 张强，李媛媛，林向东. 罗非鱼片真空微冻保鲜研究[J]. 食品科学，2011，32(4)：232-236.
[ 85 ] 王慧敏，王庆丽，朱军莉. 鲈鱼在微冻贮藏下品质及优势腐败菌的变化[J]. 食品工业科技，2013，34(20)：330-335.
[ 86 ] 李婷婷，刘剑侠，徐永霞，等. 人菱鲆微冻贮藏过程中的品质变化规律[J]. 中国食品学报，2014，14(7)：95-102.
[ 87 ] 李立杰，柴春祥，鲁晓翔. 微冻南美白对虾鲜度的色泽评价[J]. 食品工业科技，2013，34(19)：320-327.
[ 88 ] 李立杰，柴春祥，鲁晓翔. 微冻保鲜对水产品品质的影响[J]. 食品工业，2013，34(3)：170-173.
[ 89 ] 高志立，谢晶. 水产品低温保鲜技术的研究进展[J]. 广东农业科学，2012，14：98-101.
[ 90 ] 黎柳，谢晶. 水产品冰鲜技术的研究进展[J]. 食品与机械，2014，30(1)：259-262.
[ 91 ] Mathew S, Shamasundar B A. Effect of ice storage on the functional properties of proteins from shark (*Scoliodon laticaudus*) meat[J]. Food Nahrung，2002，46(4)：220-226.
[ 92 ] 周忠云，罗永康，卢涵，等. 松浦镜鲤0℃条件下冰藏和冷藏的品质变化规律[J]. 中国农业大学学报，2012，17(4)：135-139.
[ 93 ] 徐慧文，谢晶，汤元睿，等. 冰藏和冷藏条件下金枪鱼品质变化的研究[J]. 食品工业科技，2014，35(13)：321-326.
[ 94 ] 包玉龙，汪之颖，李凯风，等. 冷藏和冰藏条件下鲫鱼生物胺及相关品质变化的研究[J]. 中国农业大学学报，2013，18(3)：157-162.
[ 95 ] 张莹，朱加进. 电子束辐照技术及其在食品工业中的应用研究[J]. 食品与机械，2013，29(1)：236-239.
[ 96 ] Tauxe R T. Food safety and irradiation：protecting the public from foodborne infections[J]. Emerging Infections Diseases, 2001, 7(Suppl 3): 516-521.
[ 97 ] 李超，杨文鸽，徐大伦，等. 电子束辐照对泥蚶杀菌保鲜效果的影响[J]. 食品科学，2009，30(22)：383-386.
[ 98 ] 杨文鸽，傅春燕，徐大伦，等. 电子束辐照对美国红鱼杀菌保鲜效果的研究[J]. 核农学报，2010，24(5)：991-995.
[ 99 ] 刘冰冰，杨文鸽，徐大伦，等. 电子束冷杀菌对美国红鱼冰藏品质的影响[J]. 食品与发酵工业，2010，36(8)：161-164.
[100] 刁石强，石红，郝淑贤，等. 高浓度臭氧冰制取技术的研究[J]. 食品工业科技，2011，32(8)：242-245.
[101] Salmon J, Gall J. Application of ozone for the maintenance of freshness and for the prolongation of conservation time of fish[J]. Annalen Hygiene Publications of Industry Sociable, 1936, (8): 84-93.
[102] Blogoslawski, Walter J, Stewart, et al. Some ozone application in seafood[J]. Ozone: Science and Engineering, 1980, 33(15): 368-373.
[103] Nelson B. The use of ozonized ice on extending the shelf life of fresh Alaskan fish[J]. Alaska Department Commerce and Economics Development, 1982, 38(5): 64-67.
[104] 徐泽智，刁石强，郝淑贤，等. 用臭氧冰延长水产品保鲜期的试验[J]. 制冷学报，2008，29(5)：58-62.
[105] 黎柳，谢晶，苏辉，等. 臭氧冰与电解水冰处理延长鲳鱼的冷藏货架期[J]. 食品工业科技，2014，35(23)：323-328.
[106] 王强，张宾，马路凯，等. 流化冰保鲜对冰鲜南美白对虾品质影响研究[J]. 现代食品科技，2014(10)：134-140.
[107] Múgica B, Barros-Velázquez J, José M M, et al. Evaluation of a slurry ice system for the commercialization of ray (*Raja clavata*)[J]. Swiss Society of Food Science and Technology, 2008,

41(6): 974–981.

[108] Kilinc B, Cakli S, Cadun A, et al. Comparison of effects of slurry ice and flake ice pretreatments on the quality of aquacultured sea bream (*Sparus aurata*) and sea bass (*Dicentrarchus labrax*) stored at 4℃ [J]. Food Chemistry, 2007, 104(4): 1611–1617.

[109] Losada V, Barros-Velázquez J, Aubourg S P. Rancidity development in frozen pelagic fish: Influence of slurry ice as preliminary chilling treatment[J]. Swiss Society of Food Science and Technology, 2007, 40(6): 991–999.

[110] Rodriguez O, Losada V, Aubourg S P, et al. Enhanced shelf-life of chilled European hake (*Merluccius merluccius*) stored in slurry ice as determined by sensory analysis and assessment of microbiological activity[J]. Food Research International, 2004, 37(8): 749–757.

[111] 黄玉婷. 臭氧-流化冰对梅鱼保鲜效果的研究[D]. 舟山：浙江海洋学院，2014.

[112] Campos C A, Rodríguez Ó, Losada V, et al. Effects of storage in ozonised slurry ice on the sensory and microbial quality of sardine (*Sardina pilchardus*)[J]. International Journal of Food Microbiology, 2005, 103: 121–130.

[113] Campos C A, Losada V, Rodríguez Ó, et al. Evaluation of an ozone-slurry ice combined refrigeration system for the storage of farmed turbot (*Psetta maxima*)[J]. Food Chemistry, 2006, 97(2): 223–230.

[114] Aubourg S P, Losada V, Gallardo J M, et al. On-board quality preservation of megrim (*Lepidorhombus whiffiagonis*) by a novel ozonised-slurry ice system[J]. European Food Research Technology, 2006, 223: 232–237.

[115] 陈伟，任彦娇，曹少谦，等. 臭氧流冰对南美白对虾保鲜效果的研究[J]. 浙江万里学院学报，2012，25(3): 84–88.

[116] 李秀丽，吴冬梅，罗红宇. 酸性电解水对熟制虾仁抑菌作用的研究[J]. 食品工业，2013，34(9): 108–110.

[117] 张越扬，高萌，柳佳娜，等. 酸性电解水冰衣对冷冻金枪鱼品质的影响研究[J]. 食品工业，2013，34(12): 34–37.

[118] Phuvasate S, Su Y C. Effects of electrolyzed oxidizing water and ice treatments on reducing histamine-producing bacteria on fish skin and food contact surface[J]. Food Control, 2010, 21(3): 286–291.

[119] Wang J J, Lin T, Li J B, et al. Effect of acidic electrolyzed water ice on quality of shrimp in dark condition[J]. Food Control, 2014, 35(1): 207–212.

[120] 杨琰瑜，张宾，汪恩蕾，等. 酸性电解水冰衣对单冻虾仁品质的影响[J]. 中国食品学报，2014，14(6): 162–168.

[121] Kim W T, Lim Y S, Shin I S, et al. Use of electrolyzed water ice for preserving freshness of pacific saury (*Cololabis saira*)[J]. Journal of Food Protection, 2006, 69(9): 2199–2204.

[122] Feliciano L, Lee J, Lopes A J, et al. Efficacy of sanitized ice in reducing bacterial load on fish fillet and in the water collected from the melted ice[J]. Journal of Food Science, 2010, 75(4): 231–238.

[123] 苏辉，谢晶. 生物保鲜剂在水产品保鲜中的应用研究进展[J]. 食品与机械，2013，29(5): 265–268.

[124] 黎柳，谢晶，苏辉，等. 含茶多酚、植酸生物保鲜剂冰对鲳鱼保鲜效果的研究[J]. 食品工业科技，2015(1): 338–342.

[125] Bensid A, Ucar Y, Bendeddouche B, et al. Effect of the icing with thyme, oregano and clove extracts on quality parameters of gutted and beheaded anchovy (*Engraulis encrasicholus*) during chilled storage [J]. Food Chemistry, 2014, 145: 681–686.

[126] 吴雪丽，申亮，刘红英. 复合生物保鲜剂对扇贝冷藏保鲜的作用[J]. 核农学报，2014，28(2): 278–284.

[127] 谢晶，侯伟峰，朱军伟，等. 复合生物保鲜剂在南美白对虾防黑变中的应用[J]. 农业工程学报，2012，28(5): 267–272.

[128] 励建荣，刘永吉，李学鹏，等. 水产品气调保鲜技术研究进展[J]. 中国水产科学，2010，17(4)：870-874.

[129] 杨胜平，谢晶. 不同体积分数$CO_2$对气调冷藏带鱼品质的影响[J]. 食品科学，2011，32(4)：275-279.

[130] Lu S M.Effects of bactericides and modified atmosphere packaging on shelf-life of Chinese shrimp (*Fenneropenaeus chinensis*)[J].Food Science and Technology, 2009, 42: 286-291.

[131] 阮贵萍. 高氧气调包装生鲜调理猪肉保鲜及菌相变化规律研究[D]. 南京：南京农业大学，2012.

[132] Hovda M B, Sivertsvik M, Lunestad B T, et al. Characterisation of the dominant bacterial population in modified atmosphere packaged farmed halibut (*Hippoglossus hippoglossus*) based on 16S rDNA DGGE[J]. Food Microbiol, 2007, 24: 362-371.

[133] Ioannis S A, Konstantellia V, Achilleas D B, et al. Study of changes in physicochemical and microbiological characteristics of shrimps (*Melicertus kerathurus*) stored under modified atmosphere packaging[J].Anaerobe, 2011, 17: 292-294.

[134] Chia C C, Matsumiya M, Mochizuki A, et al. Keeping freshness of dark muscle fish in modified atmosphere[J]. Bulletin of the College of Agriculture and Veterinary Medicine, 1988, 45: 249-254.

[135] Wilkinson B H P, Janz J A M, Morel P C H, et al. The effect of modified atmosphere packaging with carbon monoxide on the storage quality of master-packaged fresh pork[J]. Meat Science, 2006, 3(73): 605-610.

[136] Oddvin S, Tore A, Truls N. Technological, hygienic and toxicological aspects of carbon monoxide used in modified-atmosphere packaging of meat[J]. Food science & Technology, 1997, 9(8): 307-311.

[137] Gioacchino B, Cinzia B. Combining ozone and modified atmosphere packaging (MAP) to maximize shelf-life and quality of striped red mullet (*Mullus surmuletus*)[J]. Food Science and Technology, 2012, 47: 500-504.

[138] Nilesh P N,Soottawat B.Retardation of quality changes of Pacific white shrimp by green tea extract treatment and modified atmosphere packaging during refrigerated storage[J]. International Journal of Food Microbiology, 2011, 149: 247-253.

[139] 马海霞，李来好，杨贤庆，等. 不同$CO_2$比例气调包装对冰温贮藏鲜罗非鱼片品质的影响[J]. 食品工业科技，2010，31(01)：323-326.

[140] Nejib G, Moza A A, Ismail M A, et al. The effect of storage temperature on histamine production and the freshness of yellowfin tuna (*Thunnus albacares*)[J]. Food Research International, 2005, 38: 215-222.

[141] Thomas J R, DOUGLAS L M, Linda S A, et al. Combined effect of packaging atmosphere and storage temperature on growth of Listeria monocytogenes on ready-to-eat shrimp[J]. Food Microbiology, 2007, 24: 703-710.

[142] 刘永吉，励建荣，郭红辉. 不同包装材料对气调包装鱼糜制品货架期的影响[J]. 食品科技，2013，38(04)：135-138.

[143] 张敏. 不同阻隔性的包装材料对气调包装鲜肉品质的影响[J]. 食品工业科技，2008，1：238-240.

[144] 彭城宇，岑剑伟，李来好，等. 气体比例对气调包装罗非鱼货架期的影响研究[J]. 南方水产，2009，5(6)：1-7.

[145] 刘永吉，励建荣，朱军莉. 不同气调包装对冷藏鱼糜制品品质的影响[J]. 农业工程学报，2010，26(7)：329-334.

[146] 吕飞，张碧娜，丁玉庭. 不同气调包装对醉虾贮藏品质的影响[J]. 食品与发酵工业，2012，39(2)：223-226.

[147] Morten S. The optimized modified atmosphere for packaging of pre-rigor filleted farmed cod (*Gadus morhua*) is 63 mL/100 mL oxygen and 37 mL/100 mL carbon dioxide[J]. Food Science and Technology, 2007, 40: 430-438.

[148] FaganJ D, Gormley T R. Effect of modified atmosphere packaging with freeze-chilling on some quality parameters of raw whiting, mackerel and salmon portions[J]. Innovative Food Science and Emerging Technologies, 2004,5: 205–214.

[149] 李杉，岑剑伟，李来好. 充气比率对罗非鱼片冰温气调贮藏期间品质的影响[J]. 南方水产，2010，6(1): 43–48.

[150] Yang Z, Wang H Y , Wang W , et al. Effect of 10 MeVE-beam irradiation combined with vacuum-packaging on the shelf life of *Atlantic salmon* fillets during storage at 4℃[J]. Food Chemistry, 2014, 145: 535–541.

[151] María G,Hélène L L, Hannes M, et al. Low field Nuclear Magnetic Resonance on the effect of salt and modified atmosphere packaging on cod (*Gadus morhua*) during superchilled storage[J]. Food Research International, 2011, 44: 241–249.

[152] Amanatidou A,Schlüter O, Lemkau K, et al. Effect of combined application of high pressure treatment and modified atmospheres on the shelf life of fresh *Atlantic salmon*[J]. Innovative Food Science & Emerging Technologies, 2000, 1: 87–98.

[153] 李丽娜，张海莲，刘红英. 微冻气调保鲜对毛蚶品质的影响[J]. 食品科技，2013，38(1): 37–45.

[154] 李琳，潘子强. 水产品特定腐败菌的确定及生长模型建立研究进展[J]. 食品研究与开发，2011，32(6): 152–156.

[155] David M,Shane M P.Limited microbial growth in *Atlantic salmon* packed in a modified atmosphere [J]. Food Control, 2014, 42: 29–33.

[156] Hovda M B, Lunestad B T, Sivertsvik M, et al. Characterisation of the bacterial flora of modified atmosphere packaged farmed Atlantic cod (*Gadus morhua*) by PCR-DGGE of conserved 16S rRNA gene regions[J]. Intern J Food Microbiol, 2007, 117: 68–75.

[157] Qian Y F, Xie J. In vivo study of spoilage bacteria on polyphenoloxidase activity and melanosis of modified atmosphere packaged Pacific white shrimp[J]. Food Chemistry, 2014, 155: 126–131.

[158] Özogula F, Polat A, Özogul Y. The effects of modified atmosphere packaging and vacuum packaging on chemical, sensory and microbiological changes of sardines (*Sardina pilchardus*)[J],Food Chemistry, 2004, 85: 49–57.

[159] Qian Y F, Xie J, Yang S P. Study of the quality changes and myofibrillar proteins of white shrimp (*Litopenaeus vannamei*) under modified atmosphere packaging with varying $CO_2$ levels[J]. Eur Food Res Technol, 2013, 236: 629–635.

[160] 翁思聪，朱军莉，励建荣. 水产品中4种常见致病菌多重PCR检测方法的建立及评价[J]. 水产学报，2011，35(2): 305–312.

[161] 张春琳，张家国. 单增李斯特菌增殖的影响因素研究[J]. 食品研究与开发，2011，32(7): 48–53.

[162] Mejlholm O, Kjeldgaard J, Modberg A, et al. Microbial changes and growth of Listeria monocytogenes during chilled storage of brined shrimp(Pandalus borealis) [J]. Intern J Food Microbiol, 2008, 124: 250–259.

[163] 产业信息网. 2015—2020年中国海鲜市场运行态势与投资前景评估报告[J/OL].

[164] Feng L, Jiang T, Wang Y, et al. Effects of tea polyphenol coating combined with ozone water washing on the storage quality of black sea bream ( *Sparus macrocephalus* )[J]. Food Chemistry, 2013, 135(4): 2915–2921.

[165] 张旭光，李婷婷，朱军莉，等. 茶多酚处理对冷藏养殖大黄鱼品质的影响[J]. 茶叶科学，2011，31(2): 105–111.

[166] 吴圣彬，谢晶，苏辉，等. 茶多酚对冻藏带鱼品质变化的影响[J]. 食品工业科技，2014，35(23): 315–322.

[167] Fan W J, Chi Y L, Zhang S. The use of a tea polyphenol dip to extend the shelf life of silver carp (*Hypoph-thalmicthys molitrix*) during storage in ice[J]. Food Chemistry, 2008, 108: 148–153.

[ 168 ] Liu K, Yuan C, Chen Y, et al. Combined effects of ascorbic acid and chitosan on the quality maintenance and shelf life of plums[ J ]. Scientia Horticulturae, 2014, 176(176): 45–53.

[ 169 ] Bautista-Barios S, Romanazzi G, Jimenez-Aparicio A. Chitosan in the Preservation of Agricultural Commodities[ M ]. Elsevier Inc, 2016.

[ 170 ] Mohan C O, Ravishankar C N, Lalitha K V, et al. Effect of chitosan edible coating on the quality of double filleted Indian oil sardine (*Sardinella longiceps*) during chilled storage[ J ]. Food Hydrocolloids, 2013, 54: 315–324.

[ 171 ] Arnon H, Zaitsev Y, Porat R, et al. Effects of carboxymethyl cellulose and chitosan bilayer edible coating on postharvest quality of citrus fruit[ J ]. Postharvest Biology & Technology, 2014, 87(1): 21–26.

[ 172 ] Elsabee M Z, Abdou E S. Chitosan based edible films and coatings: A review[ J ]. Materials Science & Engineering C Materials for Biological Applications, 2013, 33(4): 1819–41.

[ 173 ] Liu K, Yuan C, Chen Y, et al. Combined effects of ascorbic acid and chitosan on the quality maintenance and shelf life of plums[ J ]. Scientia Horticulturae, 2014, 176(176): 45–53.

[ 174 ] Romanazzi G, Feliziani E. 2016 in Chitosan and its Applications on the Preservation of Agricultural Commodities. In Chitosan in the Preservation of Agricultural Commodities[ M ]. Elsevier Inc, 2016.

[ 175 ] Mohan C O, Ravishankar C N, Lalitha K V, et al. Effect of chitosan edible coating on the quality of double filleted Indian oil sardine (*Sardinella longiceps*) during chilled storage[ J ]. Food Hydrocolloids, 2013, 54: 315–324.

[ 176 ] Arancibia M Y, López-Caballero M E, Gómez-Guillen M C, et al. Chitosan coatings enriched with active shrimp waste for shrimp preservation[ J ]. Food Control, 2015, 54: 259–266.

[ 177 ] 李仁伟，李双双，夏松养. 壳聚糖对冻藏金枪鱼肉的保鲜效果研究[ J ]. 浙江海洋学院学报，2013，32（3）：233–237.

[ 178 ] Kalogeropoulos N, Konteles S J, Troullidou E, et al. Chemical composition, antioxidant activity and antimicrobial properties of propolis extracts from Greece and Cyprus[ J ]. Food Chemistry, 2009, 116(2): 452–461.

[ 179 ] Viuda-Martos M, Ruiz-Navajas Y, Fernández-López J, et al. Functional properties of honey, propolis, and royal jelly[ J ]. Journal of Food Science, 2008, 73(9): R117–R124.

[ 180 ] 吴雪丽，申亮，刘红英. 蜂胶提取液对扇贝保鲜效果的研究[ J ]. 食品科技，2013，38（7）：166–169.

[ 181 ] Duman M, Özpolat E. Effects of water extract of propolis on fresh shibuta (*Barbus grypus*) fillets during chilled storage[ J ]. Food Chemistry, 2015, 189: 80–85.

[ 182 ] Gómez-Sala B, Herranz C, Díaz-Freitas B, et al. Strategies to increase the hygienic and economic value of fresh fish: Biopreservation using lactic acid bacteria of marine origin[ J ]. International Journal of Food Microbiology, 2016, 223(2): 41–49.

[ 183 ] Marcos B, Aymerich T, Garriga M, et al. Active packaging containing Nisin and high pressure processing as post-processing listericidal treatments for convenience fermented sausages[ J ]. Food Control, 2013, 30(1): 325–330.

[ 184 ] Tiwari B K, Valdramidis V P, Donnell C P O, et al. Application of natural antimicrobials for food preservation[ J ]. Journal of Agricultural & Food Chemistry, 2009, 57(14): 5987–6000.

[ 185 ] 祝银，刘琴，严忠雍，等. Nisin生物保鲜剂对冻藏金枪鱼的影响[ J ]. 广州化工，2013（24）：41–43.

[ 186 ] Schelegueda L I, Zalazar A L, Gliemmo M F, et al. Inhibitory effect and cell damage on bacterial flora of fish caused by chitosan, Nisin and sodium lactate[ J ]. International Journal of Biological Macromolecules, 2015, 83: 396–402.

[ 187 ] 吕锡斌，何腊平，张汝娇，等. 双歧杆菌生理功能研究进展[ J ]. 食品工业科技，2013，34（16）：353–358.

[ 188 ] Alticri C, Speranza B, Delnobile L, et al. Suitability of *bifidobacteria* and symbol as biopreservatives in extending the shelf life of fresh packed plaice fillets[ J ]. Journal of applied microbiology, 2005,

99(6): 1294-1302.
[189] 朱军伟，杭锋，王钦博，等. 双歧杆菌在乳制品中研究与应用进展[J]. 广东农业科学，2015，42(2)：98-103.
[190] Castellano P, Belfiore C, Fadda S, et al. A review of bacteriocinogenic lactic acid bacteria used as bioprotective cultures in fresh meat produced in Argentina.[J]. Meat Science, 2008, 79(3): 483-99.
[191] 唐文静，宁喜斌，王楚文，等. 复合乳酸菌对冷藏海鲈鱼块的保鲜效果[J]. 微生物学通报，2016，43(3)：559-566.
[192] Ito Y, Kwon O H, Ueda M, et al. Bactericidal activity of human lysozymes carrying various lengths of polyproline chain at the C-terminus.[J]. Febs Letters, 1997, 415(3): 285-288.
[193] Shi J B, Xie J, Gao Z L, et al. Effects of tea polyphenols, lysozyme and chitosan on improving preservation quality of pomfret fillet[J]. Advanced Materials Research, 2013,781-782: 1582-1588.
[194] Abdollahzadeh E, Rezaei M, Hosseini H. Antibacterial activity of plant essential oils and extracts: The role of thyme essential oil, Nisin, and their combination to control Listeria monocytogenes inoculated in minced fish meat[J]. Food Control, 2014, 35(1): 177-183.
[195] Wang C, Shelef L A. Behavior of Listeria monocytogenes, and the spoilage microflora in fresh cod fish treated with lysozyme and EDTA[J]. Food Microbiology, 1992, 9(3): 207-213.
[196] Hui G, Liu W, Feng H, et al. Effects of chitosan combined with Nisin treatment on storage quality of large yellow croaker (*Pseudosciaena crocea*)[J]. Food Chemistry, 2016, 203: 276-282.
[197] Feng X, Bansal N, Yang H S. Fish gelatin combined with chitosan coating inhibits myofibril degradation of golden pomfret (*Trachinotus blochii*) fillet during cold storage[J]. Food Chemistry, 2016, 200: 283-292.
[198] 张璟晶，唐劲松，王海波，等. 溶菌酶、Nisin、壳聚糖复合保鲜剂对冰鲜银鲳保鲜效果的研究[J]. 食品工业科技，2014，4：323-326.
[199] 刘金昉，刘红英，李丽娜，等. 复合生物保鲜剂对南美白对虾保鲜效果的研究[J]. 食品安全质量检测学报，2014，(2)：599-606.
[200] 吴雪丽，刘红英，韩冬娇. 冰温结合生物保鲜剂对扇贝的保鲜效果[J]. 食品科学，2014，35(10)：273-277.
[201] 刘金昉，刘红英，齐凤生，等. 复合生物保鲜剂结合冰温贮藏对南美白对虾的保鲜效果[J]. 食品科学，2014，35(20)：286-290.
[202] 齐凤生，刘红英，王頔. 复合生物保鲜剂结合气调包装对海湾扇贝柱冷藏保鲜效果的研究[J]. 现代食品科技，2014(7)：154-159.
[203] 徐芃，刘东成. 茶多酚抗氧化和抑菌机制的研究[J]. 中国医药导报，2008，5(23)：21-22.
[204] 姚开何，强石碧. 茶多酚的生理活性及其在食品中的应用[J]. 四川省食品与发酵，2001，3：6-10.
[205] Tumay Y, Belma A, Sahlan O. Antimicrobial and antioxidant activities of *Russula delica* Fr[J]. Food and Chemical Toxicology, 2009, 47: 2052-2056.
[206] Weiduo S, Joshus G, Rong T, et al. Bioassay-guided purification and identification of antimicrobial components in Chinese green tea extract[J]. Journal of Chromatography A, 2006, 1125: 204-210.
[207] 潘宏涛. Aegis溶菌酶的抑菌作用及抑菌机理初步研究[J]. 新饲料，2007，12：15-17.
[208] 杨向科，邹艳丽，孙谧，等. 海洋微生物溶菌酶的抑菌作用及抑菌机理初步研究[J]. 海洋水产研究，2005，26(5)：62-67.
[209] 史英芳，郭丽宏. 溶菌酶对感染根管中优势菌抑菌作用的实验研究[J]. 牙体牙髓牙周病学杂志，1998，8(1)：18-19.
[210] 杨冬芝，刘晓飞，李治. 壳聚糖抗菌活性的影响因素[J]. 应用化学，2000，17(6)：598-602.
[211] Helander I M, Ahvenainen R, Rhoades J, et al. Chitosan disrupts the barrier properties of the outer membrane of Gram-negative bacteria[J]. International Journal of Food Microbiology, 2001, 71: 235-244.

[212] Tokura S K, Ueno S, Miyazaki, et al. Molecular weight dependent antimicrobial activity of chitosan [J]. Macromolecular Symposia, 1997, 120: 1–9.
[213] 郑连英,朱江峰,孙昆山. 壳聚糖的抗菌性能研究[J]. 应用化学,2000,18(2): 22–24.
[214] 叶磊, 何立千, 高天洲, 等. 聚糖的抑菌作用及其稳定性研究[J].北京联合大学学报(自然科学版),2004,18(1): 79–82.
[215] 黎军英,李红叶. 壳聚糖对桃褐腐病菌的抑制作用[J]. 电子显微学报,2002,21(2): 138–140.
[216] Zheng L Y, Zhu J F. Study of antimicrobial activity of chitosan with different molecular weight[J]. Carbohydrate Polymers, 2003, 54(4): 527–530.
[217] Montville T J, Chen Y. Mechanistic action of pediocin and Nisin: recent progress and unresolved questions[J]. Appl Microbiol Biotechnol, 1998, 50: 511–519.
[218] 吕淑霞, 白泽朴, 代义, 等. 乳酸链球菌素(Nisin)抑菌作用及其抑菌机理的研究[J]. 中国酿造, 2008, 9: 87–91.

# 第二章　冰温、气调包装和微冻在水产品保鲜上的应用

本章以研究实例介绍了冰温、气调和微冻技术在鲳鱼、南美白对虾保鲜上的应用，并展示了上述技术与生物保鲜剂结合或几种保鲜技术联用的保鲜工艺。此外，本章还提出了功能冰如臭氧冰在鲳鱼保鲜中的应用实例。

## 第一节　不同温度下鲳鱼品质变化与微观组织变化的影响

本节通过对三种不同低温贮藏方式（4℃冷藏、−3℃微冻、−18℃冻藏）下鲳鱼进行研究，以菌落总数、pH、挥发性盐基氮、*K*值等理化鲜度指标作为鲳鱼货架期结点，并对贮藏期间鲳鱼肌动球蛋白溶出量、巯基含量等蛋白质变性指标和肌纤维组织形态变化进行研究，旨在为鲳鱼低温保鲜提供实用性理论。

### 一、菌落总数的变化

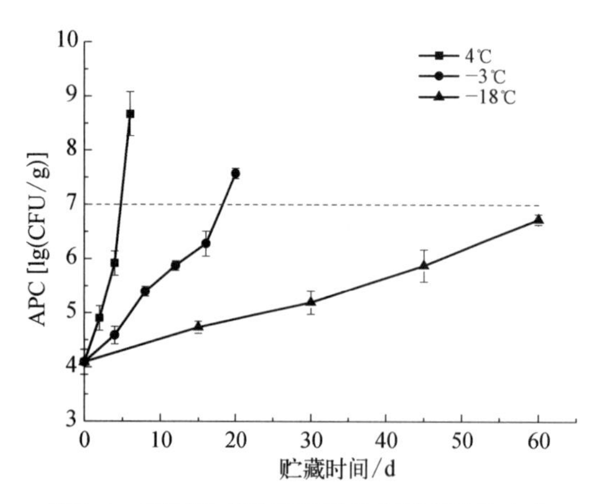


图2-1　不同贮藏条件下鲳鱼菌落总数的变化

如图2-1所示，不同贮藏温度下鲳鱼菌落总数都呈上升趋势，4℃冷藏组在贮藏期间菌落数迅速上升，贮藏至第6 d其菌落总数达到8.67 lg（CFU/g）；超出7.0 lg（CFU/g）的鲜鲳鱼菌落总数最大限值；−3℃微冻组在贮藏至第16 d时，其菌落总数为6.28 lg（CFU/g），未超出限值，较冷藏组延长10 d到达APC阈值。−18℃冻藏组的菌落总数显示平稳的上升趋势，贮藏至第60 d时，仍属于二级鲜度。可见，不同温度对细菌生长有较大影响，温度越低，细菌生长繁殖越慢。

## 二、pH的变化

由图2-2可知，不同贮藏温度下鲳鱼pH整体呈现出先降低后升高走势，这与高志立等[1]研究带鱼pH随贮藏时间呈现V字形变化有着相同结论，pH的下降可能是由于$CO_2$在鲳鱼肌肉中溶解[2]。冷藏组pH在第2 d后出现急剧上升，而微冻组pH在经过第4 d到第8 d的快速上升后，第8 d后升高趋势平缓，直至第16 d后，pH再次急剧上升，可能是由于第16 d后，微生物急速繁殖并在酶的作用下，产生大量碱性物质，导致这一结果[3]，所以，pH与TVB-N值的上升时间点一致[4]。冻藏组在低温的影响下，pH未出现急剧的上升现象，与冻藏组APC上升缓慢一致。

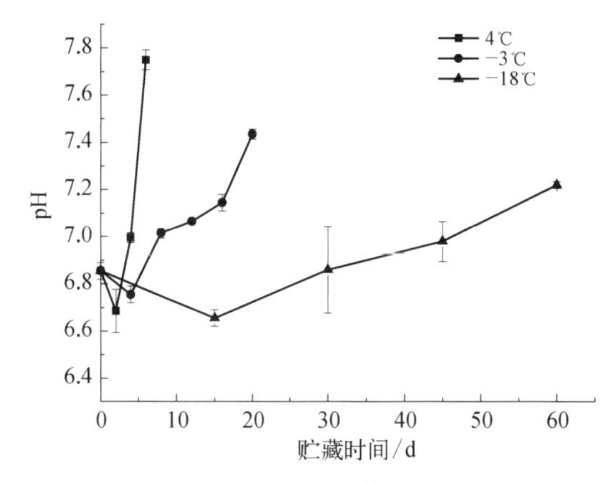


图2-2　不同贮藏条件下鲳鱼pH的变化

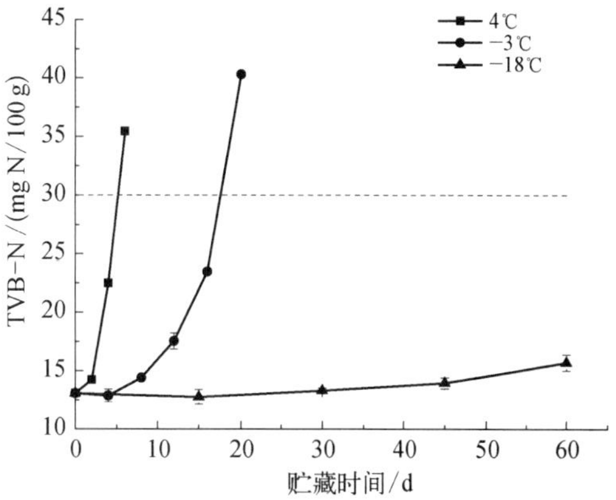

图2-3　不同贮藏条件下鲳鱼TVB-N值的变化

## 三、TVB-N值的变化

根据鲳鱼行业标准规定，鲜、冻鲳鱼TVB-N值≤18 mg N/100 g为一级品，TVB-N值≤30 mg N/100 g为合格品。

图2-3所示，贮藏开始TVB-N值为13.09 mg N/100 g，冷藏组第4 d时，冷藏组与微冻组差异显著（$p < 0.05$），第6 d其TVB-N值已超30 mg N/100 g的合格限，不可食用；微冻组TVB-N在前12 d为缓慢上升期，第12 d的TVB-N值为17.55 mg N/100 g，仍属于一级品，第16 d后为该组贮藏后期，微生物数增加使得细胞自溶，产生大量胺类物质，使TVB-N值急剧上升，第20 d其TVB-N值为40.31 mg N/100 g，超出合格限值；冻藏组TVB-N值显现出平缓上升，在微生物受抑制情况下及由冷冻造成的蛋白质变性，使得其蛋白质中含氮物质无法释出[5]，第60 d其TVB-N值为15.72 mg N/100 g，仍为一级品。

## 四、*K*值的变化

*K*值作为水产品前期鲜度评价一个代表性指标，*K*值越大表明水产品腐败变质越明

显，20%、40%分别为水产品一级鲜度与二级鲜度的阈值，超过60%表明水产品已开始腐败。

由图2-4可知，随着贮藏时间推移，不同温度组鲳鱼$K$值都呈上升趋势，初始鲳鱼$K$值为16.68%，属于一级鲜度（≤20%），冷藏组在第4 d $K$值为39.48%仍属二级鲜度，与微冻组已存在显著性差异（$p<0.05$）；微冻组与冻藏组最后临近二级鲜度点分别出现在第16 d（40.22%）和第45 d（37.69%），说明低温能有效减缓ATP分解，且在贮藏前期，$K$值的上升态势比TVB-N值明显，由此说明$K$值更能在水产品贮藏前期反映其品质变化。

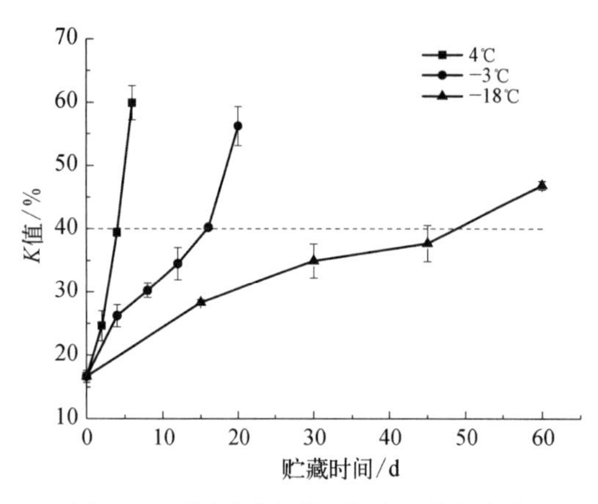


图2-4　不同贮藏条件下鲳鱼$K$值的变化

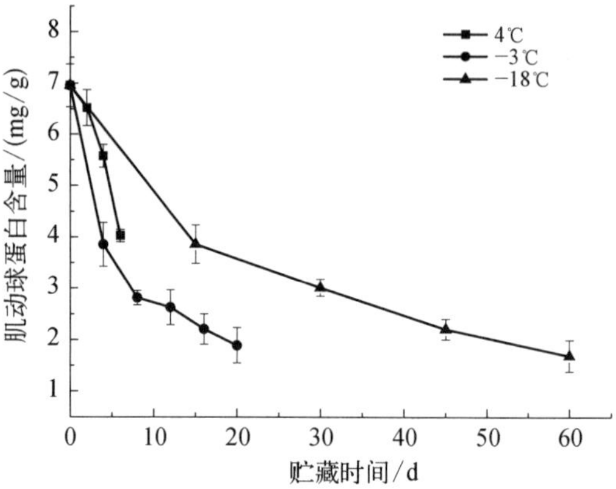

图2-5　不同贮藏条件下鲳鱼肌动球蛋白含量的变化

## 五、肌动球蛋白含量的变化

肌动球蛋白是肌动蛋白与肌球蛋白组成的复合物，是肌原纤维的主要组成成分，鱼肉冷冻变性与其有着紧密联系。

如图2-5所示，不同贮藏温度下鲳鱼肌动球蛋白含量随时间延长而下降，且前期下降剧烈，后期趋于平缓，这与周春霞等研究碎冰冷藏对罗非鱼肌原纤维蛋白含量随贮藏时间的变化趋势相似[6]。微冻组在第20 d时，肌动球蛋白含量为1.89 mg/g，同期冻藏组蛋白含量为3.58 mg/g，两组较初始值（6.95 mg/g）分别下降72.8%与48.5%。说明在最大冰晶生成带温度下贮藏，肌动球蛋白不易稳定，蛋白变性较严重。而肌动球蛋白的含量减少主要是由于盐溶性肌动球蛋白的巯基氧化形成的二硫键使肌动球蛋白重组，其溶解性降低。

## 六、肌动球蛋白巯基含量的变化

巯基是鱼肉蛋白中一种功能性基团，易氧化，巯基含量的变化反映了蛋白变性程度。

如图2-6所示，冷藏组巯基含量在前期下降平缓，中后期下降迅速，第6 d后巯基含量降到初始的34.9%；微冻组巯基量在中期下降很快，前后期变化缓慢，第20 d时降到初始值的27.2%，冻藏组则显示类似线性下降趋势，后期也显示出一定的平缓下降态势，第60 d其数值为初始值的24.2%。由图2-5与图2-6可看出，巯基含量与肌动球蛋白溶出量整体趋势相同，但对于微冻组存在不同，巯基含量在前期变化平缓，中后期减少剧烈，而肌动球蛋白含量变化速度正好相反（图2-5）。其中巯基功能为稳定鱼肉中蛋白质的空间结构，蛋白质中巯基氧化成二硫键后则迫使蛋白质重组，导致肌动球蛋白溶出量减少，而图2-5与图2-6中微冻组肌动球蛋白含量与巯基含量的变化表现出不同的下降速率，可认为微冻组鲳鱼肌动球蛋白溶出量在前期并非只与巯基含量相关，而可能还与冰晶的形成有着关联，且微冻贮藏正好处在最大冰晶生成带，这与荣建华等[7]研究低温贮藏对脆肉鲩鱼肉肌动球蛋白溶出量与巯基含量变化关系相似，在贮藏前期，冰晶的形成对鱼肉前期肌动球蛋白溶出量的影响高于巯基对肌动球蛋白溶出量的影响。

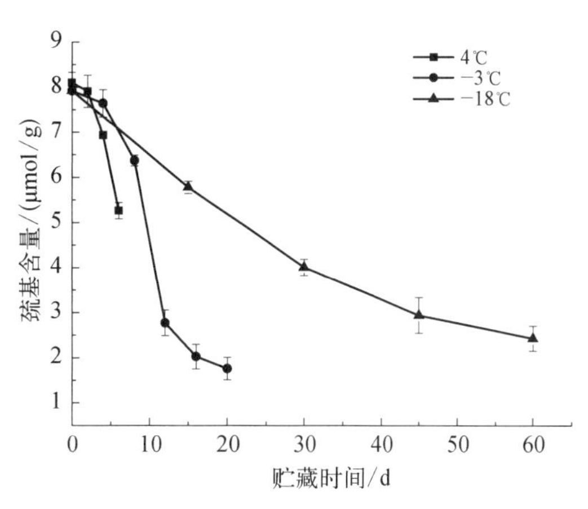

图2-6 不同贮藏条件下鲳鱼肌动球蛋白巯基含量的变化

## 七、微观组织结构的变化

光学显微镜显示不同贮藏条件下鲳鱼微观组织结构的变化，见图2-7。从图2-7（a）中可以看出，新鲜鲳鱼肉（视为冷藏组）肌纤维断面分布均匀，有固定形状，肌纤维之间有线状间隙；当微冻贮藏至20 d后，如图2-7（b），之前的线状间隙发生变化，部分区域形成较大空隙，肌纤维受到挤压，往受力方向位移，部分肌纤维断面变形，不再按一定规律排列；当冻藏至20 d后，如图2-7（c）所示，肌纤维间隙发生大规模变化，冰晶形成空隙增多，部分肌纤维受挤压严重位移，挤压在一起的肌纤维之间很难有间隙，且肌纤维断面轮廓模糊，边缘出现絮状物，肌纤维束发生断裂现象。说明当贮藏温

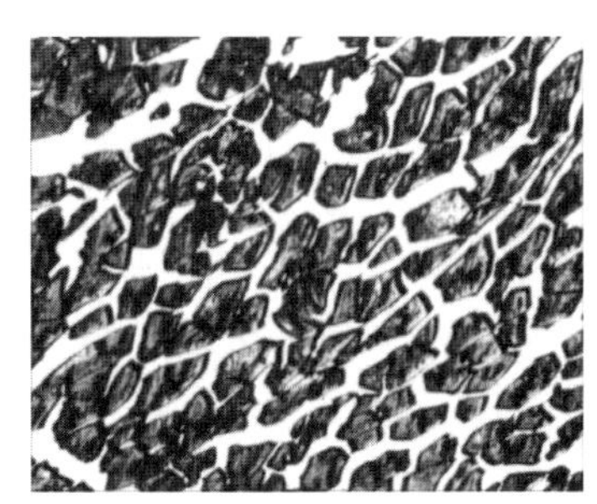
(a) 新鲜鲳鱼肉

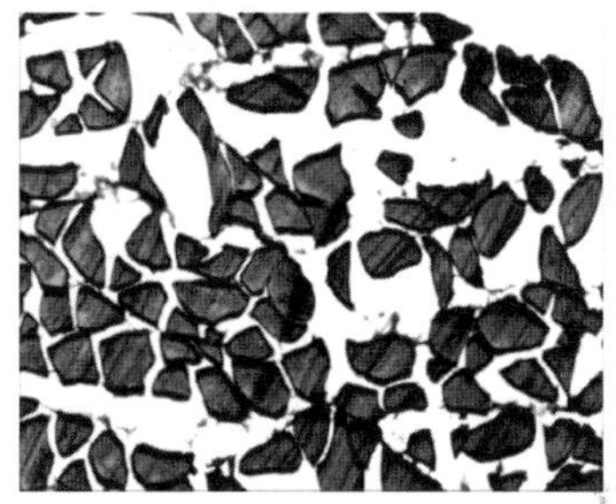
(b) 微冻第20 d鲳鱼肉

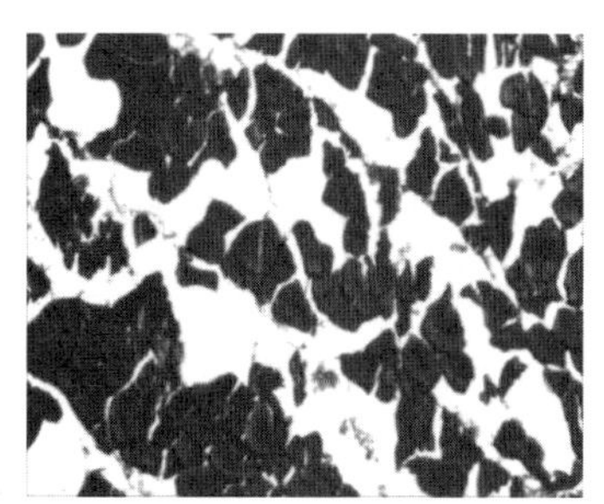
(c) 冻藏第20 d鲳鱼肉

图2-7 不同贮藏条件下鲳鱼微观组织结构的变化（10×10）

度低于鲳鱼冻结点，温度越低，形成的冰晶对于鲳鱼肌纤维的形态、位置等影响越大，因为比较微冻组与冻藏组，在冻藏情况下，鱼体内水分冻结率更大，形成的冰晶数量更多，冰晶体积膨胀的影响更大，导致肌纤维间隙的拉开度增大，也就造成了对肌纤维更大程度的破坏。

## 八、本节小结

不同贮藏温度下，鲳鱼品质随贮藏时间延长而下降，APC、pH、TVB-N值和*K*值上升，肌动球蛋白溶出量与巯基含量下降。综合根据APC、TVB-N值和*K*值三种标准二级鲜度的规定，贮藏至实验终点时冷藏组鲳鱼APC、TVB-N值和*K*值分别为8.67 lg（CFU/g）、35.46 mg N/100 g和59.89%，得出货架期在4 ～ 6 d，微冻组鲳鱼为7.57 lg（CFU/g）、40.31 mg N/100 g和56.21%，其货架期在16 ～ 20 d，冻藏组鲳鱼*K*值指标在第60 d时为46.82%，处于二级鲜度与初级腐败之间（40% ～ 60%），其余指标均低于二级鲜度标准，所以认为其货架期仍然大于60 d。

比较这三种不同温度贮藏，冷藏贮藏货架期最短，品质变化最快，适用于大众家庭鲜食或短期贮藏，因其贮藏期间未经历冻结点，肌肉内无冰晶形成，因而肌肉纤维没有受到冰晶破坏而具有较好的口感和风味；微冻贮藏货架期较冷藏延长12 ～ 16 d，适用于企业初级加工销售方式，按捕捞—初加工—运输—销售的快速销售模式，且在此阶段内，冰晶形成数较少，冰晶对肌肉纤维破坏小；冻藏贮藏可长时间保持鲳鱼品质，货架期是其最大优势，且较微冻贮藏的温度控制技术简单，但其产生的冰晶问题为其最大劣势，肌肉组织受冰晶破坏严重。所以若将微冻保鲜进一步优化改进，减少温度波动对鱼体影响，则可使微冻保鲜作为鲳鱼等大宗水产鱼类的主要保鲜方式，满足大部分市场需求。

# 第二节　温度波动对微冻鲳鱼品质变化与微观结构的影响

微冻贮藏作为水产品加工常见的贮藏方式，微冻贮藏在延长水产品货架期方面已取得实际性成果[8-11]，但在贮藏过程中受到环境温度的变化或制冷设备性能不稳定等原因，使得鲳鱼在微冻条件下贮藏难免受到温度波动的影响。在水产品冻藏保鲜方面，已有诸多关于温度波动对鱼体品质变化影响的报道，但在微冻贮藏温度范围内的温度波动对水产品的影响还鲜有报道。

本节通过对两种不同温度波动方式[（−3±0.5）℃、（−3±2）℃ ]下的微冻鲳鱼进行研究，以菌落总数、pH、TVB-N值、*K*值等理化鲜度指标作为鲳鱼货架期结点，并对贮藏期间鲳鱼肌纤维组织形态变化进行研究，旨在为鲳鱼微冻保鲜技术提供实用性理论。

## 一、贮藏温度波动测定结果

如图2-8所示，实验组Ⅰ实际温度波动温度为−1℃至−5℃，实验组Ⅱ实际温度波动温度为−2.25℃至3.25℃，实验组Ⅰ和实验组Ⅱ两组实验组的温度波动在50 h前呈现出相同的模式，50 h后出现规律性升降，分别在100 h、125 h、275 h、375 h、475 h和675 h时出现最低温度，分别在75 h、125 h、225 h、325 h、425 h、525 h和625 h出现最高温度，平均最高温度与最低温度间隔50 h，相邻两个温度峰值间隔100 h，符合实验需求。

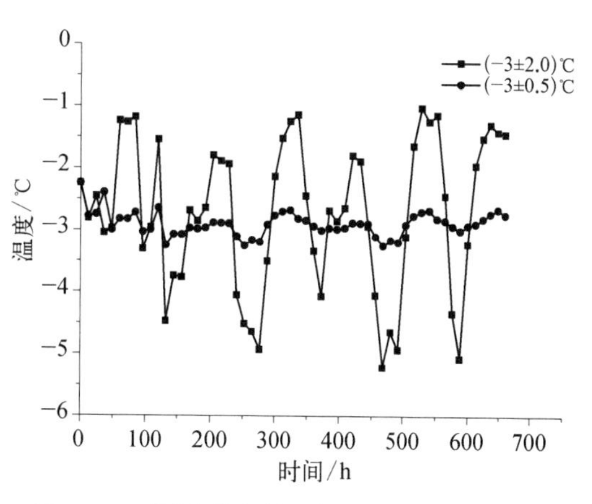


图2-8　不同贮藏条件下鲳鱼背脊温度的变化

## 二、菌落总数的变化

微生物指标是鱼类腐败的重要指标，根据新鲜鲳鱼行规规定，菌落总数超过7.0 lg(CFU/g)说明鱼体已完全腐败，无食用价值。

根据图2-9不同贮藏温度波动下鲳鱼菌落总数的变化所示，两组实验组的菌落总数都是一个上升的趋势，在贮藏前12 d，两组实验组的菌落总数变化趋势线相相似，贮藏后12 d趋势线出现明显分开，实验组Ⅰ[(−3±2.0)℃]在第18 d菌落总数为7.2 lg(CFU/g)，超过了鲜鲳鱼的菌落总数的阈值。实验组Ⅱ[(−3±0.5)℃]在第24 d菌落总数为7.2 lg(CFU/g)，超过阈值的天数，比实验组滞后6 d。说明微冻贮藏前期微生物主要为常规细菌，温度波动对于其有着相同的抑制性；贮藏后期腐败菌为主要微生物，温度的波动对其影响凸显，实验组Ⅱ较实验组Ⅰ在抑制腐败菌方面有着明显的抑制效果。

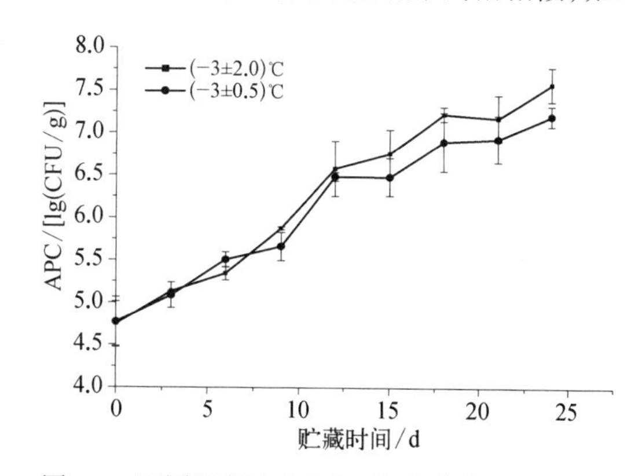


图2-9　不同温度波动贮藏下鲳鱼菌落总数的变化

## 三、pH的变化

如图2-10所示，两个处理组整体趋势为典型的“V”字形，这与张强等[12]研究有相同的趋势，其原因之一为在贮藏前期新鲜鲳鱼的$CO_2$溶解在鱼肉中，也可能为鱼体的糖降解反应产生的酸性物质使得pH下降。实验组Ⅰ和Ⅱ的pH最低值分别出现在第3 d和第

6 d，且出现两次明显上升的趋势，第一次出现在第3 d和第6 d，原因可能为鱼肉胺类物质的产生，第二次出现分别出现在第18 d和24 d，原因为腐败菌繁殖代谢所产生的含氮物质，且与菌落点数的趋势相吻合。

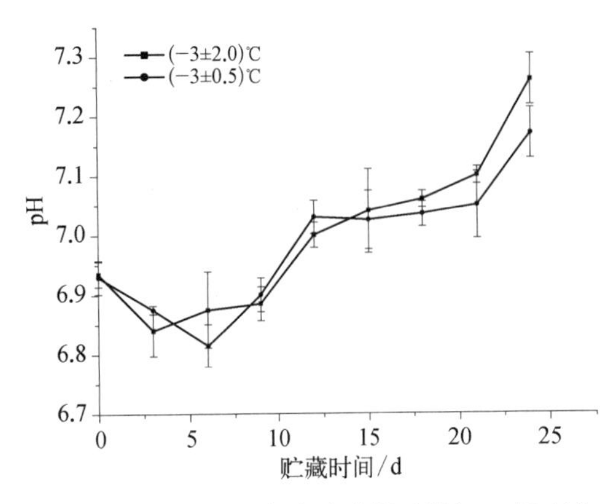


图2-10　不同温度波动贮藏下鲳鱼pH的变化

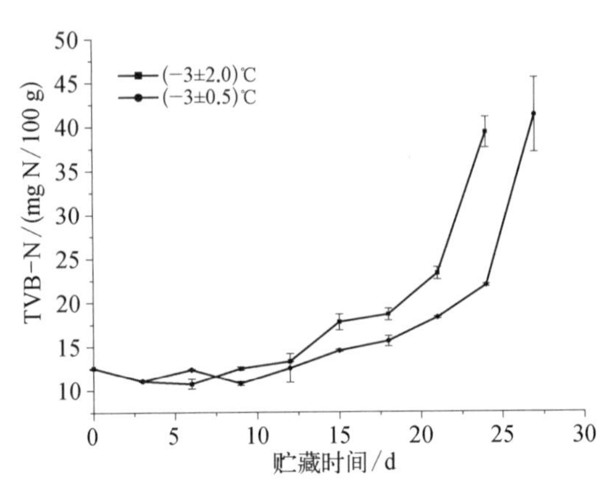


图2-11　不同温度波动贮藏下鲳鱼TVB-N值的变化

## 四、TVB-N值的变化

TVB-N值为水产品腐败的一个重要指标，根据水产品行规规定，新鲜鲳鱼TVB-N值≤18 mg N/100 g为一级品，18 mg N/100 g＜TVB-N值≤30 mg N/100 g为二级品，TVB-N值＞30 mg N/100 g则失去食用价值。

如图2-11所示，在贮藏前12 d两组实验组的TVB-N值变化不大，说明鱼体内未产生挥发性含氮物质，鱼体仍保持新鲜状态。鱼体贮藏后期TVB-N值迅速上升是由于在贮藏后期，腐败菌快速繁殖占据主要微生物，分解蛋白质产生大量的含氮物质。实验组Ⅰ在第18 d时TVB-N值为18.56 mg N/100 g，超过了一级品的阈值，且持续迅速上升，在第24 d达到39.27 mg N/100 g，远远跨过二级品的最大值，完全腐败；实验组Ⅱ在第21 d时TVB-N值为18.23 mg N/100 g，在第27 d时超过二级品的最大值，达到41.24 mg N/100 g。说明微冻条件下的温度大幅波动对于鱼体的腐败有着明显的影响，使得鲳鱼的品质等级变化提前3 d。

## 五、*K*值的变化

*K*值是水产品贮藏前期的重要鲜度指标，*K*值≤20%为一级鲜度，*K*值≤40%为二级鲜度，当*K*值＞40%说明鱼体已腐败。

如图2-12所示，实验组*K*值整体为上升趋势，初始新鲜鲳鱼*K*值为15.44%，在一级鲜度范围内，实验组Ⅰ在第21 d时*K*值为42.56%，超过二级鲜度最大值；实验组Ⅱ在第24 d时*K*值为47.23%，跨过二级鲜度的阈值。所以温度的波动幅度对于ATP的分解存在一定影响，稳定的微冻温度更能延长鲳鱼货架期。

## 六、微观组织结构的变化

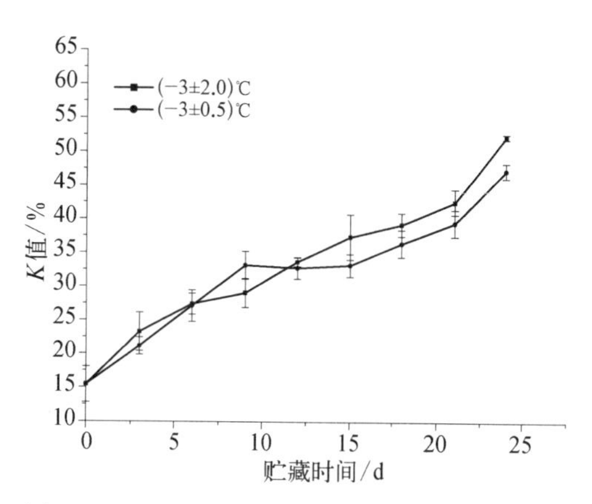


图2-12　不同温度波动贮藏下鲳鱼K值的变化

在鲳鱼微冻贮藏期间，温度的波动对冰晶的形成与形态有着直观的体现，两组实验组分别在第0 d、7 d、14 d和21 d进行组织切片观察。

如图2-13所示，第0 d鲳鱼背脊横截面肌纤维束分布均匀，呈现均匀的分布状态，能够看到明显间隙线条；第7 d时，实验组Ⅰ与实验组Ⅱ的肌纤维断层出现不同，实验组Ⅰ的肌纤维因为温度的上下波动幅度较大，冰晶出现了明显的重结晶现象，直线型的间隙不明显，肌纤维受到冰晶重结晶的影响发生了分散，实验组Ⅱ个别区域形成冰晶，其余区域肌纤维仍然排列有序；第14 d时，实验组Ⅰ的肌纤维内由于冰晶反复的融化结晶过程形成较大冰晶，肌纤维受冰晶挤压发生变化，勾勒出冰晶形态，个别区域的肌纤维已挤压在一起，实验组Ⅱ肌纤维内冰晶继续保持原有形态，大冰晶数量没有明显增多，但在肌纤维间的间隙有明显增大；第21 d，实验组Ⅰ中肌纤维因为冰晶的形成受到挤压影响，小束的肌纤维向受力方向发生明显位移与重叠，肌纤维间隙完全消失，且出现絮状物，肌纤维质膜受到破坏，发生断裂现象，实验组Ⅱ背脊肌肉中冰晶继续加大，与实验组Ⅰ第14 d相似，间隙变大，但能分清肌纤维分布状况，质膜较为完整，未出现絮状物。

由此可见，实验组Ⅰ的温度波动较大，使得水在液体与固体间反复变化，对肌纤维有着较为剧烈的破坏，且微冻条件本身就在最大冰晶生成带，鱼体内水分反复结晶形成更加容易形成大型冰晶，对肌纤维的破坏进一步加大。而实验组Ⅱ保持着稳定温度，冰晶的形成主要是随着贮藏时间的延长而加大，对肌纤维的破坏程度要远小于实验组Ⅰ。

## 七、本节小结

不同温度波动条件[(−3±0.5)℃、(−3±2)℃]下，鲳鱼品质随贮藏时间延长而下降，贮藏前18 d由于常规微生物与酶都受到抑制，两组实验组中菌落总数、pH、TVB-N值和K值差别不明显；在第18 d后，腐败菌成为主要微生物，鱼体腐败加剧，依据理化指标，实验组Ⅰ鲳鱼货架期为18 d，实验组Ⅱ货架期为21 d。微冻条件下温度波动对于鲳鱼肌纤维的影响最为明显，从贮藏前期冰晶问题就一直影响肌纤维的形态，实验组Ⅰ比实验组Ⅱ对肌纤维的破坏更加明显。所以微冻保鲜技术中的温度波动对于货架期品质变化的影响在可接受范围内，其主要影响表现在冰晶方面，在于对口感的影响，本节的结果对诸如微冻保鲜柜或微冻运输工具等微冻设备的设计和开发提供了一定的参考价值。

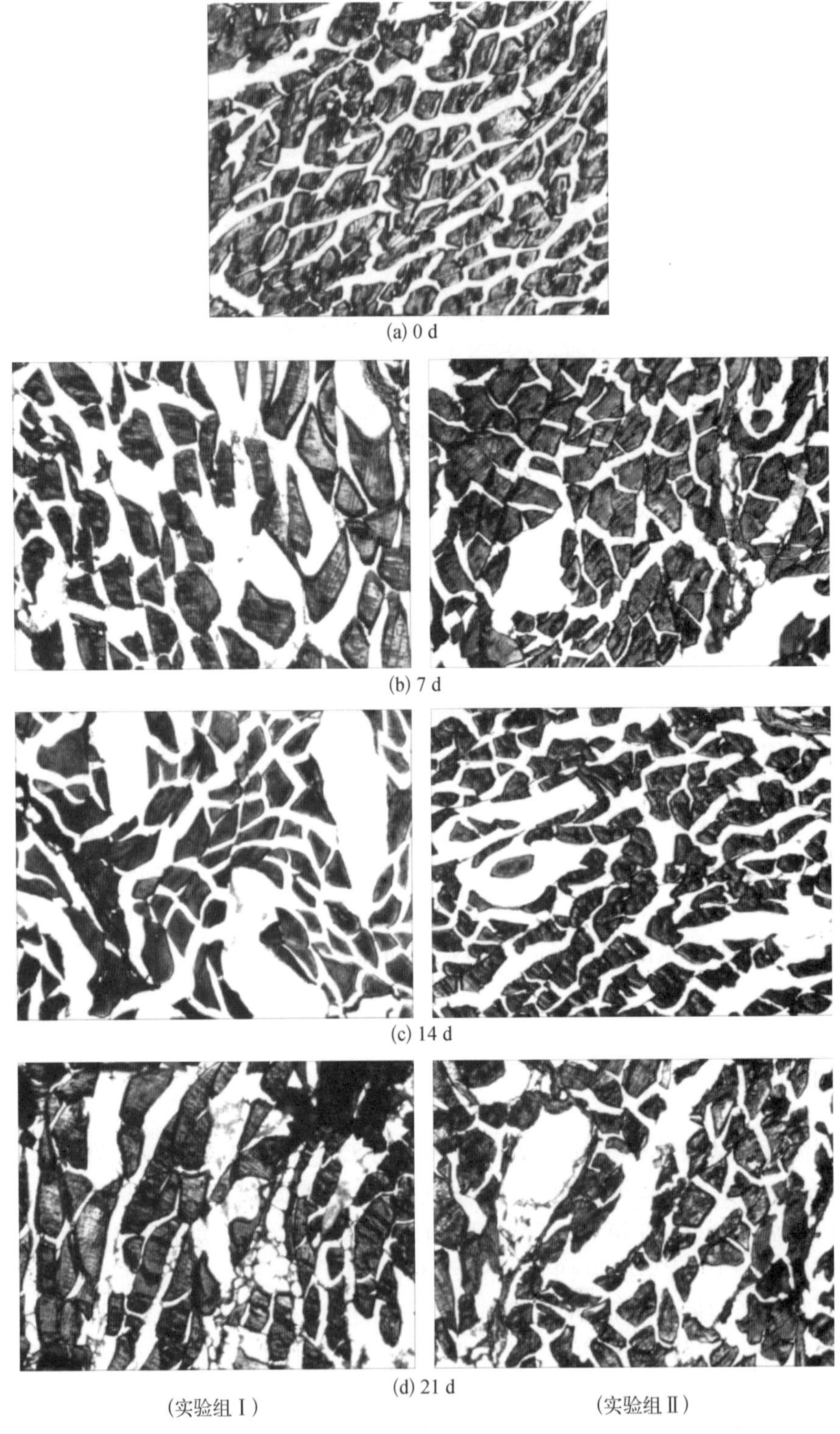


图2-13　不同温度波动贮藏下鲳鱼微观组织结构（10×10）

# 第三节　植酸与海藻糖对微冻鲳鱼保鲜效果的影响

海藻糖是一种安全、无毒、可靠的新型天然糖类，是由两个葡萄糖分子以1，1-糖苷键构成的非还原性糖类，其对多种生物活性物质具有非特异性保护作用，其可以在低温条件下在细胞表面形成保护膜，防止食品劣变，保持食品鲜度，是一种新型生物保鲜剂。植酸是一种从植物籽中提取的磷酸类化合物，其可代替成为被保护食品的供氢分子，与自由基电子形成稳定结构，对食品起到保鲜效果。

本节选用海藻糖与植酸两种生物保鲜剂，结合微冻保鲜技术，经过对不同浓度海藻糖和植酸溶液处理过的鲳鱼感官指标、微生物指标、pH、TVB-N和$K$值等理化指标进行测定，比较不同浓度海藻糖和植酸溶液对鲳鱼的保鲜效果，旨在得到保鲜效果最好的保鲜剂；同时比较不同浓度配比的两种保鲜剂对于不同菌群的影响，揭示鲳鱼在微冻保鲜中特定腐败菌和生物保鲜剂的抑菌作用，从而为鲳鱼在微冻保鲜货架期延长方面提供理论指导。

## 一、感官评定的变化

不同处理组鲳鱼的感官评分如表2-1所示，分数均随贮藏时间的延长而降低，鱼体解冻后主要表现为：鱼肉色泽发暗、胺臭味严重、肌肉无弹性、组织不紧密。贮藏第5 d，各处理组感官良好，感官评分值之间均无显著性差异（$p > 0.05$）。贮藏第10 d，CK组的感官评分值明显低于保鲜剂组，与A2、B1、B2、B3组均出现显著性差异（$p < 0.05$）。CK组在第15 d，A1、A3、B1组在第25 d感官评分值均小于2，不可接受。而A2、B2、B3组在第25 d鱼肉仍处于可接受水平。实验表明：海藻糖和植酸均可有效维持鲳鱼的感官品质，植酸的整体保鲜效果要好于海藻糖，而且在两种保鲜剂中以A2组和B2组保鲜效果最好。

**表2-1　不同处理组鲳鱼感官评定的变化**

| 组别＼天数 | 0 | 5 | 10 | 15 | 20 | 25 |
|---|---|---|---|---|---|---|
| CK | $5.00 \pm 0.00^{a}$ | $4.58 \pm 0.10^{a}$ | $3.44 \pm 0.21^{b}$ | $1.69 \pm 0.32^{d}$ | $1.34 \pm 0.37^{d}$ | N/D |
| A1 | $5.00 \pm 0.00^{a}$ | $4.52 \pm 0.12^{a}$ | $3.98 \pm 0.12^{ab}$ | $2.68 \pm 0.25^{c}$ | $2.03 \pm 0.45^{cd}$ | $1.23 \pm 0.18^{c}$ |
| A2 | $5.00 \pm 0.00^{a}$ | $4.61 \pm 0.13^{a}$ | $4.08 \pm 0.13^{a}$ | $3.37 \pm 0.36^{ab}$ | $2.65 \pm 0.37^{ab}$ | $2.33 \pm 0.52^{ab}$ |
| A3 | $5.00 \pm 0.00^{a}$ | $4.63 \pm 0.11^{a}$ | $3.88 \pm 0.23^{ab}$ | $2.98 \pm 0.44^{bc}$ | $2.32 \pm 0.36^{bc}$ | $1.38 \pm 0.34^{bc}$ |
| B1 | $5.00 \pm 0.00^{a}$ | $4.59 \pm 0.08^{a}$ | $4.11 \pm 0.14^{a}$ | $3.15 \pm 0.33^{abc}$ | $2.89 \pm 0.54^{ab}$ | $1.63 \pm 0.32^{c}$ |
| B2 | $5.00 \pm 0.00^{a}$ | $4.55 \pm 0.13^{a}$ | $4.23 \pm 0.23^{a}$ | $3.67 \pm 0.21^{a}$ | $2.98 \pm 0.32^{a}$ | $2.52 \pm 0.14^{a}$ |
| B3 | $5.00 \pm 0.00^{a}$ | $4.53 \pm 0.09^{a}$ | $4.09 \pm 0.31^{a}$ | $3.65 \pm 0.27^{a}$ | $2.75 \pm 0.22^{a}$ | $2.29 \pm 0.28^{a}$ |

注：表中数据为样品“感官品质平均分值 ± 标准差”（$n$=10）；表中同列的不同字母示差异显著（$p < 0.05$）；“N/D”表示样品腐败未测。

## 二、pH的变化

如图2-14所示，不同处理组pH整体趋势为先下降后上升，其原因是鱼体的糖降解反应产生的丙酸铜等酸性物质使得pH下降，这与鲫鱼等淡水鱼的变化趋势相同[13,14]。CK对照组在第5 d达到最低点，A组pH在第15 d左右出现最低点，而B组在第10 d时达到最低点，可能是由于B组为植酸处理组，对pH有直接的影响，到贮藏后期，B组的pH明显低于A组。整体看来，保鲜组对延长鲳鱼僵直期有着一定的作用，能有效降低鲳鱼pH，且植酸处理组效果好于海藻糖处理组。

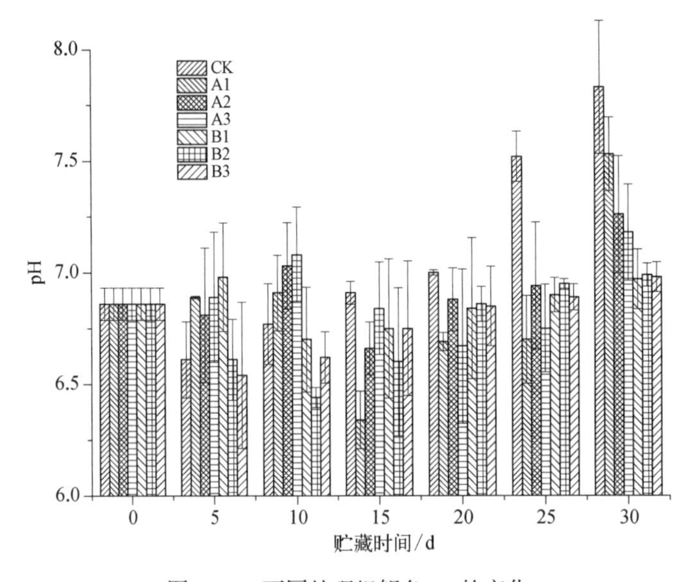


图2-14　不同处理组鲳鱼pH的变化

## 三、TVB-N值的变化

TVB-N值反映鱼体的腐败程度，值越大说明产生的挥发性胺类物质越多，则鱼体蛋白质分解越严重。

如图2-15所示，不同处理组的TVB-N值整体为上升态势，CK组在第10 d后开始有上升的趋势，A组和B值分别在第15 d、20 d数值上升。第20 d时CK组TVB-N值为25.14 mg N/100 g，为该组最后保持在二级鲜度的天数；同时期的保鲜处理组TVB-N值均低于20 mg N/100 g，仍处于一级鲜度，第20 d后，保鲜处理组数值开始明显上升，且

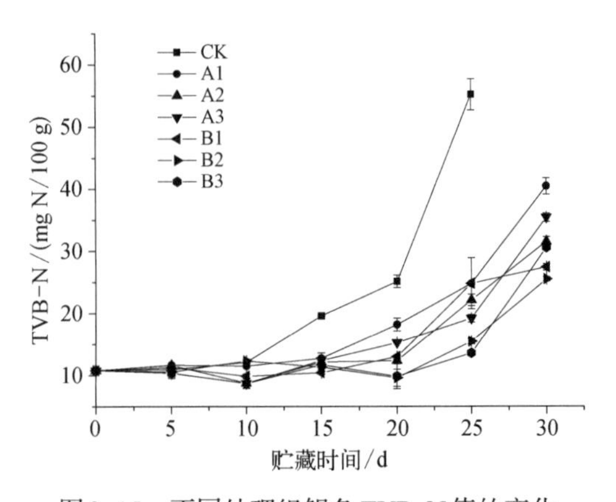


图2-15　不同处理组鲳鱼TVB-N值的变化

海藻糖处理组上升速率高于植酸处理组，第30 d时，A组均高于二级鲜度阈值30 mg N/100 g，其中最低组A2组为31.54 mg N/100 g，B组仅有B3处理组为30.68 mg N/100 g，其余两组仍为二级鲜度。

## 四、*K*值的变化

如图2-16所示，不同处理组鲳鱼*K*值变化趋势为随贮藏时间延长而上升，起始新鲜鲳鱼*K*值为14.27%，属于一级鲜度。CK组*K*值随着贮藏时间延长上升最为明显，在第15 d已达到46.21%，超过二级鲜度阈值，第20 d其*K*值为67.83%，不可食用。保鲜处理组*K*值上升趋势较CK组有所减缓，说明海藻糖与植酸能够延缓ATP分解，延长鲳鱼鲜度，延长其货架期，海藻糖处理组中仅A1组在第25 d时*K*值达到65.59%，超过可食用最低标准阈值（60%），其余组均低于60%；植酸处理组在第30 d时*K*值超过60%，不可食用，且均低于A组，其中B2组为62.23%，为各处理组中最低。

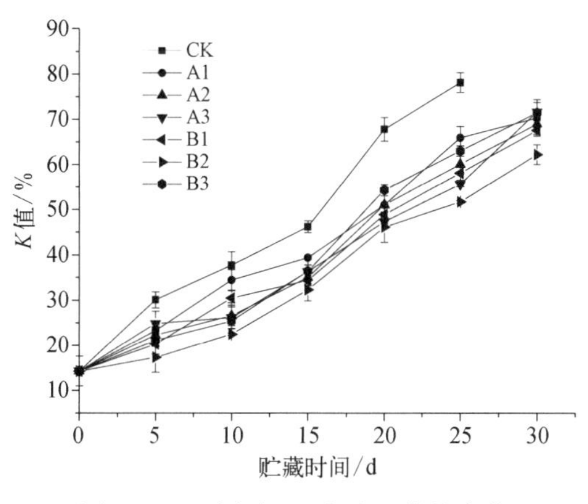


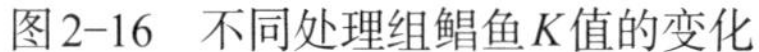
图2-16　不同处理组鲳鱼*K*值的变化

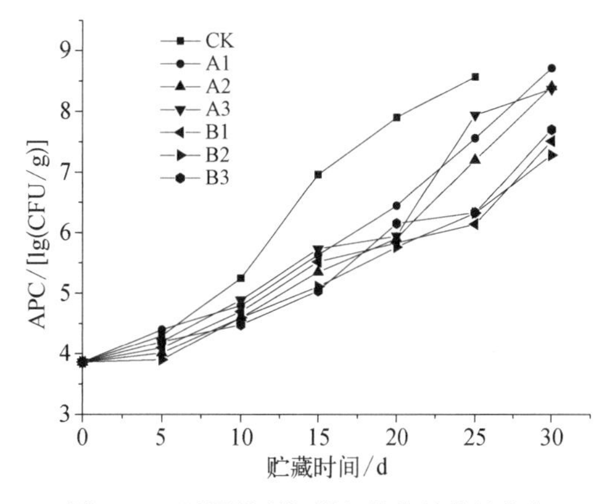


图2-17　不同处理组鲳鱼菌落总数的变化

## 五、微生物的变化

### 1. 细菌总数

鲳鱼经过不同生物保鲜剂处理后菌落总数的变化如图2-17所示。由图可知，各处理组细菌总数都是上升趋势，初始菌落总数为3.86 lg（CFU/g），其中CK组上升速率最快，第15 d菌落总数为6.961 lg（CFU/g），接近二级鲜度阈值；保鲜剂处理组中海藻糖处理组次之，植酸处理组上升最慢，说明保鲜剂能有效抑制细菌生长，延长微冻鲳鱼货架期，A2组为海藻糖处理组中抑制微生物生长最有效组，第25 d其菌落总数为7.2 lg（CFU/g），超过二级鲜度的界限；B2组作为植酸处理组中最有效组别，第30 d其菌落总数仅为7.23 lg（CFU/g）。由上分析得CK组货架期为15 d，保鲜剂处理组货架期延长5～10 d，其中植酸抑制细菌效果优于海藻糖，B2组效果最优，原因可能为海藻糖处理组在鲳鱼体外形成保护膜，防止外来微生物侵入，而植酸为直接杀死破坏细菌，更加容易达到保鲜效果。

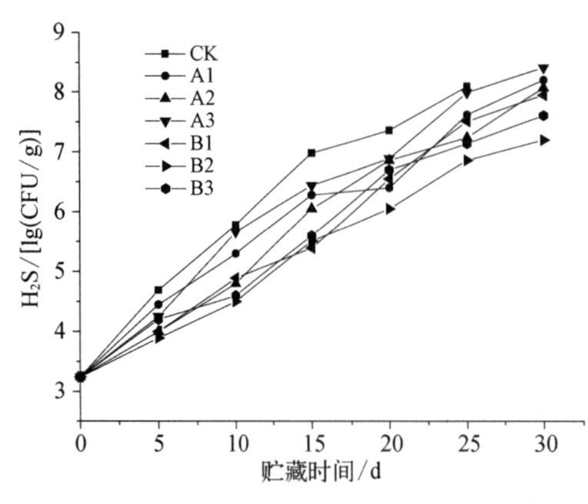


图2-18 不同处理组鲳鱼产$H_2S$菌的变化

**2. 产$H_2S$菌**

鲳鱼产$H_2S$的菌株变化如图2-18所示，整体趋势同菌落总数相近，新鲜鲳鱼初始产$H_2S$的菌株为3.24 lg(CFU/g)。CK组第15 d产$H_2S$的菌株为6.98 lg(CFU/g)，明显高于保鲜剂处理组，同第15 d时CK组感官评分结果吻合，评分低于2分，产生强烈腐败气味。在第25 d感官评分中低于2分的保鲜组A1、A3和B1组产$H_2S$的菌株分别为7.62 lg(CFU/g)、7.99 lg(CFU/g) 和7.51 lg(CFU/g)，比同期最优B2组产$H_2S$的菌株6.86 lg(CFU/g)高出9%～16%，由此可知，产$H_2S$的菌株与感官评分中腐败气味有着必要联系，当产$H_2S$的菌株数超过7 lg(CFU/g)时，感官评分则低于临界值。而相同时期植酸处理组产$H_2S$的菌株要明显低于海藻糖处理组。

**3. 假单胞菌**

不同鲳鱼处理组的假单胞菌变化情况如图2-19所示，上升趋势同菌落总数相同，CK组表现出明显快速上升态势，在其腐败临界点第15 d假单胞菌为6.9 lg(CFU/g)接近同时期其菌落总数6.96 lg(CFU/g)，说明假单胞菌为贮藏后期主要菌属，在鲳鱼腐败中起到一定作用。在第25 d时，海藻糖处理组假单胞菌数分别为7.56 lg(CFU/g)、7.22 lg(CFU/g)和7.94 lg(CFU/g)，同期植酸处理组均低于7 lg(CFU/g)。可得植酸处理组能有效抑制假单胞菌属，减缓鲳鱼贮藏中假单胞菌属繁殖近10 d。

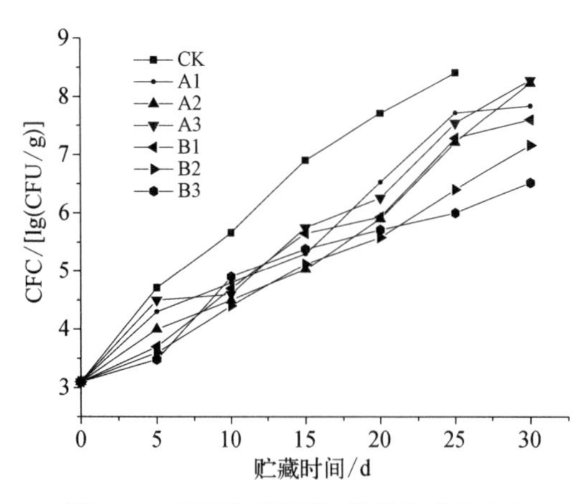


图2-19 不同处理组鲳鱼假单胞菌的变化

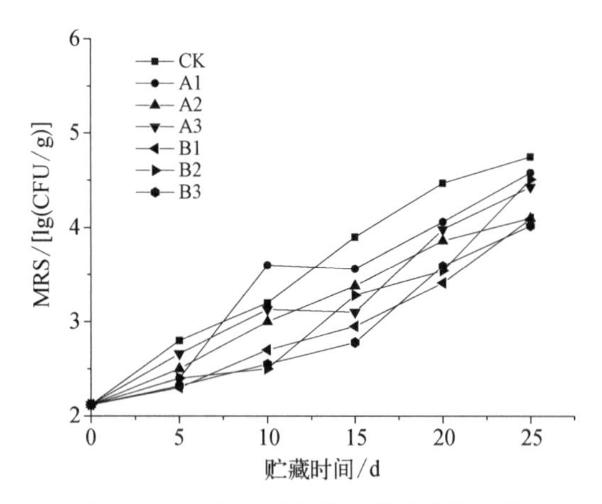


图2-20 不同处理组鲳鱼乳酸菌的变化

**4. 乳酸菌**

不同鲳鱼处理组乳酸菌的变化趋势如图2-20所示，乳酸菌作为厌氧菌，新鲜鲳鱼仅为2.12 lg(CFU/g)，在其腐败点第15 d为3.9 lg(CFU/g)，保鲜组在第25 d时均低于5 lg(CFU/g)，明显低于其他菌属，整体变化趋势为随贮藏时间延长而稳步增加，没有显著快速上升，因此乳酸菌不为微冻贮藏鲳鱼腐败的优势腐败菌。

## 六、本节小结

海藻糖与植酸处理组保鲜效果明显好于CK对照组，结合pH、TVB-N值、*K*值等理化指标和微生物指标，CK组货架期为15～20 d；保鲜处理组有效延长微冻鲳鱼货架期10 d左右，其中植酸处理组保鲜效果优于海藻糖处理组。

不同浓度配比的保鲜剂处理组中，5%海藻糖和0.5%植酸处理组分别在各自类别保鲜剂处理组中效果最好，0.5%植酸处理组能有效延长微冻鲳鱼货架期15 d，达到30 d。

综合微生物指标，选用不同培养基分析鲳鱼在微冻贮藏期间3种特定细菌的变化，随着贮藏时间延长，产$H_2S$菌与假单胞生长趋势最快，接近菌落总数的生长速率，为主要起腐败作用细菌，而乳酸菌增长缓慢，不是主要腐败菌；同时生物保鲜剂海藻糖与植酸对三种细菌均有明显抑制作用，植酸抑制效果强于海藻糖。

# 第四节　冰温贮藏对南美白对虾保鲜效果的影响

冰温技术就是在冰温带的内贮藏，目前报道的冰温贮藏技术在水产品保鲜上的应用主要集中在鱼类和蟹类，本节探索冰温贮藏对南美白对虾保鲜效果的影响，旨在降低虾的黑变程度和延长保鲜时间。

## 一、冰点和冰箱温度波动

从图2-21看出整个南美白对虾的降温过程中出现了过冷临界温度点和第一拐点，符合食品温度-时间冻结曲线一般特征，南美白对虾冰点为−2.2℃，南美白对虾的冰温带为0℃～−2.2℃。冰温技术的关键是如何将温度控制在冰温带内，为检验冰箱的温度波动情况，本实验将南美白对虾冰温贮藏所用的LHS-100 L可调恒温箱设定温度为−1.1℃，

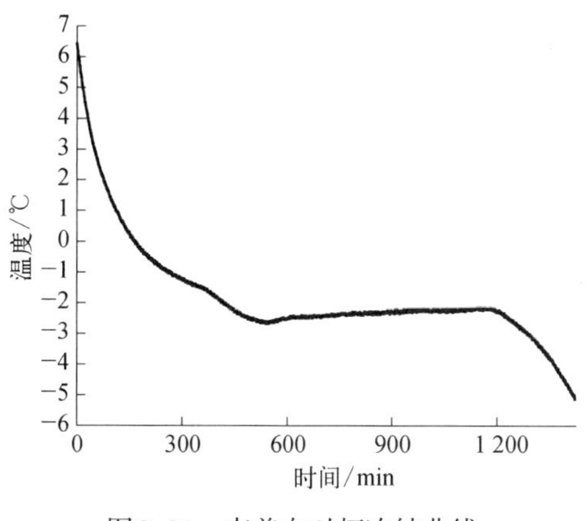


图2-21　南美白对虾冻结曲线

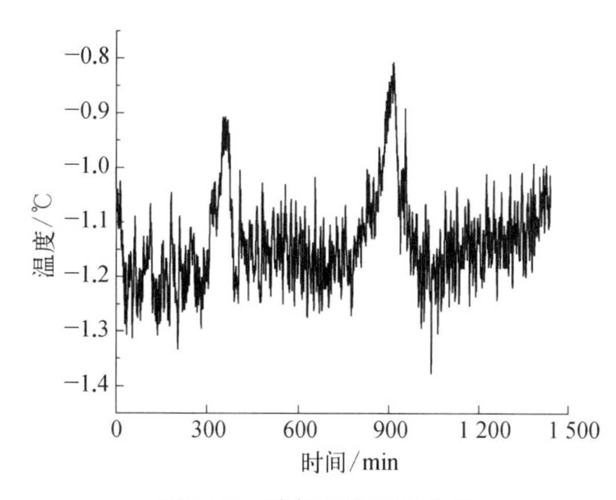


图2-22　冰箱温度波动曲线

然后用多点温度测定仪24 h监测温度变化，从图2-22可知箱体温度波动范围为−0.8℃～−1.4℃，未超出冰温带范围，符合冰温技术要求。

## 二、感官评定得分

王秀娟等[15]的研究得出虾的综合感官评分在6分以下则表明虾已不可食用。表2-2反映了在整个贮藏中两组虾的感官评分均呈下降趋势，在贮藏期的前2 d综合感官评分无显著差异，之后差异明显，冷藏组的感官评分下降速度远快于冰温组，冷藏组从第2 d的7.6分下降至第4 d的6.4分，此时虾已经不可食用，而冰温组在第8 d才达到6.1分，而冷藏组在第8 d开始感官评定小组一致给予了0分，认为虾肉已经完全腐败，虾壳全黑，肌肉呈棕褐色腐败状，肌肉恶臭汁液外渗，而此时的冰温组黑变依然较少，肌肉依然洁白鲜亮，肉质富有弹性。

**表2-2　感官评定结果**

| 组别＼时间 | 0 d | 2 d | 4 d | 6 d | 8 d | 10 d |
|---|---|---|---|---|---|---|
| 冷藏组 | 9.0±0.0[a] | 7.6±0.2[a] | 6.4±0.7[a] | 3.2±0.3[a] | 0.0±0.0[a] | 0±0.0[a] |
| 冰温组 | 9.0±0.0[a] | 8.5±0.1[b] | 8.0±0.3[b] | 7.4±0.2[b] | 6.1±0.1[b] | 5.3±0.2[b] |

注：① 表中数据为样品的“平均值±标准差”($n$=5)；② 同一列中的不同字母表示差异显著($p<0.05$)

## 三、多酚氧化酶活性与黑变

吴汉民[16]研究表明，对虾黑变与微生物作用无关，而与PPO的作用有关。从图2-23可知南美白对虾在冰温和冷藏的条件下的初期PPO活性值均呈现明显下降趋势($p<0.05$)，可能原因：① 陈丽娇等[17]研究表明当贮藏温度小于35℃时PPO的活性与温度呈正相关，新鲜南美白对虾从外界环境送至低温贮藏的环境中后虾体温度持续降低，因此，PPO活性值下降，此时冰温组和冷藏组均未出现明显黑变；② 由于虾死亡后pH降低，低pH能显著地影响酶-底物络合物的结构和反应性，从而降低酶的活性和黑变程度[18]。

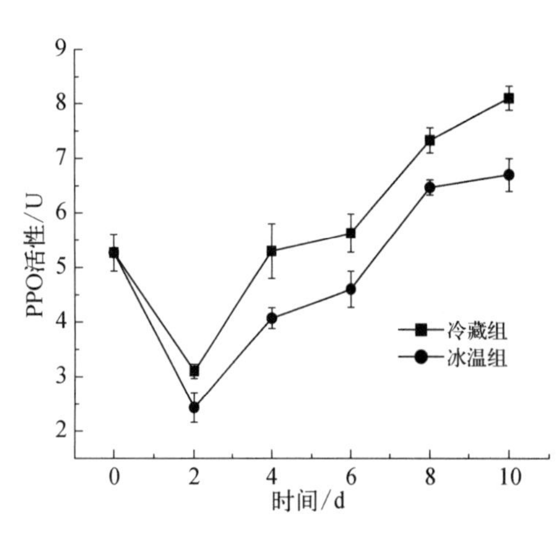

图2-23　南美白对虾PPO活性的变化

从贮藏期的第2 d开始，冰温组和冷藏组PPO活性增长趋势明显($p<0.05$)，但冷藏组的增长速度显著快于冰温组，可能是虾经历初期腐败后，肌肉由于大量胺类物质的生成，由原来的酸性变为碱性，碱性的条件促进了PPO活性的增加；第10 d冷藏组的PPO活性为8.1 U，黑变遍及虾的全身，肌肉发黄，并伴有

臭味，而冰温组才达到6.7 U，只是虾的头部和腹肢发生了少量黑变，肌肉依然呈白色，无明显臭味。

## 四、TVB-N值的变化

图2-24展示了南美白对虾在冰温和冷藏两种不同条件下TVB-N变化。新鲜南美白对虾的TVB-N值为5.2 mg/100 g左右；无论冰温处理还是冷藏处理，其TVB-N值都随时间的延长而显著增加（$p < 0.05$）；在贮藏的第2 d冰温组的TVB-N值达到13.1 mg/100 g，而此时冷藏组的TVB-N值已经飙升至23.0 mg/100 g，几乎是冰温组的两倍，此时已经接近南美白对虾的一级鲜度值［GB 2733-2015规定：TVB-N（mg/100 g）≤25为一级鲜度］；在贮藏的第4 d，冷藏组的TVB-N达到32.2 mg/100 g，已经超出南美白对虾的二级鲜度［GB 2733-2015规定：TVB-N（mg/100 g）≤30为二级鲜度］，此时南美白对虾有明显腐臭味，已经不可食用；而冰温组在第6 d才达到26.3 mg/100 g，刚过一级鲜度，第8 d超过二级鲜度。

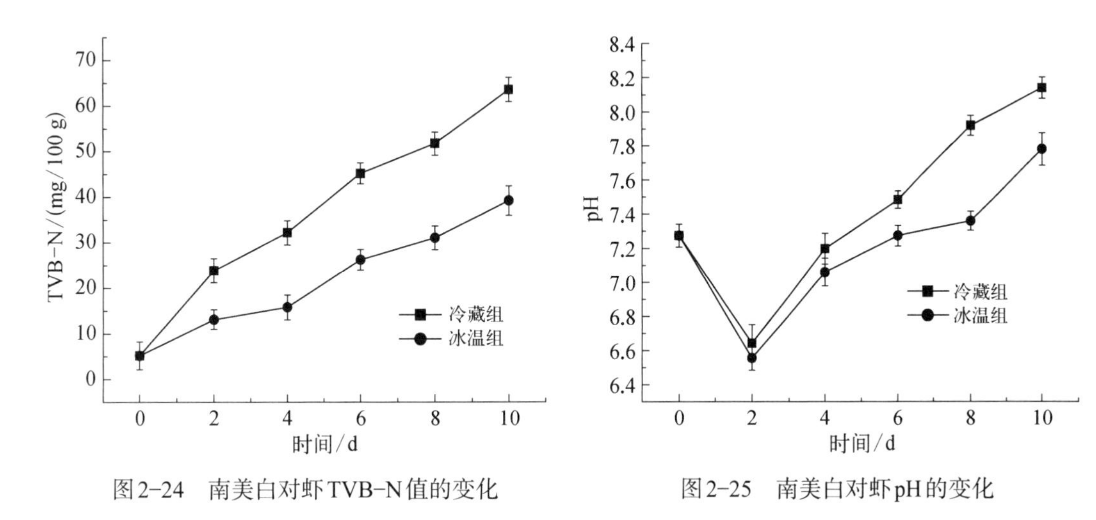


图2-24　南美白对虾TVB-N值的变化

图2-25　南美白对虾pH的变化

## 五、pH变化

从图2-25可以看出南美白对虾的pH在两种不同的温度条件下先降后升；而冰温组的相应值低于冷藏组；冷藏组的pH在第4 d达到7.20后虾体周身黑变，并伴有汁液流失，头胸节与腹部发生断裂，腹部肌肉呈现黄色，并发出臭味，虾已经不可食用，而冰温组此时的pH为7.06，虾体表面和腹肢无黑色素沉积，虾体柔软，肌肉洁白而有光泽，无异味，相对新鲜样无明显品质变化。南美白对虾死亡后，先是由于糖类物质降解成酸性物质，之后碱性的胺类物质开始在虾体内生成，因此其pH呈现先降后升的走势，它是判定腐败进程的标志之一[19]，南美白对虾在冰温下达到货架期终点时的pH为7.36，国外有人研究得到北极甜虾（1.5℃）、长额拟对虾（0℃）和墨吉对虾（4℃）的货架期终点时的pH分别为8.26、7.64和7.60[20,21]。这些结果表明不同的虾在不同的温度下贮藏货架期终止时的pH有差异。

## 六、菌落总数变化

从图2-26可看出刚捕获的活的南美白对虾的菌落总数为4.4 lg(CFU/g)左右，冰温组和冷藏组在2 d之后APC均显著下降($p<0.05$)，这可能是由于刚捕获的南美白虾自身带有水体环境中的大量微生物，包含嗜冷微生物和嗜温微生物，嗜温微生物由于低温作用而大量死亡，因此微生物呈现下降趋势；之后对虾的嗜冷微生物持续增加($p<0.05$)；冷藏组在第4 d时微生物TBC达到6.1 lg(CFU/g)，超过南美白对虾二级鲜度指标的上限，而此时的冰温组的TBC才达到4.8 lg(CFU/g)，依然未超过一级鲜度，显著低于冷藏组，冰温组在第8 d才达到6.5 lg(CFU/g)，此时已过二级鲜度。冰温贮藏是抑制南美白对虾细菌增长的有效保鲜手段。

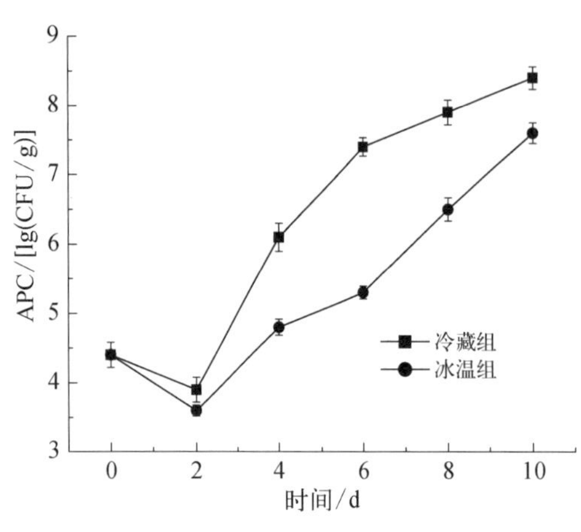


图2-26 南美白对虾菌落总数的变化

## 七、本节小结

南美白对虾的冰点为-2.2℃，由于冰温带相对较窄，选择温度波动较小的冰箱成为该技术的关键，经过多种冰箱试用，最后选用了温度变化较小的LHS-100 L可调恒温箱(温控精度：±0.5℃)，冷藏温度能保证处在冰温带内，符合冰温技术要求；冰温较冷藏更能抑制多酚氧化酶的活性，使黑变速度下降，pH、TBC和TVB-N值相对于冷藏组的变化也较慢，冰温下的货架期比冷藏的延长了1倍。目前文献报道的南美白对虾的保鲜研究主要是各种保鲜剂的应用，但是这些方法都是基于化学保鲜原理，保鲜剂的使用可能导致成本增加，销售价格上涨，还要面临最佳使用量较难确定及诸多食品安全问题，而冰温技术是一种物理保鲜方法，操作简单，只要温度控制得当就能使南美白对虾的货架期显著延长；无需添加保鲜剂，避免了食品的安全性问题。

冰温技术需要解决冰箱的波动问题，此实验只关注设备波动较小的情况下的品质变化，但是如果应用于实际生产，可能将面临设备波动达不到技术要求的问题，这些都需要以后进一步研究解决；在冰温技术应用于南美白对虾的贮藏实验中，其汁液流失依然严重，以后可以考虑和其他保鲜方式相结合以解决该问题；目前国外已经有人报道用高倍电子显微镜观测了大西洋鲑在冰温贮藏的条件下的肌肉细胞结合水的结晶微观状态，这一手段使我们更好地了解冰温技术的微观机理。

# 第五节 南美白对虾气调包装工艺及保鲜效果评价

气调包装是选择合适的包装材料、以不同于大气组成或浓度的混合气体替换包装食品周围的空气，来抑制微生物生长和减缓营养成分氧化变质，并在整个低温贮藏过程中不再调节气体成分或浓度的方法。本实验采用美国产的MIX 9000自动混气机和多功能包装机对南美白对虾进行精确混气包装，在参考大量文献和预实验的基础上设计了6组有代表性的气调参数，通过感官评定、色差*L**值、色差*b**值、pH、TBC值和TVB-N值等指标来评价不同气体配比的保鲜效果。

## 一、南美白对虾气调包装感官评价结果

表2-3表明各组的感官评价分随着时间的延长持续增加，对照组CK1和CK2分别在第6 d和第8 d达到3.2分和2.74分，已低于不可接受值，虾的表面周身黑变，头胸甲和腹部脱节，肌肉起黏物，无弹性，由起初的白色变为黄色，并伴有黄色汁液流出，有恶臭味。A组和F组在第12 d的感官评价分低于不可接受值，而B组、D组和E组在第12天依然未过不可接受值。单从虾的外观颜色而言，D组和E组黑变最少。

**表2-3 感官评分结果**

| 组 别 | 感官分数/分 | | | | | |
|---|---|---|---|---|---|---|
| | 2 d | 4 d | 6 d | 8 d | 10 d | 12 d |
| CK1 | $7.62\pm0.19^{a}$ | $6.40\pm0.35^{a}$ | $3.2\pm0.23^{a}$ | $0.00\pm0.00^{a}$ | $0.00\pm0.00^{a}$ | $0.00\pm0.00^{a}$ |
| CK2 | $8.46\pm0.23^{bc}$ | $7.28\pm0.26^{b}$ | $6.16\pm0.38^{b}$ | $2.74\pm0.21^{b}$ | $0.74\pm0.30^{b}$ | $0.00\pm0.00^{a}$ |
| A | $8.20\pm0.34^{b}$ | $7.71\pm0.25^{c}$ | $7.40\pm0.22^{c}$ | $7.08\pm0.40^{d}$ | $6.22\pm0.19^{d}$ | $4.74\pm0.18^{c}$ |
| B | $8.56\pm0.41^{bc}$ | $8.40\pm0.16^{d}$ | $7.94\pm0.60^{e}$ | $7.54\pm0.29^{f}$ | $7.50\pm0.23^{e}$ | $6.26\pm0.21^{e}$ |
| C | $8.52\pm0.33^{bc}$ | $7.42\pm0.27^{bc}$ | $6.42\pm0.25^{bc}$ | $5.80\pm0.23^{c}$ | $5.30\pm0.32^{c}$ | $4.20\pm0.27^{b}$ |
| D | $8.26\pm0.21^{b}$ | $8.38\pm0.28^{d}$ | $7.72\pm0.33^{d}$ | $7.60\pm0.16^{f}$ | $7.54\pm0.31^{e}$ | $6.04\pm0.39^{e}$ |
| E | $8.68\pm0.15^{c}$ | $8.52\pm0.29^{d}$ | $7.70\pm0.16^{d}$ | $7.66\pm0.18^{f}$ | $7.52\pm0.19^{e}$ | $6.14\pm0.50^{e}$ |
| F | $8.36\pm0.17^{bc}$ | $8.32\pm0.26^{d}$ | $7.58\pm0.22^{c}$ | $7.34\pm0.24^{e}$ | $6.12\pm0.33^{d}$ | $4.82\pm0.38^{c}$ |

注：① 表中数据为样品的“平均值 ± 标准差”（$n$=5）；② 同一列中的不同字母表示差异显著（$p<0.05$）

## 二、色差*L**值和*b**值的变化

色差*L**值表示虾肉的颜色深浅，*L**值越大，表示颜色越浅，表面越有光泽，虾越新鲜；反之，表示颜色越深，表面暗淡无光泽，虾趋于腐败。图2-27表明各处理的*L**值随着贮藏期延长呈现逐渐下降趋势，气调包装组的*L**值在整个贮藏期内都高于同期的空气包装的CK1组和真空包装的CK2组，气调包装组和对照组的曲线无交叉，效果差异明显，

说明气调能有效减缓虾肉光泽下降的速度，其中B组、D组和E组相对于其他组表现了最强的护色能力，三者效果相似。色差$b^*$值表示黄蓝的程度：$b^*$值为“+”时，表示黄的程度；$b^*$值变大，黄色加深，当颜色到达一顶程度时，虾已经不能食用，因此色差$b^*$值可以反映虾品质的变化情况，图2–28反映了南美白对虾各个处理的$b^*$值在整个贮藏期内都呈现增长趋势，因此随着虾的腐败加深，$b^*$值是一直升高，其中气调组在第8 d开始$b^*$值明显低于对照组CK1和CK2，从第6 d到贮藏期末，其$b^*$值的大小，表现为：A组≥B组≥C组≥D组≥E组≥F组，这表明$CO_2$和$O_2$的提高均能减缓虾肉黄色加深的速度，从而获得较好的保鲜效果。

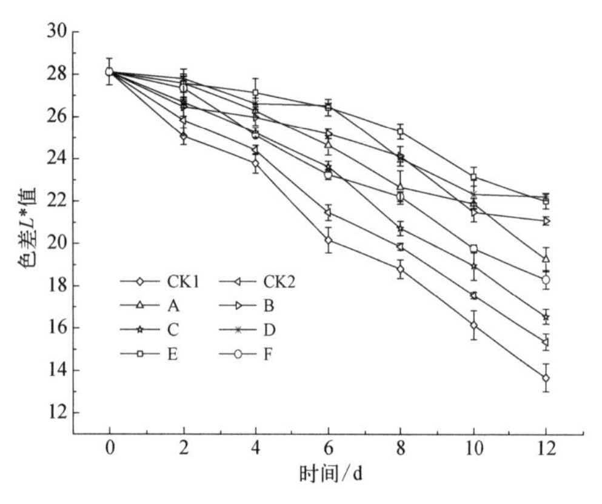


图2–27　南美白对虾色差$L^*$值的变化

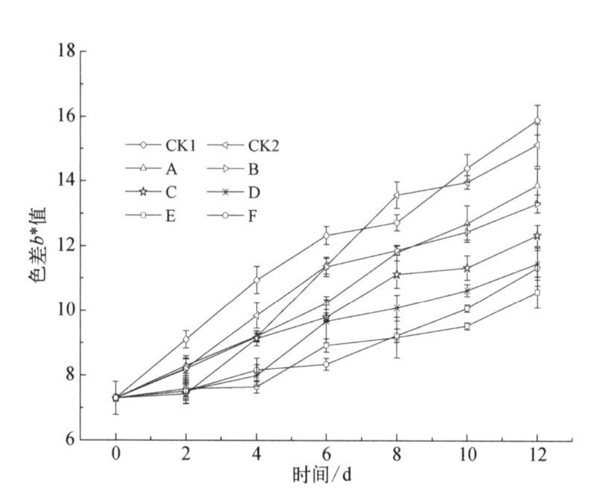


图2–28　南美白对虾色差$b^*$值的变化

## 三、pH的变化

水产动物死亡后pH呈先降后升的趋势，可以反映虾类鲜度变化。从图2–29中南美白对虾pH变化可知，2个对照组和6个气调包装组都在第2 d达到最低值，这是虾体内糖原分解产生乳酸使得pH降低的结果。从第2 d开始pH开始持续增加，这是由于随着鲜度的变化蛋白质分解，呈碱性的产物不断增加，使肌肉pH上升。从第6 d开始，对照组相对其他7个实验组存在显著差异（$p<0.05$），CK2组和F组、A组，B组和C组的pH变化速度无显著差异（$p>0.05$），其中A组的pH在第10 d出现明显上升趋势，从7.83跃升至第12 d的8.28，D组pH相对其他实验组一直具有最低pH，在第12 d才达到7.78，而其他组的pH均已经超过8.0了，这可能是由于含量高达85%的$CO_2$大量溶于虾的水分中生成碳酸，缓解了pH的上升趋势。

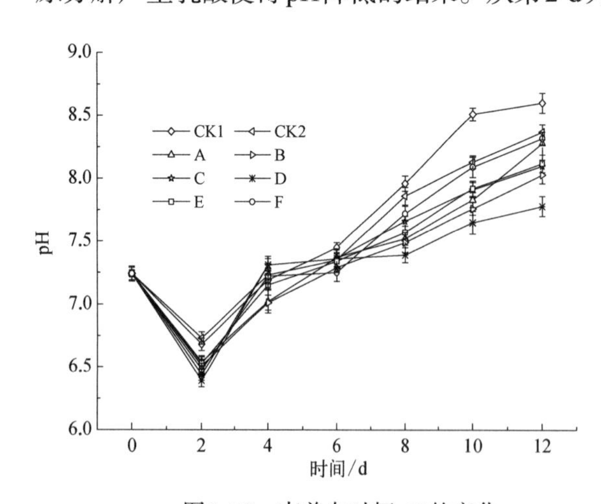


图2–29　南美白对虾pH的变化

## 四、菌落总数的变化

图2-30反映了不同气调包装的南美白对虾的菌落总数的变化。结果显示：所有实验组在贮藏的初期其APC持续下降，这可能是由于虾从常温转入冰箱冷藏，虾体开始冷却，温度的下降抑制了微生物的生长，随着温度恒定后，嗜冷微生物适应了低温环境，因此从第2 d开始TBC持续增加。对照组CK1和CK2分别在第4 d和第6 d超过5.7 lg（CFU/g），A组、B组和C组均在第8 d超过二级鲜度，三组抑菌效果相似；C组在第10 d达到货架期的终点，D组和E组相对于其他组表现了最强的抑菌效果，在第12 d才超过5.7 lg（CFU/g），货架期是对照组CK1的3倍，是对照组CK2的2倍，D和E的抑菌效果和López-Caballero[19]和Marttinez-Alvarez[23]报道的长吻对虾的抑菌效果一致。D组的强抑菌效果可能是由于$CO_2$含量高达85%，高$CO_2$含量能够抑制大多数厌氧细菌、霉菌的生长[23]。A组和B组、B组和F组分别有相同含量的$CO_2$，可是抑菌能力表现了明显差异，这可能由于氧气的适当提高能抑制厌氧菌的生长，然而氧气却能促进嗜氧菌的生长，因此$CO_2/O_2$气调的抑菌效果可能是某种平衡作用的结果，高$CO_2$含量气调或适当降低$CO_2$含量提高$O_2$含量气调均能获得较为理想的抑菌能力。气调包装的精确抑菌机理目前尚不清楚。

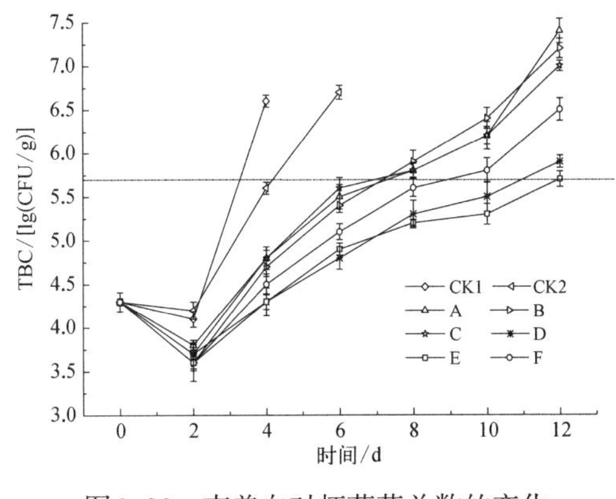


图2-30 南美白对虾菌落总数的变化

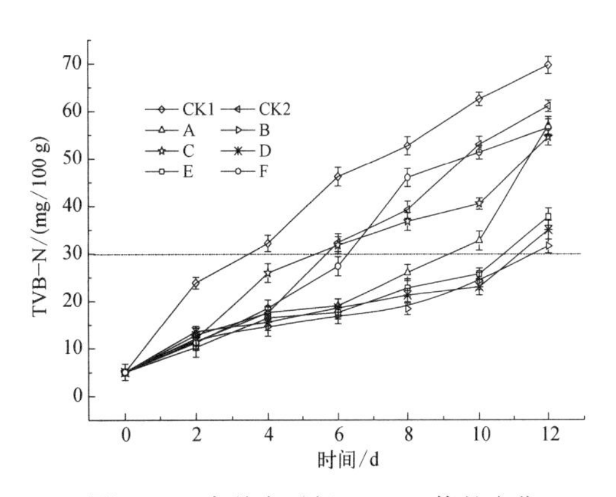


图2-31 南美白对虾TVB-N值的变化

## 五、TVB-N值的变化

随着贮藏时间的延长，水产品在酶和细菌作用下，蛋白质分解为酪胺、组胺、尸胺、腐胺和色胺等胺类物质，它们与在腐败过程中产生的有机酸结合，形成TVB-N，TVB-N值是肉制品和水产品鲜度的主要卫生评价指标。从图2-31可以看出，新鲜南美白对虾的TVB-N值在5.0 mg/100 g左右，随着时间的延长，各组的TVB-N均呈现增长趋势，其中对照组CK1在第4天即达到32.2 mg/100 g，已过二级鲜度（GB 2733—2015规定：虾的二级鲜度为30 mg/100 g）；对照组CK1的上升趋势要明显高于真空包装组

CK2和其他6个气调组，其中A、B、D、E和F组在贮藏的初期TVB-N值的上升趋势无显著差异，在第6 d A组和F组的上升趋势开始明显区别于B、D、E组，在第12 d分别达到57.0 mg/100 g和56.5 mg/100 g，B、D和E三组在贮藏期的全程相对于其他组具有最低的TVB-N值，上升趋势一致，在第12 d才过二级鲜度，由于TVB-N值主要是腐败菌和酶作用的结果，从第2 d开始，各处理组的TVB-N值之间的相对差异和菌落总数较一致。

## 六、本节小结

从上述结果可知，选择的6组气调包装对于南美白对虾均能起到不同程度的保鲜效果，其中空气包装组（对照）的货架期为4 d，A、B和C组的货架期是空气包装组的2倍，而D组和E组则是空气包装组的3倍，使用85% $CO_2$/5% $O_2$/10% $N_2$和40% $CO_2$/30% $O_2$/30% $N_2$气调包装使得（4±1）℃冷藏条件下的南美白对虾的保鲜效果大大增强，有效抑制了南美白对虾冷藏过程中的黑变的发生，同时有效延缓了pH，细菌总数和TVB-N的增加。这说明高$CO_2$浓度和高$O_2$浓度具有较强的抑菌效果，可延缓腐败。值得注意的是，很多文献都报道了40% $CO_2$/30% $O_2$/30% $N_2$相对于其他比例的气调包装组对于多种虾类都有较好的保鲜效果，表明该组分中较高含量的氧气很可能具有抑菌和护色效果及延缓腐败变质的能力。本实验利用气调包装这种物理方法获得了很好的保鲜效果，避免了食品不安全的危险，是一项值得推广的南美白对虾保鲜方法。

# 第六节　4-HR对于涂膜南美白对虾的黑变抑制和残留量分析

McEvilly等[24]在1991年首先提出4-己基间苯二酚（4-HR）是虾中酪氨酸酶的有效抑制剂，可安全取代亚硫酸盐来抑制虾类黑变。在1993年4-HR被纳入我国添加剂使用卫生标准（GB 2760—2014），作为专门用于防止虾类黑变的食品添加剂（规定：残留量＜1 mg/kg）；1995年联合国FAO/WHO将4-HR列为添加剂C类准用名单（规定：残留量＜1 mg/kg）；欧盟推荐残留量2 mg/kg以下是安全的[25]。4-HR在食品行业“一般公认为安全的”，被各国作为可允许使用的抑制虾类黑变的食品添加剂，所有国家对使用量均未做限制，但大部分国家对残留量是有所限制的，因此将4-HR应用于南美白对虾防黑变保鲜必须检测其残留量。本文主要研究不同浓度的4-HR结合1%的壳聚糖对抑制南美白对虾黑变和延长货架期的效果，并进行了4-HR残留水平的检测。

## 一、4-HR涂膜南美白对虾黑变感官评分结果

从表2-4黑变感官评分的方差分析可看出这5种处理方式之间在第2 d到第8 d均存在显著性差异（$p < 0.05$），5组在贮藏的8 d内均呈现增长趋势；其中对照1和对照2增长最快，分别在6 d和第8 d达到了评分表中的最高分数，虾体均几乎全黑，并且汁液流失严

重，肌肉发黄发臭，对照2的黑变分值的增加速度比对照1稍稍缓慢，可见醋酸表现了微弱的黑变抑制能力，可能是由于酸性使多酚氧化酶的pH环境发生改变，从而活性降低；A、B和C三个处理组的黑变分值增长速度相对于2个对照组明显减缓，其中A组和B组的黑变分除了第6 d外均无显著差异（$p > 0.05$），因此黑变抑制效果类似，而C组的黑变分在整个贮藏过程均显著低于A和B组（$p < 0.05$），表现了较强的黑变抑制能力，在第8 d的黑变分值依然维持在4分以下的水平。这和Montero等[25]报道的当应用于长吻对虾的4-HR的浓度从0.01% 提高到0.05%时，其黑变感官分增速显著下降的结果一致。0.05% 4-HR则表现出了较强的黑变抑制能力。

**表2-4 黑变感官评分结果**

| 组 别 | 黑变得分/分 | | | | |
|---|---|---|---|---|---|
| | 0 d | 2 d | 4 d | 6 d | 8 d |
| 对照1（蒸馏水） | $1.00\pm0.00^a$ | $3.53\pm0.13^a$ | $4.45\pm0.40^a$ | $5.00\pm0.00^a$ | $5.00\pm0.00^a$ |
| 对照2（1%醋酸） | $1.00\pm0.00^a$ | $3.20\pm0.18^b$ | $3.91\pm0.42^b$ | $4.79\pm0.22^b$ | $5.00\pm0.00^a$ |
| A组（0.002% 4-HR+1%壳聚糖） | $1.00\pm0.00^a$ | $2.66\pm0.27^c$ | $3.26\pm0.25^c$ | $4.08\pm0.23^c$ | $4.43\pm0.22^b$ |
| B组（0.01% 4-HR+1%壳聚糖） | $1.00\pm0.00^a$ | $2.54\pm0.32^c$ | $3.08\pm0.30^c$ | $3.69\pm0.19^d$ | $4.31\pm0.24^b$ |
| C组（0.05% 4-HR+1%壳聚糖） | $1.00\pm0.00^a$ | $1.63\pm0.23^d$ | $2.21\pm0.26^d$ | $3.44\pm0.24^e$ | $3.83\pm0.24^c$ |

注：① 表中数据为样品的“平均值 ± 标准差”（$n$=8）；② 同一列中的不同字母表示差异显著（$p < 0.05$）。

## 二、多酚氧化酶活性的变化

甲壳类水产品中存在的PPO是导致虾死后黑变的主要原因，其活性变化能够间接反映水产品黑变程度，测定PPO活性变化能更好地分析4-HR等保鲜剂的黑变抑制原理。图2-32表明虾无论经过哪种处理方式保鲜，PPO活性在贮藏初期均呈下降趋势，此时5个实验组的变化幅度无显著差异，这可能是由于虾死亡后pH的降低，低pH能显著地影响酶-底物络合物的结构和反应性，从而降低PPO的活性和黑变程度[18]，还可能因为当虾从常温变为冷藏环境，酶的活性随着温度的降低而下降；之后随着贮藏时间的延长其活性不断增强，从第2 d开始，PPO活性由弱到强表现为：C组＜B组＜A组＜对照2＜对照1；并且在6 ～ 8 d之间A组、B组和C组的PPO活性开始显著小于另外两个对照组，其中C组表现了最低的PPO活性，与黑变感官评分结果一致。

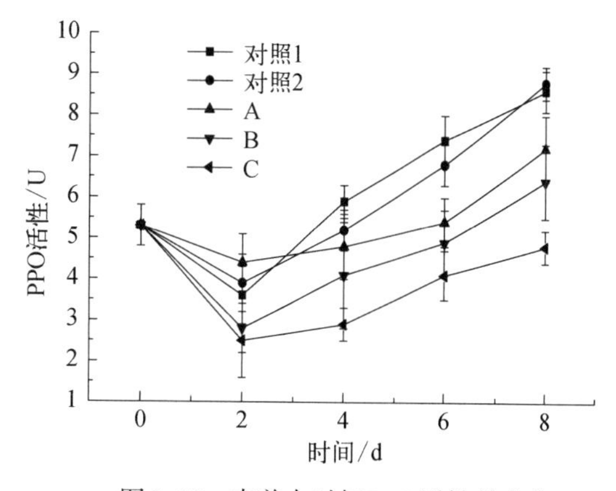

图2-32 南美白对虾PPO活性的变化

## 三、菌落总数的变化

根据细菌总数≤5 lg(CFU/g)为一级鲜度，≤5.7 lg(CFU/g)为二级鲜度，当细菌总数达到6.0 lg(CFU/g)时，虾已经不能食用，以此判定货架期终点[26]。从表2-5可以看出3个处理组和2个对照组的TBC从第0 d到第2 d均表现为下降趋势，这是由于刚开始虾体由常温转入冷藏环境，一些嗜温细菌的增长会被抑制；其中处理组相对于对照组下降最为明显，B组和C组的TBC下降速度无显著性差异；之后5组的TBC均呈现增长趋势，A组、B组、C组和对照2的TBC的增长速度慢于对照组1，均表现了一定的抑菌效果，这可能是由于贮藏初期，当虾体温度衡定后，嗜冷细菌得以继续存在，且持续增长，而醋酸、壳聚糖、4-HR可能均存在不同程度的抑菌作用，因此TBC的变化会表现出一定差异，其中A组和B组都是第6 d超过二级鲜度，这和徐丽敏等[27]研究的壳聚糖保鲜南美白对虾的货架期水平无显著差异。C组的结果表明，当复合保鲜剂的4-HR浓度提高至0.05%时，抑菌效果显著优于A组和B组，Monsalve等[28]也报道了当4-HR的浓度达到一定值时，4-HR能显著抑制细菌的生长。

**表2-5 南美白对虾菌落总数的变化**

| 组 别 | 菌落总数/[lg(CFU/g)] | | | | |
|---|---|---|---|---|---|
| | 0 d | 2 d | 4 d | 6 d | 8 d |
| 对照1 | $4.51\pm0.07^{a}$ | $3.63\pm0.06^{a}$ | $6.16\pm0.06^{a}$ | $7.43\pm0.03^{a}$ | $8.24\pm0.05^{a}$ |
| 对照2 | $4.51\pm0.07^{a}$ | $4.06\pm0.09^{b}$ | $5.73\pm0.10^{b}$ | $6.90\pm0.07^{b}$ | $7.74\pm0.10^{b}$ |
| A组 | $4.51\pm0.07^{a}$ | $2.89\pm0.08^{c}$ | $5.21\pm0.06^{c}$ | $6.84\pm0.08^{b}$ | $7.56\pm0.12^{c}$ |
| B组 | $4.51\pm0.07^{a}$ | $2.62\pm0.06^{d}$ | $4.68\pm0.10^{d}$ | $6.23\pm0.07^{c}$ | $7.54\pm0.04^{c}$ |
| C组 | $4.51\pm0.07^{a}$ | $2.60\pm0.09^{d}$ | $4.41\pm0.09^{e}$ | $5.49\pm0.11^{d}$ | $6.53\pm0.10^{d}$ |

注：① 表中数据为样品的“平均值±标准差”($n\leq4$)；② 同一列中的不同字母表示差异显著($p<0.05$)

## 四、TVB-N值的变化

图2-33反映了5组南美白对虾TVB-N值的变化。新鲜南美白对虾的TVB-N值为5 mg/100 g左右，TVB-N值在整个贮藏过程中呈现增长趋势，对照组1在第4 d即达到36 mg/100 g，而此时经过醋酸处理的对照组2也达到了31 mg/100 g，均达到了货架期的终点[GB 2733—2015规定：TVB-N(mg/100 g)≤30为二级鲜度[26]]；实验结果表明复合了4-HR的涂膜组相对于对照1和对照2组均表现了一定的抑制TVB-N生成的效果，其中A

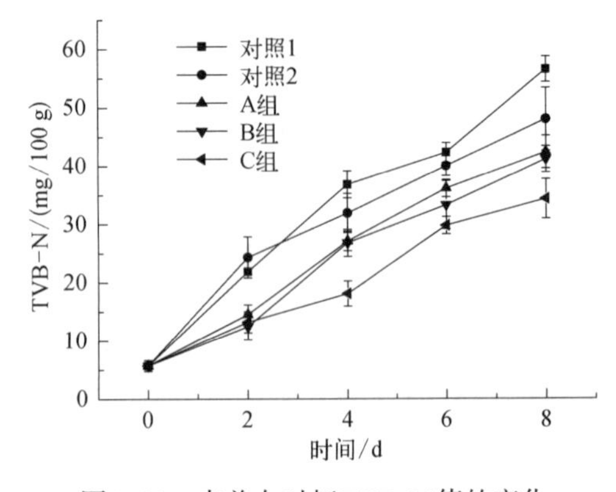


图2-33 南美白对虾TVB-N值的变化

组和B组效果相似，C组最好。复合了4-HR的壳聚糖A组和B组和徐丽敏等[27]研究的未复合4-HR的壳聚糖的TVB-N变化相似，而C组与之比较却有显著差异，这表明当4-HR的浓度较低水平时，主要是壳聚糖在抑制TVB-N的生成，而当4-HR提高至一定浓度时，4-HR和壳聚糖均发挥了作用。TVB-N是水产品在细菌和酶作用下分解产生的氨及低级胺类的物质，因此上述结果再次表明了A组、B组和C组的抑菌效果。

## 五、HR残留量

上述结果表明一定浓度的4-HR复合壳聚糖涂膜的保鲜方式能有效抑制虾的黑变进程。虽然4-HR在国际上属于GARS范畴。但大多数国家对4-HR残留量有所规定[28]，因此检测其残留量是必要的。表2-6是对使用了4-HR的A，B和C三组进行了残留量分析的实验结果。结果显示A、B和C组三个处理组的虾肉中的4-HR的残留量随着时间的增加而增加，这可能是由于肌肉随着时间的延长会不断吸附4-HR，其中A组增长速度最小，在6 d内均维持在1 mg/kg以内，在货架期的终点（第6 d）的残留量为0.76 mg/kg，因此用浓度为0.002%的4-HR处理后的南美白对虾无残留量超标的安全性问题。而B组的4-HR残留量随着时间的增加量稍高于A组，并且在第6 d达到1.2 mg/kg，刚过卫生标准中规定的最大限量值。而C组的4-HR残留量的增长速度显著快于A和B组，在第2 d达到0.82 mg/kg，第4 d达到2.60 mg/kg，在第8 d飙升至31.97 mg/kg，残留量显著增加。

**表2-6　南美白对虾4-HR残留量的变化**

| 组　别 | 残留量/(mg/kg) | | | |
|---|---|---|---|---|
| | 2 d | 4 d | 6 d | 8 d |
| A | 0.11±0.08[a] | 0.48±0.10[a] | 0.76±0.12[a] | 1.42±0.38[a] |
| B | 0.56±0.13[b] | 0.87±0.19[b] | 1.20±0.27[a] | 6.54±1.43[b] |
| C | 0.82±0.08[c] | 2.60±0.32[b] | 13.56±1.18[b] | 31.97±1.32[c] |

注：① 表中数据为样品的“平均值±标准差”($n$=3)；② 同一列中的不同字母表示差异显著($p < 0.05$)。

## 六、本节小结

结合理化指标和感官评定结果变化可知，在贮藏过程中，虾的可食用品质可能均未超标时就已经黑变很严重了，对于消费者而言，购买虾时首先感受到的是虾的外观色泽，黑变的虾自身经济价值显著下降。对于对照组来说，1%壳聚糖复合不同浓度的4-HR的保鲜效果，与预实验中单一应用壳聚糖的实验结果比较，其TVB-N、TBC等指标的变化虽然没有表现较大差异，货架期水平也相似，但是其黑变抑制效果显著，并且随着4-HR浓度的增加而增强，综合各个实验组的货架期、黑变抑制效果和4-HR残留量可知，0.002%4-HR＋1%壳聚糖（A组）或0.01%4-HR＋1%壳聚糖（B组）可以满足改善冷藏虾货架期内感官品质的要求。

本节旨在用壳聚糖来保持虾的食用品质，用4-HR来抑制虾的黑变，保持虾的经济价值，但又不超出相关规范的残留量规定。两者的结合使用在目前国内外研究中为初次尝试，效果显著，值得推广应用。

## 第七节　冰温技术结合保鲜剂对南美白对虾品质的影响

本节研究冰温技术结合保鲜剂应用于南美白对虾的保鲜效果；冰温技术保鲜南美白对虾在前期已予以探讨，可以比对照组获得4 d的货架期延长，为了加强保鲜效果，引入保鲜剂进行协同保鲜。在保鲜剂保鲜虾类方面，国内外做了一些研究，例如，Shengmin[29]研究了用配方为1 g/L 4-HR、500 IU/mL Nisin和5 g/L 甲醋吡喃酮钠的混合杀菌剂处理中国对虾后，使得4℃的货架期延长至13 d；李玉环等[30]研究了0.1%的Op-Ca保鲜剂使常温下的鹰爪糙对虾的货架期延长2 d。卓华龙等[31]研究得出焦亚硫酸钠比FMP虾蟹护色剂、“食为鲜”虾鲜宝等市售保鲜剂具有更好的维持虾类色泽的作用。目前对于虾类保鲜剂大多只注重食用品质货架期的延长，而对黑变外观变化跟踪及由此导致黑变的PPO活性变化的研究较少。

本节首先确定南美白对虾的冰温贮藏范围和保鲜剂的配方，然后通过黑变感官评分，测定PPO活性、TVB-N、pH和菌落总数等理化指标，并评价冰温技术结合保鲜剂对南美白对虾的防黑变和保鲜效果的影响。

### 一、保鲜剂配方的确定

从表2-7极差大小可知，对黑变抑制程度：A＞C＞B，从表2-8可知，B和C对黑变抑制影响显著，A极显著。正交试验最优组合为$A_3B_3C_3$，该组合未出现在表2-7中，验证试验表明采用$A_3B_3C_3$处理虾的黑变得分为5.6分，低于表2-7所有处理的得分，正交试验优化结果有效，因此作为防黑变功能的M配方的保鲜剂采用0.01% 4-HR＋1.5% CA（柠檬酸）＋1% AsA（抗坏血酸）。

表2-7　正交试验结果

| 试验号 | A<br>4-HR/% | B<br>CA/% | C<br>AsA/% | 黑变得分 |
|---|---|---|---|---|
| 1 | 1(0.002 5) | 1(0.25) | 1(0.01) | 9.6 |
| 2 | 1 | 2(1.0) | 2(0.5) | 9.0 |
| 3 | 1 | 3(1.5) | 3(1.0) | 7.7 |
| 4 | 2(0.005) | 1 | 2 | 8.0 |
| 5 | 2 | 2 | 3 | 6.5 |
| 6 | 2 | 3 | 1 | 7.6 |
| 7 | 3(0.01) | 1 | 3 | 5.8 |
| 8 | 3 | 2 | 1 | 6.8 |

（续表）

| 试验号 | A<br>4-HR/% | B<br>CA/% | C<br>AsA/% | 黑变得分 |
|---|---|---|---|---|
| 9 | 3 | 3 | 2 | 6.2 |
| $k_1$ | 8.8 | 7.8 | 8.0 | |
| $k_2$ | 7.4 | 7.4 | 7.7 | |
| $k_3$ | 6.2 | 7.1 | 6.7 | |
| $R$ | 2.6 | 0.7 | 1.3 | |

**表2-8　正交试验方差分析结果**

| 变异来源 | 自由度 | 平均平方和 | $F$值 | 显著性 |
|---|---|---|---|---|
| A | 2 | 4.83 | 271.75 | ** |
| B | 2 | 0.40 | 22.75 | * |
| C | 2 | 1.37 | 76.94 | * |
| 误差 | 2 | 0.18 | | |
| 总变异 | 8 | | | |

注：$F_{0.05}(2,2)$=19.00，$F_{0.01}(2,2)$=99.00；*表示显著，**表示极显著。

## 二、黑变感官评分结果

表2-9为南美白对虾随着贮藏时间延长的黑变感官评分结果，表明CK、Ⅰ、Ⅱ和Ⅲ 4种处理方式下的黑变感官评分得分均呈现增加趋势；Ⅰ和Ⅲ除了第6 d均无显著差异；而CK和Ⅱ除了第2 d均无显著差异，从第6 d开始所有感官评分为3分，此时虾已完全黑变，Ⅰ和Ⅲ的得分在整个贮藏期内显著低于CK和Ⅱ。上述结果表明使用M配方保鲜剂能显著改善南美白对虾的黑变情况。

**表2-9　黑变感官评分结果**

| 组　别 | 感官评分/分 | | | | |
|---|---|---|---|---|---|
| | 2 d | 5 d | 6 d | 8 d | 10 d |
| CK（冷藏对照组） | 0.52±0.04[a] | 2.83±0.13[a] | 3.00±0.00[a] | 3.00±0.00[a] | 3.00±0.00[a] |
| Ⅰ（保鲜剂M+冷藏） | 0.20±0.01[b] | 0.52±0.18[b] | 1.01±0.42[c] | 1.54±0.22[b] | 2.29±0.61[b] |
| Ⅱ（冰温） | 0.24±0.06[b] | 2.86±0.27[a] | 3.00±0.00[a] | 3.00±0.00[a] | 3.00±0.00[a] |
| Ⅲ（保鲜剂M+冰温） | 0.18±0.09[b] | 0.47±0.32[b] | 1.28±0.30[b] | 1.50±0.19[b] | 2.24±0.29[b] |

注：表中样品数据为“平均值±标准差”（$n$=5）；同一列中的不同字母表示差异显著。

## 三、多酚氧化酶活性的变化

陈丽娇等[17]研究指出，对虾黑变与微生物作用无关，而与PPO的作用有关。虾死后组织蛋白所降解的色源氨基酸在PPO的催化下生成大分子黑色物质，使虾黑变，因此研究虾类贮藏过程中的PPO活性的变化对虾的防黑变保鲜具有重要意义。从图2-34可知从贮藏期的第2 d开始，所有试验组的南美白对虾初期PPO活性值均呈现明显下降趋势（$p < 0.05$），可能由于虾死亡后腐败产物的pH呈酸性，pH的变化能显著地影响酶-底物络合物的结构和反应性，从而降低酶的活性和黑变程度[24]。从第2 d开始，Ⅰ和Ⅲ两者的PPO活性值增长无显著差异，但均显著低于Ⅱ和CK的PPO活性值；而Ⅱ和CK自始至终无显著差异。上述结果表明，M保鲜剂能显著抑制南美白对虾的PPO活性的增加，从而抑制虾的黑变，而冰温技术的存在对虾的PPO活性的影响较小。

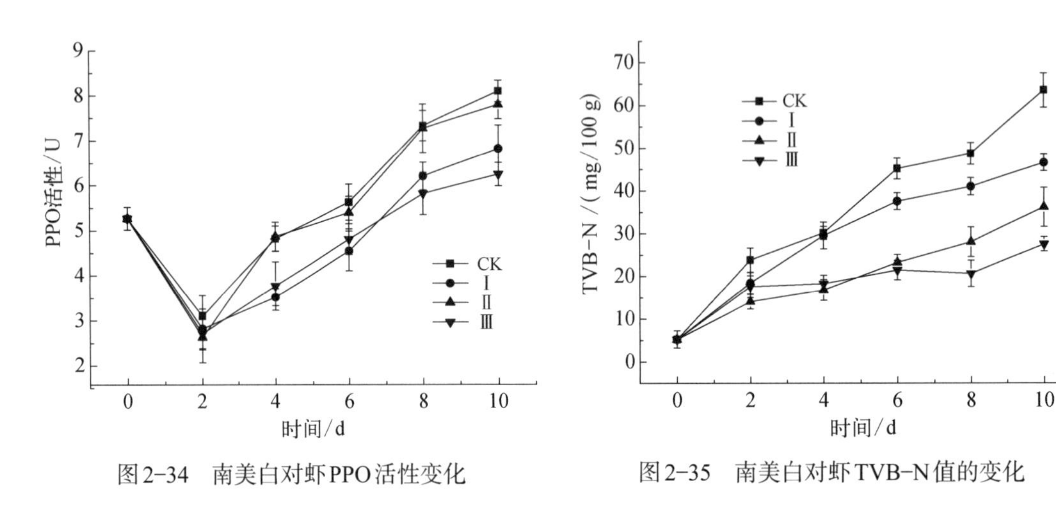


图2-34 南美白对虾PPO活性变化

图2-35 南美白对虾TVB-N值的变化

## 四、TVB-N值的变化

根据国家标准GB 2733—2015的规定，虾类的TVB-N值一级鲜度≤25 mg/100 g，二级鲜度≤30 mg/100 g，图2-35表明新鲜南美白对虾的TVB-N值约为5.23 mg/100 g；各试验组的TVB-N值都随时间的延长而显著增加（$p < 0.05$）；其中CK和Ⅰ前4 d内的效果相似（$p > 0.05$），在第4 d达到或超过二级鲜度，此时能明显闻到虾的恶臭味。而Ⅱ和Ⅲ的TVB-N从第4 d开始直至贮藏期末均极显著低于CK（$p < 0.01$），Ⅱ和Ⅲ从第6 d开始有显著差异（$p < 0.05$），Ⅱ在第10 d达到36.17 mg/100 g，而此时的Ⅲ刚过一级鲜度。冰温技术的应用能够显著抑制南美白对虾的TVB-N的生成，结合M配方保鲜剂使用后在贮藏后期可提高冰温处理的保鲜效果。

## 五、pH的变化

水产品死亡后，蛋白质会自溶降解生成碱性的胺类物质，糖类物质则经糖酵解生成乳酸等酸性物质，因此水产品肌肉的水提浸出液的pH变化可以反映其腐败程度[32]。图2-36反映了南美白对虾的pH变化。

由图2-36可知，新鲜南美白对虾的pH为7.20左右，CK、Ⅰ、Ⅱ和Ⅲ 4组的虾的pH在10 d内的pH都是呈现先减后增的趋势，这与Lopez-Caballero研究的长额拟对虾的pH总体变化趋势是一致的[19]，其中Ⅲ的pH增长趋势显著慢于其他三组，贮藏至10 d的pH才达到7.45，而CK、Ⅰ和Ⅱ均为8.0左右。国外有报道北极甜虾（1.5℃）、长额拟对虾（0℃）和墨吉对虾（4℃）的货架期终点时的pH分别为8.26、7.64和7.60[33-34]，这些结果表明不同的虾类在货架期终点的pH有显著差异。

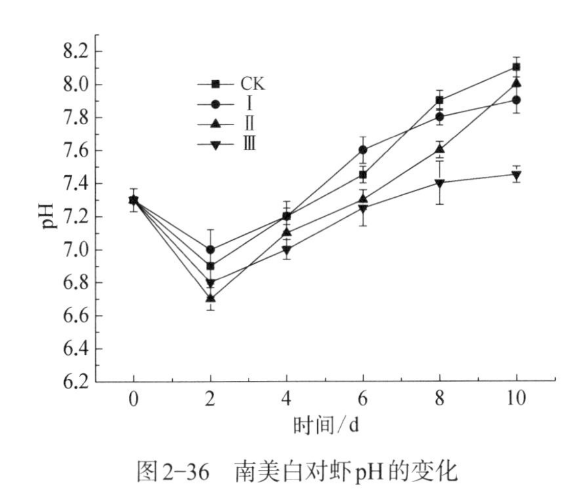


图2-36 南美白对虾pH的变化

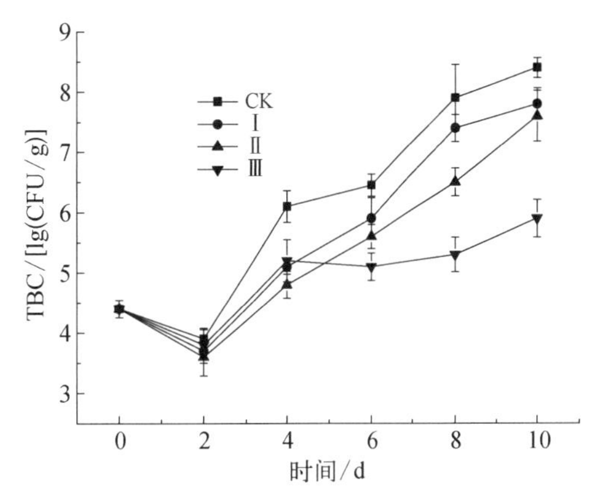


图2-37 南美白对虾菌落总数的变化

## 六、菌落总数的变化

一般虾类的菌落总数一级鲜度≤5.0 lg（CFU/g），二级鲜度≤6.0 lg（CFU/g）。

从图2-37可看出刚捕获的南美白对虾的菌落总数为4 lg（CFU/g）左右，各组的增长趋势和TVB-N的增长趋势一致，都是先降后增（$p<0.05$），这可能是嗜温微生物由于低温作用而大量死亡，因此微生物呈现下降趋势；之后对虾的嗜冷微生物持续繁殖。结果表明，冰温贮藏和M保鲜剂对微生物均具有一定的抑制作用，在第10 d，Ⅰ和Ⅱ分别达到7.8 lg（CFU/g）和7.6 lg（CFU/g），而此时的CK已经达到8.4 lg（CFU/g），Ⅲ在第10 d才达到5.9，显著低于Ⅰ和Ⅱ。冰温技术的应用能显著抑制南美白对虾的微生物生长，结合M配方保鲜剂使用后，在后期抑菌效果得到增强。

## 七、本节小结

从正交试验和黑变感官评分、PPO活性等鲜度指标变化结果可知，单一配方保鲜剂对南美白对虾的黑变具有显著抑制效果，但货架期较短；从pH、TVB-N值和菌落总数等指标可知单一冰温技术可显著延缓3项指标的变化，使得食用品质货架期比冷藏的南美白对虾大大延长，但是抑制虾的黑变能力不足；综合上述5项鲜度指标可知，冰温技术结合保鲜剂集中了单一冰温技术和保鲜剂的优点，弥补了两种方法独自使用的不足，使虾最终具有良好的外观，同时具有良好的内在食用品质。冰温技术是一种物理保鲜方法，无食品安全问题，而本研究中所使用的三种保鲜剂都是GB 2760—2014卫生标准允许使用的安全的保鲜剂。方法安全、实用、可靠，成本低廉，今后可推广应用于实际生产中，为促进渔业生产、推进深加工产业发展发挥重要作用。

## 第八节 涂膜及气调保鲜对南美白对虾品质的影响

亚硫酸盐曾被广泛用于抑制虾类黑变，但是由于其存在使食用者患呼吸道疾病的风险，美国、欧盟等绝大多数国家都禁止使用，因此出口过境受限，使养殖户无法获得应有的经济利益。

壳聚糖是一种天然高分子聚合物，具有高效抑菌能力、无毒、无害，以及具有良好的成膜性，在食品的防腐保鲜方面有着较高的应用价值[27]；黑变抑制组分由4-HR、柠檬酸（citric acid, CA）和抗坏血酸（ascorbic acid, AsA）组成，其中4-HR主要用作抗氧化剂，防止酚类物质氧化[31]。CA则具有很强的螯合金属离子能力，可以螯合PPO的$Cu^{2+}$，还能增强抗氧化剂的抗氧化作用[32]。AsA既可以作为醌的还原剂，又可以被PPO直接氧化，起到竞争性抑制的作用，是酶促褐变较理想的抑制剂[33]。气调包装MAP指通过改变包装内气体使食品处于不同于空气组分或浓度的气体环境中，从而抑制食品中的腐败微生物的繁殖、保持食品新鲜色泽和延长食品的货架期的一种物理保鲜方法。

Shengmin[29]研究了用配方为1 g/L 4-HR、500 IU/mL Nisin和5 g/L甲醋吡喃酮钠的保鲜剂处理中国对虾后，采用40% $CO_2$/30% $O_2$/30% $N_2$气调包装贮藏，使得货架期相对对照组延长至10 d，常耀光等[35]研究得到一定的超高压能显著改善南美白对虾在冷藏过程中的品质，延缓虾的黑变，使得货架期显著延长。曹荣等[36]研究表明了壳聚糖、植酸、乙二胺四乙酸和4-HR按适当比例配成的复合保鲜剂能显著抑制鹰爪虾的黑变，使得货架期延长1倍多。本研究摒弃了传统上仅研究保鲜剂对南美白对虾的保鲜效果，而是在筛选安全、高效的保鲜剂配方的基础上，研究保鲜剂结合气调包装对南美白对虾的品质影响，在研究保鲜效果时，除选取一般鲜度指标外，还引入了揭示虾黑变机理的PPO活性指标，综合评价黑变抑制和货架期延长效果。研制了一种不包含亚硫酸盐且能有效抑制黑变的复合保鲜剂，并指出了复合保鲜剂涂膜结合高二氧化碳气调或高氧气调保鲜南美白对虾的技术思路及其效果差异，为解决现实生产中南美白对虾易黑变和货架期短的问题，提供了一种较为实用可靠的技术方案。

### 一、原料分组与处理

在购买地将鲜活南美白对虾放置少许冰块，充氧包装后保活运输至实验室，立刻用碎冰使其休克失活，剔除残次，选取个体均一的虾用清水洗净。随机分成7组装入K-PET/PE复合包装袋内，处理方式如表2-10所示。气调Ⅰ的气体为（40% $CO_2$/30% $O_2$/30% $N_2$），气调Ⅱ的气体为（85% $CO_2$/5% $O_2$/10% $N_2$），M组分为黑变抑制配方，由本节中的正交试验优化确定，壳聚糖用1%的醋酸溶解。气调包装时联合自动混气机和多功能气调包装机对样品袋进行抽真空、充气和热封口，贮藏于(4±1)℃环境。隔天取样测定各项品质指标，以此评价其各种气调工艺对南美白对虾的保鲜效果。隔天测定TBC、TVB-N、pH、PPO活性和感官评定等指标。

**表2-10　试验组别**

| 组　别 | 处理方式 | 组　别 | 处理方式 |
|---|---|---|---|
| CK | 清水处理并做空气包装，作对照组 | | |
| $A_0$ | 气调包装Ⅰ | $B_0$ | 气调包装Ⅱ |
| $A_1$ | 1%壳聚糖+气调包装Ⅰ | $B_1$ | 1%壳聚糖+气调包装Ⅱ |
| $A_2$ | M组分+1%壳聚糖+气调包装Ⅰ | $B_2$ | M组分+1%壳聚糖+气调包装Ⅱ |

## 二、菌落总数的变化

从图2-38(a)和图2-38(b)可知，对照组CK在第4 d就超过6.0 lg(CFU/g)，各处理组的抑菌效果均强于对照组CK；$A_0$和$B_0$均在第12 d超过二级鲜度，抑菌效果相似($p < 0.05$)；$A_1$和$A_2$在整个贮藏期内变化不明显，表现了较好抑菌效果；而$B_1$和$B_2$在4 d开始菌落总数呈现下降趋势，在贮藏期末$B_1$和$B_2$菌落总数分别稳定在2.8 lg(CFU/g)和2.3 lg(CFU/g)，仍未超出一级鲜度，虾的外观、肉质、气味依然和活虾相似。结果表明涂膜保鲜结合高二氧化碳气调包装的方法具有极强的抑菌作用。

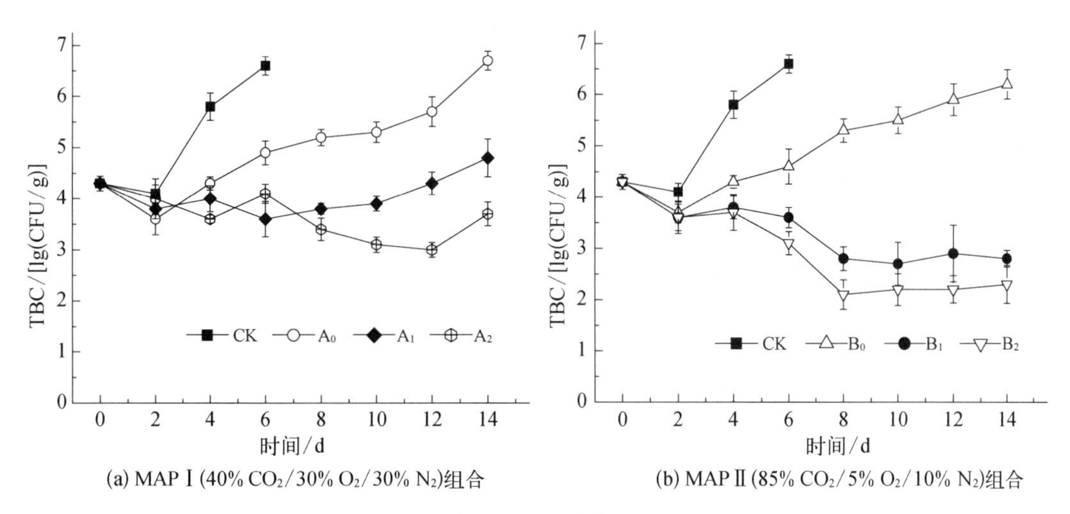


图2-38　南美白对虾菌落总数的变化

综合图2-38(a)和图2-38(b)可知，壳聚糖和气调包装对南美白对虾发挥了抑菌作用。徐丽敏等[27]研究表明壳聚糖对绝大多数细菌具有抑菌效果，特别对莫洛氏菌(*Moraxella*)、肠杆菌(*Enterobacter*)、乳酸菌(Lactic acid bacteria)和肠球菌(*Enterococcus*)的抑菌率能够达到100%。本试验中包含4-HR的涂膜防腐剂结合85% $CO_2$/5% $O_2$/10% $N_2$气调包装处理的南美白对虾的抑菌效果，与Shengmin[29]研究得出的4-HR等保鲜剂结合高氧气调和高二氧化碳两类气调处理中国对虾后的菌落总数在第13 d才接近二级鲜度的抑菌效果相似。

## 三、TVB-N值的变化

按照GB 2733—2015规定：虾类的TVB-N值≤25 mg/100 g为一级鲜度，≤30 mg/100 g为二级鲜度。

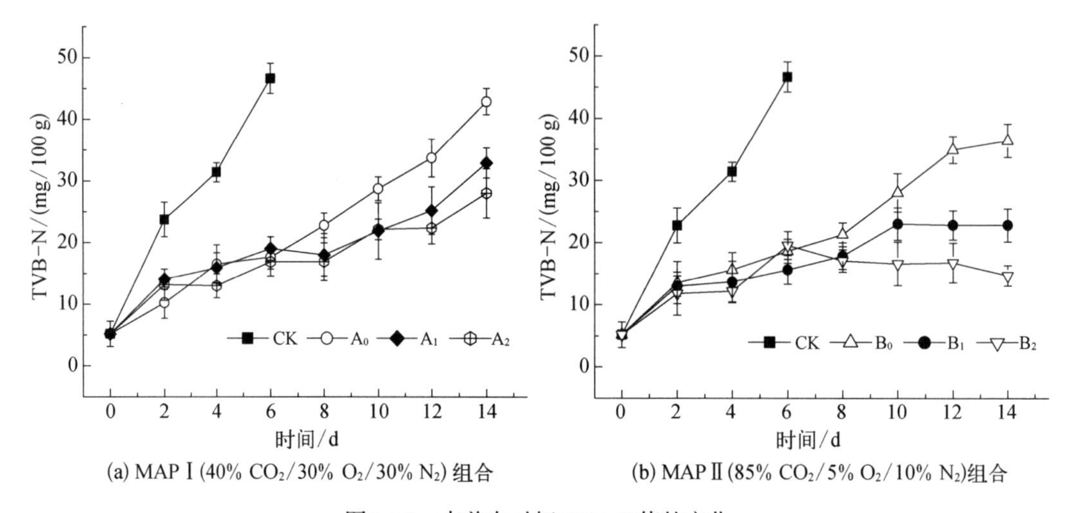


(a) MAP Ⅰ(40% $CO_2$/30% $O_2$/30% $N_2$)组合　(b) MAP Ⅱ(85% $CO_2$/5% $O_2$/10% $N_2$)组合

图2-39　南美白对虾TVB-N值的变化

从图2-39(a)和图2-39(b)可知，对照组CK在第4 d即超过二级鲜度，显著快于其他处理组的TVB-N值变化，就包装种类而言，使用气调包装Ⅰ的$A_1$和$A_2$在整个贮藏期内的TVB-N值变化无显著差异，在第6 d开始与$A_0$存在显著差异，这表明在$A_0$包装条件下，壳聚糖的存在对TVB-N的生成具有抑制作用，而4-HR黑变抑制剂的存在对TVB-N的生成无显著影响，使用85% $CO_2$/5% $O_2$/10% $N_2$气调包装的$B_1$和$B_2$在贮藏期的第8 d后TVB-N显著低于$B_0$，其$B_1$和$B_2$表现出较大差异，这表明在$B_0$包装条件下壳聚糖和4-HR黑变抑制剂对TVB-N的生成均有不同程度的抑制作用。$B_1$和$B_2$的TVB-N值水平在整个贮藏期内均保持较低水平，在贮藏期末仍未超出一级鲜度。虾肉随着时间的延长，在酶和细菌的作用下，蛋白质分解而产生氨及伯胺、仲胺及叔胺等碱性含氮物质。因此理论上TVB-N的含量随着时间的增加是不会下降的，可是在气调包装Ⅱ条件下的$B_1$和$B_2$两个处理组的TVB-N值整个贮藏期一直维持在较低水平（$B_1$＜23 mg/100 g，$B_2$＜17 mg/100 g），从第10 d开始甚至出现下降趋势。

## 四、pH的变化

从图2-40(a)和图2-40(b)可知新鲜南美白对虾的pH为7.22，与其他文献报道的新鲜南美白对虾的pH均有所不同，这可能由不同场地和养殖成熟季节所产的南美白对虾的营养价值差异造成的。所有处理组在整个贮藏期内呈现先下降后升高的趋势，在第2 d出现最低点，6个处理组（$A_0$、$A_1$、$A_2$、$B_0$、$B_1$、$B_2$）的增加速度在第4 d开始显著低于对照组CK（$p < 0.05$）。

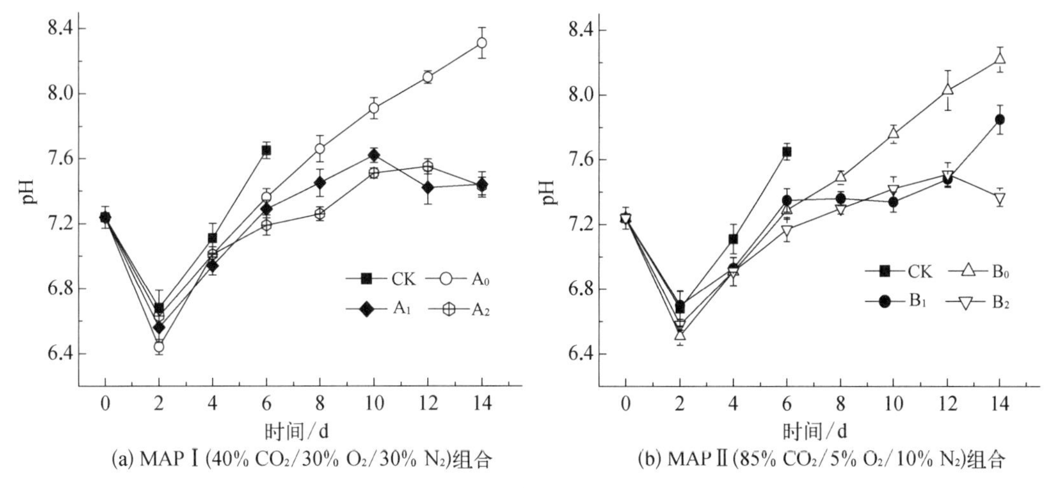

(a) MAP Ⅰ(40% $CO_2$/30% $O_2$/30% $N_2$)组合　(b) MAP Ⅱ(85% $CO_2$/5% $O_2$/10% $N_2$)组合

图2-40　南美白对虾pH的变化

Lopez-Caballero等[19]研究表明动物性组织中的糖原在微生物和酶的作用下，会发生糖酵解，生成琥珀酸等有机酸，这些有机酸不断积累导致样品的pH在贮藏初期呈现下降趋势，糖原分解后，肌肉组织的蛋白质开始发生降解，生成一系列的胺类碱性物质，这些化合物不断积累导致样品的pH在贮藏后期呈现上升趋势。因此在贮藏期内检测虾的pH的变化是一种简单可靠的鲜度评价方式。Shamshad[37]报道了墨吉对虾的pH不可接受值为7.60。对照组的南美白对虾在第4 d的菌落总数，TVB-N值同时达到鲜度指标的上限，结合图2-39和表2-11中的感官评定结果可知，常规冷藏南美白对虾的不可接受值为7.65左右，在贮藏期末$A_1$、$A_2$和$B_2$均未超过不可接受值。用涂膜保鲜剂结合气调包装的南美白对虾的pH增加速度相对慢于对照组，这与较低微生物的增长情况是一致的。结果表明涂膜保鲜剂结合气调包装可能具有延迟营养物质降解自溶腐败的作用。

## 五、多酚氧化酶活性的变化

虾在贮藏的过程中，蛋白质被分解为游离的酪氨酸及其衍生物，这些酚类物质经PPO催化进行一系列的氧化反应，最终生成大分子黑色素，沉积在虾的外壳表面，使其黑变，因此PPO活性、蛋白质降解速度、氧气的存在会对黑变的深度造成影响。PPO活性是评价虾类感官品质优劣的有效指标之一。由图2-41（a）和图2-41（b）可知，PPO活性随着时间的延长持续增加，其他处理组的PPO活性增长速度显著慢于对照组CK（$p < 0.05$），表明这6种保鲜处理方式均有抑制PPO活性的作用，在气调包装Ⅰ条件下的$A_0$、$A_1$、$A_2$三者无显著差异（$p > 0.05$），$B_0$、$B_1$二者也无显著差异（$p > 0.05$），而在气调包装Ⅱ条件下的$B_2$显著低于各个处理组($p < 0.05$),特别是从8 d开始PPO活性的增长出现了停滞,这与TVB-N和菌落总数的变化相一致。

根据PPO活性和黑变的关系及图2-41(a)和图2-41(b)可知,两种气调都具有一定黑变抑制能力,和壳聚糖复合的气调与单一气调无显著差异,表明单一壳聚糖对黑变没有抑制效果,而同时都采用壳聚糖、4-HR、CA和AsA相同配方涂膜处理的$A_2$和$B_2$在不同的气调包装条件下却出现了差异,$A_2$的PPO活性曲线走势表明4-HR等黑变抑制剂的添加后黑变抑制能力没有相应显著增加,这可能是由于$A_2$氧气含量高达30%,4-HR和AsA等还原剂被氧化,失去抗氧化功效,未能阻止PPO所催化的黑变反应,而$B_2$的PPO活性曲线表明4-HR、CA和AsA在气调包装Ⅱ条件下发挥了显著的黑变抑制能力,在贮藏期的后期甚至使黑变趋于稳定。McEvilly等[38]在1991年首先提出4-HR是虾中酪氨酸酶的有效抑制剂,可安全取代亚硫酸盐来抑制虾类黑变。

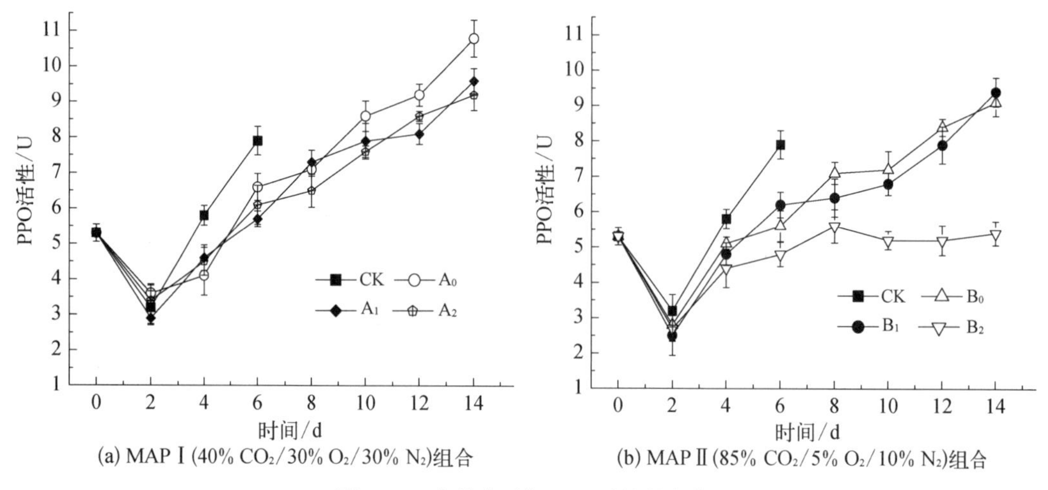

(a) MAP Ⅰ(40% $CO_2$/30% $O_2$/30% $N_2$)组合
(b) MAP Ⅱ(85% $CO_2$/5% $O_2$/10% $N_2$)组合

图2-41　南美白对虾PPO活性的变化

Montero等[25]报道的4-HR对长吻对虾具有显著黑变抑制效果。本实验的结果表明0.01%4-HR和85% $CO_2$/5% $O_2$/10% $N_2$气调包装的存在能显著抑制PPO活性和延缓黑变。

## 六、综合感官评定结果

南美白对虾在贮藏过程中感官评分的变化见表2-11。从表2-11可知,各个处理的感官分数随时间呈现下降趋势,其中对照组下降速度最快,在第4 d就达到6.4分,即将越过感官评定可接受值,$A_0$、$A_1$、$B_0$三者的感官评定分数在贮藏期的大部分时间内均无显著差异,都是在第12 d就达到6分左右,在6个处理组当中$A_2$表现了最快的感官评分下降速度,在第10 d达到6.01分,这可能是由于体表黑变快的原因导致体表色泽得分持续较低,从而影响整体感官得分。其中$B_1$和$B_2$表现了最好的感官评分,其综合保鲜效果最好,在第14 d的感官评分仍未低于6分,特别是$B_2$在前6 d感官评定小组全体人员都给予了9分的最高分，在第14 d依然有7.76的得分，结合TBC、TVB-N、pH和PPO活性变化可知，$B_2$的保鲜效果最佳，在贮藏期内未出现显著黑变，肌肉依然洁白鲜亮，富有弹力，甲壳和虾体连接正常，无任何异味，并且依然保存海虾固有的虾腥味。

**表2-11 感官评分结果**

| 组 别 | 感官分数 | | | | | | |
|---|---|---|---|---|---|---|---|
| | 2 d | 4 d | 6 d | 8 d | 10 d | 12 d | 14 d |
| CK | $7.62\pm0.19^{a}$ | $6.40\pm0.35^{a}$ | $3.20\pm0.23^{a}$ | $0.00\pm0.00^{a}$ | $0.00\pm0.00^{a}$ | $0.00\pm0.00^{a}$ | $0.00\pm0.00^{a}$ |
| $A_0$ | $8.68\pm0.15^{cd}$ | $8.52\pm0.29^{b}$ | $7.70\pm0.16^{b}$ | $7.66\pm0.18^{c}$ | $7.52\pm0.19^{c}$ | $6.14\pm0.50^{bc}$ | $4.30\pm0.71^{c}$ |
| $A_1$ | $8.73\pm0.27^{de}$ | $8.61\pm0.23^{b}$ | $8.22\pm0.53^{c}$ | $7.89\pm0.61^{c}$ | $7.78\pm0.63^{cd}$ | $6.52\pm0.91^{c}$ | $5.71\pm0.58^{d}$ |
| $A_2$ | $8.55\pm0.24^{bc}$ | $8.23\pm0.40^{b}$ | $7.67\pm0.48^{b}$ | $6.46\pm0.35^{b}$ | $6.01\pm0.60^{b}$ | $5.72\pm0.55^{b}$ | $3.34\pm0.33^{b}$ |
| $B_0$ | $8.38\pm0.28^{b}$ | $8.26\pm0.21^{b}$ | $7.72\pm0.33^{b}$ | $7.60\pm0.16^{c}$ | $7.54\pm0.31^{c}$ | $6.12\pm0.51^{bc}$ | $3.79\pm0.37^{bc}$ |
| $B_1$ | $8.85\pm0.17^{de}$ | $8.62\pm0.30^{c}$ | $8.44\pm0.25^{c}$ | $7.86\pm0.55^{c}$ | $7.62\pm0.38^{c}$ | $7.51\pm0.28^{d}$ | $6.44\pm0.37^{e}$ |
| $B_2$ | $9.00\pm0.00^{e}$ | $9.00\pm0.00^{c}$ | $9.00\pm0.00^{d}$ | $8.66\pm0.26^{d}$ | $8.31\pm0.57^{d}$ | $8.06\pm0.38^{d}$ | $7.76\pm0.53^{f}$ |

注：① 表中数据为样品的“平均值 ± 标准差”($n$=5)；② 同一列中的不同字母表示差异显著($p<0.05$)。

## 七、本节小结

1）通过正交试验确立了南美白对虾的黑变抑制成分由0.01% 4-HR、1.5% CA和1% AsA组成，并与1%的壳聚糖复配，制备出用于涂膜处理南美白对虾的复合保鲜剂。

2）采用复合保鲜剂涂膜处理，并分别结合40% $CO_2$ / 30% $O_2$ / 30% $N_2$的高二氧化碳气调和85% $CO_2$ / 5% $O_2$ / 10% $N_2$的高氧气调包装贮藏南美白对虾，对比发现，复合保鲜剂结合85% $CO_2$ / 5% $O_2$ / 10% $N_2$气调包装的处理方法的保鲜效果更佳，有效地抑制了南美白对虾冷藏过程中的黑变发生，并减缓了其他鲜度指标值的下降速率，使得(4±1) ℃冷藏条件下的货架期由4 d延长至14 d。操作方法简单，保鲜效果显著，因此，在今后可将该方法进一步优化后转化到实际生产中，进行推广应用。

# 第九节 气调包装结合冰温贮藏对南美白对虾品质的影响

水产品容易腐败变质，捕捞后未经防腐处理的对虾30 min内黑变率可高达25%左右[39]，严重影响产品的卫生质量并降低产品利用率和附加值。

本实验室已经报道了使用冰温贮藏南美白对虾，可使其货架期比冷藏对照组延长4 d[40]；使用不同气体比例的气调包装技术处理南美白对虾，可使其冷藏的货架期延长8 d[41]。而气调包装结合冰温技术保鲜南美白对虾未见报道，为了获得更长的货架期，使得虾在货架期内的黑变进一步减缓，现采用冰温结合气调包装的技术考察南美白对虾的保鲜效果。

## 一、样品处理工艺

工艺流程：原料虾采购→充氧保活运输→碎冰休克失活→清洗→气调包装→封口→贴标签→冰温贮藏→测定微生物和理化指标；理化指标包含菌落总数、TVB-N、pH、PPO活性和感官评定等指标。试验分组如表2-12。

表2-12 试验组别

| 组别 | 处理方式 |
|---|---|
| CK | 空气包装，4℃ |
| Ⅰ | 冰温贮藏 |
| Ⅱ | MAP（85% $CO_2$/5% $O_2$/10% $N_2$），4℃ |
| Ⅲ | MAP（85% $CO_2$/5% $O_2$/10% $N_2$）+冰温贮藏 |

## 二、TVB-N值的变化

根据国家标准GB 2733—2015的规定，虾类的TVB-N值一级鲜度≤25 mg/100 g，二级鲜度≤30 mg/100 g，图2-42表明所购买虾的TVB-N值为5.0 mg/100 g左右；各实验组的TVB-N值都随时间的延长而显著增加（$p < 0.05$）；其中CK腐败得最快，在第4 d即超过二级鲜度，表现了最差的保鲜效果；Ⅰ和Ⅱ在第8 d和第12 d超过二级鲜度；Ⅲ腐败最慢，在第16 d才超过二级鲜度，表现了最好的保鲜效果，4个试验组的TVB-N值增长曲线随着贮藏时间的增加，走势差异明显。上述结果表明，冰温技术或气调包装技术都能减少南美白对虾的TVB-N的生成，两种技术同时使用的保鲜效果显著优于单一使用其中一种技术。

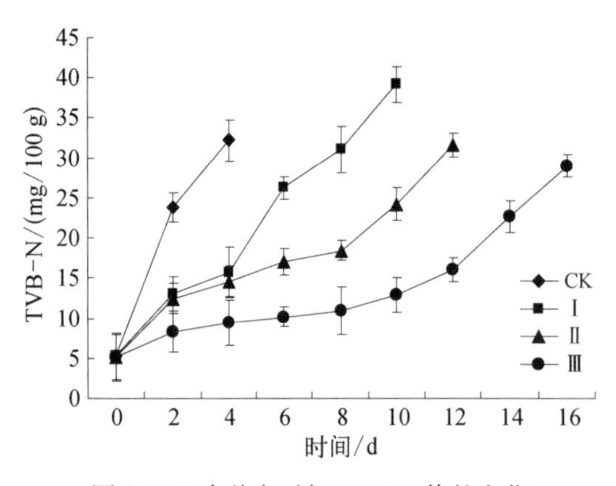


图2-42 南美白对虾TVB-N值的变化

## 三、pH的变化

由图2-43可知，新鲜南美白对虾的pH为7.20左右，CK、Ⅰ、Ⅱ和Ⅲ 4组在整个贮藏期内的pH都是呈现先减后增的趋势，这与本实验室应用其他保鲜方法处理南美白对虾的得到的pH变化趋势是一致的[41,42]，其中以TVB-N值超过二级鲜度为时间节点，CK（第4 d）、Ⅰ（第8 d）、Ⅱ（第12 d）和Ⅲ（第16 d）的pH分别为7.45、7.86、8.15、8.25。虾在贮藏过程中发生自溶腐败，pH发生变化，而气调包装的$CO_2$也可能溶入虾的肌肉内而改变pH，冰温技术则是由于低温环境抑制了细菌的分解营养物质所产生的碱性物质，因此气调包装和冰温技术引起虾肉的pH变化是极其复杂的过程，间接证明了它们的保鲜作用。

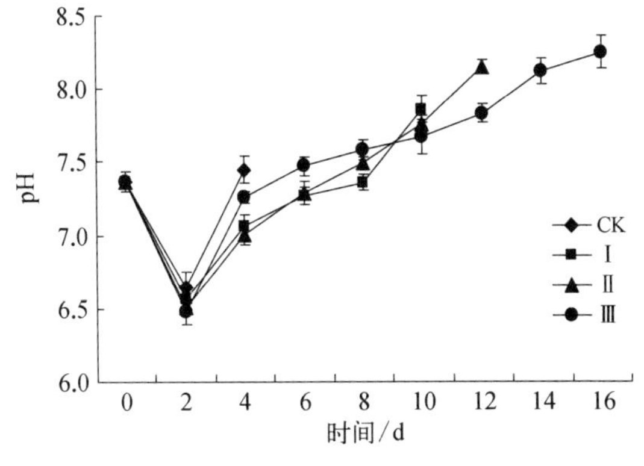

图2-43 南美白对虾pH的变化

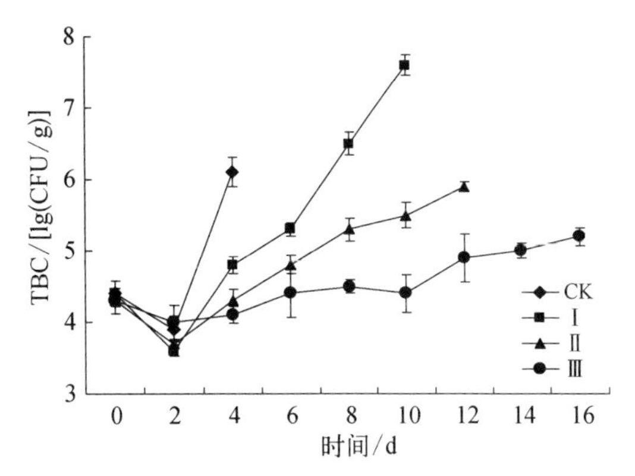


图2-44 南美白对虾菌落总数的变化

## 四、菌落总数的变化

根据国家标准虾类的菌落总数一级鲜度≤5.0 lg(CFU/g)，二级鲜度≤5.7 lg(CFU/g)。

从图2-44可以看出刚捕获的南美白对虾的菌落总数为4 lg(CFU/g)左右，各组的增长趋势和TVB-N的增长趋势一致，都是先降后增($p < 0.05$)。从第2 d开始各组的菌落总数开始呈现增长趋势，其中对照组CK的菌落总数上升最快，在第4 d即超过二级鲜度值5.7 lg(CFU/g)，Ⅰ的TBC值在第8 d达到6.5 lg(CFU/g)、Ⅱ的TBC值在第12 d达到5.9 lg(CFU/g)，Ⅲ的TBC值在第16 d才达到5.2 lg(CFU/g)，依然未超过二级鲜度，表明气调包装和冰温技术产生了协同保鲜效应。$CO_2$对微生物的抑制作用主要受$CO_2$浓度、食品微生物污染程度及贮藏温度的影响[42]；而有文献报道了低温和低初始菌落数能提高$CO_2$的抑菌效果[43]。本研究中南美白对虾的菌落总数和TVB-N值达到或接近二级鲜度值的时间有较好的一致性。菌落总数货架期和TVB-N的货架期相同。

## 五、多酚氧化酶活性的变化

图2-45表明了气调包装或冰温技术对南美白对虾的PPO活性的影响。

从图2-45可知，从贮藏期的第2 d开始，所有实验组PPO活性值由下降趋势变为上升趋势，这可能是由于虾自溶腐败和微生物的破坏引起pH改变，从而显著地影响酶-底物络合物的结构和反应性。Ⅰ、Ⅱ和Ⅲ的PPO活性低于对照组(在其货架期内)，但是在前8 d，Ⅰ、Ⅱ和Ⅲ三者无显著差异，而后差异显著。陈丽娇等[17]研究指出，对虾黑变与微生物作用无关，而与PPO的作用有关。虾死后组织蛋白所降解

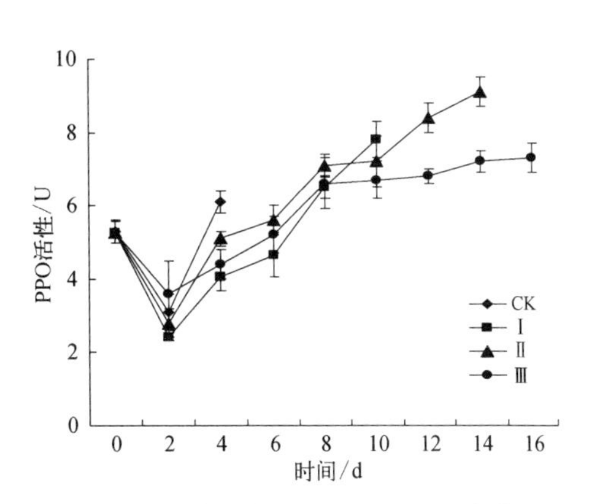


图2-45 南美白对虾PPO活性的变化

的色源氨基酸在PPO的催化下生成大分子黑色物质，使虾黑变，因此研究虾类贮藏过程中PPO活性的变化对虾的防黑变保鲜具有重要意义。上述结果表明气调包装技术或冰温技术在南美白对虾抑制黑变方面的效果存在差异，在后期，气调包装结合冰温技术处理组的PPO活性显著低于单一使用其中一种技术。

## 六、综合感官评定结果

气调包装和冰温技术对南美白对虾的感官影响见表2-13，初始的新鲜虾的肌肉纹理清晰而有弹性，肉与壳连接紧密，体表有光泽，头胸甲与体节紧密连接，并具有固有的海虾味，随着贮藏时间的变化，这些感官品质都会发生相应的变化。结果表明，CK、Ⅰ、Ⅱ和Ⅲ 4种处理方式下的黑变感官评分得分均呈现增加趋势；其中对照组的保鲜效果最差，在第8 d所有感官评定员给予了0分的最低分，表明食用品质已经完全不可接受，而Ⅰ、Ⅱ的感官得分分别在第10 d、12 d达到或接近不可接受值（6分），而Ⅲ的感官分数，在第16 d才达到7.23分不可接受值，依然远远大于（6分）；上述结果表明气调包装或冰温技术都可以维持较长的感官货架期，而两者的结合使用，可以大大提高两者维持感官品质的能力。

**表2-13　感官评分结果**

| 组 别 | 感官评分（分） | | | | | | | |
|---|---|---|---|---|---|---|---|---|
| | 2 d | 5 d | 6 d | 8 d | 10 d | 12 d | 14 d | 16 d |
| CK | $7.62\pm0.20^a$ | $6.40\pm0.74^a$ | $3.23\pm0.39^a$ | $0.00\pm0.00^a$ | $0.00\pm0.00^a$ | $0.00\pm0.00^a$ | $0.00\pm0.00^a$ | $0.00\pm0.00^a$ |
| Ⅰ | $8.53\pm0.15^c$ | $8.08\pm0.34^b$ | $7.40\pm0.20^b$ | $6.13\pm0.17^b$ | $5.37\pm0.22^b$ | $3.39\pm0.09^b$ | $2.57\pm0.18^b$ | $0.00\pm0.00^a$ |
| Ⅱ | $8.30\pm0.21^b$ | $8.43\pm0.28^c$ | $7.71\pm0.33^c$ | $7.68\pm0.16^c$ | $7.56\pm0.31^c$ | $6.02\pm0.39^c$ | $4.87\pm0.22^c$ | $2.07\pm0.61^b$ |
| Ⅲ | $8.91\pm0.34^d$ | $8.74\pm0.26^d$ | $8.40\pm0.14^d$ | $8.32\pm0.56^d$ | $8.06\pm0.33^d$ | $7.72\pm0.25^d$ | $7.35\pm0.29^d$ | $7.23\pm0.16^c$ |

注：① 表中样品数据为“平均值 ± 标准差”（$n$=5）；② 同一列中的不同字母表示差异显著。

## 七、本节小结

1）各项实验组的微生物指标货架和理化指标货架期接近，较好地相互验证了各自的保鲜效果。

2）综合上述微生物和理化指标的测试结果表明，单一使用冰温技术或气调包装（85% $CO_2$ / 5% $O_2$ / 10% $N_2$）可使得南美白对虾货架期从4 d（相对对照组）分别延长至8 d或12 d。

3）气调包装联合冰温技术可以使得南美白对虾的货架期从4 d（相对对照组）延长至16 d。

4）气调包装和冰温技术在南美白对虾的保鲜效果上具有极强的协同效应，对虾的气味、质地、营养具有很好的保留作用，两者都是物理保鲜技术，不添加任何防腐剂，具有安全、高效的特点，可考虑应用于实际生产。

# 第十节　臭氧冰与电解水冰处理延长鲳鱼的冷藏货架期

酸性电解水具有低pH、高氧化还原电位及一定的有效氯含量，能够高效地杀灭各种腐败微生物，是一种新型的杀菌剂，一般应用形态主要为液体，用作清洗或消毒剂，在国外应用十分广泛[45]。臭氧具有强杀菌作用，主要应用形式有臭氧气体、臭氧水和臭氧冰，但臭氧气体不稳定，臭氧在水中的溶解度有限且不稳定[44]。而将臭氧水制成臭氧冰后可以不受环境等条件的限制。

本节以鲳鱼为实验原料，将臭氧水和电解水制成冰后包装处理鲳鱼，并通过感官评定、*K*值、TVB-N值、TBA值、TMA-N值、pH、菌落总数等鲜度指标评价其对鲳鱼的保鲜效果，探讨鲳鱼经臭氧冰和电解水冰保鲜后的品质变化趋势及影响。为臭氧冰和电解水冰的应用提供理论参考，同时对冷链物流过程中鲳鱼的品质保鲜具有一定的现实意义。

## 一、冰的制备

电解水冰制备：使用浓度为0.2%的NaCl溶液电解10 min后取其酸性电解水，立即密封置于−60℃低温箱中冻结成冰；臭氧冰制备：利用OZ−6000活氧水机制出臭氧水后，在同样的条件下制成冰；普通冰：采用自来水在同等条件下制成冰。

## 二、电解水冰与臭氧冰制冰前后浓度测定结果

经测定制成冰前后的酸性电解水的有效氯含量（ACC）、pH、氧化还原电位（ORP）分别为（79±1）mg/L、2.36±0.01、（1 160±0.5）mV;（28±1）mg/kg、2.49±0.01、（1 115±0.5）mV。制成冰前后的臭氧浓度分别为1.83 mg/L、0.89 mg/kg。

## 三、感官品质的变化

鲳鱼感官评定结果如图2−46所示，从图2−46中可以看出，随着贮藏时间的延长，各处理组的感官评分逐渐下降。臭氧冰组和电解水冰组在前4 d相对于普通冰组的感官评分结果影响并不明显（$p > 0.05$），电解水冰在第14 d依然具有良好的感官评分，而普通冰组已降至2.09分。臭氧冰组与电解水冰组在第6 d以后存在显著差异（$p < 0.05$），在第16 d的感官评分值为2.36分已不可接受，显著低于电解水冰组的感官评分值4.53（$p < 0.05$）。说明电解水冰能够有效保证鲳

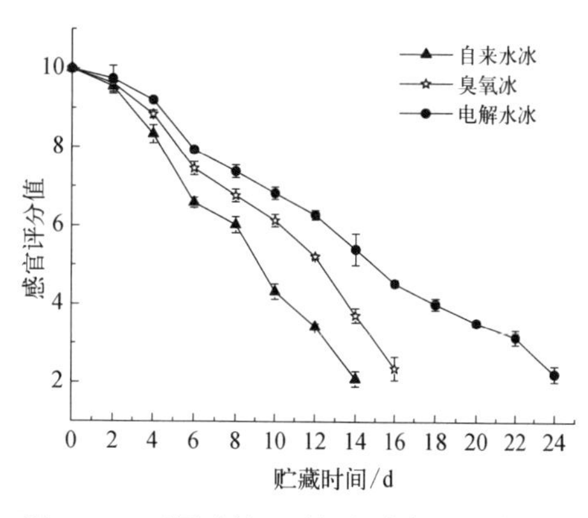

图2−46　不同冰处理后鲳鱼感官评分值变化

鱼的感官品质。

## 四、TVB-N值的变化

根据鲜、冻鲳鱼标准，鲳鱼TVB-N含量≤18 mg/100 g为一级品，合格品的TVB-N含量须≤30 mg N/100 g。

如图2-47所示，各不同冰处理组的TVB-N值呈现出先下降后上升的趋势，普通冰组在贮藏的第12 d就超过一级鲜度标准，在第14 d就已超过限量标准，而臭氧冰组和电解水冰组在前13 d、15 d的TVB-N值都处于一级鲜度标准以内，臭氧冰组在第16 d才超出限量标准，而电解水冰组在第24 d才超出限量标准；从贮藏的第10 d开始，普通冰组和臭氧冰组的TVB-N上升趋势明显，而电解水冰组依然上升平缓。分析其原因可能是：在贮藏前期，可能是分解蛋白质的内源酶作用致使鲳鱼的TVB-N值上升，而臭氧冰和电解水冰无法抑制初期鱼体内源酶的作用。而在贮藏后期主要是由于附着在鱼体表面的腐败微生物大量繁殖所产生的脱羧酶、脱氨酶等酶类与鱼体内源性蛋白酶分解的肽类、氨基酸类等发生脱羧脱氨反应，生成氨和胺类等；另外微生物本身能产生大量胞外蛋白酶，作用于蛋白质，也能产生大量含氮物质。但臭氧和酸性电解水具有良好的抑菌和杀菌效果，故臭氧冰组和电解水冰组的TVB-N值低于普通冰组。闫师杰[45]采用5 mg/kg和7 mg/kg的臭氧水浸泡处理鲇鱼肉后于0℃贮藏后的研究结果，以及Lin[46]在使用电解水冰[ACC：(26±6) ppm，ORP：(1 124±3) mV，pH：2.46±0.14]保鲜凡纳滨对虾过程中的TVB-N值有类似的变化趋势。

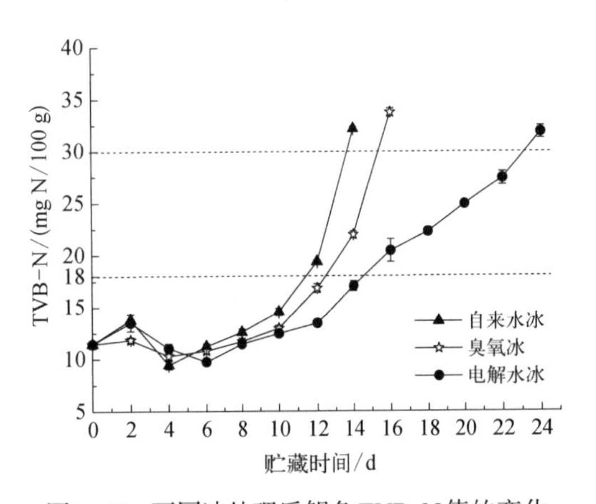


图2-47 不同冰处理后鲳鱼TVB-N值的变化

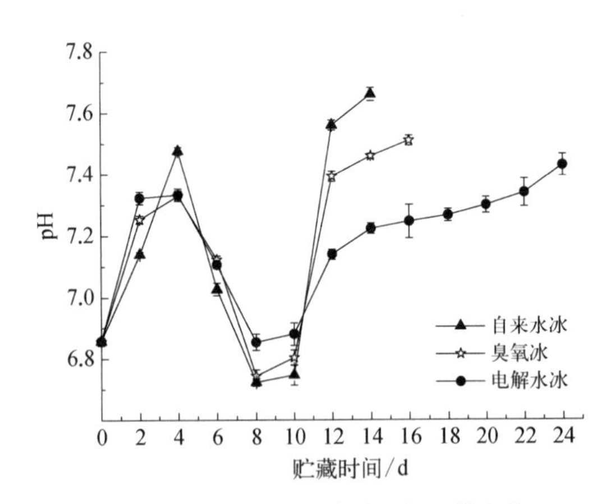


图2-48 不同冰处理鲳鱼后pH的变化

## 五、pH的变化

各不同冰保鲜鲳鱼后的pH变化如图2-48所示，各处理组的pH从0 d起上升到第4 d后开始下降，且在第8 d达到最低；第10 d后pH开始迅速上升。可能原因是在前4 d，鱼体表面的产碱性菌显著增长，积累大量氨类化合物，导致初期的pH上升，而之后下降的原因可能是鱼体内糖原酵解产生大量乳酸，使鱼体pH下降，直到第8 d，随着微生物的大量繁殖及鱼体本身的自溶作用，产生大量碱性物质，从而促使鱼肉pH上升，而电解水冰组pH上升缓慢的原因应该是电解水冰融化后的电解水呈酸性，中和了部分碱性物质。Campos等[47]在使用0.2 mg/L臭氧流化冰保鲜沙丁鱼后能够显著抑制后期pH的上升（$p<0.05$）。

## 六、TMA-N值的变化

TMA-N具有浓烈的鱼腥味，一般来说TMA-N含量越高，水产品的鲜度越差[28]。

如图2-49所示，在贮藏前期，鲳鱼TMA-N的变化趋势平缓，且都在4.8 mg/100 g以下，从第6 d开始各处理组的TMA-N含量上升趋势明显，但普通冰组的变化趋势要显著高于臭氧冰组和电解水冰组（$p<0.05$），其可能原因是，氧化TMA-N极不稳定，容易在TMA-N还原酶和微生物的作用下还原成TMA-N。而酸性电解水冰中的次氯酸能够抑制或杀灭鲳鱼表面的微生物，延缓微生物作用引起的TMA-N生成，而臭氧冰中的臭氧也能够起到类似的作用。在贮藏后期，普通冰组从第10 d开始，TMA-N迅速上升，到第14 d时已达到26.65 mg/100 g，臭氧冰组从第12 d开始才迅速上升，而电解水冰组的TMA-N值在第24 d才24.89 mg/100 g，可见臭氧冰和电解水冰对TMA-N在前10 d影响效果并不显著（$p>0.05$），在后期才显著延缓了TMA-N的增长（$p<0.05$）。Pastoriza[48]在使用2 mg/kg的臭氧冰保鲜帆丽鲆过程中也有类似的结果，这可能是臭氧冰对肌肉中的内源酶的抑制作用并不显著的原因。

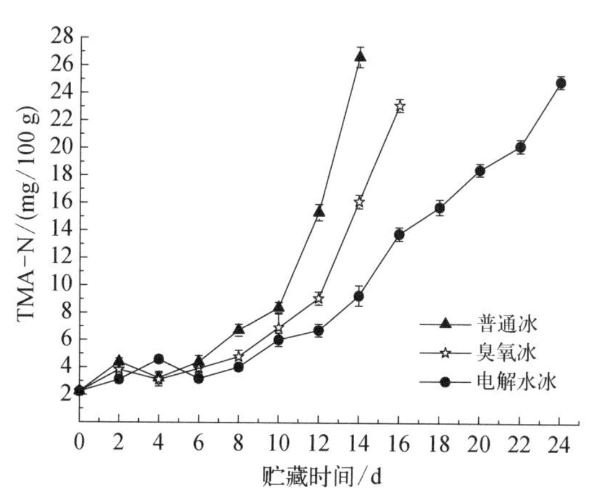


图2-49 不同冰处理鲳鱼后TMA-N值的变化

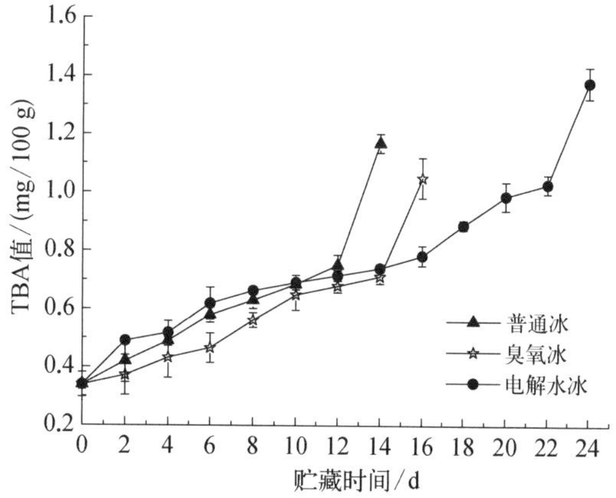


图2-50 不同冰处理后鲳鱼TBA的变化

## 七、TBA值的变化

水产品的脂质氧化程度通常用TBA值进行衡量，TBA值越高说明脂肪氧化程度越高。

鲳鱼TBA变化趋势如图2-50，鲳鱼的初始TBA值为0.33 mg/100 g，在贮藏初期，臭氧冰组的TBA值显著低于普通冰组和电解水冰组（$p<0.05$），而电解水冰的TBA值显著高

于其他两组（$p < 0.05$），出现此种现象的原因可能是臭氧冰中臭氧浓度低，释放出来后作用于微生物，减少了由微生物腐败而导致的脂肪氧化，电解水冰中的有效成分除了能够将鲳鱼表面的微生物杀灭外，且由于其具有强烈的氧化作用，加速了鲳鱼中不饱和脂肪酸的氧化。到贮藏后期，普通冰组的TBA值从第12 d的0.75 mg/100 g迅速增长到14 d的1.17 mg/100 g，臭氧冰组从第14 d的0.71 mg/100 g迅速增长到1.05 mg/100 g，出现此情况的原因应该是微生物生长繁殖产生大量生物酶分解鲳鱼体内不饱和脂肪酸。Kim等[49]使用电解水冰[ACC=(47.2±2.2) mg/kg，ORP=(866±19) mV，pH=5.1±0.3]保鲜秋刀鱼后发现在贮藏的13 d中，电解水冰组的TBA值从2.2 mg/100 g增加到4.5 mg/100 g，稍高于自来水冰组，但从第13 d开始电解水冰组的TBA值显著高于普通冰组（$p < 0.05$）。

## 八、*K*值的变化

鱼体死亡后，其体内的ATP会依次降解生成ADP、AMP、IMP、HxR和Hx。研究表明[2]ATP的降解与鲜度的变化之间存在线性关系，*K*值越大，说明水产品的鲜度越差，目前已普遍采用*K*值来评价水产品的鲜度。*K*值在20%以下为一级鲜度标准，二级鲜度标准值为20%～40%，60%以下可供一般食用，*K*值达到60%～80%表示水产品已发生初期腐败。如图2-51所示，各处理组的*K*值随着贮藏时间的延长而呈现增长趋势，鲳鱼的初始*K*值为9.09%，到第14 d时普通冰组的*K*值已到达63.17%，臭氧冰组为52.52%，而电解水冰组才44.46%，可见电解水冰能有效延缓ATP的降解，延长肌肉僵直期。与TVB-N、TMA-N、TBA相比，贮藏初期的上升趋势要明显，这可能是鱼体在贮藏初期微生物数量少，而*K*值与内部的生化及酶促反应相关性较大。因此，在贮藏初期*K*值更能反映鱼肉的品质情况。杨文鸽等[50]在研究大黄鱼冰藏期间ATP降解产物变化及鲜度评价中也得出类似结果。

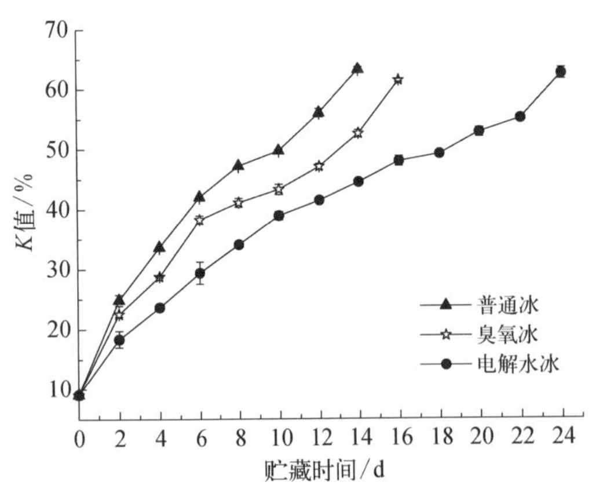


图2-51　不同冰处理后鲳鱼*K*值的变化

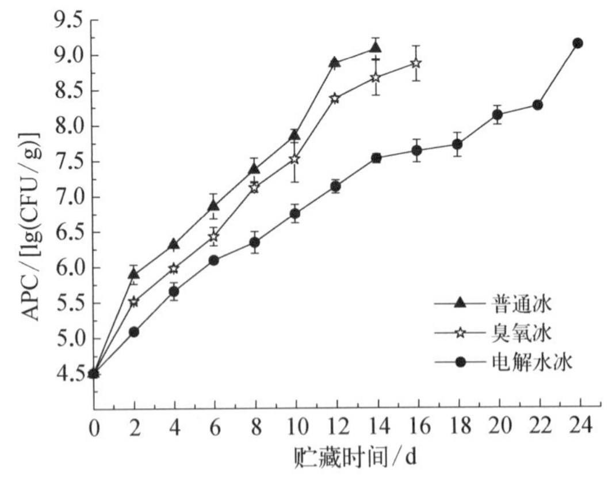


图2-52　不同冰处理后鲳鱼APC的变化

## 九、APC的变化

鲳鱼菌落总数变化趋势如图2-52所示，普通冰组菌落总数上升趋势明显，根据鲜鲳鱼标准，二级鲜度的限量标准为7.0 lg（CFU/g），从第2 d开始，普通冰组的菌落总数就显著高于臭氧冰组和电解水冰组，普通冰组在第12 d就达到7.36 lg（CFU/g），而臭氧冰组和电解水冰组为6.96 lg（CFU/g）和6.12 lg（CFU/g），这表明臭氧冰和电解水冰能够有效抑制菌落总数的升高；相比于臭氧冰组，电解水冰组对菌落总数的影响要显著得多（$p < 0.01$）。臭氧冰组和电解水冰组的菌落总数达到限值的时间分别为第12 d和第20 d，而TVB-N、$K$值和感官质量均在可接受范围，这说明微生物指标比理化、感官指标在鲜度指示上更为敏感。Wang等[51]使用0.1%的NaCl溶液电解15 min后制成的电解水冰保鲜南美白对虾后也得出相类似的结果，其原因应该是电解水冰中的有效成分（次氯酸）能够有效杀灭鲳鱼表面的微生物，且融化后的酸性电解水pH低，ORP高，能有效抑制微生物的生长。而臭氧冰组差异则不明显（$p > 0.05$），与刁石强[52]在使用臭氧冰保鲜罗非鱼的过程中微生物的减少数量相比要偏少，分析其原因可能是臭氧冰中臭氧的浓度不够高。

## 十、本节小结

使用普通冰保鲜东海白鲳后，鲳鱼的感官品质、TVB-N值、菌落总数、$K$值的变化速率均显著高于臭氧冰和电解水冰，使用浓度为0.89 mg/kg的臭氧冰能够显著降低鲳鱼脂肪氧化速率，而电解水冰能够加速其氧化，普通冰组的TMA-N的增长速率从第6 d开始才显著高于臭氧冰组和电解水冰组（$p < 0.05$），综合微生物指标、感官指标、$K$值和TVB-N等指标得出普通冰组的货架期为10 d。而臭氧冰能够延长鲳鱼货架期1 ~ 2 d，电解水冰能够显著延长冰藏鲳鱼货架期9 ~ 10 d，是普通冰组的1.9倍。

与臭氧含量为0.89 mg/kg的臭氧冰相比，使用0.2% NaCl溶液电解10 min后制成的电解水冰保鲜鲳鱼能够显著减少鲳鱼的微生物数量、延缓TVB-N的生成及$K$值的增长（$p < 0.05$），而对TMA-N，pH的影响差异不明显（$p > 0.05$）。同时电解水冰能够显著保持鲳鱼的感官品质，但电解水冰具有强氧化性，对鲳鱼的脂肪氧化有不利影响。

### 参考文献


[1] 高志立，谢晶，施建兵，等. 不同贮藏条件下带鱼品质变化的研究[J]. 食品科学，2013，34(16)：311-315.

[2] Manju S, Jose L, Srinivasa Gopal T K, et al. Effects of sodium acetate dip treatment and vacuum-packaging on chemical,microbiological, textural and sensory changes of Pearlspot (*Etroplus suratensis*) during chill storage[J]. Food Chemistry, 2007,(102): 27-35.

[3] 施建兵，谢晶，高志立，等. 臭氧水浸渍后冰温贮藏提高鲳鱼块的保鲜品质[J]. 农业工程学报，2013，29(6)：274-279.

[4] Yang Z, Wang H Y, Wang W. Effect of 10 MeV E-beam irradiation combined with vacuum-packaging on the shelf life of Atlantic salmon fillets during storage at 4℃[J]. Food Chemistry, 2014, (145): 535-541.

[5] 宋永令，罗永康，张丽娜，等. 不同温度贮藏期间团头鲂品的变化规律[J]. 中国农业大学学报，2010，15(4)：104-110.

[6] 王瑛，周春霞，洪鹏志，等. 碎冰冷藏对罗非鱼肌原纤维蛋白理化特性的影响[J]. 食品工业科技，2013，(10)：120-123.

[ 7 ] 荣建华，熊善柏，甘承露，等. 低温贮藏对脆肉鲩鱼肉肌动球蛋白特性的影响[ J ]. 食品科学，2012，33(14)：273-276.
[ 8 ] 刘美华. 大黄鱼(*Pseudosciaena crocea*)微冻保鲜的研究[ D ]. 福建农林大学硕士学位论文，2004.
[ 9 ] 熊光权，程微，叶丽秀，等. 淡水鱼微冻保鲜技术研究[ J ]. 湖北农业科学，2007，46(6)：992-995.
[10] 曾名湧，黄海. 鲈鱼在微冻保鲜过程中的质量变化[ J ]. 中国水产科学，2001，8(4)：67-69.
[11] 曾名湧，黄海，李玉环，等. 鲫鱼(*Carassius auratus*)在微冻保鲜过程中质量变化[ J ]. 青岛海洋大学学报，2001，31(3)：351-355.
[12] 张强，李媛媛，林向东. 罗非鱼片真空微冻保鲜研究[ J ]. 食品科学，2011，32(4)：232-236.
[13] 范文教，孙俊秀，陈云川，等. 茶多酚对鲢鱼微冻冷藏保鲜的影响[ J ]. 农业工程学报，2009，25(2)：294-297.
[14] 茅林春，段道富，许勇泉，等. 茶多酚对微冻鲫鱼的保鲜作用[ J ]. 中国食品学报，2006，6(4)：106-110.
[15] 王秀娟，张坤生，任云霞. 添加剂对壳聚糖涂膜保鲜虾的效果研究[ J ]. 食品科技，2008，7：239-242.
[16] 吴汉民，娄永江. 仿对虾酚氧化酶系的提取、纯化及分析[ J ]. 浙江水产学院学报，1991，10(2)：85-91.
[17] 陈丽娇，郑明峰，李怡宾. 南美白对虾多酚氧化酶的生化特性[ J ]. 福建农林大学学报(自然科学版)，2004，33(3)：377-380.
[18] 天津轻工业学院，无锡轻工大学. 食品生物化学[ M ]. 北京：中国轻工业出版社，1999：216-229.
[19] Lopez-Caballero M E, Martinez-Alvarez O, Gomez-Guillen M C, et al. Quality of thawed deepwater pink shrimp (*Parapenaeus longirostris*) treated with melanosis-inhibiting formulations during chilled storage[ J ]. International Journal of Food Science and Technolgy, 2007, 42: 1029-1038.
[20] Zeng Q Z, Thorarinsdottir K A, Olafsdottir G. Quality changes of shrimp (*Pandalus borealis*) stored under different cooling conditions[ J ]. Journal of Food Science, 2005, 70: 459-466.
[21] Shamshad S I, Nisa K U, Riaz M, et al. Shelf life of shrimp (*Penaeus merguiensis*) stored at different temperatures[ J ]. Journal of Food Science, 1990, 55: 1201-1205.
[22] 熊善柏. 水产品保鲜储运与检验[ M ]. 北京：化学工业出版社，2007.
[23] Marttinez-Alvarez O, Montero P, Carmen M, et al. Controlled atmosphere as coadjuvant to chilled storage for prevention of melanosis in shrimps (*Parapenaeus longirostris*)[ J ]. Eur Food Res Technol, 2005, 220: 125-130.
[24] McEvily A J, Iyengar R, Otwell S. Sulfite alternative prevents shrimp melanosis. Food Technol, 1991, 45(9): 80-86.
[25] Montero P, Martínez-Á lvarez O, Zamorano J P. Melanosis inhibition and 4-hexylresorcinol residual levels in deepwater pink shrimp (*Parapenaeus longrostris*) following various treatments[ J ]. Eur Food Res Technol, 2006, 223: 16-21.
[26] 王正，陈敏，韩相晨. GB 2741—1994海虾卫生标准[ S ]. 中华人民共和国卫生部1994-08-01.
[27] 徐丽敏，薛长湖，李兆杰，等. 水溶性壳聚糖对南美白对虾品质及腐败菌相变化的影响[ J ]. 食品工业科技，2008，29(6)：107-109.
[28] Monsalve G A, Barbosa C G V, McEvily A J. Inhibition of enzymatic browning in apple products by 4-hexylresorcinol[ J ]. Food Technol, 1995, 49(41): 110-118.
[29] Lu S M. Effects of bactericides and modified atmosphere packaging on shelf-life of Chinese shrimp (*Fenneropenaeus chinensis*)[ J ]. Food Science and Technology, 2009, 42(1): 286-291.
[30] 李玉环，曾名勇，徐洪. Op-Ca保鲜剂对鹰爪糙对虾的保鲜效果[ J ]. 食品科学，2001，22(1)：78-79.
[31] 卓华龙，柳海，申屠基康，等. 海捕虾保鲜效果的比较[ J ]. 中国食品卫生杂志，2007，19(3)：228-233.
[32] Fennema O R. 食品化学[ M ]. 王璋，许时婴，江波，等译. 北京：中国轻工业出版社，2003.
[33] 韩涛，李丽萍，赵佳. 切割山药片在贮存期间的色泽变化及护色工艺研究[ J ]. 食品工业科技，

2005,26(1): 175-177.

[34] 郑林彦,韩涛,李丽萍.4-己基间苯二酚对鲜切桃色泽相关生理的影响[J]. 园艺学报,2007,34(6): 1367-1372.

[35] 常耀光,李兆杰,薛长湖,等. 超高压处理对南美白对虾在冷藏过程中贮藏特性的影响[J]. 农业工程学报,2008,24(12): 230-237.

[36] 曹荣,薛长湖,徐丽敏. 复合保鲜剂在对虾保鲜及防黑变中的应用[J]. 农业工程学报,2009,25(8): 294-298.

[37] Shamshad S I, Nisa K U, Riaz M, et al. Shelf life of shrimp (*Penaeus merguiensis*) stored at different temperatures[J]. Journal of Food Science, 1990, 55: 1201-1205.

[38] McEvily A J, Iyengar R, Otwell S. Sulfite alternative prevents shrimp melanosis[J]. Food Technology, 1991, 45(9): 80-86.

[39] 姜松法,陈学威,傅丹青,等. 稳定态二氧化氯对南美白对虾防腐保鲜效果评价[J]. 中国公共卫生,2009,25(1): 110-111.

[40] 凌萍华,谢晶. 南美白对虾气调包装工艺及保鲜效果评价[J]. 包装工程,2010,31(9): 10-14.

[41] 凌萍华,谢晶. 冰温贮藏对南美白对虾保鲜效果的影响[J]. 江苏农业学报,2010,26(4): 828-832.

[42] Reddy N R, Amstrong D J, Rhodehamel E J et al. Shelf-life extension and safety concerns about fresh fishery products packaged under modified atmospheres: A review[J]. Journal of Food Safety, 1992, 12: 87-118.

[43] Gill C O. The solubility of carbon dioxide in meat[J]. Meat Science, 1988, 22: 65-71.

[44] Huang Y R, Hung Y C, Huang Y W, et al. Application of electrolyzed water in the food industry[J]. Food Control, 2008, 19(4): 329-345.

[45] 闫师杰,梁丽雅,宋振梅,等. 臭氧水对鲇鱼肉保鲜效果的研究[J]. 食品科学,2010,31(24): 465-468.

[46] Lin T, Wang J J, Li J B, et al. Use of acidic electrolyzed water ice for preserving the quality of shrimp [J]. Journal of Agricultural and Food Chemistry, 2013, 61(36): 8695-8702.

[47] Campos C A, Rodríguez Ó, Losada V, et al. Effects of storage in ozonised slurry ice on the sensory and microbial quality of sardine (*Sardina pilchardus*)[J]. International Journal of Food Microbiology, 2005, 103(2): 121-130.

[48] Pastoriza L, Bernárdez M, Sampedro G, et al. The use of water and ice with bactericide to prevent onboard and onshore spoilage of refrigerated megrim (*Lepidorhombus whiffiagonis*)[J]. Food Chemistry, 2008, 110(1): 31-38.

[49] Kim W T, Lim Y S, Shin I S, et al. Use of electrolyzed water ice for preserving freshness of pacific saury (*Cololabis saira*)[J]. Journal of Food Protection, 2006, 69(9): 2199-2204.

[50] 杨文鸽,薛长湖,徐大伦,等. 大黄鱼冰藏期间ATP关联物含量变化及其鲜度评价[J]. 农业工程学报,2007,23(6): 217-222.

[51] Wang J J, Lin T, Li J B, et al. Effect of acidic electrolyzed water ice on quality of shrimp in dark condition[J]. Food Control, 2014, 35(1): 207-212.

[52] 刁石强,吴燕燕,王剑河,等. 臭氧冰在罗非鱼片保鲜中的应用研究[J]. 食品科学,2007,28(8): 501-504.

# 第三章 生物保鲜剂在水产品冷藏保鲜中的应用及其抑菌机理研究

本章列举了Nisin、茶多酚、植酸单一和复合保鲜剂在带鱼保鲜中的应用实例，以及含茶多酚、植酸生物保鲜剂等的功能冰在鲳鱼保鲜中的应用效果。

## 第一节 几种单一生物保鲜剂对冷藏带鱼的保鲜效果研究

带鱼（*Trichiurus haumela*）又名刀鱼、裙带鱼、白带鱼，是我国四大经济鱼类之一，以西太平洋和印度洋居多，我国则以东海产量最高。带鱼体内含有丰富的优质蛋白质，脂肪含量高于一般鱼类，全身的鳞和银白色油脂层中含有6-硫代鸟嘌呤与丰富的微量元素，深受人们欢迎。带鱼捕获后即刻死亡，贮运期间易在微生物与酶的作用下腐败变质，且会发生脂肪氧化，目前，带鱼主要以冰藏方式进行运输与销售，附加成本高且保鲜期短，而普通的低温冷冻又存在鱼肉硬化、品质下降等缺点。因此采取适当措施减缓带鱼品质下降、延长贮藏期具有重要的研究意义和应用价值。

茶多酚又名茶单宁、茶鞣质，是茶叶中多酚类物质的总称，包括儿茶素、黄酮类化合物、花青素、酚酸等4大类物质，是茶叶中主要的生理活性物质[1]，为一种天然抗氧化剂，现为国家卫生健康委批准的食品添加剂。乳酸链球菌素（ninhibifory substance, Nisin）也称乳酸链球菌肽或尼生素，是由牛乳和乳酪中自然存在的乳酸链球菌发酵产生，为一种高效、无毒、安全、营养的天然食品保鲜剂。溶菌酶又称胞壁质酶或*N*-乙酸胞壁质聚糖水解酶，是一种无毒、无副作用的蛋白质，具有较强的溶菌作用，广泛存在于鸟类与家禽的蛋清中，对革兰氏阳性菌、好气性孢子形成菌、枯草杆菌、地衣型芽孢杆菌等均有良好的抗菌效果，尤其对溶壁微球菌的溶菌能力最强。本节将茶多酚、Nisin与溶菌酶分别配制成多个浓度梯度，用浸渍方式处理带鱼段样品，在（4±1）℃的冰箱中贮存，以pH、TVB-N值、细菌总数与TBA值等理化指标为主要依据，结合感官评定分析，并与未添加保鲜剂的冷藏带鱼进行比较，旨在获得单一保鲜剂对带鱼段保鲜效果最佳的浓度，为带鱼贮藏保鲜、延长水产品货架期提供一定的理论依据。

## 一、茶多酚对冷藏带鱼品质变化的影响

### 1. 感官指标的变化

由图3-1可以看出，冷藏过程中带鱼的感官分值随时间的延长逐渐降低。冷藏后第3 d的保鲜剂处理组带鱼段与对照组差异显著（$p < 0.05$），且对照组带鱼段在第5 d腐败严重，体表发黄，肉质松软，散发出较大臭味。经保鲜剂处理的带鱼段则在冷藏过程中感官变化相对平缓，其中质量浓度为6.0 g/L茶多酚处理的带鱼段在感官上优于其他浓度组，在冷藏后的第9 d还能够较好地维持带鱼体表原有的银白色，肉质弹性仍较好，仍能保持其固有的色泽、香味与弹性，稍有异味。

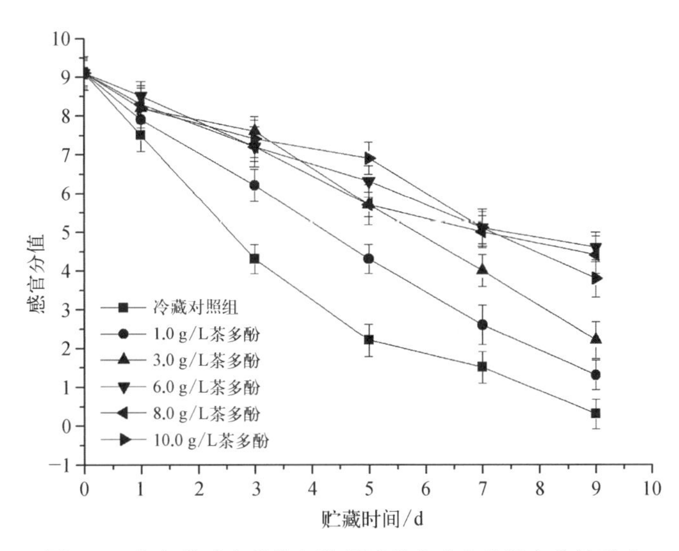


图3-1　茶多酚对冷藏带鱼贮藏过程中感官分值变化的影响

### 2. pH的变化

pH是判断鱼肉品质好坏的指标之一，通过不同浓度的茶多酚保鲜剂处理后的样品，其pH均有不同程度的变化。

鱼类经捕获致死后，其体内仍发生着各种复杂的变化，pH在僵硬期内持续下降，在鱼体发生自溶和腐败变质阶段出现pH上升[2]。由图3-2可知，样品的pH在最初3 d内呈现缓慢下降的趋势，第3 d时，冷藏对照组pH明显增加（$p < 0.05$）。随着带鱼段贮藏时间的延长，带鱼中的蛋白质被分解成碱性的胺及氨类物质，pH逐渐升高。pH越大，表明样品的腐败程度相对越高。采用茶多酚保鲜液处理后的样品，其pH均较冷藏对照组低，其中以6.0 g/L的茶多酚保鲜液处理的样品pH最低。实验结果表明，茶多酚能有效延缓鱼体自溶，起到明显的保鲜作用。

### 3. TVB-N值的变化

TVB-N被广泛作为评判水产品腐败变质程度的重要指标，可以反映水产品的新鲜程度[3]。TVB-N是指由于水产品肌肉中的内源酶或细菌作用，导致水产品中蛋白质分解而产生的氨及胺类等碱性挥发性物质[4]。带鱼在冷藏过程中TVB-N值的变化如图3-3所示。

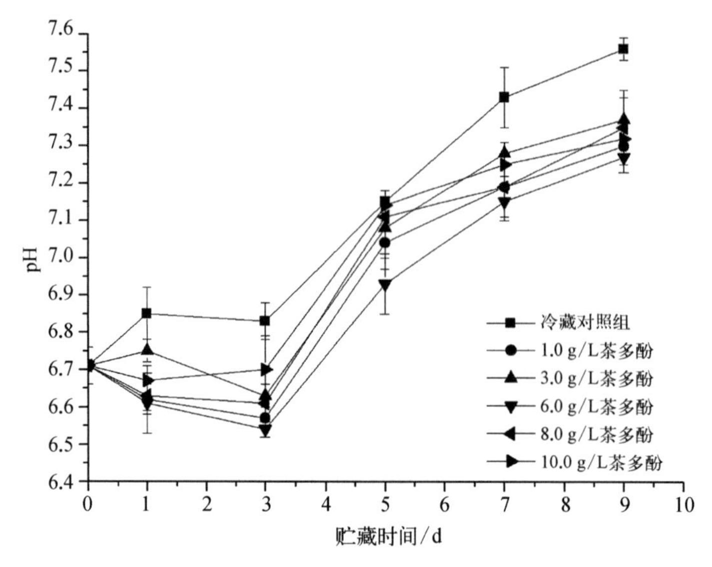


图3-2 茶多酚对冷藏带鱼贮藏过程中pH变化的影响

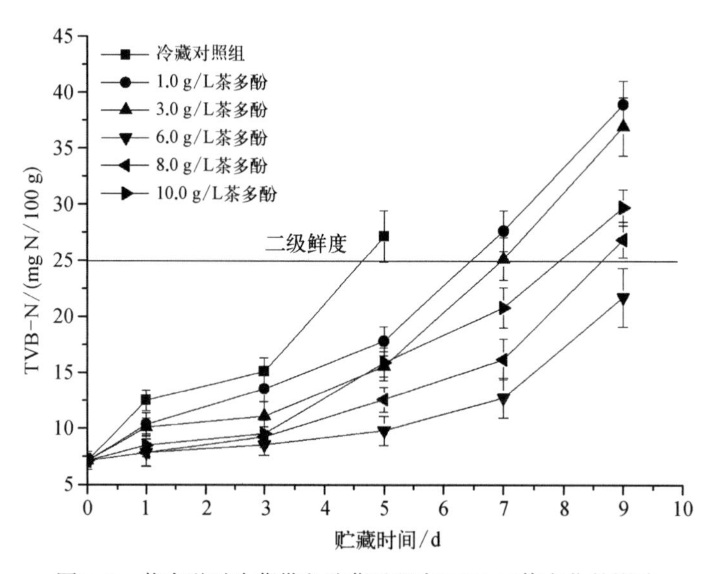


图3-3 茶多酚对冷藏带鱼贮藏过程中TVB-N值变化的影响

从图3-3中可看出，经保鲜剂处理后的带鱼与对照组的TVB-N值变化趋势基本一致，均呈上升趋势，但对照组冷藏1 d后TVB-N值急剧上升，保鲜剂处理组在贮藏过程中，TVB-N值上升幅度相对平稳。其中，6.0 g / L的茶多酚保鲜液处理过的带鱼段，在第7 d时其TVB-N值为12.75 mg N / 100 g，保持在一级鲜度水平，即使贮藏到第9 d，仍具有较低的TVB-N值，而冷藏对照组在第5 d时就已超过二级鲜度指标，到第9 d时样品已严重腐败。不同浓度茶多酚处理带鱼的TVB-N变化与细菌总数变化有着很好的相关性，说明茶多酚能有效抑制细菌的生长，从而降低细菌对蛋白质的分解，达到减缓TVB-N值上升的作用。这是由于带鱼中含有高不饱和脂肪酸，极易被氧化，茶多酚类物质（主要为儿茶素类）的酚性羟基具有供氢体活性，把氢原子供给不饱和脂肪酸氧化游离基形成氢过氧化物，不再从另一不饱和脂肪酸分子中获得氢原子及形成新的烃游离基，促使自由基形成连锁反应终端，从而达到防止鱼脂氧化的目的[5]。

**4. 菌落总数的变化**

由图3-4得出，冷藏对照组的菌落总数增长速度明显快于茶多酚处理过的带鱼段。对照组的带鱼样品在第10 d时，其菌落总数为$2.56\times10^6$ CFU/g，而采用6.0 g/L茶多酚保鲜液处理过的带鱼段，菌落总数仅为$5.50\times10^4$ CFU/g，达到了带鱼二级鲜度指标。可见茶多酚保鲜液能有效延长带鱼段样品的贮藏时间和产品的货架期。

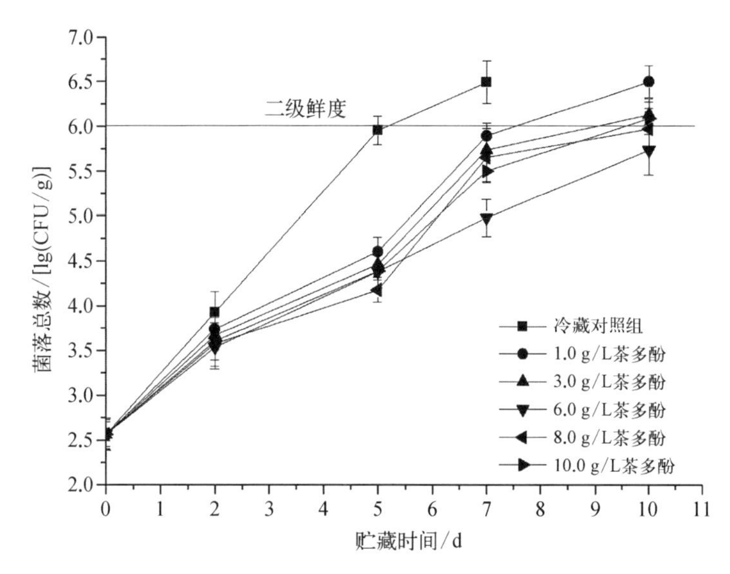


图3-4 茶多酚对冷藏带鱼贮藏过程中菌落总数变化的影响

## 二、Nisin对冷藏带鱼品质变化的影响

**1. 感官指标的变化**

由图3-5可知，冷藏期间，带鱼的感官分值随时间的延长逐渐降低，冷藏后第2 d起，采用Nisin保鲜液处理后的带鱼段与对照组差异显著（$p<0.05$）。到第4 d时，对照组样品已明显腐败，体表色泽暗淡，肉质松散，固有色泽消失，产生较大异味。通过对不同浓度保鲜液处理后的带鱼段进行比较，发现0.5 g/L Nisin保鲜液处理组的感官评价效果较好，在贮藏的第6 d，其色泽、气味、形态与组织弹性相对优于其他组样品。

**2. pH的变化**

不同浓度的Nisin保鲜液处理后的样品，其pH均有不同程度的变化。具体如图3-6所示。

由图3-6看出，从冷藏的第1 d，冷藏对照组与保鲜剂处理组差异显著（$p<0.05$）。贮藏初期，样品均在第2 d出现pH略有降低的现象，意味着带鱼僵硬期的到来。随着贮藏时

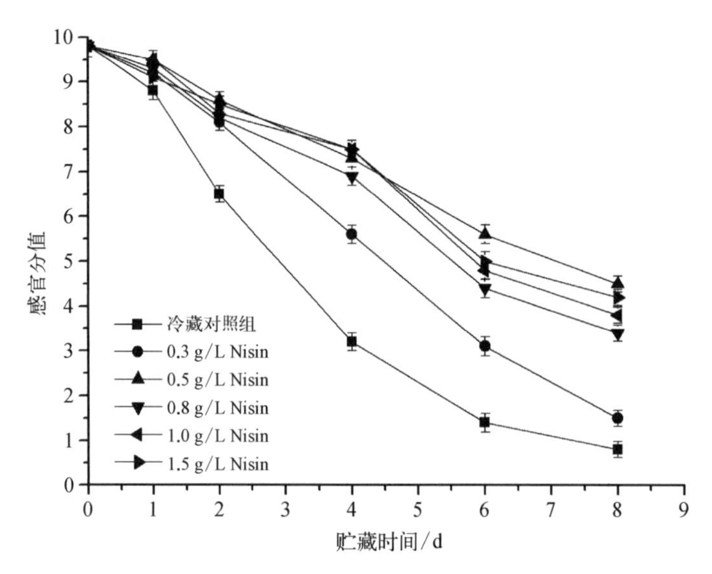


图3-5 Nisin对冷藏带鱼贮藏过程中感官分值变化的影响

间的延长，带鱼中的蛋白质被分解成碱性的胺及氨类物质，pH逐渐升高，pH越大，表明样品的腐败程度越高。经Nisin保鲜液处理后的带鱼段，pH上升幅度始终小于冷藏对照组。可见，Nisin保鲜液处理带鱼样品，能适当延长带鱼的贮藏时间。在与冷藏对照组样品的比较中，以0.5 g/L的Nisin保鲜液处理的样品pH最低。

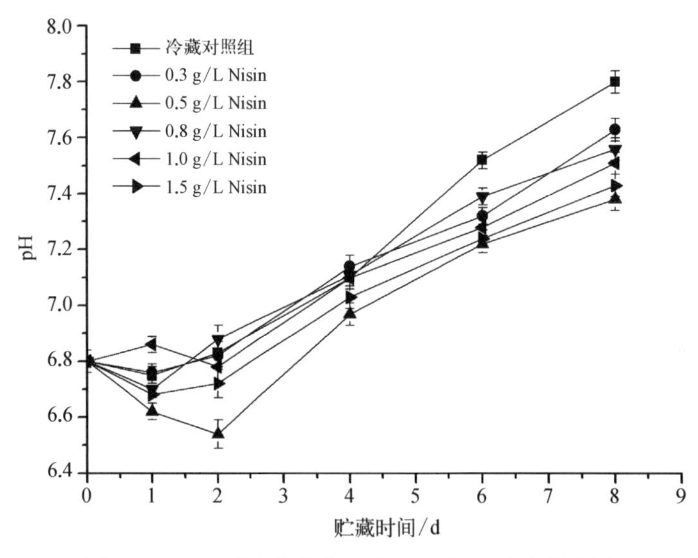


图3-6 Nisin对冷藏带鱼贮藏过程中pH变化的影响

**3. TVB-N值的变化**

由图3-7得到，各组样品的TVB-N值在最初的4 d内呈现出缓慢的上升趋势，第4 d时，冷藏对照组TVB-N值明显上升，在第8 d达到最大值，样品完全腐败。而采用Nisin保鲜液处理的带鱼段，其TVB-N值的上升幅度明显低于对照组。其中，0.5 g/L的Nisin保鲜液处理过的带鱼段，在贮藏到第6 d时，其TVB-N值为23.55 mg N/100 g，符合带鱼产品的二级鲜度指标，而此时冷藏对照组的TVB-N值为47.70 mg N/100 g。

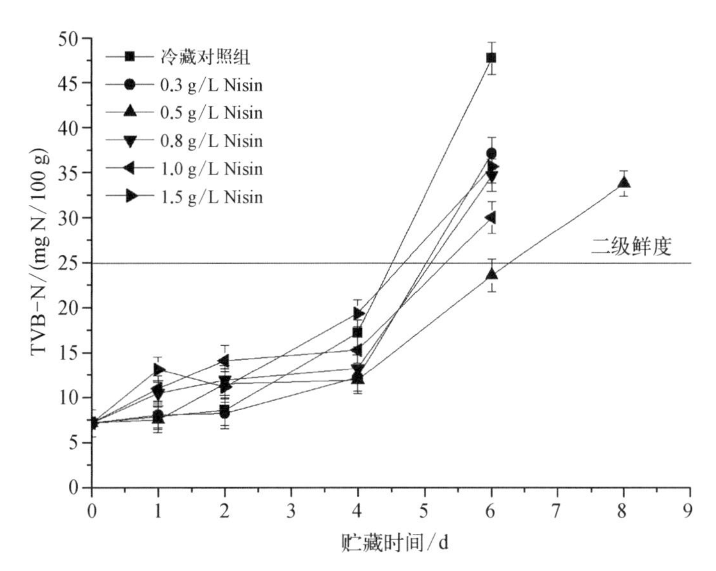


图3-7　Nisin对冷藏带鱼贮藏过程中TVB-N值变化的影响

## 4. 菌落总数的变化

实验表明，冷藏对照组的菌落总数增长速度明显快于Nisin保鲜液处理组（图3-8）。未经处理的带鱼段在第6 d时，其菌落总数为$2.4 \times 10^6$ CFU/g，而采用0.5 g/L Nisin保鲜液处理过的带鱼段，菌落总数仅为$1.3 \times 10^5$ CFU/g。可能由于Nisin能与细菌菌体的细胞膜相互作用，通过结合、插入、孔道形成等过程形成孔道复合物，从而引起细胞液渗漏，进而达到抑菌的目的[6]。由此可见，使用Nisin保鲜液能适当延长带鱼的贮藏时间与货架期。

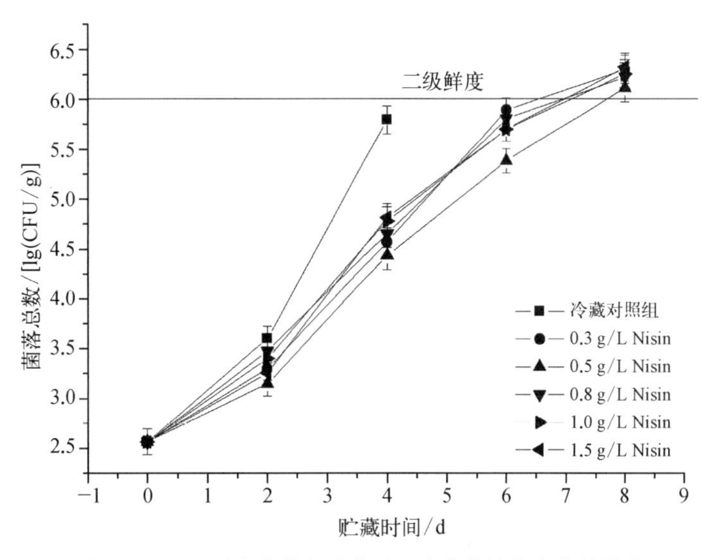


图3-8　Nisin对冷藏带鱼贮藏过程中菌落总数变化的影响

## 三、溶菌酶对冷藏带鱼品质变化的影响

### 1. 感官指标的变化

由图3-9可知，冷藏期间带鱼的感官分值随时间的延长逐渐降低，冷藏后第2 d起，采用溶菌酶保鲜液处理后的带鱼段与对照组差异显著($p < 0.05$)。到第5 d时，对照组样品已发生腐败，体表色泽暗淡，切面无光泽，肉质松散，固有色泽消失，产生较大异味。第5 d后，对照组与保鲜剂组的感官评分均有明显下降，但其感官品质仍显著优于对照组。在保鲜剂组中，以0.5 g/L溶菌酶的感官评定效果最好，在冷藏后的第8 d仍能保持其固有色泽与弹性，略带异味。

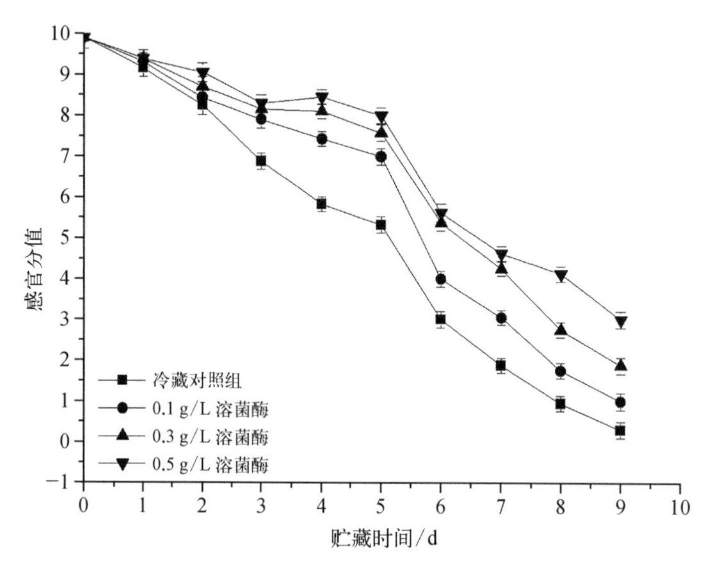


图3-9 溶菌酶对冷藏带鱼贮藏过程中感官分值变化的影响

### 2. pH的变化

由图3-10可知，带鱼贮藏初期的pH为6.83±0.04，在贮藏的前3 d，由于其捕获致死，体内发生了各种复杂的变化，其pH先是缓慢上升，后由于僵硬期的到来，pH出现缓慢下降。随着鱼体自溶和腐败变质的发生，pH呈上升趋势。不同的是，对照组样品在第2 d就达到僵硬期，而经过溶菌酶保鲜液处理的样品较对照组晚1 d才达到僵硬阶段。随着带鱼段贮藏时间的延长，带鱼段中的蛋白质被分解成碱性的胺与氨类物质，pH逐渐升高。pH越大，表明样品的腐败程度相对越高，鲜度也随之变化。在达到货架期终点时(即第8 d)，采用0.5 g/L溶菌酶处理后的样品，pH为7.31±0.12，而对照组的pH高达8.21±0.14。经溶菌酶保鲜液处理后的样品，其pH均较冷藏对照组低，其中以0.5 g/L的溶菌酶保鲜液处理的样品pH最低。结果表明，溶菌酶能够有效延缓鱼体自溶，起到明显的保鲜作用。

### 3. TVB-N值的变化

由图3-11可知，贮藏初期带鱼的TVB-N值为(7.32±1.43) mg N/100 g，随着贮藏

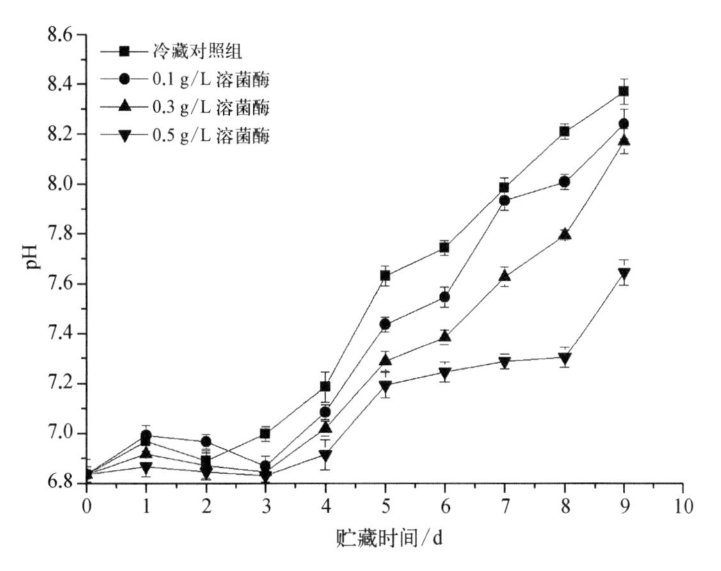


图3-10　溶菌酶对冷藏带鱼贮藏过程中pH变化的影响

时间的延长，由于带鱼中含有高不饱和脂肪酸，极易被氧化，同时也容易在微生物的作用下发生分解，产生氨、胺类碱性物质。通过实验得出，采用溶菌酶保鲜液处理后的带鱼样品，其TVB-N值均低于对照组，货架期也得到不同程度的延长。采用0.5 g/L的溶菌酶保鲜液处理过的带鱼段，在第3 d时其TVB-N值为(12.52±0.20) mg N/100 g，保持在一级鲜度水平。即使贮藏到第8 d，仍为(24.28±0.20) mg N/100 g，达到二级鲜度。而冷藏对照组在第5 d时就超过二级鲜度指标，到第8 d时，其TVB-N值为(67.58±1.72) mg N/100 g，样品腐败严重，可见溶菌酶保鲜液对带鱼具有明显延长保鲜期的效果。

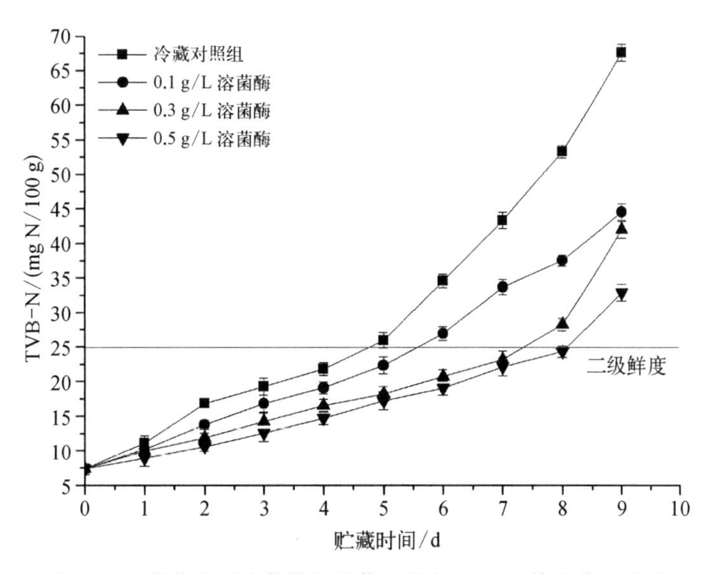


图3-11　溶菌酶对冷藏带鱼贮藏过程中TVB-N值变化的影响

### 4. 菌落总数的变化

菌落总数主要作为判定食品被污染程度的重要标志，也可用于观察细菌在食品中的繁殖动态，以便对被检样品进行卫生学评价与对货架期的预测提供依据。

溶菌酶的作用机理在于其能分解细菌细胞壁中的肽聚糖，使细胞因渗透压不平衡引起破裂，从而导致菌体细胞溶解，起到杀灭细菌的作用，因而被广泛应用于水产品的防腐保鲜当中，起到延长水产品货架期的目的[7,8]。通过进行对照组与保鲜剂组的显著性差异比较，并结合图3-12可以看出，从第2 d起，对照组的菌落总数与保鲜剂之间出现明显差异（$p<0.05$）。在冷藏条件下，采用溶菌酶保鲜液处理后的带鱼样品，其菌落总数均低于对照组。对照组样品在贮藏的第5 d，其菌落总数为$1.1\times10^6$ CFU/g，第8 d时，更达到$4.3\times10^6$ CFU/g，而0.5 g/L溶菌酶保鲜液处理过的带鱼段，第8天时的菌落总数仅为$3.2\times10^5$ CFU/g，达到了带鱼二级鲜度指标。可见，使用0.5 g/L溶菌酶保鲜液能有效提高带鱼段样品的贮藏时间，延长货架期。

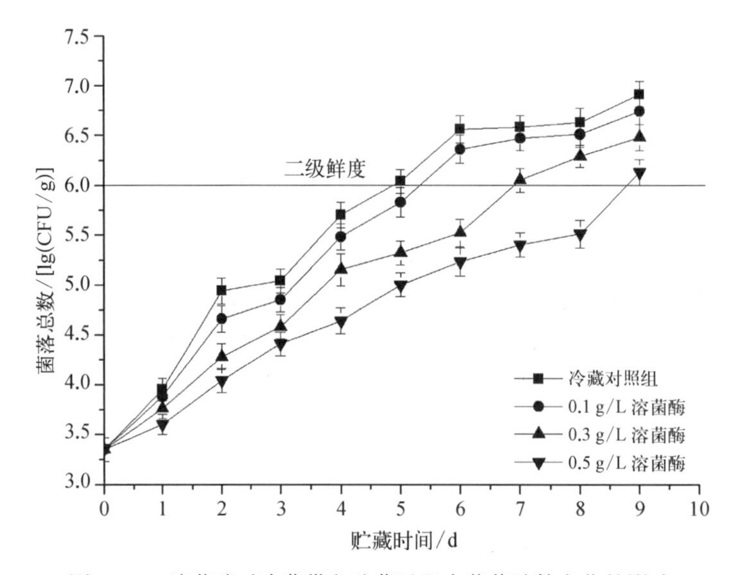


图3-12 溶菌酶对冷藏带鱼贮藏过程中菌落总数变化的影响

### 5. TBA值的变化

TBA值是评判脂肪氧化的良好指标，同时也是判断鱼肉品质好坏的重要依据，广泛应用于测定肉类和水产品脂肪氧化酸败程度。其主要根据是鱼肉中的不饱和脂肪酸在贮藏期间，发生酸败反应，生成的丙二醛能与硫代巴比妥酸作用生成粉红色化合物[9]。在532 nm波长处有吸收峰，通过测出丙二醛含量得出所测样品的品质。

带鱼在冷藏过程中TBA值的变化如图3-13所示。可以看出，保鲜剂组和对照组的TBA值变化差异明显。冷藏后的第1 d，对照组与保鲜剂组带鱼样品间的TBA变化差异显著（$p<0.05$）。对照组的TBA值在冷藏过程中明显上升，冷藏第9 d后达到8.432 mg MDA/100 g，而采用溶菌酶保鲜液处理样品的TBA值变化幅度不大，冷藏后的第9 d，其TBA值才从初始的1.307 mg MDA/100 g升至4.036 mg MDA/100 g。结果表明，溶菌酶保鲜液具有明显抑制带鱼脂肪氧化酸败的作用。

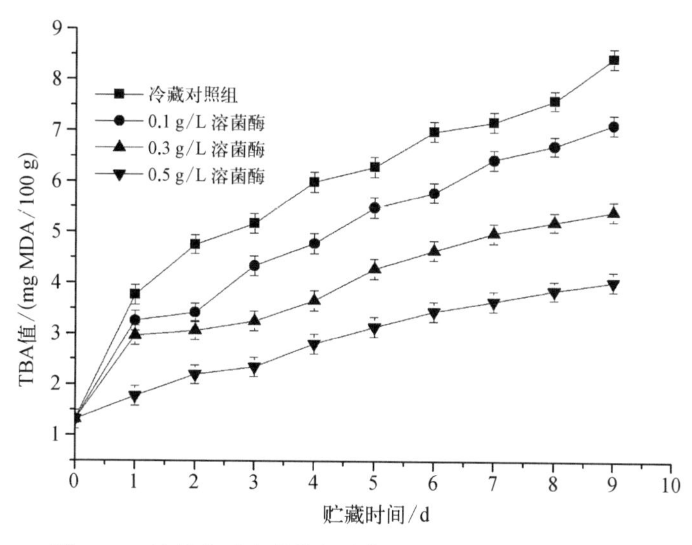


图3-13 溶菌酶对冷藏带鱼贮藏过程中TBA值变化的影响

## 四、本节小结

1）带鱼段经茶多酚保鲜剂处理后，保鲜效果明显优于对照组，其产品的货架期显著延长。从多个浓度梯度的茶多酚保鲜液对照试验中，还得出6.0 g/L的茶多酚保鲜液为最适浓度，该实验结果与蒋兰宏等[10]的研究结果基本相近。根据标准SC/T 3102—1984鲜带鱼，在带鱼样品贮藏的第10 d，仍能达到二级鲜度标准，且感官品质无显著变化，比对照组延长了至少5 d的二级鲜度货架期。

2）经Nisin保鲜液处理的带鱼段，其保鲜效果明显优于冷藏对照组，可知Nisin能有效延长带鱼的货架期。0.5 g/L的Nisin保鲜液为最适浓度，通过该浓度保鲜液处理后的带鱼样品，在贮藏第6 d，仍能达到二级鲜度标准，同时感官品质未发生显著变化。

3）带鱼段经溶菌酶保鲜液处理后，其保鲜效果明显优于对照组，能显著延长产品的保鲜期。采用0.5 g/L溶菌酶保鲜液处理后的带鱼段，在带鱼贮藏的第8 d，仍能达到二级鲜度标准，且感官品质变化不大，较对照组延长了3～4 d的二级鲜度货架期。由此可见，经溶菌酶处理的带鱼再进行冷藏，能有效抑制细菌繁殖，减缓脂肪氧化，延缓腐败变质，从而延长带鱼的货架期。

# 第二节 复合生物保鲜剂对冷藏带鱼贮藏保鲜效果的影响

经过前期几种单一生物保鲜剂对冷藏带鱼的保鲜效果比较，综合考虑了Nisin的产品价格、用量与实际保鲜效果，本节除保留选用茶多酚与溶菌酶作复配保鲜用液进行研究外，还根据目前国内市场上保鲜剂的实际应用效果，再结合本实验组研究人员的实验结果，拟选用价格相对低廉的壳聚糖作为复合保鲜剂的成分之一，用于后期进行冷藏带鱼的保鲜效果研究。

壳聚糖是甲壳素经化学处理脱乙酰基后的产物，由大部分氨基葡萄糖和少量*N*–乙酰基葡萄糖通过$\beta$–1，4–糖苷键连接起来的支链多糖，无毒无害、可食用、安全可靠、易于生物降解、不污染环境，有良好的成膜性和光谱抗菌性[11-13]。溶菌酶可选择性杀灭微生物而不作用于食品中的其他物质，保证食品原有营养成分不受损失，能安全替代有害人体健康的化学防腐剂，以达到延长食品货架期的目的，是一种很好的天然保鲜剂[7,8,14]。茶多酚又名茶单宁、茶鞣质，是茶叶的主要成分，占茶叶干重的20% ～ 30%，包括儿茶素、黄酮类化合物、花青素、酚酸等4大类物质，是一种理想的天然食品抗氧化剂[1,15]。

目前没有任何一种保鲜剂能有效抑制和杀灭所有微生物，从而安全地使用于所有食品当中。而根据栅栏技术原理，把不同生物保鲜剂综合利用，将充分发挥各自的协同效应，不仅可以增强其抑菌效果，而且可减少单一保鲜剂的使用量、降低成本，因此，复合生物保鲜剂是当前生物保鲜剂研究的主要方向之一。曹荣等[16]采用复合配方（壳聚糖、茶多酚和溶菌酶）配制的天然防腐保鲜剂在延长牡蛎冷贮货架期方面具有良好作用。在5℃条件下，保鲜剂处理组牡蛎的货架期为19 d，与未经保鲜剂处理对照组的10 d相比，货架期延长了近1倍。王秀娟等[17]在壳聚糖涂膜液中，加入防腐剂Nisin和抗氧化剂Vc对虾进行涂膜处理的结果表明，壳聚糖涂膜保鲜效果明显优于未经涂膜的对照组，且有添加剂的效果更明显，涂膜后的鲜虾能延长保质期2 ～ 3 d。陈舜胜等[18]用含溶菌酶的复合保鲜剂浸渍带鱼30 s后冷藏7 d的结果表明，复合保鲜剂浸渍带鱼的TVB–N约为对照组的2/3，细菌总数为后者的1/8，抑菌效果显著。本章在单一生物保鲜剂研究的基础上，采用$L_9(3^3)$正交试验，将壳聚糖、溶菌酶和茶多酚3种保鲜剂进行复配，采用涂膜方式处理带鱼段样品，在(4±1)℃的冰箱中贮藏，以TVB–N、细菌总数、TBA和pH等理化指标为主要依据，结合感官评定分析，并与未添加复合保鲜剂的对照组进行比较，以获得对带鱼保鲜效果最佳的复合保鲜剂浓度，旨在为水产品的贮藏保鲜与延长货架期提供一定的理论依据。

## 一、复合生物保鲜剂最佳配比试验

根据GB 2760—2014《食品添加剂使用卫生标准》和1988年USDA（美国农业部）对食品添加剂的要求，在单一生物保鲜剂对冷藏带鱼处理结果分析比较的基础上，选择壳聚糖、茶多酚与溶菌酶，同时考虑到茶多酚添加对原料色泽的影响，三种保鲜剂的取值水平分别为5.0 ～ 15.0 g/L、0.1 ～ 0.5 g/L和1.0 ～ 3.0 g/L。采用3因素3水平进行$L_9(3^3)$正交试验，试验设计方案如表3–1所示。

**表3–1　带鱼冷藏保鲜正交试验因素水平表**

| 水　平 | 因　素 | | |
|---|---|---|---|
| | 壳聚糖/(g/L)<br>(A) | 溶菌酶/(g/L)<br>(B) | 茶多酚/(g/L)<br>(C) |
| 1 | 5.0 | 0.1 | 1.0 |
| 2 | 10.0 | 0.3 | 2.0 |
| 3 | 15.0 | 0.5 | 3.0 |

## 二、复合生物保鲜剂的配制与原料处理

壳聚糖用1.0%乙酸溶液溶解，依次加入溶菌酶和茶多酚，提前30 min配好后立即放入(4±1)℃的冰箱中备用。将带鱼洗净，经“三去”处理(去头、去尾、去内脏)，切成6～7 cm长的鱼段，随机分组，作保鲜或对照使用。处理时，按表3-1中9组的复合保鲜剂涂膜于样品表面，沥干后依次放入PE保鲜袋，按正交表的顺序进行试验编号，分别为复合1～9组，并置于保鲜盒内，在(4±1)℃的冰箱中贮藏。以蒸馏水浸渍的带鱼段作为对照组。按美国分析化学家协会(AOAC)分析方法取样测定，每组样品平行测定3次。

## 三、带鱼经复合保鲜剂处理后在贮藏过程中的品质变化

### 1. 感官评分的变化

带鱼添加壳聚糖复合生物保鲜液与冷藏对照组在贮藏期间的感官指标变化结果如图3-14所示。

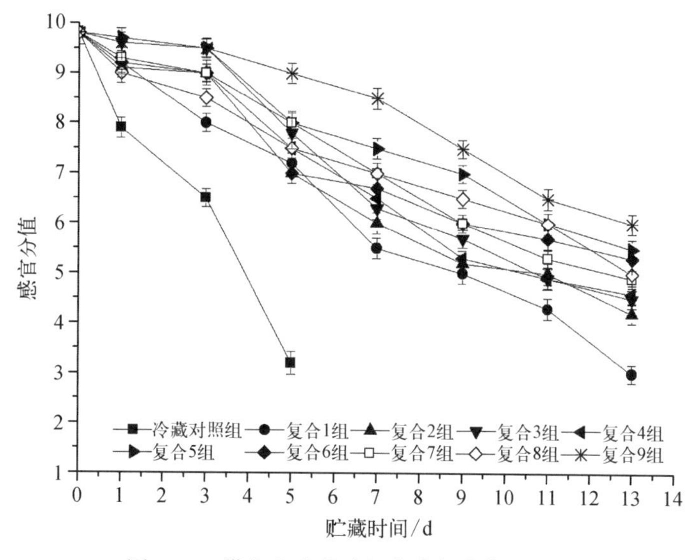


图3-14 带鱼在冷藏过程中感官分值的变化

由图3-14可知，冷藏期间，带鱼的感官分值随时间的延长逐渐降低。冷藏后第1 d起，采用壳聚糖复合保鲜剂处理后的带鱼段与对照组差异显著($p < 0.05$)；到第5 d时，对照组样品已严重腐败，体表色泽暗淡，切面无光泽，肉质松散，固有色泽消失，产生较大异味；第5 d后，对照组与复合保鲜剂组的感官评分均有下降，但复合保鲜剂组的感官品质仍显著优于对照组。贮藏期间，复合保鲜剂组的感官分值保持较高水平，尤其是在冷藏后期，其感官指标仍符合要求，能保持带鱼固有色泽与弹性。

可见，采用壳聚糖复合保鲜剂能显著延长冷藏带鱼的保鲜期，通过涂膜处理在带鱼表面上形成一层膜，能有效地隔绝外界空气与水，阻止微生物的进一步侵染繁殖，尤其是在

复合保鲜剂本身抑菌杀菌作用的影响下，进一步改善了带鱼的感官品质，使其能够在较长时间内保持产品的新鲜度。

**2. pH的变化**

pH也是判断鱼肉品质好坏的指标之一，通过壳聚糖复合生物保鲜剂处理后的样品，其pH均有不同程度的变化，带鱼贮藏过程中pH的变化趋势如图3-15所示。

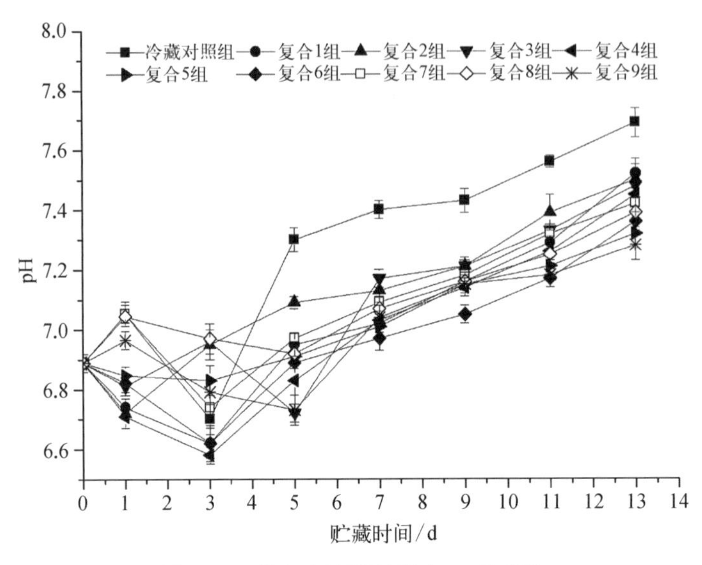


图3-15 带鱼在冷藏过程中pH的变化

带鱼在捕捞后，鱼体内相继经历僵硬、自溶腐败两个过程。pH在僵硬期内持续下降，在腐败过程持续上升[2]。由图3-15可知，带鱼贮藏初期的pH为6.89±0.03，在贮藏的前3 d，由于捕获致死，体内发生了各种复杂的变化，其pH先缓慢升高，后由于僵硬期的到来，pH缓慢下降。随着鱼体自溶和腐败现象的发生，pH呈上升趋势。不同的是，对照组样品在第3 d就达到了僵硬期，而经过复合生物保鲜剂处理的样品pH升高的幅度明显趋缓。随着带鱼段贮藏时间的延长，带鱼段中的蛋白质被分解成碱性的胺及氨类物质，pH逐渐升高。pH越高，表明样品的腐败程度相对越严重，其鲜度也发生着相应变化。贮藏期间，在复合保鲜剂的作用下，鱼体的自溶作用明显减缓，pH较冷藏对照组低，从而达到良好的保鲜效果。

**3. TVB-N值的变化**

TVB-N是指动物性食品因肌肉中的内源酶或细菌的作用，致使食品中的蛋白质分解而产生的氨及胺类等碱性含氮挥发性物质[4]。许多鱼类的TVB-N和鱼体鲜度有很高的相关性，因此，TVB-N值被广泛作为判断水产品腐败变质程度的重要指标[3]。在冷藏条件下，不同浓度的复合保鲜剂处理后的带鱼段，其TVB-N值随贮藏时间的变化如图3-16所示。

从图3-16可知：贮藏初期，带鱼的TVB-N值为(7.9±1.7) mg N/100 g，随着贮藏时间的延长，由于带鱼中含有高不饱和脂肪酸，极易被氧化，同时也容易在微生物的作用下发生分解，产生氨、胺类碱性物质，因此TVB-N值随之升高；采用壳聚糖复合保鲜剂处理后的带鱼样品，其TVB-N值均低于对照组，货架期也得到不同程度的延长。其中，复合9

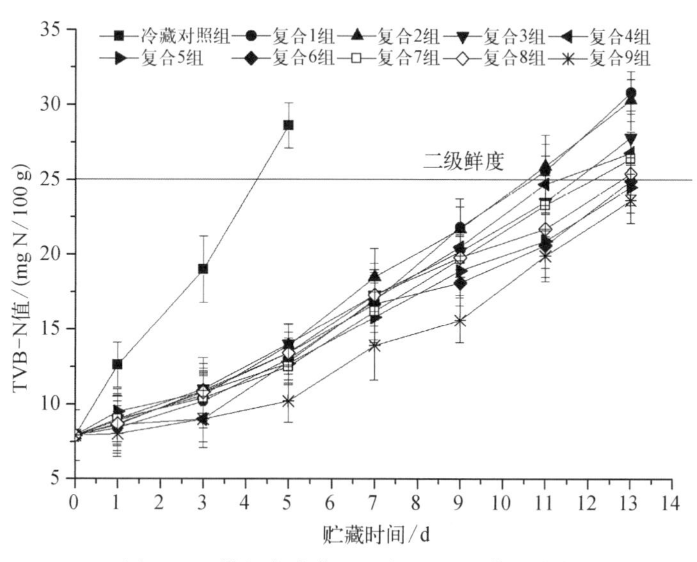


图3-16　带鱼在冷藏过程中TVB-N值的变化

组保鲜剂处理过的带鱼段，第5 d的TVB-N值为(10.2±1.4)mg N/100 g，保持在一级鲜度水平，即使贮藏到第13 d，为(23.6±1.5)mg N/100 g，达到二级鲜度指标；而冷藏对照组在第5 d时就超过二级鲜度指标，到第13 d时，TVB-N值为(79.5±2.4)mg N/100 g，样品腐败严重。可见，壳聚糖、溶菌酶与茶多酚复配后，能明显抑制细菌的生长，使蛋白质的分解程度大大减少，从而使其TVB-N值的增加幅度明显小于冷藏对照组。

### 4. 菌落总数的变化

菌落总数主要作为判定食品被污染程度的重要标志，也可应用于观察细菌在食品中繁殖的动态，以便对被检样品进行卫生学评价与对货架期的预测提供依据。带鱼在冷藏过程中的菌落总数变化如图3-17所示。

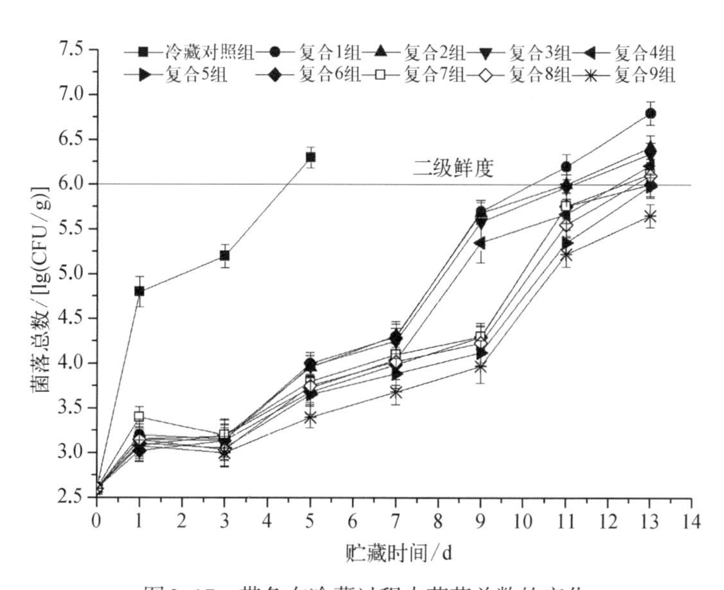


图3-17　带鱼在冷藏过程中菌落总数的变化

通过进行对照组与复合保鲜剂组的显著性差异比较，并结合图3-17可以看出：从第1 d起，对照组的菌落总数与复合保鲜剂之间出现显著性差异（$p<0.05$）；冷藏初期，复合生物保鲜剂组的菌落总数有所下降，其主要原因在于壳聚糖与溶菌酶本身具有抑菌与杀菌作用；随着冷藏时间的延长，冷藏对照组与复合保鲜剂处理组的菌落总数逐渐增加，但仍可明显看出处理组优于冷藏对照组。冷藏条件下，在第13 d时，采用复合9组壳聚糖保鲜剂处理过的带鱼段，菌落总数为$4.47\times10^5$ CFU/g，仍达到了带鱼二级鲜度指标。可见，壳聚糖复合保鲜剂涂膜处理能很好地抑制微生物生长繁殖，延缓带鱼的腐败变质。壳聚糖的抑菌作用受诸多因素影响，具体原因还有待于进一步分析[19]。

**5. TBA值的变化**

TBA是评判脂肪氧化的良好指标，主要根据鱼肉中的不饱和脂肪酸在贮藏期间，发生酸败反应，生成的丙二醛能与TBA作用生成粉红色化合物[9]。丙二醛在532 nm波长处有吸收峰，通过测出丙二醛含量得出所测样品的品质。

从带鱼在冷藏过程中TBA值的变化（图3-18）可以看出，冷藏后的第3 d，对照组与保鲜剂组带鱼样品间的TBA变化差异明显（$p<0.05$）。对照组的TBA在冷藏过程中明显上升，冷藏第13 d后达到18.9 mg MDA/100 g，而采用复合9组保鲜剂处理样品的TBA变化幅度不大，冷藏后的第9 d，其TBA才从初始的2.5 mg MDA/100 g升至9.4 mg MDA/100 g。这是由于壳聚糖复合保鲜剂涂膜处理后，在带鱼表面形成一层透明的薄膜，阻止外界氧气的进入，从而减缓鱼体脂肪氧化的进行。而添加了具有抗氧化作用的茶多酚与具有杀菌作用的溶菌酶后，其抗氧化效果更加明显。因而在复合生物保鲜剂的协同作用下，延缓了TBA的升高。

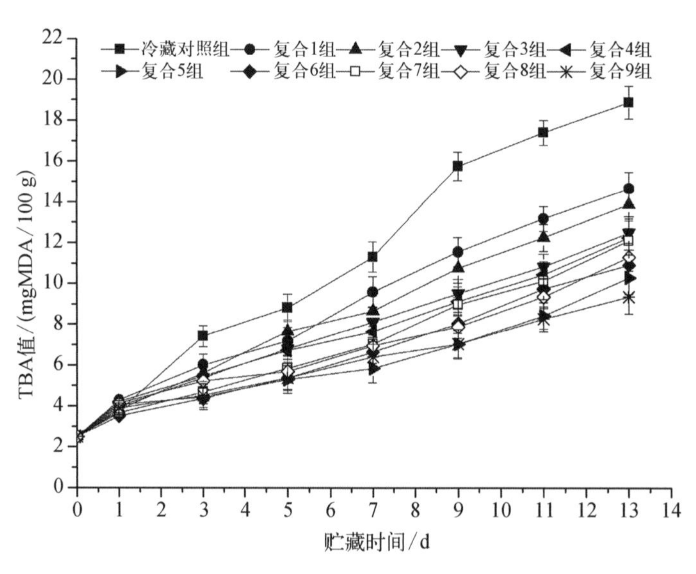


图3-18 带鱼在冷藏过程中TBA值的变化

## 四、复合保鲜剂最佳配比的确定

如表3-2、表3-3所示：壳聚糖对冷藏带鱼的TVB-N的影响效果属显著水平（$p<$

0.05)，溶菌酶与茶多酚对TVB-N的影响不显著($p > 0.05$)。壳聚糖与溶菌酶对样品菌落总数的影响显著($p < 0.05$)，茶多酚对其菌落总数的影响不显著($p > 0.05$)。各试验因素对冷藏带鱼TVB-N与菌落总数的影响主次顺序为：A＞B＞C，即壳聚糖＞溶菌酶＞茶多酚。对冷藏带鱼保鲜效果较优的生物保鲜剂组合由高到低分别为$A_3B_3C_2$、$A_2B_2C_3$与$A_2B_3C_1$。

**表3-2　带鱼冷藏保鲜正交试验$L_9(3^4)$第13天结果**

| 试验号 | A<br>壳聚糖浓度/(g/L) | B<br>溶菌酶浓度/(g/L) | C<br>茶多酚浓度/(g/L) | D<br>空列 | TVB-N/(mg N/100 g) | 菌落总数/[lg(CFU/g)] |
|---|---|---|---|---|---|---|
| 1 | 1(5.0) | 1(0.1) | 1(1.0) | 1 | 30.8 | 6.80 |
| 2 | 1(5.0) | 2(0.3) | 2(2.0) | 2 | 30.3 | 6.42 |
| 3 | 1(5.0) | 3(0.5) | 3(3.0) | 3 | 27.8 | 6.34 |
| 4 | 2(10.0) | 1(0.1) | 2(2.0) | 3 | 26.8 | 6.21 |
| 5 | 2(10.0) | 2(0.3) | 3(3.0) | 1 | 24.5 | 5.98 |
| 6 | 2(10.0) | 3(0.5) | 1(1.0) | 2 | 24.9 | 6.00 |
| 7 | 3(15.0) | 1(0.1) | 3(3.0) | 2 | 26.4 | 6.12 |
| 8 | 3(15.0) | 2(0.3) | 1(1.0) | 3 | 25.4 | 6.10 |
| 9 | 3(15.0) | 3(0.5) | 2(2.0) | 1 | 23.6 | 5.65 |
| 指　标 | | | A | B | C | D |
| TVB-N值/(mg N/100 g) | | $K_1$ | 29.6 | 28.0 | 27.0 | 26.3 |
| | | $K_2$ | 25.4 | 26.7 | 26.9 | 27.2 |
| | | $K_3$ | 25.1 | 25.4 | 26.2 | 26.7 |
| | | $R$ | 4.5 | 2.6 | 0. 8 | 0. 9 |
| 菌落总数lg/(CFU/g) | | $K_1$ | 6.52 | 6.38 | 6.30 | 6.14 |
| | | $K_2$ | 6.06 | 6.17 | 6.09 | 6.18 |
| | | $K_3$ | 5.96 | 6.00 | 6.15 | 6.22 |
| | | $R$ | 0.56 | 0.38 | 0.21 | 0.08 |

**表3-3　带鱼冷藏保鲜正交试验第13 d结果方差分析表**

| 因素 | SS | | df | | MS | | $F$ | | $P$ | |
|---|---|---|---|---|---|---|---|---|---|---|
| | TVB-N | 菌落总数 | TVB-N | 菌落总数 | TVB-N | 菌落总数 | TVB-N | 菌落总数 | TVB-N | 菌落总数 |
| A | 38.242 | 0.537 | 2 | 2 | 19.121 | 0.269 | 31.119 | 66.603 | 0.031 | 0.015 |
| B | 9.882 | 0.217 | 2 | 2 | 4.941 | 0.109 | 8.042 | 26.950 | 0.111 | 0.036 |
| C | 1.102 | 0.069 | 2 | 2 | 0.551 | 0.035 | 0.897 | 8.562 | 0.527 | 0.105 |
| 误差 | 1.229 | 0.008 | 2 | 2 | 0.614 | 0.004 | | | | |

表3-4是复合保鲜剂配方筛选与成本核算。1 L复合保鲜剂可处理40 kg带鱼，则处理1 kg带鱼成本约为0.24元。由表3-4可以看出，溶菌酶价格较高，因此结合成本核算，最终确定对冷藏带鱼保鲜效果最佳的配比为：$A_2B_2C_3$，即壳聚糖10.0 g/L、溶菌酶0.3 g/L与茶多酚3.0 g/L。

表3-4 复合保鲜剂配方筛选与成本核算

| 成 分 | 参考成本/(元/kg) | 用量/(g/L) | 1L保鲜液成本核算/元 |
|---|---|---|---|
| 壳聚糖 | 180 | 10.0 | 1.80 |
| 茶多酚 | 280 | 3.0 | 0.84 |
| 溶菌酶 | 23 000 | 0.3 | 6.90 |

## 五、本节小结

通过3因素3水平的$L_9(3^3)$正交试验，并结合后期使用成本核算，进一步确定冷藏带鱼复合保鲜剂组分的最佳配比为：壳聚糖10.0 g/L、溶菌酶0.3 g/L和茶多酚3.0 g/L。使用该配比浓度的壳聚糖复合保鲜剂进行冷藏带鱼的贮藏保鲜，能有效抑制带鱼冷藏过程中的脂肪氧化，延缓菌落总数与TVB-N的升高，能将带鱼的一级鲜度延长5 ～ 7 d，二级鲜度延长11 ～ 13 d，使其冷藏货架期由2 ～ 3 d延长至13 ～ 15 d，保鲜效果与产品质量也明显优于单一生物保鲜剂。由于涂膜操作工艺简单，设备投资少，同时生物保鲜剂可生物降解，对环境无污染，因而适用于带鱼等水产品的长距离运输与销售，如能在后续研究中进一步优化成膜液配方与制作工艺，或是添加一些安全无害的添加剂以改善膜的性质，将可达到更好的保鲜效果，适用于今后工业化的批量生产，具有良好的开发应用前景。

# 第三节 生物保鲜剂结合气调包装对带鱼冷藏货架期的影响

在研究了单一生物保鲜剂、复合生物保鲜剂、不同$O_2$浓度气调包装与不同$CO_2$气调包装对冷藏带鱼保鲜效果的研究的基础上，本节研究了壳聚糖、茶多酚复合生物保鲜剂结合气调包装对带鱼冷藏保鲜货架期的影响。

## 一、处理方式

CK组，空气包装对照组；

Ⅰ组，1.0%壳聚糖＋0.4%茶多酚涂膜组；

Ⅱ组在1.0%壳聚糖＋0.4%茶多酚涂膜基础上进行气调包装，气体配比分别为：$Ⅱ_1$组，50% $CO_2$＋20% $O_2$＋30% $N_2$；$Ⅱ_2$组，60% $CO_2$＋10% $O_2$＋30% $N_2$；$Ⅱ_3$组，80% $CO_2$＋10% $O_2$＋10% $N_2$。

复合生物保鲜剂的制备：根据前一阶段试验结果[20]，按重量百分比配制生物保鲜剂，称取1.0%壳聚糖和0.4%茶多酚，加入1.0%的醋酸溶液充分搅拌均匀后溶胀5～10 min即成复合生物保鲜剂。

气体参数的设定：$V_g/W$=3/1，$V_g$为气体体积；$W$为样品重量；置换率为95% ～ 99%；

气体混合精度＜2%；动力气源为7～8 kg/cm$^2$；混合保鲜气体压力为4.0～5.0 kg/cm$^2$；保鲜气体源压力5 kg/cm$^2$。

## 二、感官品质的变化

带鱼在冷藏过程中的感官评分变化如表3-5所示。

**表3-5　贮藏期间带鱼感官变化**

| 指标 | 处理 | 贮藏时间/d | | | | | |
|---|---|---|---|---|---|---|---|
| | | 0 | 4 | 8 | 12 | 16 | 20 |
| 色泽 | CK | 10.00 | 8.33±0.11[a] | 5.21±0.21[a] | — | — | – |
| | Ⅰ | | 9.25±0.15[b] | 7.05±0.17[b] | 6.12±0.23[a] | — | — |
| | Ⅱ$_1$ | | 9.33±0.12[b] | 7.81±0.03[c] | 7.12±0.37[b] | 6.49±0.32[a] | 5.87±0.13[a] |
| | Ⅱ$_2$ | | 9.41±0.33[b] | 7.92±0.13[c] | 7.57±0.21[b] | 7.13±0.25[b] | 6.53±0.22[b] |
| | Ⅱ$_3$ | | 9.32±0.25[b] | 7.83±0.11[c] | 7.22±0.12[b] | 6.91±0.33[a] | 6.42±0.37[b] |
| 气味 | CK | 10.00 | 4.75±0.27[a] | 1.3±0.15[a] | — | — | — |
| | Ⅰ | | 8.01±0.17[b] | 6.23±0.17[b] | 4.15±0.35[a] | — | — |
| | Ⅱ$_1$ | | 9.15±0.21[c] | 8.12±0.21[c] | 7.67±0.11[b] | 7.43±0.21[ab] | 5.32±0.07[a] |
| | Ⅱ$_2$ | | 9.23±0.17[c] | 8.67±0.01[d] | 8.02±0.03[c] | 7.82±0.15[c] | 6.13±0.12[b] |
| | Ⅱ$_3$ | | 9.21±0.09[c] | 8.22±0.13[c] | 7.72±0.12[b] | 7.05±0.07[a] | 5.15±0.23[a] |
| 组织 | CK | 10.00 | 5.21±0.25[a] | 1.8±0.23[a] | — | — | — |
| | Ⅰ | | 9.01±0.09[b] | 7.23±0.12[b] | 6.13±0.25[a] | — | — |
| | Ⅱ$_1$ | | 9.11±0.13[b] | 8.31±0.31[c] | 7.62±0.17[b] | 6.50±0.22[a] | 5.93±0.22[b] |
| | Ⅱ$_2$ | | 9.17±0.08[b] | 8.53±0.19[c] | 7.77±0.23[b] | 6.63±0.01[ab] | 6.13±0.21[bc] |
| | Ⅱ$_3$ | | 9.05±0.22[b] | 8.42±0.12[c] | 7.58±0.05[b] | 6.52±0.13[a] | 5.29±0.21[a] |

注：同列数据上标不同字母表示差异显著（$p<0.05$）；"—" 表示样品腐败未测。

可以看出，在整个冷藏过程中，带鱼的感官评分值逐渐下降。新鲜带鱼表皮银白有光泽，具有新鲜带鱼固有气味，肌肉组织紧密，随贮存时间的延长，不做处理的空白组在冷藏第4 d即散发出腥臭味，在贮存的第8 d，发出浓烈的氨臭味，表皮色泽暗淡，且肌肉组织松软无弹性；仅用生物保鲜剂涂膜处理的Ⅰ组在第12 d开始散发出腥臭味，组织开始变软，体表暗淡；生物保鲜剂涂膜结合气调包装组带鱼在冷藏过程中，能较好维持带鱼固有形态，且能够有效祛除带鱼的腥臭味，其中用1.0%壳聚糖＋0.4%茶多酚涂膜结合60% $CO_2$＋10% $O_2$＋30% $N_2$气体比例包装的带鱼感官最佳，在冷藏20 d后还能较好维持带鱼原有形态。

## 三、菌落总数的变化

在水产品贮存过程中，细菌生长繁殖是导致其腐败变质的主要因素之一。菌落总数可作为食品被微生物污染的指标，还可以预测食品的货架期[21]。

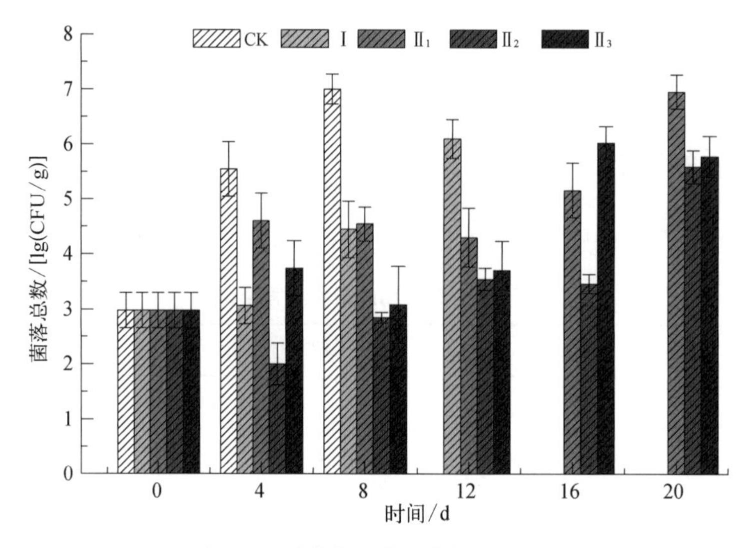


图3-19 贮藏期间带鱼菌落总数变化

带鱼在冷藏过程中菌落总数的变化如图3-19所示。新鲜带鱼菌落总数为2.98 lg(CFU/g),CK组菌落总数上升较快,与其他处理组相比,其在第4 d菌落总数达5.54 lg(CFU/g),接近带鱼二级鲜度界点[6 lg(CFU/g)],表现出明显的差异($p<0.05$),在贮存的第8 d即超出了带鱼二级鲜度指标[≤6 lg(CFU/g)]达6.95 lg(CFU/g);与CK组相比,仅用生物保鲜剂涂膜的Ⅰ组带鱼菌落总数上升稍平缓,在贮存的第12 d,菌落总数达6.10 lg(CFU/g),开始腐败,说明壳聚糖与茶多酚能有效抑制细菌的生长繁殖[22,23];生物保鲜剂结合气调包装组在贮存过程中,与仅用生物保鲜剂涂膜的Ⅰ组相比菌落总数上升较平缓,是因为除了复合生物保鲜剂的抑菌作用外,气调包装中的$CO_2$能抑制大多数细菌的生长,$O_2$能够抑制厌氧菌的繁殖[18];含有20% $O_2$的$Ⅱ_1$组菌落总数增长较快,有关研究认为,是因为气调包装中较高浓度$O_2$适合于假单胞菌属和肠杆菌科菌的生长繁殖[24],含有60% $CO_2$和10% $O_2$的$Ⅱ_2$组抑菌效果最为明显,在冷藏贮存的第20 d,菌落总数为5.59 lg CFU/g,仍未超出带鱼二级鲜度指标,其货架期是不经处理的CK组的5倍,是仅采用涂膜处理Ⅰ组的1.7倍。由此可见,以菌落总数作为评判标准,生物保鲜剂与气调包装协同作用,可明显延长新鲜带鱼的货架期。

## 四、TVB-N值的变化

TVB-N值是判断水产品腐败变质程度的一个重要指标,它是由于动物性食品肌肉中的内源酶或细菌作用,使蛋白质分解产生的氨及胺类等碱性含氮挥发性物质[4]。带鱼在冷藏过程中TVB-N值变化如图3-20所示。新鲜带鱼TVB-N值为8.89 mg/100 g,空白对照组在冷藏的第4 d,TVB-N值即急剧上升至29.06 mg/100 g,已超出带鱼二级鲜度指标(≤25 mg/100 g);涂膜组及涂膜结合气调组在冷藏贮存的前8 d的TVB-N值变化均较平缓,但仅用生物保鲜剂涂膜的Ⅰ组在贮存的第12 d,其TVB-N值急剧上升,达到42.57 mg/100 g;生物保鲜剂结合气调包装组在整个贮存过程中TVB-N值变化一直较平缓，且TVB-N值与菌落总数变化趋势一致，具有很好的正相关性，其中Ⅱ$_2$组带鱼TVB-N值一直处在最低水平，在贮存的第20 d，其TVB-N值仍为19.39 mg/100 g。研究中发现，生物保鲜剂涂膜组和涂膜结合气调包装组在冷藏贮存的前期TVB-N值变化差异并不大，但贮存8 d后，仅用保鲜剂涂膜的Ⅰ组TVB-N值上升剧烈，而保鲜剂涂膜结合气调组变化依然比较缓慢，说明在带鱼冷藏过程中，气调包装能够有效祛除带鱼的腥臭味及碱性挥发性气体，结果与谢晶等[25]研究发现一致，即气调包装的样品TVB-N值一直处于较低水平。

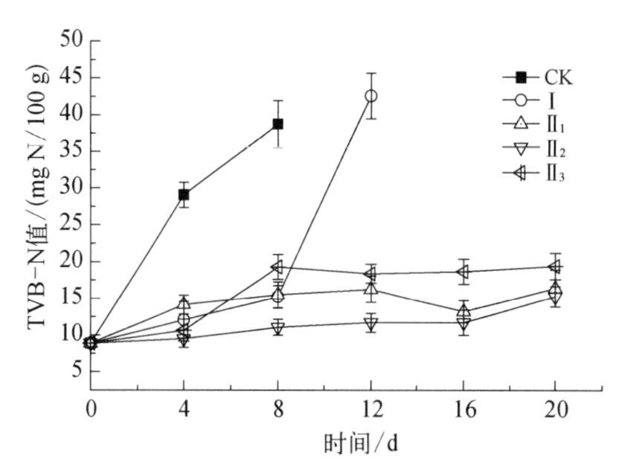

图3-20 贮藏期间带鱼TVB-N值的变化

## 五、pH的变化

氨基酸的脱羧作用及微生物活动分解鱼肉蛋白质产生碱性含氮物质等原因使鱼肉pH上升[26]。带鱼在冷藏过程中pH变化如图3-21所示。鱼样pH在贮存前期均呈先下降再上升的趋势，这是因为带鱼在捕捞后，鱼体要经历僵硬和自溶腐败两个过程，pH在僵硬期内下降，在腐败过程中上升[2]。冷藏贮存4 d后，空白对照组和仅用保鲜剂涂膜组鱼样pH持续上升，而保鲜剂涂膜结合气调包装组带鱼pH在第12 d突然下降，与胡永金等[27]在不同气调包装对冷藏白鲢鱼片质量的影响研究中结果一致，据相关研究[28]认为，可能是由于$CO_2$溶解在鱼肉中，导致鱼肉pH下降。目前还没有鱼类pH指示鲜度及货架期的规定，但pH与带鱼的感官品质相关，经过处理的带鱼pH明显低于对照组，仅用保鲜剂涂膜的带鱼pH在贮存4 d后上升比较快，涂膜结合气调包装组pH上升比较平缓，说明生物保鲜剂结合气调包装能够有效延缓带鱼在冷藏过程中自溶腐败，起到良好的保鲜作用，能有效延长冷藏条件下带鱼的货架期。

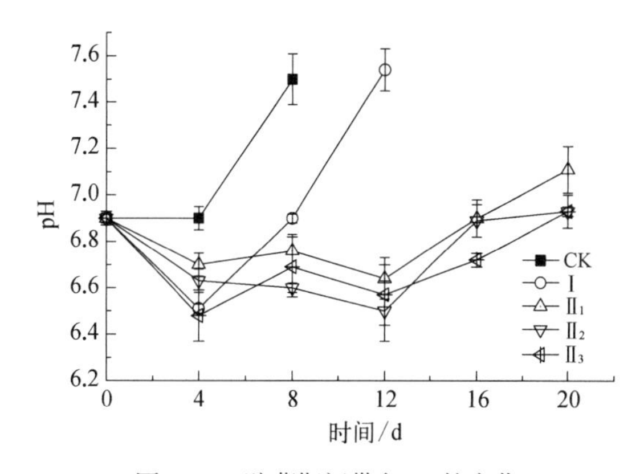

图3-21 贮藏期间带鱼pH的变化

## 六、TBA值的变化

TBA主要是根据脂类食品中不饱和脂肪酸氧化降解产生的丙二醛与硫代巴比妥酸试剂反应生成的稳定红色化合物，它是判断脂肪氧化程度的良好指标[9]。带鱼作为中脂鱼类，脂肪含量比较高，且多为不饱和脂肪酸，极易氧化。带鱼在冷藏过程中TBA值变化

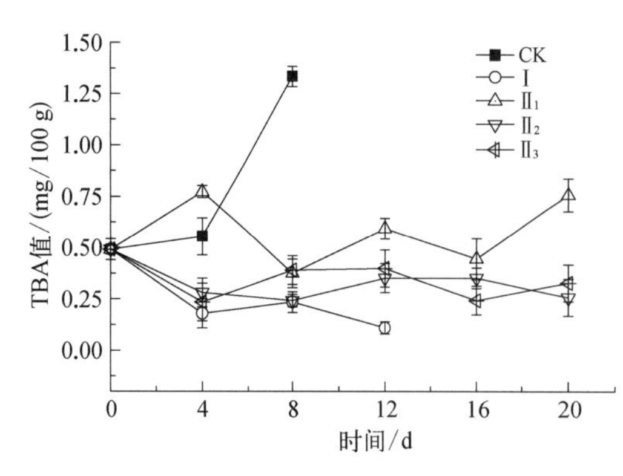


图3-22 贮藏期间带鱼TBA值的变化

如图3-22所示。不同处理组带鱼的TBA值变化比较复杂，这可能与采样有关，尽管采样尽量保证均一，但带鱼不同个体间存在差异及带鱼段不同部位鱼肉脂肪含量也有所不同，给采样带来一定困难。带鱼在整个冷藏贮存过程中，从整体趋势可以看出，空白组带鱼氧化比较快，仅用壳聚糖与茶多酚复合保鲜剂涂抹的带鱼TBA一直维持在较低水平，气调包装带鱼$O_2$含量对带鱼TBA值影响较大，$O_2$含量高，带鱼氧化快，在冷藏后的第20 d，充有20% $O_2$的包装组TBA值达到0.76 mg/100 g，是其余两组含10% $O_2$鱼样TBA的两倍。经壳聚糖和茶多酚复合生物保鲜剂涂膜能有效抑制带鱼脂肪氧化，保鲜剂涂膜结合气调包装使带鱼TBA值上升得到有效延缓。

## 七、汁液流失率的变化

汁液流失率反映了鱼肉在贮藏过程中的汁液流失情况，鱼肉中渗出的汁液会降低产品的商品价值，同时也成为微生物生长繁殖的培养基[29]，从而影响带鱼冷藏货架期。带鱼在冷藏过程中汁液流失率变化如图3-23所示。带鱼在贮存过程中，随时间的延长，带鱼汁液流失逐渐增加。经过保鲜剂涂膜处理的带鱼汁液流失比CK组大，可能是带鱼在处理时液态的保鲜剂涂膜致使带鱼重量增加，测量带鱼汁液流失率时将带鱼表面保鲜剂擦去，因而经保鲜剂涂膜带鱼在贮存的第4 d测得汁液流失率显著大于空白组($p<0.05$)。在冷藏过程中，保鲜剂涂膜结合气调包装组均高于仅用保鲜剂涂膜的Ⅰ组，且在保鲜剂结合气调包装组中，随$CO_2$浓度的上升，汁液流失率也逐渐增加，实验表明汁液渗出率与$CO_2$浓度有关，据有关文献报道[30]，溶解于鱼肉中的$CO_2$能减弱肌肉的持水能力，因此在贮存过程中会有汁液渗出。

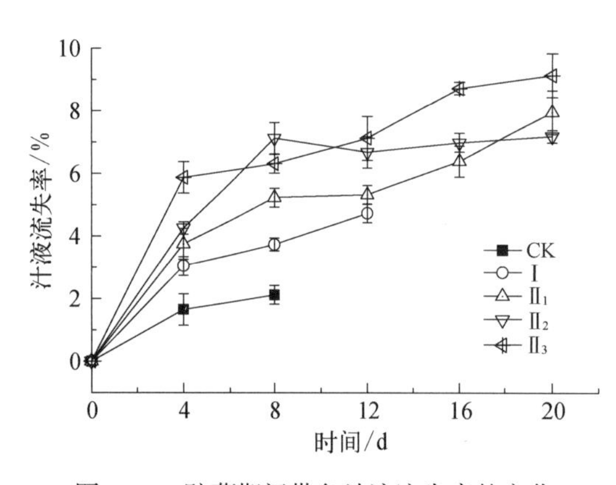


图3-23 贮藏期间带鱼汁液流失率的变化

## 八、本节小结

1) 1.0%壳聚糖＋0.4%茶多酚复合生物保鲜剂能够有效抑制冷藏过程中带鱼细菌的增长繁殖，延缓TVB-N、pH及TBA值的上升；生物保鲜剂涂膜结合气调包装协同作用对冷藏带鱼保鲜效果优于仅用保鲜剂处理。

2）综合各项货架期评判指标，初始菌落总数为2.98 log（CFU/g）、TVB-N值为8.89 mg/100 g的新鲜带鱼，经过复合生物保鲜剂涂膜处理，在（4±1）℃冷藏条件下，其货架期大约为12 d；生物保鲜剂结合气调包装能够显著延长冷藏带鱼货架期，其中以1.0%壳聚糖＋0.4%茶多酚涂膜结合60% $CO_2$ ＋10% $O_2$ ＋30% $N_2$气体比例包装的带鱼保鲜效果最佳，冷藏贮存20 d，其带鱼菌落总数为5.59 lg（CFU/g）、TVB-N值为19.39 mg/100 g，且能较好维持新鲜带鱼感官，与对照组相比，其冷藏货架期达20 d，货架期延长了近4倍，可满足当前人们对冷藏带鱼货架期的需求。

## 第四节 含茶多酚、植酸生物保鲜剂冰对鲳鱼保鲜效果的影响

茶多酚和植酸在应用过程中大多是以配成溶液后浸渍、浸泡、涂膜等方式进行保鲜研究，而将其制成冰后用于保鲜的研究基本为空白。因此，本节通过测定鲳鱼感官品质、菌落总数、TVB-N、TMA-N、pH、TBA、*K*值等鲜度品质指标，以普通自来水冰作为对照组，探讨含不同浓度茶多酚和植酸生物保鲜剂的冰对鲳鱼保鲜效果的影响。为鲳鱼生物保鲜剂冰的应用提供技术和理论参考，同时对水产品复合冰鲜技术的推广应用具有一定的实际意义。

### 一、感官评分值的变化

不同生物保鲜剂冰处理鲳鱼后感官评定结果如表3-6所示，在前6 d各处理组间并无显著差异（$p > 0.05$）。从第6 d之后，对照组感官评分值开始显著下降，在第12 d后感官评分值已不可接受，从第9 d开始与各处理组间差异明显（$p < 0.05$），说明使用植酸保鲜剂冰和茶多酚保鲜剂冰能够有效延缓鲳鱼感官质量的下降；0.1%植酸组和0.15%植酸组在15 d后均已不可接受，感官评分值显著低于茶多酚组（$p < 0.05$）。可能的原因是：植酸和茶多酚保鲜剂冰融化后有效减少了腐败微生物产生的腐败性气味等，同时加上冰鲜的低温效应，延缓了微生物引起的感官品质败坏。由于茶多酚为棕黄色粉末，茶多酚保鲜剂冰融化后释放茶多酚，覆盖于鲳鱼表面起到抑菌作用，但对鲳鱼表面颜色有一定影响，因此在贮藏前期，茶多酚组感官评分要稍低于其他组，但这种影响并不显著（$p > 0.05$）。

表3-6 鲳鱼感官评定结果

| 贮藏时间/d | 自来水组 | 0.05%植酸 | 0.1%植酸 | 0.15%植酸 | 0.1%茶多酚 | 0.5%茶多酚 | 1%茶多酚 |
|---|---|---|---|---|---|---|---|
| 0 | $10.0±0.00^a$ | $10.0±0.00^a$ | $10.0±0.00^a$ | $10.0±0.00^a$ | $10.0±0.00^a$ | $10.0±0.00^a$ | $10.0±0.00^a$ |
| 3 | $9.37±0.09^a$ | $9.43±0.16^a$ | $9.48±0.15^a$ | $9.51±0.37^a$ | $9.42±0.12^a$ | $9.33±0.23^a$ | $9.23±0.18^a$ |
| 6 | $8.46±0.14^a$ | $8.75±0.09^a$ | $8.91±0.14^a$ | $8.93±0.11^b$ | $8.71±0.08^a$ | $8.63±0.12^a$ | $8.54±0.35^a$ |
| 9 | $5.82±0.26^a$ | $7.85±0.12^b$ | $7.95±0.31^b$ | $7.89±0.16^b$ | $7.19±0.17^c$ | $7.43±0.28^b$ | $7.61±0.17^b$ |
| 12 | $4.29±0.13^a$ | $6.31±0.14^c$ | $6.73±0.27^b$ | $6.82±0.28^b$ | $6.23±0.22^c$ | $6.78±0.17^b$ | $6.84±0.31^b$ |

续 表

| 贮藏时间/d | 自来水组 | 0.05%<br>植酸 | 0.1%<br>植酸 | 0.15%<br>植酸 | 0.1%<br>茶多酚 | 0.5%<br>茶多酚 | 1%<br>茶多酚 |
|---|---|---|---|---|---|---|---|
| 13 | 2.86±0.27[a] | 4.03±0.17[b] | — | — | — | — | — |
| 14 | — | 2.71±0.28[a] | — | — | — | — | — |
| 15 | — | — | 3.73±0.18[a] | 3.93±0.11[a] | 4.26±0.15[c] | 6.23±0.35[b] | 6.47±0.12[b] |
| 16 | — | — | 2.21±0.22[a] | 2.94±0.13[b] | — | — | — |
| 18 | — | — | — | — | 3.22±0.14[a] | 4.63±0.22[b] | 4.79±0.21[b] |
| 19 | — | — | — | — | 2.18±0.16[a] | — | — |
| 21 | — | — | — | — | — | 3.41±0.35[a] | 3.73±0.13[a] |
| 23 | — | — | — | — | — | 2.29±0.14[a] | 3.14±0.36[b] |
| 24 | — | — | — | — | — | — | 2.34±0.17[a] |

注：表中数据为样品的"感官评定分值的平均值±标准差"($n$=5)；表中同一行的不同字母表示差异显著($p < 0.05$)；"—"表示样品未经评定。

## 二、APC的变化

鲳鱼菌落总数变化趋势如图3-24所示，随着贮藏时间的延长，各处理组的菌落总数增长。对照组在第13 d就已超出限量标准[7.0 lg(CFU/g)]，为7.12 lg(CFU/g)，而0.1%和0.15%植酸组在第16 d才超过限量标准，0.1%茶多酚、0.5%茶多酚、1%茶多酚组分别在第19 d、23 d、24 d超出限量标准。在前6 d，茶多酚组与对照组的菌落总数的差异并不明显($p > 0.05$)，而从第9 d开始，茶多酚组菌落总数显著低于对照组($p < 0.05$)，可能的原因是在贮藏初期微生物的数量较少，使茶多酚组在前期的抑菌作用难以明显表现出来，而在后期随着微生物数量的增长，茶多酚的抑菌作用才开始突显。而在整个贮藏过程中，植酸组的菌落总数均高于茶多酚组，这表明：含茶多酚保鲜剂冰与植酸保鲜剂冰相

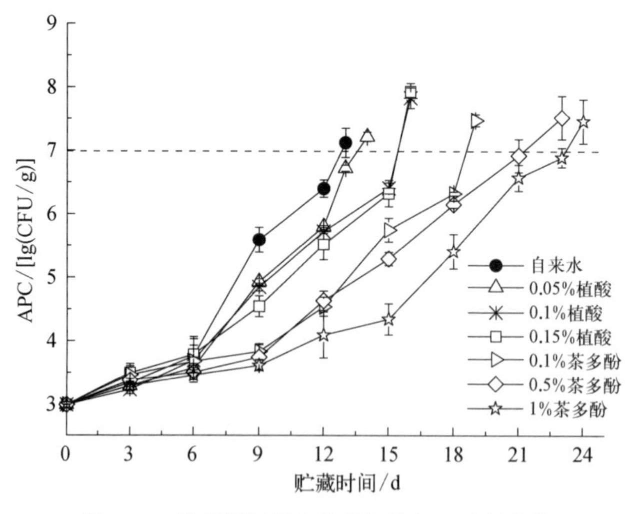


图3-24 贮藏期间鲳鱼菌落总数(APC)的变化

比更能明显抑制鲳鱼微生物的活动。产生此结果的原因可能是植酸具有独特的螯合结构，可以与多价阳离子形成稳定的螯合物，从而可能抑制某些酶的活性，继而对细菌的生长起到抑制作用，但由于植酸是液体，植酸保鲜剂冰融化后，植酸不能长时间附着在鲳鱼表面，导致植酸在鲳鱼表面不能集聚，从而对微生物的抑制作用不明显；而茶多酚则可以随着冰的融化，逐步沉积在鲳鱼表面，在表面形成一层茶多酚保护层，抑制鲳鱼表面微生物的生长繁殖。张子德等[31]使用0.2%植酸处理鲜牛肉后也得到了类似的结果。Fan[32]使用0.2%茶多酚浸渍鲢鱼后冰鲜处理，发现茶多酚能够显著减少微生物的数量，但在贮藏初期（前7 d），茶多酚浸渍组与对照组（蒸馏水浸渍）的菌落总数是相等的，在后期茶多酚组才显著低于对照组，这与本节的研究结果是类似的。

## 三、TVB-N值的变化

挥发性盐基氮是评价水产品新鲜度的主要指标之一，鱼肉在腐败过程中会产生腐败味，这些气味主要是微生物分解鱼肉中蛋白质、脂肪而产生的氨及胺类等化合物的气味。各处理组的TVB-N变化趋势如图3-25所示，各处理组的TVB-N值均呈上升趋势，自来水组在第13 d为32.04 mg N/100 g，已超出合格品的限量标准，为不可接受水平。0.05%植酸组在第14 d就已超出限量标准，0.1%植酸组、0.15%植酸组在第16 d超出限量标准。相比于植酸组，茶多酚组对鲳鱼TVB-N的延缓效果要明显得多（$p < 0.05$），1%的茶多酚组在整个贮藏过程中都未超过鲳鱼二级鲜度标准，在第24 d才21.37 mg N/100 g。出现此情况的原因可能是茶多酚保鲜冰随着冰的不断融化，茶多酚持续释放作用于鲳鱼表面，有效抑制了鲳鱼表面微生物的活动，同时随着茶多酚的释放在鲳鱼表面形成一层保护膜，有效阻止了微生物的进一步侵染；而1%的茶多酚组由于茶多酚浓度高，其抑菌效果更明显，很大程度上减少了由于微生物活动而产生的挥发性含氮物质。而植酸组的抑菌效果不如茶多酚组，致使微生物迅速繁殖，生成大量含氮物质，故植酸组的TVB-N值高于茶多酚组。Özyurt[32]在研究红鲻鱼和天香绯鲤冰藏过程中的品质变化，以及Chytiri[33]对冰

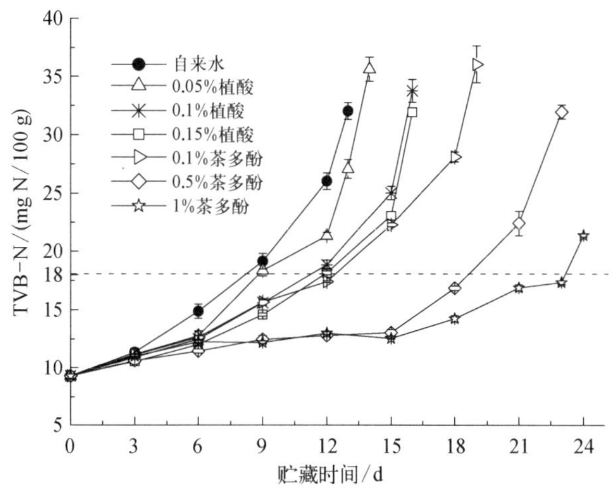


图3-25 贮藏期间鲳鱼TVB-N值的变化

藏期间虹鳟鱼的品质变化的过程中也有类似趋势。

## 四、TMA-N值的变化

鱼类死亡后，随着生理活动的停止，新鲜度开始降低，其中氧化三甲胺是鱼味鲜美的主要成分来源。但氧化三甲胺极不稳定，容易在还原酶和微生物的作用下还原成三甲胺。而三甲胺具有浓烈的鱼腥味，一般来说三甲胺含量越高，腥味越大，水产品的鲜度越差。如图3-26所示，随着贮藏时间的延长各处理组的TMA-N含量增加，在贮藏前期（前3 d），各处理组的TMA-N含量都较低，在2.5 mg N/100 g以下；从第3 d以后，对照组TMA-N上升趋势明显，而0.5%茶多酚和1%茶多酚组明显低于对照组（$p < 0.05$），而植酸组和0.1%茶多酚组对TMA-N的降低作用并不显著（$p > 0.05$），可能原因是鲳鱼表面的茶多酚能够有效抑制产三甲胺菌等微生物的活动；0.1%茶多酚组由于浓度较低，在后期才完全在鲳鱼表面形成一层茶多酚膜，而此时微生物已大量繁殖，故难以抑制产三甲胺菌等微生物的活动。

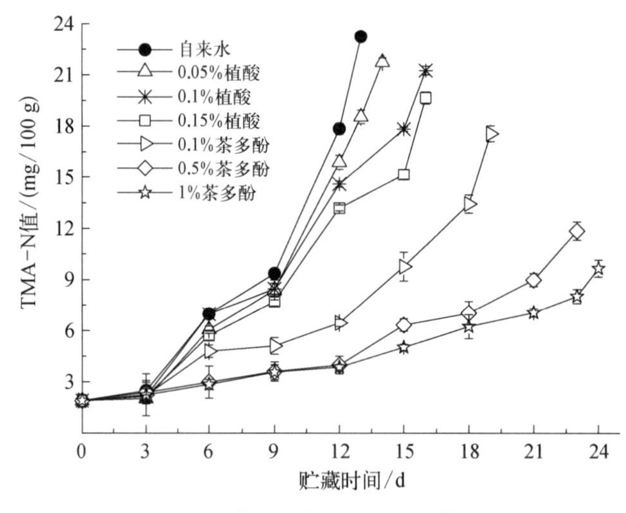


图3-26 贮藏期间鲳鱼TMA-N值的变化

## 五、*K*值的变化

*K*值是以肌肉中ATP及其降解产物的含量为基础，通过计算各降解产物的比例得到的评价鲜度的一个指标。主要反映水产品初期ATP的降解程度，*K*值越小鱼体ATP降解程度越小，说明其鲜度越好。一般来说，*K*值在60%以下为可供食用范围，超过60%说明水产品已腐败变质[34]。如图3-27所示，各不同处理组*K*值随着贮藏时间的延长，均呈现出上升的趋势，其中，对照组显著高于植酸组和茶多酚组（$p < 0.05$），到第12 d时，对照组的*K*值达到51.65%，而植酸组和茶多酚组均未超过37%，1%茶多酚组在贮藏终点时的*K*值为51.48%，还未超出60%。由于鱼体内的ATP降解酶等酶类对*K*值的影响作用较大，因此可能的原因是，植酸和茶多酚能够有效抑制ATP降解酶等酶的活性，继而延长僵硬期，延迟*K*

值的增长。这说明在冰中添加植酸和茶多酚能够有效延长冰鲜鲳鱼的保鲜时间。

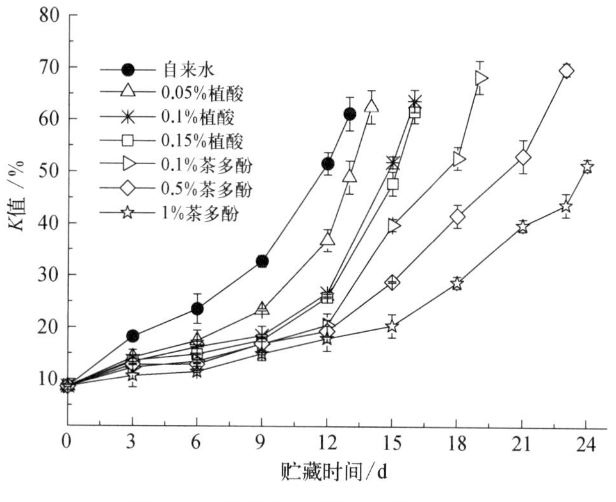


图3-27　贮藏期间鲳鱼K值的变化

## 六、TBA值的变化

TBA值是评价脂肪氧化程度的重要指标，脂肪酶水解和自动氧化是引起脂肪氧化的主要因素，单一生物保鲜冰处理鲳鱼后TBA变化情况如图3-28所示，随着贮藏时间的延长，TBA值逐渐上升，且对照组上升趋势明显高于植酸组和茶多酚组，在贮藏前期（前6 d），各处理组的TBA值变化并不明显。在第9 d，对照组的TBA值为0.69 mg/100 g，分别为0.05%植酸组、0.1%植酸组、0.15%植酸组的1.2、1.5、2.1倍，为0.1%茶多酚组的2.2倍。这表明植酸和茶多酚能够有效延缓脂肪氧化速度；在贮藏过程中，茶多酚组TBA值总体都要低于植酸组，这说明茶多酚对脂肪氧化的抑制能力更强，这可能是由于茶多酚的

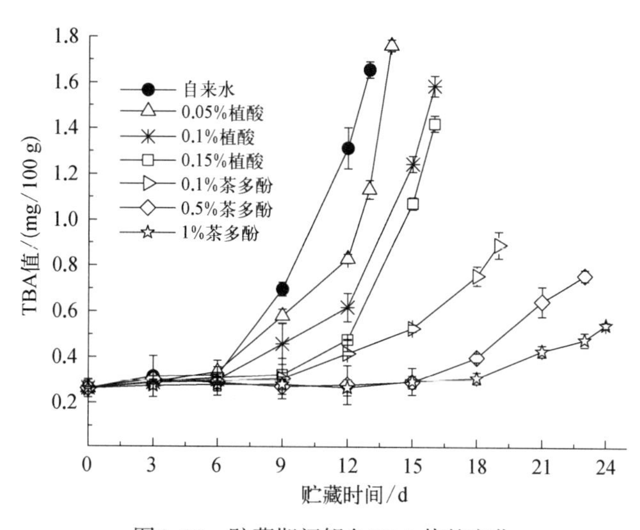


图3-28　贮藏期间鲳鱼TBA值的变化

氧化还原电位较低，是一种氧化优先物质，能优先与脂肪酸自由基结合，产生各种自由基，减弱自由基连锁反应，并最终终止自由基连锁反应，抑制脂肪自动氧化，此外，茶多酚还能抑制微生物活动，减少了由于微生物分解产生的水解酶而导致的脂肪氧化。范文教等[21]使用0.1%茶多酚浸泡90 min后进行微冻贮藏也发现相似的结果。

## 七、pH的变化

pH也是衡量水产品品质的一个重要指标，含不同浓度不同生物保鲜剂冰处理后的样品，pH均有不同程度的变化，鲳鱼在不同冰保鲜过程中pH变化如图3-29所示，由图3-29可知，对照组的鲳鱼pH在最初的3 d内呈现出缓慢下降的趋势，之后pH开始明显增加，植酸组的pH从第6 d开始增加，而0.5%茶多酚、1%茶多酚组在第9 d才开始上升，这说明植酸和茶多酚能够有效延缓pH的上升速度。随着贮藏时间的延长，鱼肉中的蛋白质被分解成碱性的氨及胺类物质，pH逐渐升高，pH越大说明样品腐败程度越高，茶多酚组和植酸组的pH均较对照组低，其中1%茶多酚组的pH最低，这表明：植酸和茶多酚能够有效延缓鲳鱼鱼体自溶作用，达到保鲜的目的。

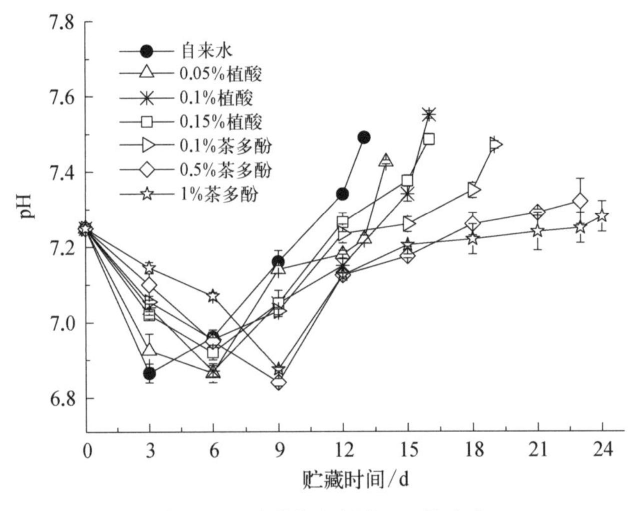


图3-29 贮藏期间鲳鱼pH的变化

## 八、本节小结

添加了植酸和茶多酚的生物保鲜剂冰对鲳鱼的保鲜效果要明显优于自来水冰。在普通冰鲜条件下，鲳鱼的APC、$K$值、TBA、TVB-N的变化速度均显著高于含植酸的保鲜剂冰和茶多酚保鲜剂冰，在贮藏前期（前3 d），对照组的TMA-N值与植酸保鲜剂冰组和茶多酚保鲜剂冰组无显著差异（$p > 0.05$）。综合感官评分、APC、$K$值、TVB-N等指标，自来水冰组对鲳鱼的保鲜期为12 d，0.05%植酸保鲜剂冰能够延长冰鲜鲳鱼货架期至13 d，而含0.1%和0.15%的植酸保鲜剂冰可以延长冰鲜鲳鱼货架期至15 d；0.1%茶多酚、0.5%茶多酚、1%茶多酚保鲜剂冰能分别延长冰鲜鲳鱼货架期6 d、9 d、11 d。相比于含植酸的保鲜剂冰，茶多酚保鲜剂冰保鲜鲳鱼后的感官质量、TBA、TVB-N、*K*值及菌落总数的变化速度都要小。因此可以认为，含生物保鲜剂的冰是一种可代替自来水冰用于保鲜的好方法，从本研究也得出含茶多酚的保鲜剂冰相对植酸保鲜剂冰更能有效地抑制细菌繁殖，延缓脂肪氧化，减小ATP降解速度，从而延长冰鲜鲳鱼货架期。

# 第五节　茶多酚、植酸复合生物保鲜剂冰对鲳鱼品质变化的影响

复合生物保鲜剂可以将具有不同保鲜功能的生物保鲜剂结合起来，通过不同保鲜剂之间的协同作用，形成一种效果更好的复合生物保鲜剂。有研究表明[35]，将茶多酚与植酸联合处理能够起到协同作用，达到增强保鲜效果的目的。

本节在单一生物保鲜剂研究的基础上，采用两因素三水平正交全试验的方法，将不同浓度的茶多酚和植酸进行复配后制成冰处理鲳鱼，通过测定鲳鱼微生物指标、感官指标、理化指标等探讨茶多酚和植酸复合生物保鲜剂冰对鲳鱼的优化配比浓度，验证含复合保鲜剂冰对鲳鱼的保鲜效果，为鲳鱼复合生物保鲜冰技术的应用提供技术支持和理论参考。

## 一、样品处理

将新鲜东海白鲳用冰水洗净后，随机分成10组，采用含茶多酚和植酸的复配生物保鲜剂冰，层鱼层冰置于泡沫箱中，冰鱼质量比为2∶1，复配浓度如表3-7所示。对照组采用自来水冰代替复合生物保鲜剂冰处理鲳鱼。样品处理好后于1℃环境条件下贮藏并每两天换一次冰。试验每隔三天取出试样进行感官评定、TVB-N、TBA、APC及*K*值的测定。采用两因素三水平正交全试验，同时进行方差分析，根据试验结果分析确定复配保鲜剂冰的最佳比例。

**表3-7　含茶多酚、植酸复合生物保鲜剂冰对鲳鱼保鲜效果的研究试验设计**

| 茶多酚/% <br> 植酸/% | A1(0.1%) | A2(0.5%) | A3(1%) |
|---|---|---|---|
| B1(0.05) | A1B1 | A2B1 | A3B1 |
| B2(0.10) | A1B2 | A2B2 | A3B2 |
| B3(0.15) | A1B3 | A2B3 | A3B3 |

## 二、最佳生物保鲜剂冰配比浓度的确定

根据试验数据结果，第12 d鲳鱼各保鲜组的TVB-N、菌落总数和感官评分值处于一级鲜度和二级鲜度之间，即在可食用范围之内，同时各组差异显著($p < 0.05$)，具有一定的代表性，因此选择第12 d的数据进行极差分析。从表3-8、表3-9可知，相比于植酸，茶多酚对鲳鱼保鲜效果的影响更为显著($p < 0.05$)，TVB-N、菌落总数、感官指标的优化条件不

一致，对TVB-N的最佳组合为A2B3，而对菌落总数和感官评定的最佳组合分别为A3B2、A2B3。因此综合试验结果，复配保鲜剂的最优组合为A2B3，即茶多酚0.5%、植酸0.15%。

**表3-8 含茶多酚、植酸复合生物保鲜剂冰处理鲳鱼第12 d极差分析结果**

| 试验号 | A茶多酚/% | B植酸/% | TVB-N /(mg/100 g) | 菌落总数 /[lg(CFU/g)] | 感官评分 |
|---|---|---|---|---|---|
| 1 | 1(0.1) | 1(0.05) | 18.35 | 5.32 | 7.16 |
| 2 | 1(0.1) | 2(0.10) | 13.72 | 5.28 | 7.28 |
| 3 | 1(0.1) | 3(0.15) | 11.85 | 5.35 | 7.19 |
| 4 | 2(0.5) | 1(0.05) | 18.55 | 5.02 | 7.57 |
| 5 | 2(0.5) | 2(0.10) | 12.94 | 5.03 | 7.61 |
| 6 | 2(0.5) | 3(0.15) | 12.41 | 4.98 | 7.65 |
| 7 | 3(1.0) | 1(0.05) | 18.73 | 4.95 | 7.21 |
| 8 | 3(1.0) | 2(0.10) | 13.90 | 4.91 | 7.29 |
| 9 | 3(1.0) | 3(0.15) | 13.98 | 4.96 | 7.36 |
| TVB-N | | | | | |
| $k_1$ | 14.64 | 18.54 | | | |
| $k_2$ | 14.63 | 13.52 | | | |
| $k_3$ | 15.54 | 12.75 | | | |
| $R$ | 0.91 | 5.79 | | | |
| 菌落总数 | | | | | |
| $k_1$ | 5.32 | 5.10 | | | |
| $k_2$ | 5.01 | 5.07 | | | |
| $k_3$ | 4.94 | 5.10 | | | |
| $R$ | 0.38 | 0.03 | | | |
| 感官评定 | | | | | |
| $k_1$ | 7.19 | 7.31 | | | |
| $k_2$ | 7.61 | 7.39 | | | |
| $k_3$ | 7.29 | 7.40 | | | |
| $R$ | 0.42 | 0.09 | | | |

**表3-9 含茶多酚、植酸复合生物保鲜剂冰处理鲳鱼第12 d方差分析结果**

| 因素 | SS | | | df | | | MS | | |
|---|---|---|---|---|---|---|---|---|---|
| | TVB-N | 菌落总数 | 感官评定 | TVB-N | 菌落总数 | 感官评定 | TVB-N | 菌落总数 | 感官评定 |
| A | 1.600 23 | 0.420 5 | 0.003 025 | 2 | 2 | 2 | 0.800 11 | 0.210 26 | 0.001 513 |
| B | 0.050 63 | 0.004 9 | 0.093 025 | 2 | 2 | 2 | 0.025 31 | 0.002 45 | 0.046 513 |
| 误差 | 0.093 03 | 0.002 5 | 0.000 225 | 2 | 2 | 2 | 0.046 51 | 0.001 25 | 0.000 113 |

| 因素 | *F* | | | *P* | | |
|---|---|---|---|---|---|---|
| | TVB-N | 菌落总数 | 感官评定 | TVB-N | 菌落总数 | 感官评定 |
| A | 17.202 1 | 59.640 1 | 13.444 44 | 0.040 619 | 0.035 314 | 0.169 501 |
| B | 0.544 21 | 1.96 | 413.444 4 | 0.359 534 | 0.069 486 | 0.031 284 |

## 三、复合生物保鲜剂冰对鲳鱼感官品质的影响

鲳鱼在贮藏过程中感官指标的变化情况如图3-30所示，各组样品的感官评分值随时间的延长而逐渐降低，但复合生物保鲜剂组感官质量下降速度明显要小于对照组，与正交试验中较好的试验结果相一致，说明最优配方复合生物保鲜剂能够有效保持鲳鱼的感官质量，可能的原因是：首先，复合生物保鲜剂冰随着冰的融化，保鲜剂释放出来，作用于鲳鱼表面的微生物，抑制微生物的活动，因此能减缓鲳鱼的品质败坏；其次，随着保鲜剂的不断释放，在鲳鱼表面形成一层较好的保护层，可以有效阻止外界细菌的侵染，同时有效隔绝外界的空气，进一步抑制腐败微生物的生长繁殖。

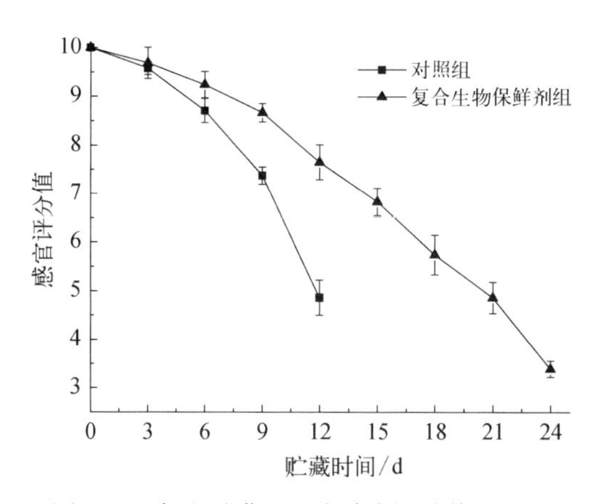

图3-30　鲳鱼贮藏过程中感官评分值的变化

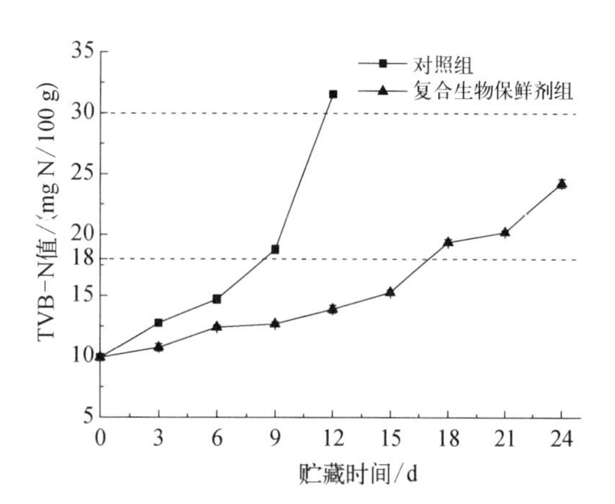

图3-31　鲳鱼贮藏过程中TVB-N值的变化

## 四、复合生物保鲜剂冰对鲳鱼理化指标的影响

**1. TVB-N值的变化**

鲳鱼在贮藏过程中TVB-N值的变化情况图3-31所示，由于鲳鱼的蛋白质和水分的含量较高，在贮藏过程中易受微生物和酶类的作用，使蛋白质分解为小分子的碱性含氮物质，而这些物质是鱼类腐败性气味的来源，因此TVB-N是反映鲳鱼品质的重要指标。根据鲜、冻鲳鱼标准[36]，TVB-N值≤30 mg/100 g为二级鲜度限量标准，≤18 mg/100 g为一级鲜度，对照组和复合生物保鲜剂组从第3 d开始，TVB-N出现显著差异（$p < 0.05$），两者达到一级鲜度限量标准的时间分别为第9 d和第18 d，且在整个贮藏期，复合生物保鲜剂组的TVB-N值都未超过二级鲜度限量标准。这表明复合生物保鲜剂冰对鲳鱼挥发性含氮物质的产生具有明显的延缓效果。

**2. *K*值的变化**

*K*值是反映水产品鲜度指标的一个重要指标，有研究表明[2,37,38]采用*K*值评价水产品僵直期的鲜度比较合适。由图3-32可知，随着贮藏天数的增加，*K*值呈现出上升趋势，对照组的增加幅度明显大于复合生物保鲜剂组；新鲜鲳鱼的*K*值为10.28%，根据参考文

献的限量标准[36]，对照组在第9 d就已接近二级鲜度标准（35.69%），而复合生物保鲜剂组在第15 d才接近二级鲜度标准，为38.28%，这说明含茶多酚和植酸的复合生物保鲜剂冰能够有效延缓ATP降解物的产生。可能的原因是经过复合生物保鲜剂冰处理的鲳鱼，鱼肉中的核苷酸酶的活性得到有效抑制，因此，复合保鲜剂冰处理组的$K$值要低于对照组。

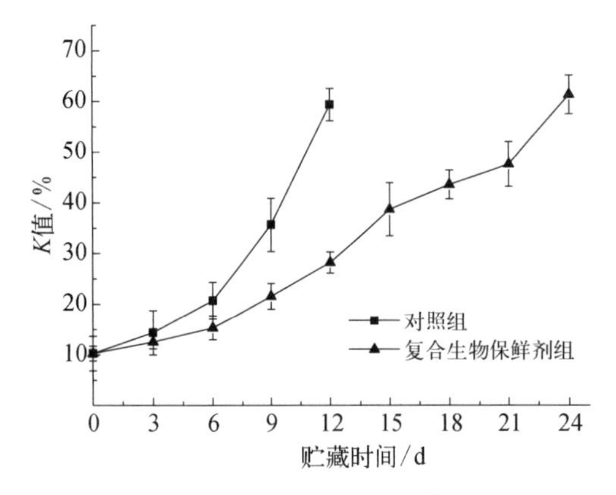


图3-32　鲳鱼贮藏过程中$K$值的变化

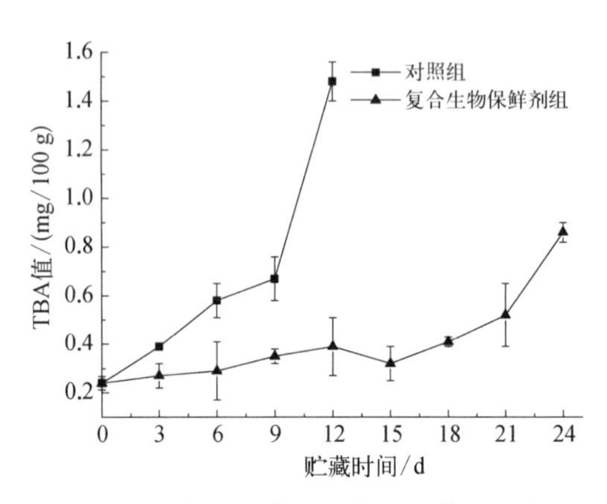


图3-33　鲳鱼贮藏过程中TBA值的变化

### 3. TBA值的变化

鲳鱼在贮藏过程中TBA值变化趋势如图3-33所示，TBA值随着贮藏时间的延长呈现出增长的趋势，TBA值的初始值为0.24 mg/100 g，对照组从贮藏开始就以较快的速度增加，12 d后达到1.48 mg/100 g，而复合生物保鲜剂组在整个贮藏期间都低于对照组，直至第24 d，TBA值才达到0.86 mg/100 g，这说明复合生物保鲜剂冰能够有效降低鲳鱼的脂肪氧化程度，显著提升鲳鱼品质。分析其原因可能是，复合生物保鲜剂中的茶多酚具有的较强抗氧化作用及复合生物保鲜剂对微生物的抑制及杀灭作用，使引起脂肪氧化的酶类及微生物的作用大大减弱，从而可以延缓鲳鱼TBA值的上升。

### 4. 微生物指标的变化

微生物是引起水产品腐败变质的重要因素，同时也是判定食品被污染程度的重要指标。如图3-34所示：菌落总数随着贮藏时间的延长而逐渐增加，但仍可明显地看出复合生物保鲜剂组优于对照组；从第6 d开始，对照组的菌落总数与复合生物保鲜剂组间的差异显著（$p < 0.05$）；鲳鱼的初始菌落总数为3.16 lg(CFU/g)，到第12 d时已超出限量标准7.0 lg(CFU/g)，而复合生物保鲜剂组到第21 d才为6.72 lg(CFU/g)；可见，复合生物保鲜剂冰能够很好地抑制微生物的生长繁殖，减缓鲳鱼的品质劣变。其原因应该是，茶多酚和植酸复合生物保鲜剂冰随着时间的延长而缓慢融化后，释放茶多酚和植酸，由于茶多酚和植酸的抗氧化作用，能够抑制微生物细

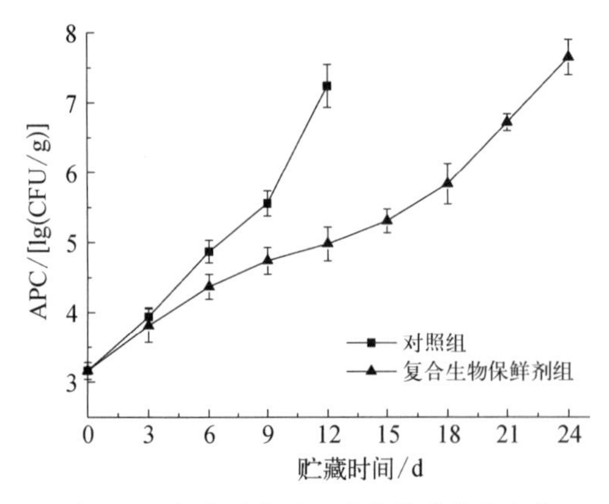


图3-34　鲳鱼贮藏过程中菌落总数的变化

胞内酶的活性，使鲳鱼表面微生物的生长繁殖活动受到抑制，同时茶多酚和植酸的协同作用使其抑菌效果更好。

## 五、本节小结

本节通过两因素三水平的正交全试验，并结合方差分析，进一步确定鲳鱼复合生物保鲜剂冰的最佳配比为0.5%茶多酚、0.15%植酸，使用该配比的复合生物保鲜剂冰进行鲳鱼的保鲜，能够有效抑制鲳鱼冰鲜过程中微生物的活动、脂肪氧化及TVB-N含量的升高，有效保持鲳鱼品质。TVB-N值在第24 d还未达到30 mg/100 g（二级鲜度），菌落总数在第21 d才为6.72 lg（CFU/g），未超过限量标准，使鲳鱼在1℃的冰鲜货架期由11 ～ 12 d延长至21 ～ 23 d，保鲜期延长近一倍。但冰鲜过程中需要不断更换冰，因此建议在贮藏过程中适时使用含生物保鲜剂的冰，在整个贮藏过程中不必一直使用，通过深入研究冰鲜过程中微生物的生长规律，确定使用含生物保鲜剂冰的最佳时间，以及通过调整贮藏温度，达到控制生物保鲜剂的释放效率，从而降低使用成本。同时可以同其他抑菌化处理相结合，进一步延长鲳鱼冰鲜货架期。

### 参考文献

[ 1 ] 王玉春. 茶多酚的提取方法及应用研究进展[ J ]. 甘肃联合大学学报（自然科学版），2008，(5)：51－55.
[ 2 ] Manju S, Jose L, Srinivasa G T K, et al. Effects of sodium acetate dip treatment and vacuum-packaging on chemical, microbiological, textural and sensory changes of Pearlspot (*Etroplus suratensis*) during chill storage[ J ]. Food Chemistry,2007, 10(9): 27–35.
[ 3 ] Ruiz- Capillas C, Moral A. Changes in free amino acids during chilled storage of hake (*Merluccius merluccius, L.*) in controlled atmospheres and their use as a quality control index [ J ]. European Food Research and Technology, 2001, 29(3): 302–307.
[ 4 ] Goulas A E, Kontominas M G. Effect of salting and smoking-method on the keeping quality of chub mackerel (*Scomber japonicus*): biochemical and sensory attributes[ J ]. Food Chemistry, 2005, 93: 511–520.
[ 5 ] 沈生荣，杨贤强. 茶多酚体外助氧化作用的自由基机理[ J ]. 茶叶科学，1992，12（2）：145－150.
[ 6 ] Montville T J, Chen Y. Mechanistic action of pediocin and Nisin: recent progress and unresolved questions[ J ]. Applied Microbiology and Biotechnology, 1998, 50: 511–519.
[ 7 ] 陈艳，江明锋，叶煜辉，等. 溶菌酶的研究进展[ J ]. 生物学杂志，2009，(4)：64–66.
[ 8 ] 林亲录. 鸡蛋卵清中溶菌酶的提取与纯化[ J ]. 食品科学，2002，(2)：43–45.
[ 9 ] Yanar Y, Febercuiglu H. The utilization of carp (*Cyprinus carpio*) flesh as fish ball. Turkish[ J ]. Journal of Veterinary and Animal Science, 1998, 23: 361–365.
[10] 蒋兰宏，周友亚. 茶多酚作为抗氧化剂在鱼肉中的应用[ J ]. 河北师范大学学报(自然科学版，2003，(6)：606–607.
[11] 夏葵，曾虹燕，孟娟，等. 壳聚糖及其衍生物的抗菌性[ J ]. 福建农林大学学报：自然科学版，2006，35（1）：98–101.
[12] 朱斌. 壳聚糖及其衍生物在食品工业中的应用[ J ]. 中外食品，2004，(7)：42–43.
[13] 冯波，曾虹燕，袁刚，等. 壳聚糖对葡萄糖果实的抑菌作用和涂膜保鲜技术[ J ]. 福建农林大学学

报：自然科学版，2010，39（2）：123–127.
[ 14 ] 张风凯，马美湖. 溶菌酶在食品保鲜中的应用[ J ]. 农村新技术，2008，（12）：29–30.
[ 15 ] 王岳飞，杨贤强，胡秀芳，等. 茶对致病微生物及病毒的抑制作用[ J ]. 茶报，2004，（1）：24–25.
[ 16 ] 曹荣，薛长湖，刘淇，等. 一种复合型生物保鲜剂在牡蛎保鲜中的应用研究[ J ]. 食品科学，2008，29（11）：653–655.
[ 17 ] 王秀娟，张坤生，任云霞. 添加剂对壳聚糖涂膜保鲜虾的效果研究[ J ]. 食品科技，2008，（7）：239–242.
[ 18 ] 陈舜胜，彭云生，严伯奋. 溶菌酶复合保鲜剂对水产品的保鲜作用[ J ]. 水产学报，2001，25（3）：254–258.
[ 19 ] 吴小勇，曾庆孝，阮征，等. 壳聚糖的抑菌机理及抑菌特性研究进展[ J ]. 中国食品添加剂，2004，（6）：46–49.
[ 20 ] 杨胜平，谢晶，佟懿，等. 壳聚糖结合茶多酚涂膜保鲜带鱼的研究[ J ]. 江苏农业学报，2010，26（4）：818–821.
[ 21 ] 范文教，孙俊秀，陈云川，等. 茶多酚对鲢鱼微冻冷藏保鲜的影响[ J ]. 农业工程学报，2009，25（2）：294–297.
[ 22 ] 荆迎军，郝友进，渠晖，等. 壳聚糖的抑菌活性分析及其抑菌机理的研究[ J ]. 中国抗生素杂志，2006，31（6）：361–365.
[ 23 ] 唐裕芳，张妙玲，冯波，等. 茶多酚的抑菌活性研究[ J ]. 浙江林学院学报，2005，22（5）：553–557.
[ 24 ] McMeek T A. Microbial spoilage of meats [ M ]. Ch. 1. In Developments in Food Microbiology. Vol. 1. R. Davies (Ed.), London: Applied Science Publishers, 1982: 1–40.
[ 25 ] 谢晶，李建雄，潘迎捷. 冰温结合不同比例氧气气调对冷却肉的保鲜效果[ J ]. 农业工程学报，2009，25（10）：307–311.
[ 26 ] Zeng Q Z,Thorarinsdottir K A, Olafsdottir G. Research on qualtity changes and indicators of Pandalus borealis stored under different cooling conditions [ J ]. Journal of Fisheries of China, 2005, 29(1): 88–95.
[ 27 ] 胡永金，刘晓永，朱仁俊. 不同气调包装对冷藏白鲢鱼片质量的影响[ J ]. 食品工业科技，2007，28（5）：185–189.
[ 28 ] Parkin K L, Wells M J, Brown W D. Modified atmosphere storage of rockfish fillets [ J ]. Journal of Food Science, 1982, 47(1): 181–184.
[ 29 ] 马海霞，李来好，杨贤庆，等. 不同$CO_2$比例气调包装对冰温贮藏鲜罗非鱼片品质的影响[ J ]. 食品工业科技，2010，31（1）：323–327.
[ 30 ] Rosnes J T, Kleiberg G H, Sivertsvik M, et al. Effect of modified atmosphere packaging and superchilled storage on the shelf-life of farmed ready-to-cook Spotted Wolf-fish (*Anarhichas minor*) [ J ]. Packaging Technology and Science, 2006, 19: 325–333.
[ 31 ] 张子德，陈志周，刘卫晓，等. 鲜牛肉冷藏保鲜技术研究[ J ]. 农业工程学报，2001，17（5）：108–111.
[ 32 ] Fan W J, Chi Y L, Zhang S. The use of a tea polyphenol dip to extend the shelf life of silver carp [ J ]. Food Chemistry, 2008, 108(1): 148–153.
[ 33 ] Özyurt G, Kuley E, Özkütük S, et al. Sensory, microbiological and chemical assessment of the freshness of red mullet(*Mullus barbatus*) and goldband goatfish (*Upeneus moluccensis*) during storage in ice [ J ]. Food Chemistry, 2009, 114(2): 505–510.
[ 34 ] Chytiri S, Chouliara I, Savvaidis I N, et al. Microbiological, chemical and sensory assessment of iced whole and filleted aquacultured rainbow trout [ J ]. Food Microbiology, 2004, 21(2): 157–165.
[ 35 ] 宋永令，罗永康，张丽娜，等. 不同温度贮藏期间团头鲂品质的变化规律[ J ]. 中国农业大学学报，2010，15（4）：104–110.
[ 36 ] GB 2733—2015. 鲜冻动物性水产品卫生标准[ S ].
[ 37 ] Ocaño-Higuera V M, Marquez-Ríos E, Canizales-Dávila M, et al. Postmortem changes in cazon fish

muscle stored on ice [ J ]. Food Chemistry, 2009, 116(4): 933–938.

[ 38 ] Kamalakanth C K, Ginson J, Bindu J, et al. Effect of high pressure on *K*-value, microbial and sensory characteristics of yellowfin tuna (*Thunnus albacares*) chunks in EVOH films during chill storage [ J ]. Innovative Food Science and Emerging Technologies, 2011, 12(4): 451–455.

# 第四章　海产品冷链物流保鲜工艺的研究

生鲜或冷冻海产品的流通需要冷链物流，然而由于操作管理或设备及连接点的限制，海产品的冷链物流过程经常发生温度波动，甚至断链，本章分别列举了金枪鱼的冷冻物流过程、三文鱼的冷藏物流过程中温度变化对其品质的影响，以及如何采用气调包装或生物保鲜剂预处理等辅助方法来弥补断链对海产品品质的伤害。

## 第一节　温度波动对食品品质的影响

随着生活水平的不断提高，人们对食品的要求不仅停留在解决温饱问题，而开始关注食品的营养、风味及新鲜程度，因此，冷链物流应运而生。冷链物流泛指冷藏冷冻类食品在生产加工、贮藏、运输和销售等环节始终处于规定的低温环境下，以保障食品质量的特殊供应链系统[1]。但是转运装卸过程中无法保证温度、贮运过程中操作不当，以及消费者在购买后运回家庭过程中难以保持要求温度等原因，都会导致冷链运输的食品品质无法得到保障，导致其附加价值下降[2]。

### 一、主要影响

目前进行冷链运输的食品主要有蔬菜、水果、肉、禽类、蛋等初级农产品，速冻食品、肉禽和水产品的熟食等加工产品及药品、试剂、疫苗等特殊商品。

冷藏贮运过程中大幅和急剧的温度波动会对水果品质产生极不利的影响，刘广海等[3]对三种物流过程中荔枝品质进行了动态监测，在常温物流和温度急剧波动的冷链物流下荔枝的外观、果皮花色素苷和果肉理化性质均发生改变，实验结果表明全程冷链能够有效维持荔枝的品质安全。然而，小幅而缓慢的温度波动对水果品质产生的影响目前尚有两种结论。李珊等[4]研究了草莓在恒温贮藏条件下，以及经过在温控箱从0℃缓慢升温至10℃的温度波动处理后的品质变化，实验结果表明温度波动处理组和10℃下贮藏的高温贮藏组草莓的货架期明显缩短，品质严重下降。吕昌文等[5]对桃在不同贮藏条件下的品质变化研究中得出了相反结论，波动温度（0 ～ 3.5℃）条件下桃的各项品质指标均优于均温贮藏，同时能延长其货架期0.5倍左右，实验结果表明温度波动能够避免水果冷害。

肉、禽类及水产品冷链物流过程中的温度波动均对食品品质造成不利影响。林朝朋等[6]研究了生鲜猪肉在物流过程中的品质变化，实验表明冷却肉在运输过程中经历温度波动，其TVB-N含量增加速度大于恒温运输组，但若运输时间较长，其品质差别逐渐缩小。刘寿春等[7]对比分析了经处理的冷却猪肉在4℃恒温和0～4℃波动贮藏过程中的品质变化，研究表明贮藏过程中各组品质均有不同程度下降，然而温度波动贮藏条件下的样品品质劣化更加显著，货架期缩短约1 d。陈秦怡等[8]测定了贮藏在不同温度波动的冷藏环境下鸭肉的感官和理化指标，贮藏7 d后温差波幅较大的实验组鸭肉呈灰褐色，气味、弹性及各理化指标均低于对照组（温差波幅在0.5℃内）；3℃下冰温贮藏且波动幅度在0.1～1.0℃内鸭肉品质变化相差不大[9]。黄鸿兵等[10]从猪肉的微观特性角度也证实了以上结论，实验模拟物流运输过程中货物转移可能引起的温度波动，研究了猪肉在该过程中肌间冰晶、色差和理化指标的变化，发现温度波动的时间延长及次数增多都会增加肌间冰晶面积和直径，引起组织结构损伤，同时，剧烈的温度波动会加速蛋白质变性，过高的波动幅度将加速脂肪氧化。Tsironi等[11]从动力学角度分析，建立了冻藏虾肉在变化温度情况下的货架期模型，发现随着温度波动幅度的增大，虾肉的感官、质地、微生物及其他理化指标劣化加剧，货架期缩短。

## 二、影响机理及解决方案

引起食品腐败变质的原因有微生物、酶及非酶化学的作用，这些作用的强弱都与温度密切相关。降低温度可以减弱这些作用，从而阻止或者延缓食品的腐败变质速度。因此，对于水产品来说，低温保鲜是最为有效且应用最广的方法。

研究认为，温度波动导致食品品质下降的最主要原因可能是由于波动和较高温度的贮藏加速了微生物的繁殖。汤燕生等[12]研究了巴氏消毒奶和酸奶在温度波动下菌落总数及酸度的变化情况，将贮藏在4℃下的样品移至10℃、20℃和30℃条件下分别贮藏2 h、3 h和4 h后再移回4℃中贮藏，研究发现温度波动幅度的增大和波动时间的延长都会增加酸度和菌落总数，同时加速酸奶中乳清的析出从而影响其销售。毛海华等[13]模拟了冷藏米饭在流通过程中可能产生的温度波动，研究发现经历温度波动后，米饭的感官拒绝点提前，短时间暴露在高温下后，其菌落总数显著上升，且和暴露温度的高低呈正相关。Gospavic等[14]建立了温度波动下禽肉中假单胞菌属生长的数学模型，实验中发现温度波动幅度越大，菌落生长速度越快。Shorten等[15]在对蔬菜汁中欧文氏菌增长的风险评估分析中也得出了相似结论。Sant' Ana等[16]在对保质期内变温条件下九种即食蔬菜中沙门氏杆菌及单增李斯特菌的生长潜力研究中也发现温度波动和高温贮藏情况会加剧微生物繁殖。

综上所述，冷链物流过程中温度波动导致食品品质急剧下降的问题亟待解决，Likar等[17]假设在零售过程中冷链可能中断且零售商对于食品处理方式的不同会导致食品品质发生变化，缩短其保质期，由此提出在食品贮藏及零售过程中需要监测记录温度，引入危害分析和关键控制点（hazard analysis critical control point, HACCP）系统，保证产品质量。然而，在无法保证完全避免温度波动的情况下，如何采取有效措施减缓温度波动造成的影响具有更为重要的现实意义。Margeirsson等[18]研究比较了动态温度下贮藏在货架上不同包装盒内冷冻鳕鱼片的温度波动和品质变化，研究发现相较于稳态温度场贮藏，动态温度场缩短了鳕鱼片的货架期1.5～3 d。同时指出，保温材料可以减小温度波动过程中室温和鱼块的最大温差，其中发泡聚苯乙烯（EPS）的隔热性优于波纹塑料（CP）。

## 第二节　冷链物流过程中温度变化对金枪鱼品质的影响

我国超市销售的金枪鱼多为超低温金枪鱼，鱼肉在远洋超低温渔船直接速冻后再通过冷链物流进行贮运和销售[19]。我国规范中规定金枪鱼的贮藏、运输、销售等一系列冷链物流过程都需保持在−55℃及以下[20]，公路运输是当前我国冷链运输的主要方式，但目前国内机械超低温运输车辆少、超低温贮运成本高等问题使贮运过程难以始终保持在规定的温度下[5]。因此，研究贮运和销售过程中温度的变化对金枪鱼肉品质产生的影响，寻求温度和品质变化的规律，从而有效降低金枪鱼在冷链物流过程中品质的下降，具有重要的现实意义。

本节通过模拟物流过程中可能出现的温度变化情况，从肌肉组织形态切片、质构、理化指标及菌落总数方面进行分析，旨在探究温度变化对大目金枪鱼肉品质的影响，以期为金枪鱼贮运和销售提供一定的理论参考。

### 一、试验设计

本次试验模拟物流过程温度设定如下：批发市场及贮藏或配售中心冷库要求温度为−55℃；符合金枪鱼运输要求的超低温冷藏运输设备厢体内温度为−55℃[21]；未能达到金枪鱼运输要求的普通冷藏车温度为−18℃[20]；销售终端分为冷藏陈列柜销售和超低温冰箱直接销售两种模式，分别为2℃、−55℃；消费者家用冰箱冷藏室温度为4℃[22]。本次试验模拟了三种物流过程中可能出现的温度变化情况：① 贮运及销售过程均处于−55℃的完整的超低温冷链；② 运输和贮藏过程均采用普通水产品的冷藏车及冷库，全程处于−18℃的普通冷链；③ 超低温贮藏，但运输过程中采用非超低温冷藏车运输的变温冷链。模拟物流过程如图4-1所示。

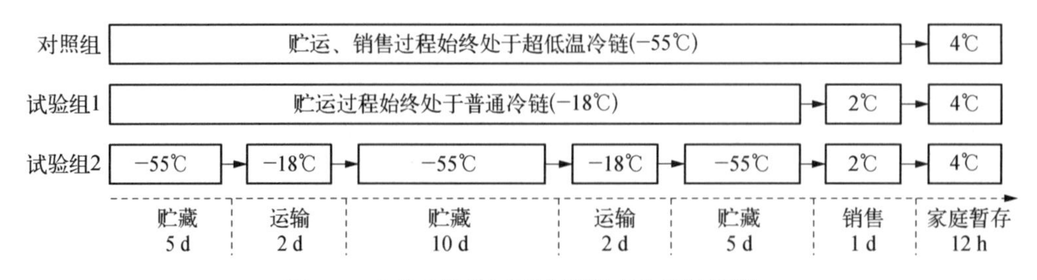


图4-1　金枪鱼物流过程中温度变化情况模拟

按上述模拟的物流过程，将分割好的鱼块分别置于相应温度冰箱中贮藏，在冻藏末期制作肌肉组织形态切片，并定期测定相关指标，其中贮藏过程每5 d测定一次指标、运输过程每2 d测定一次指标、销售和家庭暂存过程每12 h测定一次指标。

## 二、组织结构的变化

冻藏过程中冰晶的形成和生长可能对肌原纤维造成影响，图4-2为冻藏末期金枪鱼的肌肉组织形态切片，表4-1为肌纤维间隙。贮运过程为非完整超低温冷链的样品肌纤维的间隙均有不同程度的增大，其中，图4-2（b）是始终贮藏于−18℃的样品，其肌纤维间隙相对较小，为对照组的1.33倍，肌束结合相对紧密；图4-2（c）是超低温贮藏、普通冷藏车运输的变温冷链的样品，图中鱼肉肌束松散，肌纤维间隙达对照组的2.20倍。这可能是由于−18℃的冻藏温度并不能使鱼肉中水分完全冻结[23]，同时在转移过程中短时间暴露于室温下肉样表面的部分冰晶已经开始融化，使液相增加，由于液体的水蒸气压大于冰晶的水蒸气压[24]，水蒸气从高压侧向低压侧移动，即细胞内未冻结的水向肌纤维间隙聚集，致使肌纤维间的冰晶不断长大[25]，表现为图中肌纤维空隙增大。试验组2的肌原纤维间隙与其他2组均存在显著性差异（$p < 0.05$），可能是由于温度变化频繁导致鱼肉冰晶重结晶，冰晶不断长大[26]，甚至大于−18℃普通冷链，水分的迁移造成肌原纤维蛋白失水变性[27]，冰晶的不断长大也可能导致肌纤维的原有结构遭到破坏[28]，从而影响肌肉的感官特性、质地等理化指标。

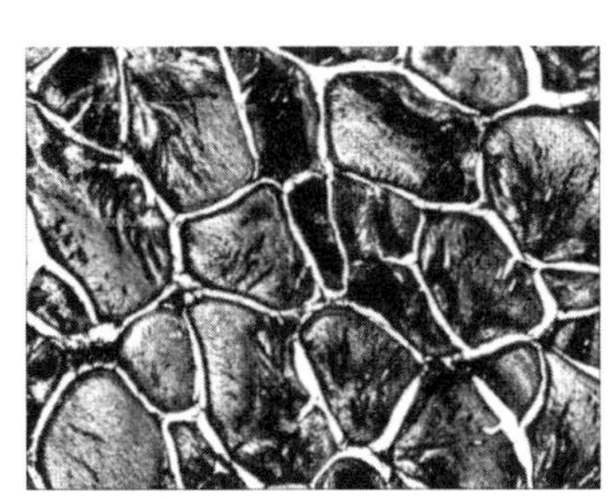
(a) 对照组

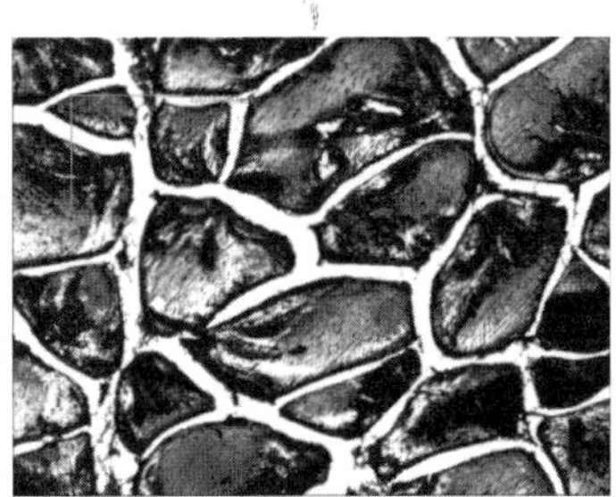
(b) 试验组1

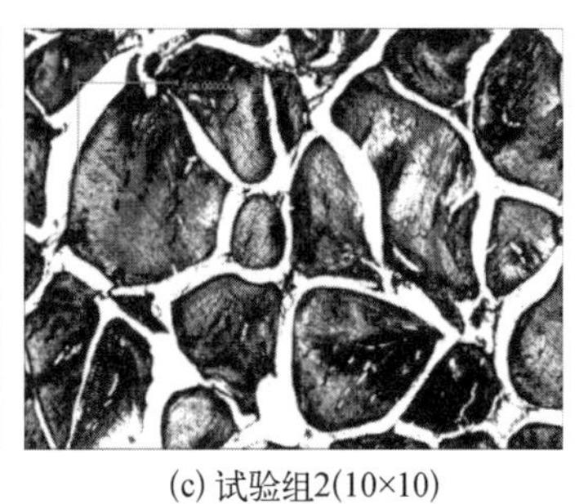
(c) 试验组2(10×10)

图4-2　冻藏末期金枪鱼肌肉组织切片

**表4-1　冻藏末期金枪鱼肌纤维间隙**

| | 对照组 | 试验组1 | 试验组2 |
|---|---|---|---|
| 肌纤维间隙/μm | $7.81 \pm 1.28^{a}$ | $10.37 \pm 2.08^{b}$ | $17.20 \pm 3.79^{c}$ |

注：表中数据为各组样品“肌纤维间隙 ± 标准差”（$n \geq 100$）；同行的不同字母表示差异性显著（$p < 0.05$）。

## 三、感官品质的变化

贮藏过程中金枪鱼肉的感官评价结果如表4-2所示。在贮藏的前5 d，各组样品间并无显著性差异（$p > 0.05$），随着贮藏时间延长，鱼肉感官评分均有明显下降，试验组与对照组开始产生显著性差异（$p < 0.05$），贮藏末期对照组感官评分仅下降了5.16%，试验组1、2感官评分均下降到0分以下，已经低于感官评价可接受限值。贮藏过程中试验组间感官评分并无显著性差异（$p > 0.05$），结果表明，经历频繁温度变化的鱼肉与始终处于较高温度贮藏的鱼肉品质相当，因此，要使鱼肉在消费者消费时仍能保持较高的感官评分，必须将鱼肉保持在完整的超低温冷链下，经历−18℃普通冷藏车运输后再采用超低温贮藏并不能减缓鱼肉感官品质的下降。

**表4-2　金枪鱼感官评价结果**

| 贮藏时间/d | 模拟过程 | 对照组 | 试验组1 | 试验组2 |
|---|---|---|---|---|
| 0 | — | $12.11 \pm 0.82^{a}$ | $12.11 \pm 0.82^{a}$ | $12.11 \pm 0.82^{a}$ |
| 5 | 贮藏 | $11.87 \pm 0.55^{a}$ | $11.40 \pm 0.74^{a}$ | $11.87 \pm 0.55^{a}$ |
| 7 | 运输 | $12.20 \pm 0.34^{a}$ | $10.75 \pm 0.39^{b}$ | $11.41 \pm 0.35^{b}$ |
| 12 | 贮藏 | $12.32 \pm 0.25^{a}$ | $9.25 \pm 0.45^{c}$ | $11.19 \pm 0.37^{b}$ |
| 17 | 贮藏 | $11.99 \pm 0.73^{a}$ | $8.91 \pm 0.53^{b}$ | $11.58 \pm 0.68^{a}$ |
| 19 | 运输 | $12.34 \pm 0.87^{a}$ | $9.03 \pm 1.26^{b}$ | $8.74 \pm 0.74^{b}$ |
| 24 | 贮藏 | $12.01 \pm 1.25^{a}$ | $7.19 \pm 0.85^{b}$ | $7.42 \pm 0.54^{b}$ |
| 24.5 | 销售 | $11.98 \pm 1.28^{a}$ | $6.80 \pm 0.44^{b}$ | $6.70 \pm 1.26^{b}$ |
| 25 | 销售 | $11.64 \pm 0.90^{a}$ | $3.95 \pm 0.71^{b}$ | $3.75 \pm 1.18^{b}$ |
| 25.5 | 家庭暂存 | $11.40 \pm 0.60^{a}$ | $-0.04 \pm 1.06^{b}$ | $-0.81 \pm 1.27^{b}$ |

注：表中数据为各组样品“感官评分平均值 ± 标准差”（$n$=8）；同行的不同字母表示差异性显著（$p < 0.05$）。

## 四、肉色的变化

肉色是金枪鱼销售的最直观指标，新鲜金枪鱼肉中的肌红蛋白都以还原态形式存在，包括脱氧肌红蛋白和氧合肌红蛋白，使鱼肉呈鲜红色[29]，不适的冻藏时间和温度都可能造成贮藏过程中肌红蛋白自动氧化生成高铁肌红蛋白，造成鱼肉褐变。褐变并不会改变鱼肉的营养和风味[30]，但会让消费者认为鱼肉的新鲜度较低，影响其商品价值。金枪鱼肉色的变化如图4-3所示，贮藏期间，所有试验组在移至−18℃后红度值显著下降，19 d后试验组2的红度值开始低于试验组1，这可能是由于温度不断变化加速了鱼肉中肌红蛋白氧化生成高铁肌红蛋白产生褐变，从而导致鱼肉红度值下降。4℃下贮藏12 h后，试验组1红度值为7.4，而试验组2红度值仅为5.2，说明经历多次温度变化的鱼肉在贮藏后期及解冻后的贮藏过程中肉色显著劣化。

肌红蛋白是肌肉细胞中的主要色素，对死后肌肉中肉色影响显著，根据其氧化还原状态及浓度的不同在一定程度上也可说明脂肪氧化的程度[31]。贮藏期间金枪鱼肉高铁肌红蛋白百分含量的变化如图4-4所示。在0 d时鱼肉的高铁肌红蛋白相对百分含量仅为17.62%，Chow等[32]研究表明鱼肉初始高铁肌红蛋白相对百分含量受到冻结速度、冻结方式等的影响显著。试验组的样品在转移至−18℃贮藏后高铁肌红蛋白相对百分含量均显著升高（$p < 0.05$）。在第12 d试验组2中鱼肉的高铁肌红蛋白相对百分含量开始高于试

验组1，贮藏末期高达64.77%。Matthews等[33]研究发现鲣鱼及黄鳍金枪鱼在高于−30℃贮藏时肉色劣变明显。图中结果表明温度频繁变化至−18℃会加速高铁肌红蛋白氧化。高铁肌红蛋白相对百分含量的上升就导致了鱼肉的褐变[34]，从而影响鱼肉的商品价值，与上文红度值的变化趋势相符。

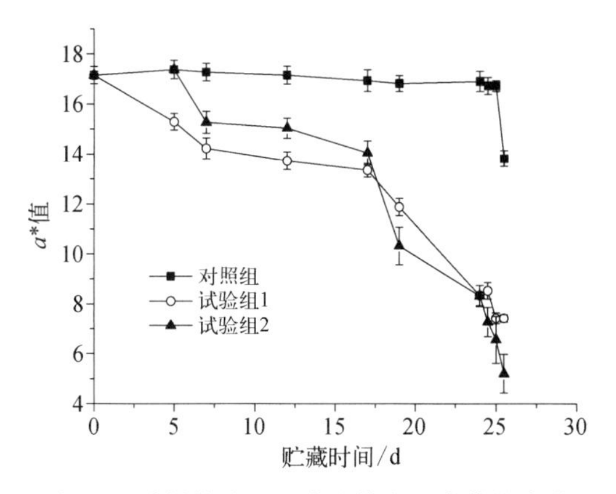


图4-3　冷链物流过程中金枪鱼红度值的变化

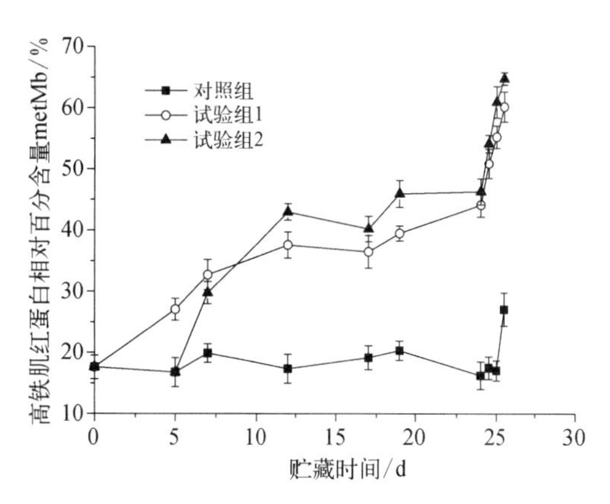


图4-4　冷链物流过程中金枪鱼高铁肌红蛋白百分含量的变化

## 五、pH的变化

贮藏期间金枪鱼肉pH变化如图4-5所示。第0天pH为5.396，pH初始值可能由于鱼的种类、捕获季节等因素而异，较低的初始值在一定程度上反映了鱼肉具有较高的新鲜度，随着贮藏时间的延长，试验组pH均有所升高。贮藏的前12 d，试验组1在−18℃贮藏时pH急剧上升，且贮运期间其值始终高于试验组2。家用冰箱4℃贮藏12 h后试验组1的pH仅为6.44，低于试验组2在销售末期的pH 6.71。通常认为鱼肉的pH低于7则可接受[35]，因此所有试验组pH均在可接受范围内。贮藏期间pH的升高与微生物作用下生成的氨、三甲胺等碱性物质的积累有关[36]。贮运、销售等一系列过程均在−55℃下进行的鱼肉在消费的末期仍能保持较低的pH。

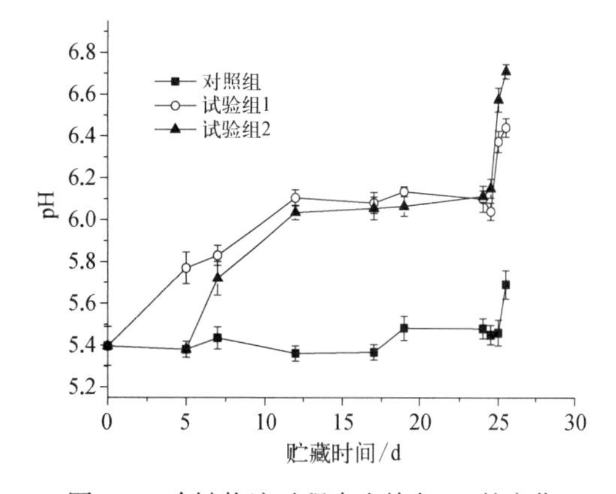


图4-5　冷链物流过程中金枪鱼pH的变化

## 六、持水力的变化

持水力是衡量肌肉组织通过物理方式截留水的能力的主要指标，肌肉组织的水分流失与肉品的微观结构高度相关[28]，冻藏过程中蛋白质变性和冰晶长大对组织的破坏都会影响肉品的持水力。物流过程中金枪鱼肉持水力的变化如表4-3所示。24 d内试验组1、试验组2间持水力并无显著性差异($p > 0.05$),试验组2在第7 d时持水力下降至67.69%后略有回升,这可能是由于鱼肉本身蛋白酶的水解作用导致$\alpha$-氨基态氮逐渐累积[37],鱼肉pH上升,Chow等[32]认为一定范围内pH与肉的持水力成正比,然而持水力的回升并不能说明鱼肉的品质良好。2℃下销售24 h内各试验组持水力均开始下降,其中试验组2的持水力下降17%,最为显著;4℃下贮藏12 h后试验组1的持水力明显高于试验组2。这可能是由于温度变化频繁,冰晶不断增大导致肌原纤维蛋白失水变性,同时对肌肉组织细胞造成机械损伤,解冻后由于细胞膜破裂,细胞不能有效截留水分[28],造成大量汁液流失。

**表4-3 冷链物流过程中金枪鱼持水力的变化**

| 贮藏时间/d | 模拟过程 | 对照组/% | 试验组1/% | 试验组2/% |
|---|---|---|---|---|
| 0 | | $78.15 \pm 1.33^a$ | $78.15 \pm 1.33^a$ | $78.15 \pm 1.33^a$ |
| 5 | 贮藏 | $77.45 \pm 1.23^a$ | $73.35 \pm 1.27^b$ | $75.21 \pm 1.35^{ab}$ |
| 7 | 运输 | $76.75 \pm 1.70^a$ | $71.01 \pm 1.98^b$ | $67.69 \pm 1.33^b$ |
| 12 | 贮藏 | $75.55 \pm 1.12^a$ | $70.41 \pm 1.25^b$ | $68.54 \pm 1.09^b$ |
| 17 | 贮藏 | $76.70 \pm 1.46^a$ | $68.48 \pm 2.16^b$ | $68.03 \pm 1.47^b$ |
| 19 | 运输 | $77.56 \pm 1.25^a$ | $66.94 \pm 1.18^b$ | $66.92 \pm 0.58^b$ |
| 24 | 贮藏 | $76.24 \pm 1.66^a$ | $67.34 \pm 1.23^b$ | $66.71 \pm 1.46^b$ |
| 24.5 | 销售 | $74.99 \pm 1.22^a$ | $64.77 \pm 1.17^b$ | $61.74 \pm 0.79^c$ |
| 25 | 销售 | $75.96 \pm 1.34^a$ | $65.32 \pm 1.19^b$ | $55.63 \pm 0.94^c$ |
| 25.5 | 家庭暂存 | $71.45 \pm 1.24^a$ | $60.12 \pm 0.89^b$ | $53.08 \pm 1.72^c$ |

注:表中数据为各组样品"持水力平均值±标准差"($n$=3);同行的不同字母表示差异性显著($p < 0.05$)。

## 七、质构的变化

质构特性用于表示肉品的组织状态、结构和口感等,是判断鱼肉品质的重要指标[38],本次试验主要考察的质构特性有硬度、弹性和咀嚼性。冷链物流过程中金枪鱼硬度及咀嚼性变化情况分别如表4-4、表4-5所示,弹性无明显变化。贮藏前期各试验组硬度均有不同程度上升,这可能是因为金枪鱼屠宰后在鱼体僵硬之前立即进行速冻,僵硬期的长短受贮藏温度影响显著,且在室温下解冻后会出现解冻僵硬现象。24 d后,试验组的硬度开始下降,这可能是由于受温度变化影响,金枪鱼肉中冰晶不断生长导致肌原纤维空间结构被破坏,冷藏过程中肌原纤维降解导致硬度和咀嚼性下降[39]。其中试验组2下降较为显著,4℃下贮藏12 h其硬度仅为1.128N,甚至低于试验组1,试验结果表明物流过程中的温度变化会严重影响肉品质地。

**表4-4 冷链物流过程中金枪鱼硬度的变化**

| 贮藏时间/d | 模拟过程 | 对照组/N | 试验组1/N | 试验组2/N |
|---|---|---|---|---|
| 0 | — | $3.781 \pm 0.121^a$ | $3.781 \pm 0.121^a$ | $3.781 \pm 0.121^a$ |
| 5 | 贮藏 | $3.743 \pm 0.209^a$ | $3.874 \pm 0.190^a$ | $3.743 \pm 0.209^a$ |
| 7 | 运输 | $3.770 \pm 0.184^a$ | $4.068 \pm 0.212^a$ | $3.774 \pm 0.190^a$ |

续　表

| 贮藏时间 / d | 模拟过程 | 对照组 / N | 试验组 1 / N | 试验组 2 / N |
|---|---|---|---|---|
| 12 | 贮藏 | $3.945 \pm 0.188^a$ | $4.197 \pm 0.205^a$ | $3.791 \pm 0.205^a$ |
| 17 | 贮藏 | $4.008 \pm 0.210^a$ | $4.099 \pm 0.179^a$ | $3.840 \pm 0.171^a$ |
| 19 | 运输 | $4.015 \pm 0.229^a$ | $3.990 \pm 0.209^a$ | $3.672 \pm 0.163^a$ |
| 24 | 贮藏 | $4.027 \pm 0.186^a$ | $3.517 \pm 0.151^b$ | $3.480 \pm 0.212^b$ |
| 24.5 | 销售 | $4.079 \pm 0.170^a$ | $2.397 \pm 0.130^c$ | $3.336 \pm 0.157^b$ |
| 25 | 销售 | $4.097 \pm 0.198^a$ | $2.071 \pm 0.240^b$ | $2.297 \pm 0.205^b$ |
| 25.5 | 家庭暂存 | $3.718 \pm 0.150^a$ | $1.368 \pm 0.178^b$ | $1.128 \pm 0.213^b$ |

注：表中数据为各组样品“硬度平均值 ± 标准差”($n$=6)；同行的不同字母表示差异性显著($p < 0.05$)。

**表 4-5　冷链物流过程中金枪鱼咀嚼性的变化**

| 贮藏时间 / d | 模拟过程 | 对照组 | 试验组 1 | 试验组 2 |
|---|---|---|---|---|
| 0 | — | $238.58 \pm 12.35^a$ | $238.58 \pm 12.35^a$ | $238.58 \pm 12.35^a$ |
| 5 | 贮藏 | $223.58 \pm 11.37^a$ | $173.81 \pm 9.33^b$ | $223.58 \pm 11.37^a$ |
| 7 | 运输 | $217.27 \pm 8.75^a$ | $182.59 \pm 11.63^b$ | $180.82 \pm 9.43^b$ |
| 12 | 贮藏 | $213.74 \pm 9.15^a$ | $186.55 \pm 10.95^b$ | $193.03 \pm 10.90^{ab}$ |
| 17 | 贮藏 | $228.73 \pm 11.43^a$ | $180.65 \pm 8.28^b$ | $196.04 \pm 7.49^b$ |
| 19 | 运输 | $214.93 \pm 13.32^a$ | $150.12 \pm 11.34^b$ | $150.37 \pm 15.77^b$ |
| 24 | 贮藏 | $213.68 \pm 9.00^a$ | $185.05 \pm 15.40^b$ | $148.49 \pm 11.59^c$ |
| 24.5 | 销售 | $213.43 \pm 7.34^a$ | $111.99 \pm 13.32^b$ | $104.35 \pm 15.99^b$ |
| 25 | 销售 | $209.86 \pm 10.22^a$ | $106.12 \pm 15.22^b$ | $90.40 \pm 10.94^b$ |
| 25.5 | 家庭暂存 | $165.02 \pm 15.32^a$ | $82.06 \pm 8.15^b$ | $58.03 \pm 11.77^b$ |

注：表中数据为各组样品“咀嚼性平均值 ± 标准差”($n$=6)；同行的不同字母表示差异性显著($p < 0.05$)。

## 八、TBA值的变化

脂肪的氧化酸败是水产品产生腥味甚至变味的重要原因，脂肪氧化还可能降低鱼肉的营养价值，影响肉色，许多研究[40]已经证明脂肪含量高的鱼类中脂肪氧化程度与TBA值具有良好的相关性，因此TBA值常作为评价脂肪氧化酸败的主要指标，用于测定脂肪氧化的次级产物[41]。贮藏期间金枪鱼肉TBA的变化如图4-6所示。试验组的鱼肉TBA值在贮藏期间均有所上升，17 d后试验组2的TBA值开始高于试验组1，冷藏期间其值也急剧升高，贮藏末期高达1.277 mg MDA/kg。试验组1中鱼肉的TBA值在冷藏期间也显著升高，但贮藏末期为1.029 mg MDA/kg，仅相当于试验组2在销售末期的TBA值。对照组中鱼肉在−55℃冻藏期间TBA值并无显著变化($p > 0.05$)，4℃贮藏12 h期间其TBA值仅升高0.087 mg MDA/kg，升高速度显著低于试验组。通常认为鱼肉中TBA值达到1～2 mg MDA/kg会开始产生腐败性酸臭味[42]，试验组1、2在试验末期均达该范围，与上文感官评分负值的结论相符，试验结果表明，经历多次温度变化的金枪鱼肉在冻藏末期和冷藏期间脂肪氧化较为显著，始终处于−55℃冻藏的金枪鱼肉即使在冷藏12 h后也能保持较低的脂肪氧化程度。

## 九、TVB-N值及TMA-N值的变化

TVB-N与水产品的腐败密切相关，是测定贮藏过程中蛋白质在酶和细菌的作用下分解产生三甲胺、二甲胺及氨等碱性含氮物质的总量，在多数鱼肉贮藏试验中随时间呈直线或曲线上升；鱼肉在冷藏条件下其TMA-N含量会急剧升高，其腐败时散发出的刺激性气味也与肌肉组织中TMA-N的含量及细菌的活性相关，因此，TVB-N值及TMA-N值常作为评价鱼肉新鲜度的重要指标[41]。

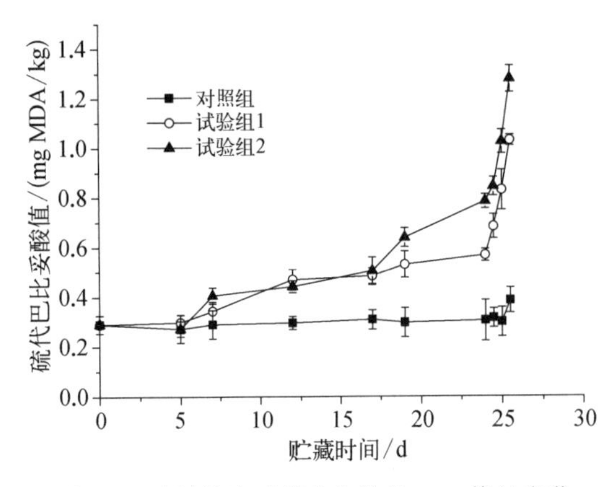


图4-6 冷链物流过程中金枪鱼TBA值的变化

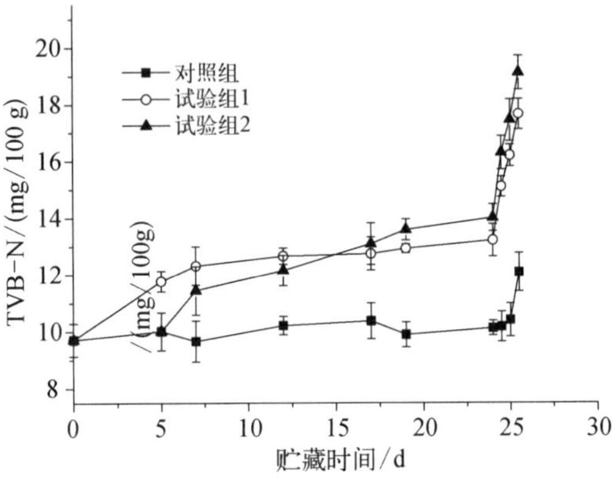

图4-7 冷链物流过程中金枪鱼TVB-N值的变化

贮藏期间金枪鱼肉TVB-N值的变化如图4-7所示。TVB-N的初始值为9.71 mg/100 g，贮藏25 d内对照组鱼肉的TVB-N值几乎没有变化。试验组1中鱼肉的TVB-N值在移至−18℃后显著升高，24 d后升高更加迅速，贮藏末期高达19.11 mg/100 g，对于多数鱼类，通常认为30 mg/100 g是消费的上限[36]，因此其仍然属于可食用范围内。试验组1中TVB-N的上升趋势与试验组2相同，贮藏末期达17.65 mg/100 g，低于试验组2的TVB-N值。较高的TVB-N值说明在贮藏过程中碱性物质不断累积，该结论与上文pH升高的趋势相符。Hozbor等[43]研究发现TVB-N与细菌性腐败有关，本试验中温度变化可能加快细菌繁殖、加速鱼肉腐败。

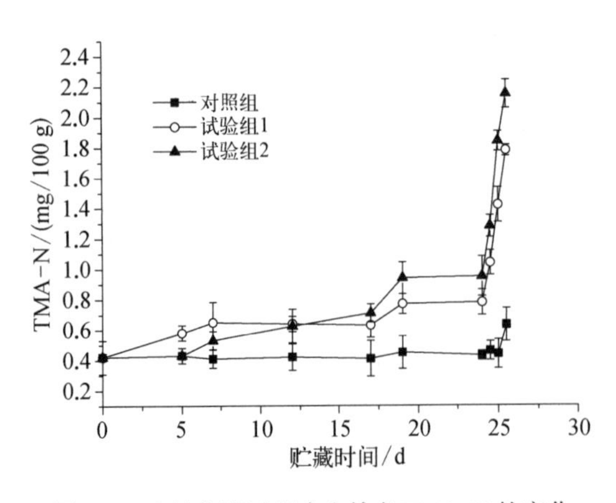


图4-8 冷链物流过程中金枪鱼TMA-N的变化

贮藏期间金枪鱼肉TMA-N的变化如图4-8所示。试验过程中TMA-N的变化趋势与上文TVB-N趋势相同，第0 d TMA-N值为0.42 mg/100 g，移至−18℃贮藏后TMA-N值开始上升，但冻藏期间所有样品组上升较为平缓，试验组间也无显著性差异($p < 0.05$)。试验组的鱼肉在转移至2℃贮藏后TMA-N值开始急剧上升，25 d时试验组2的TMA-N值达

1.84 mg/100 g，试验组1仅为1.42 mg/100 g。TMA-N值的上限为12 mg/100 g[44]，按此标准，所有鱼肉均在可食用范围内。因此，对于金枪鱼而言，−18℃贮藏和贮藏温度不断变化都会导致贮藏后期鱼肉新鲜度值的显著下降，尤其是温度变化会导致其劣化更加迅速。

## 十、组胺的变化

金枪鱼、鲣鱼等鲭鱼亚目鱼类在捕获后易产生组胺，导致鲭鱼中毒，大目金枪鱼是常见组胺中毒的鱼类之一[132]。金枪鱼肉中有较高含量的游离组氨酸，在微生物作用下脱羧基形成组胺，许多研究认为组胺可以作为评价金枪鱼贮藏期间新鲜度的良好指标[45]，随着鱼肉新鲜度下降，组胺含量升高。

贮藏期间金枪鱼肉组胺的变化如表4-6所示。25 d内对照组的组胺含量无显著变化（$p > 0.05$），试验组中鱼肉的组胺含量在24 d后开始显著上升（$p < 0.05$），2℃贮藏期间试验组的组胺含量均有所升高，但升高较为缓慢，贮藏1 d内试验组1组胺增长不显著（$p > 0.05$），增长速率低于试验组2。4℃贮藏12 h后分别为12.445 mg/kg和13.109 mg/kg，均低于FDA规定的安全限量50 mg/kg。研究表明从捕获至消费始终贮藏在4.4℃以下能够有效防止鲭鱼中毒[46]；Arnold等[47]研究发现1℃条件下贮藏组胺几乎没有增加，本试验组胺变化趋势与以上结论相符。销售过程中试验组2的组胺含量略高于试验组1，但并无显著性差异（$p > 0.05$），4℃消费者冰箱贮藏期间试验组的组胺含量较为接近，并不能说明温度变化对组胺的生成造成影响。

**表4-6　冷链物流过程中金枪鱼组胺的变化**

| 贮藏时间/d | 对照组/(mg/kg) | 试验组1/(mg/kg) | 试验组2/(mg/kg) |
|---|---|---|---|
| 0 | $7.316 \pm 0.224^{a1}$ | $7.316 \pm 0.224^{a1}$ | $7.316 \pm 0.224^{a1}$ |
| 5 | $7.300 \pm 0.031^{a1}$ | $7.312 \pm 0.068^{a1}$ | $7.300 \pm 0.031^{a1}$ |
| 7 | $7.303 \pm 0.078^{a1}$ | $7.364 \pm 0.244^{a1}$ | $7.335 \pm 0.097^{a1}$ |
| 12 | $7.329 \pm 0.159^{a1}$ | $7.349 \pm 0.481^{a1}$ | $7.351 \pm 0.221^{a1}$ |
| 17 | $7.391 \pm 0.164^{a1}$ | $7.358 \pm 0.079^{a1}$ | $7.382 \pm 0.050^{a1}$ |
| 19 | $7.301 \pm 0.013^{a1}$ | $7.303 \pm 0.284^{a1}$ | $7.313 \pm 0.288^{a1}$ |
| 24 | $7.348 \pm 0.230^{a1}$ | $7.339 \pm 0.105^{a1}$ | $7.398 \pm 0.172^{a1}$ |
| 24.5 | $7.340 \pm 0.283^{a1}$ | $8.036 \pm 0.349^{b2}$ | $8.057 \pm 0.242^{b2}$ |
| 25 | $7.359 \pm 0.439^{a1}$ | $9.208 \pm 0.092^{b2}$ | $9.283 \pm 0.041^{b2}$ |
| 25.5 | $8.583 \pm 0.071^{a1}$ | $12.455 \pm 0.377^{b2}$ | $13.109 \pm 0.806^{b2}$ |

注：表中数据为各组样品“组胺含量±标准差”（$n$=6）；同列的不同字母及同行的不同数字表示差异性显著（$p < 0.05$）。

## 十一、菌落总数的变化

菌落总数常用于评价食品被污染程度，金枪鱼常作为生鱼片或寿司生食，菌落总数是评价其安全性的重要指标之一。根据国际食品微生物标准委员会(The International Committee on Microbiological Specification for Food, ICMSF)规定[48]，鲜、冻鱼菌落总数必须低于$10^6$CFU/g。根据行业标准《生食金枪鱼》(SC/T 3117—2006 )，用于生食的金枪鱼肉菌落总数不得高于$10^4$CFU/g。

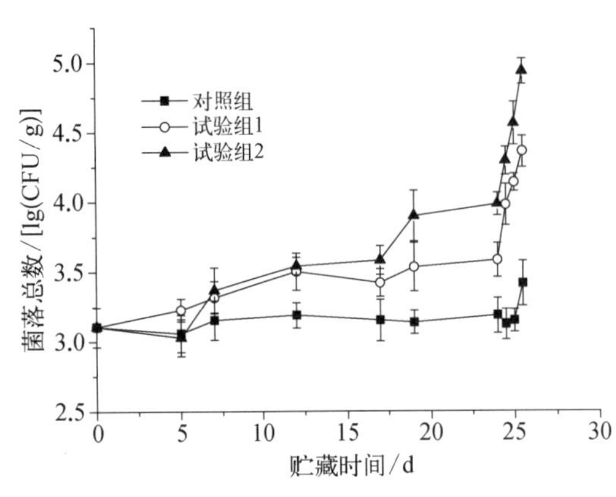


图4-9　冷链物流过程中金枪鱼菌落总数的变化

贮藏期间金枪鱼肉菌落总数的变化如图4-9所示。第0 d样品的菌落总数为3.105 lg(CFU/g)，随着贮藏时间延长，试验组中的菌落总数均有所升高，其中，试验组2在每次移至−18℃贮藏后菌落总数显著升高($p<0.05$)，说明温度频繁变化会加速微生物的繁殖。在移至2℃及4℃后所有样品的菌落总数均显著升高，与Özogul等[41]对欧洲鳗鲡贮藏的研究具有相同趋势。贮藏末期对照组和试验组1、2中鱼肉的菌落总数分别为3.415 lg(CFU/g)，4.359 lg(CFU/g)及4.933 lg(CFU/g)，均低于ICMSF的标准，然而试验组1在销售12 h后菌落总数达3.977 lg(CFU/g)，已经接近行业标准的生食上限，试验组2为4.291 lg(CFU/g)，已经超过生食上限，说明非超低温贮藏和频繁变化温度贮藏都不能保证鱼肉在消费者食用期间的安全性。

## 十二、本节小结

1) 超低温冻藏金枪鱼肉的新鲜程度受物流过程中温度变化的影响显著，物流过程中经历多次温度变化的金枪鱼肉在冷藏销售及消费者家用冰箱贮藏期间新鲜度显著下降，表现为感官评分下降、持水力下降，肌红蛋白加速氧化为高铁肌红蛋白，失去金枪鱼肉原有的鲜红色泽，产生褐变，pH、TBA值、TVB-N、TMA-N及菌落总数上升，同时硬度和咀嚼性下降，然而由于贮藏温度较低，组胺积累并不显著，本研究并不能说明冻藏期间的温度变化对组胺含量产生影响。

2) 金枪鱼肉在贮运期间处于冻结状态，冻藏期间的温度变化导致肌纤维间的冰晶不断长大，表现为肌纤维空隙增大、组织松散，在2℃冷藏陈列柜销售及消费者家用冰箱贮藏过程中，物流过程经历温度变化的鱼肉的劣变程度最为显著，其质量甚至低于物流过程始终保持在−18℃而不产生温度变化的鱼肉，因此，如运输过程中不具备超低温冷藏车，仅靠超低温贮藏并不能减缓鱼肉品质劣变，此时应适当调节贮藏温度，尽量避免贮运过程中的温度波动。

3) 贮运、销售过程始终保持在−55℃的完整超低温冷链下能够使金枪鱼肉保持良好品质，因此，应尽快建立超低温冷链，尽量减少贮运过程中的温度变化，同时，销售过程中也宜使用超低温冰柜，以保障消费时金枪鱼肉的优良品质。

本节通过模拟不同冷链物流情况监测金枪鱼肉的品质变化，得出温度与品质变化间的规律，有望为中国金枪鱼冷链物流的改良和完善提供参考。然而，现阶段中国金枪鱼冷链物流并不完善，如何减少温度变化对鱼肉品质造成的影响值得进一步研究与探讨。

# 第三节　冷链物流中包装方式对变温贮运金枪鱼品质的影响

上一节的研究结果表明，目前我国冷链物流中可能存在的超低温贮藏、非超低温冷藏车运输的变温冷链物流过程会导致金枪鱼肉在贮运末期组织松散、感官评分及理化性质的显著劣化。因此，考虑经济成本和可操作性问题，在现有的保鲜手段下，如何减少不完整的超低温冷链物流过程对鱼肉品质造成的影响值得进一步研究与探讨。

本节试验对金枪鱼分别进行气调（60% $CO_2$ / 15% $O_2$ / 25% $N_2$）、真空包装，以空气包装作为对照，从感官评分、肉色、pH、TBA、TVB-N、组胺及菌落总数方面进行分析，探究不同的包装方式对物流过程中金枪鱼肉的品质影响，为金枪鱼冷链物流保鲜方式提供参考。

## 一、试验设计

试验所用大目金枪鱼背肉购自浙江丰汇远洋渔业有限公司，捕捞屠宰冷冻后直接抽真空冻藏于−55℃。将购得的金枪鱼块快速分割成大小约5 cm × 4 cm × 3 cm的鱼块并于中心处打孔，每块质量为60 g±5 g，随机分成3组：空气包装组、真空包装组、气调包装组，其中气调包装参考Ruiz-Capillas等[54]的研究结果，气体比例为60% $CO_2$ / 15% $O_2$ / 25% $N_2$，填充气体体积和鱼肉质量比为2：1（mL：g）。试验所用包装选用尼龙＋聚乙烯（PA ＋ PE）复合材质食品包装袋。

试验模拟了物流过程中可能出现不完整超低温冷链的情况，即“超低温贮藏、非超低温运输、销售”的流通过程，按图4-10模拟的物流过程，将包装好的鱼块分别置于相应温度冰箱中贮藏，定期测定相关指标，其中贮藏过程每5 d测定一次指标，运输、销售及家庭暂存过程每2 d测定一次指标。

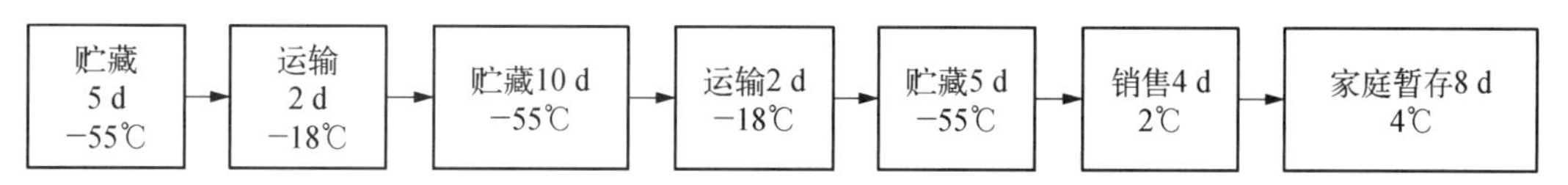


图4-10　金枪鱼冷链物流过程中温度变化情况模拟

## 二、感官品质的变化

贮藏期间金枪鱼肉的感官评价结果如表4-7所示，随着贮藏时间延长，冷链过程中的温度变化导致各组鱼肉感官评价均呈下降趋势。空气包装组在4℃下家用冰箱贮藏2 d后感官评分仅为4.75，已低于可接受值，6 d后鱼块的棱角处已产生明显褐变，鱼肉表面无光泽且略有黏性。真空包装组在4℃下贮藏4 d后虽然鱼块表面有光泽且较有弹性，但已略有腥臭味，而气调包装组直至试验末期感官评分仍有5.13，显著高于其他两组（$p<0.05$）。所有样品在解冻后均出现不同程度汁液流失，其中真空包装组最多，大量汁液留在袋内可能是导致其在冷藏期间感官评分迅速下降的原因，真空包装组的鱼肉在解冻后由于包装袋受到大气压的挤压，取出后鱼块外形不规则也影响了其感官评分；2℃销售期间气调包装组和空气包装组包装袋内的水蒸气凝结在内表面发生结露现象，阻碍了消费者对包装内肉品的判断，降低了销售者对商品的好感。

表4-7 金枪鱼感官评价结果

| 贮藏时间/d | 模拟过程 | 空气包装组 | 真空包装组 | 气调包装组 |
|---|---|---|---|---|
| 0 | — | $8.63 \pm 0.10^{a}$ | $8.63 \pm 0.10^{a}$ | $8.63 \pm 0.10^{a}$ |
| 5 | 贮藏 | $8.18 \pm 0.21^{ab}$ | $7.97 \pm 0.23^{a}$ | $8.30 \pm 0.14^{b}$ |
| 7 | 运输 | $7.82 \pm 0.23^{a}$ | $7.97 \pm 0.10^{a}$ | $8.22 \pm 0.21^{b}$ |
| 12 | 贮藏 | $7.75 \pm 0.38^{a}$ | $7.77 \pm 0.27^{a}$ | $7.85 \pm 0.32^{a}$ |
| 17 | 贮藏 | $7.43 \pm 0.12^{a}$ | $7.48 \pm 0.12^{ab}$ | $7.63 \pm 0.16^{b}$ |
| 19 | 运输 | $7.55 \pm 0.28^{a}$ | $7.67 \pm 0.37^{a}$ | $7.68 \pm 0.33^{a}$ |
| 24 | 贮藏 | $7.23 \pm 0.15^{a}$ | $7.32 \pm 0.15^{a}$ | $7.52 \pm 0.15^{b}$ |
| 26 | 销售 | $6.48 \pm 0.08^{a}$ | $6.38 \pm 0.21^{a}$ | $6.80 \pm 0.14^{b}$ |
| 28 | 销售 | $5.98 \pm 0.19^{a}$ | $5.55 \pm 0.16^{b}$ | $6.33 \pm 0.33^{c}$ |
| 30 | 家庭暂存 | $4.75 \pm 0.31^{a}$ | $5.08 \pm 0.13^{b}$ | $5.75 \pm 0.19^{c}$ |
| 32 | 家庭暂存 | $4.52 \pm 0.20^{a}$ | $4.95 \pm 0.15^{b}$ | $5.43 \pm 0.14^{c}$ |
| 34 | 家庭暂存 | $4.27 \pm 0.12^{a}$ | $4.73 \pm 0.16^{b}$ | $5.23 \pm 0.30^{c}$ |
| 36 | 家庭暂存 | $3.98 \pm 0.15^{a}$ | $4.50 \pm 0.24^{b}$ | $5.13 \pm 0.21^{c}$ |

注：表中数据为各组样品“感官评分平均值±标准差”（$n$=6）；同行的不同字母表示差异性显著（$p<0.05$）。

## 三、肉色的变化

贮藏期间金枪鱼的红度值及高铁肌红蛋白相对百分含量变化分别如图4-11、图4-12所示。冻藏期间各组红度值及高铁肌红蛋白含量均无显著变化，冷链过程中的温度变化导致各组鱼肉在移至2℃销售后红度值均显著下降（$p<0.05$），其中真空包装组下降最为显著，红度值仅为6.62，显著低于其他两组。冷藏贮藏期间空气和气调包装组红度值缓慢下降，真空包装组红度值并无显著变化，这可能是由于真空包装缺少$O_2$，无法与还原态的肌红蛋白结合生产氧合肌红蛋白，还原态肌红蛋白呈紫色，使肉色较为暗淡因而红度值始终较低。图4-12中真空包装组具有较低的高铁肌红蛋白含量，与上述推论相符。贮藏末期空气包装组的红度值下降至5.55，已接近真空包装组，但高铁肌红蛋白已经高达55.62%，说明空气包装组红度值下降的原因是高铁肌红蛋白的不断累积，而气调包装组始终具有较高红度值，高铁肌红蛋白含量低于空气包装组，可见该气体组成的气调包装有利于保持肉色。

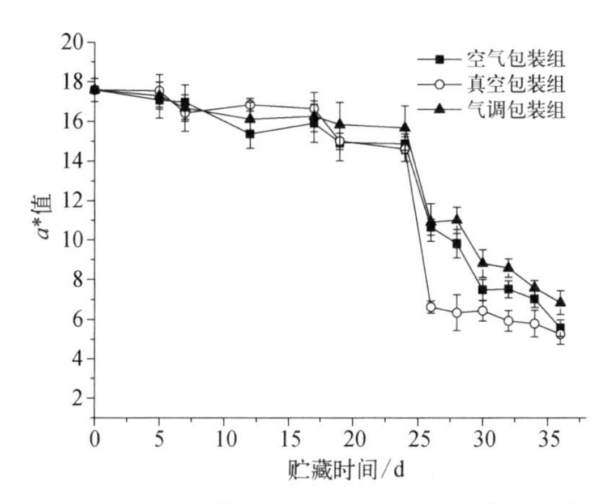


图4-11　冷链物流过程中金枪鱼红度值的变化

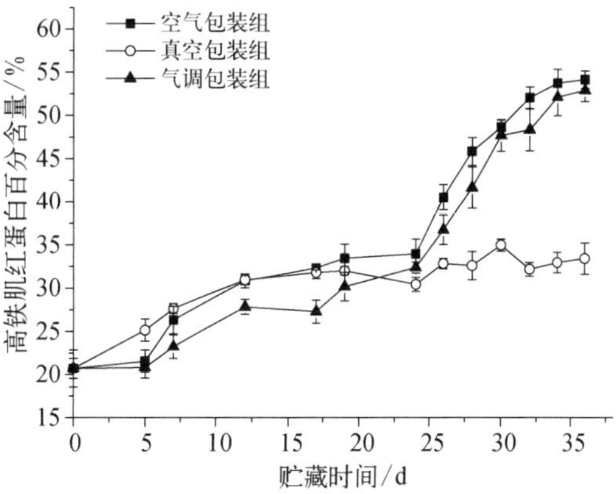

图4-12　冷链物流过程中金枪鱼高铁肌红蛋白百分含量的变化

## 四、pH的变化

贮藏期间金枪鱼肉的pH变化如图4-13所示，随着贮藏时间延长，各组pH均有所升高。气调包装组移至2℃贮藏后pH呈先降后升趋势，且始终低于空气和真空包装组，4℃家用冰箱贮藏6 d内升高较为缓慢，这可能是由于$CO_2$易溶解在鱼肉组织中且其溶解度在低温下显著升高[49]，同时，$CO_2$的溶解抑制了微生物生长，减少其分解蛋白质产生的碱性物质[30]，造成肉品的pH较低。空气和真空包装组在冷藏后pH开始显著升高，其中空气包装组升高最为显著，pH的升高可能与贮藏过程中微生物产生的氨等碱性物质的累积有关，通常认为pH的可接受限值为7[35]，所有包装组pH均在可接受范围内。

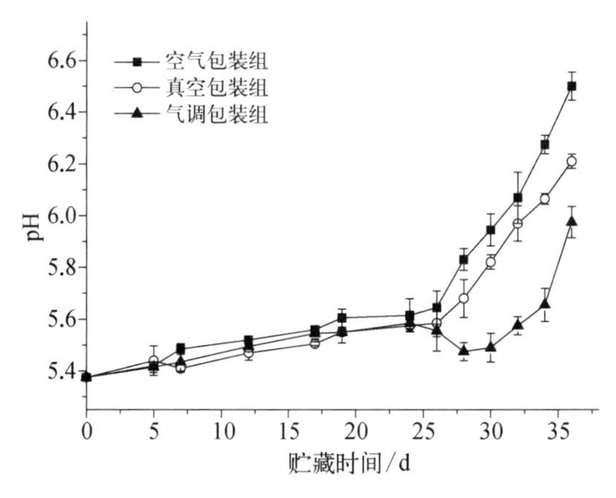

图4-13　冷链物流过程中金枪鱼pH的变化

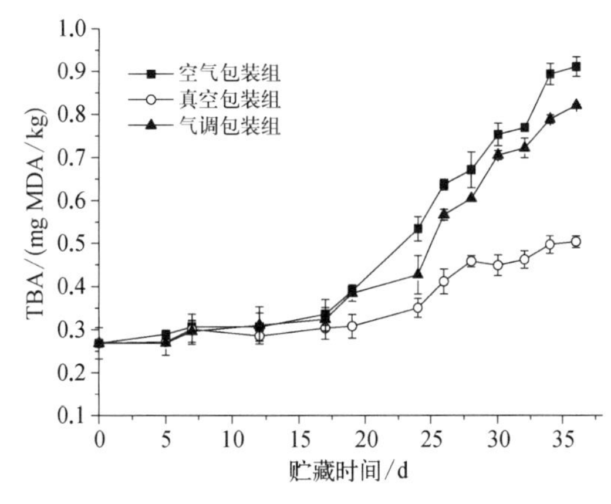


图4-14　冷链物流过程中金枪鱼TBA值的变化

## 五、TBA值的变化

贮藏期间金枪鱼TBA值变化如图4-14所示，随着贮藏时间延长，各组TBA均呈上升趋势。整个物流过程中真空包装组的TBA值始终低于空气和气调包装组，2℃销售2 d后TBA值升高趋于平缓，贮藏末期仅为0.50 mg MDA/kg，这可能是由于真空包装中的无氧环境抑制了脂肪的氧化。空气和气调包装的鱼肉TBA值在冷藏期间急剧升高，贮藏末期分别达到0.91 mg MDA/kg和0.82 mg MDA/kg，气调包装组的TBA值相对较低，这与Thiansilakul等[50]研究气调包装中高浓度的$CO_2$和较低浓度的$O_2$能够降低金枪鱼肉中TBA值的结论相符。通常认为鱼肉中TBA值达到1～2 mg MDA/kg会开始产生腐败性酸臭味[42]，因此二者均在可接受范围内。结果表明，气调包装和真空包装都能够有效抑制鱼肉的氧化酸败，其中真空包装的效果较好。

## 六、TVB-N值的变化

贮藏期间金枪鱼肉TVB-N值的变化如图4-15所示，由于冷链过程中温度频繁变化，随着贮藏时间延长，所有试验组TVB-N值均呈上升趋势。其中，空气包装组TVB-N值升高最快，移至2℃销售后显著上升，贮藏末期达24.33 mg/100 g，高于其他两组，但未超过30 mg/100 g的上限[35]。Hozbor等[131]研究发现TVB-N与细菌性腐败有关，真空和气调包装可能抑制细菌的繁殖，降低其分解蛋白质的速率，从而减少氨及胺类等碱性挥发性物质的产生。气调包装组的TVB-N值在试验期间始终较低，2℃销售期间TVB-N几乎不变，随后缓慢上升，贮藏末期仅为16.77 mg/100 g，低于真空包装组，TVB-N值升高说明在贮藏过中碱性物质不断累积，上文气调包装组的pH在移至2℃销售后先降后升，溶于肌肉组织中的$CO_2$可能与贮藏过程中产生的碱性物质中和，导致冷藏期间检测到的TVB-N值较低。实验结果表明，真空包装对降低鱼肉TVB-N值效果不佳，而气调包装能有效降低鱼肉的TVB-N值。

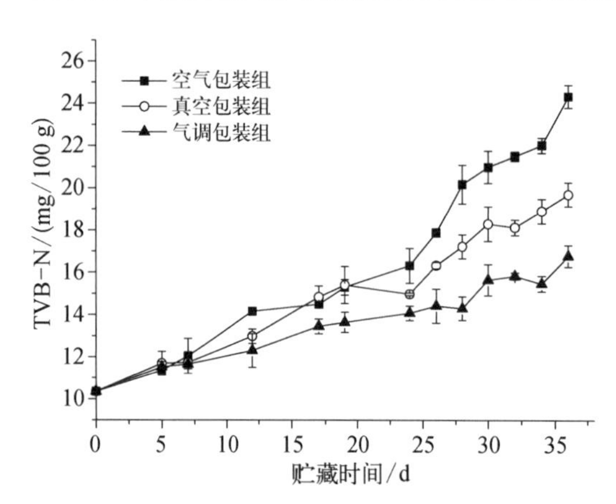

图4-15 冷链物流过程中金枪鱼TVB-N值的变化

## 七、组胺含量的变化

贮藏期间金枪鱼肉的组胺含量如表4-8所示。冻藏期间各组组胺含量几乎不变，随着冷藏时间延长，气调包装组的组胺含量并无明显变化，2℃下销售2 d后空气包装组组胺含量升高，显著高于真空和气调包装组（$p < 0.05$），4℃贮藏下真空包装组胺含量也有所升高，但升高较为缓慢，4 d后开始显著高于气调包装组，贮藏末期各组的组胺含量均低于FDA规定的安全限量50 mg/kg。赵中辉等[51]在对鲅鱼中组胺菌的研究中发现分离出的菌株均为严格好氧菌和兼性好氧菌，因此空气包装并不能抑制组胺菌繁殖并生产组胺；真空包装能够抑制严格好氧菌的繁殖但对兼性好氧菌并无明显抑制

作用，因而抑制组胺增长效果较差。贮藏末期气调包装组的组胺含量最低，这可能是由于气调包装中较高浓度的$CO_2$对组胺菌的繁殖具有明显的抑制作用[35]，能有效减少组胺生成。Alak等[52]也发现真空及气调包装对4℃下鲣鱼中生物胺的形成均有一定程度的抑制作用。因此，真空和气调包装均能减缓组胺含量升高，其中气调包装的效果较好。

表4-8　冷链物流过程中金枪鱼组胺的变化

| 贮藏时间/d | 模拟过程 | 空气包装组 | 真空包装组 | 气调包装组 |
|---|---|---|---|---|
| 0 | — | $8.63\pm0.06^a$ | $8.63\pm0.06^a$ | $8.63\pm0.06^a$ |
| 5 | 贮藏 | $8.67\pm0.09^a$ | $8.71\pm0.05^a$ | $8.74\pm0.01^a$ |
| 7 | 运输 | $8.73\pm0.06^a$ | $8.78\pm0.02^a$ | $8.71\pm0.04^a$ |
| 12 | 贮藏 | $8.67\pm0.03^a$ | $8.71\pm0.10^a$ | $8.67\pm0.06^a$ |
| 17 | 贮藏 | $8.68\pm0.02^a$ | $8.69\pm0.09^a$ | $8.73\pm0.02^a$ |
| 19 | 运输 | $8.67\pm0.06^a$ | $8.75\pm0.03^a$ | $8.71\pm0.03^a$ |
| 24 | 贮藏 | $8.69\pm0.09^a$ | $8.69\pm0.03^a$ | $8.72\pm0.03^a$ |
| 26 | 销售 | $8.75\pm0.14^a$ | $8.74\pm0.01^a$ | $8.70\pm0.01^a$ |
| 28 | 销售 | $8.89\pm0.03^a$ | $8.70\pm0.06^b$ | $8.71\pm0.03^b$ |
| 30 | 家庭暂存 | $9.12\pm0.01^a$ | $8.73\pm0.02^b$ | $8.69\pm0.04^b$ |
| 32 | 家庭暂存 | $9.79\pm0.11^a$ | $9.09\pm0.00^b$ | $8.80\pm0.08^c$ |
| 34 | 家庭暂存 | $11.30\pm0.11^a$ | $9.27\pm0.01^b$ | $8.81\pm0.04^c$ |
| 36 | 家庭暂存 | $12.69\pm0.13^a$ | $9.53\pm0.05^b$ | $8.86\pm0.05^c$ |

注：表中数据为各组样品“组胺含量±标准差”($n$=6)；同行的不同字母表示差异性显著($p<0.05$)。

## 八、菌落总数的变化

贮藏过程中金枪鱼的菌落总数变化如图4-16所示。随着贮藏时间延长，空气包装组的菌落总数呈现由慢到快的趋势，2℃销售和4℃家用冰箱贮藏过程中菌落总数升高迅速。2℃销售2 d内真空包装组菌落总数升高不显著($p>0.05$)，可能是由于无氧环境抑制了部分需氧菌的生长，随后菌落总数显著上升。气调包装组中菌落总数相对较低，2℃贮藏2 d还出现了先下降后上升的趋势，这可能是由于高浓度的$CO_2$抑制了部分细菌的繁殖，降低了相关微生物的增长速率[53]。4℃家用冰箱贮藏期间气调包装组菌落总数升高，可能由于包装中水蒸气的存在加速了微生物的繁殖，但总体增长速率较低。菌落总数的变化情况与上文TVB-N值的变化相符。根据行业标准《生食金枪鱼》

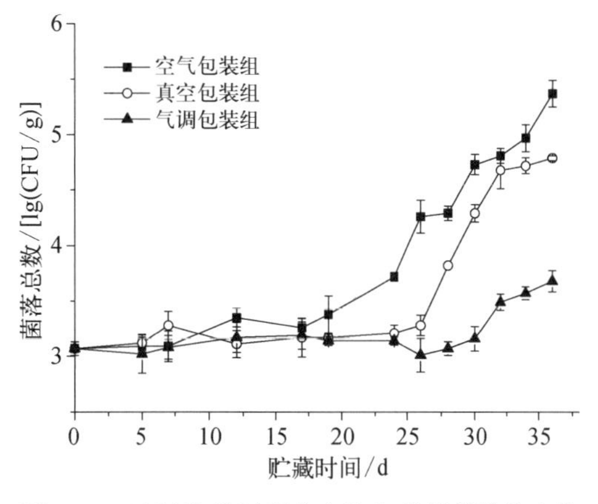


图4-16　冷链物流过程中金枪鱼菌落总数的变化

(SC/T 3117—2006),用于生食的金枪鱼肉菌落总数不得高于$10^4$CFU/g,贮藏末期气调包装金枪鱼肉的菌落总数仅为3.68 lg(CFU/g),仍处于可生食范围,空气包装组和真空包装组分别在26 d和30 d超过生食上限。试验结果表明,气调包装能有效抑制金枪鱼肉中微生物的繁殖。

## 九、本节小结

在温度频繁变化的物流过程中,真空包装及60% $CO_2$/15% $O_2$/25% $N_2$的气调包装都有利于减缓金枪鱼肉品质的下降。其中,真空包装的无氧环境在抑制高铁肌红蛋白的生成、脂肪的氧化酸败方面具有优势,但在移至冷藏贮藏后产生大量的汁液流失导致感官评分降低;而气调包装能够使鱼肉保持良好肉色和较高的感官评分、减缓pH和TVB-N的上升、将TBA值保持在较低水平,同时抑制微生物繁殖和组胺生成,从而保证金枪鱼肉在贮藏末期仍处于可生食的安全范围。

因此,在我国超低温冷链物流尚不完善的情况下,采用气调包装能够有效减缓鱼肉品质下降,且所用气体易获得、成本低,值得推广。然而本试验未对其他气体比例的气调包装进行研究,如何有效减少鱼肉解冻后的汁液流失及包装内表面的水蒸气仍值得进一步研究。

# 第四节　冷链物流的金枪鱼气调、真空包装的优化

上一节研究结果表明气调、真空包装能够减缓物流过程中温度变化引起的鱼肉品质的下降,但金枪鱼块在冷藏销售过程中产生的汁液流失、气调包装袋内表面结露等现象同样会导致鱼肉品质下降。因此,考虑经济成本和可操作性问题,如何改进现有气调、真空包装以减轻上述问题对鱼肉销售造成的影响值得进一步研究与探讨。

乳清蛋白(whey protein, WPI)是奶酪及干酪素加工过程中产生的副产品,来源广泛、价格低廉,其良好的成膜特性使之在食品加工中应用广泛[54]。本节试验以乳清分离蛋白制成可食性膜包裹金枪鱼块后进行气调、真空包装,从可食性膜的吸水性能以及金枪鱼肉的质量损失率、感官评分、肉色、汁液流失率、质构、TBA、TVB-N和菌落总数方面进行分析,探究改进包装对销售过程中金枪鱼肉的品质影响,为金枪鱼冷链物流保鲜方式提供参考。

## 一、试验设计

### 1. 可食性蛋白膜的制作

乳清分离蛋白(蛋白>92.0%,脂肪<1.8%,乳糖<1.0%,灰分<3.5%),购于美国Hilmar公司。称取一定质量的乳清分离蛋白溶于去离子水中,使溶液质量分数为8%,搅拌2 h使其完全

溶解，用1 mol/L NaOH调pH至8后90℃水浴30 min。分别添加质量分数为4%、8%的甘油，倒入有机玻璃皿中，在恒温恒湿箱内（22 ± 2℃，相对湿度56±2%）平衡48 h成膜后揭下备用。

**2. 样品处理**

将分割好的鱼块分别用上述甘油含量4%及8%的乳清分离蛋白膜包裹后进行气调包装，记作MAP-1、MAP-2。气体比例参考Ruiz-Capillas等[54]的研究结果，为60% $CO_2$/15% $O_2$/25% $N_2$，填充气体体积和鱼肉质量比为2：1（mL：g）。另一组用不同甘油含量的乳清分离蛋白膜包裹后进行真空包装，记作VP-1、VP-2。试验所用包装选用尼龙＋聚乙烯（PA＋PE）复合材质食品包装袋。对照组不包膜直接进行气调和真空包装，记作MAP-T、VP-T。

试验模拟了物流过程中气调、真空包装金枪鱼肉在−55℃超低温贮藏后移至2℃冷藏陈列柜销售的情况。将包装好的冻结鱼块置于2℃冰箱中贮藏，每12 h测定一次指标。

## 二、甘油浓度对蛋白膜吸水性的影响

乳清蛋白的每个分子含有亲水基团，受热后形成凝胶可以保持大量的水分[55]。乳清分离蛋白制作可食性膜的过程中，常添加甘油作为增塑剂，甘油具有良好的吸湿性能，可在相对湿度较高的情况下吸收水分，因此添加甘油的乳清分离蛋白膜具有良好的吸水性[56]。不同甘油浓度的乳清分离蛋白膜的吸水质量分数如表4-9所示，对不同甘油含量的乳清分离蛋白膜，吸水质量分数随甘油含量增加而升高。甘油含量为8%的可食性蛋白膜的吸水质量分数为甘油含量为4%蛋白膜的1.8倍，说明该蛋白膜中起吸水作用的主要成分为甘油。同时，试验中发现甘油含量越高的蛋白膜越柔软，揭膜越容易。

**表4-9　不同甘油浓度蛋白膜吸水质量分数**

| 蛋白膜甘油含量 | 4% | 8% |
|---|---|---|
| 吸水质量分数/% | 254.83±29.44 | 513.60±72.20 |

注：表中数据为各组样品“吸水质量分数±标准差”（$n$=4）。

## 三、汁液流失率的变化

贮藏期间金枪鱼肉的汁液流失率变化如图4-17所示，各组在移至冷藏销售后均产生不同程度的汁液流失，气调包装组鱼肉重量在销售0.5 d时显著下降，1 d后下降速率减缓，这是由于鱼肉组织中的水分在冻结时膨胀导致细胞膜破裂，解冻后细胞失去持水能力，导致大量汁液流失，可食性蛋白膜迅速吸收了渗出的汁液，随后冷藏销售过程中鱼块内部的汁液缓慢渗出再被吸收。其中真空包装组的汁液流失率明显大于气调包装组，这可能是由于真空包装的鱼肉受到大气压力导致鱼肉渗出液增多。销售过程中，MAP-2及VP-2的汁液流失率始终高于MAP-1及VP-1组，说明甘油含量越大，可食性膜的吸水能力越好。Saito等[57]研究发现，添加了甘油的湿度稳定板（humidity-stabilizing sheet，HSS）能够吸收冷藏过程中牛肉的汁液流失，保持肉品较高的新鲜度，与上述结论相符。

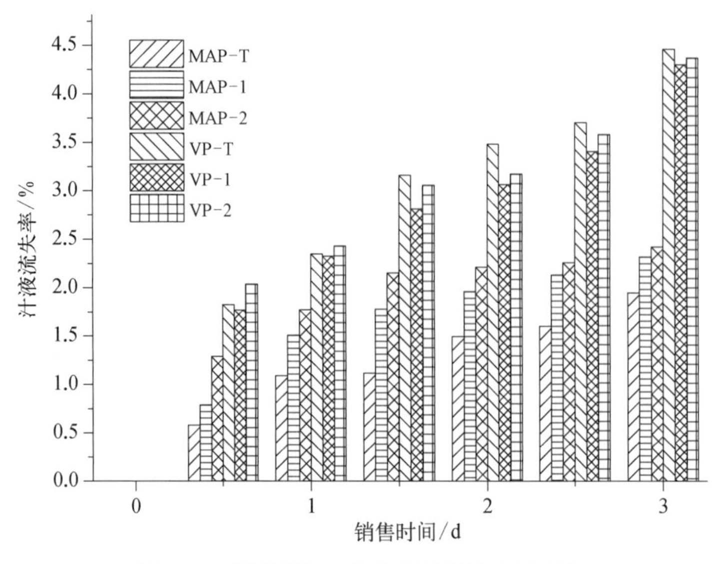


图4-17 销售期间金枪鱼汁液流失率的变化

## 四、感官评定的变化

销售期间金枪鱼肉的感官评价结果如表4-10所示，随着贮藏时间延长，销售过程中各组鱼肉感官评分均呈下降趋势。真空包装对照组在解冻后有大量汁液流失，且鱼肉在外界大气压力的作用下发生形变，导致其感官评分迅速下降。销售2 d内，气调包装实验组肉色较好，随后MAP-2鱼块表面开始略有发黏，感官评分开始低于MAP-1，这可能是由于可食性膜中甘油含量高，部分甘油渗出到鱼肉表面，但在销售末期MAP-2总体评分仍高于MAP-1。销售期间，MAP-1、MAP-2组弹性始终高于MAP-T，对照上文汁液流失率的变化说明鱼肉中含水量下降导致弹性较高。2.5 d后，MAP-T组开始有汁液渗出，包装袋内表面也开始结露，贮藏末期MAP-1、MAP-2包装袋内表面未产生结露，说明可食性膜能避免气调包装内表面产生结露。销售3 d时VP-1袋内开始出现多余渗出液，说明可食性膜的吸水量已经达到饱和，不能继续吸收包装袋内多余水分，感官评分显著下降。

**表4-10 销售期间金枪鱼感官评价结果**

| 贮藏时间/d | MAP-T | MAP-1 | MAP-2 | VP-T | VP-1 | VP-2 |
|---|---|---|---|---|---|---|
| 0 | 12.32±0.18[a] | 12.32±0.18[a] | 12.32±0.18[a] | 12.32±0.18[a] | 12.32±0.18[a] | 12.32±0.18[a] |
| 0.5 | 10.37±0.12[b] | 10.88±0.12[a] | 10.92±0.33[a] | 9.30±0.20[d] | 9.93±0.12[c] | 10.15±0.11[bc] |
| 1 | 9.08±0.21[d] | 9.97±0.20[b] | 10.22±0.25[a] | 8.63±0.12e | 9.60±0.14[c] | 9.75±0.19[bc] |
| 1.5 | 8.97±0.22[c] | 9.47±0.14[b] | 9.83±0.16[a] | 8.60±1.14[d] | 9.00±0.14[c] | 8.88±0.15[c] |
| 2 | 8.62±0.26[d] | 9.28±0.19[b] | 9.53±0.29[a] | 8.35±0.11e | 8.87±0.10[c] | 8.73±0.15[cd] |
| 2.5 | 7.68±0.15[b] | 8.40±0.13[a] | 8.23±0.20[a] | 6.63±0.21[d] | 7.12±0.17[c] | 7.85±0.11[b] |
| 3 | 6.65±0.19[b] | 6.92±0.15[a] | 7.03±0.18[a] | 5.17±0.14[d] | 6.05±0.16[c] | 6.70±0.14[b] |

注：表中数据为各组样品“感官评分平均值±标准差”(n=6)；同行的不同字母表示差异性显著($p<0.05$)。

## 五、肉色的变化

销售期间金枪鱼肉的红度值及高铁肌红蛋白相对百分含量分别如表4-11、图4-18所示。金枪鱼肉在解冻后红度值急剧下降，其中真空包装组下降较为显著，销售过程中，各组鱼肉红度值均有所下降，真空包装组变化较为平缓，这可能是由于真空包装缺少$O_2$，无法与还原态的肌红蛋白结合生产氧合肌红蛋白，还原态肌红蛋白呈紫色，使肉色较为暗淡因而红度值始终较低。图4-18示销售期间真空包装组具有较低的高铁肌红蛋白百分含量，与上述推论相符。销售过程中经可食性蛋白膜包裹的鱼肉的红度值始终高于未包膜的对照组，高铁肌红蛋白含量也均低于对照组，说明可食性蛋白膜能够有效减缓鱼肉肌红蛋白氧化。

**表4-11　销售期间金枪鱼肉红度值的变化**

| 贮藏时间/d | MAP-T | MAP-1 | MAP-2 | VP-T | VP-1 | VP-2 |
|---|---|---|---|---|---|---|
| 0 | $16.71\pm0.31^{a}$ | $16.71\pm0.31^{a}$ | $16.71\pm0.31^{a}$ | $16.71\pm0.31^{a}$ | $16.71\pm0.31^{a}$ | $16.71\pm0.31^{a}$ |
| 0.5 | $11.11\pm0.35^{b}$ | $11.38\pm0.52^{ab}$ | $11.70\pm0.40^{a}$ | $8.79\pm0.54^{cd}$ | $8.56\pm0.38^{d}$ | $9.17\pm0.13^{c}$ |
| 1 | $10.21\pm0.28^{c}$ | $10.66\pm0.37^{b}$ | $11.09\pm0.20^{a}$ | $8.23\pm0.23^{d}$ | $8.21\pm0.42^{d}$ | $8.49\pm0.38^{d}$ |
| 1.5 | $9.81\pm0.31^{a}$ | $10.14\pm0.51^{a}$ | $10.29\pm0.42^{a}$ | $7.67\pm0.31^{c}$ | $8.03\pm0.83^{bc}$ | $8.29\pm0.33^{b}$ |
| 2 | $8.79\pm0.61^{b}$ | $9.17\pm0.41^{b}$ | $9.76\pm0.28^{a}$ | $7.30\pm0.21^{d}$ | $7.67\pm0.69^{cd}$ | $7.94\pm0.25^{c}$ |
| 2.5 | $8.37\pm0.31^{b}$ | $8.84\pm0.32^{a}$ | $9.27\pm0.45^{a}$ | $7.26\pm0.29^{d}$ | $7.61\pm0.51^{cd}$ | $7.89\pm0.32^{c}$ |
| 3 | $7.56\pm0.23^{c}$ | $8.10\pm0.23^{ab}$ | $8.46\pm0.33^{a}$ | $6.80\pm0.43^{d}$ | $7.37\pm0.32^{c}$ | $7.72\pm0.59^{bc}$ |

注：表中数据为各组样品“红度值 ± 标准差”($n$=6)；同行的不同字母表示差异性显著($p<0.05$)。

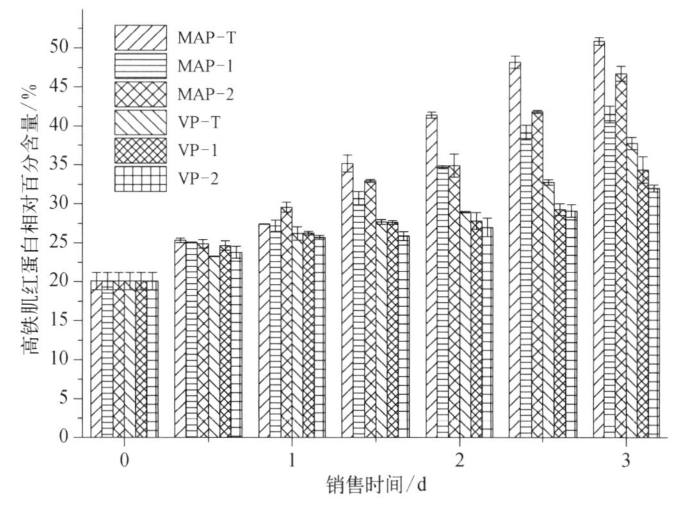


图4-18　销售期间金枪鱼高铁肌红蛋白相对百分含量的变化

## 六、质构的变化

销售期间金枪鱼肉硬度和咀嚼性的变化分别如表4-12、表4-13所示，各组硬度均有不同程度下降，其中VP-T组下降最为显著，与上文感官评价结果相符。销售期间VP-T的硬度值始终低于其他处理组，这可能是由于解冻后渗出的汁液中含有酶及其他催化物质，始终浸泡在其中导致肌肉组织降解，硬度下降。销售过程中经可食性蛋白膜包裹的鱼肉的硬度值始终高于未包膜的对照组，这可能是由于鱼肉中渗出的水分被可食性蛋白膜吸收导致鱼肉含水量下降，硬度较高。咀嚼性的变化趋势与硬度相似，MAP-2及VP-2在销售末期均保持了较高的咀嚼性，说明可食性蛋白膜能有效吸收多余渗出液，保持肉品较高的硬度和咀嚼性。

**表4-12 销售期间金枪鱼肉硬度的变化**

| 贮藏时间/d | MAP-T/N | MAP-1/N | MAP-2/N | VP-T/N | VP-1/N | VP-2/N |
|---|---|---|---|---|---|---|
| 0 | 3.484±0.005$^{a}$ | 3.484±0.005$^{a}$ | 3.484±0.005$^{a}$ | 3.484±0.005$^{a}$ | 3.484±0.005$^{a}$ | 3.484±0.005$^{a}$ |
| 0.5 | 3.222±0.041$^{a}$ | 3.257±0.054$^{a}$ | 3.236±0.060$^{a}$ | 3.318±0.047$^{b}$ | 3.362±0.037$^{bc}$ | 3.383±0.009$^{c}$ |
| 1 | 3.050±0.055$^{a}$ | 3.066±0.056$^{a}$ | 3.064±0.083$^{a}$ | 3.039±0.052$^{a}$ | 3.083±0.028$^{a}$ | 3.103±0.053$^{a}$ |
| 1.5 | 2.854±0.082$^{ab}$ | 2.941±0.082$^{bc}$ | 2.906±0.078$^{ab}$ | 2.829±0.066$^{a}$ | 3.000±0.065$^{cd}$ | 3.035±0.063$^{d}$ |
| 2 | 2.787±0.045$^{ab}$ | 2.848±0.059$^{bcd}$ | 2.841±0.072$^{bc}$ | 2.751±0.061$^{a}$ | 2.919±0.055$^{d}$ | 2.897±0.048$^{cd}$ |
| 2.5 | 2.624±0.056$^{b}$ | 2.674±0.093$^{bc}$ | 2.668±0.049$^{bc}$ | 2.553±0.033$^{a}$ | 2.647±0.038$^{b}$ | 2.733±0.052$^{c}$ |
| 3 | 2.490±0.022$^{b}$ | 2.500±0.016$^{bc}$ | 2.506±0.055$^{bc}$ | 2.449±0.034$^{a}$ | 2.497±0.026$^{bc}$ | 2.538±0.026$^{c}$ |

注：表中数据为各组样品“硬度值±标准差”($n$=6)；同行的不同字母表示差异性显著($p < 0.05$)。

**表4-13 销售期间金枪鱼肉咀嚼性的变化**

| 贮藏时间/d | MAP-T | MAP-1 | MAP-2 | VP-T | VP-1 | VP-2 |
|---|---|---|---|---|---|---|
| 0 | 208.59±8.35$^{a}$ | 208.59±8.35$^{a}$ | 208.59±8.35$^{a}$ | 208.59±8.35$^{a}$ | 208.59±8.35$^{a}$ | 208.59±8.35$^{a}$ |
| 0.5 | 184.60±7.51$^{a}$ | 189.05±7.84$^{ab}$ | 195.34±10.70b$^{c}$ | 190.80±5.70$^{ab}$ | 202.03±6.65$^{cd}$ | 205.35±6.75$^{d}$ |
| 1 | 158.59±7.08$^{a}$ | 164.58±7.52$^{a}$ | 175.69±719b | 158.78±9.45$^{a}$ | 182.78±6.68b | 193.56±7.77$^{c}$ |
| 1.5 | 141.44±5.34$^{a}$ | 153.46±6.90b | 157.86±7.14b$^{c}$ | 144.71±7.57$^{a}$ | 164.58±7.74$^{cd}$ | 168.92±7.52$^{d}$ |
| 2 | 137.90±5.16b$^{c}$ | 133.48±5.09b | 140.23±4.89b$^{c}$ | 125.75±6.97$^{a}$ | 141.15±7.10b$^{c}$ | 143.30±7.78$^{c}$ |
| 2.5 | 125.94±4.35$^{ab}$ | 131.83±7.01b$^{c}$ | 134.83±7.25$^{cd}$ | 120.83±7.68$^{a}$ | 135.22±6.65$^{cd}$ | 141.25±5.98$^{d}$ |
| 3 | 106.05±5.44$^{abc}$ | 103.66±6.66$^{ab}$ | 110.48±8.53b$^{c}$ | 97.85±7.25$^{a}$ | 104.77±7.02$^{ab}$ | 114.34±7.66$^{c}$ |

注：表中数据为各组样品“咀嚼性值±标准差”($n$=6)；同行的不同字母表示差异性显著($p < 0.05$)。

## 七、TBA值的变化

销售期间金枪鱼肉TBA值变化如图4-19所示，1.5 d内各组TBA值变化较为平缓，随后均显著升高。销售末期VP-T的TBA值达0.551 mg MDA/kg，显著高于其他试验组，这可能是由于鱼肉长期浸泡于渗出液中，渗出的汁液中含有的酶及其他催化物质加速了鱼肉脂肪氧化。销售3 d时VP-1的TBA值显著升高，可能是由于包裹的可食性蛋白膜吸水已经饱和，鱼肉浸泡在未被吸收的渗出液中导致脂肪氧化加剧。MAP-2及VP-2的TBA值在销售1.5 d后逐渐升高，但始终低于其他试验组，销售末期分别仅为0.349 mg MDA/kg及0.368 mg MDA/kg，结果表明高甘油含量的可食性蛋白膜能够有效减缓鱼肉脂肪氧化。

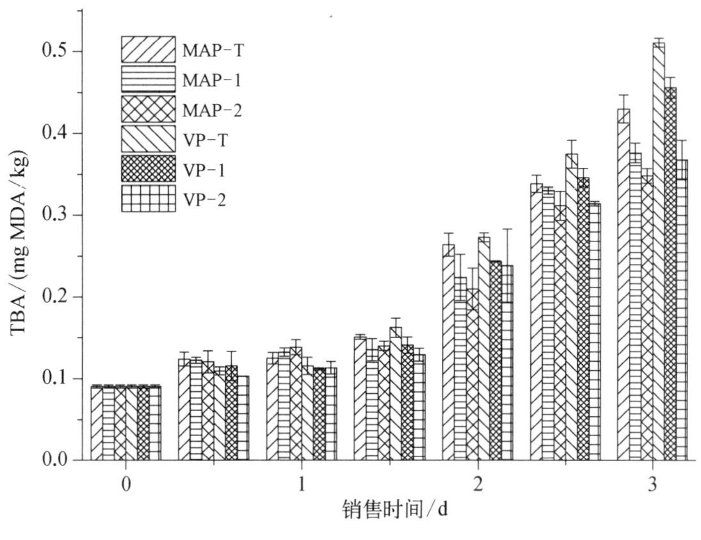


图4-19 销售期间金枪鱼TBA值的变化

## 八、TVB-N值的变化

销售期间金枪鱼肉TVB-N值变化如图4-20所示，随着销售时间延长，所有试验组的TVB-N值均呈上升趋势。MAP-T及VP-T组的TVB-N值上升显著，销售末期分别达到13.92 mg/100 g及14.43 mg/100 g，鱼肉已经略有降解[58]。MAP-2及VP-2的TVB-N值始终低于MAP-1及VP-1，可能是由于包裹前者的可食性蛋白膜的吸水质量分数大，吸收了较多渗出液的同时也吸收了部分氨及胺类等碱性物质。销售过程中气调包装组的TVB-N值始终低于真空包装组，说明气调包装能够减缓鱼肉TVB-N值升高。实验结果表明，高甘油浓度可食性蛋白膜包裹结合气调包装能够有效降低鱼肉的TVB-N值。

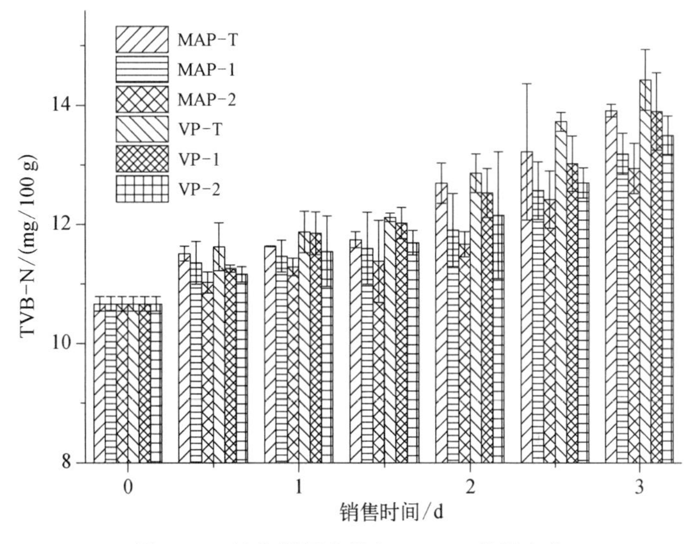


图4-20 销售期间金枪鱼TVB-N值的变化

## 九、菌落总数的变化

销售期间金枪鱼肉菌落总数的变化如图4-21所示，随着销售时间的延长，各组菌落总数均呈上升趋势，VP-T组菌落总数显著高于其他试验组，这可能是由于鱼肉浸在渗出液中导致微生物迅速繁殖，销售3 d时VP-1蛋白膜吸水达到饱和，包装袋内残留的渗出液导致细菌繁殖，因此菌落总数显著高于VP-2，与上述推论相符。气调包装组菌落总数增长速度相较于真空包装组缓慢，可能是由于高浓度的$CO_2$抑制了部分细菌的繁殖，降低了相关微生物的增长速率[53]，但MAP-T在销售1 d后开始显著高于MAP-1及MAP-2，说明可食性蛋白膜能减缓微生物繁殖速度。根据行业标准《生食金枪鱼》(SC/T 3117—2006)，用于生食的金枪鱼肉菌落总数不得高于$10^4$CFU/g，销售末期MAP-1、MAP-2和VP-2的菌落总数分别为3.86 lg(CFU/g)、3.63 lg(CFU/g)及3.89 lg(CFU/g)，均处于可生食范围，MAP-2的菌落总数显著低于另外两组。实验结果表明，可食性蛋白膜包裹结合气调包装能够有效抑制金枪鱼肉中微生物的繁殖。

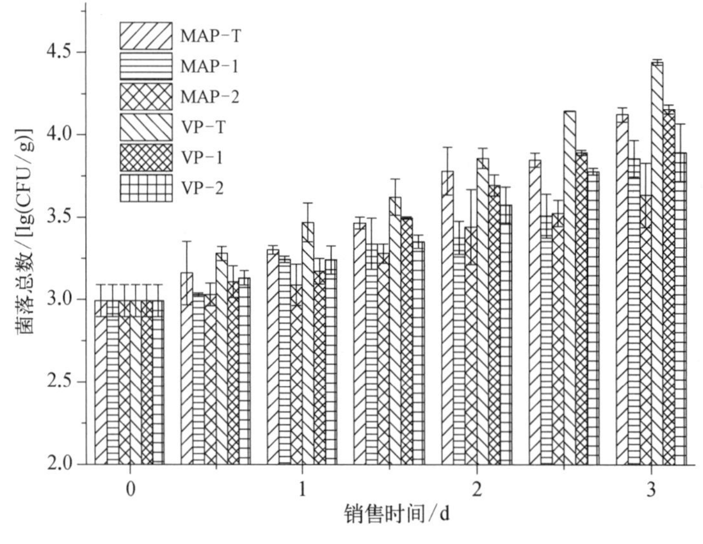


图4-21　销售期间金枪鱼菌落总数的变化

## 十、本节小结

含有甘油的乳清分离蛋白膜能有效减缓气调及真空包装金枪鱼在冷藏销售过程中汁液流失导致的品质下降。甘油质量分数较高的乳清分离蛋白膜吸水性能较好，能够较好保持鱼肉的品质。乳清分离蛋白膜结合60% $CO_2$/15% $O_2$/25% $N_2$的气调包装效果最佳，采用可食性蛋白膜包裹能够避免包装袋内表面的结露现象，保持肉品具有较高的硬度和咀嚼性；甘油质量分数为8%的乳清分离蛋白膜结合气调包装能够在3 d内吸收鱼块在解冻和冷藏过程中的渗出液，有效减缓因肉品长期浸泡于渗出液导致的脂肪氧化和蛋白质变性，保证鱼肉在销售末期仍处于可生食的安全范围。

因此，在气调包装及真空包装的基础上，采用含甘油的乳清分离蛋白膜包裹能够有效减缓冷藏过程中鱼肉品质下降。然而本试验未对蛋白膜的成膜工艺等其他参数进行研究，如何进一步提高蛋白膜的性能仍值得进一步研究。

# 第五节 冷藏物流过程中温度变化对三文鱼品质的影响

冷藏保鲜虽不破坏三文鱼体的组织结构，但也存在贮藏时间短、汁液流失严重等问题，而且过程中温度波动也会对三文鱼肉品质造成影响，而三文鱼多用于生食，因此研究冷藏物流过程中三文鱼品质的变化对生食料理行业具有重要意义。本节试验模拟三文鱼冷藏物流中不同的温度波动情况，对感官评分、pH、失重率、色差、菌落总数、TVB-N值、*K*值进行测定，观察温度变化及变化的频率对三文鱼品质的影响，旨在为三文鱼的冷藏物流运输提供理论参考。

## 一、试验设计

购置三文鱼后，迅速切割分块并用蒸馏水润洗，沥干后分别装入保鲜袋，随机分成4组，置于不同温度条件下模拟三文鱼物流过程。试验模拟了4种不同的物流过程，分别为：贮运及销售全程都处于0℃的理想冷链过程，贮运处于4℃而销售采用冰台模式的冷链过程，贮运过程中出现不同的温度变化情况且销售采用冰台模式的冷链过程（2种情况）。试验模拟的温度如下：冷库贮藏温度为0℃、冷藏运输设备厢内温度为4℃，销售终端模拟冰台模式、消费家用冰箱冷藏温度为4℃。按图4-22模拟的物流过程，将三文鱼块分别放置于相应温度的恒温冰箱中贮藏，定期检测相关指标，每1 d测定一次。

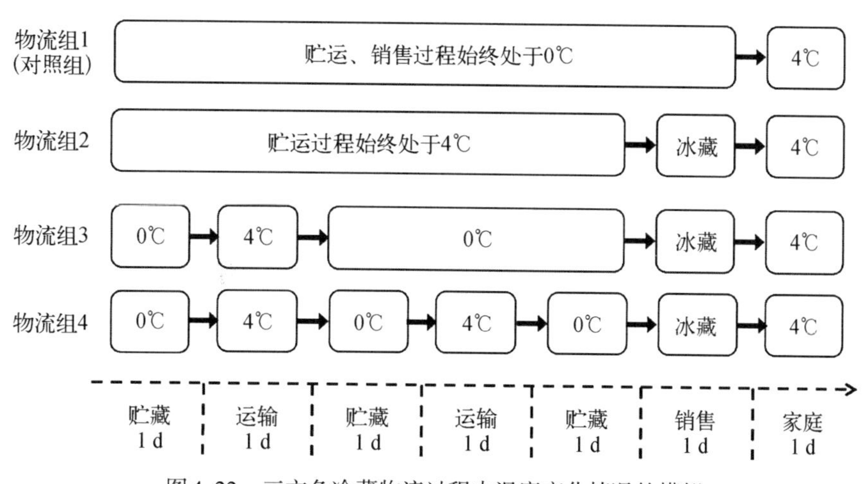


图4-22 三文鱼冷藏物流过程中温度变化情况的模拟

## 二、感官品质的变化

感官评分变化如图4-23所示，随着时间的延长，各物流组的感官评分逐渐下降。4 d时物流组4的感官评分值为4.5，鱼肉色泽暗淡、肉质发黏无弹性、组织松散，感官评定员已拒绝食用，达到感官不可接受值。相对于物流组1的感官评分差异显著($p < 0.05$)。物流组1在6 d时的感官评分为4.875，仍在感官可接受范围内，但已不能生食。由此可见，温度的频繁变化会对三文鱼肉的色泽、肉质等方面产生负面影响，进而影响三文鱼的商品价值。汤元睿等[54]研究表明，物流过程中温度的变化对金枪鱼肉的品质也影响显著，这与本试验得出的结果有一定的相似性。

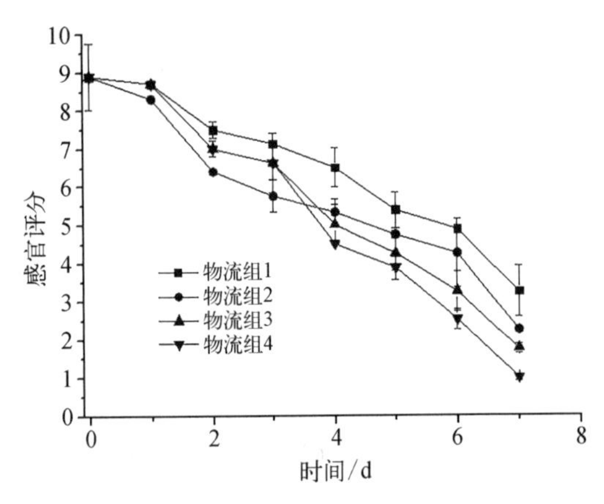


图4-23　冷藏物流过程中三文鱼感官评分变化

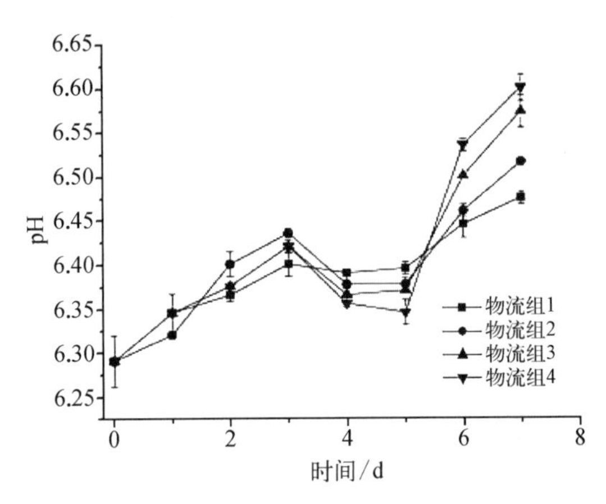


图4-24　冷藏物流过程中三文鱼pH变化

## 三、pH的变化

pH变化如图4-24所示，随着时间的推移，pH总体变化幅度不大，各物流组的pH从0 d起上升，到第3 d后各物流组的pH开始下降，分别在第4 d、第5 d达到最低；第5 d后pH迅速上升。pH下降可能是由于空气中的$CO_2$溶解于三文鱼肉，致使鱼肉的酸度值升高。在销售期，由于鱼肉中腐败菌的作用，会分解产生一些含氮物质，致使pH上升[55]。物流组4在第6 d时pH迅速升高，相对于物流组1的pH差异显著($p < 0.05$)，说明贮运过程中温度的波动可能会使鱼肉中腐败菌的数量增加进而导致pH的快速上升，另一方面由于温度的频繁波动鱼肉内蛋白质降解为胺类物质，从而使pH升高。杨胜平等[56]研究表明，带鱼的pH在物流过程中呈先下降再上升趋势，这与本试验得出的结果类似。

## 四、失重率的变化

失重率变化如图4-25所示，随着时间的推移，各物流组的失重率都在不断增大。鱼肉会随着时间的推移而变得松散，导致其汁液的流失，进而影响三文鱼肉的营养及口感。

物流组4上升趋势最明显，1 d后折线几乎呈直线上升，在7 d时达到8.00%。物流组1的失重率同样不断增大，但上升速度相对其他物流组较慢，7 d时失重率为4.97%。随着温度的频繁变化，新鲜三文鱼肉内的自由水含量逐渐降低，鱼肉的失重率不断增大，直接导致鱼肉组织的松散及汁液的流失。由此可见三文鱼肉的失重率受温度影响较大，且温度变化越频繁鱼肉的汁液流失越严重，鱼肉样品的失重率与物流过程中温度的变化及变化的频率有关。

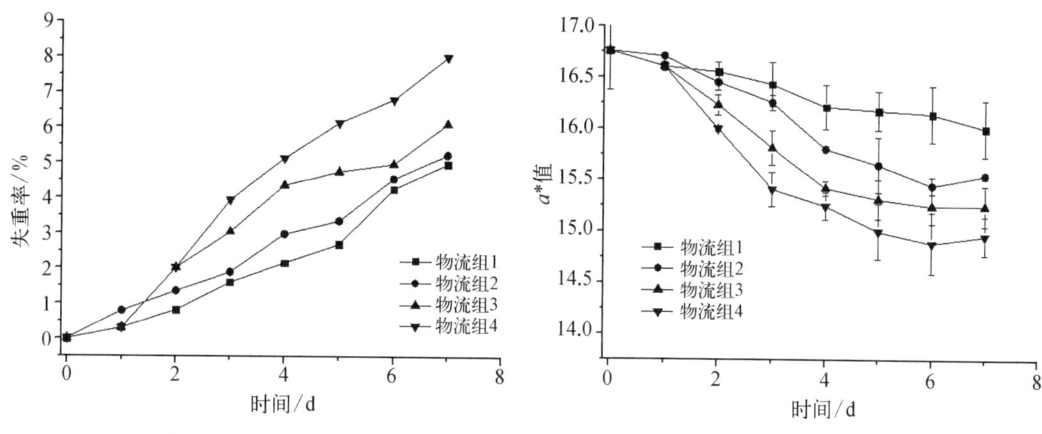


图4-25　冷藏物流过程中三文鱼失重率的变化　　图4-26　冷藏物流过程中三文鱼红度值的变化

## 五、红度值的变化

红度值变化如图4-26所示，各物流组鱼肉的颜色变化很小，整个物流过程中各物流组的数值均有波动，整体稍有下降，物流组3与物流组4前期下降较为明显，这可能是因为温度波动加快了鱼肉中虾青素与类胡萝卜素的氧化，进而导致三文鱼色泽发生改变。三文鱼的初始红度值为16.75，物流组1与物流组4在第7 d时红度值分别为16.00、14.95，相比两组，数值相差不大。可见短期内温度的变化对三文鱼色泽的影响较小，因此三文鱼的色泽不能用于判断短期内其鱼肉品质的变化。

## 六、TVB-N值的变化

TVB-N是测定蛋白质在微生物和酶的作用下分解产生碱性含氮物质的总量[35]。对于大多数海洋鱼类来说，通常认为TVB-N值达到30 mg/100 g为消费上限[57]。变化趋势如图4-27所示，随着时间的延长，所有物流组的TVB-N值都呈上升趋势，其中物流组3与4上升趋势明显，温度波动越频繁，其TVB-N上升趋势越明显，这可能是因为频繁的温度波动加快了蛋白质的降解，进而生成了胺类物质，加快了鱼肉的腐败。TVB-N的初始值为11.5 mg/100 g，物流组2的TVB-N值在销售期间显著升高，冷链末期达到17.18 mg/100 g，仍属于可食用范围。物流组3与物流组4的TVB-N上升趋势大致相同，冷链末期TVB-N分别达到20.26 mg/100 g、21.09 mg/100 g，与物流组1相比，差异显著

（$p<0.05$）。TVB-N值较高说明在冷链后期鱼肉中碱性物质含量较高，可能与腐败细菌的大量繁殖有关[5]，此结果与上文中pH的升高趋势相符。由此说明贮运过程中温度的变化可能加快腐败菌的繁殖，进而加速三文鱼肉的腐坏。李建雄等[59]研究表明，贮藏温度恒定的猪肉，其TVB-N值远低于贮藏温度波动的猪肉。这与本试验得出结果一致。

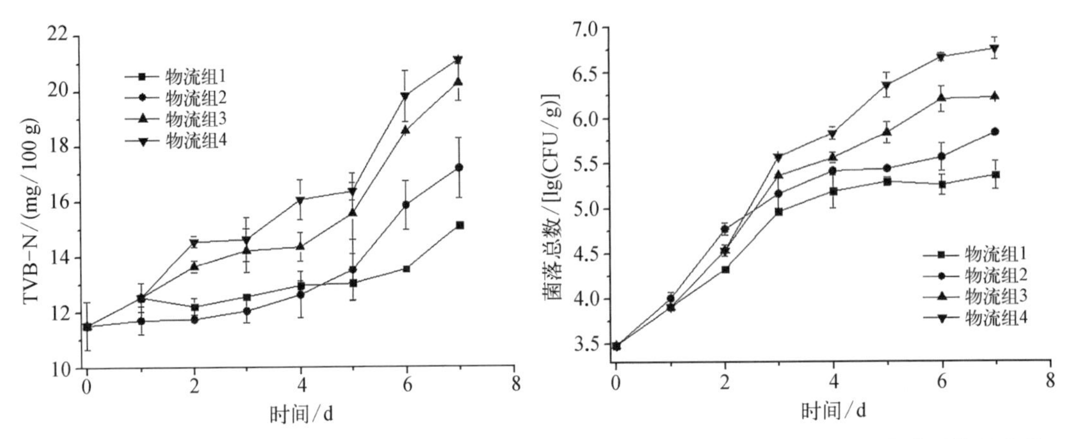


图4-27　冷藏物流过程中三文鱼TVB-N值的变化　　图4-28　冷藏物流过程中三文鱼菌落总数的变化

## 七、菌落总数的变化

根据地方标准《生食三文鱼、龙虾卫生标准》(DB 46/118—2008)[60]，用于生食的三文鱼肉菌落总数不能高于4 lg(CFU/g)。菌落总数变化如图4-28所示，整体呈上升趋势，且前期上升趋势较明显。三文鱼样品的初始值约为3.49 lg(CFU/g)，这可能与购买的三文鱼本身携带的微生物及预处理时三文鱼接触的器皿有关。所有物流组的鱼肉在2 d时均超过了可生食标准。物流组1与物流组2的菌落总数在7 d分别为5.36 lg(CFU/g)、5.83 lg(CFU/g)，尚未超过ICMSF的标准，仍可食用，其原因可能是稳定的低温环境减弱了微生物酶的活性，进而对微生物的繁殖起到抑制作用。物流组3在6 d时超过ICMSF标准，物流组4在5 d时超过ICMSF标准，这可能是因为频繁的温度波动利于多种微生物的繁殖，增大了微生物的基数，因此到贮运末期微生物的繁殖速率明显加快。由此可见温度变化及变化的频率会对微生物的繁殖产生影响，进而对三文鱼的食品安全造成隐患。

## 八、*K*值的变化

*K*值是评价鱼类新鲜度的指标，*K*值越大，说明三文鱼的鲜度越差。目前一般认为*K*值在20%以下为可生食标准，*K*值达到60%为消费上限[61]。*K*值变化如图4-29所示，随着时间的增加，*K*值总体呈上升趋势，且贮运前期上升趋势较明显。*K*值的初始值较高，为12.42%，这可能是由于购买的三文鱼从捕捞到抵达中国市场大约需要1～2 d，在运输途中鱼肉的品质已发生变化。所有物流组的*K*值在1 d时均已接近或超过20%，这可能是由于贮运初期鱼肉中微生物数量较少，而*K*值的大小与酶促及生化反应有关。物流组4在

1～5 d上升明显，5 d时$K$值达到45.63%，与物流组1相比差异显著($p<0.05$)，这可能是由于频繁的温度波动导致微生物的大量繁殖，加速了IMP下降、Hx与HxR不断积累，进而导致鱼肉的鲜度下降。所有物流组在销售期间$K$值变化不大，说明在贮运初期$K$值更能反映鱼肉的鲜度变化情况。黎柳等[62]研究表明，经处理后冷藏的鲳鱼，在贮藏初期$K$值更能反映鱼肉品质变化的情况，这与本试验得出的结果有一定的相似性。

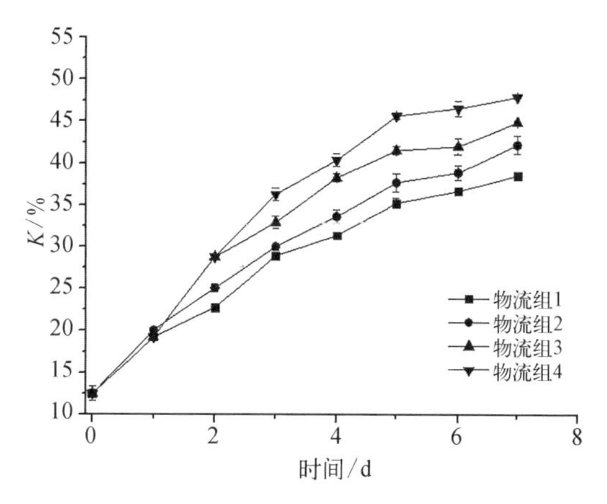


图4-29 冷藏物流过程中三文鱼$K$值的变化

## 九、本节小结

冷藏物流过程中温度变化及变化频率对三文鱼肉品质的影响显著，贮运期间经多次温度变化的三文鱼肉在销售及家用冰箱贮藏期间品质显著下降，表现为pH、失重率、TVB-N、菌落总数及$K$值的上升，以及感官评分的下降，其品质远低于贮运及销售过程始终处于0℃的三文鱼肉。因此，物流过程中应适当调节冷藏车及冷库的温度，尽量避免频繁的温度波动。即便是贮运及销售过程始终处于0℃的三文鱼肉，在冷链末期其鱼肉的品质也有较明显的下降，建议尽可能缩短物流过程，以保障食用时三文鱼肉的优良品质。

随着国内三文鱼消费量的日益增长，建议除了尽量缩短物流时间外，还应减少贮运过程中的温度波动，同时，销售过程中也应尽可能使用冷藏冰柜，以延长三文鱼的货架期。

# 第六节 冷藏物流过程中不同气调包装对三文鱼品质的影响

气调包装保鲜技术是用一种或几种气体替换食品周围环境的空气，达到延长食品保质期的一种保鲜手段。三文鱼气调包装中的气体通常由$CO_2$和$N_2$混合组成，$CO_2$对鱼体表面的细菌及真菌具有抑制作用，是水产品气调包装中起主要保鲜作用的气体[63]。Fernández等研究表明，不同体积分数的$CO_2$气调包装均能有效延长三文鱼的保质期[64]。汤元睿等研究表明，气调包装对物流过程中温度变化导致的金枪鱼肉品质劣化具有缓冲作用[65]。

本节以三文鱼为研究对象，试验模拟了温度波动情况下三文鱼的物流过程，通过比较冷藏物流中不同$CO_2$体积分数的三文鱼气调包装等，研究气调保鲜技术对三文鱼品质的影响，旨在找出减缓温度波动对鱼肉品质影响的气调包装方式，为冷藏物流中延长三文鱼保鲜期的气调工艺提供理论基础。

## 一、试验设计

将三文鱼快速分割成大小约为6 cm×6 cm×3 cm的鱼块，随机分成4组：空气对照组；气调包装组1（50% $CO_2$＋50% $N_2$）；气调包装组2（60% $CO_2$＋40% $N_2$）；气调包装组3（70% $CO_2$＋30% $N_2$）。试验所用气体比例均为气体体积分数，填充气体体积和鱼肉质量比为2 mL∶1 g。试验所用包装为尼龙＋聚乙烯复合材料食品包装袋。前期实验研究表明，冷藏物流过程中温度频繁波动会导致鱼肉品质的大幅下降，因此，本研究模拟了在图4-30所示的温度频繁变化的冷藏物流过程（冷库贮藏温度为0℃，冷藏车运输温度为4℃，销售终端为0℃冰台销售，消费者家用冰箱冷藏室的温度为4℃）中，采用气调包装的方式对鱼肉品质劣变的减缓作用。将包装好的三文鱼块置于相应温度的冰箱中贮藏，定期检测相关指标，每1 d测定一次。

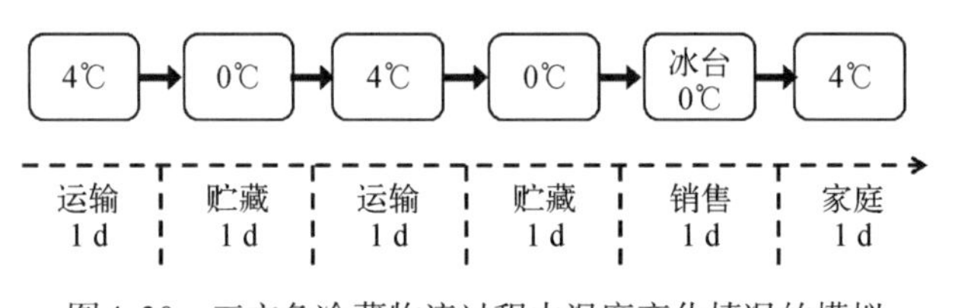


图4-30　三文鱼冷藏物流过程中温度变化情况的模拟

## 二、感官品质的变化

贮运期间三文鱼肉的感官评分如图4-31所示，随着时间的延长，物流过程中温度的变化致使各组鱼肉样品的感官评分均为下降趋势。对照组在5 d时感官评分为4.2，已低于可接受值，而其他三组直到贮运末期感官评分仍大于4.5，明显高于对照组（$p<0.05$），其中气调组3第6 d的感官评分为5.4。4 d时对照组鱼肉组织已松散且略有腥臭味，表面发黏且无光泽；气调组明显优于对照组（$p<0.05$）且无异味，其中气调组3的保鲜效果最好。各组在贮运期间都出现不同程度的汁液流失，对于气调组而言，残留在袋内的汁液可能是导致其在贮运末期感官评分下降的主要原因，进而降低了消费者对商品的好感。汤元睿等研究表明，物流过程中气调包装能显著延长金枪鱼肉的保鲜期，这与本试验得出的结果有一定的相似性[65]。

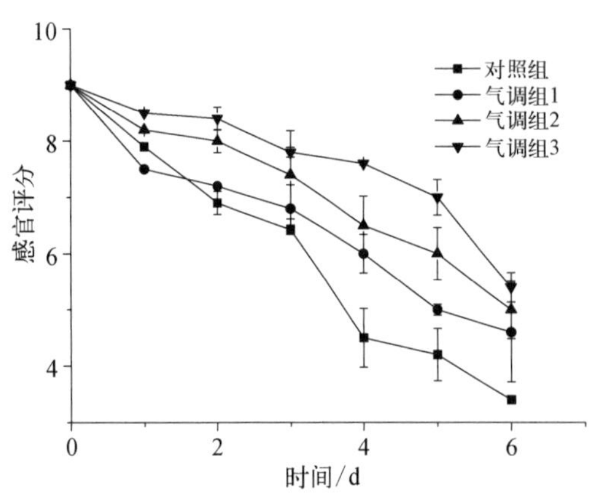


图4-31　冷藏物流过程中三文鱼感官评分的变化

## 三、pH的变化

由图4-32可知贮运过程中三文鱼pH的变化情况，各组pH均有波动，但整体无较大变化。在贮运期间，气调组3的pH始终显著低于其他3组（$p < 0.05$）且变化趋势较为平缓，这可能是由于高浓度的$CO_2$有效抑制了微生物分解蛋白质产生碱性物质；且$CO_2$溶于三文鱼肉使鱼肉的酸度值升高。杨胜平等研究表明，经不同体积分数的$CO_2$气调包装的带鱼与空气包装的带鱼相比，其pH变化幅度较小，这与本试验得出的结果具有一定相似性[66]。6 d时各组pH均显著升高，对照组的pH为6.19，气调组3的pH为6.14，这可能是由于贮藏时间的延长导致蛋白质分解产生碱性含氮物质，进而使pH升高。结果表明温度波动可能会导致微生物的大量繁殖，进而其分解蛋白质所产生的碱性物质使pH升高，而气调组3的气体比例（70% $CO_2$ + 30% $N_2$）能有效抑制微生物的繁殖，达到延长三文鱼肉保鲜期的效果。

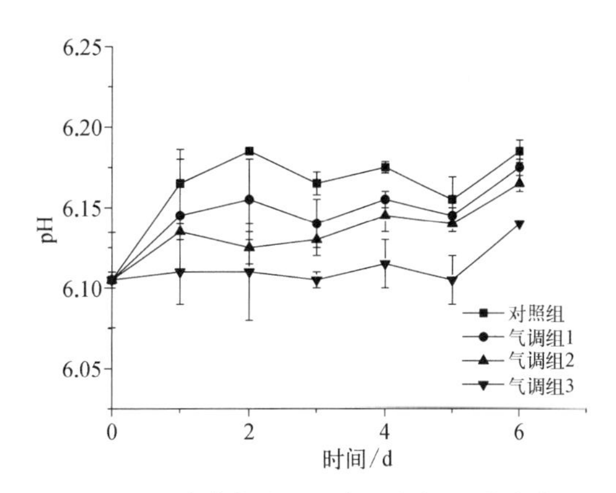


图4-32　冷藏物流过程中三文鱼pH的变化

## 四、红度值的变化

红度值能反映三文鱼的肉色变化，是评价鱼肉物理品质的指标。三文鱼的红度值变化如图4-33所示，贮运期间各组鱼肉的红度值总体变化不大，随着时间的推移整体呈下降趋势。其中对照组的红度值低于3个气调组，这可能是温度波动导致鱼肉中的虾青素及类胡萝卜素被氧化，造成鱼肉红度值下降。气调组1的红度值在贮运期间始终高于气调组2，这可能是由于气调组1的气体组成（50% $CO_2$ + 50% $N_2$）更适合保持三文鱼的肉色。贮运期间气调组3鱼肉的红度值下降趋势较平缓，贮运末期时为10.30，高于其他各组，这可能是由于高浓度的$CO_2$能抑制鱼肉中的虾青素及类胡萝卜素被破坏。说明气调组3的气体比例更有利于保持三文鱼的肉色。

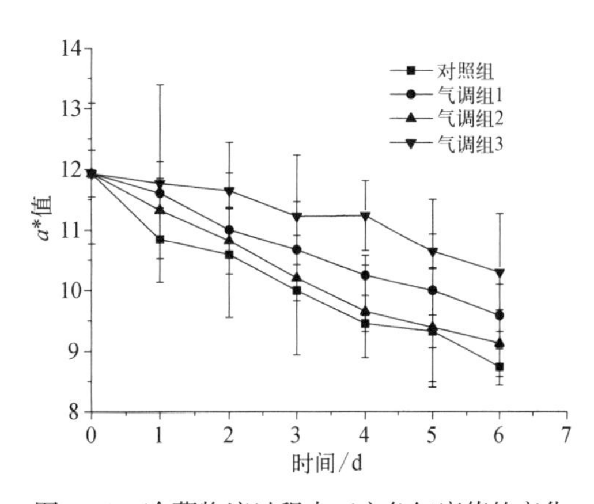


图4-33　冷藏物流过程中三文鱼红度值的变化

## 五、菌落总数的变化

物流过程中，各组三文鱼菌落总数的变化如图4-34所示。对照组菌落总数随贮运时间的延长呈持续增长趋势，且增长速度最快，贮藏6 d后达到6.26 lg（CFU/g），超过国家标准规定的6.0 lg（CFU/g）。气调组的菌落总数整体增长速度较低，与对照组相比差异显著（$p<0.05$）。其中气调组1和气调组2在6 d时菌落总数分别为5.43 lg（CFU/g）及5.23 lg（CFU/g），均未超过国家标准。气调组3在6 d时菌落总数只有4.99 lg（CFU/g），这可能是因为气调包装内的无氧环境及高浓度的$CO_2$抑制了相关细菌的繁殖，进而降低了其增长速度。$CO_2$浓度越高，对三文鱼样品的保鲜效果越显著[67]。蓝蔚青等研究表明，气调包装能明显抑制鲳鱼菌落总数的增长速度，气调包装可以将货架期延长6～8 d。这与本试验得出的试验结果具有一定的相似性[68]。

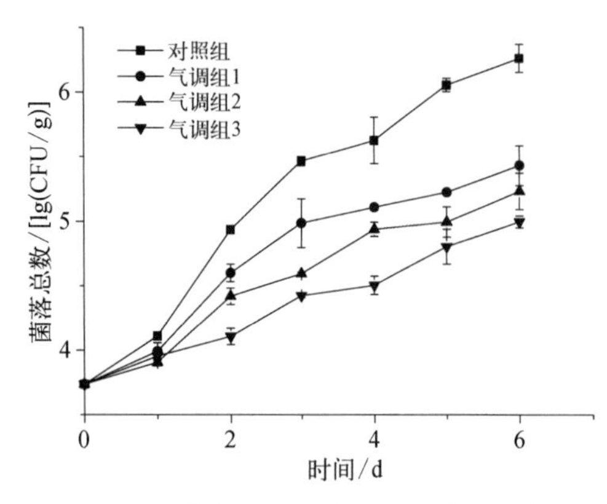

图4-34 冷藏物流过程中三文鱼菌落总数的变化

## 六、TVB-N值的变化

贮运期间三文鱼肉TVB-N值变化如图4-35所示，由于物流过程中温度频繁波动，随着贮运时间的延长，各组TVB-N值均呈上升趋势。TVB-N的初始值为10.78 mg/100 g，其中对照组TVB-N值上升最快，6 d时达到20.78 mg/100 g，明显高于气调组（$p<0.05$），但未超过30 mg/100 g的上限，气调组的TVB-N值仍保持较低的增长速率，其中气调组3的TVB-N值在6 d时仅为15.34 mg/100 g。Ólafsdóttir等研究表明，TVB-N值的大小与微生物的代谢产物有关[69]。气调包装能显著抑制微生物的繁殖，延缓微生物和酶分解蛋白质的速度，进而减少碱性含氮物质的产生，所以在$CO_2 \leqslant 70\%$的范围内，$CO_2$的体积分数越大，鱼肉TVB-N值越低。

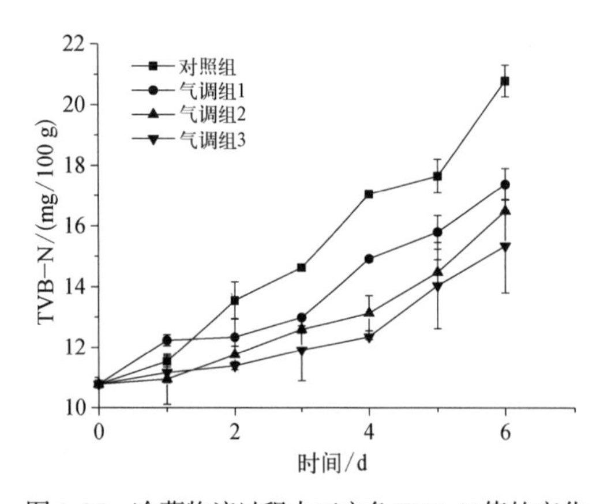

图4-35 冷藏物流过程中三文鱼TVB-N值的变化

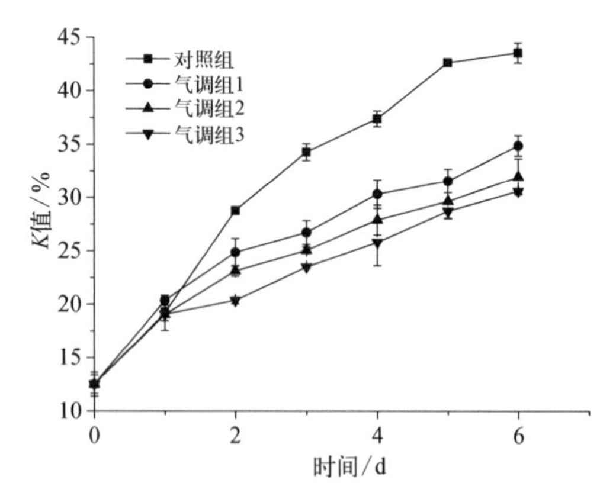

图4-36 冷藏物流过程中三文鱼*K*值的变化

## 七、*K*值的变化

由图4-36可知，随着贮运时间的推移，各组三文鱼肉的*K*值都呈上升趋势。初始三文鱼$K$值为12.5%，未超过一级鲜度阈值（≤20%），对照组在6 d时其$K$值为43.55%，刚超过二级鲜度（≤40%），与气调组已存在显著差异（$p < 0.05$）；气调组1、气调组2与气调组3在6 d时$K$值分别为34.88%、31.95%与30.60%，均未超过二级鲜度阈值，且气调组3的保鲜效果最好。说明气调包装能有效减缓温度变化对三文鱼肉鲜度的影响，这可能是因为高浓度的$CO_2$能抑制鱼体内微生物的生长，进而延缓鱼体内ATP的降解，延长三文鱼肉的僵直期，且在$CO_2$≤70%的范围内，$CO_2$浓度越高，其保鲜效果越好。苏辉等研究发现，不同温度下的鲳鱼在其贮藏前期$K$值的上升趋势比TVB-N值更明显，表明$K$值更能在水产品贮藏前期反映鱼肉的品质变化，这与本试验得出的结果具有一定的相似性[70]。

## 八、本节小结

在温度频繁变化的冷藏物流过程中，$CO_2$体积分数分别为50%、60%、70%的气调包装均能有效缓解三文鱼品质的下降。其中$CO_2$体积分数为70%的气调包装的保鲜效果优于$CO_2$体积分数为50%和60%的气调包装。70% $CO_2$的气调包装能够使鱼肉保持良好的品质和较高的感官评分、减缓TVB-N值和$K$值的上升，同时抑制微生物的繁殖，进而保证三文鱼在贮运末期仍有较好的品质。对于冷藏物流链中出现温度频繁波动的情况，采用气调包装是一种有效弥补由此带来三文鱼品质下降的方法。通过对3个不同体积分数的$CO_2$气调包装的保鲜效果分析，发现在$CO_2$≤70%的范围内，气调包装内$CO_2$的浓度越高，对三文鱼肉保鲜的效果越好。货架期由原来的6 d延长到10 d。

# 第七节 冷藏物流过程中植酸对三文鱼保鲜效果的研究

植酸化学名为肌醇六磷酸，是一种从植物种籽里提取的淡黄褐色黏稠液体，是一种天然的磷酸类化合物。植酸的毒性非常低，广泛应用于化工、食品和医学等行业，是一种新型的安全食品添加剂，多用于水产品及瓜果蔬菜的保鲜、护色等[71]。

本节选用植酸生物保鲜剂，结合冷藏物流保鲜过程，经过对不同浓度植酸溶液处理过的三文鱼感官评分、红度值、微生物指标和TVB-N值等理化指标进行测定，比较不同浓度植酸溶液对三文鱼的保鲜效果，旨在得到冷藏物流过程中保鲜效果最好的保鲜剂浓度；同时比较不同浓度配比的植酸对于不同菌群的影响，揭示三文鱼在冷藏物流过程中生物保鲜剂的抑菌作用，为经冷链运输的三文鱼在货架期延长方面提供理论指导。

## 一、试验设计

前期试验研究表明，7 d的冷藏物流运输会导致三文鱼肉品质下降，因此，本研究模拟了在图4-37所示的冷藏物流过程（冷库贮藏温度及冷藏车运输温度为0℃，销售终端为0℃冰台销售，消费者家用冰箱冷藏室的温度为4℃）中，采用不同浓度的植酸保鲜剂对鱼肉品质劣变的缓解作用。

将购置的三文鱼剔骨、去皮、清洗干净后，快速分割成大小均匀的鱼块，随机分成4组，分别标记为：CK、Z1、Z2、Z3，浸入配制好的植酸溶液中5 min后，沥干水分，分别装入PE食品袋，挤出空气。将三文鱼块置于相应温度的冰箱中贮藏，在第0 d、2 d、4 d、5 d、6 d、7 d检测相关指标。

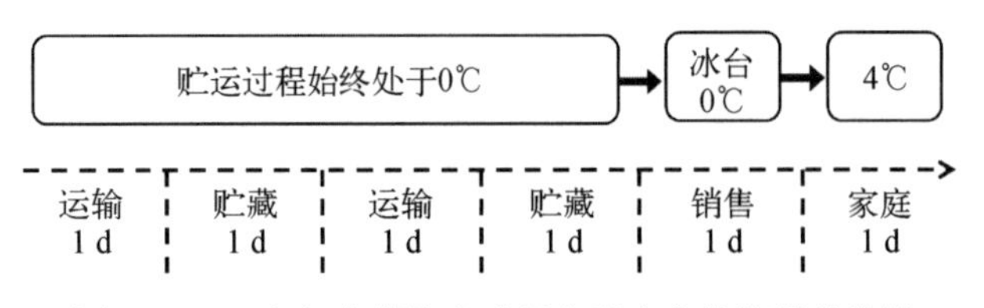


图4-37 三文鱼冷藏物流过程中温度变化情况的模拟

植酸保鲜剂配制浓度如表4-14所示。

**表4-14 各组三文鱼处理**

| 组别 | CK | Z1 | Z2 | Z3 |
| --- | --- | --- | --- | --- |
| 处理 | 蒸馏水 | 植酸0.1% | 植酸0.5% | 植酸1.5% |

## 二、感官品质的变化

不同组三文鱼感官评分如图4-38所示，随着时间的增长，感官评分整体呈下降趋势，其中CK组下降趋势最为明显。在整个冷藏物流过程，CK组始终呈明显的下降趋势，在冷链末期感官评分仅为3.45，已超过可食用阈值，且与处理组Z2相比差异显著（$p<0.05$），这说明即便是温度恒定的物流运输，三文鱼品质仍会明显劣变。而物流过程中处理组Z1与Z3在感官评分上差异不大，说明不同浓度植酸溶液对三文鱼风味的影响差异不大。处理组Z2在7 d时感官评分为5.55，明显高于同期CK组的感官评分，表明经0.5%植酸溶液浸渍后的三文鱼肉在冷链末期仍具有较好的品质。试验表明，不同浓度的植酸均可有效维持三文鱼的感官品质，浓度为0.5%的植酸保鲜效果要优于其他处理组。

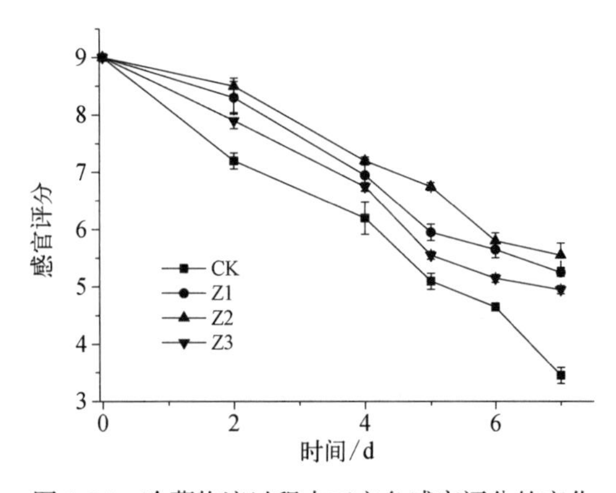


图4-38 冷藏物流过程中三文鱼感官评分的变化

## 三、红度值的变化

红度值变化如图4-39所示，随着时间的推移，各组红度值呈下降趋势，其中处理组

Z2与Z3下降趋势较为明显。冷藏物流过程中处理组Z3下降趋势显著，在7 d时红度值为6.99，与CK组相比差异显著（$p < 0.05$），这可能是由于经过植酸溶液的浸泡，三文鱼肉表面颜色发生变化，导致红度值降低。冷链全程处理组Z1的红度值始终高于处理组Z2与Z3，在冷链末期Z1的红度值为7.97，与处理组Z3相比差异显著（$p < 0.05$），这可能是由于浓度低的植酸溶液对鱼肉表面颜色影响较小，进而红度值较高。CK组在冷链全程下降趋势不大，在末期红度值为8.39，能很好地保持肉色。试验表明不同浓度的植酸溶液都会对鱼肉表层颜色造成影响，致使红度值降低，且植酸浓度越高，影响越显著。

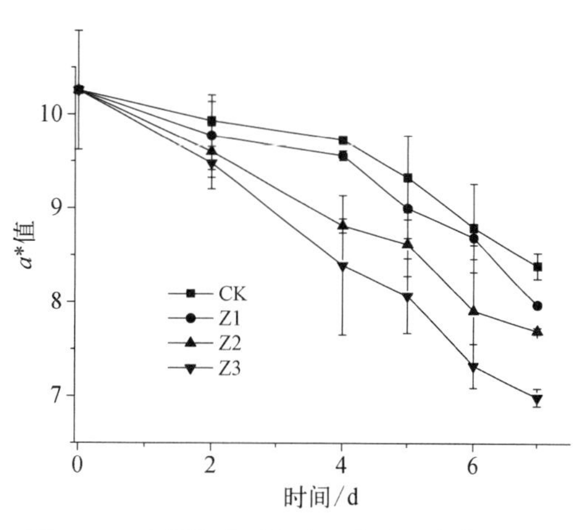


图4-39 冷藏物流过程中三文鱼红度值的变化

## 四、菌落总数的变化

冷链过程中菌落总数的变化如图4-40所示，随着时间的延长，各组菌落总数均呈上升趋势，其中CK组的上升趋势较为显著。CK组在物流全程其菌落总数始终高于其他处理组，在冷链末期菌落总数为5.65 lg（CFU/g），与处理组Z2相比差异显著（$p < 0.05$），这说明经植酸溶液浸泡处理能有效抑制微生物的增长。处理组Z3在7 d时菌落总数为5.16 lg（CFU/g），而处理组Z1在7 d时为5.33 lg（CFU/g），说明在物流末期，经1.5%植酸处理的鱼肉品质优于0.1%植酸处理的鱼肉。处理组Z2在7 d时菌落总数为4.90 lg（CFU/g），低于同期的Z1、Z3组，说明浓度为0.5%的植酸溶液具有更好的抑菌效果。试验表明不同浓度的植酸溶液都能有效抑菌，其中浓度为0.5%的植酸溶液效果最好。

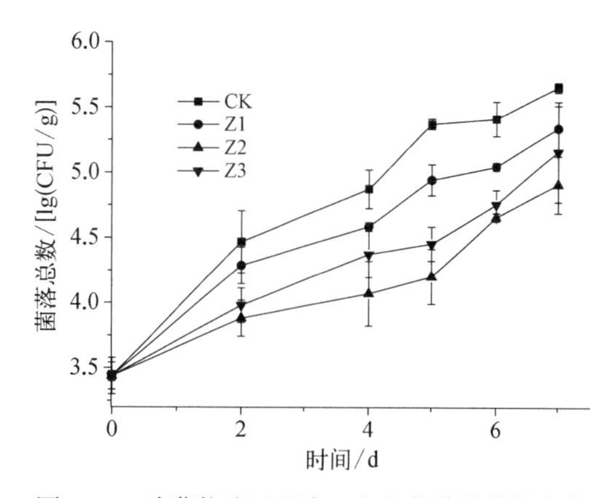


图4-40 冷藏物流过程中三文鱼菌落总数的变化

## 五、TVB-N值的变化

冷藏物流过程中TVB-N的变化如图4-41所示，随着物流时间的增长，各组TVB-N值均呈上升趋势，且冷链后期上升趋势明显。这可能是由于物流末期微生物呈对数增长，其代谢产物也会相应增多，进而导致TVB-N值增长幅度变大。CK组在冷链过程中TVB-N值始终高于同期的其他各组，末期TVB-N值为15.095 mg/100 g，已超过一级鲜度阈值，而同期的其他各处理组均未超过一级鲜度阈值，这说明植酸能有效抑制微生物的生长，使处理组的TVB-N值均低于CK组。处理组Z2在7 d时TVB-N值为12.82 mg/100 g，而同期的Z1组TVB-N值为13.99 mg/100 g，Z3组TVB-N值为13.50 mg/100 g，由此可见浓度为0.5%的植酸溶液能更有效地减缓微生物的繁殖，进而减缓TVB-N值的上升。实验表明使用植酸溶液浸渍三文鱼能有效减缓鱼肉的腐败，进而延长鱼肉的货架期。

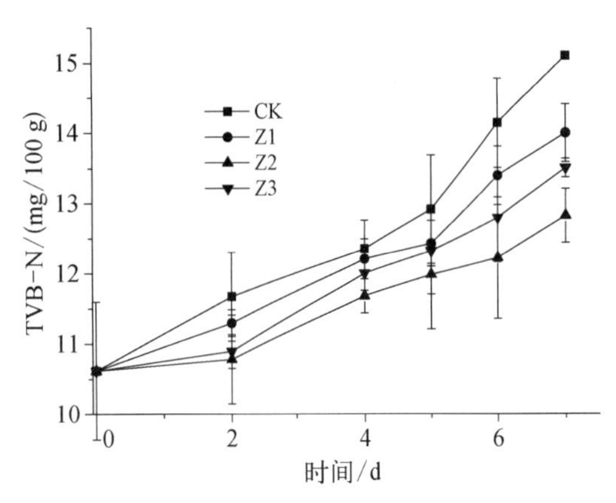


图4-41　冷藏物流过程中三文鱼TVB-N值的变化

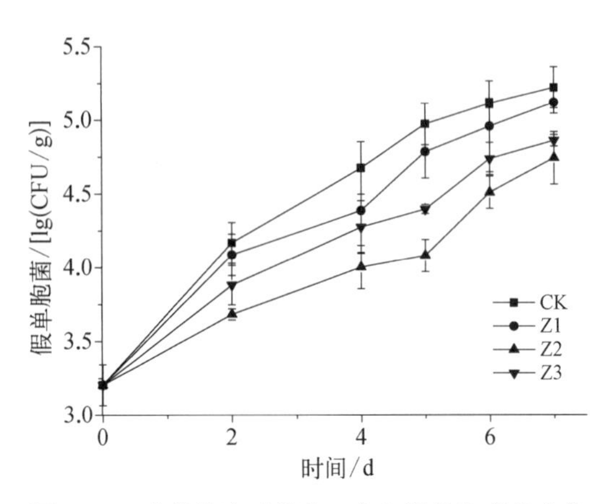


图4-42　冷藏物流过程中三文鱼假单胞菌的变化

## 六、假单胞菌数的变化

各组假单胞菌变化情况如图4-42所示，随着时间的延长，各组假单胞菌数量呈上升趋势，其中处理组Z2的上升趋势较为缓慢。假单胞菌的初始值为3.20 lg(CFU/g)，冷链末期时，CK组的假单胞菌数量增长为5.22 lg(CFU/g)，接近同期其菌落总数5.65 lg(CFU/g)，说明假单胞菌为贮运后期的主要菌属，在三文鱼劣变中起到一定作用。处理组Z1在7 d时假单胞菌数量为5.11 lg(CFU/g)，与同期CK组数值较接近，说明低浓度的植酸(0.1%)不能很好地抑制假单胞菌的生长。处理组Z2在贮运期间假单胞菌数量始终低于其他各组，在贮运末期其数值为4.74 lg(CFU/g)，与同期的CK组相比差异显著($p < 0.05$)，说明浓度为0.5%的植酸溶液能有效减缓假单胞菌的增长。试验结果表明0.5%的植酸能有效抑制冷链末期主要菌属的增长。

## 七、希瓦氏菌数的变化

各组希瓦氏菌数量变化如图4-43所示，随着时间的增长，各组希瓦氏菌数量均呈上升趋势，且到贮运后期整体上升趋势有所减缓。处理组Z1与Z3在冷链末期希瓦氏菌数量分别为4.58 lg(CFU/g)和4.60 lg(CFU/g)，表明对于希瓦氏菌来说，并不是植酸浓度越高，抑制效果越好。处理组Z2在冷藏物流过程中希瓦氏菌数量始终低于其他各组，7 d时希瓦氏菌数量为4.28 lg(CFU/g)，与其他三组相比差异明显，表明相比于其他两个处理组，0.5%的植酸更能抑制希瓦氏菌生长。试验结果表明，并非植酸浓度越高对希瓦氏菌的抑制作用越强，0.5%浓度的植酸能有效减缓希瓦氏菌的生长。

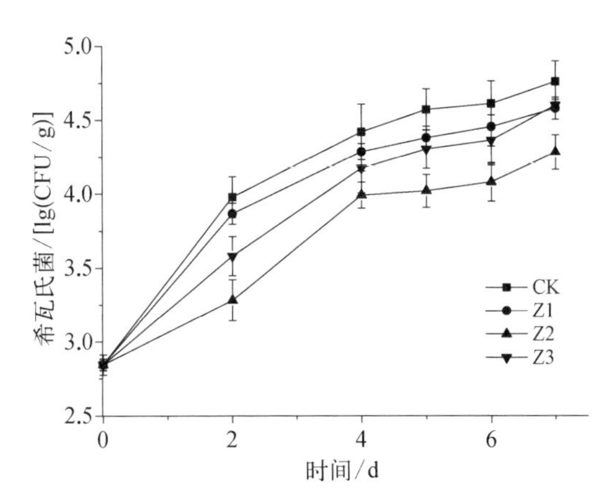


图4-43　冷链物流过程中三文鱼希瓦氏菌的变化

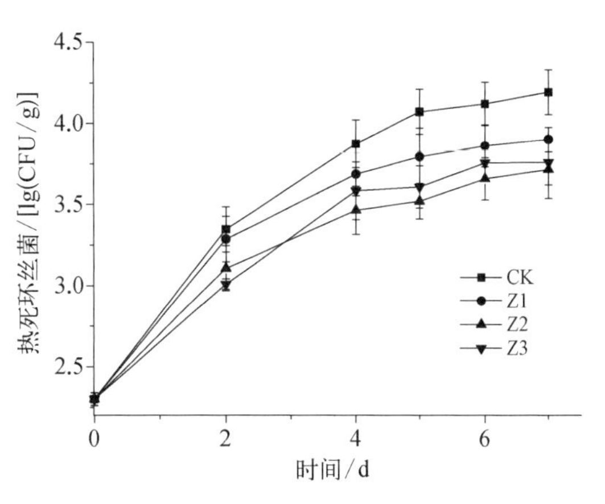


图4-44　冷链物流过程中三文鱼热死环丝菌的变化

## 八、热死环丝菌数的变化

热死环丝菌变化情况如图4-44所示，随着时间的延长，各组热死环丝菌数量均呈上升趋势，且贮运后期整体上升趋势明显减缓。热死环丝菌的初始值为2.30 lg（CFU/g），明显低于同期的假单胞菌及希瓦氏菌。4 d后CK组的热死环丝菌数量明显高于同期的其他三组，且7 d时CK组热死环丝菌数量为4.19 lg（CFU/g），与处理组Z2相比差异显著（$p < 0.05$），说明植酸能有效抑制热死环丝菌的生长，延长三文鱼的保质期。冷链末期处理组Z2的热死环丝菌数量为3.71 lg（CFU/g），与同期Z3的热死环丝菌数量3.76 lg（CFU/g）接近，且两组均低于同期Z1的数值3.90 lg（CFU/g），说明高浓度的植酸更能抑制热死环丝菌的增长，但并非浓度越高抑制效果越好。试验结果表明，不同浓度的植酸溶液对热死环丝菌均有抑制作用，其中浓度为0.5%与1.5%的植酸溶液抑制效果较好。

## 九、本节小结

在冷藏物流过程中，植酸浓度为0.1%、0.5%、1.5%的处理组均能有效缓解三文鱼肉品质的下降，其中浓度配比为0.5%植酸处理组的保鲜效果优于浓度为0.1%和1.5%的植酸处理组。0.5%植酸处理组能够使鱼肉样品保持较好的品质和较高的感官评分、减缓微生物指标和TVB-N值的上升，保证三文鱼在冷链末期仍有良好的品质。

综合微生物指标，选用不同培养基分析三文鱼在冷藏物流过程中3种特定细菌的变化，随着贮运时间的延长，假单胞菌与希瓦氏菌增长趋势最快，其中假单胞菌接近菌落总数的生长速度，是主要起腐败作用的细菌，相比而言热死环丝菌生长缓慢，不是主要腐败菌；同时生物保鲜剂植酸对3种细菌均有明显的抑制作用，其中浓度为0.5%的植酸抑菌效果最好。货架期延长到12 d。

## 参考文献


[ 1 ] 金盛楠，肖更生，张友胜，等. 冷链物流分析及其在食品中的应用现状[J]. 现代食品科技，2008，24(10)：1031-1035.

[ 2 ] Bogataj M, Bogataj L, Vodopivec R. Stability of perishable goods in cold logistic chains[J]. International Journal of Production Economics, 2005, 93: 345-356.

[ 3 ] 刘广海，刘浩荣，孙永才，等. 荔枝物流品质动态监测与试验分析[J]. 广州大学学报：自然科学版，2011，10(4)：86-89.

[ 4 ] 李珊，朱毅，傅达奇，等. 温度波动对草莓贮藏和货架期品质的影响[J]. 农产品加工学刊(中)，2013，(2)：18-21.

[ 5 ] 吕昌文，齐灵. 桃波动温度贮藏及其机理研究[J]. 华北农学报，1994，9(1)：75-80.

[ 6 ] 林朝朋，谢如鹤. 生鲜猪肉物流品质变化研究[J]. 物流工程与管理，2009，31(3)：118-119.

[ 7 ] 刘寿春，赵春江，杨信廷，等. 波动温度贮藏过程冷却猪肉货架期品质研究[J]. 食品科技，2012，(12)：101-106.

[ 8 ] 陈秦怡，万金庆，王国强. 温度波动对冷藏鸭肉品质的影响[J]. 食品科技，2008，(1)：234-236.

[ 9 ] 陈秦怡，万金庆，王国强. 温度波动对冰温贮藏鸭肉品质的影响[J]. 食品工业，2008，(3)：1-3.

[10] 黄鸿兵，徐幸莲，周光宏. 冷冻贮藏过程中温度波动对猪肉肌间冰晶、颜色和新鲜度的影响[J]. 食品科学，2006，27(8)：49-53.

[11] Tsironi T, Dermesonlouoglou E, Giannakourou M, et al. Shelf life modelling of frozen shrimp at variable temperature conditions[J]. LWT-Food Science and Technology, 2009, 42(2): 664-671.

[12] 汤燕生，杭鸣，史文忠. 运输过程中温度波动对奶制品质量的影响[J]. 中国乳品工业，1993，21(6)：252-257.

[13] 毛海华，程裕东，周颖越，等. 定温流通条件下温度波动对冷藏米饭安全性的影响研究[J]. 食品科学，2006，27(12)：142-145.

[14] Gospavic R, Kreyenschmidt J, Bruckner S, et al. Mathematical modelling for predicting the growth of *Pseudomonas* spp. in poultry under variable temperature conditions[J]. International Journal of Food Microbiology, 2008, 127(3): 290-297.

[15] Shorten P R, Soboleva T K, Pleasants A B, et al. A risk assessment approach applied to the growth of *Erwinia carotovora* in vegetable juice for variable temperature conditions[J]. International Journal of Food Microbiology, 2006, 109(1): 60-70.

[16] Sant'Ana A S, Barbosa M S, Destro M T, et al. Growth potential of *Salmonella* spp. and *Listeria monocytogenes* in nine types of ready-to-eat vegetables stored at variable temperature conditions during shelf-life[J]. International Journal of Food Microbiology, 2012, 157(1): 52-58.

[17] Likar K, Jevšnik M. Cold chain maintaining in food trade[J]. Food Control, 2006, 17(2): 108-113.

[18] Margeirsson B, Lauzon H L, Pálsson H, et al. Temperature fluctuations and quality deterioration of chilled cod (*Gadus morhua*) fillets packaged in different boxes stored on pallets under dynamic temperature conditions[J]. International Journal of Refrigeration, 2012, 35(1): 187-201.

[19] 陈坚，朱富强，万锦康. 发展中的水产品冷藏链技术——金枪鱼冷藏链[J]. 渔业现代化，2002，(1)：29-36.

[20] SC/T 9020—2006，水产品低温冷藏设备和低温运输设备技术条件[S].

[21] DB31/T 388—2007，食品冷链物流技术与规范[S].

[22] JB/T 7244—1994，食品冷柜[S].

[23] 崔雁娜. 养殖大黄鱼蛋白质冷冻变性及抑制的研究[D]. 杭州：浙江工商大学，2009：43-44.

[24] 金剑雄，贺志军，王文辉. 鱼在冻藏中的冰结晶与肌纤维变化的研究[J]. 浙江海洋学院学报(自然

科学版),2000,19(2):118-121.

[ 25 ] Sanz P D, De Elvira C, Martino M, et al. Freezing rate simulation as an aid to reducing crystallization damage in foods[ J ]. Meat Science, 1999, 52(3): 275-278.

[ 26 ] Boonsumrej S, Chaiwanichsiri S, Tantratian S, et al. Effects of freezing and thawing on the quality changes of tiger shrimp (Penaeus monodon) frozen by air-blast and cryogenic freezing[ J ]. Journal of Food Engineering, 2007, 80(1): 292-299.

[ 27 ] Lampila L E. Comparative microstructure of red meat, poultry and fish muscle[ J ]. Journal of Muscle Foods, 1990, 1(4): 247-267.

[ 28 ] Lagerstedt Å, Enfält L, Johansson L, et al. Effect of freezing on sensory quality, shear force and water loss in beef M. longissimus dorsi[ J ]. Meat Science, 2008, 80(2): 457-461.

[ 29 ] Thiansilakul Y, Benjakul S, Richards M P. Changes in heme proteins and lipids associated with off-odour of seabass (Lates calcarifer) and red tilapia (Oreochromis mossambicus × O. niloticus) during iced storage[ J ]. Food Chemistry, 2010, 121(4): 1109-1119.

[ 30 ] 苗振清,黄锡昌. 远洋金枪鱼渔业[ M ]. 上海:上海科学技术文献出版社,2003:259-261.

[ 31 ] Baron C P, Andersen H J. Myoglobin-induced lipid oxidation. A review[ J ]. Journal of Agricultural and Food Chemistry, 2002, 50(14): 3887-3897.

[ 32 ] Chow C J, Ochiai Y, Watabe S, et al. Autoxidation of bluefin tuna myoglobin associated with freezing and thawing[ J ]. Journal of Food Science, 1987, 52(3): 589-591.

[ 33 ] Matthews A D. Muscle colour deterioration in iced and frozen stored bonito, yellowfin and skipjack tuna caught in Seychelles waters[ J ]. International Journal of Food Science and Technology, 1983, 18(3): 387-392.

[ 34 ] Sohn J H, Taki Y, Ushio H, et al. Lipid oxidations in ordinary and dark muscles of fish: Influences on rancid off-odor development and color darkening of yellowtail flesh during ice storage[ J ]. Journal of Food Science, 2005, 70(7): 490-496.

[ 35 ] Ruiz-Capillas C, Moral A. Sensory and biochemical aspects of quality of whole bigeye tuna (Thunnus obesus) during bulk storage in controlled atmospheres[ J ]. Food Chemistry, 2005, 89(3): 347-354.

[ 36 ] Ocaño-Higuera V M, Maeda-Martínez A N, Marquez-Ríos E, et al. Freshness assessment of ray fish stored in ice by biochemical, chemical and physical methods[ J ]. Food Chemistry, 2011, 125(1): 49-54.

[ 37 ] 钟赛意,刘寿春,秦小明,等. 蛋白质分解对低温贮藏真空包装罗非鱼品质的影响[ J ]. 食品科技,2013,38(6):141-146.

[ 38 ] Ayala M D, Abdel I, Santaella M, et al. Muscle tissue structural changes and texture development in sea bream, *Sparus aurata* L., during post-mortem storage[ J ]. LWT-Food Science and Technology, 2010, 43(3): 465-475.

[ 39 ] 方静,朱金虎,黄卉等. 冰藏中凡纳滨对虾的质构变化研究[ J ]. 南方水产科学,2012,8(6):80-84.

[ 40 ] Aubourg S P, Medina I, Gallardo J M. Quality assessment of blue whiting (Micromesistius poutassou) during chilled storage by monitoring lipid damages[ J ]. Journal of agricultural and food chemistry, 1998, 46(9): 3662-3666.

[ 41 ] Özogul Y, Özyurt G, Özogul F, et al. Freshness assessment of European eel (Anguilla anguilla) by sensory, chemical and microbiological methods[ J ]. Food Chemistry, 2005, 92(4): 745-751.

[ 42 ] 宣伟,励建荣,李学鹏,等. 真空包装青石斑鱼片在0℃贮藏时的品质变化特性[ J ]. 水产学报,2010,(8):1285-1293.

[ 43 ] Hozbor M C, Saiz A I, Yeannes M I, et al. Microbiological changes and its correlation with quality indices during aerobic iced storage of sea salmon (*Pseudopercis semifasciata*)[ J ]. LWT-Food Science and Technology, 2006, 39(2): 99-104.

[ 44 ] Ruiz-Capillas C, Moral A. Correlation between biochemical and sensory quality indices in hake stored

in ice[J]. Food Research International, 2001, 34(5): 441–447.
[45] Taylor S L, Eitenmiller R R. Histamine food poisoning: toxicology and clinical aspects[J]. CRC Critical Reviews in Toxicology, 1986, 17(2): 91–128.
[46] Park J S, Lee C H, Kwon E Y, et al. Monitoring the contents of biogenic amines in fish and fish products consumed in Korea[J]. Food Control, 2010, 21(9): 1219–1226.
[47] Arnold S H, Price R J, Brown W D. Histamine formation by bacteria isolated from skipjack tuna, Katsuwonus pelamis[J]. Bulletin of the Japanese Society of Scientific Fisheries, 1980, 46(8): 991–995.
[48] International Commission on Microbiological Specifications for Foods (ICMSF). Sampling plans for fish and shellfish. In Microorganisms in foods, sampling for microbiological analysis: principles and specific applications[S], 1986.
[49] Sivertsvik M, Jeksrud W K, Rosnes J T. A review of modified atmosphere packaging of fish and fishery products-significance of microbial growth, activities and safety[J]. International Journal of Food Science and Technology, 2002, 37(2): 107–127.
[50] Thiansilakul Y, Benjakul S, Richards M P. The effect of different atmospheric condition on the changes in myoglobin and colour of refrigerated Eastern little tuna muscle[J]. Journal of the Science of Food and Agriculture, 2011, 91(6): 1103–1110.
[51] 赵中辉，林洪，李振兴. 鲅鱼鱼肉中组胺菌的分离与鉴定[J]. 食品科学，2011，32(7): 194–197.
[52] Alak G, Hisar S A, Hisar O, et al. Biogenic amines formation in Atlantic bonito (Sarda sarda) fillets packaged with modified atmosphere and vacuum, wrapped in chitosan and cling film at 4 ℃[J]. European Food Research and Technology, 2011, 232(1): 23–28.
[53] Sivertsvik M. The optimized modified atmosphere for packaging of pre-rigor filleted farmed cod (*Gadus morhua*) is 63 mL/100 mL oxygen and 37 mL/100 mL carbon dioxide[J]. LWT-Food Science and Technology, 2007, 40(3): 430–438.
[54] 汤元睿，谢晶，徐慧文，等. 冷链物流过程中温度变化对金枪鱼新鲜度的影响[J]. 食品工业科技，2014，35(13): 332–336.
[55] Hyytiä E, Hielm S, Mokkila M, et al. Predicted and observed growth and toxigenesis by Clostridium botulinum type E in vacuum-packaged fishery product challenge tests[J]. International journal of food microbiology, 1999, 47(3): 161–169.
[56] 杨胜平，谢晶，高志立，等. 冷链物流过程中温度和时间对冰鲜带鱼品质的影响[J]. 农业工程学报，2013，29(24): 302–310.
[57] Lopez-Caballero M E, Pérez-Mateos M, Montero P, et al. Oyster preservation by high-pressure treatment[J]. Journal of Food Protection®, 2000, 63(2): 196–201.
[58] Paari A, Kanmani P, Satishkumar R, et al. The combined effect of irradiation and antioxidant packaging on shelf life extension of goat fish (Parupeneus indicus): Microbial, chemical and EPR spectral assessment[J]. Journal of Food Processing and Preservation, 2012, 36(2): 152–160.
[59] 李建雄，谢晶，潘迎捷. 冰温对猪肉的新鲜度和品质的影响[J]. 食品工业科技，2009，(9): 67–70.
[60] DB46/ 118—2008生食三文鱼、龙虾卫生标准[S].
[61] 关志苗. *K*值——判定鱼品鲜度的新指标[J]. 水产科学，1995，(1): 33–35.
[62] 黎柳，谢晶. 臭氧冰与电解水冰处理延长鲳鱼的冷藏货架期[J]. 食品工业科技，2014，35(23): 323–328.
[63] 林顿. 猪肉微冻气调包装保鲜技术的研究[D]. 杭州：浙江大学，2015.
[64] Fernández K, Aspé E, Roeckel M. Scaling up parameters for shelf-life extension of Atlantic Salmon (Salmosalar) fillets using superchilling and modified atmosphere packaging[J]. Food Control, 2010, 21(6): 857–862.
[65] 汤元睿，谢晶，徐慧文，等. 冷链物流中包装方式对金枪鱼品质的影响[J]. 现代食品科技，2014，30

(7): 187-192.

[66] 杨胜平，谢晶. 不同体积分数$CO_2$对气调冷藏带鱼品质的影响[J]. 食品科学，2011，32(4): 275-279.

[67] Macé S, Cornet J, Chevalier F, et al. Characterisation of the spoilage microbiota in raw salmon (*Salmosalar*) steaks stored under vacuum or modified atmosphere packaging combining conventional methods and PCR-TTGE[J]. Food Microbiology, 2012, 30(1): 164-172.

[68] 蓝蔚青，谢晶，高志立，等. 适宜气调包装延缓冷藏鲳鱼品质变化延长货架期[J]. 农业工程学报，2014，30(23): 324-341.

[69] Ólafsdóttir G, Lauzon H L, Martinsdottir E, et al. Influence of storage temperature on microbial spoilage characteristics of haddock fillets (*Melanogrammusa eglefinus*) evaluated by multivariate quality prediction[J]. International Journal of Food Microbiology, 2006, 111(2): 112-125.

[70] 苏辉，谢晶，黎柳，等. 不同温度下鲳鱼品质及微观组织的变化研究[J]. 现代食品科技，2014，30(8): 106-111.

[71] 谢晶，侯伟峰，汤毅，等. 植酸对腐败希瓦氏菌的抑菌机理[J]. 食品工业科技，2011，(10): 85-88.

# 第五章　海产品低温贮运过程中的菌相变化

海产品中的微生物污染是影响产品货架期和贮藏加工性能的重要因素。在海产品贮藏保鲜过程中其微生物的数量和种类都会发生变化，为了更好地理解海产品腐败变质的机理，以更有针对性地选择保鲜工艺，开展海产品贮藏期间微生物多样性研究是十分有必要的。本章以三文鱼、金枪鱼、带鱼和鲳鱼为对象，分别介绍了冷藏、微冻、保鲜剂处理等情况下，海产品在物流或贮藏过程中菌相的变化。

## 第一节　水产品贮藏期间的微生物多样性研究进展

鱼体所带的腐败细菌主要是水中细菌，多数为需氧性细菌，常见的有假单胞菌属、无色杆菌属、小球菌属等。这些细菌在鱼类活体状态时存在于鱼体表面黏膜、鱼鳃及消化道中，其侵入鱼体的途径主要有两种：一是鱼体表面污染的细菌，当温度适宜时即在黏液中繁殖起来，使鱼体表面变得混浊，产生令人不快的气味。细菌繁殖进一步侵入鱼皮，使固着鱼鳞的结缔组织发生分解，造成鱼鳞易脱落。二是腐败细菌在肠道内繁殖，在细菌酶的作用下，蛋白质发生分解，产生气体。细菌进一步侵入血管，产生溶血现象[1]。

为延长水产品的保鲜期，提高产品质量。近年来，国外学者对水产品中微生物菌相组成，尤其是腐败菌相开展了大量的研究工作。其中，研究人员发现在多数情况下，水产食品中所含的微生物，只有部分微生物参与了腐败过程。在此基础上，20世纪90年代中期，Dalgaard[2]明确提出了特定腐败菌SSO（specific spoilage organism）的概念。水产品在贮藏期间微生物菌相发生变化的主要原因是由于产品中残存的微生物在这种贮藏条件下具有不同的耐受能力，这些适合生存和繁殖并产生腐败臭味和异味的代谢产物的微生物，就是该产品的特定腐败菌[3]。有研究学者指出，水产鲜品在相同的地理条件下，同类型产品中只有一种或几种微生物总是作为腐败菌出现，而SSO可能只有一种[4]。

目前部分研究表明，弧菌科（*Vibrionaceae* sp.）等发酵型革兰氏阴性细菌是未冷藏鲜鱼的特定腐败菌。低温冷藏鱼类的主要腐败细菌有：磷发光杆菌（*Photobacterium phosphoreum*）、腐败希瓦氏菌（*Shewanella putrefaciens*）、热死环丝菌（*Brochothrix thermosphacta*）、假单胞菌属（*Pseudomonas* sp.）、气单胞菌属（*Aeromonas* sp.）和乳酸菌（*lactic acid bacteria*）等[5,6]。无论是温带水域，还是亚热带和热带水域，所有冷藏过程中的鱼、贝类和甲壳类水产动物，其特定腐败菌主要是耐冷的革兰氏阴性细菌假单胞菌和希瓦氏菌为特定腐败菌[3]。Thomas等[4]研究发现，假单胞菌、希瓦氏菌是冷链流通中高水分蛋白食品的SSO。不同条件下鱼类SSO亦存在差异，其鉴定和特性未得到充分研究。曹荣等[7]研究了生鲜太平洋牡蛎的初始菌相发现假单胞菌属和弧菌科是生鲜牡蛎的优势菌。

随着现代科学技术的发展，微生物的多样性分析方法也越来越多。主要的分析方法有两类：第一类是常规的微生物分类、鉴定方法，这一类方法主要是以形态特征、生理生化反应特征、生态学特征与血清学反应等作为鉴定依据，可靠性较高。传统的微生物学方法为微生物的研究奠定了坚实基础，然而这些方法同时也存在着不少缺点，用于细菌分类鉴定不但耗时费力，而对部分细菌的鉴定仍然困难重重[8,9]，传统方法很难全面反映污染微生物多样性的全貌，具有一定的局限性和盲目性，一定程度上阻碍了复杂微生物多样性的研究进程[10,11]。

近年来出现了一些生理生化鉴定系统，如API系统，使传统的生理生化鉴定变得简单、快速。第二类是利用分子生物学的方法对细菌鉴定，主要包括细胞化学组分分析的鉴定、蛋白质水平的鉴定、遗传学特性的鉴定。以PCR扩增技术为基础的分子生物学技术的出现，为微生物区系研究提供了从不同视角认识其多样性的可能[12]。基于DNA指纹技术的分子生物学研究手段，如核苷酸（基因）探针技术、竞争性PCR、16SrRNA基因序列分析等逐步被引入生物多样性的研究中，主要包括以下两点。① 依赖于培养技术的指纹图谱技术，其中包括菌落核酸杂交、各种PCR技术、依赖限制性内切酶的指纹图谱技术等。② 不依赖于培养技术的指纹图谱技术，其中包括16SrRNA的随机克隆、温度梯度凝胶电泳与变性梯度凝胶电泳技术（denaturing gradient gel electrophoresis, DGGE）。在这些技术中，DGGE技术已被广泛用于土壤、污水、粪便等细菌多样性和种群结构研究[13,14]，并开始应用于与食品有关的微生物多样性研究[15,16]。

## 一、DGGE的发展和技术原理

DGGE是1979年由Fischer 和Lerman最先提出的用于检测DNA突变的一种电泳技术[17]。1985年Myers等[18]首次在DGGE中使用“GC夹子（gc clamp）”，使该技术趋于完善。1993年Muzyers等首次将DGGE技术应用于分子微生态学研究领域，并证实了这种技术在揭示自然界微生物区系的遗传多样性和种群差异方面具有独特的优越性，其可以很好地反映微生物的多样性[19-21]。该技术是一种可检测长度相同而碱基组成不同的DNA序列在不同变性条件下的电泳方法，这些序列不同的DNA片段在变性梯度凝胶电泳上由于解链行为不同，导致迁移速度不同，在胶片特定位置上形成不同的泳带而得以分离。它的分辨率比琼脂糖电泳和聚丙烯酰胺凝胶电泳更高，可以检测到一个核苷酸水平的差异。

DGGE技术的工作原理是利用变性剂在聚丙烯酰胺凝胶中形成浓度梯度，相同长度的DNA片段在各自相应的变性剂浓度下解链，导致DNA空间构型发生变化，使电泳速度

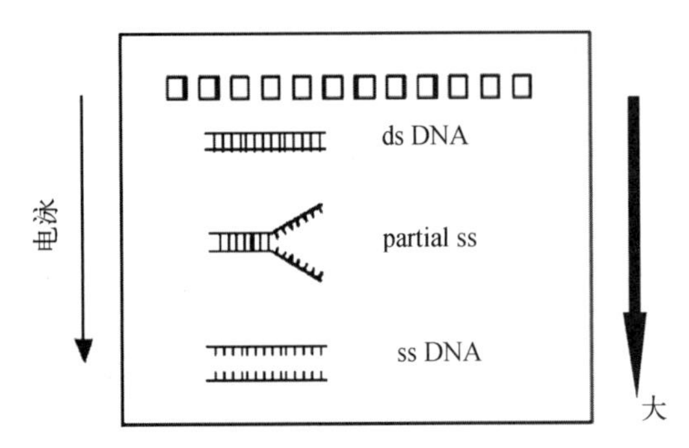

图5-1 DGGE对DNA片段的分离示意图

急剧下降，DNA片段碱基组成有差异，造成在其相应的变性剂梯度位置停滞，从而在凝胶上呈现不同的条带，形成与序列特异性相关的特征性图谱(图5-1)[22]。目前通常使用的变性剂为尿素。该技术可以分辨具有相同或相近分子量的目的片段序列差异，可以用于检测单一碱基的变化和遗传多样性，以及PCR扩增DNA片段的多态性。

在DGGE电泳技术中，用于DGGE分析的多是PCR产物，在电泳变性过程中，人们不希望所有的这些片段完全变性，因此在5′端引入GC序列，即“GC夹子”，将一段长度为30 ～ 50 bp富含G、C的DNA碱基片段附加到双链的一端以形成一个人工高温解链区。由于DNA分子中的G、C碱基对要比A、T碱基对结合得牢固，因此G、C含量高的区域具有较高的解链温度。这样，DNA片段的原有部分就处在低温解链区，从而可以实现更好的分离。“GC夹子”既保证十分保守的双链DNA片段解开，又保证双链在电泳过程中不完全分离[23,24](图5-2)。常规的DGGE电泳技术对于长度超过500 bp的DNA片段的序列变化情况，只能有50%的检出率。应用“GC夹子”技术，可使检出率提高到100%。

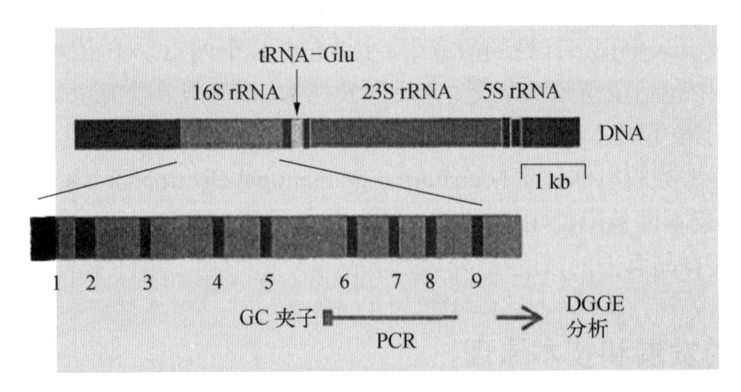

图5-2 16SrDNA引物与GC夹子的设计

DGGE系统要求在制备好的高浓度变性剂中加入聚丙烯酰胺，使其产生线性的变性梯度，对待测DNA片段进行电泳，电泳的温度要低于待测解链区域Tm(DNA的解链温度)值，一般为50 ～ 65℃。变性剂梯度由胶板的顶端向底端线性增加，电泳方向平行于变性剂梯度变化方向。

DGGE电泳后需要进行染色才能显现出不同的DNA条带和指纹图谱，目前最常用的是溴化乙锭染色法和银染法[25]。银染法是通过银离子($Ag^{+}$)与核酸形成稳定的复合物，再使用还原剂如甲醛使银离子还原成银颗粒，把核酸电泳带染成黑褐色，其灵敏度比EB(溴化乙锭)高200倍，是目前最灵敏的方法。但银染法不易回收DNA，无法进行后续的杂交分析。近几年，相继出现了SYBR Gold, SYBR Green Ⅰ和SYBR Green Ⅱ等新一代荧光核酸凝胶染料。这类染料可更好地观察微量条带，致突变性远低于EB数倍甚至数十倍，完全具有银染的超高灵敏度。由于该染料渗透入凝胶的速度极快，无须脱色，使染色过程更加简单省时。显色后，凝胶上的条带可以在回收后用于测序，也可以直接进行凝胶的杂交分析。

DGGE技术主要包括以下几个步骤：① 食品或其他环境样品的采集；② 样品中微生物总DNA提取；③ 核糖体DNA可变区PCR扩增，得到相同大小不同序列的微生物DNA扩增的混合物；④ 预实验（主要是对扩增出的16S rDNA片段的解链性质及所需的化学变性剂浓度范围进行分析），选择最佳的变性梯度；⑤ 制备DGGE凝胶；⑥ 得到样品的特异性指纹图谱，进行DGGE分析；⑦ 软件分析。DGGE分析流程图如图5-3所示。

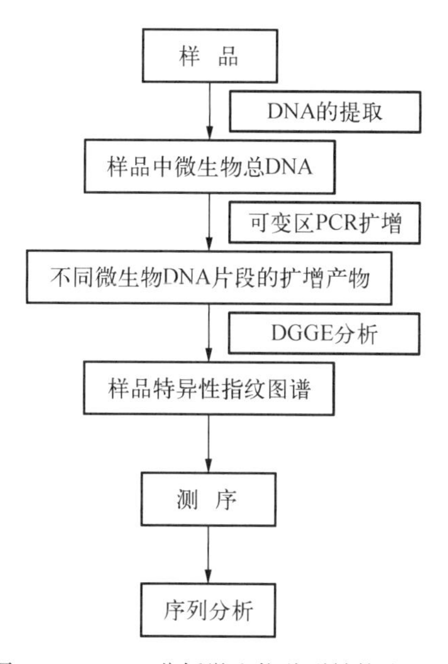


图5-3 DGGE 分析微生物种群结构流程图

## 二、DGGE技术在微生物研究中的主要应用领域

DGGE这一技术以基因（组）的多样性反映物种多样性，适用于整个菌群多样性的动态观察；可同时检测多个样品，对不同样品进行比较，因而有利于研究不同来源样品中细菌菌群多样性的动态观察。该项技术被应用到很多领域，如食品污水[26]、干酪[27]、泡菜[28]、发酵香肠[29]、土壤[30]及猪粪便中[31]的微生物区系研究，明显优于传统的培养方法[27]。同时，也有学者把该技术应用到食品中监测微生物在不同阶段的微生物类型，以此来反映整个过程中微生物种群的空间变化[28]。

# 第二节 三文鱼在冷藏物流过程中菌相变化

冷藏物流期间，微生物引起的腐败变质是影响三文鱼品质的重要因素，而冷藏保鲜手段不足以抑制有害微生物的增长，因此，研究冷藏物流过程中三文鱼的菌相变化情况具有重要意义。本节主要对冷藏物流过程中三文鱼的感官评分、TVB-N值、菌落总数、假单胞菌、希瓦氏菌、热死环丝菌、肠杆菌、乳酸菌及微生物多样性变化进行测定，研究冷藏物流过程中三文鱼的菌相及微生物多样性变化，找出主要致腐细菌，并对食用安全性分析讨论，旨在为经冷链运输的三文鱼品质及安全性提供理论参考。

将购置的三文鱼去皮剔骨后，快速分割成重约50 g的鱼块，用蒸馏水润洗后沥干，分别装入食品袋放置于相应温度的冰箱，模拟冷藏物流链（图5-4），分别在0 d、2 d、4 d、5 d、6 d、7 d测定相关指标，其中微生物多样性在0 d、2 d、4 d、6 d、7 d测定。

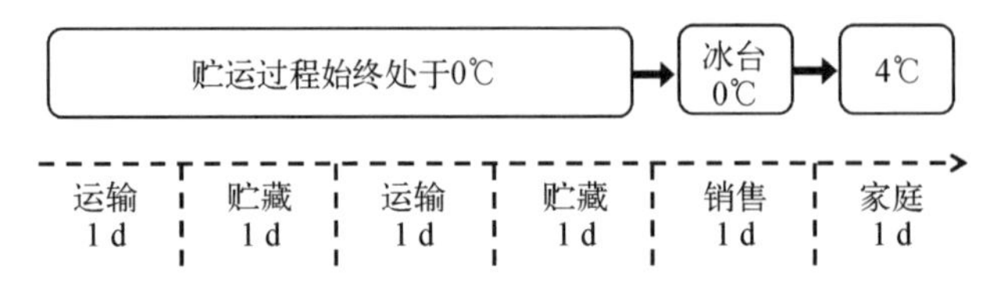


图5-4　三文鱼冷藏物流过程中温度变化情况模拟

## 一、感官分值的变化

物流过程中鱼肉样品的感官评分变化情况如图5-5所示，初始感官评分达到满分，随着贮运时间的延长，感官评分值呈下降趋势，且在4 d后下降趋势较为明显。当贮运至5 d时感官评价人员已拒绝生食。6 d时鱼肉样品的感官评分为4.15，已超过感官可接受值，这可能是由于长时间的冷藏运输导致鱼肉品质下降。

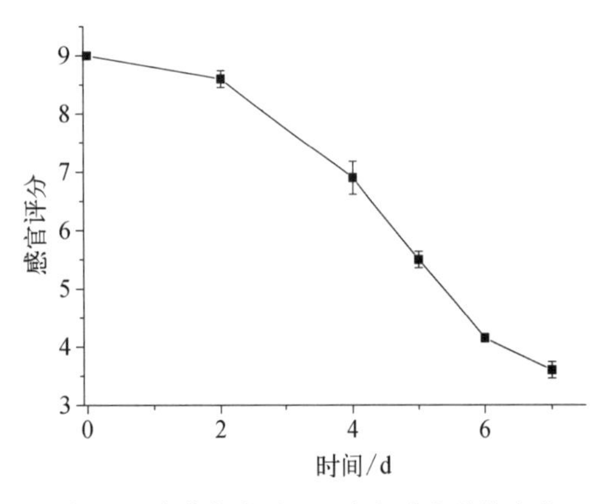


图5-5　冷藏物流过程三文鱼感官分值变化

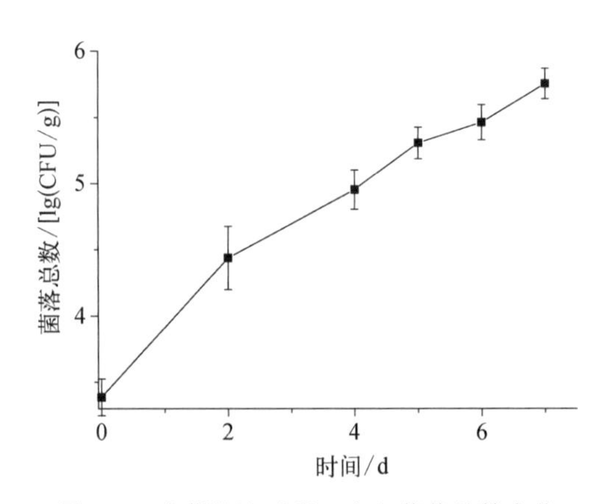


图5-6　冷藏物流过程三文鱼菌落总数变化

## 二、菌落总数的变化

菌落总数是评价鱼类污染程度常使用的指标。冷藏物流过程中菌落总数的变化情况如图5-6所示，随着时间的推移，鱼肉样品的菌落总数呈上升趋势。菌落总数的初始值为3.38 lg（CFU/g），这可能同购买时鱼体本身携带的微生物及试验预处理方法有关。鱼肉样品在2 d时已超过可生食标准[32]。在冷链末期菌落总数为5.75 lg(CFU/g),尚未超过ICMSF的规定值6 lg(CFU/g)[33]。结果表明,物流期间鱼肉始终处于0℃,但恒定的贮运温度并不能很好地抑制微生物的生长。

## 三、TVB-N值的变化

TVB-N值是测定水产品中蛋白质分解产生含氮物质的总量,是衡量水产品品质的重要指标。冷藏物流过程中TVB-N值的变化情况如图5-7所示,随着时间的延长,TVB-N值呈上升态势,且在冷链末期上升趋势明显。TVB-N的初始值为10.52 mg/100 g,销售期间鱼肉样品的TVB-N值达到14.04 mg/100 g,已接近一级鲜度阈值(15 mg/100 g),而7 d时TVB-N值已升至15.59 mg/100 g,这可能是消费阶段温度升高所导致。结果表明,TVB-N值随微生物数量增多而升高,与菌落总数变化情况相吻合。

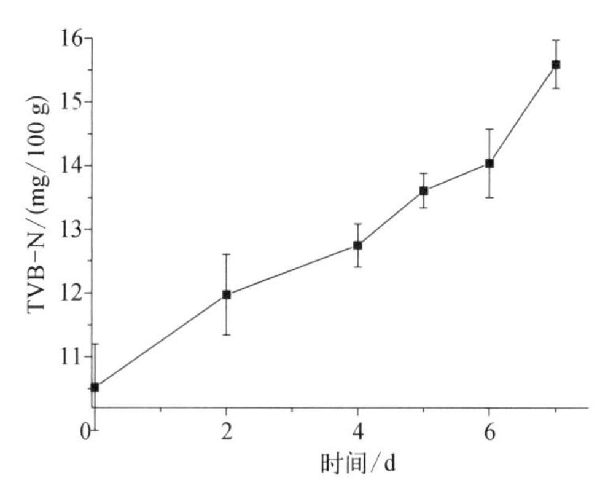


图5-7　冷藏物流过程三文鱼TVB-N值变化

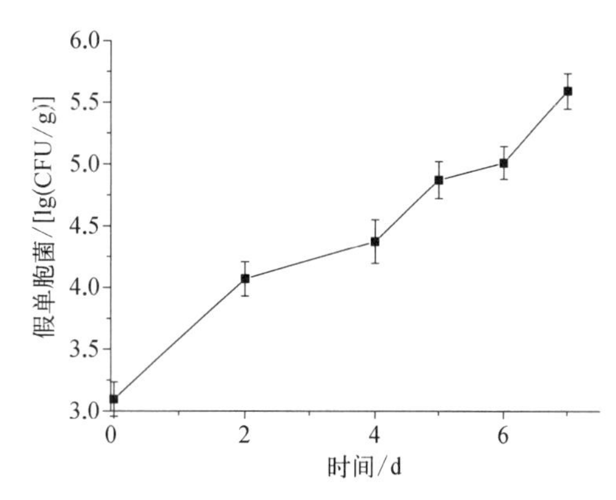


图5-8　冷藏物流过程三文鱼假单胞菌数变化

## 四、假单胞菌数的变化

假单胞菌为假单胞菌属,是一种革兰氏阴性杆菌,为水产品的主要致腐菌之一,其数量的大幅增长会导致水产品腐败变质。冷链过程中假单胞菌变化情况如图5-8所示,随着时间的推移,假单胞菌数呈上升趋势,其上升趋势与菌落总数的变化趋势相似。假单胞菌的初始值为3.09 lg(CFU/g),运输阶段假单胞菌数快速增长,5 d时达到4.87 lg(CFU/g),远超过同期其他菌种的数量。冷链末期时假单胞菌数为5.59 lg(CFU/g),接近同时期的菌落总数5.75 lg(CFU/g),说明在冷藏物流过程中菌相变得单一,而假单胞菌为贮运后期的主要菌属,在三文鱼品质劣变中起到一定作用。

## 五、希瓦氏菌数的变化

希瓦氏菌数变化情况如图5-9所示,随着时间的增长,希瓦氏菌数呈上升趋势,且冷链后期其上升趋势有所减缓。冷链初期希瓦氏菌的初始值为2.77 lg(CFU/g),经过整个运输过程后，在销售期达到4.81 lg(CFU/g)，7 d时为4.94 lg(CFU/g)。试验结果表明在冷链前期希瓦氏菌以较快的速率增长，但冷链末期其增长幅度大大减慢。

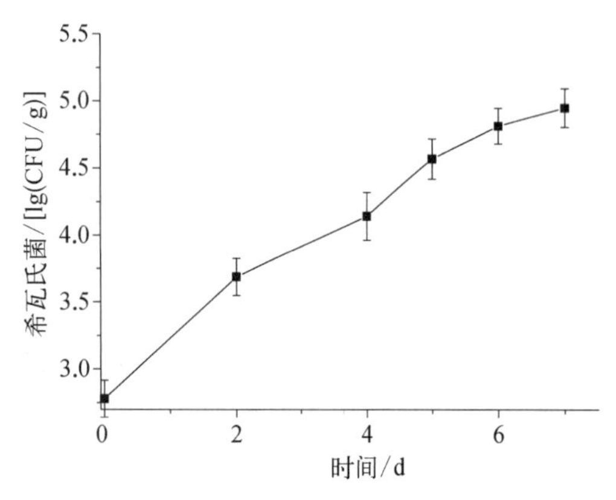


图5-9 冷藏物流过程三文鱼希瓦氏菌数变化

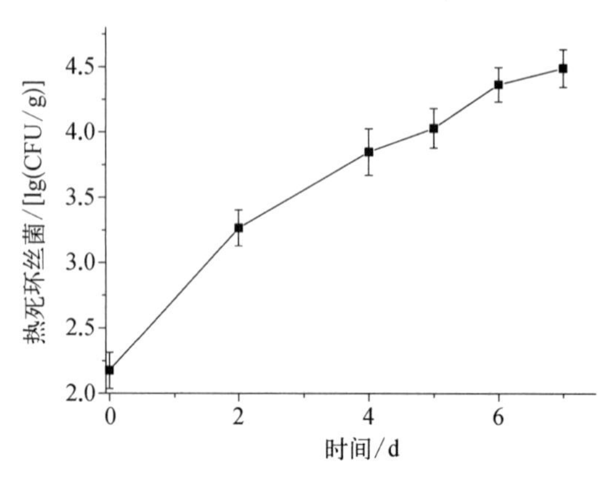


图5-10 冷藏物流过程三文鱼热死环丝菌数变化

## 六、热死环丝菌数的变化

热死环丝菌数量变化情况如图5-10所示，随着物流时间的延长，热死环丝菌数呈上升趋势，在冷链后期增长趋势减慢。热死环丝菌的初始值为2.17 lg(CFU/g)，与希瓦氏菌相同，热死环丝菌在冷链前期增长较快，5 d时达到4.02 lg(CFU/g)，冷链后期增长速率明显减慢，7 d时为4.49 lg(CFU/g)，与同期假单胞菌数相比差异显著。

## 七、肠杆菌数与乳酸菌数的变化

肠杆菌及乳酸菌变化情况如图5-11与图5-12所示，两种菌的变化趋势相似，随着物流时间的推移，肠杆菌及乳酸菌数都呈上升趋势，且冷链后期上升趋势均有明显减缓。肠

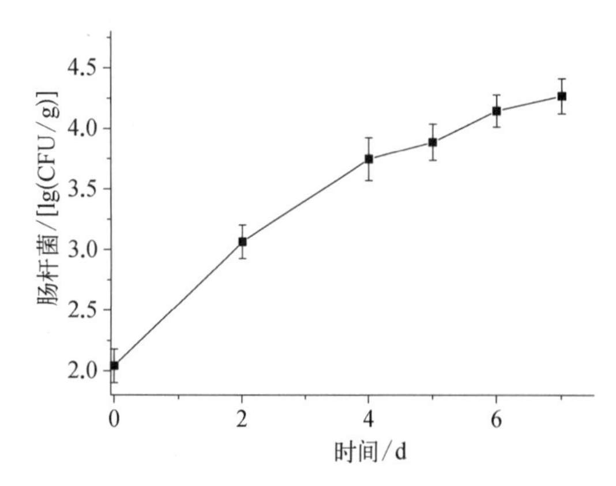


图5-11 冷藏物流过程三文鱼肠杆菌数变化

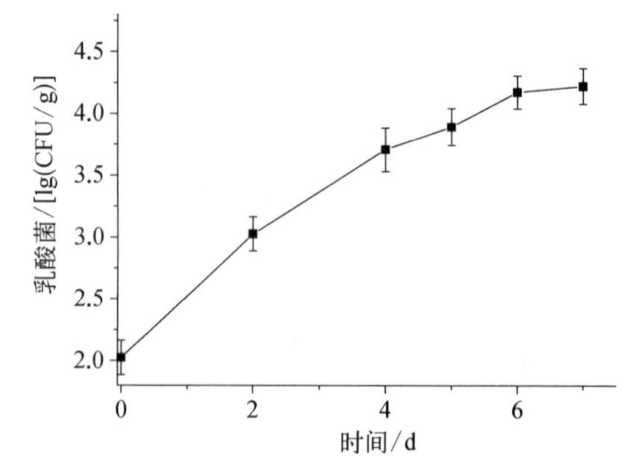


图5-12 冷藏物流过程三文鱼乳酸菌数变化

杆菌及乳酸菌的初始值分别为2.04 lg(CFU/g)和2.02 lg(CFU/g),经过运输后,两种菌数明显增加,6 d时肠杆菌与乳酸菌数分别为4.14 lg(CFU/g)与4.17 lg(CFU/g)。而从销售期至消费期,肠杆菌和乳酸菌数并未有较大变化,这可能是由于经过7 d的冷链,鱼肉样品中微生物种类趋于单一化,主要致腐菌的大量增长抑制了肠杆菌及乳酸菌的生长。试验结果表明肠杆菌及乳酸菌在冷链中数量增长幅度不大,且冷链后期生长明显受到抑制,不是三文鱼的主要致腐细菌。

## 八、微生物多样性的变化

冷藏物流过程中微生物菌群多样性的变化如图5-13和表5-1所示,随着物流时间的延长,鱼肉样品中微生物菌群DGGE条带数量逐渐减少,直观地表明微生物种类随时间的增加而减少。表5-1中,通过DGGE条带计算得出微生物菌落多样性指数$H'$(微生物菌群种类越单一,$H'$数值越小),进一步从客观的角度证明以上结论。$H'$随着贮运时间的延长呈减少的趋势,4 d时差值已达到0.09,最大差值为0.15(0 d与7 d差值)。统计分析结果显示经过冷藏物流链鱼肉样品中的微生物种类显著减少。赵爱静等[34]研究表明,冰藏条件下的南美白对虾经过8 d贮藏后,其微生物菌落多样性指数$H'$差值可达0.16(空白与8 d差值),这与本结果具有一定的相似性。

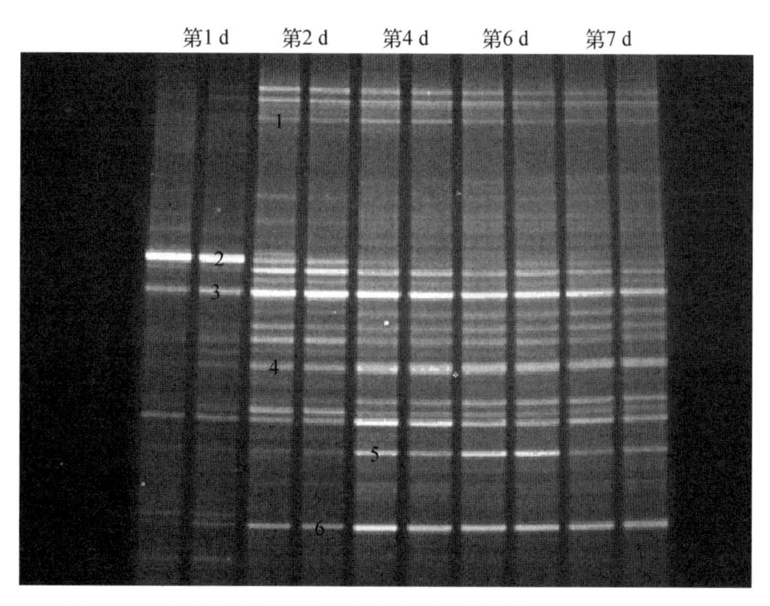


图5-13　冷藏物流过程中三文鱼中微生物菌落PCR-DGGE图谱

**表5-1　冷藏物流过程中三文鱼中微生物菌落多样性指数$H'$**

| 时间/d | 0 | 2 | 4 | 6 | 7 |
|---|---|---|---|---|---|
| 多样性指数 | 3.18±0.03 | 3.13±0.09 | 3.09±0.11 | 3.04±0.12 | 3.03±0.07 |

## 九、本节小结

通过模拟冷藏物流过程，研究了三文鱼的感官、菌落总数、TVB-N值、假单胞菌、微生物菌落多样性等指标的变化情况。结果表明，在三文鱼0 ～ 7 d的冷藏物流过程中，感官评分呈下降趋势；菌落总数及TVB-N值都呈上升趋势。

综合微生物指标，选用不同培养基来分析经冷藏物流后鱼肉样品中5种特定菌的变化情况，随着物流时间的延长，假单胞菌的增长速度最快，且冷链末期时其值接近菌落总数的数量，说明假单胞菌是主要起腐败作用的细菌；相比而言希瓦氏菌和热死环丝菌增长趋势略慢，肠杆菌和乳酸菌增长趋势更缓。微生物菌落多样性指标能反映冷藏物流过程中微生物种类的数量变化情况，能更直观地体现出随着时间的延长，微生物种类逐渐减少的现象。

# 第三节 冷藏金枪鱼优势腐败菌致腐能力分析

金枪鱼（*Thunnusobesus*），又称鲔鱼、吞拿鱼，属鲈形目鲭科，多分布在太平洋、大西洋等热带亚热带海洋区域。近年来因其含有丰富的优质蛋白及二十二碳六烯酸（docosahexaenoic acid，DHA）、二十碳五烯酸（eicosapentaenoic acid，EPA）等多种多不饱和脂肪酸，且肉质鲜嫩柔美，深受消费者喜爱，是远洋性重要商品食用鱼[35-37]；然而金枪鱼在贮运及销售等过程中易受微生物生长代谢的影响而腐败变质，致使其营养品质及经济价值下降[38]。金枪鱼肉中微生物构成复杂多样，但仅少数适应生长繁殖较快、代谢产生异味腐败物质的特定优势菌群即特定腐败菌（specific spoilage organism，SSO）参与其腐败变质[39-41]。水产品贮藏期间，SSO生长代谢速度快，致腐能力强，是其品质控制的关键点。

对于水产品中SSO的确定，一般从优势腐败菌的筛选及致腐败能力的评价两个方面进行分析。已在前期4℃冷藏金枪鱼微生物多样性分析中，分离、纯化、鉴定得到金枪鱼肉在腐败终点时的主要优势菌假单胞菌、不动杆菌（*Acinetobacter* spp.）及热死环丝菌（*Brochothrix thermosphacta*），其中假单胞菌和不动杆菌是鱼类低温冷藏过程中常见的革兰氏阴性腐败菌，可利用氨基酸作为生长基质，产生酯、酸等物质[42-45]；热死环丝菌则是肉制品中常见的革兰氏阳性兼性厌氧腐败菌[46,47]。水产品中SSO的生长代谢可加速蛋白质、脂肪及核苷酸等物质降解，产生醇、挥发性盐基氮、生物胺、有机酸等小分子物质，释放不良气味，最终导致鱼肉腐败变质。因此，挥发性盐基氮、生物胺、三甲胺等腐败代谢产物产量因子可作为水产品优势腐败菌致腐败能力定量分析的评价标准。钱韻芳等[48]将TVB-N及三甲胺产量因子作为分析4℃气调包装的凡纳滨对虾SSO致腐败能力的定量指标，发现腐败希瓦氏菌较气单胞菌（*Aeromonas* spp.）及肉食杆菌的致腐能力最强，其TVB-N产量因子（$Y_{TVB\text{-}N/CFU}$）及三甲胺产量因子及（$Y_{TMA\text{-}N/CFU}$）分别为$1.03 \times 10^{-7}$ mg/CFU和$3.95 \times 10^{-9}$ mg/CFU。Mace等[49,50]通过将不同菌株回接至无菌鱼片并测定其微生物、感官、TVB-N及挥发性气味物质产量变化，明确8℃气调包装的三文鱼及煮熟热带虾的SSO分别为明亮发光杆菌（*Photobacterium phosphoreum*）及肉食杆菌（*Carnobacterium maltaromaticum*）、希瓦氏菌。

本节基于前期冷藏金枪鱼细菌菌相变化规律的研究，将分离得到的3株优势腐败菌假单胞菌、不动杆菌和热死环丝菌分别接种到无菌鱼肉后4℃低温贮藏，分析3种优势腐败菌的生长动力学参数，明确冷藏金枪鱼优势腐败菌的致腐败能力，阐明其腐败特点，为金枪鱼冷藏保鲜技术提供理论基础。

## 一、冷藏金枪鱼腐败微生物菌落数变化及生长动力学参数分析

采用Baranyi and Roberts模型、修正的Gompertz模型及Logistic模型对接种优势腐败菌的生长动态进行分析描述，未接菌空白对照组金枪鱼的微生物生长动态以非线性方程拟合，接菌金枪鱼4℃冷藏期间腐败菌菌落数拟合及生长变化情况如图5-14所示。接种高浓度假单胞菌、不动杆菌和热死环丝菌实验组的初始菌落数分别为5.04 lg（CFU/g）、5.07 lg（CFU/g）和5.14 lg（CFU/g），接种效果无显著差异，相比于空白对照组初始菌落数高出近2个数量级，直至实验末期空白对照组的菌落总数5.15 lg（CFU/g）才与接菌实验组初期菌落数相近，且贮藏期间接菌实验组与空白对照组微生物数量差距较大，以此可近似忽略冷藏期间无菌金枪鱼鱼肉中残留杂菌对其优势腐败微生物致腐败能力的影响。冷藏实验过程中，接种假单胞菌组菌落数始终高于接种不动杆菌与热死环丝菌实验组，与前期冷藏金枪鱼菌相演替变化规律研究中货架期末期菌群组成略有不同，推测与金枪鱼初始菌相结构及各腐败菌代谢特点有关[51-53]。接种假单胞菌组落数冷藏12 h后迅速增长，而菌落数演变情况相似的不动杆菌和热死环丝菌组在前86 h生长较缓，菌落数均未超过6.0 lg（CFU/g）；冷藏96 h后不动杆菌组与热死环丝菌组微生物快速增加，随后鱼肉中营养物质消耗、代谢产物累积，实验组菌落数的增长曲线均趋于平缓，至贮藏168 h时接种假单胞菌、不动杆菌和热死环丝菌组的微生物数分别增至9.26 lg（CFU/g）、9.09 lg（CFU/g）和8.79 lg（CFU/g）。

分析图5-14可知，经各模型拟合所得生长曲线与实测值吻合程度较高，呈典型S形，可初步判定三种模型均能分别较好地拟合冷藏金枪鱼中三种优势腐败菌的生长动态。结合表5-2各方程对冷藏金枪鱼优势腐败菌菌落数拟合所得统计学参数修正决定系数（$R^2_{Adj}$）、均方误差（MSE）、准确因子（$A_f$）和偏差因子（$B_f$）分析评价拟合可靠性，$R^2_{Adj}$越大则微生物生长曲线与微生物生长动力学方程拟合程度越高，MSE越小则模型描述实验数据的精确度越高；准确因子$A_f$和偏差因子$B_f$分别描述模型预测值与实验观测值的接近程度和偏差程度，$A_f$越接近1则模型拟合准确度越高，一般认为$1.10 < A_f < 1.90$为可接受范围，$0.90 < B_f < 1.05$时模型评估效果较好[54]。各模型方程对冷藏金枪鱼优势腐败菌生长曲线拟合$R^2_{Adj}$均较高（$R^2_{Adj} > 0.97$），MSE近似为0，$A_f$及$B_f$都接近于1，说明各模型方程能够很好地描述金枪鱼三种优势腐败菌4℃下的生长曲线；假单胞菌的修正Gompertz方程$R^2_{Adj} > 0.99$，高于方程Baranyi and Roberts和方程Logistic对假单胞菌生长曲线的拟合$R^2_{Adj}$；由方程Baranyi and Roberts和方程Logistic拟合不动杆菌生长曲线所得$R^2_{Adj}$均高于0.99，且MSE、$A_f$和$B_f$呈现的拟合效果较好，故采用Baranyi and Roberts方程或方程Logistic描述冷藏金枪鱼中不动杆菌的生长动态；对于热死环丝菌生长动态的微生物动

力学方程的拟合，分析比较统计学参数发现，Baranyi and Roberts方程未能对热死环丝菌的生长动态作出拟合，Logistic方程拟合$R^2_{Adj}>0.98$高于修正Gompertz方程$R^2_{Adj}>0.96$，故采用Logistic方程描述冷藏金枪鱼中热死环丝菌的生长动态更为贴切。

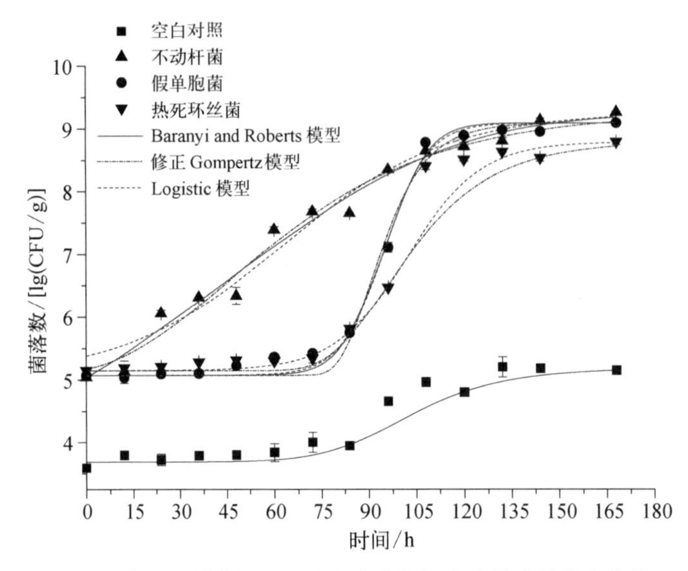


图5-14 接种不同菌株的金枪鱼冷藏期间腐败菌菌落数变化情况

通过Baranyi and Roberts方程、修正的Gompertz方程及Logistic方程拟合所得腐败微生物生长动力学参数见表5-2。冷藏金枪鱼中假单胞菌延滞时间为10.85 h，不动杆菌和热死环丝菌的延滞时间分别为83.93 h和79.11 h，假单胞菌延滞期显著少于不动杆菌和热死环丝菌，而不动杆菌和热死环丝菌的最大比生长速率($\mu_{max}$)明显大于假单胞菌，分别为0.182 9 $h^{-1}$、0.111 1 $h^{-1}$和0.045 7 $h^{-1}$，说明假单胞菌相比于不动杆菌和热死环丝菌可更加快速适应冷藏金枪鱼中的生存环境，利用氨基酸作为生长基质进行生长代谢繁殖等生理活动，但其对数生长繁殖能力弱于不动杆菌和热死环丝菌；4℃冷藏金枪鱼假单胞菌最大腐败菌数($N_{max}$)高于不动杆菌和热死环丝菌，分别为9.11 lg(CFU/g)、9.09 lg(CFU/g)和8.78 lg(CFU/g)，表明生长稳定期时假单胞菌菌落数量优于不动杆菌和热死环丝菌。

**表5-2 接种金枪鱼冷藏期间微生物生长动力学参数及模型评价**

| 微生物 | 预测模型 | 生长动力学参数 | | | | 评价 | | | |
|---|---|---|---|---|---|---|---|---|---|
| | | lg $N_0$/[lg(CFU/g)] | lg $N_{max}$/[lg(CFU/g)] | *Lag*/h | $\mu_{max}$/$h^{-1}$ | $R^2_{Adj}$ | MSE | $A_f$ | $B_f$ |
| 假单胞菌 | Baranyi and Roberts模型 | 5.04 | 9.18 | 8.46 | 0.041 92 | 0.981 4 | 0.033 7 | 1.022 0 | 1.001 4 |
| | 修正Gompertz模型 | 5.17 | 9.11 | 10.85 | 0.045 70 | 0.994 8 | 0.039 4 | 1.024 7 | 1.000 7 |
| | Logistic模型 | 5.38 | 9.19 | 11.30 | 0.048 72 | 0.970 9 | 0.052 9 | 1.029 7 | 1.006 7 |

续 表

| 微生物 | 预测模型 | 生长动力学参数 | | | | 评 价 | | | |
|---|---|---|---|---|---|---|---|---|---|
| | | lg $N_0$/[lg (CFU/g)] | lg $N_{max}$/[lg (CFU/g)] | $Lag$/h | $\mu_{max}$/$h^{-1}$ | $R^2_{Adj}$ | MSE | $A_f$ | $B_f$ |
| 不动杆菌 | Baranyi and Roberts 模型 | 5.07 | 9.09 | 83.93 | 0.182 87 | 0.993 3 | 0.018 7 | 1.016 4 | 0.993 3 |
| | 修正 Gompertz 模型 | 5.07 | 9.09 | 80.88 | 0.152 60 | 0.989 60 | 0.012 2 | 1.019 9 | 0.989 03 |
| | Logistic 模型 | 5.07 | 9.09 | 81.13 | 0.183 15 | 0.993 9 | 0.016 9 | 1.015 4 | 0.993 5 |
| 热死环丝菌 | Baranyi and Roberts 模型 | — | — | — | — | — | — | — | — |
| | 修正 Gompertz 模型 | 5.15 | 8.72 | 77.41 | 0.073 25 | 0.969 3 | 0.120 2 | 1.029 3 | 0.972 36 |
| | Logistic 模型 | 5.15 | 8.78 | 79.11 | 0.111 11 | 0.983 4 | 0.086 23 | 1.021 8 | 0.982 9 |

## 二、冷藏金枪鱼感官品质变化与含氮腐败物质产量变化分析

接种不同菌株的金枪鱼在4℃冷藏条件下的感官评定结果如图5-15所示。整体而言，微生物代谢加速蛋白质氨基酸等营养物质的降解，致使金枪鱼逐渐出现肉质松软、色泽暗淡、散发腥臭味等腐败变质现象，感官品质均呈下降趋势，且接菌试验组感官品质较空白对照组低。接种假单胞菌、不动杆菌和热死环丝菌的冷藏金枪鱼的感官评分在贮藏前48 h并无显著性差异($p > 0.05$)，分别于贮藏第48 h、72 h和60 h到达高品质期终点，至

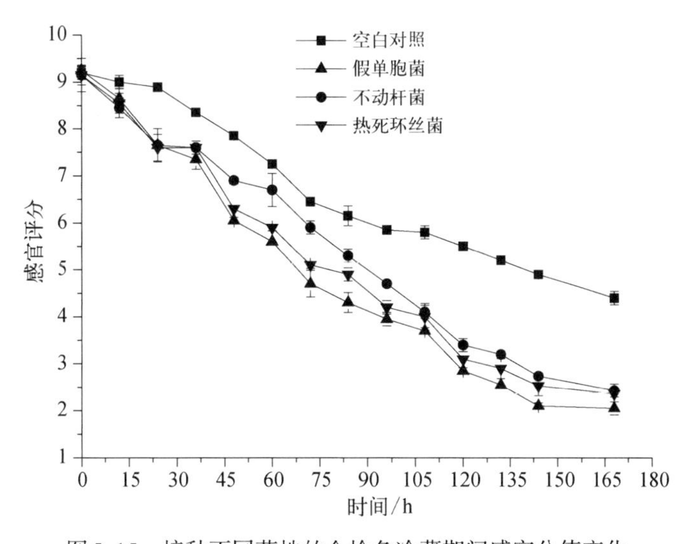


图5-15 接种不同菌株的金枪鱼冷藏期间感官分值变化

贮藏第96 h、108 h和105 h开始出现腥臭味，此时感官评分分别为3.95、4.10和4.00，到达感官拒绝的腐败点；空白对照组于冷藏第96 h时低于可生食感官分值6分，直至贮藏末期其感官评分未低于金枪鱼腐败点感官分值4分。

金枪鱼冷藏期间TVB-N的累积多由蛋白质腐败降解产生胺及氨类等盐基氮类物质所致，其值越高，则氨基酸降解越严重，是评价鱼肉品质的重要鲜度指标[52]。由图5-16可知，空白组和接种假单胞菌、不动杆菌及热死环丝菌组的TVB-N值在贮藏初期无显著差异，初始TVB-N值分别为11.27 mg/100 g、10.91 mg/100 g、11.60 mg/100 g以及11.94 mg/100 g，相比于新鲜淡水鱼，初始TVB-N值较高[55, 56]；冷藏48 h后TVB-N值迅速增加，接种假单胞菌、不动杆菌和热死环丝菌组的金枪鱼到达感官拒绝点时，TVB-N含量分别为27.32 mg/100 g、22.80 mg/100 g和24.85 mg/100 g；接种假单胞菌组TVB-N值含量高于其他三组。

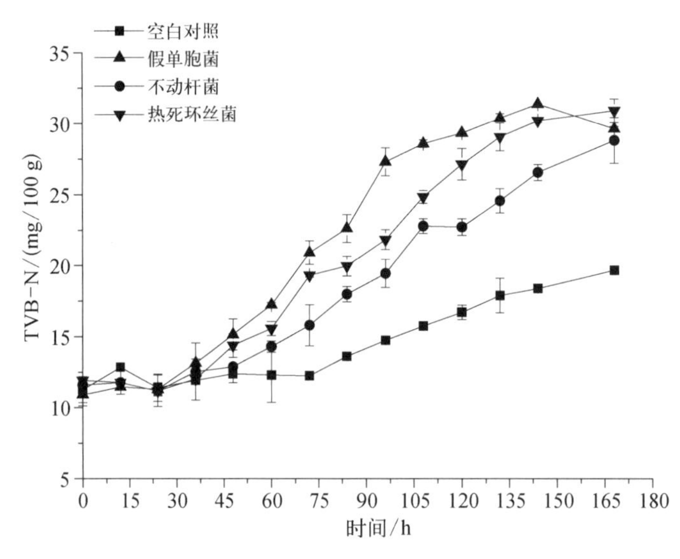


图5-16　接种不同菌株的金枪鱼冷藏期间TVB-N值变化

水产品特别是游离氨基酸含量较高的金枪鱼在贮藏过程中，易受腐败微生物代谢产生脱羧酶对其游离氨基酸的脱羧作用，合成大量具有生物活性的生物胺(biogenic amines, BAs)，已有研究表明组胺、酪胺、腐胺和尸胺是金枪鱼贮藏过程中产生的主要胺类，与其食用安全性及鲜度变化相关性显著[57, 58]。由图5-17接种不同菌株的金枪鱼4℃冷藏过程中生物胺的变化情况可知，各处理组生物胺含量随贮藏时间的延长逐渐上升；未接菌空白对照组的生物胺含量增长缓慢，至冷藏第168 h相比于新鲜金枪鱼其组胺、酪胺、腐胺和尸胺分别增长27.14 mg/kg、5.37 mg/kg、3.27 mg/kg和7.56 mg/kg，组胺含量增长较高；贮藏过程中，接种假单胞菌的金枪鱼各生物胺含量，均高于其他处理组。如图5-17(a)所示，接种不动杆菌组与接种热死环丝菌组的组胺产生量与未接菌组无显著差异，接种假单胞菌组中组胺产生量显著高于其他处理组，至贮藏96 h假单胞菌组中组胺含量升至97.89 mg/kg，超过我国农业部颁布的《生食金枪鱼》标准中对于生食金枪鱼中组胺含量的限制为90 mg/kg，贮藏第168 h，假单胞菌处理的金枪鱼肉中组胺含量相比于空白对照组高出近2.43倍。图5-17(b)中显示酪胺含量在金枪鱼冷藏过程中随贮藏时间持续增加，至货架期终点，接种假单胞菌、不动杆菌和热死环丝菌的金枪鱼处理组中酪胺含量分别增至12.97 mg/kg、11.09 mg/kg和11.38 mg/kg。腐胺和尸胺是鱼肉腐败变质过程中散发腐臭气味的主要原因，观察图5-17(c)和图5-17(d)发现，不动杆菌组和热死环丝菌组的腐胺含量在贮藏前72 h变化趋势相似，接种假单胞菌组的腐胺含量在金枪鱼冷藏第72 h后开始显著上升，表明此时鱼肉品质开始下降，至贮藏第96 h假单胞菌组腐胺含量增长速度进一步加快，说明此时鱼肉已至腐败点；尸胺变化趋势同腐胺较为相似，贮藏末期，假单胞菌组、不动杆菌组和热死环丝菌组尸胺含量分别升至44.72 mg/kg、38.07 mg/kg和35.69 mg/kg。

生物胺指数(biogenic amine index, BAI)数值上与组胺、酪胺、腐胺和尸胺的总和相等，可反映金枪鱼冷藏期间生物胺整体变化情况，多以生物胺指数值100作为金枪鱼质量阈值[59]，接种不同菌株的金枪鱼冷藏期间生物胺指数变化情况如图5-18所示。假单胞菌组于贮藏12 h其生物胺开始迅速增长，贮藏96 h时其生物胺指数155.84已超过规定阈值100；不动杆菌组和热死环丝菌于贮藏末期生物胺指数分别达到121.11和117.43。

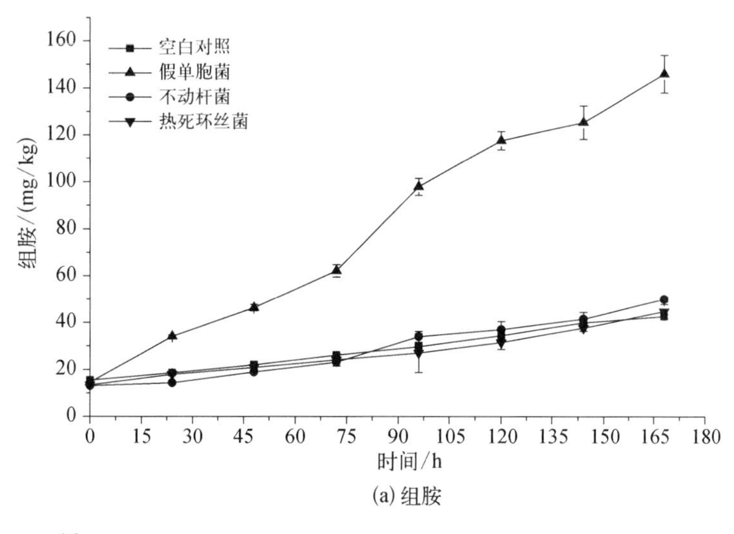

(a) 组胺

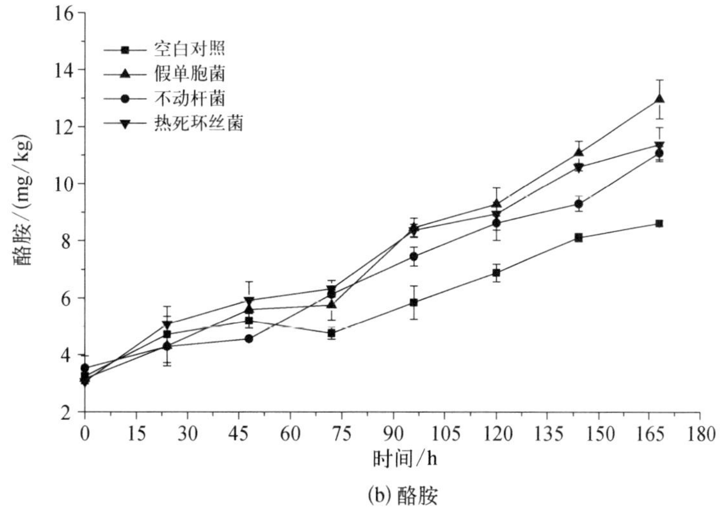

(b) 酪胺

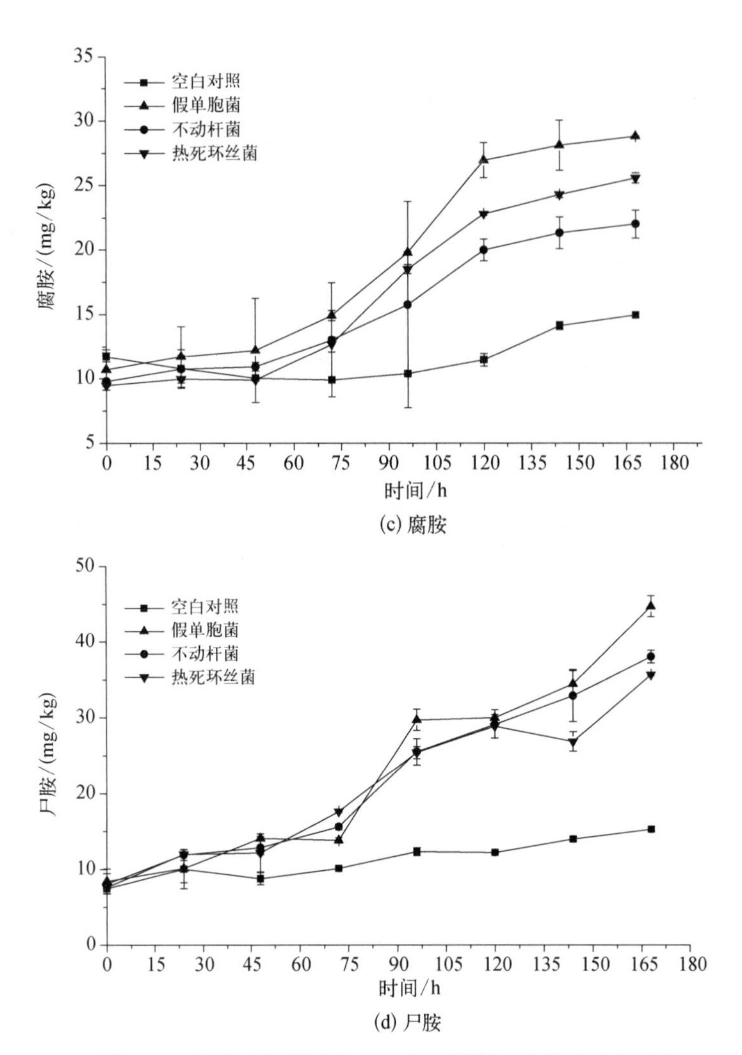


(c) 腐胺

(d) 尸胺

图 5-17　接种不同菌株的金枪鱼冷藏期间生物胺含量变化

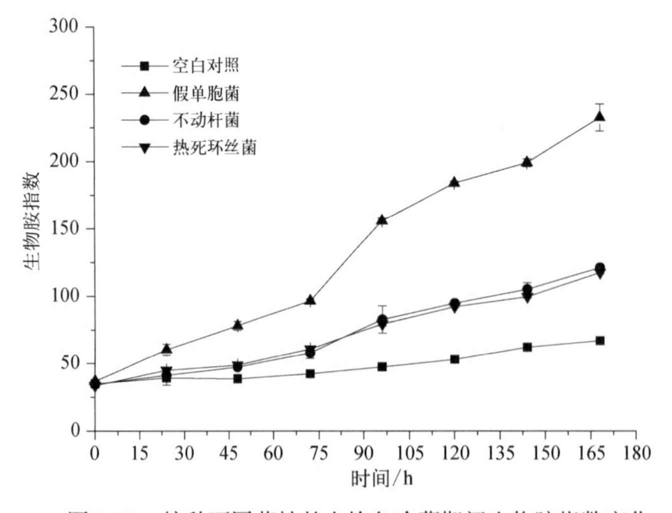


图 5-18　接种不同菌株的金枪鱼冷藏期间生物胺指数变化

## 三、冷藏金枪鱼优势腐败菌致腐能力定量分析

以腐败微生物代谢产生TVB-N的产量因子$Y_{TVB-N/CFU}$作为冷藏金枪鱼中优势腐败菌假单胞菌、不动杆菌和热死环丝菌致腐败能力评价指标，所得结果如表5-3所示。冷藏金枪鱼中假单胞菌产量因子$7.36\times10^8$相比于热死环丝菌产量因子$1.85\times10^8$高出45%，相当于不动杆菌产量因子$5.07\times10^8$的3.97倍。因此4℃冷藏金枪鱼中假单胞菌和热死环丝菌的致腐能力较不动杆菌强。

表5-3　接种不同菌株的金枪鱼冷藏期间致腐因子比较

| 微生物 | 菌落数/(CFU/g) | | 挥发性盐基氮含量/(mg/100 g) | | $Y_{TVB-N/CFU}$/(mg/CFU) |
|---|---|---|---|---|---|
| | $N_0$ | $N_s$ | TVB-$N_0$ | TVB-$N_s$ | |
| 假单胞菌 *Pseudomonas* sp. | $1.48\times10^5$ | $2.23\times10^8$ | 10.91 | 27.32 | $7.36\times10^8$ |
| 不动杆菌 *Acinetobacter* sp. | $1.17\times10^5$ | $6.05\times10^8$ | 11.60 | 22.80 | $1.85\times10^8$ |
| 热死环丝菌 *Brochothrix thermosphacta* | $1.40\times10^5$ | $2.55\times10^8$ | 11.93 | 24.85 | $5.07\times10^8$ |

## 四、本节小结

将从冷藏金枪鱼货架期终点分离、纯化、鉴定所得优势腐败菌假单胞菌、不动杆菌和热死环丝菌回接于无菌金枪鱼肉中，分析贮藏期间各优势菌生长动力学参数及金枪鱼品质变化发现，接种不动杆菌和热死环丝菌的冷藏金枪鱼货架期为108 h，长于假单胞菌组；好氧嗜冷菌假单胞菌在冷藏金枪鱼中生长快速，可分泌活性较高的蛋白酶和脱羧酶，相比于不动杆菌和热死环丝菌具有较强的产生生物胺及TVB-N的能力。研究以冷藏金枪鱼优势腐败菌致腐能力的分析为基点，为金枪鱼冷藏保鲜领域提供了理论依据，但各腐败菌间的交互作用及致腐败机制尚未了解，仍需进一步研究调查。

# 第四节　微冻贮藏鲳鱼特定腐败菌分离鉴定

水产品含有大量优质蛋白质，其品质变化与贮藏期间微生物的影响颇为相关，微生物引起的腐败变质是水产品货架期的重要影响因素。在水产品中，希瓦氏菌与假单胞菌为主要腐败菌[60-62]，但腐败能力的强弱与细菌的计数多少有着必然的联系。

水产品腐败菌研究主要集中在冷藏期间的优势腐败菌的鉴定，对于鲳鱼微冻贮藏期间的特定腐败菌研究比较少。本节通过分离、纯化微冻贮藏过程中鲳鱼主要腐败菌并通过16SrRNA鉴定，确定特定腐败菌。再将它们接种回鲳鱼，研究观察接种鲳鱼在微冻条

件下的感官评分与TVB-N值，观察描述特定腐败菌致腐能力。为抑制微冻贮藏水产品腐败微生物的研究提供理论依据。

## 一、鲳鱼特定腐败菌的分离纯化

从涂布培养平板上挑选4株典型菌株（X1、X2、X3和X4），经过纯化实验后分别制成菌液，浸泡新鲜鲳鱼后，进行致腐能力感官观察，发现菌株X1与X2有着较强的致腐能力，贮藏第4 d时，鱼体颜色发生变化，鱼眼浑浊，颜色暗淡；第6 d时鱼体肉质松软，腐臭味增大，弹性降低；第8 d时，鱼肉解冻后黏液增多，肉质严重松软，无弹性，腐臭味严重，鱼体腐败明显。因此，挑选X1与X2作为特定腐败菌，进行下一步鉴定。

## 二、鲳鱼菌落与菌体观察

分别对斜面培养菌株X1与X2进行再一次活化培养，涂布培养12 h后观察菌落形态，通过革兰氏染色对菌株进行观察。其菌落与菌株基本特征见表5-4。

**表5-4　X1与X2菌株的菌落与基本特征**

| 菌　株 | 菌落形态 | 革兰氏染色 | 芽　孢 | 细菌形状 |
|---|---|---|---|---|
| X1 | 圆形，黄色，凸起，光滑有光泽，不透明 | $G^-$ | 无 | 杆状 |
| X2 | 圆形，白色，凸起，光滑有光泽，不透明 | $G^-$ | 无 | 杆状 |

## 三、特定腐败菌16SrRNA的PCR扩增鉴定

分离纯化后的X1与X2菌株，通过引物27F与1492R全长16SrRNA的PCR扩增后，得到1 500 bp大小左右条带，电泳图谱如图5-19。

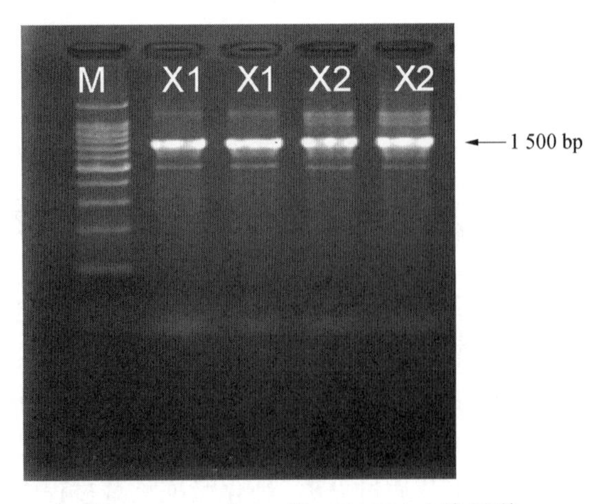


图5-19　X1与X2的16SrRNA电泳图谱

## 四、鲳鱼特定腐败菌的系统发育树

将已测序的X1与X2的16SrRNA序列与BLAST软件进行同源性比对，比对结果如图5-20所示，由同源性分析图可知：微冻鲳鱼特定腐败菌X1与X2在NCB的覆盖率均为97%。

| Description | Max score | Total score | Query cover | E value | Ident | Accession |
|---|---|---|---|---|---|---|
| Pseudomonas pseudoalcaligenes strain 3 16S ribosomal RNA gene, partial sequence | 2069 | 2069 | 97% | 0.0 | 97% | KF171340.1 |
| Pseudomonas pseudoalcaligenes 16S ribosomal RNA gene, partial sequence | 2069 | 2069 | 97% | 0.0 | 97% | JX845726.1 |
| Pseudomonas nitroreducens subsp. thermotolerans gene for 16S rRNA, partial cds, strain: NBRC 102205 | 2069 | 2069 | 97% | 0.0 | 97% | AB681730.1 |
| Pseudomonas mendocina NK-01, complete genome | 2069 | 8277 | 97% | 0.0 | 97% | CP002620.1 |
| Pseudomonas pseudoalcaligenes strain E57 16S ribosomal RNA gene, partial sequence | 2069 | 2069 | 97% | 0.0 | 97% | HQ407234.1 |
| Pseudomonas pseudoalcaligenes strain JM8 16S ribosomal RNA gene, partial sequence | 2069 | 2069 | 97% | 0.0 | 97% | FJ472860.1 |
| Pseudomonas pseudoalcaligenes strain JM4 16S ribosomal RNA gene, partial sequence | 2069 | 2069 | 97% | 0.0 | 97% | FJ472856.1 |
| Pseudomonas pseudoalcaligenes strain B50 16S ribosomal RNA gene, partial sequence | 2069 | 2069 | 97% | 0.0 | 97% | DQ837704.1 |
| Pseudomonas mendocina 16S ribosomal RNA gene, partial sequence | 2069 | 2069 | 97% | 0.0 | 97% | DQ641475.1 |

| Description | Max score | Total score | Query cover | E value | Ident | Accession |
|---|---|---|---|---|---|---|
| Shewanella baltica gene for 16S rRNA, partial sequence, strain: X1410 | 2117 | 2117 | 98% | 0.0 | 97% | AB205580.1 |
| Shewanella baltica strain KJ-W19 16S ribosomal RNA gene, partial sequence | 2115 | 2115 | 99% | 0.0 | 97% | JQ799115.1 |
| Shewanella baltica gene for 16S rRNA, partial sequence, strain: W145 | 2115 | 2115 | 98% | 0.0 | 97% | AB205578.1 |
| Shewanella sp. BR-2 16S ribosomal RNA gene, partial sequence | 2109 | 2109 | 99% | 0.0 | 97% | EU719603.1 |
| Shewanella sp. 5-2(2011) 16S ribosomal RNA gene, partial sequence | 2106 | 2106 | 98% | 0.0 | 97% | HQ634923.1 |
| Shewanella sp. MPU12 gene for 16S ribosomal RNA, partial sequence | 2106 | 2106 | 99% | 0.0 | 97% | AB334772.1 |
| Shewanella sp. S65 16S ribosomal RNA gene, partial sequence | 2104 | 2104 | 99% | 0.0 | 97% | KF751863.1 |

图5-20　优势菌X1与X2同源性较高的菌株分析

选取其中评分高的菌株进行系统发育树的构建，如图5-21。

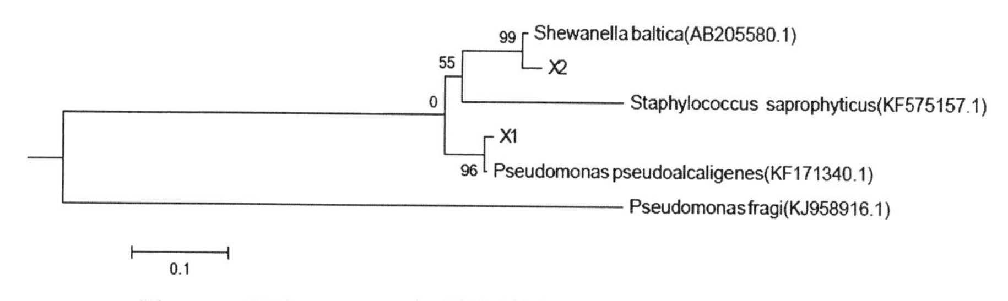


图5-21　基于16SrRNA序列同源性的X1与X2菌株的系统发育树

由系统发育树与革兰氏染色、菌落形态观察结果可以看出：X1菌株与假单胞菌属的*Pseudomonas pseudoalcaligenes*亲缘关系最近，X2与希瓦氏菌属的*Shewanella baltica*亲缘关系最近。故该X1与X2两株特定腐败菌分别鉴定为*Pseudomonas pseudoalcaligenes*（KF171340.1）与*Shewanella baltica*（AB20558.1）。

*Pseudomonas pseudoalcaligenes*为类产碱假单胞菌，自然界腐生菌，属于假单胞菌属中帕氏RNA-Ⅰ群中的产碱类细菌，为无荚膜、无芽孢的较直杆菌，革兰氏阴性严格好氧型细菌，其生长不需要生长因子，能产生阳性的氧化酶，不产生荧光素及绿脓素[63]。*Shewanella baltica*为波罗地希瓦氏菌，主要在冷藏、冷冻水产品中

存在，起到腐败作用，为嗜低温型革兰氏阴性菌。这两株细菌均为微冻鲳鱼的特定腐败菌。

## 五、特定腐败菌致腐能力测定

### 1. 菌落总数

微生物指标是鱼类腐败的重要指标，菌落总数超过7.0 lg（CFU / g）说明鱼体已完全腐败，无食用价值。根据图5-22反映接种X1与X2菌株下鲳鱼菌落总数的变化所示，两组处理组的菌落总数都是一个上升的趋势，接种X1与X2菌株处理组在第0 d菌落总数分别为4.46 gCFU / g、4.89 lgCFU / g，可能是由于浸泡过程中不同菌液的吸附能力不同导致初始值的不同。X1处理组在第2 d，菌落总数出现快速的上升，到第6 d时，菌落总数为6.96 lg（CFU / g），非常接近鲳鱼的菌落总数的二级鲜度阈值。X2处理组在第4 d开始明显上升期，在第6 d时，菌落总数为7.56 gCFU / g，超过二级鲜度阈值。

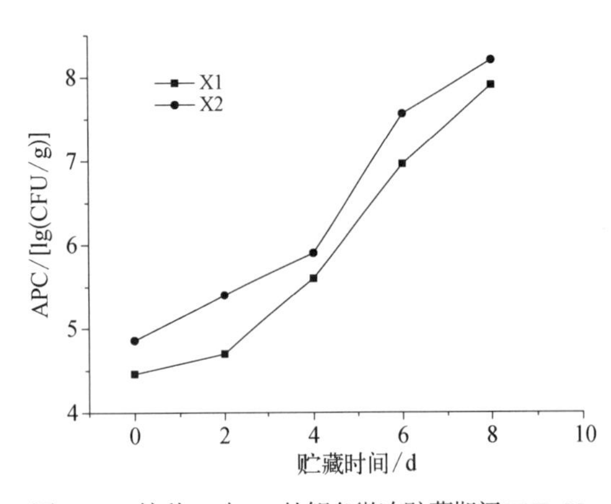


图5-22　接种X1与X2的鲳鱼微冻贮藏期间TVB-N值变化

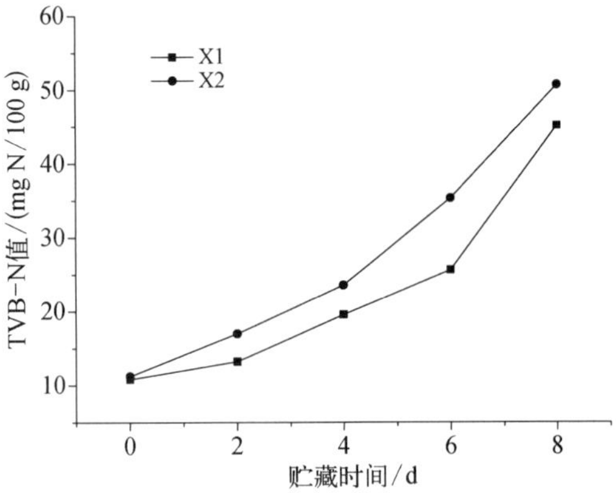

图5-23　接种X1与X2的鲳鱼微冻贮藏期间菌落总数变化

### 2. TVB-N值

TVB-N值为水产品腐败的一个重要指标，根据水产品行规规定，新鲜鲳鱼TVB-N值≤18 mg N / 100 g为一级品，≤30 mg N / 100 g为二级品，大于30 mg N / 100 g则失去食用价值，TVB-N值上升是由于在贮藏期间，腐败菌快速繁殖成为主要微生物，分解蛋白质产生大量的含氮物质。如图5-23所示，X1处理组TVB-N值在第0 d时为10.81 mg N / 100 g，第8 d为45.14 mg N / 100 g，是初始值的4.17倍；X2处理组第0 d时为11.21 mg N / 100 g，第8 d为50.66 mg N / 100 g，是初始值的4.52倍，货架期X1处理组在6～8 d，X2处理组为6 d，与菌落总数结果相一致。

### 3. 致腐能力定量分析

根据菌落总数与TVB-N值指标，X1与X2处理组初始点、腐败点的菌落总数和TVB-N值如表5-5所示。

表5-5　X1与X2菌株的致腐能力$Y_{TNB-N}$值

| 菌株 | 初始点菌落总数 | 腐败点菌落总数 | 初始点TVB-N值 | 腐败点TVB-N值 | $Y_{TVB-N}$ |
|---|---|---|---|---|---|
| X1 | 4.46 | 7.92 | 10.81 | 45.14 | 9.92 |
| X2 | 4.89 | 8.21 | 11.21 | 50.66 | 11.88 |

如表5-5所示，接种X1菌株(*Pseudomonas pseudoalcaligenes*)鲳鱼的$Y_{TVB-N}$低于接种X2(*Shewanella baltica*)的鲳鱼的$Y_{TVB-N}$，$Y_{TVB-N}$表达的是特定腐败菌在相同的腐败时间内TVB-N值的产生量，反映出不同特定腐败菌的腐败能力，且与单一的菌落总数、TVB-N值反映出的腐败能力相一致，缩短微冻鲳鱼正常货架期10 d以上。由此可见，*Pseudomonas pseudoalcaligenes*与*Shewanella baltica*对微冻鲳鱼有着明显的致腐能力，且*Shewanella baltica*的腐败能力强于*Pseudomonas pseudoalcaligenes*。

## 六、本节小结

从微冻贮藏末期腐败鲳鱼鱼肉中分离纯化出4种典型菌株，经过感官筛选，确定X1与X2菌株为微冻贮藏鲳鱼特定腐败菌。结合革兰氏染色、菌群形态和16SrRNA分子鉴定方法，确定这两种菌株为*Pseudomonas pseudoalcaligenes*与*Shewanella baltica*。

将纯化后两种特定腐败菌接种到新鲜鲳鱼，放入−3℃贮藏，测定菌落总数、TVB-N值和$Y_{TVB-N}$后得到：*Pseudomonas pseudoalcaligenes*与*Shewanella baltica*对微冻鲳鱼都有着明显的致腐能力，且*Shewanella baltica*的腐败能力强于*Pseudomonas pseudoalcaligenes*。

# 第五节　复合保鲜剂对冷藏带鱼主要菌相组成影响

鲜鱼在贮藏期间细菌种群不断变化，某些细菌适应此贮藏条件逐渐占据优势地位，并产生腐败臭味和异味等代谢产物，这些细菌就是该产品的特定腐败菌[64]。各种细菌的腐败能力及产生的代谢产物不同，造成对产品不同的腐败作用，因此研究其腐败过程不仅需要研究细菌数量的变化，研究细菌种类的变化显得十分重要[65]。

过去几十年里，国外学者对新鲜、冷藏过程和腐败鱼类的细菌学开展过部分研究工作[66-68]。近年来，国内也有少部分相关报道。裘迪红等[69]通过生理生化鉴定法对梭子蟹冷藏期间体内的腐败菌菌相变化进行了初步分析。刘寿春等[70]分析了刚捕获淡水养殖罗非鱼体表不同部位和养殖池水的细菌菌相。郭全友等[71]从菌落和细胞形态、生理生化特征、细胞脂肪酸组成及同源性分析等方面确定了冷藏养殖大黄鱼的优势腐败菌。杨宪时等[72]对罗非鱼冷藏过程中的细菌种群变化进行了实验研究，而对于复合保鲜剂对水产品贮藏期间的菌相变化研究还未见报道。本节利用传统的微生物分离纯化技术与16S rDNA分子鉴定方法相结合，分别对复合保鲜剂处理组与冷藏对照组的带鱼样品贮藏过程中的主要腐败微生物进行分离与快速鉴定，以揭示低温水产品中主导腐败微生物的菌相组成结构。研究结果将为进一步阐明特定优势腐败菌、复合保鲜剂的抑菌机理和靶向抑制产品腐败打下良好的基础，也为开发水产品微生物快速鉴定方法提供一定的理论依据。

## 一、复合保鲜剂处理后冷藏带鱼菌落总数的变化

参照鲜带鱼国标规定，菌落总数≤4 lg（CFU / g）为一级鲜度，4 lg（CFU / g）<菌落总数≤6 lg（CFU / g）为二级鲜度。由图5-24可知，在冷藏的第3 d与第5 d后，对照组冷藏带鱼的菌落总数已先后超过了一级与二级鲜度，在冷藏的第8天后，其菌落总数更达到8.75 lg（CFU / g），样品已完全腐败。而复合保鲜剂处理组在冷藏初期的菌落总数有所下降，其主要原因在于壳聚糖与溶菌酶本身具有抑菌与杀菌作用，到冷藏的第16 d，菌落总数才超过二级鲜度标准。可见，壳聚糖复合保鲜剂涂膜处理能很好地抑制微生物生长繁殖，延缓带鱼的腐败变质。从菌落总数的数值变化程度和趋势来看，符合带鱼在冷藏条件下的腐败发展趋势，分离纯化所选的时间点具有代表性。

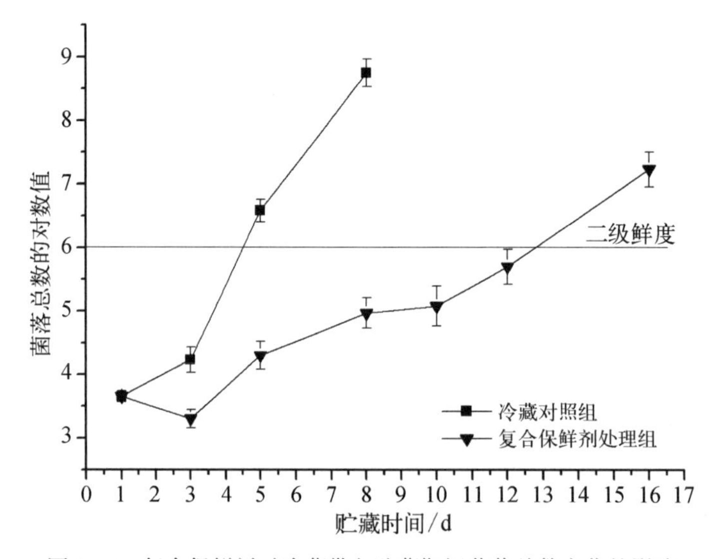


图5-24 复合保鲜剂对冷藏带鱼贮藏期间菌落总数变化的影响

## 二、冷藏带鱼的细菌菌落特征

采用稀释平板分离法和划线分离法，经过3次以上的比较分组与归类计数，一共从不同贮藏时间的对照组与复合保鲜剂处理组冷藏带鱼样品中主要分离出13种典型菌，分别命名为$X_1$、$X_2$、…、$X_{13}$，其菌落与细菌的基本特征见表5-6。

表5-6　冷藏带鱼贮藏期间的细菌特征分析

| 菌　号 | $X_1$ | $X_2$ | $X_3$ | $X_4$ | $X_5$ | $X_6$ | $X_7$ | $X_8$ | $X_9$ | $X_{10}$ | $X_{11}$ | $X_{12}$ | $X_{13}$ |
|---|---|---|---|---|---|---|---|---|---|---|---|---|---|
| 形状 | 杆状 | 直杆状 | 短杆状 | 球杆状 | 短杆状 | 弧状 | 杆状 | 直杆状 | 杆状 | 球状 | 杆状 | 椭圆球状 | 球状 |
| 革兰氏染色 | $G^-$ | $G^-$ | $G^-$ | $G^-$ | $G^-$ | $G^-$ | $G^-$ | $G^-$ | $G^-$ | $G^+$ | $G^+$ | $G^+$ | $G^+$ |
| 细菌形状 | | | | | | | | | | | | | |
| 芽　孢 | 无 | 无 | 无 | 无 | 无 | 无 | 无 | 无 | 无 | 无 | 有 | 无 | 无 |
| 菌落形态 | 圆形 | 圆形 | 圆形 | 圆形 | 圆形 | 圆形 | 圆形 | 圆形 | 圆形 | 圆形 | 圆形 | 圆形 | 圆形 |
| 菌落颜色 | 棕黄色 | 浅黄色 | 黄绿色 | 乳白色 | 灰白色 | 黄色 | 黄色 | 棕黄色 | 浅黄色 | 浅黄色 | 白色 | 乳白色 | 金黄色 |
| 菌落隆起度 | 凸起 | 凸起 | 凸起 | 凸起 | 凸起 | 凸起 | 凸起 | 凸起 | 凸起 | 凸起 | 凸起 | 凸起 | 凸起 |
| 菌落边缘形状 | 光滑 | 光滑 | 光滑 | 光滑 | 光滑 | 光滑 | 光滑 | 光滑 | 光滑 | 光滑 | 粗糙 | 光滑 | 光滑 |
| 菌落表面状态 | 光滑 | 光滑 | 光滑 | 光滑 | 光滑 | 光滑 | 光滑 | 光滑 | 光滑 | 光滑 | 光滑 | 光滑 | 光滑 |
| 菌落光泽 | 有光泽 | 有光泽 | 有光泽 | 有光泽 | 有光泽 | 有光泽 | 有光泽 | 有光泽 | 有光泽 | 有光泽 | 有光泽 | 有光泽 | 有光泽 |
| 菌落干湿程度 | 湿润 | 湿润 | 湿润 | 湿润 | 湿润 | 湿润 | 湿润 | 湿润 | 湿润 | 湿润 | 湿润 | 湿润 | 湿润 |
| 菌落透明程度 | 不透明 | 半透明 | 不透明 | 不透明 | 不透明 | 不透明 | 不透明 | 不透明 | 不透明 | 不透明 | 不透明 | 半透明 | 不透明 |

## 三、单菌落DNA提取

对分离得到的13种未知菌株进行单细菌DNA提取，提取结果通过1.0%的琼脂糖凝胶电泳检测，其中DNA提取后的电泳结果发现在23 kb左右出现条带，表明已获得较为完整微生物基因组的DNA，图5-25为13种主要代表性菌株的DNA电泳图谱。

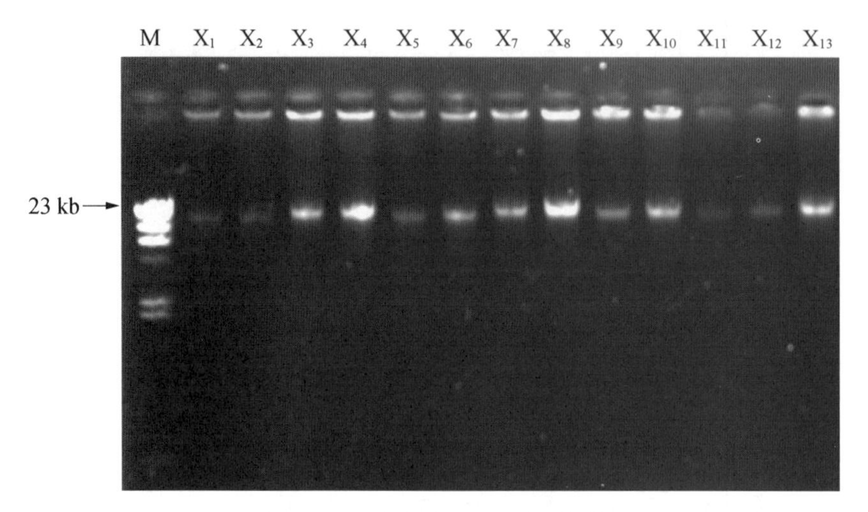


图5-25　13种菌株的DNA电泳图谱

## 四、菌株的16S rDNA基因序列

通过引物27 f和1 492 r对13株活化菌进行16S全长序列的PCR扩增，均得到重复性好且稳定、清晰的特异性条带，片段大小为1 500 bp左右，电泳图谱结果如图5-26所示。

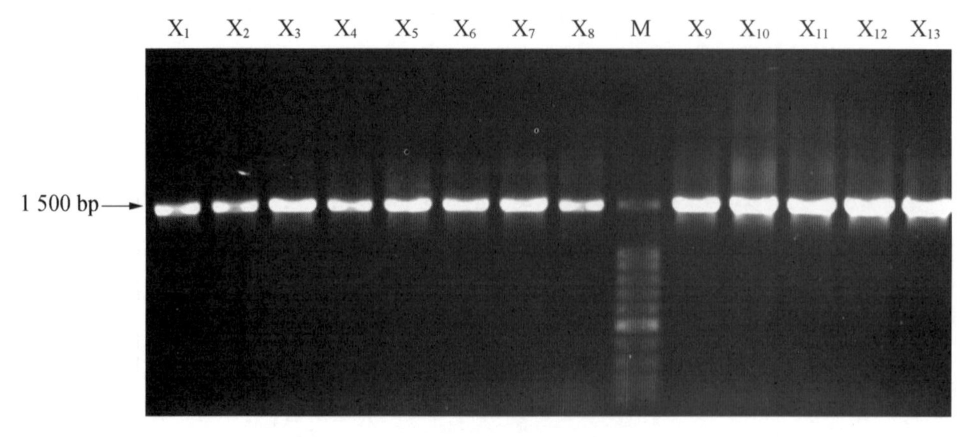


图5-26　13种菌株的16S rDNA电泳图谱

## 五、16S rDNA测序结果与生理生化鉴定比对

带鱼冷藏货架期结束时，其菌相趋于简单，贮藏期间的主要优势菌为$X_1$ $X_2$和$X_{10}$三种，通过对冷藏带鱼贮藏期间6种主要优势菌株进行生理生化鉴定，其各项生理生化指标结果如表5-7。

表5-7 冷藏带鱼贮藏期间主要优势菌的生理生化特征

| 生理生化反应 | $X_1$ | $X_2$ | $X_3$ | $X_4$ | $X_5$ | $X_{10}$ | 生理生化反应 | $X_1$ | $X_2$ | $X_3$ | $X_4$ | $X_5$ | $X_{10}$ |
|---|---|---|---|---|---|---|---|---|---|---|---|---|---|
| 氧化酶(OX)试验 | − | + | + | + | + | + | 甘露糖利用实验 | + | + | + | + | + | + |
| 过氧化氢酶试验 | + | + | + | + | − | + | 核糖利用实验 | + | + | + | + | + | + |
| 明胶液化实验 | + | + | + | + | + | + | 木糖利用实验 | − | NT | − | − | NT | − |
| 葡萄糖利用实验 | + | + | + | + | + | + | 木糖醇利用实验 | NT | − | − | NT | − | NT |
| 甘露醇利用实验 | − | + | − | − | + | − | 松三糖利用实验 | − | − | NT | − | − | − |
| 麦芽糖利用实验 | + | − | − | − | + | + | 鼠李糖利用实验 | − | − | − | − | − | − |
| 山梨醇利用实验 | − | − | − | − | − | − | 淀粉酶实验 | + | − | NT | − | + | − |
| 乳糖利用实验 | − | − | + | − | + | − | 尿素利用实验 | + | NT | + | + | − | − |
| 蔗糖利用实验 | + | + | − | + | + | + | 丙二盐酸利用实验 | − | + | NT | − | − | + |
| 果糖利用实验 | − | + | + | + | + | + | 棉子糖利用实验 | NT | − | − | NT | − | − |
| 半乳糖利用实验 | + | + | + | + | + | + | 蜜二糖利用实验 | − | NT | − | − | NT | − |
| 纤维二糖利用实验 | − | + | − | − | − | + | 硫化氢 | − | − | − | − | + | − |
| 阿拉伯糖利用实验 | + | + | + | − | + | − | O/F试验 | + | + | + | + | + | + |
| 精氨酸水解酶 | − | + | + | − | + | − | | | | | | | |

注：+：大多数(≥90%)菌株为阳性；−：大多数(≥90%)菌株为阴性，NT为未实验。

参照GenBank比对的结果，作相应的生理生化实验（表5-7），依据主要的生理生化反应和菌落特征，可判断出$X_1$为希瓦氏菌属中的一种，$X_2$与$X_3$分别为假单胞菌属细菌，$X_4$为嗜冷杆菌属（*Psychrobacter* sp.）中的一种，$X_5$为气单胞菌属中的细菌，$X_{10}$为葡萄球菌属（*Staphylococcus* sp.）中的一种，其余7种菌均在PCR扩增测序结果比对的基础上，结合生理生化鉴定加以鉴别得出其各自属种。

## 六、系统发育树分析

将13株分离细菌所获得的16S rDNA序列（参见附录1）提交美国国立生物技术信息中心（Nation Center for Biotechnology Information, NCBI），获得它们在GenBank数据库中的临时登录号。通过BLAST软件与GenBank中已发表的16S rDNA序列进行同源性比较分析，选取同源性多数在99%以上的8个菌株进行比较，并构建系统发育树，根据亲缘关系远近判断细菌种类。其中，分别对主要优势菌$X_1$、$X_2$和$X_{10}$作同源性搜索（表5-8），并绘制系统发育树（图5-26、图5-27与图5-28）。

表 5-8 主要优势菌 $X_1$、$X_2$ 与 $X_{10}$ 同源性较高的菌株分析

| $X_1$ | | | | $X_2$ | | | | $X_{10}$ | | | |
|---|---|---|---|---|---|---|---|---|---|---|---|
| 菌种名 | 登录号 | 分 值 | 相似性/% | 菌种名 | 登录号 | 分 值 | 相似性/% | 菌种名 | 登录号 | 分 值 | 相似性/% |
| *Shewanella baltica* | AB205580.1 | 1 818 | 99 | *Pseudomonas* sp. | HM468105.1 | 1 670 | 99 | *Staphylococcus sciuri* | HQ154580.1 | 2 100 | 100 |
| *Shewanella baltica* | AB205578.1 | 1 818 | 99 | *Pseudomonas* sp. | DQ645482.1 | 1 670 | 99 | *Staphylococcus sciuri* | HQ154558.1 | 2 100 | 100 |
| *Shewanella* sp. | EU719603.1 | 1 812 | 99 | *Arctic seawater bacterium* | DQ064611.1 | 1 670 | 99 | *Staphylococcus* sp. | HQ015739.1 | 2 100 | 100 |
| *Shewanella* sp. | AY573039.1 | 1 810 | 99 | *Pseudomonas fluorescens* | HQ874650.1 | 1 653 | 99 | *Staphylococcus* sp. | HQ015737.1 | 2 100 | 100 |
| *Shewanella putrefaciens* | GU930786.1 | 1 777 | 98 | *Bacterium DC24* | HQ178952.1 | 1 653 | 99 | *Staphylococcus* sp. | GU272349.1 | 2 100 | 100 |
| *Shewanella putrefaciens* | AF006671.1 | 1 762 | 98 | *Pseudomonas* sp. | AY259121.1 | 1 648 | 99 | *Staphylococcus sciuri* | GU197536.1 | 2 100 | 100 |
| *Shewanella putrefaciens* | U91552.1 | 1 749 | 99 | *Pseudomonas* sp. | GQ205106.1 | 1 640 | 99 | *Staphylococcus sciuri* | EU855191.1 | 2 100 | 100 |

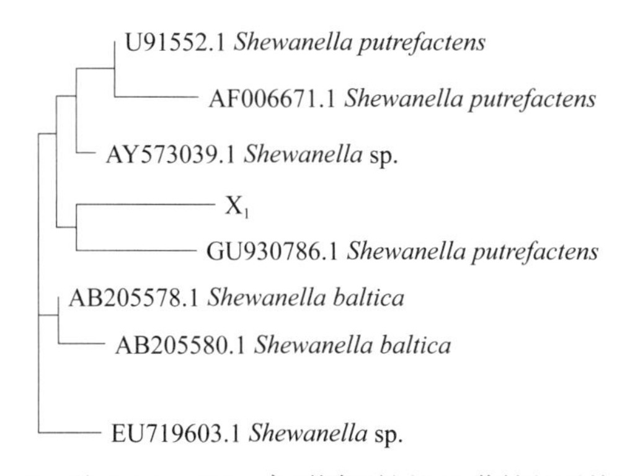


图5-27　基于16S rDNA序列同源性的$X_1$菌株的系统发育树

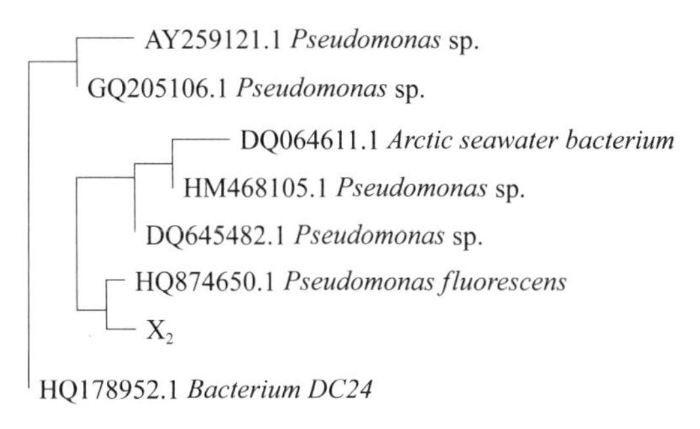


图5-28　基于16S rDNA序列同源性的$X_2$菌株的系统发育树

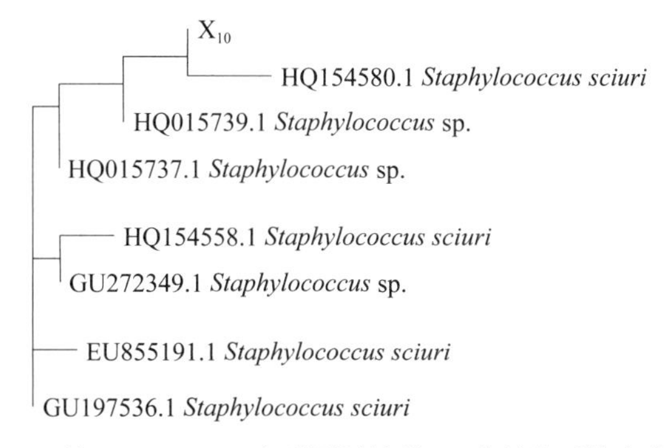


图5-29　基于16S rDNA序列同源性的$X_{10}$菌株的系统发育树

由图5-26可见$X_1$与希瓦氏菌的亲缘关系较近，且$X_1$与腐败希瓦氏菌（登录号：GU930786.1）在同一分支中，结合生理生化反应可证明$X_1$为腐败希瓦氏菌。图5-27中$X_2$与假单胞菌属亲缘关系较近，且与荧光假单胞菌（登录号：HQ874650.1）在同一分支中，结合生理生化反应，可证明$X_2$为假单胞菌属中的荧光假单胞菌。图5-28中$X_{10}$与葡萄球菌属亲缘关系较近，且与松鼠葡萄球菌（登录号：HQ154580.1）在同一分支中，结合生理生化反应，可证明$X_{10}$为葡萄球菌属中的松鼠葡萄球菌，对其余10种菌株构建系统进化树并结合生理生化反应结果，可得$X_3$为铜绿假单胞菌（*Pseudomonas aeruginosa*），$X_4$为嗜冷杆菌，$X_5$为嗜水气单胞菌（*Aeromonas hydrophila*），$X_6$为弧菌（*Vibrio rumoiensis*），$X_7$为恶臭假单胞菌(*Pseudomonas putida*),$X_8$为成团肠杆菌(*Enterobacter agglomerans*),$X_9$为约氏不动杆菌(*Acinetobacter johnsonii*),$X_{11}$为蜡样芽孢杆菌(*Bacillus cereus*),$X_{12}$为绿色气球菌(*Aerococcus viridans*)、$X_{13}$为金黄色葡萄球菌(*Staphyloccocus aureus*)。

## 七、带鱼冷藏过程中的菌相组成及变化情况

根据对13种菌株的PCR扩增测序与生理生化鉴定结果,分别对不同天次冷藏对照组与复合保鲜剂处理组的带鱼样品,经过反复分离纯化与比较分类的典型菌株进行计数。带鱼冷藏过程中细菌组成及其变化情况见表5-9与表5-10。

**表5-9 带鱼冷藏过程中细菌的组成与变化分析**

| 细 菌 Bacteria | 比 例/% | | | |
|---|---|---|---|---|
| | 冷藏第1 d | 冷藏第3 d | 冷藏第5 d | 冷藏第8 d |
| 革兰氏阴性菌 Gram negative bacteria | 78.0 | 72.2 | 81.3 | 77.6 |
| $X_1$腐败希瓦氏菌 *Shewanella putrefaciens* | 12.2 | 25 | 31.3 | 34.7 |
| $X_2$荧光假单胞菌 *Pseudomonas fluorescens* | 7.3 | 8.2 | 8.3 | 14.5 |
| $X_3$铜绿假单胞菌 *Pseudomonas aeruginosa* | 2.4 | 2.8 | 4.2 | 2.0 |
| $X_4$嗜冷杆菌 *Psychrobacter* sp. | 24.4 | 5.6 | 2.1 | 2.0 |
| $X_5$嗜水气单胞菌 *Aeromonas hydrophila* | 7.3 | 2.7 | 18.6 | 8.2 |
| $X_6$弧菌 *Vibrio rumoiensis* | 4.9 | 13.9 | 6.3 | 6.1 |
| $X_7$恶臭假单胞菌 *Pseudomonas putida* | 9.8 | 5.6 | 4.2 | 6.1 |
| $X_8$成团肠杆菌 *Enterobacter agglomerans* | 7.3 | 5.6 | 2.1 | 2.0 |
| $X_9$约氏不动杆菌 *Acinetobacter johnsonii* | 2.4 | 2.8 | 4.2 | 2.0 |
| 革兰氏阳性菌 Gram positive bacteria | 22.0 | 27.8 | 18.7 | 22.4 |
| $X_{10}$松鼠葡萄球菌 *Staphylococcus sciuri* | 4.9 | 11.1 | 6.3 | 10.2 |
| $X_{11}$蜡样芽孢杆菌 *Bacillus cereus* | 9.8 | 8.3 | 8.2 | 4.0 |
| $X_{12}$绿色气球菌 *Aerococcus viridans* | 4.9 | 5.6 | 2.1 | 4.1 |
| $X_{13}$金黄色葡萄球菌 *Staphyloccocus aureus* | 2.4 | 2.8 | 2.1 | 4.1 |

表5-10　复合保鲜剂处理组带鱼冷藏过程中细菌的组成与变化分析

| 细　菌<br>Bacteria | 比　例/% | | | | | | |
|---|---|---|---|---|---|---|---|
| | 冷藏第1 d | 冷藏第3 d | 冷藏第5 d | 冷藏第8 d | 冷藏第10 d | 冷藏第12 d | 冷藏第16 d |
| 革兰氏阴性菌<br>Gram negative bacteria | 78.0 | 70.8 | 82.6 | 82.1 | 85.2 | 84.6 | 88.4 |
| $X_1$ 腐败希瓦氏菌<br>*Shewanella putrefaciens* | 12.2 | 12.6 | 17.5 | 21.4 | 22.3 | 27 | 29.4 |
| $X_2$ 荧光假单胞菌<br>*Pseudomonas fluorescens* | 7.3 | 8.3 | 17.4 | 17.9 | 22.2 | 19.2 | 21.3 |
| $X_3$ 铜绿假单胞菌<br>*Pseudomonas aeruginosa* | 2.4 | 8.3 | 4.3 | 7.1 | 11.1 | 7.7 | 9.3 |
| $X_4$ 嗜冷杆菌<br>*Psychrobacter* sp. | 24.4 | 8.3 | 0 | 0 | 0 | 0 | 0 |
| $X_5$ 嗜水气单胞菌<br>*Aeromonas hydrophila* | 7.3 | 8.3 | 8.7 | 7.1 | 3.7 | 7.7 | 7.8 |
| $X_6$ 弧菌<br>*Vibrio rumoiensis* | 4.9 | 8.3 | 17.4 | 10.7 | 11.1 | 11.5 | 6.7 |
| $X_7$ 恶臭假单胞菌<br>*Pseudomonas putida* | 9.8 | 4.2 | 8.7 | 10.7 | 7.4 | 7.7 | 9.6 |
| $X_8$ 成团肠杆菌<br>*Enterobacter agglomerans* | 7.3 | 8.3 | 4.3 | 3.6 | 3.7 | 0 | 0 |
| $X_9$ 约氏不动杆菌<br>*Acinetobacter johnsonii* | 2.4 | 4.2 | 4.3 | 3.6 | 3.7 | 3.8 | 4.3 |
| 革兰氏阳性菌<br>Gram positive bacteria | 22.0 | 29.2 | 17.4 | 17.9 | 14.8 | 15.4 | 11.6 |
| $X_{10}$ 松鼠葡萄球菌<br>*Staphylococcus sciuri* | 4.9 | 16.6 | 8.8 | 7.2 | 7.4 | 7.8 | 9.4 |
| $X_{11}$ 蜡样芽胞杆菌<br>*Bacillus cereus* | 9.8 | 4.2 | 4.3 | 3.6 | 3.7 | 3.8 | 2.2 |
| $X_{12}$ 绿色气球菌<br>*Aerococcus viridans* | 4.9 | 4.2 | 0 | 0 | 0 | 0 | 0 |
| $X_{13}$ 金黄色葡萄球菌<br>*Staphyloccocus aureus* | 2.4 | 4.2 | 4.3 | 7.1 | 3.7 | 3.8 | 0 |

由表5-9与表5-10可知，两组带鱼样品在货架期终点时都是革兰氏阴性菌占绝对优势，这一结果与Hubbs[73]的研究一致。与对照组相比，经复合保鲜剂处理后，冷藏带鱼的细菌菌相有明显变化：第一，细菌的种类数量有所减少，随着货架期的结束，复合保鲜剂处理组的主要腐败菌种类由原来的13种减少到9种，其中嗜冷杆菌、绿色气球菌在贮藏的第5 d未检出，成团肠杆菌在冷藏的第12 d未检出，金黄色葡萄球菌在冷藏的第14 d未检出；第二，革兰氏阴性菌的比例有所增加，由对照组的77.6%增加到88.4%；第三，优势腐败菌种类不变，仍为腐败希瓦氏菌与荧光假单胞菌，但冷藏带鱼经复合保鲜剂处理后，其所占比例明显减少。

## 八、本节小结

在带鱼冷藏过程中，随贮藏时间的延长，细菌种类趋于稳定。基于16S rDNA的分子生物学方法对细菌种类进行鉴定与传统的生理生化反应鉴定方法有较好的一致性[74]。Shewan等认为以食品保藏为目的的菌相分析将细菌种类分类到属已经足够[75]，在分析了水产品贮藏期间的菌相组成与复合保鲜剂处理后的变化情况下，就可以为后期复合保鲜剂抑菌机理的研究提供理论指导。在冷藏货架期结束时，带鱼的主要优势腐败菌为腐败希瓦氏菌与荧光假单胞菌，对于革兰氏阳性菌而言，松鼠葡萄球菌所占比例也相对较高。腐败希瓦氏菌大量存在于水和土壤中，水产品携带较多，此前也将希瓦氏菌属归类到假单胞菌属，被称为腐败交替假单胞菌。Gill等[76]研究认为假单胞菌属和希瓦氏菌属是冷链流通中高水分蛋白食品的特定腐败菌。贮藏过程中腐败希瓦氏菌会产生$H_2S$和不良气味，同时导致肉变色、发黏，这可能是带鱼腐败的一个主要原因。荧光假单胞菌为假单胞菌科假单胞菌属杆菌，不产芽孢，革兰氏染色阴性，其广泛分布于自然界，如土壤、水、植物及动物活动环境中。假单胞菌也是水产动物常见的腐败菌，在带鱼冷藏过程中其数量变化不大，但仍占一定比例，其中冷藏带鱼中的假单胞菌种类所占比例大小依次为荧光假单胞菌、恶臭假单胞菌与铜绿假单胞菌。

本节结合细菌的生理生化反应和16S rDNA序列比对的方法，初步鉴定了带鱼在冷藏过程中的细菌组成，并与复合保鲜剂处理组的细菌组成比例进行比较，为今后开展复合保鲜剂抑菌机理的研究指明了方向。然而，采用传统的分离方法不仅工作量大，过程烦琐，更不一定能真实反映微生物种群多样性的演替规律，具有一定的主观性、局限性与盲目性。因此，在此基础上，将在下一节中采用PCR-DGGE指纹技术进一步研究复合生物保鲜剂对冷藏带鱼贮藏期间微生物动态变化的影响。

## 第六节　复合保鲜剂对冷藏带鱼贮藏期间微生物动态变化影响

最近几十年间，国外专家学者已对新鲜、冷藏过程和腐败鱼类的细菌开展过部分研究工作[67,77,78]，国内也有少部分相关报道。然而长期以来，人们研究微生物多样性只局限于一部分能够分离培养的微生物种类上[79,80]，而对其中大量的未培养微生物不能深入研究，研究结果具有很大片面性，不能全面地反映微生物群落的真正状态。

1993年Muzyers等首次将DGGE技术应用于分子微生态学研究领域，并证实了这种技术在揭示自然界微生物区系的遗传多样性和种群差异方面具有独特的优越性，可很好地反映微生物的多样性[20,81,82]。该方法避免了经典微生物技术在微生物多样性变化研究中的局限性，更能可靠、直接全面地认识微生物组成，并能有效分析复杂微生物的群落结构。本节应用DGGE指纹技术，探讨冷藏带鱼贮藏期间主要优势菌的分布状况，并与复合保鲜剂处理组的微生物群落结构进行比较分析，以期更好地研究不同微生物，对冷藏带鱼贮藏过程的影响奠定基础，并为后期复合保鲜剂的抑菌机理研究提供参考。

## 一、细菌16S rDNA的V3可变区PCR扩增

以上述提取的微生物总基因组DNA为模板，用16S rDNA的V3可变区引物（带GC夹子）进行PCR扩增，经1.5%琼脂糖凝胶电泳检测，11个样品（对照组4个样品＋保鲜剂处理组7个样品）均获得200 bp左右的特异性扩增片段，如图5-30所示，样品均有较亮的扩增条带，说明本实验选用的PCR扩增条件比较合适，可用于随后的DGGE电泳分析。

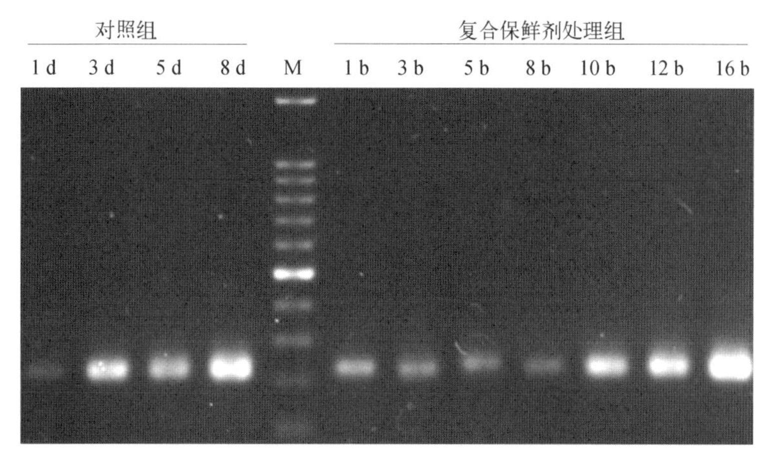


图5-30　样品中细菌16S rDNA的V3可变区PCR扩增产物电泳图

## 二、冷藏带鱼贮藏期间细菌的DGGE图谱分析

将上述V3可变区PCR扩增产物在制备完成的DGGE胶中上样，变性梯度范围为30%～60%，DNA扩增产物上样量为10 μL。采用Dcode DGGE系统（Bio Rad）进行电泳，电泳缓冲液为1×TAE缓冲液，120 V电泳4 h左右。DGGE图谱如图5-31所示，2次重复，每个取样点的DGGE图谱均无明显差异。

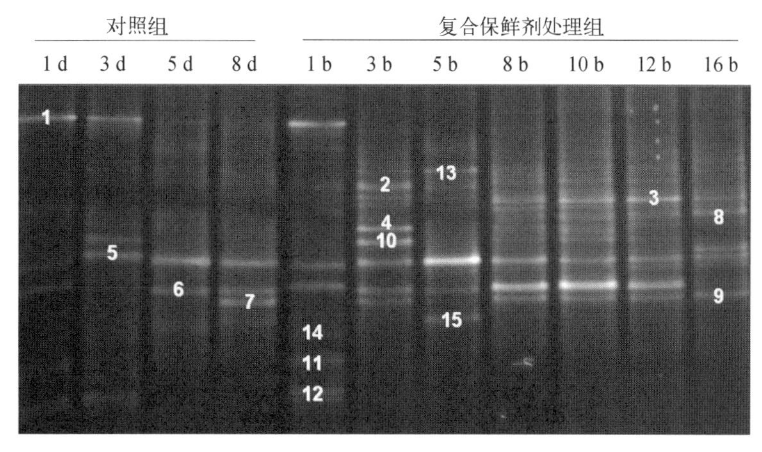


图5-31　冷藏带鱼贮藏期间的细菌DGGE图谱

由图5-31分析得出：在冷藏对照组样品的贮藏过程中，样品在贮藏的第1 d，微生物条带多，但强度低。其中条带1在贮藏的第1 d与第3 d强度明显，但在贮藏的第5 d，条带强度明显减弱。条带5在贮藏过程中始终保持明显亮度。条带6与条带7在货架期结束时保持较清晰的亮度。复合保鲜剂处理组中，在贮藏的第3天，样品的条带数增多，但强度相对弱。贮藏的第5 d、8 d、10 d与12 d时，条带第5 d、6 d与7均有一定亮度，其中，在贮藏第16 d时，条带8与9保持一定亮度。

## 三、割胶测序

对4℃条件下贮藏在离心管中的主要割胶条带进行可变区V3扩增，经PCR扩增后，经1.5%的琼脂糖凝胶电泳检测。由于条带11、12与14在割胶回收后没有得到纯的DNA，经PCR扩增后不足以进行测序用，所以没有得到这些条带的序列，具体结果如图5-32所示。

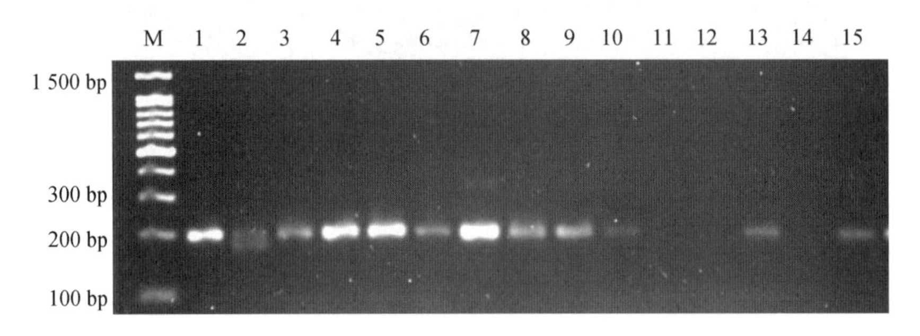


图5-32　回收DNA的PCR扩增产物电泳图

## 四、冷藏带鱼贮藏过程中优势菌的分析

通过对其余12个条带的PCR产物进行测序，测序结果在NCBI上用BLAST软件在Genbank中与参考序列进行相似性比对，分析结果如表5-11，其详细的DNA序列参见附录2。

**表5-11　DGGE条带分离的主要细菌16S rDNA部分序列相似性比较**

| 条带号 | 亲缘关系最相似菌株 | 相似性% | 登录号 |
|---|---|---|---|
| 1 | *Psychrobacter* sp. | 99 | GU932620.1 |
| 2 | *Acinetobacter* sp. | 100 | HQ841073.1 |
| 3 | *Pseudomonas* sp. | 93 | HQ189532.1 |
| 4 | *Moritella* sp. | 97 | HM771248.1 |
| 5 | *Pseudomonas fluorescens* | 100 | JF423119.1 |
| 6 | *Vibrio* sp. | 99 | HM771348.1 |
| 7 | *Shewanella* sp. | 97 | HQ876208.1 |
| 8 | *Aeromonas hydrophila* | 92 | FJ976606.1 |
| 9 | *Shewanella* sp. | 99 | HQ876208.1 |

续　表

| 条带号 | 亲缘关系最相似菌株 | 相似性% | 登录号 |
| --- | --- | --- | --- |
| 10 | *Moritella* sp. | 97 | DQ492814.1 |
| 13 | *Pseudoalteromonas* sp. | 99 | JF825441.1 |
| 15 | *Pseudoalteromonas piscicida* | 94 | JF905485.1 |

DGGE图谱上不同的条带代表不同的微生物种类。由表5-11可知，条带3、条带8与条带15分别为假单胞菌、嗜水气单胞菌与杀鱼假交替单胞菌(*Pseudoalteromonas piscicida*)，其相似性在92% ～ 94%，其余细菌相似性均在97%以上。条带11、12、14由于浓度太低无法测序，割胶失败。条带7与条带9均为*Shewanella* sp.，从图中两个条带所处的位置可以看出可能属于同一种微生物。条带4与条带10经过NCBI的核苷酸序列比对，并结合图谱可知，其为*Moritella* sp.属微生物，条带13为*Pseudoalteromonas* sp.属微生物。结合图5-2与表5-2比较，结果表明：带鱼样品在低温贮藏过程中，微生物具有显著的差异性和明显的动态演替规律。

冷藏对照组在贮藏第1 d时，主要有嗜冷杆菌、不动杆菌、假单胞菌、荧光假单胞菌、弧菌、嗜水气单胞菌等不同属种的细菌被检测出来。随着贮藏时间的延长，大多数细菌逐渐受到抑制，到第8 d时，主要有3条浓度最高的条带5、6与7存在，分别代表荧光假单胞菌、弧菌与希瓦氏菌，复合保鲜剂处理组在贮藏第16天时，主要有假单胞菌、荧光假单胞菌、嗜水气单胞菌与希瓦氏菌，可见对照组与复合保鲜剂处理组在腐败后期的主要优势微生物种类具有高度的相似性。希瓦氏菌与假单胞菌在产品贮藏初期并不占主导，但随着贮藏时间的延长，它们逐渐发展成为主要腐败菌，这与Gram等[83]关于特定腐败菌的理论相符。另外，在产品贮藏末期，还检测到条带15的微弱存在，主要是杀鱼假交替单胞菌，同时条带2也有少量存在，其为不动杆菌，说明它亦是腐败菌的一部分，但在数量上不占主导优势地位。

其中，假交替单胞菌与南极细菌(*Moritella* sp.)用传统微生物方法培养难度大或不能培养，这就进一步证明了DGGE技术在研究微生物群落和种群多样性方面的优越性。杀鱼假交替单胞菌主要分布于海洋环境中，其适应机制与存活策略具有多样性和有效性[84]。Torben等采用实时定量PCR技术(real-time quantitative PCR, RTQ-PCR)检测了洋样品中假交替单胞菌的分布与丰度，结果表明假交替单胞菌在海洋环境中分布的广泛性。南极细菌属菌株嗜盐，生存在寒冷的海洋环境中，兼性厌氧，为耐压菌和兼性嗜压深海菌[85]。由于PCR扩增产物大小仅为200 bp，因此多数细菌仅能比对鉴定到属，Shewan等认为以食品保藏为目的的菌相分析将细菌种类分类到属已经足够，通过DGGE指纹技术能清楚了解冷藏带鱼贮藏过程中主要优势菌的种类与分布状况。

## 五、本节小结

本研究应用DGGE指纹技术，对冷藏带鱼贮藏期间主要优势菌的分布状况进行了分子动态监测，并与复合保鲜剂处理组的微生物群落结构进行对比分析。综上所述，结果表明：嗜冷杆菌为带鱼贮藏初期的优势菌，随着贮藏时间的延长，希瓦氏菌与假单胞菌的比例逐渐增加,在贮藏后期逐渐发展成为主要优势菌。贮藏期间,弧菌占有一定比例。冷藏带鱼经复合保鲜剂处理后,其对希瓦氏菌与荧光假单胞菌的抑制效果显著,对嗜冷杆菌与其他类假单胞菌也有明显的抑制作用。

通过DGGE指纹技术进行冷藏带鱼贮藏期间的微生物群落结构分析,可以明显看出,此法有效地避免了采用传统分离纯化方法上的繁杂性、片面性与盲目性,能够完全客观真实地反映贮藏期间带鱼样品微生物多样性的真实面貌,为后期对冷藏带鱼主要优势菌的抑菌机理研究打下基础。

## 第七节 超高压处理对冷藏带鱼细菌菌相变化影响

超高压技术可在不破坏水产品营养成分的前提下[86],有效抑制细菌的生长繁殖并灭活细菌[87]。对于超高压处理后带鱼微生物菌群组成的影响报道很少。

本节通过形态学特征、生理生化鉴定、16S rRNA序列分析鉴定及系统发育树的建立,对290 MPa、6 min超高压处理后的冷藏带鱼进行细菌菌相分析,进一步探讨290 MPa、6 min超高压条件对冷藏带鱼不同菌落阶段、需氧培养及厌氧培养条件下的细菌菌落演变,以期针对不同菌种的杀菌方法、不同贮藏时期采取的保鲜措施、超高压在抑菌方面的进一步研究提供参考。

### 一、超高压处理后冷藏带鱼的菌落总数变化

根据中国水产品行业标准——鲜带鱼[88],菌落总数超过6 lg(CFU/g),表示超过带鱼二级鲜度,不可再食用。从表5-12可见,鲜带鱼的菌落总数为4.94 lg(CFU/g),当超高压处理后,鲜带鱼的菌落总数下降至3.74 lg(CFU/g),说明超高压具有杀菌效果。Ramirez-Suarez等[89]研究表明超高压对细菌的细胞膜、遗传物质有一定的破坏能力,因此超高压能起到杀菌作用。随着贮藏时间的延长,某些受损细菌开始重新生长繁殖。冷藏4 d时,超高压处理后,无论需氧培养条件还是厌氧培养条件,带鱼的菌落总数均小于未经超高压处理的鲜带鱼的菌落总数,由此说明超高压还有一定的抑菌作用[90],这可能是超高压对细菌产生破坏后,细菌需要一定的恢复期,在此恢复期间细菌生长缓慢[91]。冷藏12 d时,需氧培养条件的菌落总数已超过二级鲜度范围,样品货架期结束。从菌落总数在冷藏期间的变化可见,该试验选取的样品分离纯化时间点符合超高压后冷藏带鱼的腐败规律。

表5-12 带鱼冷藏过程中菌落总数的变化

| 贮藏时间/d | 超高压处理前/[lg(CFU/g)] | 超高压处理后(需氧培养)/[lg(CFU/g)] | 超高压处理后(厌氧培养)/[lg(CFU/g)] |
|---|---|---|---|
| 0 | 4.94±0.06 | 3.74±0.06 | ND |
| 4 | ND | 4.77±0.06 | 4.18±0.08 |

续　表

| 贮藏时间/d | 超高压处理前/[lg(CFU/g)] | 超高压处理后（需氧培养）/[lg(CFU/g)] | 超高压处理后（厌氧培养）/[lg(CFU/g)] |
|---|---|---|---|
| 8 | ND | 5.23±0.29 | 4.36±0.26 |
| 12 | ND | 6.52±0.40 | 5.69±0.10 |

注："ND" 表示未测定。

## 二、菌落形态学观察及生理生化鉴定

经过平板划线分离纯化、菌落特征、生理生化鉴定过程中的3次归类标记，从不同贮藏期间、不同培养条件下分离得到24种典型菌株，有氧菌为Bct 1 ～ 20，厌氧菌为Anaerobic Bct 21 ～ 24。带鱼冷藏过程中细菌菌落形态与特征分析见表5-13。

**表5-13　带鱼冷藏过程中各细菌菌落形态与特征分析**

| 菌号 | 革兰氏染色 | 形态 | 颜色 | 隆起度 | 边缘结构 | 表面状态 | 有无光泽 | 透明度 | 细菌形状 |
|---|---|---|---|---|---|---|---|---|---|
| Bct 1 | $G^-$ | 圆形 | 淡黄 | 隆起 | 光滑 | 光滑 | 有 | 半透明 | 杆 |
| Bct 2 | $G^-$ | 圆形 | 乳白 | 高隆起 | 光滑 | 光滑 | 有 | 不透明 | 杆 |
| Bct 3 | $G^-$ | 圆形 | 白偏橙红 | 隆起 | 光滑 | 光滑 | 有 | 不透明 | 杆 |
| Bct 4 | $G^-$ | 圆形 | 浅黄棕 | 同心圆状扁平 | 光滑 | 光滑 | 有 | 中间不透，边缘半透 | 杆 |
| Bct 5 | $G^-$ | 圆形 | 白稍浅黄 | 有同心圆，乳头状隆起 | 光滑 | 光滑 | 有 | 中心不透，边缘半透 | 杆 |
| Bct 6 | $G^-$ | 圆形 | 肉红 | 同心圆状隆起 | 光滑 | 光滑 | 有 | 不透明 | 杆 |
| Bct 7 | $G^-$ | 圆形 | 肉粉 | 隆起 | 光滑 | 光滑 | 有 | 不透明 | 杆 |
| Bct 8 | $G^-$ | 圆形 | 蜡黄 | 隆起 | 光滑 | 光滑 | 有 | 半透明 | 杆 |
| Bct 9 | $G^-$ | 圆形 | 白偏黄 | 同心圆状隆起 | 光滑 | 光滑 | 有 | 不透明 | 杆 |
| Bct 10 | $G^-$ | 圆形 | 白色 | 隆起 | 光滑 | 光滑 | 有 | 不透明 | 杆 |
| Bct 11 | $G^-$ | 圆形 | 橙黄色 | 同心圆状隆起 | 光滑 | 光滑 | 有 | 不透明 | 杆 |
| Bct 12 | $G^+$ | 圆形 | 白偏黄 | 高隆起 | 光滑 | 光滑 | 有 | 不透明 | 杆 |
| Bct 13 | $G^+$ | 圆形 | 淡黄 | 隆起 | 光滑 | 光滑 | 有 | 不透明 | 杆 |
| Bct 14 | $G^+$ | 圆形 | 白 | 扁平 | 光滑 | 光滑 | 有 | 不透明 | 球 |
| Bct 15 | $G^+$ | 圆形 | 白偏黄 | 高隆起 | 光滑 | 光滑 | 有 | 不透明 | 球 |
| Bct 16 | $G^+$ | 圆形 | 浅黄 | 隆起 | 光滑 | 光滑 | 有 | 不透明 | 杆 |
| Bct 17 | $G^+$ | 圆形 | 白 | 同心圆状隆起 | 光滑 | 光滑 | 有 | 不透明 | 球 |
| Bct 18 | $G^+$ | 圆形 | 白 | 隆起 | 光滑 | 光滑 | 有 | 不透明 | 杆 |
| Bct 19 | $G^+$ | 圆形 | 白偏黄 | 隆起 | 光滑 | 光滑 | 有 | 不透明 | 短杆 |

续 表

| 菌号 | 革兰氏染色 | 形态 | 颜色 | 隆起度 | 边缘结构 | 表面状态 | 有无光泽 | 透明度 | 细菌形状 |
|---|---|---|---|---|---|---|---|---|---|
| Bct 20 | $G^+$ | 圆形 | 土黄 | 隆起 | 光滑 | 光滑 | 有 | 不透明 | 球 |
| Anaerobic Bct 21 | $G^+$ | 圆形 | 白 | 同心圆状隆起 | 光滑 | 光滑 | 有 | 不透明 | 杆 |
| Anaerobic Bct 22 | $G^+$ | 圆形 | 白 | 隆起 | 光滑 | 光滑 | 有 | 不透明 | 杆 |
| Anaerobic Bct 23 | $G^-$ | 圆形 | 蜡黄 | 隆起 | 光滑 | 光滑 | 有 | 半透明 | 杆 |
| Anaerobic Bct 24 | $G^-$ | 圆形 | 白色 | 隆起 | 光滑 | 光滑 | 有 | 不透明 | 杆 |

注:"$G^+$"为革兰氏阳性菌,"$G^-$"为革兰氏阴性菌。

细菌生理生化鉴定结果见表5-14。由郭光平[92]推荐的肉品中微生物鉴定图谱可知,Bct 1、Bct 5、Bct 9属假单胞菌,Bct 6、Bct 7属莫拉氏菌,Bct 8、Bct 10、Anaerobic Bct 23、Anaerobic Bct 24属肠杆菌,Bct 3属交替单胞菌,Bct 4、Bct 11属不动杆菌,Bct 14、Bct 17属葡萄球菌,Bct 18、Anaerobic Bct 21、Anaerobic Bct 22属乳酸菌,Bct 15属微球菌,而Bct 2、Bct 12、Bct 13、Bct 16、Bct 19、Bct 20均不符生理生化鉴定图,有待进一步鉴定。

**表5-14　24种菌种的生理生化鉴定表**

| 菌号 | 氧化酶 | 过氧化氢酶 | 葡萄糖氧化发酵 | 有无鞭毛 | 精氨酸水解酶 |
|---|---|---|---|---|---|
| Bct 1 | + | ND | 氧化 | √ | ND |
| Bct 2 | + | ND | 碱性 | √ | ND |
| Bct 3 | + | ND | 碱性 | √ | − |
| Bct 4 | − | ND | 碱性 | √ | ND |
| Bct 5 | + | ND | 氧化 | √ | ND |
| Bct 6 | + | ND | 碱性 | ND | ND |
| Bct 7 | + | ND | 碱性 | ND | ND |
| Bct 8 | − | ND | 发酵 | ND | ND |
| Bct 9 | + | ND | 碱性 | √ | + |
| Bct 10 | − | ND | 发酵 | ND | ND |
| Bct 11 | − | ND | 氧化 | ND | ND |
| Bct 12 | ND | + | ND | ND | ND |
| Bct 13 | ND | + | ND | ND | ND |
| Bct 14 | ND | + | 发酵 | ND | ND |
| Bct 15 | ND | + | 氧化 | ND | ND |
| Bct 16 | ND | + | ND | ND | ND |
| Bct 17 | ND | + | 发酵 | ND | ND |
| Bct 18 | ND | − | ND | ND | ND |
| Bct 19 | ND | + | ND | ND | ND |
| Bct 20 | ND | + | 碱性 | ND | ND |

（续表）

| 菌号 | 氧化酶 | 过氧化氢酶 | 葡萄糖氧化发酵 | 有无鞭毛 | 精氨酸水解酶 |
|---|---|---|---|---|---|
| Anaerobic Bct 21 | ND | – | ND | ND | ND |
| Anaerobic Bct 22 | ND | – | ND | ND | ND |
| Anaerobic Bct 23 | – | ND | 发酵 | ND | ND |
| Anaerobic Bct 24 | – | ND | 发酵 | √ | ND |

注："ND" 表示未测定，"–" 表示阴性，"+" 表示阳性，"√" 表示被测细菌有鞭毛。

## 三、16S rRNA的PCR扩增及琼脂糖凝胶电泳检验

未知菌株PCR扩增后，用2%的琼脂糖凝胶和Marker DL2000进行琼脂糖凝胶电泳检验，图5-33为凝胶电泳图，24株活化菌经PCR扩增后均得到片段大小为1 500 bp左右稳定的条带，说明24种未知菌株均提取成功，将PCR扩增产物测序。

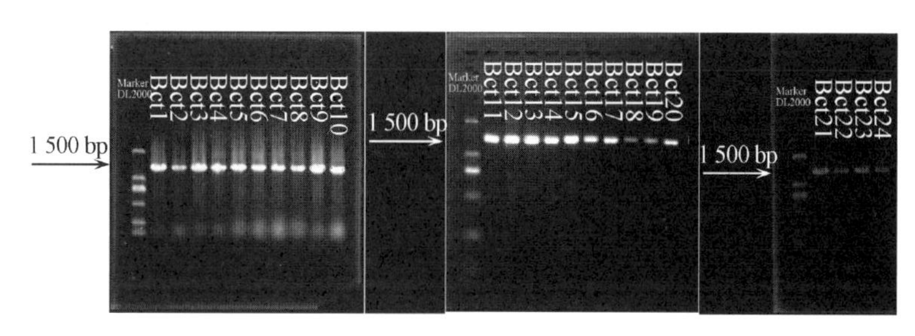


图5-33　种菌株琼脂糖凝胶电泳检验图

## 四、系统发育树分析

根据菌株之间相似度在91% ～ 95%之间为同科关系，相似度在95% ～ 99%之间为同属关系，相似度99%以上为同种关系[93]，下载相似度99%以上的多种不同菌株，与未知菌株构建系统发育树见图5-34。

由图5-33可见，Bct 5与*Pseudomonas fulva NBRC 16637*在同一分支，亲缘关系最近，并结合生理生化鉴定结果得出Bct 5为黄褐假单胞菌（*Pseudomonas fulva*）。Bct 1与*Pseudomonas brenneri CFML 97-391*的亲缘关系最近，Bct 1为布式假单胞菌（*Pseudomonas brenneri*）。由图5-34可知，Bct 2为根瘤菌（*Rhizobium larrymoorei*）；Bct 3为波罗的海希瓦氏菌（*Shewanella baltica*）；Bct 4为嗜根寡养单胞菌（*Stenotrophomonas rhizophila*）；Bct 6为奥斯陆莫拉菌（*Moraxella osloensis*）；Bct 7为粪嗜冷杆菌（*Psychrobacter faecalis*）；Bct 8、Anaerobic Bct 23（用Geneious序列比对相似度为100%，说明Bct 8与Anaerobic Bct 23为同一种菌）为成团泛菌（*Pantoea agglomerans*）；Bct 9为隆德假单胞菌（*Pseudomonas lundensis*）；Bct 10为结肠炎耶尔森杆菌palearctica亚种（*Yersinia enterocolitica subsp. Palearctica*）；Bct 11为*Chryseobacterium vrystaatense*；Bct 12为*Microbacterium halimionae*；Bct 13为*Leucobacter aerolatus*；

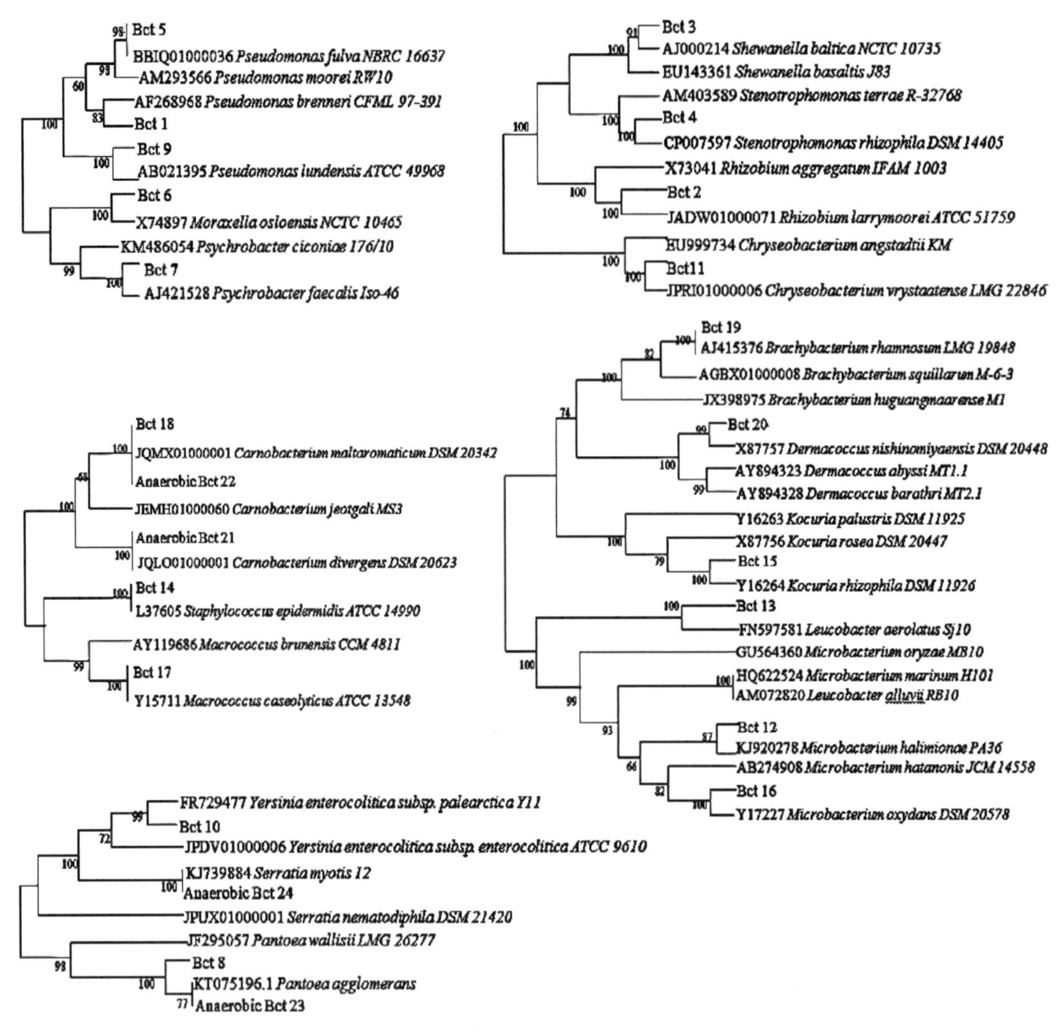


图5-34　基于16S rRNA序列同源性的24种菌株的系统发育树

Bct 14为表皮葡萄球菌（*Staphylococcus epidermidis*）；Bct 15为藤黄微球菌（*Kocuria rhizophila*）；Bct 16为氧化微杆菌（*Microbacterium oxydans*）；Bct 17为*Macrococcus caseolyticus*；Bct 18、Anaerobic Bct 22（用Geneious序列比对相似度为100%，说明Bct 18与Anaerobic Bct 22为同一种菌）为产乳酸菌素的肉杆菌（*Carnobacterium maltaromaticum*）；Bct 19为鼠李糖短杆菌（*Brachybacterium rhamnosum*）；Bct 20为西宫皮肤球菌（*Dermacoccus nishinomiyaensis*）；Anaerobic Bct 21为广布肉毒杆菌（*Carnobacterium divergens*）；Anaerobic Bct 24为*Serratia myotis*。

## 五、货架期内冷藏过程中细菌的组成与变化分析

根据生理生化鉴定结合PCR扩增结果，对24种菌不同贮藏时间、不同培养方式再一次进行统计计数，并计算各菌种比例。需氧培养的细菌组成与变化分析见表5-15，厌氧

培养的细菌组成与变化分析见表5-16。

**表5-15　带鱼冷藏过程中细菌的组成与变化分析(需氧培养)**　(单位:%)

| 细菌菌号 | 菌株名称 | 冷藏初始(超高压前) | 冷藏初始(超高压后) | 冷藏第4 d(超高压后) | 冷藏第8 d(超高压后) | 冷藏第12 d(超高压后) |
|---|---|---|---|---|---|---|
| 革兰氏阴性$G^-$ | | 72.99 | 25.36 | 20.09 | 20.29 | 24.72 |
| Bct 1 | *Pseudomonas brenneri* | 7.3 | NG | NG | NG | NG |
| Bct 2 | *Rhizobium larrymoorei* | NG | NG | 8.3 | 10.88 | 7.38 |
| Bct 3 | *Shewanella baltica* | 22.99 | 8.45 | NG | NG | NG |
| Bct 4 | *Stenotrophomonas rhizophila* | 0.73 | 1.41 | NG | NG | NG |
| Bct 5 | *Pseudomonas fulva* | 10.95 | NG | NG | NG | NG |
| Bct 6 | *Moraxella osloensis* | 8.03 | 12.68 | 11.79 | 9.41 | 8.49 |
| Bct 7 | *Psychrobacter faecalis* | 9.49 | NG | NG | NG | NG |
| Bct 8 | *Pantoea agglomerans* | NG | NG | NG | NG | 2.58 |
| Bct 9 | *Pseudomonas lundensis* | 13.5 | 2.82 | NG | NG | NG |
| Bct 10 | *Yersinia enterocolitica subsp. Palearctica* | NG | NG | NG | NG | 4.61 |
| Bct 11 | *Chryseobacterium vrystaatense* | NG | NG | NG | NG | 1.66 |
| 革兰氏阳性$G^+$ | | 27.01 | 74.64 | 79.91 | 79.71 | 75.28 |
| Bct 12 | *Microbacterium halimionae* | NG | NG | 4.37 | 7.06 | 9.97 |
| Bct 13 | *Leucobacter aerolatus* | NG | NG | NG | NG | 3.87 |
| Bct 14 | *Staphylococcus epidermidis* | 1.82 | 2.11 | NG | NG | NG |
| Bct 15 | *Kocuria rhizophila* | 4.02 | 10.56 | 9.17 | 5.88 | 2.95 |
| Bct 16 | *Microbacterium oxydans* | 1.09 | 2.82 | NG | NG | NG |
| Bct 17 | *Macrococcus caseolyticus* | NG | NG | 5.24 | 4.71 | 5.54 |
| Bct 18 | *Carnobacterium maltaromaticum* | 11.68 | 43.66 | 49.34 | 51.77 | 47.23 |
| Bct 19 | *Brachybacterium rhamnosum* | NG | NG | NG | NG | 3.69 |
| Bct 20 | *Dermacoccus nishinomiyaensis* | 8.4 | 15.49 | 11.79 | 10.29 | 2.03 |

注:“NG”表示未生长。

**表5-16　带鱼冷藏过程中细菌的组成与变化分析(厌氧培养)**　(单位:%)

| 细菌菌号 | 菌株名称 | 冷藏初始(超高压前) | 冷藏初始(超高压后) | 冷藏第4 d(超高压后) | 冷藏第8 d(超高压后) | 冷藏第12 d(超高压后) |
|---|---|---|---|---|---|---|
| 革兰氏阴性$G^-$ | | | | 0 | 0 | 23.58 |
| Anaerobic Bct 23 | *Pantoea agglomerans* | NG | NG | NG | NG | 6.13 |
| Anaerobic Bct 24 | *Serratia myotis* | NG | NG | NG | NG | 17.45 |
| 革兰氏阳性$G^+$ | | | | 100 | 100 | 76.42 |

续 表

| 细菌菌号 | 菌株名称 | 冷藏初始（超高压前） | 冷藏初始（超高压后） | 冷藏第4 d（超高压后） | 冷藏第8 d（超高压后） | 冷藏第12 d（超高压后） |
|---|---|---|---|---|---|---|
| Anaerobic Bct 21 | *Carnobacterium divergens* | NG | NG | 100 | 100 | 16.04 |
| Anaerobic Bct 22 | *Carnobacterium maltaromaticum* | NG | NG | NG | NG | 60.38 |

注:"NG" 表示未生长。

由表5-15可见,需氧培养条件下,革兰氏阴性菌是鲜带鱼菌落总数中的主要菌落。但经过超高压处理后,鲜带鱼的革兰氏阴性菌比例下降迅速,革兰氏阳性菌初始时占细菌群落比例的74.64%,由此说明革兰氏阴性菌受超高压影响较大,而革兰氏阳性菌对超高压具有一定的抗性,这可能与它们的细胞壁结构不同有关。革兰氏阴性菌的细胞壁疏松、肽聚糖分子较少,革兰氏阳性菌的细胞壁厚、肽聚糖网状分子连接紧密,因此超高压易于破坏革兰氏阴性菌的细胞结构,却不易破坏革兰氏阳性菌[3]。革兰氏阴性菌在超高压处理后,随着贮藏时间的延长其菌落数逐渐增加,可能是贮藏期间环境条件适宜革兰氏阴性菌的受损菌种生长繁殖。虽然革兰氏阴性菌逐渐增加,但超高压处理后,革兰氏阳性菌始终在数量上占优势,贮藏末期革兰氏阳性菌为75.28%,而革兰氏阴性菌为24.72%。

由表5-16可见,厌氧培养条件下,革兰氏阴性菌在贮藏过程中未测出,贮藏末期成团泛菌KT075196.1、*S. myotis* KJ739884出现生长。革兰氏阳性菌的广布肉毒杆菌JQLO01000001、产乳酸菌素的肉杆菌JQMX01000001随着贮藏时间的延长逐渐生长,尤其产乳酸菌素的肉杆菌JQMX01000001在贮藏末期生长迅速,占菌落总数的比例最高。产乳酸菌素的肉杆菌和广布肉毒杆菌均为乳酸菌科,常在冷冻冷藏条件下真空和气调包装中被发现,并占微生物群落的数量比例较高[94]。Casaburi等[95]研究认为产乳酸菌素的肉杆菌具有一定的致腐能力。

分析各菌株群落的演变可见,黄褐假单胞菌BBIQ01000036、粪嗜冷杆菌AJ421528及布氏假单胞菌AF268968在超高压处理后消失,说明这3种菌株极易受到超高压的破坏,而隆德假单胞菌AB021395、波罗的海希瓦氏菌AJ000214、嗜根寡养单胞菌CP007597、表皮葡萄球菌L37605、氧化微杆菌Y17227在超高压处理后虽仍有菌落存在,但随后菌落逐渐消失,可能由于这些菌种的细胞结构受到超高压的损伤,且未得到适宜环境恢复生长,被其他群落所取代。蓝蔚青等[62]研究发现冷藏带鱼的优势腐败菌主要是希瓦氏菌和假单胞菌,而在本研究中希瓦氏菌和假单胞菌的数量较少,这可能是由于超高压处理能够有效抑制这2类致腐败能力较强的细菌。Lopez-Caballero等[96]也曾研究得出希瓦氏菌对超高压敏感。*R. larrymoorei* JADW01000071、*M. halimionae* KJ920278、溶酪大球菌Y15711随着贮藏时间的延长逐渐恢复生长,但在超高压处理后冷藏过程中菌落总数比例中均较低。革兰氏阴性菌中奥斯陆莫拉菌X74897在整个贮藏期间一直存在,且在革兰氏阴性菌的群落变化比例中较高。藤黄微球菌Y16264、西宫皮肤球菌X87757、产乳酸菌素的肉杆菌JQMX01000001这3种革兰氏阳性菌在贮藏过程中也一直存在,尤其是产乳酸菌素的肉杆菌JQMX01000001在超高压处理后冷藏过程中菌落比例始终最高。贮藏末期，成团泛菌KT075196.1、*L.aerolatus* FN597581、结肠炎耶尔森杆菌*palearctica*亚种FR729477、*C. vrystaatense* JPRI01000006、鼠李糖短杆菌AJ415376出现生长，可能原因是冷藏期间的细菌培养周期内未形成肉眼可见菌落，或某种菌落变异所致。韩衍青等[97]研究显示400 MPa以上超高压条件处理样品后均未检出嗜冷菌和肠杆菌的生长，与本研究中粪嗜冷杆菌AJ421528可被超高压灭活，成团泛菌KT075196.1、结肠炎耶尔森杆菌palearctica亚种FR729477等肠杆菌属在贮藏期间未测出均相符。

## 六、本节小结

本节采用生理生化鉴定结合PCR法分别分析了0 d、4 d、8 d、12 d不同贮藏时期经超高压处理的冷藏带鱼的微生物菌相。结果表明，超高压技术具有较好的杀菌抑菌效果，可将菌落总数降低1～2 lg(CFU/g)。带鱼初始菌相中，革兰氏阴性菌的比例较高，波罗的海希瓦氏菌是细菌群落的优势腐败菌，但超高压处理后，革兰氏阳性菌的比例较高，带鱼冷藏期间，奥斯陆莫拉菌X74897、产乳酸菌素的肉杆菌JQMX01000001这2种细菌菌数占微生物群落的比例较高，其次是西宫皮肤球菌X87757。产乳酸菌素的肉杆菌常在真空和气调包装中占有主导菌落地位，虽然具有一定致腐能力，但较希瓦氏菌属和假单胞菌属的致腐能力弱。贮藏末期各细菌菌落比例由高到低分别是：产乳酸菌素的肉杆菌JQMX01000001、*M. halimionae* KJ920278、奥斯陆莫拉菌X74897、*R. larrymoorei* JADW01000071、溶酪大球菌Y15711、结肠炎耶尔森杆菌palearctica亚种FR729477、*L.aerolatus* FN597581、鼠李糖短杆菌AJ415376、藤黄微球菌Y16264、成团泛菌KT075196.1、西宫皮肤球菌X87757、*C. vrystaatense* JPRI01000006。在超高压技术的影响下，致腐能力较强的微生物被抑制，腐败能力稍弱的微生物成为优势菌，这可能是超高压技术能够有效延长带鱼货架期的因素之一。

## 参考文献

[1] 沈月新. 食品保鲜贮藏手册[M]. 上海：上海科学技术出版社，2006.01：221.

[2] Shenwan J M. The bacteriology of fresh and spoiling fish and the biochemical changes induced by bacterial action[In]. Proceedings of a conference on handing. Processing and marketing of tropical fish. London: Tropical Products Institute, 1977, 51-66.

[3] Gram L, Hans H H. Fresh and processed fish and shellfish //Lund B M, Baird-parker T C, Gould G W. The microbiological safety and quality of food[M]. Gaithersburg Maryland USA: Aspen Publishers Inc, 2000: 472-506.

[4] Thomas A, Meekin M, Thomas R. Shelf life prediction: status and future possibilities[J]. International Journal of Food Microbiology, 1996, 33: 65-83.

[5] Koutsoumains K, Nychas G J E. Chemical and sensory changes associated with microbial flora of Mediterranean Boque (*Boops boops*) stored aerobically at 0, 3, 7 and 10℃[J]. Applied and Environmental Microbiology, 1999, 65: 698-706.

[6] Stenstrom I M, Molin G. Classification of the spoilage flora of fish, with special reference of

*Shewanella putrefaciens* [ J ]. Journal of Applied Bacteriology, 1990, 68: 601–618.

[ 7 ] 曹荣，薛长湖，许加超，等. 太平洋牡蛎菌相分析及–20℃冻藏过程中菌相变化[ J ]. 食品与发酵工业，2006，3（32）：1–3.

[ 8 ] Amann R I, Ludwig W, Schlefer K H. Phylogenetic identification in situ detection of individual microbial cells without cultivation [ J ]. Microbiology Reviews, 1995, 59(1): 143–169.

[ 9 ] Pace N R. A Molecular View of Microbial Diversity and the Biosphere. Science [ J ]. 1997, 276 (5313): 734–740.

[ 10 ] Jay J M, Vilai J P, Hughes M E. Profile and activity of the bacterial biota of ground beef held from freshness to spoilage at 5–7℃ [ J ]. International Journal of Food Microbiology, 2003, 81: 105–111.

[ 11 ] Gill C O. Extending the storage life of raw [ J ]. Meat Science, 1996, 43(1): 99–109.

[ 12 ] Dunbar J, Takala S, Barns S M, et al. Levels of bacterial community diversity in four arid soils compared by cultivation and 16S rRNA gene cloning [ J ]. Applied and Environment Microbiology, 1999, 65: 1662–1669.

[ 13 ] Ziemer C J, Cotta M A, Whitehead T R. Application of group speci.c amplified rDNA restriction analysis to characterize swine fecal and manure storage pit samples [ J ]. Ecology Environmental Microbiology, 2004, 10: 217–227.

[ 14 ] Nico B, Wim D W, Willy V, et al. Evaluation of nested PCR–DGGE (denaturing gradient gel electrophoresis) with group-specific 16S rRNA primers for the analysis of bacterial communities from different wastewater treatment plants [ J ]. FEMS Microbiology Ecology, 2002, 39: 101–112.

[ 15 ] Theunissen J, Britz T J, Torriani S, et al. Identification of probiotic microorganisms in South African products using PCR-based DGGE analysis [ J ]. International Journal of Food Microbiology, 2005, 1(98): 11–21.

[ 16 ] Cocolin L, Manzano M, Aggio D, et al. A novel polymerase chain reaction (PCR)-denaturing gradient gel electrophoresis (DGGE) for the identification of Micrococcaceae strains involved in meat fermentations. Its application to naturally fermented Italian sausages [ J ]. Meat Science, 2001, 57: 59–64.

[ 17 ] Fischer S G, Lerman L S. DNA fragments differing by single basepair substitutions are separated in denaturing gradient gels: correspondence with melting theory [ J ]. Proceedings of the National Academy of Sciences USA, 1983, 80: 1579–1583.

[ 18 ] Myers R M, Fischer S G, Lerman L S, et al. Nearly all single base substitutions in DNA fragments joined to a GC-clamp can be detected by denaturing gradient gel electrophoresis [ J ]. Nucleic Acids Research, 1985, 13: 3131–3145.

[ 19 ] Muyzer G, de Weal E C, Uitterlinden A. Profiling of complex microbial populations by denaturing gradient gel electrophoresis analysis of polymerase chain reaction-amplified genes coding for 16SrRNA [ J ]. Applied and Environment Microbiology, 1993, 59: 695–700.

[ 20 ] Gurtler V, Garrie H D, Mayall B C. Denaturing gradient gel electrophoretic multilocus sequence typing of Staphylococcus aureus isolates [ J ]. Electrophoresis, 2002, 23: 3310–3320.

[ 21 ] Theelen B, Silvestri M, Gueho E, et al. Identification and typing of Malassezia yeasts using amplified fragment length polymorphisms (AFlP), random amplified polymorphic DNA (RAPD) and denaturing gradient gel electrophoresis (DGGE) [ J ]. FEMS Yeast Research, 2001, 1: 79–86.

[ 22 ] 李苗云. 冷却猪肉中微生物生态分析及货架期预测模型的研究[ D ]. 南京：南京农业大学. 2016.

[ 23 ] Myers R M, Fischer S G, Maniatis T, et al. Modification of the melting properties of duplex DNA by attachment of a GC-rich DNA sequence as determined by denaturing gradient gel electrophoresis [ J ]. Nucleic Acids Research, 1985, 13(9): 3111–3129.

[ 24 ] Sheffield V C, Cox D R, Lerman L S, et al. Attachment of a 40–base-pair G+C-rich sequence (GC-clamp) to genomic DNA fragments by the polymerase chain reaction results in improved detection of

single-base changes [ J ]. Proceedings of the National Academy of Sciences USA. 1989, 86(1): 232-238.

[ 25 ] Zhu W Y, Williams B A, Akkermans A D L. Development of the microbial community in weaning piglets [ J ]. Reprod Nutr Development, 2000, 40: 180-183.

[ 26 ] Shin H S, Youn J H. Conversion of food waste into hydrogen by thermophilic acidogenesis [ J ]. Biodegradation, 2005, 16: 33-44.

[ 27 ] Cocolin L, Innocente N, Biasutti M, et al. The late blowing in cheese: a new molecular approach based on PCR and DGGE to study the microbia1 ecology of the alteration process [ J ]. International Journal of Food Microbiology, 2004, 90: 83-91.

[ 28 ] Cocolin L, Manzano M, Aggio D, et al. A novel polymerase chain reaction (PCR)— denaturing gradient gel electrophoresis (DGGE) for the identification of Micrococcaceae strains involved in meat fermentations. Its application to naturally fermented Italian sausages [ J ]. Meat Science, 2001, 58: 59-64.

[ 29 ] Leea J S, Heoa G Y, Leea J W, et al. Analysis of kimchi microflora using denaturing gradient gel electrophoresis [ J ]. International Journal of Food Microbiology, 2005, 102(2): 143-150.

[ 30 ] Avrahami S, Liesack W, Conrad R. Effects of temperature and fertilizer on activity and community structure of soil ammonia oxidizers [ J ]. Environment Microbiology, 2003, 5: 691-705.

[ 31 ] Konstantinov S R, Zhu W Y, Williams B A, et al. Effect of fermentable carbohydrates on piglet faecal bacterial communities as revealed by denaturing gradient gel electrophoresis analysis of 16S ribosomal DNA [ J ]. FEMS Microbiology Ecology, 2003, 43: 225-235.

[ 32 ] DB 46 / 118—2008生食三文鱼、龙虾卫生标准[ S ].

[ 33 ] International Commission on Microbiological Specifications for Foods (ICMSF) (1986). Sampling plans for fish and shellfish. Microorganisms in foods 2, sampling for microbiological analysis: principles and specific applications [ S ].

[ 34 ] 赵爱静，王萌，赵飞，等. 酸性电解水冰对南美白对虾杀菌保鲜效果的研究[ J ]. 现代食品科技，2016，32(3)：126-131.

[ 35 ] Williams P G, Reid C. 2011. Overview of tuna fisheries in the western and Central Pacific Ocean, including economic conditions-2010. Western and Central Pacific Fisheries Commission Scientific Committee, Federated States of Micronesia: 1-49.

[ 36 ] Harley S J, Williams P, Nicol S, et al. The western and central pacific tuna fishery: 2002 overview and status of stocks [ J ]. Scp Ocean Fisheries Programme, 2015.

[ 37 ] Silbande A, Adenet S, Smith-Ravin J, et al. Quality assessment of ice-stored tropical yellowfin tuna (*Thunnus albacares*) and influence of vacuum and modified atmosphere packaging [ J ]. Food Microbiology, 2016, 60: 62-72.

[ 38 ] 罗庆华. 水产品特定腐败菌研究进展[ J ]. 食品科学，2010，31(23)：468-472.

[ 39 ] Dalgaard P. Qualitative and quantitative characterization of spoilage bacteria from packed fish [ J ]. International Journal of Food Microbiology, 1995, 26(3): 319-33.

[ 40 ] Gram L, Huss H H. Microbiological spoilage of fish and fish products [ J ]. International Journal of Food Microbiology, 1996, 33(1): 121-37.

[ 41 ] Dabadé D S, Besten H M W D, Azokpota P, et al. Spoilage evaluation, shelf-life prediction, and potential spoilage organisms of tropical brackish water shrimp (*Penaeusnotialis*) at different storage temperatures [ J ]. Food Microbiology, 2015, 48: 8-16.

[ 42 ] Gill C O, Newton K G. The development of aerobic spoilage flora on meat stored at chill temperatures [ J ]. Journal of Applied Bacteriology, 1977, 43(2): 189-195.

[ 43 ] Lund B M, Baird-Parker T C, Gould G W. The microbiological safety and quality of food [ M ]. Gaithersburg Maryland, USA: Aspen Publishers, 2000.

[44] Bekaert K, Devriese L, Maes S, et al. Characterization of the dominant bacterial communities during storage of Norway lobster and Norway lobster tails (*Nephrops norvegicus*) based on 16S rDNA analysis by PCR-DGGE[J]. Food Microbiology, 2015, 46: 132-138.
[45] 彭勇. 冷却猪肉常见腐败微生物致腐能力的研究[D]. 北京：中国农业大学, 2005.
[46] Pennacchia C, Ercolini D, Villani F. Development of a Real-Time PCR assay for the specific detection of Brochothrix thermosphacta in fresh and spoiled raw meat[J]. International Journal of Food Microbiology, 2009, 134(134): 230-236.
[47] 许振伟, 许钟, 杨宪时, 等. 鱼类腐败菌腐败能力测定方法[J]. 食品科学, 2010, 31(20): 355-359.
[48] 钱韻芳, 杨胜平, 谢晶, 等. 气调包装凡纳滨对虾特定腐败菌致腐败能力研究[J]. 中国食品学报, 2015, 15(1): 85-91.
[49] Macé S, Joffraud J J, Cardinal M, et al. Evaluation of the spoilage potential of bacteria isolated from spoiled raw salmon (*Salmo salar*) fillets stored under modified atmosphere packaging[J]. International Journal of Food Microbiology, 2013, 160(3): 227-238.
[50] Macé S, Cardinal M, Jaffrès E, et al. Evaluation of the spoilage potential of bacteria isolated from spoiled cooked whole tropical shrimp (*Penaeus vannamei*) stored under modified atmosphere packaging [J]. Food Microbiology, 2014, 40(2): 9-17.
[51] Calliauw F, Mulder T D, Broekaert K, et al. Assessment throughout a whole fishing year of the dominant microbiota of peeled brown shrimp (*Crangon crangon*) stored for 7 days under modified atmosphere packaging at 4℃ without preservatives[J]. Food Microbiology, 2015, 54: 60-71.
[52] 谢晶, 刘骁, 杨茜, 等. PCR结合表型鉴定对超高压处理后的冷藏带鱼细菌菌相分析[J]. 农业工程学报, 2016, 32(05): 307-314
[53] Ge C, Chang S L, Yu Z, et al. Comparison of bacterial profiles of fish between storage conditions at retails using DGGE and banding pattern analysis: consumer's perspective[J]. Food and Nutrition Sciences, 2012, 3(2): 190-200.
[54] 王军, 董庆利, 丁甜. 预测微生物模型的评价方法[J]. 食品科学, 2011(21): 268-272.
[55] Silbande A, Adenet S, Smith-Ravin J, et al. Quality assessment of ice-stored tropical yellowfin tuna (*Thunnus albacares*) and influence of vacuum and modified atmosphere packaging[J]. Food Microbiology, 2016, 60: 62-72.
[56] Edirisinghe R K B, Graffham A J, Taylor S J. Characterisation of the volatiles of yellowfin tuna (*Thunnus albacares*) during storage by solid phase microextraction and GC-MS and their relationship to fish quality parameters[J]. International Journal of Food Science & Technology, 2007, 42(10): 1139-1147.
[57] 刘寿春, 钟赛意, 马长伟, 等. 以生物胺变化评价冷藏罗非鱼片腐败进程[J]. 农业工程学报, 2012, 28(14): 277-282.
[58] 李苗苗, 王江峰, 徐大伦, 等. 4种保鲜处理对冰温贮藏金枪鱼片生物胺的影响[J]. 中国食品学报, 2015, 15(2): 111-119.
[59] Mietz J L, Karmas E. Chemical quality index of canned tuna as determinedby high-pressure liquid chromatography[J]. Journal of Food Science, 2006, 42(1): 155-158.
[60] Gram L, Melchiorsen J. Interaction between fish spoilage bacteria *Pseudomonas* sp. and *Shewanella putrefaciens* in fish extracts and on fish tissue[J]. Journal of Applied Microbiology, 1996, 80: 589-595.
[61] Tryfinopoulou P, Tsakalidou E, Nychas G J E. Characterization of *Pseudomonas* spp. associated with spoilage of gilt-head sea bream stored under various conditions[J]. Applied and Environmental Microbiology, 2002, 68: 65-72.
[62] 蓝蔚青, 谢晶. PCR 结合生理生化鉴定对冷藏带鱼主要细菌菌相组成分析[J]. 食品与发酵工业, 2012, 38(2): 11-17.

[63] 林妙，周志忠. 8株致病性类产碱假单胞菌杆菌的分离和鉴定[J]. 福建医药杂志，1997，19(6)：145-146.

[64] Taoukis P S, Koutsoumanis K, Nychas G J E. Use of time temperature integrators and predictive modeling for shelf life control of chilled fish under dynamic storage conditions[J]. International Journal of Food Microbiology, 1999, 53: 21-31.

[65] 杨宪时，许钟，肖琳琳. 水产食品特定腐败菌与货架期的预测和延长[J]. 水产学报，2004，28(1)：106-111.

[66] Surendran P K, Jose J, Shenoy A V, et al. Studies on spoilage of commercially important tropical fishes under iced storage[J]. Fish Resources, l989, 7: 1-9.

[67] Gram L, Huss H H. Microbiological spoilage of fish and fish product[J]. International Journal of Food Microbiology, 1996, 33: 121-137.

[68] Gillespie N C, Maerae I C. The bacterial flora of some Queensland fish and its ability to cause spoilage [J]. Journal of Applied Microbiology, 1975, 39: 91-100.

[69] 裘迪红，杨文鸽，薛长湖. 梭子蟹腐败菌菌相的初步分析[J]. 食品科技，2005，08：33-35.

[70] 刘寿春，周康，钟赛义，等. 淡水养殖罗非鱼中病原菌和腐败菌的分离与鉴定初探[J]. 食品科学，2008，05：327-331.

[71] 郭全友，杨宪时，许钟. 冷藏罗非鱼优势腐败菌的鉴定及其特征[J]. 食品与机械，2009，25(3)：87-90.

[72] 杨宪时，郭全有，许钟. 罗非鱼冷藏过程细菌种群的变化[J]. 水产学报，2008，11：1050-1054.

[73] Hubbs. Fish: microbiological spoilage and safety[J]. Food Science Technology Today, 1991, (5): 166-173.

[74] Spanggaard B, Huber I, Nielsen J. The microflora of rainbow trout intestine: a comparison of traditional and molecular identification[J]. Aquaculture, 2000, 182: 1-15.

[75] Shewan J M. The microbiology of fish and fishery products[J]. Journal of Applied Bacteriology, 1971, 34: 299-315.

[76] Gill C, Badoni M, Jones T. Hygienic effects of trimming and washing operations in a beef carcass dressing process[J]. Journal of Food Protection, 1996, 59: 666-669.

[77] Surendran P K, Jose J, Shenoy A V, et al. Studies on spoilage of commercially important tropical fishes under iced storage[J]. Fisheries Research, 1989, 7: 1-9.

[78] Gillespie N C, Maerae I C. The bacterial flora of some Queensland fish and its ability to cause spoilage [J]. Journal of Applied Bacteriology, 1975, 39: 91-100.

[79] Amann R I, Ludwig W, Schlefer K H. Phylogenetic identification in situ detection of individual microbial cells without cultivation.Microbiology Reviews, 1995, 59(1): 143-169.

[80] Pace N R. A molecular view of microbial diversity and the biosphere[J]. Science, 1997, 276. (5313): 734-740.

[81] Muyzer G, de Weal E C, Uitterlinden A. Profiling of complex microbial populations by denaturing gradient gel electrophoresis analysis of polymerase chain reaction-amplified genes coding for 16SrRNA [J]. Applied of Environment Microbiology, 1993, 59: 695-700.

[82] Theelen B, Silvestri M, Gueho E, et al. Identification and typing of Malassezia yeasts using amplified fragment length polymorphisms (AFlP), random amplified polymorphic DNA (RAPD) and denaturing gradient gel electrophoresis(DGGE)[J]. FEMS Yeast Research, 2001, 1: 79-86.

[83] Gram L, Dalgaard P. Fish spoilage bacteria problems and solutions[J]. Current Opinion Biotechnology, 2002, 13: 262-266.

[84] 席 宇，朱大恒，刘红涛，等. 假交替单胞菌及其胞外生物活性物质研究进展[J]. 微生物学通报，2005，3(32)：108-112.

[85] 杨秀霞. 南极细菌 *Moritella* sp. 低温脂肪酶基因的克隆与表达[D]. 青岛：中国海洋大学，2004，06.

[86] Truong B Q, Buckow R, Stathopoulos C E, et al. Advances in high-pressure processing of fish muscles [J/OL]. Food Engineering Reviews, 2015, 7(2): 109-129.

[ 87 ] Yagiz Y, Kristinsson H G, Balaban M O, et al. Effect of high pressure treatment on the quality of rainbow trout (*Oncorhynchus mykiss*) and mahi mahi (*Coryphaena hippurus*)[ J ]. Journal of Food Science, 2007, 72(9): C509–C515.

[ 88 ] SC/T 3102—1984. 鲜带鱼[ S ].

[ 89 ] Ramirez-Suarez J C, Morrissey M T. Effect of high pressure processing (HPP) on shelf life of albacore tuna (*Thunnus alalunga*) minced muscle[ J ]. Innovative Food Science and Emerging Technologies, 2006, 7(1): 19–27.

[ 90 ] 杨茜,谢晶. 超高压对冷藏带鱼段的保鲜效果[ J ]. 食品与发酵工业,2015,41(6): 201–207.

[ 91 ] Lakshmanan R, Dalgaard P. Effects of high-pressure processing on Listeria monocytogenes, spoilage microflora and multiple compound quality indices in chilled cold-smoked salmon[ J ]. Journal of Applied Microbiology, 2004, 96(2): 398–408.

[ 92 ] 郭光平. 烧鸡腐败菌菌相分析及保鲜技术的研究[ D ]. 烟台: 烟台大学,2011: 21–22.

[ 93 ] Bosshard P P, Abels S, Zbinden R, et al. Ribosomal DNA sequencing for identification of aerobic gram-positive rods in the clinical laboratory (an 18-month evaluation)[ J ]. Journal of Clinical Microbiology, 2003, 41(9): 4134–4140.

[ 94 ] Laursen B G, Bay L, Cleenwerck I, et al. Carnobacterium divergens and Carnobacterium maltaromaticum as spoilers or protective cultures in meat and seafood: phenotypic and genotypic characterization[ J ]. Systematic and Applied Microbiology, 2005, 28(2): 151–164.

[ 95 ] Casaburi A, Nasi A, Ferrocino I, et al. Spoilage-related activity of Carnobacterium maltaromaticum strains in air-stored and vacuum-packed meat[ J ]. Applied and Environmental Microbiology, 2011, 77(20): 7382–7393.

[ 96 ] Lopez-Caballero M E, Pérez-Mateos M, Montero P, et al. Oyster preservation by high-pressure treatment[ J ]. Journal of Food Protection, 2000, 63(2): 196–201.

[ 97 ] 韩衍青,张秋勤,徐幸莲,等. 超高压处理对烟熏切片火腿保质期的影响[ J ]. 农业工程学报,2009, 25(8): 305–311.

# 第六章　物流过程中水产品鲜活度特征指标及其动态模型的研究

海产品在物流过程中品质是在不断下降的，为了实时掌握物流过程海产品品质的变化，并预测其货架期，就需要构建基于理化特性或气味特征或微生物等指标的货架期预测模型。本章在分析水产品货架期研究现状的基础上，以带鱼、对虾的实例介绍了预测模型构建的方法，并介绍了电子式货架指示器的研发。

## 第一节　预测食品货架期的研究现状

在冷藏链的流通过程中，食品的品质变化主要取决于原料品质、加工方法[1]、贮藏方式及产品在流通中所经历的时间与温度，食品的品质变化可由T.T.T.理论确定。

20世纪40年代起，食品科学家和工程师们就如何提高食品的质量做过大量的研究，其中最有代表性的成果是美国科学家Arsdel等提出的T.T.T.理论[2,3]。3T理论一般用于冷冻食品是冷藏链流通环节中保持产品质量的决定条件，其含义代表时间（time）、温度经历（temperature）和耐藏性（tolerance）。另外T.T.T.概念还表明食品在流通过程中由所经历的时间、温度引起的品质降低值是累积的，也是不可逆的，而且以往的实验表明这种品质降低的变化和所经历的高、低温次序无关[4]。

食品的品温直接影响其最终品质，冷藏温度与品质下降率之间存在着一定的关系，每单位时间品质损失量计算公式为

$$s\% = \frac{100}{\theta_s(T)} \tag{6-1}$$

式中，$\theta_s$为某温度下食品的货架期寿命；$T$为所求货架寿命的温度点。

则，累计损失量的计算公式为

$$\sum_{i=1}^{n} s = \sum t_i \times s_i\% \tag{6-2}$$

式中，$t$为经历时间，d。

对应流通历经的时间、温度获得三维曲线，并模拟贮藏温度条件，即可通过求得品质损失量从而获得产品的货架期余量。

1975年，Gacula等[5,6]将工程产品失效的概念引入食品领域。认为食品品质随着时间的推移不断下降，并最终降低到人们不能接受的程度，这种情况称为食品失效（food failure），失效时间则对应着食品的货架寿命。

食品的货架寿命是指从感官和食用安全的角度分析，食品品质保持在消费者可接受程度下的贮藏时间。食品的货架寿命主要取决于四个因素：组成结构、加工条件、包装和贮藏条件。尽管不同食品腐败的机理各不相同且变质反应非常复杂，但通过对变质机理的研究能找到预测食品货架寿命的方法，食品腐败过程中品质的损失可以通过动力学模型得到很好的反映[7]，因此有关食品货架期模型的研究是目前研究的热点问题之一。化学反应动力学模型是反映食品品质变化基础的理论模型，可根据在不同条件下，对食品品质分析推导出一系列的预测模型，如基于食品色泽变化来测定食品品质损失程度的亮度法（$L^*$），可预测杀菌操作中食品货架寿命的$Z$值模型，根据食品中特定微生物生长来预测易腐食品货架寿命的微生物生长的动力学模型。另外，也可以通过对化学反应动力学模型进行推导而获得货架期寿命预测模型，如$Q_{10}$是以Arrhenius关系式为基础推导出的预测模型。

## 一、食品品质函数

Labuza指出，在食品加工和贮藏过程中，大多数与食品质量有关的品质变化都遵循零级或一级反应动力学规律[8]。针对不同的反应级数有不同的食品品质函数表达式（表6–1）。

**表6–1　不同反应级数的食品品质函数的形式**

| 反应级数 | 0　级 | 1　级 | 2　级 |
| --- | --- | --- | --- |
| 品质函数$F(A)$<br>Quality function $F(A)$ | $A_0-A$ | $\ln\frac{A_0}{A}$ | $\frac{1}{(n-1)\times(A^{1-n}-A_0^{1-n})}$ |

大多数食品的质量损失可以用可定量品质指标$A$（如营养素或特征风味）的损失或感官品质指标$B$（异味或褪色的形成来表示）[9]。

$$\frac{\mathrm{d}[A]}{\mathrm{d}t}=k[A]^n \tag{6-3}$$

$$\frac{\mathrm{d}[B]}{\mathrm{d}t}=k'[B]^{n'} \tag{6-4}$$

式中，$k$和$k'$为反应速率常数；$n$和$n'$为反应级数。

$A$或$B$经过适当转换后可表示为时间$t$的线性函数。对于零级反应，采用线性坐标可得到一条直线；对于一级反应，采用半对数坐标也能得到一条直线；这样，根据少数几个测定值和线性拟合的方法就可求得上述级数，并求得品质函数$F(A)$中各参数的值。然后通过外推求得货架寿命终端时的品质$A$（或$B$），也可计算出品质达到某一特定值时的贮藏时间。同样，也可求得某个贮藏时间的品质值。汪琳等[10]研究了番茄采后成熟过程中果皮颜色的变化规律，发现色泽角($H_0$)、色泽比($a/b$)和明度($L^*$)等主要颜色参数的变化均符合一级动力学模型，并由试验确定了各颜色模型的动力学参数、参考变化速率常数($k$)和反应活化能($E_A$)。赵思明等[11]研究了不同温度下贮藏过程中鱼丸细菌总数、脂肪氧化值(TBA值)及TVB-N值随存放时间的变化规律及其动力学特性，建立了细菌总数、TBA值、TVB-N值与贮藏温度和贮藏时间的动力学模型，以预测鱼丸在贮藏过程中的品质和货架期。

食品品质函数的确立就可以在一定程度上解决同一种食品不同个体间品质变化的不可比较性，量化数据$k$(反应速率常数)就可对不同食品品质进行客观比较。而反应速率常数与温度的关系一般符合Arrhenius方程。

## 二、Arrhenius方程

食品因种类不同及所处环境条件的变化，描述某种食品货架寿命的动力学方程也随之变化。食品从工厂生产出来并包装好后，经过运输到仓库、批发中心、零售商，最后到消费者手里的全过程中，温度相对于如相对湿度、包装内的气体分压、光和机械力等一些因素，对食品质量损失的影响是居首位的，而且是唯一不受食品包装类型影响的因素[12]。Labuza应用Arrhenius关系式研究了食品的腐败变质速率。

$$k = k_0 \exp\left(-\frac{E_A}{RT}\right) \tag{6-5}$$

式中，$k_0$为前因子(又称频率因子)；$E_A$为活化能(品质因子$A$或$B$变坏或形成所需克服的能垒)；$T$为热力学温度，K；$R$为摩尔气体常量，8.314 4 J/(mol·K)。$k_0$和$E_A$都是与反应系统物质本性有关的经验常数。

对式(6-5)取对数：

$$\ln k = \ln k_0 - \frac{E_A}{RT} \tag{6-6}$$

在求得不同温度下的速率常数后，用$\ln k$对热力学温度的倒数($1/T$)作图可得到一条斜率为$-E_A/R$的直线。Arrhenius关系式的主要价值在于：可以在高温($1/T$)下借助货架期加速试验获得数据，然后用外推法求得在较低温度下的货架寿命。陈杰等[13]对香菇贮藏在273 K、283 K和293 K下进行品质动力学研究。通过相应的品质能级函数分析确立氨基酸反应级数为零级，基于其与感官值的良好对应关系，将其设立为香菇的鲜度指标。并且利用*Arrhenius*方程对活化能$E_A$和$Q_{10}$计算确定了以氨基酸为香菇鲜度指标的动力学模型并进行了货架寿命的预测。

## 三、亮度变化测定质量损失法

食品的一些特别属性变化通常可以反映食品品质的损失。例如，某些食品可以通过亮度法($L^*$)来测定食品品质的损失程度。食品的亮度($L^*$)随着时间的变化[14]可以表示为

$$\frac{\mathrm{d}L^*}{\mathrm{d}t} = -k_{\mathrm{brown}}L^{*n} \tag{6-7}$$

式中，$n$为反应级数；$k_{\mathrm{brown}}$为食品褐变速率常数，取决于温度的变化$T$(K)，且符合Arrhenius方程：

$$k = k_{\mathrm{ref}}\exp\left[-\frac{E_A}{R}\left(\frac{1}{T}-\frac{1}{T_{\mathrm{Ref}}}\right)\right] \tag{6-8}$$

式中，$k_{\mathrm{ref}}$为在参考温度下的速率常数；$T_{\mathrm{Ref}}$为参考温度，K。

食品亮度的数学模型与反应级数有着密切的关系，由此模型所绘制的指数衰减曲线呈现出一种线性关系，从而由此曲线反映食品品质变化的程度。李欣等[15]在菠萝浓缩汁在贮藏过程的褐变研究中发现，菠萝浓缩汁在贮藏过程中色泽劣变的程度与贮藏时间、贮藏温度正相关。色值$L$*，$b$*值随贮藏温度升高和贮藏时间延长而下降，且遵循一级反应动力学；色值$a$*，$\triangle E$值、褐变指数均随贮藏温度升高和贮藏时间延长而升高，均遵循零级反应动力学。

## 四、Z值模型法

从反应温度对反应速率常数影响的角度，除了Arrhenius模型外，还有就是$Z$值模型[16,17]。对于以化学反应为主的品质变化，如贮存、加热等过程，常用Arrhenius模型；对于杀菌等操作即以微生物改变为主的过程，常用$Z$值模型。食品工业中，微生物的死亡大多应用一级反应动力学模型：

$$N = N_0 \times 10^{-\frac{t}{D}} \tag{6-9}$$

式中，$N$为$t$时的活菌数；$N_0$为初始活菌数；$t$为时间，s；$D$为10倍减少时间(decimal reduction time)。式(6-9)的物理意义可由式(6-9)变化后获知：

$$D = \frac{t}{\lg\frac{N_0}{N}} \tag{6-10}$$

即在一定环境和一定温度下杀死90%微生物所需的时间。$D$值越大，则该菌的耐热性越强。$Z$值定义为引起$D$值变化10倍所需改变的温度(℃)，其定义式为：

$$Z = \frac{T-Tr}{\lg Dr - \lg D} = \frac{T-Tr}{\lg\frac{Dr}{D}} \tag{6-11}$$

式中，$Dr$为参考温度下的$D$值，$Z$值越大，因温度上升而获得的杀菌效果增长率就越小。由式(6-10)和式(6-11)组成$Z$值模型。

Turenne[14]以类似于“热力-致死”的杀菌模型为基础，建立了三个经验模型以确定静态条件下，温度及水分活度对苹果褐变反应诱导期长短的影响。田伟[18]认为Arrhenius模型与$Z$值模型两者既有联系又有区别，在一定条件下的某一温度范围内，两者都可以表示为生物或营养素的耐热特性。由于模型本身的特点，外推试验温度时$Z$值模型所求得的$k$恒高于Arrhenius模型的$k$值，在选择数学模型来描述食品品质损失时，需要对同样的试验数据用不同模型进行拟合，相互比较，方可确定哪一种模型更为合理。

## 五、$Q_{10}$模型

$Q_{10}$定义为温度上升10℃后，反应速率为原来速率的倍数，或者指食品贮存在高于原来储存温度10℃的条件下，其货架寿命（$\theta_s$）的变化率。$Q_{10}$的函数形式如下：

$$Q_{10}^{(T_0-T)/10}=\frac{\theta_s(T)}{\theta_s(T_0)} \tag{6-12}$$

式中，$\theta_s$为货架寿命，d；$T_0$为通过感官评定确定货架寿命的已知温度点，℃；$T$为所要求货架寿命的温度点，℃，$T_0>T$。

已知Arrhenius方程（6-5），对其进行微分，然后从$T_1$到$T_2$积分得到$E_A$与温度、反应速率常数的关系式[19]：

$$E_A=R\frac{T_1\times T_2}{T_2-T_1}\ln\frac{k_2}{k_1} \tag{6-13}$$

式中，$k_1$、$k_2$为对应$T_1$、$T_2$温度下的速率常数。由回归计算可得出相差10℃时的活化能$E_A$。

由式（6-13）求得$E_A$，而获得反映$Q_{10}$与活化能之间关系的模型：

$$Q_{10}=\exp\left[\frac{E_A\times 10}{RT(T+10)}\right] \tag{6-14}$$

由式（6-14）可获得不同温度下的货架寿命[13]。

刘晓丹等[20]在对番茄贮藏在296 K、286 K和276 K条件下进行理化和感官评定，依据感官因子运用$Q_{10}$公式进行了不同温度的货架期预测，并且获得了286～296 K温度段的货架寿命预测方程。通过计算，在温度290 K条件下，货架寿命约为13.35 d，该值与试验数据获得很好的一致。

## 六、微生物动力学生长的数学模型

食品腐败主要是微生物活动的结果。前人对食品的微生物腐败进行了大量系统的研究，特别是对水产品中微生物生长的预测研究，因为新鲜鱼类是最易腐败的一类食品[17]。近年来食品微生物预报技术在国外被广泛研究，利用数学模型定量描述食品特性（如pH、水分活度）和加工流通环境因子（如温度、气体组成）对食品中微生物生长、残存、死亡的动态影响，以预测货架寿命和微生物学安全性[21]。对鲜鱼类腐败微生物研究的结果表明，在大多数情况下，鲜鱼类所含微生物中只有部分微生物参与腐败过程[22]，这些适合生存和繁殖并产生腐败臭味和异味代谢产物的微生物，就是该产品的SSO[23]。由于是SSO造成腐败，所以SSO的对数和产品剩余货架期之间存在密切关系，这就有可能依据SSO初始数和生长模型来预测产品的剩余货架期[24]。近年来，研究者提出不少描述微生物动力学生长的数学方程，包括Logistic方程、Gompertz方程、Richards方程、Stannard方程、Schnute方程等[25,26]，其中Logistic方程和Gompertz方程因使用方便，在有关SSO和腐败细菌生长动力学研究的文献中被广泛使用[27-30]。

对多种水产品而言，货架期预测的核心是确定SSO并建立其相应的生长模型。在此基础上，通过预测SSO的生长趋势就可以成功预测产品的货架期。某一产品中，SSO达到稳定期后的最大菌数（$N_{max}$）和微生物在货架期终点时的菌数（$N_S$）基本固定在一个范围内，当$N_{max}$和$N_S$确定后，由Arrhenius模型可计算出最大生长速率（$\mu_{max}$）与延滞时间（Lag），然后根据SSO生长动力学模型计算SSO从$N_0$增殖到$N_S$的时间，从而预测货架期（SL）[31]。同样，根据Logistic方程或Gompertz方程只要得到任何时刻的细菌数$N(t)$后，水产品剩余货架期也可以计算出来。由Gompertz模型可以推导出下面的货架期预测公式：

$$SL = Lag - \frac{\lg \frac{N_{max}}{N_0}}{2.718 \times \mu_{max}} \cdot \left[ \ln \left( - \ln \frac{\lg \frac{N_S}{N_0}}{\lg \frac{N_{max}}{N_0}} - 1 \right) \right] \tag{6-15}$$

应用SSO的生长模型进行货架期预测时，需要具体分析环境（温度）信息，建立以SSO的生长模型为基础的数据库。其首要条件是开发合适的数据采集装置，记录贮藏中环境的变化，从而依据数据库中储存的SSO生长动力学数据快速预测货架期[27,32-34]。

从研究现状看，对于同一研究对象可以有几种预测模型进行回归拟合，但还不能找出一个精确的货架期预测模型，因此，需要进行大量的试验进行验证，以确定最佳的预测模型。

## 第二节　气味指纹图谱技术在水产品气味分析中的研究现状

新鲜水产品在捕捞、加工、贮存和运输过程中，受到外界环境、微生物和酶等因素的作用，其品质会发生变化。随着水产品贮存时间的延长，会很快导致微生物腐败和蛋白质的自溶分解，产生不良风味[35]。水产品腐败主要表现在某些微生物生长和代谢生成胺、硫化物、醇、醛、酮、有机酸等，产生不良气味和异味，使产品在感官上变得不可接受[21]。水产品一旦进入腐败阶段，其本身的风味会发生改变，失去可食性。

水产品的挥发性风味成分占据其风味物质相当大的比例，对水产品的整体风味与品质起着重要作用[36]。因此，研究建立水产品的挥发性气味指纹图谱对于研究水产品贮藏过程中品质的变化势在必行。通过对水产品特征挥发性物质的测定，能够判断水产品的鲜度和腐败阶段。水产品在加工、贮藏、流通及销售过程中品质的变化可将气味指纹图谱技术与感官品评的方法相结合，对水产品品质进行综合评价。国内一些学者[37–39]将气味识别技术引入水产品品质的评价中，很好地提取、分析了鲜活水产品及水产制品中的挥发性气味成分，并且为其品质变化的评价提供可靠、稳定、专属的判断依据。相对于淡水水产品的气味评价研究，鲜活海产品在低温贮藏过程中的挥发性气味成分的分析与研究要少得多。本文主要对建立水产品气味指纹图谱的方法及研究现状做了详细的介绍，旨在为研究海产品与鲜活度（品质）特征指标高度相关的挥发性代谢物质，建立海产品的挥发物指纹图谱数据库，实现对其直观的、快速的识别提供有指导意义的理论基础。

## 一、气味指纹图谱在水产品挥发物质中的应用

水产品中挥发性化合物形成的原因主要是贮藏过程中其发生的美拉德反应及脂肪氧化生成了羰基和羟基化合物，而这些化合物含量的变化对确定水产品品质起着十分重要的作用。建立水产品的气味挥发性指纹图谱，便可从气味角度对水产品或水产制品品质的变化程度进行分析。目前国内学者较多研究了淡水鱼类的挥发性气味的组成和变化，国外学者则对贮藏加工的鱼贝类海产品的挥发物质变化研究较为深入。章超桦等[40]用气相色谱–嗅觉感官试验（GC-Sniffing）的方法，确定了新鲜淡水鱼肉的气味成分多是由挥发性羰基化合物和醇类物质造成的，特别是挥发性羰基化合物易产生原生的、浓郁的香味，而挥发性醇则产生品质较为柔和的气味。陈俊卿等[41]通过优化SPME萃取及气质联用质谱分析条件，建立了HS-SPME-GC-MS分析鉴定鲜活白鲢的挥发性气味成分的方法，确定了27种挥发性成分为白鲢特有的气味成分。周益奇等[38]采用同时蒸馏萃取法提取鲤鱼中的挥发和半挥发性有机物，用气相色谱–质谱联用仪（GC/MS）分析获得了鲤鱼腥味化合物的质谱图，鉴定了鲤鱼中腥味和疑似腥味化合物，并确认己醛、庚醛和2，4–二烯癸醛为鱼腥味化合物。一系列的研究表明利用气味指纹图谱技术分析水产品挥发性气味物质的组成与变化能更好地反映水产品品质变化。此方法与传统理化、感官分析法获得的结果相比较有着更高的匹配度，其结果可信度较高，对检测和控制水产品品质有着重要的参考价值。

## 二、构建气味指纹图谱的主要技术

### 1. 固相微萃取技术

固相微萃取（solid phase microextraction，SPME）是由加拿大Waterloo大学Pawliszyn及其合作者于1990年提出的[42]。固相微萃取技术具有简便、快速、经济安全、无溶剂、选择性好且灵敏度高的特点，可直接与GC/MS、高效液相色谱（HPLC）、毛细管电泳仪（CE）等分析仪器联用，集采样、萃取、浓缩、进样于一体，大大加快了分析检测的速度[43]。据统计，关于SPME的出版物已达四百余种，将近50%是关于环境监测方面的，食品和植物方面的应用约占20%[44]。

目前国内外所用的SPME装置大多为美国Supelco公司的专利产品，也有自行研发的简易装置，效果也较为理想。SPME装置形状类似于一个微量进样器，很小巧，由萃取头(biber)和手柄(holder)两部分构成。根据有机物与溶剂之间“相似相溶”的原理，利用萃取头表面的色谱固定相的吸附作用，将组分从样品基质中萃取富集起来，完成样品的前处理过程。使用时，先将萃取头鞘插入样品瓶中，推动手柄杆使萃取头伸出，进行萃取。萃取有两种方式，一种是直接插入样品中进行萃取，即浸入方式(direct immersion，DI)；另一种是将萃取头置于样品上空萃取，即顶空方式(head space，HS)。在达到或接近平衡后即萃取完成，缩回萃取头，并转移至气相色谱进样器中，推出萃取头完成解吸、色谱分析，整个过程90 min即可完成。

SPME联用技术的检出限为ng/g～pg/g级，相对标准偏差小于30%，线性范围为3～5个数量级。这种技术特点对食品风味成分，尤其是痕量成分的检测具有明显的技术优势，在实际研究中得以替代传统的顶空技术(HS)、(氮气)扫捕集法(NPT)、固相萃取(SPE)、同时蒸馏萃取法(SDE)和超临界流体萃取法(SFE)等技术方法而广泛应用。田怀香等[45]采用顶空固相微萃取法(HS-SPME)制备样品，利用气相色谱-质谱法(GC/MS)分离鉴定了金华火腿的挥发性风味物质，分析鉴定了金华火腿的挥发性风味物质中含量较高的是醛、酸和酮类化合物，还有一些含硫或杂环化合物。Nigel等[46]分别使用75 μm Carboxen/PDMS、65 μm PDMS/DVB和65 μm Carbowax/DVB三种涂层厚度不同的SPME萃取头测定了熟制火鸡中己醛的挥发性含量，并证明75 μm Carboxen/PDMS对己醛的检测响应度、线性相关度，以及测定精确度较之其他两种萃取头相对较好。SPME很好地解决了食品挥发性成分物质提取的难题，利用色谱技术便可进一步对食品挥发性成分物质做出精确的分析和鉴定。

**2. 气质联用色谱技术**

色谱法(chromatography)是分析化学领域中发展最快、应用最广的分析方法之一。这是因为现代色谱法具有分离和分析两种功能，能排除组分间的相互干扰，逐个将组分进行定性、定量分析，而且还可以制备纯组分。因此，食品的气味指纹图谱构建过程中，色谱法尤其是气质联用色谱法是首选的方法。

气相色谱虽然具有很强的分离和分析化合物能力，但它对未知化合物定性能力差，而质谱对未知化合物具有独特的鉴别能力，几乎能检出全部化合物，并能给出相应的结构信息。因此借助气相色谱较强的分离能力与质谱仪的鉴定物质的能力相结合，组成气相色谱-质谱联用仪，可以很好地完成对于气味指纹图谱的构建工作。一方面，气相色谱将食品中挥发性气味物质分离成一种纯物质或2～3个组分的混合物，是质谱理想的“进样器”。另一方面，质谱很好地弥补了气相色谱所用检测器，如FiD、TCD、ECD等分析物质时的局限性，更精确地鉴定了食品中挥发性组分，是气相色谱理想的“检测器”。将GC与MS联用，彼此扬长避短，无疑是复杂混合物分离和检测的有力工具。

杨华等[47]采用静态顶空进样和气-质联用技术初步鉴定了养殖大黄鱼的挥发性成分组成，并证明醛类、酮类、胺类是养殖大黄鱼的主要腥味成分，确定了2，4，7-癸三烯醛、4-庚烯醛、2，6-壬二烯醛是养殖大黄鱼关键性的腥味物质。Iglesias等[48]运用HS-SPME-GC/MS联用技术测定了大西洋竹筴鱼肌肉在氧化过程中相关的挥发性成分，并与传统的化学指标脂类过氧化值做了相关性研究，研究确定了大西洋竹筴鱼肌肉氧化酸败的主要挥发性成分是1-戊烯-3-醇、2,3-戊二酮或1-辛烯-3-醇。研究证明HS-SPME-GC/MS联用技术对监测大西洋竹筴鱼肌肉在氧化过程中的挥发性成分是一种快速、廉价、方便、灵敏度高的方法。

GC/MS法的优点是发挥了气相色谱法对复杂混合物的高效分离特长及质谱在鉴定化合物中的高分辨能力，实现了多组分混合物的一次性定性、定量分析。尽管GC/MS法在香味分析中占有优势地位，但单纯依靠MS难以判断食品中的挥发性成分在其整体的风味中的贡献值及其重要性。毕竟挥发性成分化合物单体在整体风味中的贡献取决于其阈值及绝对含量。

**3. 气相色谱-嗅闻技术**

气相色谱-嗅闻（gas chromatography-olfactometry, GC-O）技术将特征色谱峰与多组分挥发性混合物相关联，从而对食品中的挥发性呈味物质进行测定。GC-O是根据香味化合物中的香味强度或对总体香气的贡献来进行排序的，它可以解决MS在检测香味化合物时遇到的一些难题。

GC-O的原理非常简单，在气相色谱柱末端安装分流口，分流样品组分一部分进入检测器（如FiD、MS等），另一部分进入嗅味检测仪中。流入检测器中的组分经分析后得到相应的色谱峰，流入嗅味检测仪的组分由人进行嗅觉识别，通过气味评价员对闻到的挥发性气味记录与检测器测得的色谱峰相结合，从而获得对食品气味的关键挥发性成分。

马晓佩等[49]利用GC-O法对所制成米饮料的挥发性风味成分的变化进行了测定，试验表明烘烤后的原料制作的饮料，由于在烘烤过程中淀粉、蛋白、脂肪受热后发生一定的降解，再经过酶的作用，产生了大量的吡嗪类风味物质，这些成分赋予饮料浓郁的烘烤香气。江新业等[50]利用GC-O技术中的芳香萃取物稀释方法（AEDA）并结合GC-MS技术鉴别了北京烤鸭的关键芳香化合物。确定北京烤鸭的香气活性化合物包括醇、醛、酮、硫、氮的直链和杂环化合物，其关键香味活性化合物为（$E$,$E$）-2,4-癸二烯醛、2-甲基-3-呋喃硫醇、1-辛烯- 3-醇、3-甲硫基丙醛和反-2-十一烯醛。

**4. 电子鼻技术**

电子鼻（electric nose）是模拟人类的嗅觉系统，设计研制的一种智能电子仪器，可适用于许多系统中测量一种或多种气味物质的气体敏感系统。其基本结构包括下面3个部分：① 气体传感器阵列，它由具有广谱响应特性、较大的交叉灵敏度及对不同气体有不同灵敏度的气敏元件组成。工作时气敏元件对接触的气体能产生响应并产生一定的响应模式，它相当于人类鼻子的嗅觉受体细胞。② 信号预处理单元，它对传感器的响应模式进行预加工，以达到漂移补偿、信息压缩和降低信号（随样品）起伏的目的，完成特征提取的任务。③ 模式识别单元，对信号预处理单元所发出的信号做进一步的处理，完成对气体信号定性和定量的识别，包括数据处理分析器、智能解释器和知识库，相当于人类的大脑。电子鼻现被开始应用于分析、识别、检测复杂气味和挥发性成分的新型仪器，与常用的分析仪器（如色谱仪、光谱仪等）相比，电子鼻具有客观、准确、快捷地评价气味，并且重复性好的特点。

电子鼻的工作流程类型很多，其典型的工作程式是：首先，利用真空泵把空气取样吸取至装有电子传感器阵列的小容器室中。接着，取样操作单元把已初始化的传感器阵列暴露到气味体中，当挥发性化合物（volatile organic compounds, VOC）与传感器活性材料表面相接触时，就产生瞬时响应。这种响应被记录并传送到信号处理单元进行分析，与数据库中存储的大量VOC图案进行比较、鉴别，以确定气味类型。最后，要用蒸气"冲洗"传感器活性材料表面以去除测定完成的气味混合物。在进入下一轮新的测量之前，传感器仍要再次实行初始化（即工作之间，每个传感器都需用干燥气或某些其他参考气体进行清洗，以达到基准状态）。被测气味作用的时间称为传感器阵列的"响应时间"，清除过程和参考气体作用的初始化过程所花的时间称为"恢复时间"。

在电子鼻系统中，气体传感器阵列是关键因素。除基本的GC分析法以外，电子鼻传感器的主要类型还有导电型传感器、压电类传感器、场效应传感器、光纤传感器等。导电性传感器的基本特点是，其置于VOC时的响应形式是电阻值发生变化。导电性传感器又分为金属氧化物传感器和聚合物传感器两大类。金属氧化物传感器在电子鼻系统中应用更广泛。此类传感器中与VOC相接触的活性材料是锡、锌、钛、钨或铱的氧化物，衬底材料一般是硅、玻璃、塑料，发生接触反应需满足200～400℃的温度条件，因此在底部设置了加热器。该传感器的灵敏度范围为5～50 ppm。金属氧化物传感器的缺点是：① 工作温度较高；② 经长时间工作之后，响应基准值易发生漂移，需要利用信号处理运算来克服；③ 对气体混合物中出现的硫化物呈"中毒"反应。但是，它有很宽的适用范围和相对低的成本，故成为当今广泛应用的气体传感器。

电子鼻已被开始应用于食品品质测定中，国内外一系列研究表明[51-53]，电子鼻是对食品挥发性气味分析的客观"嗅觉"仪器，能够辅助专家快速地对食品品质进行系统化与科学化的气味监测、鉴别、判断和分析。对于水产品而言，随着贮藏时间的延长和新鲜度的下降，其挥发性成分将发生明显变化，气味也与鲜活时的品质有着显著区别。韩丽等[54]利用基于AlphaMOS公司生产的FOX4000型电子鼻，对不同贮藏条件下和不同贮藏时间的南美白对虾样品进行分析，并结合感官评定与微生物计数培养分析。建立了一种基于电子鼻对虾质量评价的方法，并对不同贮藏方法的南美白对虾的气味进行研究。研究表明随着贮藏时间的延长，电子鼻传感器的响应强度逐渐增强，且不同贮藏时间的样品可以相互区分。胡惠平等[55]为了将电子鼻技术应用于水产品中副溶血性弧菌等食源性致病菌的快速无损检测，利用电子鼻对从南美白对虾中分离的一株副溶血性弧菌进行检测。电子鼻所得的数据用主成分分析（principal compound analysis, PCA）、判别因子分析（discrimante factorial analysis, DFA）、单类成分判别分析（soft independent modeling of class analogy, SMICA）等多元统计方法进行分析。结果显示副溶血性弧菌经纯培养后产生了明显不同于空白培养液气味的挥发性代谢产物。说明电子鼻可以应用于纯培养微生物的检测。由此，用基于气敏传感器阵列的电子鼻系统对水产品进行检测，可以获得水产品的气味指纹图谱数据，从而得到其新鲜程度方面的信息。

从研究现状来看，现代气味分析仪器的迅速发展为水产品的挥发性气味图谱的建立提供了可靠的分析手段，但在我国水产品气味图谱的研究尚处于起步阶段，还需进一步加强基础研究。由于水产品挥发性气味指纹图谱能直观地提供水产品品质变化的整体信息，较好地体现水产品挥发性成分的复杂性和相关性。因此，水产品气味指纹图谱的研究必将成为评价水产品品质重要依据之一。

# 第三节　鲜带鱼基于理化指标的货架期预测模型的建立

由于国内外市场对鱼类鲜度要求的不断提高及生鲜鱼流通量增加和流通距离拉长，建立低温流通过程中生鲜鱼鲜度及预测其剩余货架期的快速评估系统显得十分重要。

新鲜度的评价指标有生化、物理、微生物等指标。Goulas等[56]利用TVB-N来评价经气调包装处理后的冷藏鲐鱼的鲜度指标。杨文鸽等[57]利用高效液相色谱法通过对养殖大黄鱼在冰藏期间鱼肉腺苷三磷酸（ATP）关联物含量进行分析，并结合鱼类$K$值，TVB-N值和感官性状的变化对其鲜度品质做出了评价。尽管不同食品腐败机理各不相同且变质反应非常复杂，但通过对变质机理的研究就能找到预测食品货架期的方法，即食品品质变化可以通过动力学模型得到很好反映。

食品的货架期是指从感官和食用安全的角度分析，食品品质保持在消费者可接受程度下的贮藏时间。目前已有学者利用不同的动力学模型对不同的生鲜及加工食品的品质变化做过了一些研究工作[20, 58-62]，但对生鲜带鱼在低温贮藏过程中品质变化的动力学特性及货架期预测方面的研究却少有报道。本节通过对带鱼贮藏在268 K、273 K、278 K、283 K、293 K条件下，细菌总数、TVB-N值、K值变化规律的研究，应用动力学模型建立相关鲜度指标随贮藏温度和时间变化的货架期预测模型，为建立生鲜带鱼在冷链流通过程中品质变化的时间-温度指示系统及剩余货架期的预测评估提供基础理论依据。

## 一、试验设计

试验方法：把贮藏在不同温度下的样品，分别于0 d、1 d、2 d、3 d、4 d、5 d、6 d取样，进行感官评定、菌落总数测定、TVB-N值的测定和$K$值的测定。带鱼货架期预测模型的构建如下。

### 1. 一级动力学模型

化学反应动力学模型已经得到了广泛的应用。在食品加工和保存过程中，大多数与食品有关的品质变化都遵循零级或一级反应模式，其中一级反应动力学模型[8]应用广泛。

$$B = B_0 e^{k_B t} \tag{6-16}$$

式中，$t$为食品的贮藏时间，d；$B_0$为食品的初始品质指标值；$B$为食品贮藏第$t$ d时的品质指标值；$k_B$为食品品质变化速率常数。

### 2. Arrhenius方程

在268 K、273 K、278 K、283 K、293 K贮藏条件下可分别得到带鱼的$K$值、TVB-N值、微生物菌落总数值。利用得到的数据作图，确定反应级数，计算反应常数，得到该反应的Arrhenius方程[32]。

$$k = k_0 \exp\left(-\frac{E_A}{RT}\right) \quad (6\text{-}17)$$

式中，$k_0$为指前因子（又称频率因子）；$E_A$为活化能；$T$为绝对温度，K；$R$为气体常数，8.314 4 J/(mol·K)，$k_0$和$E_A$均为与反应系统物质本性有关的经验常数。

对式（6-17）取对数，

$$\ln k = \ln k_0 - \frac{E_A}{RT} \quad (6\text{-}18)$$

在求得不同温度下的速率常数后，用ln $k$对热力学温度的倒数（1/$T$）作图可得到一条斜率为$-E_A$/R的直线。Arrhenius关系式的主要价值在于：可以在高温（1/$T$）下借助货架期加速试验获得数据，然后用外推法求得在较低温度下的货架寿命。

**3. 带鱼货架期预测模型建立**

带鱼在不同贮藏温度条件下不同鲜度指标的货架期（shelf-life, SL, d），可根据不同品质的动力学模型参数获得。

$$\mathrm{SL} = \frac{\ln(B/B_0)}{k_0 \cdot \exp(-E_A/RT)} \quad (6\text{-}19)$$

式（6-19）是在式（6-16）的基础上推导出来的，以计算不同品质的货架期。

## 二、不同温度下带鱼的理化指标

**1. 不同贮藏温度下带鱼TVB-N的变化与贮藏时间的关系**

TVB-N包括的主要化合物有氨类、二甲胺和三甲胺等，在许多的鱼类中，TVB-N水平与鲜度感官评价之间有相当高的相关性[63]，因此被广泛用作鱼类新鲜度指标。由图6-1可知，贮藏于268 K的带鱼的TVB-N值的变化很小。贮藏第6 d时，TVB-N值为$14.31 \times 10^{-2}$ mg N/g，TVB-N变化值增加不到1倍。这主要是由于低温抑制了带鱼中微生物的繁殖，从而抑制了微生物对带鱼中蛋白质的降解和腐败作用；另一方面，低温也降低了带鱼肉中酶的活性，减缓了其对带鱼肉的降解作用。而贮藏于293 K下的带鱼，当贮藏3 d后，其TVB-N值已为$84.37 \times 10^{-2}$ mg N/g，变化幅度相对于新鲜时增长了795.1%。结果说明，在不同贮藏温度下带鱼的TVB-N值随着贮藏时间的延长而不断增加，且随着温度的升高，TVB-N值增加迅速。

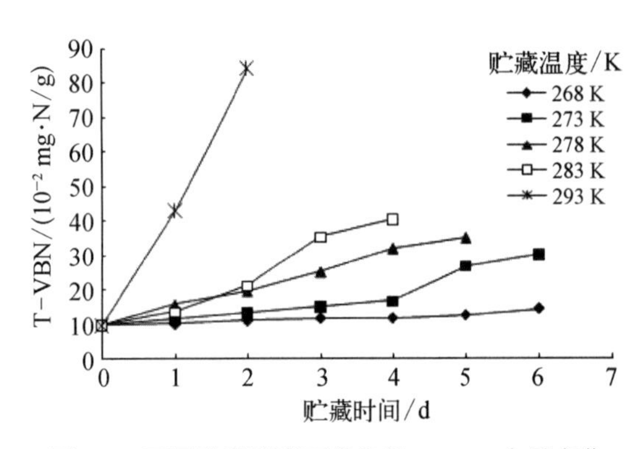


图6-1 不同贮藏温度下带鱼的TVB-N含量变化

带鱼贮藏在293 K下，贮藏第2 d已

大大超过GB 2733—2015中要求≤30 mg/100 g的标准；贮藏在278 K和283 K下的带鱼贮藏到第3 d时，TVB-N值达到$25.11\times10^{-2}$ mg N/g和$35.35\times10^{-2}$ mg N/g；贮藏在273 K下的带鱼则贮藏了6 d时已接近30 mg/100 g。

**2. 不同贮藏温度下带鱼*K*值的变化与贮藏时间的关系**

根据Ehira[64]的报道，*K*值是一种很好的评价鱼类新鲜度的指标，鲜鱼在贮藏过程中ATP受到鱼体内酶的作用而发生降解，以（*HxR*＋*Hx*）的量对ATP关联物总量的比值为*K*值，*K*越小表示鲜度越好，*K*值越大则鲜度越差。*K*值受到鱼种类和贮藏温度因素的影响[65]。生化反应与微生物腐败作用与*K*值的变化有着极强的相关性。

通过计算，在不同贮藏温度下的带鱼的*K*值变化如图6-2。可以看出随着贮藏时间的增加，*K*值呈上升趋势。贮藏在293 K下的带鱼的*K*值变化最为显著，贮藏第3 d时*K*值已为82.62%，贮藏在268 K下的带鱼*K*值变化幅度最小，当贮藏6 d后，*K*值为37.98%。而贮藏在273 K、278 K和283 K下的带鱼的*K*值随着贮藏时间的延长而增加，且随着温度的升高而增加迅速，这与在相同贮藏温度条件下带鱼的TVB-N值变化的趋势大致相同。许多学者对*K*值与鲜度的关系进行过研究[66-70]，认为利用*K*值评价大多数鱼种的鲜度是比较适宜的，一般即杀鱼的*K*值在10%以下，作为生鱼片的新鲜鱼*K*值大约在20%以下，20%～40%为二级鲜度，60%～80%为初期腐败鱼[71]。

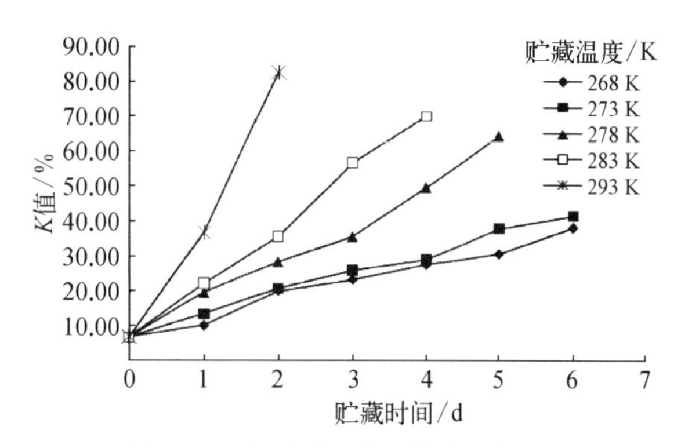


图6-2　不同贮藏温度下带鱼*K*值变化

**3. 不同贮藏温度下带鱼菌落总数的变化与贮藏时间的关系**

对水产品而言，微生物生长情况是影响其品质的重要因素，由图6-3可见，在不同贮藏温度条件下的带鱼菌落总数的变化很明显，并且与在不同贮藏温度条件下TVB-N和*K*值变化有着相同的趋势。在第1 d时，带鱼的菌落总数为115.0 CFU/g，贮藏于293 K下带鱼的菌落总数变化最为明显，贮藏2 d天后，其菌落总数已达$6.200\times10^{6}$ CFU/g。随着贮藏温度的下降，带鱼菌落总数增速也逐渐趋缓，贮藏于268 K下的带鱼在第6 d时的菌落总数为650.0 CFU/g，其增值为初始值的5倍。而在283 K条件下的带鱼贮藏3 d后，其菌落总数为$1.01\times10^{7}$ CFU/g，其增值为初始值的$8.78\times10^{4}$倍。

贮藏在273 K、278 K、283 K、293 K条件下的带鱼分别在贮藏了6 d、5 d、3 d和2 d时超过了二级鲜度的标准（菌落总数≤$10^{6}$ CFU/g）。

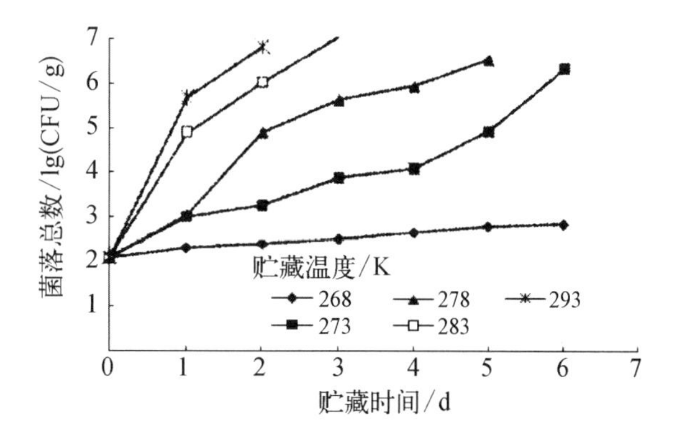


图6-3　不同贮藏温度下带鱼菌落总数变化

**4. 贮藏温度下带鱼感官品质与贮藏时间的关系**

带鱼的感官评价是对其品质变化的一个综合性评估。带鱼在贮藏初期，鱼体肌肉组织呼吸停止，发生糖原分解和ATP降解作用分别产生酸性物质（乳酸、磷酸等），酸性环境使鱼的肌肉呈现僵直收缩，并释放肌浆中的蛋白酶，此时带鱼的组织质地完整，色泽正常、固有的气味浓郁，感官品质表现为新鲜。随着贮藏时间的延长肌浆中释放的蛋白酶使鱼肉蛋白质分解产生一些胺类等含氮物质，使TVB-N含量增加，同时水解的蛋白质分解产物也为微生物的增长提供了很好的生长环境，微生物的大量繁殖又进一步产生胞外蛋白酶，使氨基酸脱氨或脱羧生成氨气、胺类物质，使TVB-N含量快速增加。

在此过程中组织质地由于酸性环境而不断软化，色泽不断趋暗淡，由于生成氨气、胺类物质导致固有气味消失，产生强烈的腥味和氨味，感官品质逐渐变差。从图6-4中可以看出，0 d时，新鲜带鱼的感官评定为10分，随着贮藏温度的升高和贮藏时间的延长，感官评定值下降趋势明显。贮藏在268 K条件下的带鱼，在第6 d时，带鱼的感官品质仍为“较好”，而贮藏在293 K条件下的带鱼在第3 d感官品质已经为“差”。贮藏在273 K、278 K、283 K条件下的带鱼感官变化的速度依次减慢。感官变化与带鱼在不同贮藏温度下的理化值的变化有着相同的趋势。

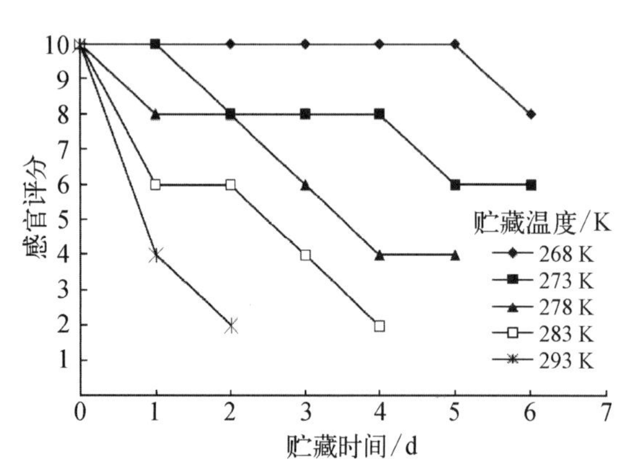

图6-4 带鱼在不同贮藏温度下的感官评价

## 三、带鱼品质动力学模型的建立

一级化学反应动力学模型可以描述鲜带鱼在贮藏过程中品质的变化，而反应速率常数$k$是温度的函数，因此运用Arrhenius方程可以预测带鱼在不同贮藏条件下的货架寿命[72]。回归得到的反映带鱼贮藏过程中新鲜度变化的指标（菌落总数、TVB-N值、$K$值）的一级反应动力学模型中的反应速率常数$k$，回归系数$R2$等见表6-2。

**表6-2 带鱼在不同贮藏温度下品质变化的动力学模型参数**

| 品质指标 | 贮藏温度/K | 初始值$A_0$ | 反应速率常数$k$ | 回归系数$R^2$ |
|---|---|---|---|---|
| 菌落总数（CFU/g） | 268 | 115.0 | 0.285 4 | 0.983 1 |
| | 273 | 115.0 | 1.423 | 0.939 5 |
| | 278 | 115.0 | 2.075 | 0.931 0 |
| | 283 | 115.0 | 3.672 | 0.933 4 |
| | 293 | 115.0 | 5.448 | 0.917 8 |
| 总挥发性盐基氮/($10^{-2}$mg/g) | 268 | 9.426 | 0.064 3 | 0.955 0 |
| | 273 | 9.426 | 0.257 6 | 0.949 9 |
| | 278 | 9.426 | 0.263 7 | 0.954 8 |
| | 283 | 9.426 | 0.389 5 | 0.977 0 |
| | 293 | 9.426 | 1.096 | 0.953 0 |

续 表

| 品质指标 | 贮藏温度/K | 初始值$A_0$ | 反应速率常数$k$ | 回归系数$R^2$ |
|---|---|---|---|---|
| $K$值/% | 268 | 6.670 | 0.277 7 | 0.904 7 |
| | 273 | 6.670 | 0.283 1 | 0.903 8 |
| | 278 | 6.670 | 0.410 9 | 0.905 2 |
| | 283 | 6.670 | 0.564 5 | 0.911 2 |
| | 293 | 6.670 | 1.256 4 | 0.960 3 |

注：所有方程的回归系数均大于0.9，表明极显著。

$R^2$较大则说明总体线性关系较好，由表6-2可知，不同贮藏温度下回归方程的复相关系数均大于0.9，表明回归方程具有很高的拟合精度。随着贮藏温度的升高，生化反应速率常数增大。

由式（6-16）得到贮藏于不同温度条件下带鱼的菌落总数、TVB-N及$K$值变化的$E_A$分别为71.26 kJ/mol、68.86 kJ/mol、41.26 kJ/mol。由此根据式（6-15）得到带鱼的菌落总数、TVB-N及$K$值的货架期预测模型。

$$\text{菌落总数货架期预测模型：} SL_{(TVC)} = \frac{\ln(B_{TVC}/B_{TVC0})}{3.987 \times 10^{13} \cdot \exp\left(-\frac{71.26 \times 10^3}{RT}\right)};$$

$$\text{TVB-N货架期预测模型：} SL_{(TVB-N)} = \frac{\ln(B_{TVB-N}/B_{TVB-N_0})}{2.159 \times 10^{12} \cdot \exp\left(-\frac{68.86 \times 10^3}{RT}\right)};$$

$$K\text{值货架期预测模型：} SL_{(K-value)} = \frac{\ln(B_K/B_{K_0})}{2.539 \times 10^{7} \cdot \exp\left(-\frac{41.26 \times 10^3}{RT}\right)};$$

式中，$B_{TVC}$、$B_{TVB-N}$、$B_{K-value}$分别为带鱼的菌落总数、TVB-N、$K$值的测定值；$B_{TVC_0}$，$B_{TVB-N_0}$，$B_{K_0-value}$分别为带鱼的菌落总数、TVB-N、$K$值的初始测定值。

根据所得到的鲜带鱼货架期预测模型，当确定了带鱼的贮藏温度、带鱼的初始$K$值及终点$K$值，即可获得在确定的贮藏温度条件下的贮藏时间。另外，也可以通过确定带鱼的贮藏温度、带鱼初始$K$值及贮藏时间，即可获得在确定的贮藏温度条件下贮藏一定时间后的鲜度品质。

## 四、货架期预测模型的验证和评价

将带鱼在273 K和283 K贮藏条件下，用货架期实测值验证货架期预测模型。根据感官评分与GB 2733—2015标准关于鲜度指标进行比较，将鲜度指标品质（菌落总数、TVB-N值、$K$值）超过二级鲜度时作为货架寿命的终点。表6-3为273 K和283 K贮藏条件下，带鱼的菌落总数、TVB-N与$K$值货架期预测模型的试验值与货架期预测模型得到的预测值的比较。

表6-3 带鱼在273 K和283 K贮藏下货架期的预测值和实测值

| 品质指标 | 贮藏温度/K | 货架期预测值/d | 货架期实测值/d | 相对误差/% |
|---|---|---|---|---|
| 总菌落数 | 273 | 5.6 | 5.5 | 1.8 |
| | 283 | 3.2 | 3.0 | 6.6 |
| TVB-N | 273 | 3.9 | 4.0 | 2.5 |
| | 283 | 2.3 | 2.5 | 8.0 |
| *K*值 | 273 | 5.6 | 6.0 | 6.7 |
| | 283 | 3.4 | 3.5 | 2.9 |

上述验证结果显示，应用本研究建立的带鱼货架期预测模型所获得的货架期预测值准确率达到±10%以内，根据此模型可以快速可靠地实时预测268～293 K贮藏条件下带鱼的货架寿命。

## 五、本节小结

1）在不同贮藏温度下带鱼的微生物菌落总数、TVB-N值和*K*值均随着贮藏时间的延长而不断增加，且随着温度的升高，菌落总数、TVB-N值、*K*值增加迅速，且符合一级化学反应动力学模型。

2）不同贮藏温度下鲜带鱼感官综合评价与其菌落总数、TVB-N值和*K*值的变化有一致性的变化。

3）根据确定的菌落总数、TVB-N、*K*值的货架期预测模型系数，得到Arrhenius方程和一级化学反应动力学方程相关系数均大于0.9，具有较高的拟合精度。本试验建立的带鱼货架期预测模型所获得的货架期预测值准确率达到±10%以内。由此，可根据菌落总数、TVB-N值及*K*值在268～293 K范围内，对带鱼的剩余货架期进行预测。

# 第四节 鲜带鱼基于电子鼻的货架期预测模型的建立

新鲜带鱼在低温贮藏过程中，其品质受到生化反应、微生物繁殖及酶的作用而发生腐败变质，并且产生具有异味的代谢产物。随着贮藏时间的延长其挥发性成分将发生明显变化，其气味与新鲜样品有了显著区别。但若用感官评价的方法区别这种差异，则存在人为因素影响大、识别精度低等不足，而运用电子鼻技术评价、判断食品的新鲜度及品质变化具有客观、准确、快捷的特点。电子鼻是利用气体传感器阵列的响应图谱来识别气味的电子系统。电子鼻已广泛地被国内外学者应用于牛奶[73]、番茄[74]、谷物[75]、猪肉[76]等食品的新鲜度研究中，但对于水产品鲜度品质及货架期的研究却少有报道。

本节以传感器型电子鼻分析检测贮藏于不同温度条件下鲜带鱼的气味品质变化，并结合带鱼TVB-N、菌落总数（TVC）变化研究，建立带鱼气味、理化综合指标随贮藏温度和时间变化的动力学模型，预测其货架期，从而为监测和控制生鲜带鱼品质提供技术依据。

## 一、试验方法

将贮藏在不同温度下的样品，分别于0 d、1 d、2 d、3 d、4 d、5 d、6 d取样，进行气味分析，菌落总数和TVB-N值指标的测定。

**1. 电子鼻分析**

1）电子鼻系统。法国Alpha M.O.S.公司生产的FOX4000系统，它是由18个金属氧化物传感器（MOS）按一定的阵列组合而成；配套设备：自动进样器HS100（Alpha M.O.S.公司）。

2）样品准备。精确称量贮藏于不同温度下的带鱼样品2 g，切碎，放置于10 mL的样品瓶中，压盖密封，待用。

3）电子鼻分析参数。① 顶空产生参数：产生时间600 s，温度40℃，振荡速度500 r/min。② 顶空注射参数：注射体积1 000 μL，注射速度1 000 μL/s。③ 获取参数：总获取时间120 s，获取间隔时间1 s，获取延滞时间300 s。

4）电子鼻数据处理。样品数据经Alphasoft 11.0统计分析软件分析得出传感器信号强度图，将经过优化后的传感器响应特征值进行多变量统计分析（multivariate statistics），包括：主成分分析与货架期分析，每个样品重复4次，以获得带鱼贮藏于不同温度下气味品质随时间变化的相关信息。

**2. 带鱼货架期预测模型建立步骤**

（1）Arrhenius方程

在273 K、277 K、280 K、283 K、293 K贮藏条件下可分别得到带鱼的TVB-N值、菌落总数。利用得到的数据作图，确定反应级数，计算反应常数$k$，得到该反应的Arrhenius方程[32][式（6-17）]。其中，活化能$E_A$的数值可利用不同温度的$T_1$、$T_2$下$k$值求出：

$$E_A = R\frac{T_1 \cdot T_2}{T_2 - T_1}\ln\frac{k_2}{k_1} \tag{6-20}$$

式中，$k_1$、$k_2$为$T_1$、$T_2$温度下的反应速率常数。$T_1$、$T_2$分别为2种热力学温度，K。

（2）$Q_{10}$模型

由式（6-20）求得的$E_A$，即可获得$Q_{10}$模型：

$$Q_{10} = \frac{\theta_{S(T)}}{\theta_{S(T+10)}} = \exp\left[\frac{E_A \cdot 10}{RT(T+10)}\right] \tag{6-21}$$

式中，$Q_{10}$为温差为10 K的货架寿命的比值；$\theta_s$为货架寿命，d。

（3）带鱼货架期预测模型建立

在本次试验中，带鱼在273 ～ 283 K温度段内不同贮藏温度点的货架期（d），可根据Arrhenius方程对活化能$E_A$和$Q_{10}$的计算并对照电子鼻Alphasoft 11.0软件求得的带鱼在不同贮藏温度下气味变化的SL分析值，从而获得带鱼在273～283 K温度段内各温度点的$Q_{10}$货架期预测模型[78]：

由式（6–21）可推导为：$Q_{10}^{(T_0-T)/10}=\frac{\theta_{S(T)}}{\theta_{S(T+10)}}$ （6–22）

带鱼货架期预测模型：$SL=\theta_{S(T)}=\theta_{S(T_0)}\times Q_{10}^{(T_0-T)/10}$ （6–23）

式中，$T_0$为已知的较大贮藏温度点；$T$为所要求货架寿命的温度点；$\theta_s$为货架寿命，d；$T_0>T$。式（6–23）是根据式（6–22）变换而来的，以计算货架期。

## 二、不同温度下带鱼的理化指标结果与分析

### 1. 带鱼在不同贮藏温度下鲜度指标限值的确定

由表6–4可知，带鱼在不同贮藏温度下的TVB–N与菌落总数的变化有着相同的变化趋势。

随着贮藏时间的增加，贮藏在不同温度下的带鱼的TVB–N值与菌落总数均有上升的趋势。贮藏于293 K下的带鱼贮藏第3 d后其TVB–N值相对于初始值增长了13倍，贮藏于280 K下的带鱼贮藏6 d后的TVB–N值相对初始值增长了300.1%。同时对于菌落总数指标而言也发生了显著的变化。贮藏在277 K下的带鱼的菌落总数由初始的$9.000\times10^2$ CFU/mg经贮藏6 d后，增长到了$2.900\times10^6$ CFU/mg。同样温度下的贮藏相同时间后的TVB–N值也超过了30 mg/100 g。

经过回归拟合（表6–4），带鱼在不同贮藏温度下的TVB–N值与菌落总数变化均符合一级化学反应动力学模型规律（$R^2>0.9$），并得到带鱼在不同贮藏温度下的反应速率常数$k$。因此可以将《鲜带鱼》（SC–T 3102—2010）标准规定的TVB–N和菌落总数二级鲜度标准值作为带鱼货架寿命的终点值。

### 2. 带鱼的电子鼻PCA分析

电子鼻系统将金属传感器对不同样品的挥发性成分的响应信号分析后，所获得的原始数据是一个多维的矩阵数列[79]。运用PCA法可以对获得的原始多维矩阵数据进行降维处理，对具有代表性的特征变量进行线性分析，从而达到用较少的传感器响应信号信息数据分析在不同贮藏温度条件与贮藏时间内带鱼挥发性气味变化的相关性。此种方法已经成为多数传感型电子鼻常用的化学计量学数据处理方法[80]。

通过图6–5可以看出，带鱼贮藏于273 K与283 K下的PCA图是不同的，贮藏于273 K下第一主成分（PC1）贡献率达到了98.29%，PC1与PC2贡献率之和达到了99.95%，贡献率越大说明主成分能较好地反映原始高维矩阵数据的信息。由图6–5发现带鱼的挥发性气味随着贮藏时间的变化而发生改变，但当贮藏第4 d和第5 d时气味的主成分方向发生了改变，由前四天的沿纵轴向上，变为沿纵轴向下，这可能是由样品的品质在第4 d和第5 d时发生了明显的改变而导致的[81]。并且由分析软件得到的相似性系数来看，贮藏

表6-4　不同贮藏温度下带鱼TVB-N、菌落总数的变化

| 理化指标 | 贮藏温度 $T$/K | 贮藏时间 $t$/d | | | | | | | 反应速率常数 $k$ | $R^2$ |
|---|---|---|---|---|---|---|---|---|---|---|
| | | 0 | 1 | 2 | 3 | 4 | 5 | 6 | | |
| TVB-N/（$10^{-2}$ mg/g） | 273 | 8.262 | 8.598 | 9.182 | 10.93 | 12.19 | 12.43 | 15.13 | 0.287 2 | 0.963 7 |
| | 277 | 8.262 | 9.182 | 11.94 | 17.06 | 25.09 | 31.43 | — | 0.332 8 | 0.978 0 |
| | 280 | 8.262 | 11.77 | 14.40 | 20.81 | 32.81 | — | — | 0.388 1 | 0.984 2 |
| | 283 | 8.262 | 13.68 | 19.47 | 27.58 | 40.51 | — | — | 0.287 2 | 0.994 8 |
| | 293 | 8.262 | 16.41 | 25.02 | 105.5 | — | — | — | 1.386 4 | 0.968 0 |
| 菌落总数（CFU/g） | 273 | $9.000\times10^{2}$ | $1.030\times10^{3}$ | $2.620\times10^{3}$ | $9.000\times10^{3}$ | $2.550\times10^{4}$ | $3.500\times10^{4}$ | $6.800\times10^{4}$ | 0.796 5 | 0.970 3 |
| | 277 | $9.000\times10^{2}$ | $9.450\times10^{3}$ | $1.550\times10^{4}$ | $1.974\times10^{5}$ | $2.850\times10^{5}$ | $2.900\times10^{6}$ | — | 1.518 7 | 0.968 5 |
| | 280 | $9.000\times10^{2}$ | $1.070\times10^{4}$ | $3.410\times10^{4}$ | $7.720\times10^{5}$ | $6.500\times10^{6}$ | — | — | 2.204 9 | 0.986 2 |
| | 283 | $9.000\times10^{2}$ | $3.400\times10^{4}$ | $6.520\times10^{5}$ | $5.800\times10^{6}$ | $5.460\times10^{7}$ | — | — | 2.716 6 | 0.987 1 |
| | 293 | $9.000\times10^{2}$ | $2.280\times10^{5}$ | $4.790\times10^{5}$ | $3.700\times10^{6}$ | — | — | — | 4.212 | 0.964 2 |

时间为1～7 d的样品之间的相似性系数均小于3.5，其差异性非常显著。贮藏于283 K下的PCA图中第一主成分（PC1）贡献率达到了99.96%，PC1与PC2贡献率之和更是达到了100.3%，说明贮藏于283 K下带鱼的气味变化的区分度十分显著。由带鱼贮藏在283 K下PCA图可见，随着贮藏时间的增加，样品先沿PC1轴向左、沿PC2轴向上，后向下分布，从第1 d到第5 d的分布的差异较显著。但贮藏第2 d与第3 d时气味变化区分度也同样不很明显，这与图6-1（a）有着相同的情况，并有着相同的原因。由电子鼻的PCA分析可得，电子鼻能够很好地分析273 K与283 K下不同贮藏时间内的带鱼气味变化的情况。

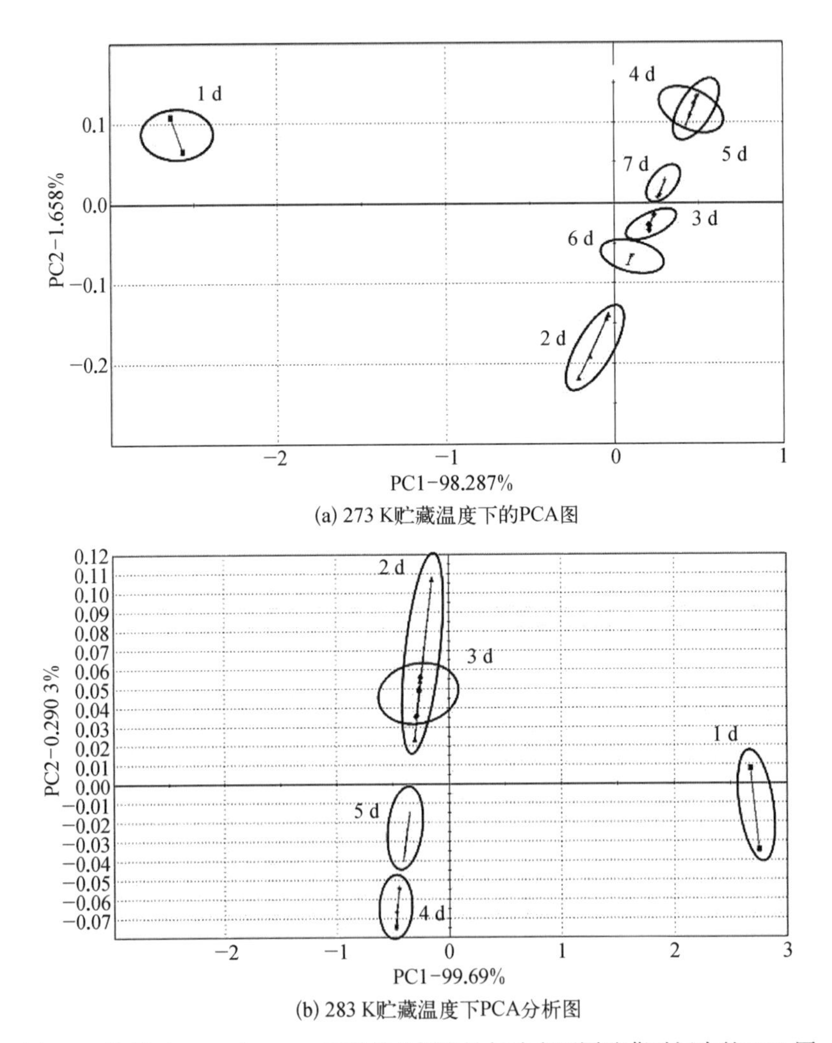

(a) 273 K贮藏温度下的PCA图

(b) 283 K贮藏温度下PCA分析图

图6-5 贮藏于273 K与283 K下的带鱼挥发性气味在不同贮藏时间内的PCA图

### 3. 带鱼的电子鼻SL分析

运用Alphasoft统计分析软件的SL分析功能可对不同贮藏温度下带鱼的气味变化做出货架期的分析，此功能是以PCA分析为基础，将相同条件下样品的不同存放时间的传感器响应值的重心差距作为纵坐标，以时间作为横坐标，来表示在存放过程中气味的变化。通常以样品的初始值作为原点，若随着存放时间的延长，气味强度随之减弱，则样品单元的分析值为负，曲线呈现下降趋势；反之则为正值，曲线呈现上升趋势[77]。

由图6-6可得，通过对273 K和283 K温度点下的带鱼气味变化的SL分析，贮藏于273 K和283 K温度点下带鱼的气味变化较大，并且两条曲线皆呈现下降趋势。说明在贮藏过程中，MOS传感器对贮藏在273 K和283 K温度下带鱼气味变化的感应强度逐渐减弱，在第5 d和第2 d时达到了气味变化的突变点。由此解释了PCA分析过程中273 K和283 K温度点下分别在第5 d与第2 d时气味主成分方向发生改变的原因。

另外，根据表6-4带鱼贮藏在283 K下第3 d时的TVB-N与总菌落数超过了带鱼二级鲜度标准。在273 K下的带鱼贮藏第6 d时，其TVB-N与总菌落数超过了一级鲜度标准。说明电子鼻SL功能分析气味的变化与理化品质指标变化有着较好的对应关系。

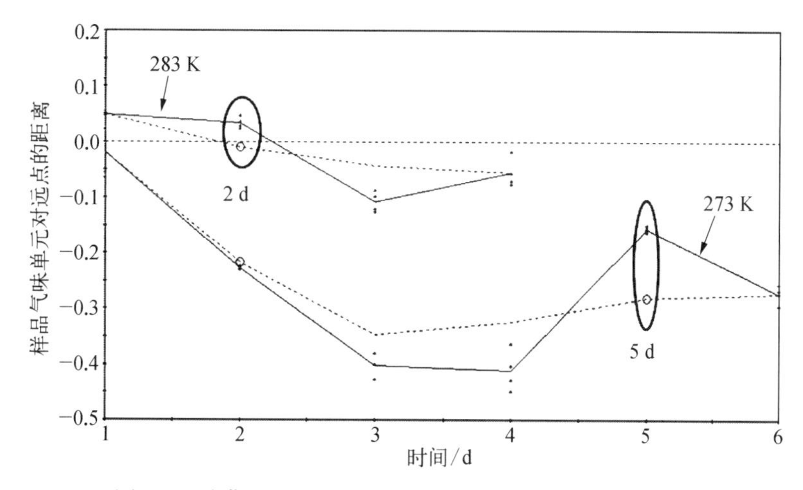


图6-6　贮藏于273 K和283 K下带鱼样品的货架期分析图

## 三、带鱼的货架期预测模型的建立

通过273 K和283 K与其对应的反应速率常数$k$，获得$1/T$对$\ln k$的回归拟合方程后根据式(6-19)，求得$E_{A_1}$与$E_{A_2}$。由此，运用式(6-20)获得TVB-N、菌落总数的273～283 K温度段的$E_A$与$Q_{10}$值，见表6-5。

**表6-5　带鱼在两个温度段上活化能$E_A$和$Q_{10}$的计算值**

| 理化指标 | 活化能/(kJ/mol) | $Q_{10(273\sim283\,K)}$值 | $\ln k$回归拟合方程 | $R^2$ |
|---|---|---|---|---|
| TVB-N | 86.28 | 3.831 | $y=-9.6572x+33.311$ | 0.951 6 |
| 菌落总数 | 78.81 | 3.411 | $y=-6.3344x+23.223$ | 0.902 3 |

注：$x$为$1/T$，$y$为$\ln k$。$\ln k$回归拟合方程是以$\ln k$对$1/T$作图得到的拟合直线。

由表6-5发现获得TVB-N与菌落总数在不同温度段的$Q_{10}$与$E_A$值是不同的。由表6-5可知，TVB-N的$\ln k$回归拟合方程的相关性系数较之菌落总数$\ln k$回归拟合方程的相关性系数有着更好的拟合效果，因此选择TVB-N指标对应不同温度段下的$Q_{10}$值与$E_A$值。

根据式（6-21）必须先确定283 K温度点下的货架寿命终点值。通过电子鼻获得的带鱼贮藏在283 K下气味变化的SL分析结果，得到在此温度下货架期分析值为3 d，即将带鱼在283 K贮藏过程中气味变化的货架期终点确定为3 d。由此将贮藏于283 K下获得理化品质指标的$Q_{10}$值与气味变化的货架期SL分析值代入到式（6-22）中，即获得带鱼在273 ～ 283 K温度段下货架期预测模型：

$$SL = 3 \times 3.831 \frac{283 - T}{10}$$

其中，$T$为273 ～ 283 K温度段内的贮藏温度，K。

根据得到的$Q_{10}$模型，可以预测在273 ～ 283 K温度段内任意贮藏温度点的货架期，并且为冷链流通过程中冷藏温度波动的情况下，快速预测带鱼货架期提供了有效的解决方法。

## 四、货架期预测模型的验证和评价

《鲜、冻动物性水产品》（GB 2733—2015）规定的TVB-N值超过二级鲜度时作为货架寿命的终点。表6-6为277 K与280 K条件下，带鱼的试验值与货架期预测模型得到的预测值的比较。

**表6-6 带鱼在277 K与280 K贮藏温度下货架期的预测值和实测值**

| 贮藏温度/K | 货架期预测值/d | 货架期实测值/d | 相对误差/% |
|---|---|---|---|
| 277 | 5.872 | 5.0 | 17.44 |
| 280 | 4.489 | 4.5 | 0.244 4 |

由表6-6可见将获得的货架期预测模型得到的货架期预测值，与货架期实际测定值之间的误差较小分别为17.44%与0.244%，说明273 ～ 283 K温度段下的$Q_{10}$货架期预测模型能很好地预测低温冷藏带鱼的货架期，并且为监控和预测其品质变化提供可靠的依据。

## 五、本节小结

研究表明，利用电子鼻技术并结合理化指标，对带鱼挥发性气味及鲜度品质在不同贮藏温度下随着贮藏时间的变化进行了分析。试验证明：① 将电子鼻测定的数据经PCA分析后表明电子鼻能很好地将贮藏于273 K与283 K下的带鱼进行品质分析；② 根据电子鼻获得的带鱼贮藏在283 K下气味变化的SL分析结果，确定了带鱼在此温度下气味变化货架期终点为3 d；③ 利用电子鼻分析软件得到的货架期分析值与带鱼的理化指标动力学模型相结合所获得的$Q_{10}$货架期预测模型可很好地对273 ～ 283 K温度段下的带鱼的货架期进行预测，预测结果显示实测值与预测值的相对误差均小于20%，并且结合的电子鼻技术也解决了气味对感官品质的客观影响因素，为预测带鱼货架期在实际流通和消费过程中的应用打下了基础。

# 第五节 带鱼中假单胞菌生长动力学模型的研究

SSO在鱼类贮藏过程生长迅速,加速鱼肉腐败,其生长曲线反映了不同时期鱼肉的品质变化,SSO数量直接决定了鱼肉的品质好坏和货架期长短。利用数学方程对其生长曲线建立动力学模型,可以实时迅速对鱼肉品质变化进行监控,预测鱼肉的货架期。本节以冷藏带鱼的一种SSO——假单胞菌[82]为研究对象,建立其在0～12℃之间的生长动力学模型,使用6℃和10℃对模型的准确性进行验证,从而对冷藏带鱼的货架期进行预测,为其在物流过程中的品质监控体系提供理论依据,这对冷链中带鱼货架期的评估具有现实意义。

## 一、数学模型的建立

### 1. SSO生长动力学模型

对0℃、4℃、8℃、12℃得到的带鱼中假单胞菌的数值进行处理,使用修正的Gompertz方程[31]对不同温度的假单胞菌的生长动态进行表述。修正的Gompertz方程为

$$N(t) = N_0 + (N_{max} - N_0) \times \exp\left\{-\exp\left[\frac{\mu_{max} \times 2.718}{N_{max} - N_0} \times (\lambda - t) + 1\right]\right\} \tag{6-24}$$

式中,$N(t)$为$t$时间的菌数,lg(CFU/g); $N_0$为初始菌数,lg(CFU/g); $N_{max}$为最大菌数,lg(CFU/g); $\mu_{max}$为最大比生长速率,$h^{-1}$; $\lambda$为延滞期,h。

### 2. 温度对SSO生长影响的动力学方程

平方根(Belehradck)模型[32]可以用来描述温度对带鱼0～12℃贮藏过程中假单胞菌生长的影响,方程描述如下:

$$\sqrt{\mu_{max}} = b_{\mu} \times (T - T_{min\mu}) \tag{6-25}$$

$$\sqrt{1/\lambda} = b_{\lambda} \times (T - T_{min\lambda}) \tag{6-26}$$

式中,$b$为常数; $T_{min}$为假设的理想温度,此时微生物无代谢,最大比生长速率为零。

### 3. 货架期预测模型

只要确定带鱼货架期终点时特定腐败菌的最小腐败量$N_S$,那么带鱼的货架期就可以通过初始菌数$N_0$到最小腐败量$N_S$所需的增值时间确定。根据建立的SSO的生长动力学模型可以得到

$$SL = \lambda - \frac{N_{max} - N_0}{\mu_{max} \times 2.718} \times \left[\ln\left(-\ln\frac{N_S - N_0}{N_{max} - N_0}\right) - 1\right] \tag{6-27}$$

### 4. 模型可靠性验证

使用6℃和10℃假单胞菌所得实际数据进行模型的可靠性验证。

采用偏差度（bias factor, $B_f$）和准确度（accuracy factor, $A_f$）[83,84]的概念来判定SSO生长动力学模型的准确性。偏差度表达预测值的上下波动大小，准确度表达预测值与实测值的差异大小。

$$B_f = 10^{[\sum \lg(N_{预测}/N_{实测})]/n} \tag{6-28}$$

$$A_f = 10^{[\sum |\lg(N_{预测}/N_{实测})|]/n} \tag{6-29}$$

式中，$N_{预测}$为动力学模型所得假单胞菌数值；$N_{实测}$为实际测得假单胞菌数值；$n$为实验次数。$B_f$和$A_f$数值为0.90～1.05，模型很好，精度很高；0.70～0.90或1.06～1.15，模型可接受；＜0.70或＞1.15，模型不可接受。

对6℃和10℃带鱼货架期的预测值和实测值对比，采用相对误差来判定它们之间的差异性，从而验证货架期预测模型的可靠性。

$$相对误差 = \frac{SL_{预测} - SL_{实测}}{SL_{实测}} \times 100\% \tag{6-30}$$

## 二、不同温度带鱼货架期的确定

对0℃、4℃、8℃和12℃贮藏带鱼的感官、菌落总数和TVB-N值进行多项式回归拟合[17]得

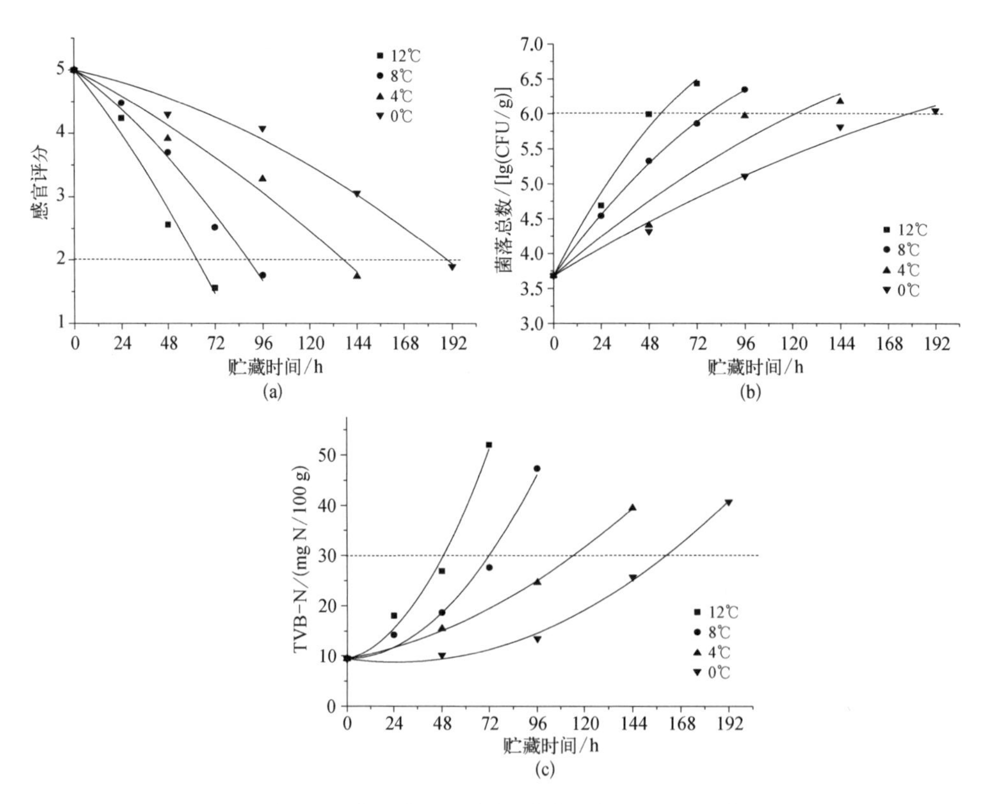


图6-7　不同温度贮藏下带鱼的感官、菌落总数和TVB-N值变化曲线

到带鱼的感官、菌落总数和TVB-N值的变化曲线如图6-7所示，其中感官评分的不可接受值为2，菌落总数的不可接受值为6 lg(CFU/g)，TVB-N值的不可接/受值为30 mg N/100 g[85,86]。

通过对回归多项式进行求解得到3指标拒绝点时的时间如表6-7所示。综合3个指标得到：0℃、4℃、8℃和12℃贮藏带鱼的货架期分别为165 h、116 h、71 h和48 h。

**表6-7　各温度下带鱼的感官、菌落总数和TVB-N值终点时间表**

| 温度/℃ | 感官终点时间/h | 菌落总数终点时间/h | TVB-N终点时间/h |
|---|---|---|---|
| 0 | 185 | 168 | 165 |
| 4 | 139 | 117 | 116 |
| 8 | 93 | 71 | 71 |
| 12 | 66 | 56 | 48 |

## 三、不同温度带鱼$N_S$的确定

对不同温度下得到的假单胞菌的数据使用Origin软件进行回归拟合，可以得到不同温度下假单胞菌随时间变化的生长拟合曲线如图6-8所示，求得动力学方程分别为

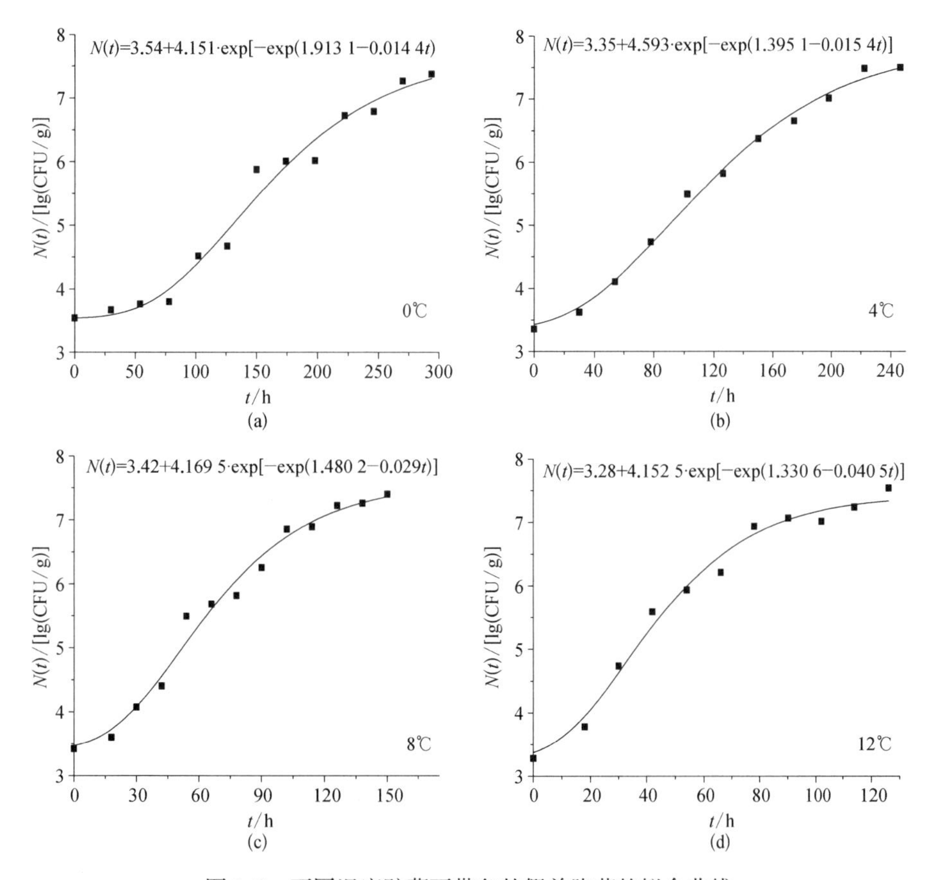


图6-8　不同温度贮藏下带鱼的假单胞菌的拟合曲线

$$0℃: N(t) = 3.54 + 4.151 \cdot \exp[-\exp(1.913\,1 - 0.014\,4t)]$$
$$4℃: N(t) = 3.35 + 4.593 \cdot \exp[-\exp(1.395\,1 - 0.015\,4t)]$$
$$8℃: N(t) = 3.42 + 4.169\,5 \cdot \exp[-\exp(1.480\,2 - 0.029t)]$$
$$12℃: N(t) = 3.28 + 4.152\,5 \cdot \exp[-\exp(1.330\,6 - 0.040\,5t)]$$

将0℃、4℃、8℃、12℃条件贮藏带鱼的货架期代入相应温度下的动力学方程中即可得到最小腐败量$N_S$值分别为：5.75 lg(CFU/g)、5.69 lg(CFU/g)、5.80 lg(CFU/g)、5.70 lg(CFU/g)。结果表明：各温度的$N_S$值变化不大，$N_S$的平均值为5.74 lg(CFU/g)。

## 四、不同温度假单胞菌的生长动力学参数

各温度贮藏带鱼中假单胞菌的生长动力学参数如表6-8所示。0℃、4℃、8℃和12℃下模型的相关系数$R^2$分别为0.977 5、0.994 3、0.983 9和0.984 6，$R^2$均大于0.97，表明各温度下的生长曲线拟合度很好，Gompertz方程可以很好地描述0～12℃带鱼贮藏过程中假单胞菌的生长情况。

**表6-8　不同温度贮藏带鱼中假单胞菌的生长动力学参数**

| 温度/℃ | $N_0$/[lg(CFU/g)] | $N_{max}$/[lg(CFU/g)] | $\mu_{max}$/$h^{-1}$ | $\lambda$/h | $R^2$ | SL/h |
|---|---|---|---|---|---|---|
| 0 | 3.54 | 7.691 0 | 0.022 0 | 63.389 | 0.977 5 | 165 |
| 4 | 3.35 | 7.889 2 | 0.025 7 | 25.673 8 | 0.994 3 | 116 |
| 8 | 3.42 | 7.589 5 | 0.044 5 | 16.555 0 | 0.983 9 | 71 |
| 12 | 3.28 | 7.432 5 | 0.061 9 | 8.158 9 | 0.984 6 | 48 |

由表6-8可以看出，本实验中0℃、4℃、8℃和12℃带鱼的初始假单胞菌数$N_0$分别为3.54 lg(CFU/g)、3.35 lg(CFU/g)、3.42 lg(CFU/g)、3.28 lg(CFU/g)。通常情况下，同一温度条件下，鱼类的初始菌数$N_0$与货架期SL存在密切关联，$N_0$越大，SL越短，$N_0$越小，SL越长。0～12℃带鱼的最大菌数$N_{max}$在7.4～7.8 lg(CFU/g)之间，各最大菌数$N_{max}$之间差异不显著($p > 0.05$)，平均值为7.65 lg(CFU/g)，说明$N_{max}$受温度影响不大。最大比生长速率$\mu_{max}$和延滞期$\lambda$受温度的影响很大，12℃假单胞菌的$\mu_{max}$和$\lambda$分别为0.061 9 $h^{-1}$和8.158 9 h，而0℃假单胞菌的$\mu_{max}$只有0.022 0 $h^{-1}$，是12℃的1/3，$\lambda$为63.389 h，是12℃的8倍。温度越高，最大比生长速率越大，然而随延滞期随温度的升高而减小。

由货架期式(6-26)可以看出：最大比生长速率与货架期成负相关，最大比生长速率越高，所得的货架期越短；延滞期与货架期成正相关，延滞期越长，货架期越长。

## 五、温度对假单胞菌生长动力学参数的影响

根据平方根模型对4种温度下假单胞菌的最大比生长速率和延滞期进行线性拟合，得到温度与最大比生长速率和延滞期之间的线性关系图如图6-9所示。

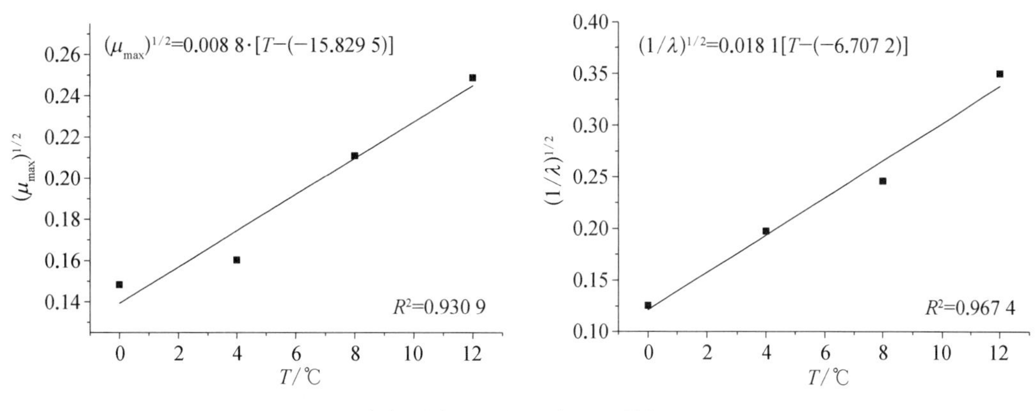


图6-9　温度与最大比生长速率和延滞期之间的关系

温度与最大比生长速率呈现良好的正相关，温度越高，最大比生长速率越大，拟合方程为

$$(\mu_{max})^{1/2} = 0.008\,8 \cdot [T - (-15.829\,5)] \tag{6-31}$$

拟合方程 $R^2$=0.930 9，相关性很高，说明平方根模型可以很好地描述温度与最大比生长速率之间的关系。

温度与延滞期之间也呈现出良好的负相关，温度越高，延滞期越短，拟合方程为

$$(1/\lambda)^{1/2}=0.018\,1[T-(-6.707\,2)] \tag{6-32}$$

拟合方程 $R^2$=0.967 4，说明平方根模型也可以很好地用来表达温度与延滞期之间的关系。

通过对不同温度下最大比生长速率和延滞期的平方根模型的实测值和预测值的比较，得到它们的残差值如表6-9所示，可以看出：各个温度的平方根模型的残差值的绝对值均小于0.1，模型可信，用平方根模型可以很好地表述温度与最大比生长速率和延滞期之间的关系。

**表6-9　不同温度下最大比生长速率和延滞期的平方根模型的残差值**

| 温度/℃ | $(\mu_{max})^{1/2}$ | | | $(1/\lambda)^{1/2}$ | | |
|---|---|---|---|---|---|---|
| | 实测值 | 预测值 | 残差值 | 实测值 | 预测值 | 残差值 |
| 0 | 0.148 3 | 0.139 3 | 0.009 0 | 0.125 6 | 0.121 4 | 0.004 2 |
| 4 | 0.160 3 | 0.174 5 | −0.014 2 | 0.197 4 | 0.193 8 | 0.003 6 |
| 8 | 0.211 0 | 0.209 7 | 0.001 3 | 0.245 8 | 0.266 2 | −0.020 4 |
| 12 | 0.248 8 | 0.244 9 | 0.003 9 | 0.350 1 | 0.338 6 | 0.011 5 |

## 六、假单胞菌生长动力学模型及验证

把式(6-31)、式(6-32)及 $N_{max}$ 的平均值代入式(6-27)，即可得到带鱼中假单胞菌的

生长动力学模型：

$$N(t)=N_0+(7.65-N_0)\times\exp\left\{-\exp\left[\frac{(0.008\,8\times(T+15.829\,5))^2\times2.718}{7.65-N_0}\times\left(\frac{1}{(0.018\,1\times(T+6.707\,2))^2}-t\right)+1\right]\right\}\quad(6\text{-}33)$$

由式(6-33)可以看出：只要确定带鱼中假单胞菌的初始菌数$N_0$，在特定温度下，就可以求出某时间的假单胞菌数，然后通过假单胞菌数就可以反映带鱼贮藏过程中的品质变化情况。

采用6℃和10℃带鱼中假单胞菌的实际测得值与由动力学模型得到的理论值比较，使用$B_f$和$A_f$验证所建立假单胞菌的动力学模型的准确性。所得数据如表6-10和表6-11所示。

**表6-10　6℃贮藏带鱼中假单胞菌的预测值与实测值**

| | 24 h | 48 h | 72 h | 96 h | 120 h |
|---|---|---|---|---|---|
| 预测值/[lg(CFU/g)] | 3.69 | 4.39 | 5.26 | 6.05 | 6.64 |
| 实测值/[lg(CFU/g)] | 3.44 | 4.57 | 5.49 | 6.18 | 6.85 |

注：$n=5$。

**表6-11　10℃贮藏带鱼中假单胞菌的预测值与实测值**

| | 12 h | 24 h | 36 h | 48 h | 60 h | 72 h | 84 h |
|---|---|---|---|---|---|---|---|
| 预测值/[lg(CFU/g)] | 3.5 | 3.91 | 4.47 | 5.09 | 5.53 | 6.18 | 6.58 |
| 实测值/[lg(CFU/g)] | 3.33 | 4.08 | 4.32 | 4.71 | 5.40 | 6.11 | 6.41 |

注：$n=7$。

通过计算得到：

$B_f(6℃)=0.987\,0$　　$A_f(6℃)=1.042\,0$

$B_f(10℃)=1.026\,1$　　$A_f(10℃)=1.036\,7$

6℃和10℃所得偏差度和准确度值均在0.90～1.05之间，表明所得模型可靠准确，适合用来表述0～12℃带鱼中假单胞菌的生长动态。

## 七、货架期预测模型及验证

将$N_s$、$N_{max}$的平均值和式(6-31)、式(6-32)代入式(6-27)中，可以得到：

$$SL=\frac{1}{[0.018\,1(T+6.707\,2)]^2}-\frac{(7.65-N_0)}{[0.008\,8(T+15.829\,5)]^2\times2.718}\times\left\{\ln\times\left[-\ln\frac{5.74-N_0}{7.65-N_0}\right]-1\right\}\quad(6\text{-}34)$$

由式（6–34）可知：只要确定带鱼的初始菌数$N_0$及贮藏过程中的温度，我们就可以通过公式推算出带鱼的货架期。

通过式（6–31）、式（6–32）和式（6–34），可以得到6℃和10℃假单胞菌的生长动力学参数，如表6–12所示。由表6–12可知：6℃和10℃的货架期预测值分别为86 h和61 h。而经实验实际得到6℃和10℃带鱼的货架期分别为79 h和69 h。

**表6–12　6℃和10℃带鱼中假单胞菌的动力学参数**

| 温度/℃ | $N_0$/[lg（CFU/g）] | $\mu_{max}$/$h^{-1}$ | $\lambda$/h | 理论SL/h | 实测SL/h |
|---|---|---|---|---|---|
| 6 | 3.31 | 0.036 9 | 18.903 6 | 86 | 79 |
| 10 | 3.18 | 0.051 7 | 10.935 5 | 61 | 69 |

通过计算得到6℃和10℃的货架期预测值与实际值的相对误差分别为8.86%和−11.59%，说明此货架期预测模型是准确可靠的，能很好地预测0～12℃带鱼的货架期。

## 八、本节小结

本节使用修正的Gompertz方程和平方根方程对0℃、4℃、8℃、12℃带鱼中假单胞菌的生长数据进行拟合，建立了带鱼中假单胞菌的生长动力学模型和货架期预测模型，最后使用6℃和10℃所得数据对模型进行验证。

带鱼中假单胞菌的生长动力学模型为

$$N(t)=N_0+(7.65-N_0)\times\exp\left\{-\exp\left[\frac{(0.008\,8\times(T+15.829\,5))^2\times2.718}{7.65-N_0}\times\left(\frac{1}{(0.018\,1\times(T+6.707\,2))^2}-t\right)+1\right]\right\}$$

通过验证得到6℃和10℃的偏差度、准确度分别为0.987 0、1.042 0和1.026 1、1.036 7，结果均在0.90～1.05之间，表明此模型十分可信，适合用来预测带鱼中假单胞菌的生长动态。

带鱼货架期预测模型为：

$$SL=\frac{1}{[0.018\,1(T+6.707\,2)]^2}-\frac{(7.65-N_0)}{[0.008\,8(T+15.829\,5)]^2\times2.718}\times\left\{\ln\times\left[-\ln\frac{5.74-N_0}{7.65-N_0}\right]-1\right\}$$

通过6℃和10℃所得实际货架期对模型计算的预测货架期验证得到相对偏差分别为8.86%和−11.59%，表明此货架期预测模型可以用来预测带鱼的货架期，反映带鱼的品质状况。

## 第六节 电子式时间–温度指示器的研制

在整个冷藏链阶段温度变化的不可预测性，使得对预测到的海产品的货架期与其真正的可流通期限，很难达到一致。仅标明食品使用期限，很难保证食品品质。由此可见，如果设计一种能够监测食品实时温度历程的电子式时间–温度指示器（electronic time-temperature indicator, E–TTI），并根据温度历程来预测剩余货架期，就能够解决上述的种种问题。

时间–温度指示器可以划分为机械型、化学型、酶型、微生物型、聚合物型、电子化学型、扩散型等。国外的TTI主要是根据物理化学的原理设计的，主要分为扩散型、聚合反应型和酶反应型；我国学者也对TTI做了一些相关研究，但是仍处于初级阶段，并且存在使用不方便、界面不友好等缺点，且尚未实现其在运输和销售环节的应用。根据我国现今对南美白对虾的需求情况，以及电子元器件的发展情况，研制E–TTI是亟须且可行的。图6–10为作者团队研制出的E–TTI的外形图，外围尺寸为84 mm × 59 mm × 34 mm。和以往TTI相比，可应用于南美白对虾等的电子式TTI具有以下优点：可以在南美白对虾产出后的任意阶段使用，并且用户可以根据需要设定温度和货架期的报警阈值；此外，该ETTI不仅具有超低功耗的特点，而且外形小巧，既可以放在食品箱和冰箱内，也可以贴于食品或食品包装上，使用非常方便；能够以简洁清晰的形式向消费者、经销商、检察人员快捷地显示南美白对虾的实时温度和货架期信息，还可以查询温度的历史信息；最后，用户还可以根据自己的需要，将南美白对虾的货架期和温度历程信息传输到电脑上，以便研究其整个品质变化历程。

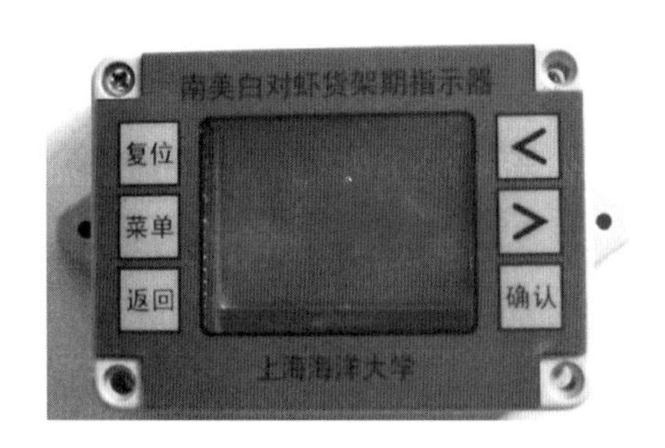


图6–10 电子式时间–温度指示器的外形结构图

## 一、电子式TTI的设计原则和设计思路

为满足电子式TTI在冷藏链中的实际应用需要，设计的电子式TTI必须具备以下功能：

1）正确设置时间、温度阈值；

2）正确采集温度、计算货架期；

3）实时显示温度、货架期；

4）查询历史温度历程；

5）超过某特定温度报警；

6）低于设定的货架期阈值进行报警；

7）与上位机的通信。

因此，在付诸应用前，电子式TTI的硬件系统、软件系统应能可靠、稳定地完成以上功能。此外由于电子式TTI将广泛应用于冷藏链的各个低温环节，考虑到温度环境、供电情况、用户受教育情况等因素，电子式TTI还应满足适用范围广、低功耗、低成本、重复性高、外形小巧、操作方便等要求。

在电子式TTI的硬件和软件设计方面，在满足系统要求的各项功能的前提下，硬件电路尽量采用模块化以简化接口设计；软件能实现的功能尽可能以软件来实现以简化硬件结构；充分考虑软硬件的抗干扰性设计以增强系统的可靠性；根据系统功能将各功能程序实现模块化、子程序化以便于调试、连接；合理规划程序存储区、数据存储区以方便操作、节约内存。对程序进行不断的调试、移植、修改后，最终使系统外围设备结合单片机有机完成应用系统的功能要求。

该电子式TTI选用美国德州仪器公司（TI）生产的MSP430F149超低功耗单片机，由温度传感器采集南美白对虾的实时温度，已知温度值及其所对应的时间，依据动力学预测模型编程计算得到南美白对虾的实时货架期，并通过LED液晶屏显示。温度值或剩余货架期达到设定的阈值时，系统会进行报警提示。

1）微处理器选择MSP430F149，具有性能稳定、高可靠性，超低功耗等特点，适用于−40 ～ 85℃的温度环境。

2）系统的输入参数为温度值。温度传感器DS18B20每10 min采集一次温度，输出的温度值为数字信号，单片机中无须进行A/D转换。

3）系统的输出参数主要为货架期，精度为小数点后一位小数，单位为天；每30 min计算更新一次货架期，并将货架期、温度和日期等信息通过液晶屏实时显示出来。

4）南美白对虾的温度历程数据存储在扩展存储Data Flash，当需要调用数据时可以通过USB（RS232协议）传输到电脑上。

5）本设计共有6个单键按键，分别为开关键（on/off）、复位键（reset）、确定键（enter）、跳转键（tab）、向上键（up）、向下键（down）。开关键可以启动或停止系统的工作；复位键可以在死机时使系统重新运行；另外4个键可以完成系统的初始参数的设置及其他功能的选择。

6）在抗干扰设计上，不仅采用复位键解决了由外部干扰和用户操作失误等引起的程序紊乱，另外可以利用看门狗定时器实现软中断以防止程序跑飞，确保系统拥有最佳的稳定性。

## 二、硬件设计

南美白对虾货架期预测E-TTI系统硬件电路的特点采用模块化设计，简化接口电路设计。系统的硬件电路主要由微处理器、液晶显示器、温度传感器、日历时钟芯片、串行非易失性Data Flash、RS232上位机通信电路、单键键盘电路、货架期和温度报警电路等组成，系统硬件结构框图如图6-11所示。

单片机采用了美国TI公司生产的MSP430F149高性能的微处理器，内部含60 kB Flash 程序存储器可实现应用编程及2 kB的随机存储器（RAM）存储过程数据。液晶屏采用深圳市拓普微科技开发有限公司生产的超薄系列产品LMS0192B，该模块可以显示10位 × 4行字符，有黄绿底黑字和白底黑字两种显示效果，本系统选用白底黑字的效果。温度传感器采用DSl8B20，为美国DALLAS公司生产的一种可编程一线式总线数字温度传感器，测温范围 −55 ～ 125℃，误差小于0.5℃，输出值为数字式的温度。日历时钟芯片选用美国Dallas公司生产的DS1302，具有引脚少、体积小等优点。扩展存储采用SPI电路外扩一片

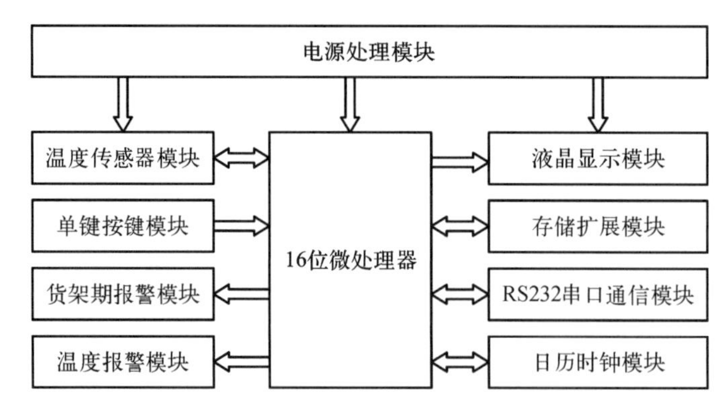


图6-11　南美白对虾货架期预测系统硬件框图

为ATMEL公司生产的型号为AT45DB021D的Data Flash芯片，以存储南美白对虾的温度、货架期、时间等历程数据。为了易于操作，设计了开关、复位、确定、跳转、向上、向下等6个按键。报警电路用中断方式，通过单引脚实现。下面对各个硬件部分进行详细叙述。

**1. 微处理器**

采用MSP430F149单片机作为本系统的微处理器，MSP430F149是美国TI公司推出的一种16位超低功耗的混合信号处理器（mixed signal processor），较突出的优点[77]主要有以下几点。

1）超低功耗：MSP430F149的电源电压采用1.8 ～ 3.6 V低电压，RAM数据保持方式下耗电量仅0.1 mA，活动模式时耗电250 mA/MIPS，I/O输入端口的漏电电流最大仅为50 nA。系统有1种活动模式（AM）和5种低功耗模式（LMP0 ～ LMP4），活动模式下耗电仅为250 μA/MIPS。

2）强大的处理能力：MSP430F149采用当前最流行的RISC结构，一个时钟周期可以执行一条指令，其指令速度可以达到8 MIPS。

3）高性能模拟技术及丰富的外围模块。

4）系统工作稳定：MSP430F149是工业级器件，运行环境温度为 −40 ～＋85℃，运行稳定，可靠性高。

MSP430F149的基本属性主要包括以下几点。① 基本时钟模块配置：高速晶振（最高达8 MHz）；低速晶振（32 768 Hz）；内部DCO振荡器。② 具有3个捕获/比较寄存器的16位定时器：2个Timer_A，1个Timer_B。③ 两通道串行通信接口，可用于异步或同步（UART/SPI）模式。④ 6个8位并行端口，其中2个8位端口有中断能力。⑤ 60 kB FlASH ROM和2 kB RAM。

MSP430F149和其他器件的连接方式如图6-12所示。

**2. 液晶显示屏**

显示屏主要是实现包含温度、货架期、日期等数据的实时检测界面和其他功能界面的显示。液晶显示器采用深圳市拓普微科技开发有限公司生产的专用液晶显示模块的超薄系列产品LMS0192，外形尺寸为79.0 mm × 42.3 mm × 6.3 mm，为高对比度的FSTN液晶屏，本系统选用了白底黑字的显示效果。该显示屏内含驱动与控制电路，支持串并通信功能，本设计选用串行通信方式来传输待显示的数据。支持3/5 V单电源供电，本系统采用5 V单电源供电。与单片机的接口简单，各引脚的定义见表6-13，且具有从−20 ～ 50℃的宽温可靠性。

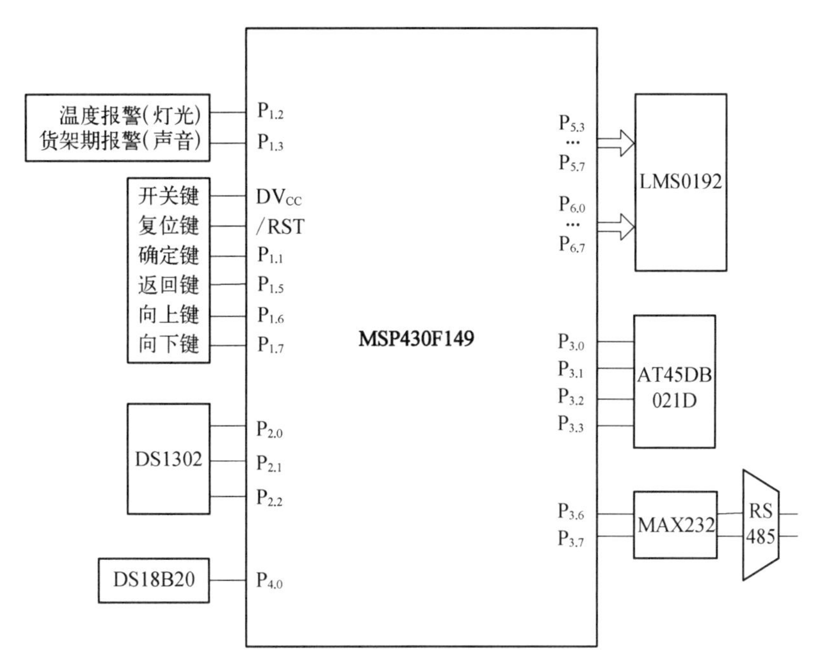


图6-12　MSP430F149单片机和其他器件的引脚连接图

**表6-13　液晶显示屏LMS0192的引脚定义**

| 引 脚 号 | 引脚名称 | 输入/输出 | 引脚描述 |
|---|---|---|---|
| 1 | VLED− | 电源 | 背景光负电源 |
| 2 | /CS1 | 输入 | 片选芯片,低电压有效 |
| 3 | /RES | 输入 | 复位信号,低电压有效 |
| 4 | A0 | 输入 | 命令/显示控制位 |
| 5 | /WR | 输入 | 写允许in8080/in6800 |
| 6 | /RE | 输入 | 读允许in8080/in6800 |
| 7 ～ 14 | D0 ～ D7 | 输入/输出 | 全双工 |
| 15 | VDD | 电源 | 电源,5 V |
| 16 | VSS | 电源 | 电源地 |

LMS0192和微控制器MSP430F149的连接方式如图6-13所示。其中MSP430F149的P5主要实现对LMS0192的控制功能;P6端口主要实现显示数据和显示控制指令的传输,本系统采用串行输入输出显示数据和显示控制指令。

### 3. 温度传感器

温度传感器采用美国DALLAS公司独有的“一线式(1-Wire)”数字温度传感器DS18B20,顾名思义该传感器只有一根信号(数据)线与CPU串行通信,具有性能稳定、线路简单、体积小、性价比高等优点,直接提供16位(二进制)温度读数,温度测量范围为−55 ～ 125℃,理论测温分辨率可达0.062 5℃。供电电压范围为3.0 ～ 5.5 V,有数据线供电方式和外部供电方式两种供电方式。用数据线供电可以节省一根导线,但完成温度测量的时间较长;采用外部供电方式则多用一根导线,但测量速度较快。

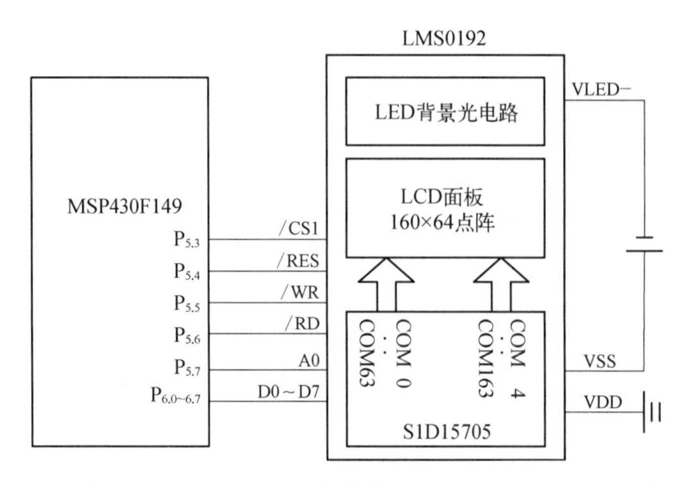


图6-13　液晶显示屏LMS0192和微控制器MSP430F149的引脚连接图

本系统设计的温度变化范围是 −10℃～ 20℃，测量温度的分辨率真实值为0.5℃，一般误差不超过 ±0.5℃。实际应用时，采用外部供电方式。

DS18B20引脚定义见表6-14，其数字信号输入/输出端DQ与单片机MSP430F149的引脚P4.0相连进行串行通信，连接方式如图6-14。

**表6-14　温度传感器DS18B20的引脚定义**

| 序　　号 | 名　　称 | 引脚功能描述 |
|---|---|---|
| 1 | GND | 接地信号 |
| 2 | DQ | 数据输入输出引脚 |
| 3 | VDD | 可选择的VDD引脚。当工作用寄生电源时，引脚接地 |

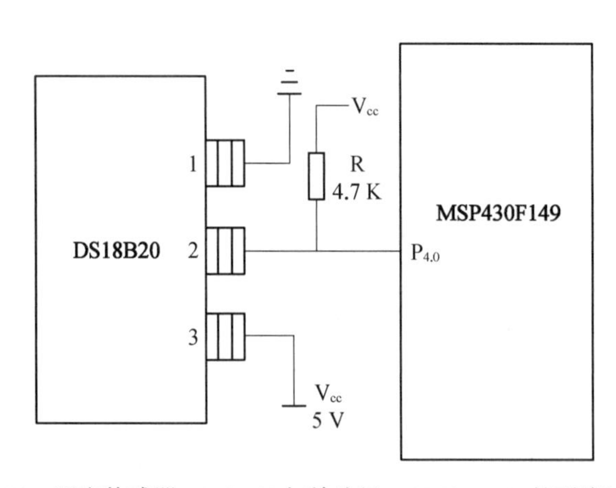


图6-14　温度传感器DS18B20与单片机MSP430F149的引脚连接图

## 4. 日历时钟芯片

本系统采用的DS1302是美国DALLAS公司生产的一种串行实时时钟/日历芯片，具有引脚少、体积小、性价比高等优点。实时时钟，可对秒、分、时、日、周、月及带闰年补偿的年进行计数。主要特点为：

1）用于高速数据暂存的31 × 8 RAM；
2）最少引脚数的串行I/O,简单的3线接口；
3）用于主电源和备份电源的双电源引脚；
4）2.5 ～ 5.5 V满意工作范围；
5）2.5 V时耗电小于300 nA；
6）时钟或RAM数据读/写的单或多字节（脉冲方式）数据传送；
7）8引脚DIP或可选的用于表面安装的8引脚SOIC封装；
8）TTL兼容（VCC为5 V）；
9）可选的工业温度范围−40 ～ 85℃；
DS1302引脚定义见表6-15。

**表6-15　日历时钟芯片DS1302的引脚定义**

| 引脚号 | 符　号 | 描　述 | 引脚号 | 符　号 | 描　述 |
|---|---|---|---|---|---|
| 1 | Vcc2 | 备用电源引脚 | 5 | CE | 输入信号 |
| 2 | X1 | 晶振引脚 | 6 | I/O | 数据输入/输出引脚 |
| 3 | X2 | 晶振引脚 | 7 | SCLK | 串行时钟,输入 |
| 4 | GND | 电源地引脚 | 8 | Vcc1 | 主电源引脚 |

当Vcc2＞Vcc1＋0.2 V时，由Vcc2向DS1302供电；Vcc2＜Vcc1时，由Vcc1向DS1302供电。CE为输入信号，在读、写数据期间必须为高电平，该引脚有两个功能：CE开始控制字访问移位寄存器的控制逻辑，提供结束单字节或多字节数据传输的方法。

DS1302的5、6、7引脚与单片机MSP430F149的引脚P2.0、P2.1、P2.2连接，进行串行传输数据，连接方式如图6-15。

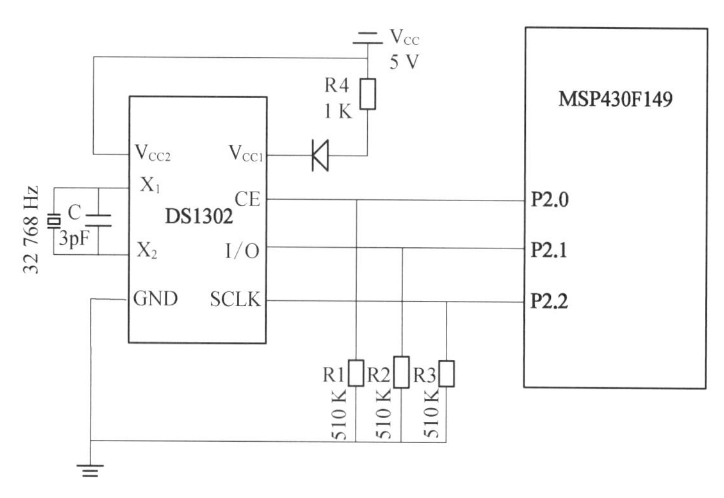

图6-15　日历时钟芯片DS1302与单片机MSP430F149的连接

### 5. 存储扩展Flash

由于需要存储大量的历史货架期、温度及时间信息，故本系统在硬件设计上采用SPI

电路外扩一片为ATMEL公司的Data Flash芯片型号AT45DB021D。主要特点为：

1）单电源供电电压2.7 ～ 3.6 V；

2）快速串口（最高为66 MHz）；

3）灵活的擦除选择（页、区、段、片）；

4）一个SRAM数据缓冲区；

5）三种低功耗模式（最低电流5 μA）；

6）长达20年的数据保存期限；

7）可擦除使用100万次；

8）工业级的温度范围。

本系统选择表6-16中所描述AT45DB021D的1、2、4、8号引脚与单片机MSP430F149连接以串行存储货架期、温度、时间等信息，其连接方式如图6-16所示。

**表6-16　Data Flash芯片AT45DB021D的引脚定义**

| 引脚号 | 符　号 | 描　述 | 引脚号 | 符　号 | 描　述 |
|---|---|---|---|---|---|
| 1 | SI | 数据输入 | 5 | /WP | 写保护 |
| 2 | SCK | 串行时钟输入引脚 | 6 | VCC | 电源 |
| 3 | RST | 复位引脚 | 7 | GND | 电源地引脚 |
| 4 | CS | 片选信号 | 8 | SO | 输出引脚 |

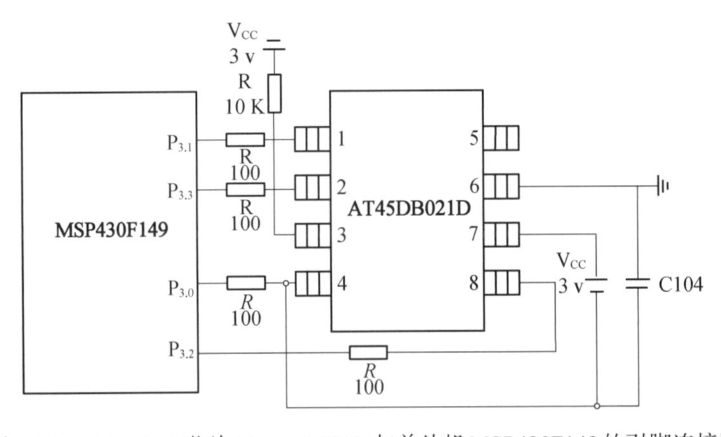


图6-16　Data Flash芯片AT45DB021D与单片机MSP430F149的引脚连接图

### 6. 与上位机串口通信

由于电脑串口RS232电平是-10 ～ 10 V，而一般的单片机应用系统的信号电压是TTL电平为0 ～ 5 V，因此需要一个器件进行电平转换。MAX232是由TI公司推出的一款进行电平转换的兼容RS232标准的芯片，该器件包含2个驱动器、2个接收器和1个电压发生器电路提供TIA/EIA-232-F电平。主要特点为：

1）单5 V电源工作；

2）LinBiCMOSTM工艺技术；

3）2个驱动器及2个接收器；

4）±30 V输入电平；

5）低电源电流，典型值是8 mA。

MAX232和电脑串口RS232的引脚定义分别见表6-17和表6-18。

表6-17 MAX232的引脚定义

| 编　号 | 定　义 | 编　号 | 定　义 |
|---|---|---|---|
| 1 | C1＋ | 9 | VCC |
| 2 | V＋ | 10 | GND |
| 3 | C1− | 11 | T1OUT |
| 4 | C2＋ | 12 | R1IN |
| 5 | C2− | 13 | R1OUT |
| 6 | V− | 14 | T1IN |
| 7 | T2OUT | 15 | T2IN |
| 8 | R2IN | 16 | R2OUT |

表6-18 RS232的引脚定义

| 9芯 | 缩　写 | 信号方向来源 | 描　述 |
|---|---|---|---|
| 1 | CD | 调制解调器 | 载波监测 |
| 2 | RXD | 调制解调器 | 接收数据 |
| 3 | TXD | PC | 发送数据 |
| 4 | DTR | PC | 数据终端准备好 |
| 5 | GND | — | 信号地 |
| 6 | DSR | 调制解调器 | 通信设备准备好 |
| 7 | RTS | PC | 请求发送 |
| 8 | CTS | 调制解调器 | 允许发送 |
| 9 | RI | 调制解调器 | 响铃指示器 |

与上位机通信的连接方式如图6-17所示，其中RS232与上位机连接，MAX232的9号、10号引脚与MSP430F149的收发引脚连接。

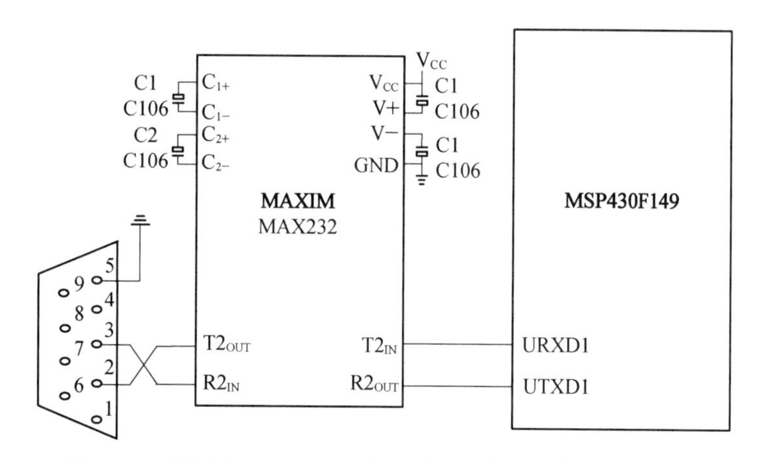


图6-17 单片机MSP430F149与上位机的串口通信连接方式

### 7. 单键按键电路

键盘接口设有6个键：开关、复位、确定、跳转、向上、向下键。采用单键输入式键盘，每个单键输入时按键单独占用一根I/O线，每根I/O线上的按键状态不会影响其他I/O线的状态。设置各个口线为输入模式，通过中断方式获取各个口线是否有键按下，有键按下则口线端为高电平，否则为低。如图6-18所示，微处理器MSP430F149的DVcc、/RST、$P_{1.1}$、$P_{1.5}$、$P_{1.6}$、$P_{1.7}$分别和6个按键线连线，其中上拉电阻保证了按键断开时DVcc、/RST、$P_{1.1}$、$P_{1.5}$、$P_{1.6}$、$P_{1.7}$有确定的高电平。

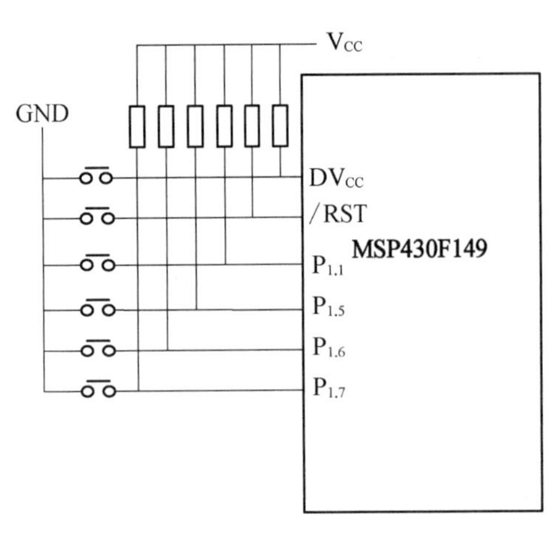


图6-18 单键按键电路与单片机MSP430F149的引脚连接图

各个按键与相关软件配合，可以完成水产品种类选择，温度、货架期和日期的设定，以及与上位机的串行通信等功能。系统初始化进入实时显示初始化界面后，通过6个按键可以对温度阈值、剩余货架期阈值和日期进行初始设置，按跳转键进行位数之间的跳转，按向上键、向下键进行0～9的数值修改，按确定键完成该数据的初始设置；另外配合系统的一些界面完成供选项的选择功能，以及与上位机通信的功能。

### 8. 报警电路

当温度或货架期超过阈值时，系统通过中断方式进行灯光或声音报警。

温度超过阈值20℃时，系统通过中断方式进行灯光报警，提醒用户采取措施。灯光报警持续1 min后，停止灯光报警。图6-19中的7406是一个OC门反相器（集电极开路输出反相器），其作用是驱动LED。当MSP430F149的I/O端口P1.2为高电平时，反相器输出为低电平，LED发光；P1.2为低电平时，反相器输出开路，没有电流流过LED，LED熄灭。

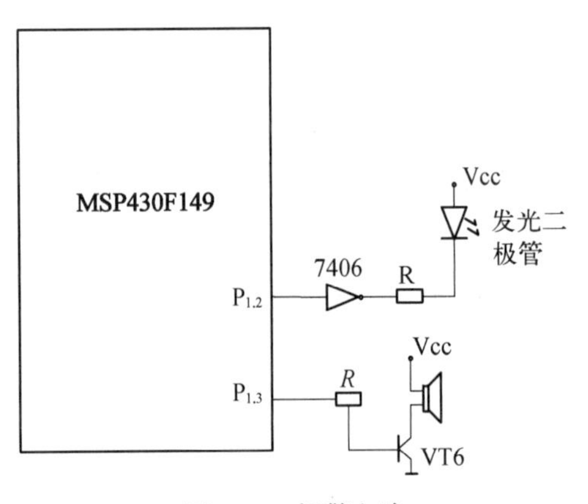


图6-19 报警电路

货架期低于阈值1.0 d时，系统通过中断方式进行声音报警，提醒销售者商品货架期已只剩1 d，应及时采取措施，声音报警持续1 min后，停止声音报警。由于MCU的I/O口驱动能力有限，一般不能直接驱动压电式蜂鸣器，因此选用PNP型晶体管组成晶体管驱动电路，MCU的I/O端口（P1.3）为高电平的输出经驱动电路放大后即可驱动蜂鸣器。

### 9. 电源配置

MSP430F149低电源电压范围为1.8～3.6 V，正常工作电压为3.3 V。电源管理电路如图6-20所示。本系统需要的液晶显示屏、温度传感器等外围器件对加到微处理器输入脚或输出脚的电压通常是有限制的，这些引脚由二极管或分离元件接到Vcc上。若接入的电压过高,电流将会通过二极管或分离元件流向电源,引起数据丢失或元件破坏,因此可能有必要对工作电压不同的器件进行电平转换。

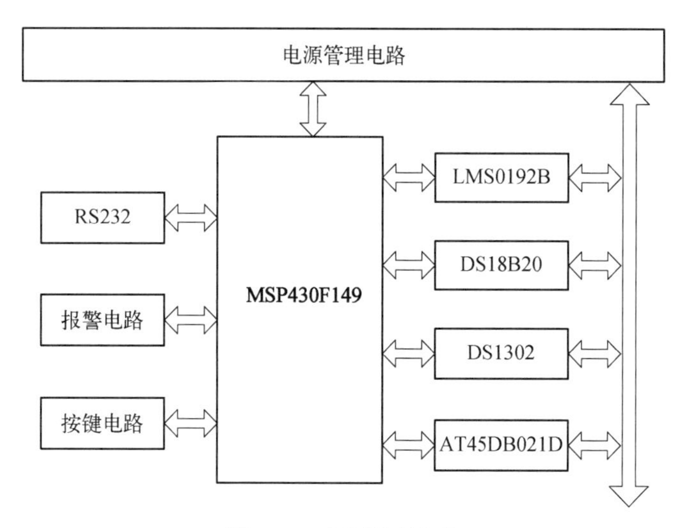


图6-20　电源管理电路

本系统所用到的外围器件各自的工作电压为:温度传感器DS18B20工作电压为3.0～5.5 V;日历时钟芯片为2.5～5.5 V;外扩Data Flash的工作电压为:2.7～3.6 V;RS232串行接口的电压已用MAX232进行转换;LED液晶屏的工作电压为5.0 V。由此可见,除了需要对LED液晶屏的显示电压进行转换外,其余器件均不需要电平转换。

## 三、系统软件设计

本系统软件结构采用模块化程序的设计方法,中心思想是将一个功能较多、程序量较大的程序整体按其功能划分为若干个相对独立的程序段(称为程序模块),分别进行独立的设计、调试和查错,最终连接成一个程序整体。该方法的优点是:每个模块的程序设计无须过多了解其他模块,可以独立进行;便于修改和调试;便于程序调用;程序整体层次清晰,结构一目了然,方便阅读。

一般系统的软件结构是由主程序模块和多个子程序及中断服务程序模块构成。主程序的一般结构是进行各种初始化,然后循环查询各种软件标志以完成对事务的处理,通常是一个顺序执行的无限循环程序(图6-21)。在本系统中南美白对虾售出或者剩余货架期为零的时候系统会停止主程序的循环过程。子程序可根据其所要完成的具体功能来划分,例如可划分为温度采集和货架期计算、显示、越界报警、与上位机通信等子程序模块,明确各个模块的任务和相互联系,画出每个模块的算法流程图,完成最终的设计。

对于程序的编写,需要说明以下几点。

1）借助于IAR C430编译系统,编程语言采用适用于MSP430系列单片机的C语言。

2）程序设计过程中,完成预定功能是最基本,也是最重要的任务,同时还必须贯彻可

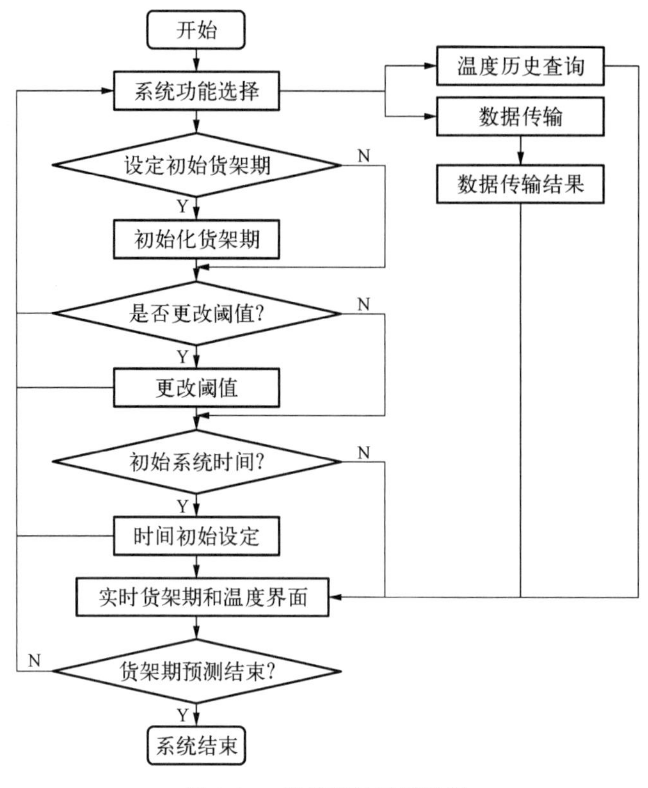


图6-21　各界面的运行流程

靠性设计的原则,要采取必要的抗干扰措施,以防止程序跑飞、按键操作失误等。

3）对MSP430F149存储器空间的使用应统一安排,管理好扩展存储Data Flash。在程序存储器中安排好用户程序区、子程序区等；在数据存储器中安排好采样数据区、处理结果数据区、显示数据区、标志区等。

4）对于各个程序模块,应首先画出程序算法流程图并说明其功能,以便于编写子程序时明确各程序模块的入口、出口参数和对CPU内部寄存器的占用情况。

5）对程序中指令应有必要的注释,以便于阅读与使用。

6）主程序和各子程序模块的设计完成后,应将其连接成为一个完整的程序,最后对整个程序作详细的说明。

**1. 系统功能界面图**

系统功能界面主要由开始界面、系统功能选择界面、初始化货架期和温度界面、实时货架期界面、温度历程查询界面、数据传输界面、数据传输结束界面、食品货架期预测结束界面、系统结束界面等12个界面构成。各个界面配合系统按键的使用可以实现以下主要功能。

1）采集温度每30 min计算一次货架期,精确到0.1 d；并更新液晶屏显示实时数据。

2）每1 h,保存一次实时数据,支持查询历史温度。

3）报警功能,当实时温度超过温度阈值时,液晶屏上温度闪烁；当实时货架期低于货架期阈值时,蜂鸣器报警,每30 min报警一次。

4）与上位机通信，把保存在系统内的历史温度值传输到电脑上，以.txt形式保存。

各个功能界面的运行流程大致如图6-22所示：

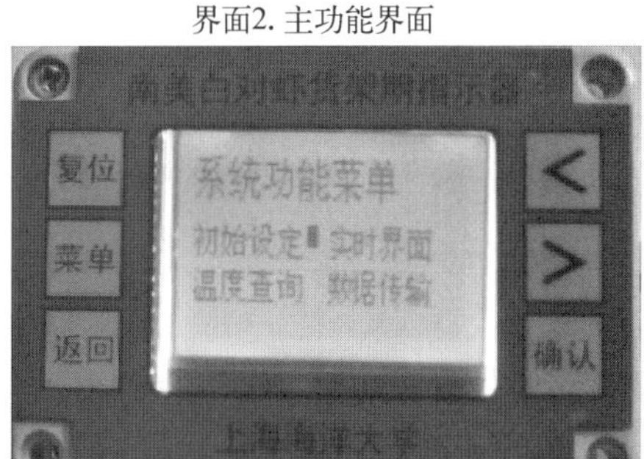


图6-22　系统欢迎界面和主功能界面

下面分别对各个界面的显示内容及功能的具体实现进行详述。

系统开机后，在欢迎界面1停留5 s进入主功能界面2。通过界面2本系统可以完成以下几大功能。

1）初始设定。进入此菜单显示界面3（图6-23），用户可以完成：① 对开始监控前南美白对虾已经经历的温度及各温度下所对应的时间段进行设定，得到系统的初始货架期；若南美白对虾自产出后就使用本系统，可跳过“初始货架期”的选择直接进入“实时界面”功能立即开始对食品品质变化历程的监测。② 系统默认温度阈值为20℃和剩余货架期阈值为1.5 d，用户可根据实际需要重新设定温度和货架期阈值；③ 用户第一次使用该系统时，需要对系统时间进行更改设定。

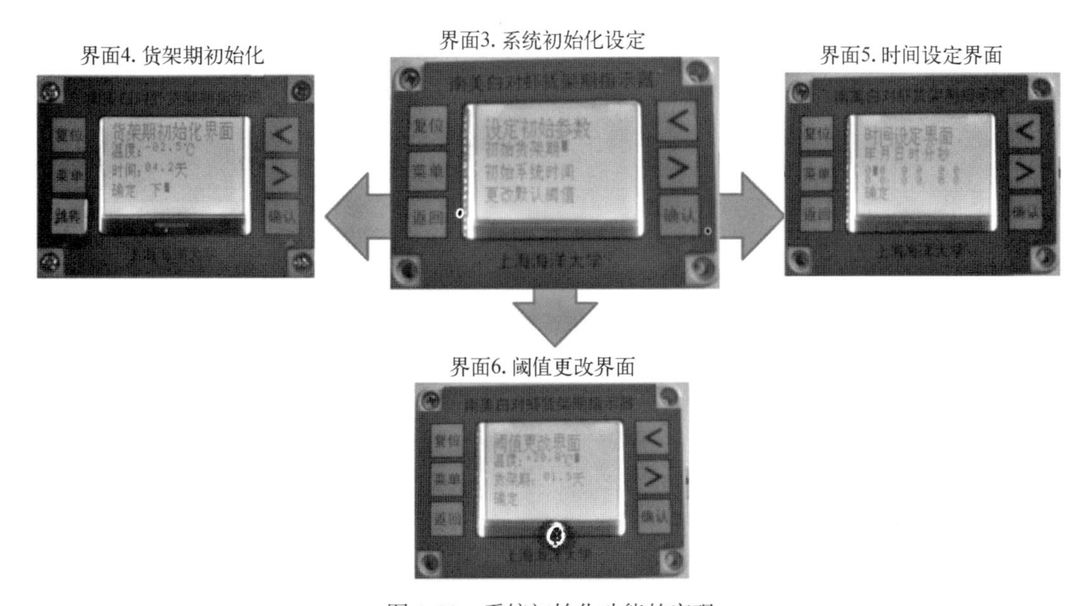


图6-23　系统初始化功能的实现

2）实时显示。选择后系统进入实时显示界面7（图6-24），监测并显示南美白对虾的实时温度和剩余货架期；若南美白对虾售出，选择界面7上的“结束”功能可以结束系统的货架期预测过程。另外：① 若剩余货架期显示小于设定的货架期阈值时，系统提供声音报警以提示用户，警铃持续时间为1 min；② 当温度大于设定的温度阈值时，系统提供灯光报警来提示用户，灯光持续闪烁1 min；③ 每10 min采集一次温度，每采集到3个温度数据则取均值更新一次实时显示温度；取3个温度值的均值来计算货架期，即每30 min计算并更新显示一次实时货架期。

界面7. 实时显示界面

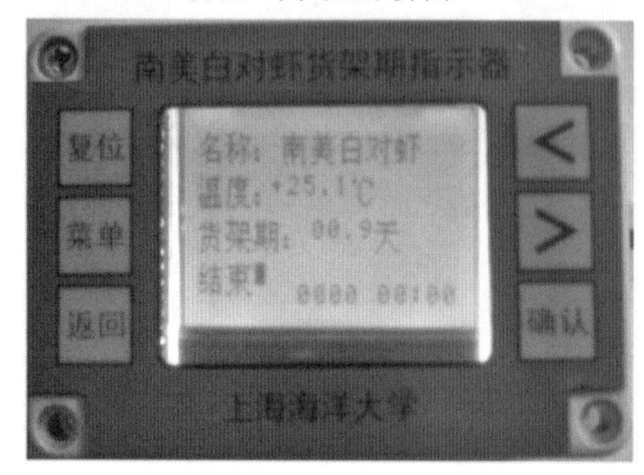


界面8. 温度历程查询界面

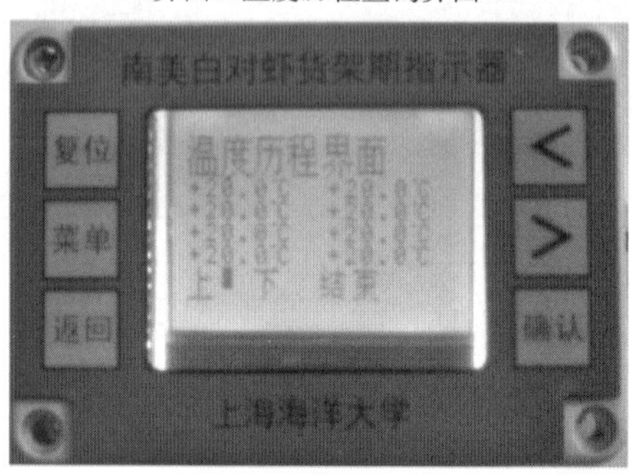


图6-24 实时显示界面及温度历程查询界面

3）温度查询。在系统运行的任意时刻，用户根据需要可查询当前时刻为止的所有温度数据。根据用户需要查询温度的日期设定MMDD后，选择“确认”键，便可查看温度历程。通过“向上”、“向下”，可整页查看南美白对虾的温度变化过程。

4）数据传输。在系统运行的任意时刻，用户根据需要可以将某食品当前时刻为止的所有温度和货架期数据信息传输至电脑，见图6-25。

另外，当食品售出并选择了实时显示界面7的“结束”功能后或SL=0.0天时，系统会自动跳转至结束货架期预测询问界面11（图6-26），选“是”则系统结束运行，显示货架期预测结束界面12；选“否”系统返回到实时显示界面7，界面7上信息一直停留在食品售出（或SL=0.0天）时的状态；返回主功能界面2可以进行温度查询、数据传输等操作。

界面9. 传输数据界面

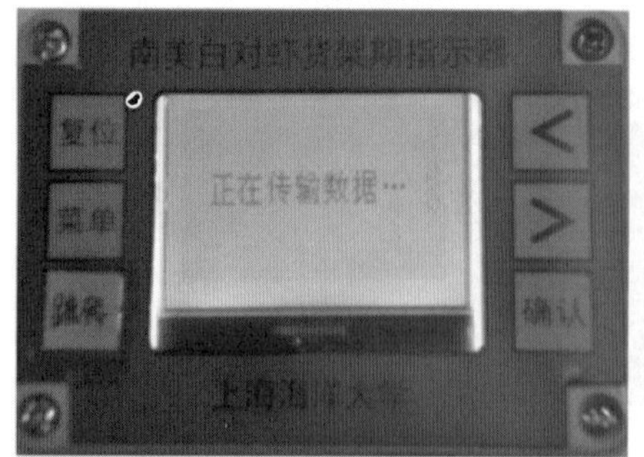


界面10. 数据传输结束界面

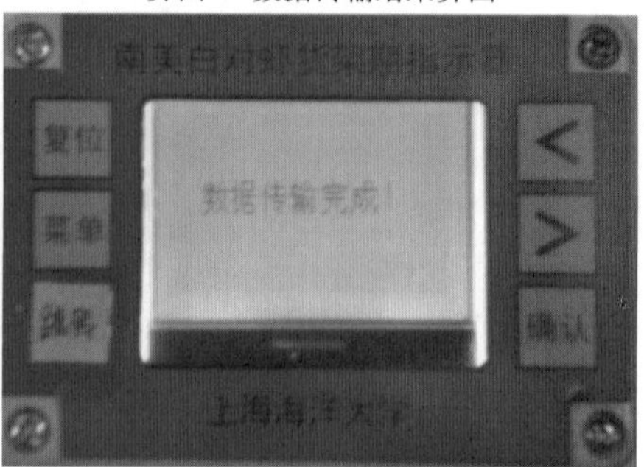


图6-25 数据传输界面

界面11. 是否结束货架期预测界面

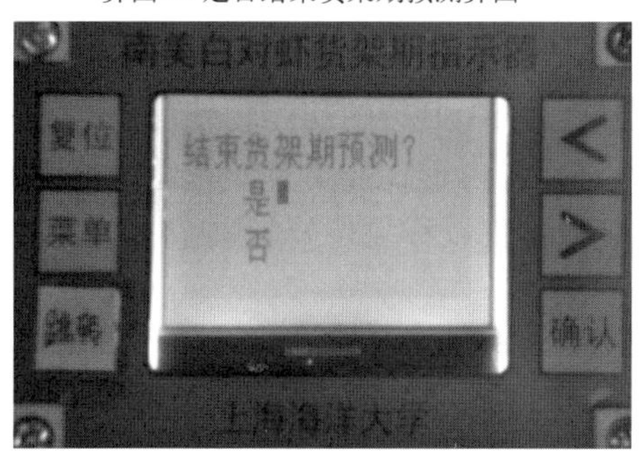


界面12. 货架期预测结束界面

图6-26　货架期预测结束界面

## 2. 系统软件流程设计

（1）系统开发环境

MSP430F149是FlASH型芯片，器件内片内有JTAG调试接口，整个开发（编译、调试）都可以在一个软件集成环境中进行，这种方式只需要一台PC和一个JTAG调试器，而不需要专用仿真器和编程器即可进行编程和程序的烧写，因此具有十分方便的开发环境。在本系统，我们采用IAR Workbench作为软件开发工具。

（2）基本功能程序设计

系统软件采用模块化结构设计，可将基本功能软件设计分成以下几部分：主程序模块、温度采集子程序模块、定时中断服务子程序模块（剩余货架期的定时计算及采样温度、剩余货架期、日期等数据的定时存储）、键盘服务子程序模块（RS232串口通信、查询温度、功能选择等）、温度和货架期报警子程序模块、液晶显示子程序模块等结构模块。主程序完成系统上电自检、系统初始化、设置中断功能及调用其他子程序模块。定时中断在中断程序中完成，子程序与CPU的通信主要采取中断方式进行，与上位机的通信也采用中断的方式进行。

（3）主程序

主程序的主要功能是对部分硬件进行初始化处理。初始化程序包括：清除缓冲区、初始化日期和时间初值缓冲区、设定温度和货架期阈值、显示器命令和数据缓冲区、初始化与上位机通信区等。设置中断功能，设置定时采集温度和计算货架期的时间，设置键盘中断功能寄存器，并打开键盘中断。在没有单键键盘中断的条件下，反复调温度采集子程序、定时中断服务子程序和液晶显示子程序。

程序流程图如图6-27所示。

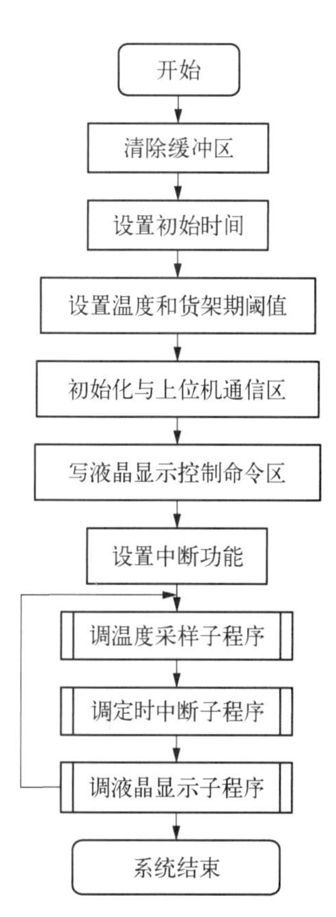


图6-27　主程序流程图

（4）温度采集子程序

本系统是通过数字温度传感器DS18B20实现对温度信号的实时采样，而直接得到温度数值。DS18B20的标志位的设置目的就是为了在进行读写过程中能够方便地根据标志位判断是否有温度传感器连接到MSP430F149的单引脚上。

在进行命令写入或数据读取时，必须首先进行DS18B20的初始化处理，只有在初始化处理后，送入命令或读取数据才能保证正确，否则，由于DS18B20是单总线器件，便无法在数据线上判断哪一位是开始位，只有经过初始化（或称复位）处理，它才知道要写入命令或读取数据。

由于DS18B20在单总线上可以挂接多个，因此每一个都会有其唯一的地址，所以每个DS18B20都有一个ROM区，由于本系统只挂接一个DS18B20，所以要用写入命令0CCH跳过ROM区，同时用写入44H进行启动转换和命令写入，再读取数据时，同样需要复位和写入0CCH跳过ROM区，读取数据命令为0BEH。

温度采集流程如图6-28所示。

写温度子程序流程如图6-29所示。

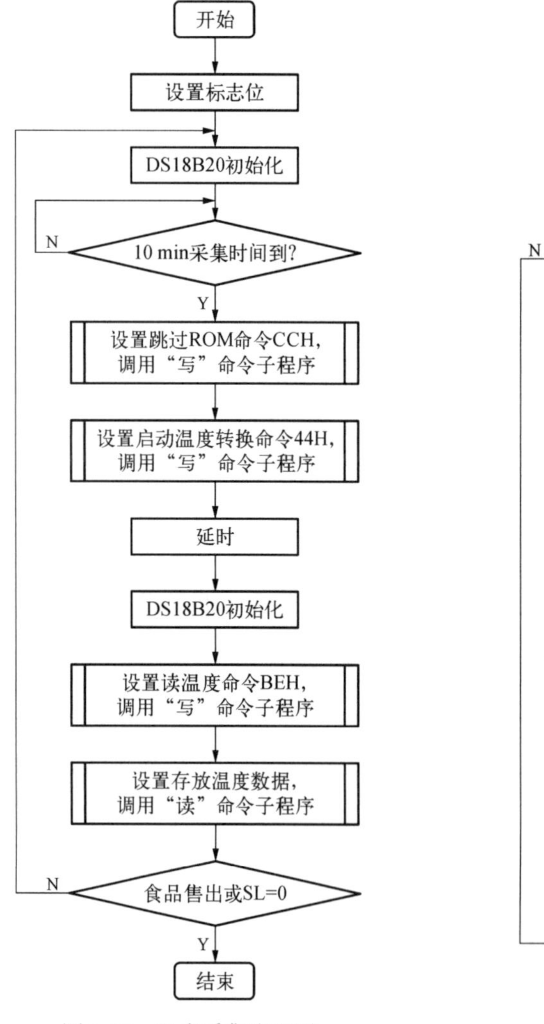


图6-28　温度采集流程图

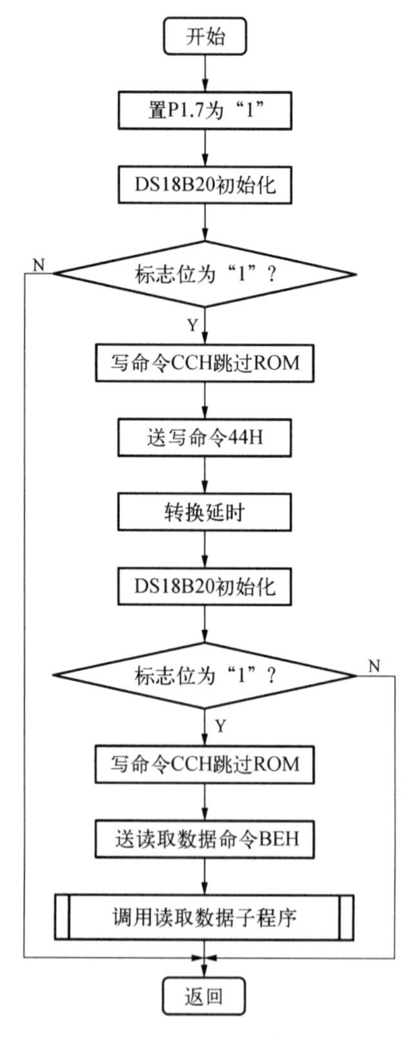


图6-29　写温度子程序流程图

读温度程序流程如图6-30所示。

（5）定时中断和报警服务子程序

本系统的定时中断程序是完成时钟信息的写入和读取，同时通过定时中断来实现10 min采样一次温度值（调温度采集子程序）和30 min计算一次剩余货架期的目的。通过DB18B20采集温度值，每次采集3个温度值，求得均值后送到液晶屏显示；若实时温度超过温度阈值20℃，则灯光报警。当采集3次温度值后，也就是每30 min计算一次货架期，并送到液晶屏显示；若实时货架期低于货架期阈值1.5 d时，则声音报警。

E-TTI的定时中断和报警子程序流程图如图6-31所示。定时中断程序的执行过程，首先检测总线是否空闲，然后调用温度采样子程序，采集温度并判断其是否超过阈值；若已采集三次温度，则更新实时货架期；每更新一次温度，都要保存温度（float型）、货架期（float型）、时间（int型）共18个字节。该中断服务程序的目的是采集当前温度值，并将该温度值与当前货架期存储，若需计算货架期，完成货架期的计算和更新，而后存储当前信息。

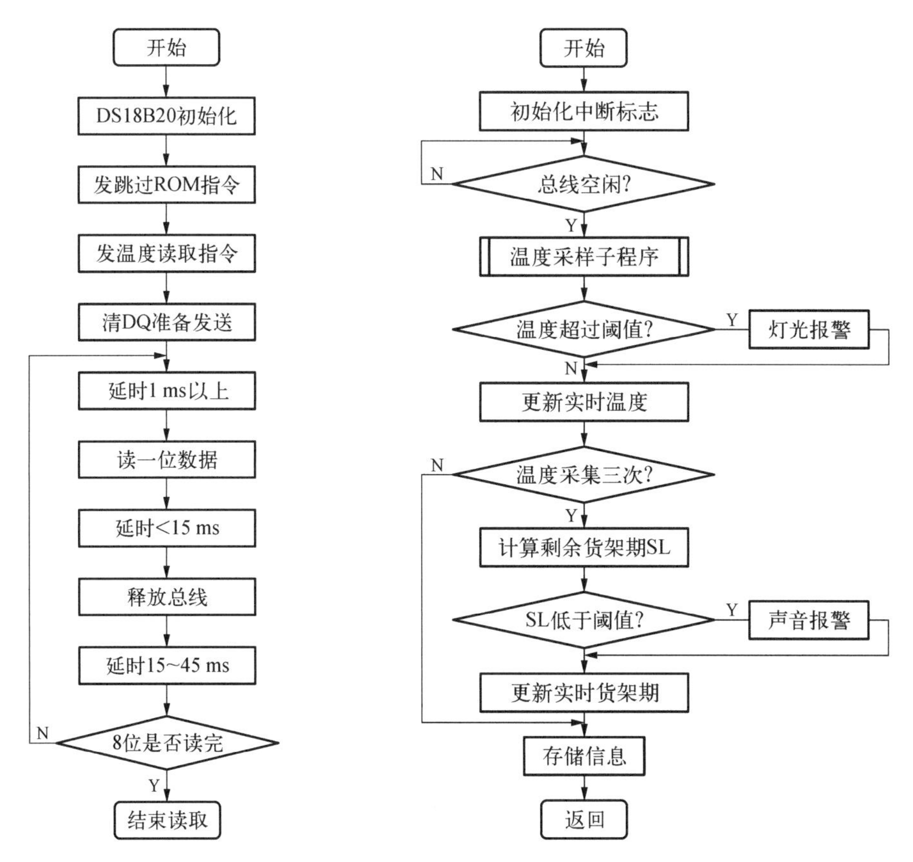


图6-30　读温度子程序流程图　　　图6-31　定时中断和报警子程序流程图

（6）显示子程序

E-TTI的显示子程序流程图如图6-32所示。显示子程序的主要功能，对温度、剩余货架期、设置参数等进行显示。模块上电，延时后，进行软件初始化模块。首先写入模块专用初始化命令；第二写入外晶振工作命令；第三写入开振荡器命令；第四写入开显示器命令。以上四步完成后，再调显示命令写入子程序和显示数据写入子程序。

（7）键盘中断程序

键盘中断服务程序的中断过程的实现是在程序初始化时，程序开始定义了中断服务程序的向量入口地址，然后在程序初始化过程中又定义了可以引发外部键盘中断的几个引脚（确定、返回、向上、向下、复位），在程序执行主程序的过程中，通过延时以消除键盘的抖动现象，如果其中某个引脚出现低电平（键被按下），CPU就会响应键盘中断通过向量地址跳到键盘中断服务程序去执行。

键盘中断服务程序主要的功能包括：配合界面完成功能的选择，如查询历史温度、与上位机通信串行传输数据、系统死机复位键的复位中断子程序，以及南美白对虾售出或SL=0.0天的货架期结束中断子程序等。

本系统的键盘中断程序流程图如图6-33所示。

在系统设计完成以后，将系统提交给用户之前，要对系统的软硬件进行测试。由于本系统比较简单，在测试阶段只对软件采用接收测试的方法，测试软件系统已完成本节描绘的预设功能，说明E-TTI系统的软硬件工作均正确，达到预期目标。

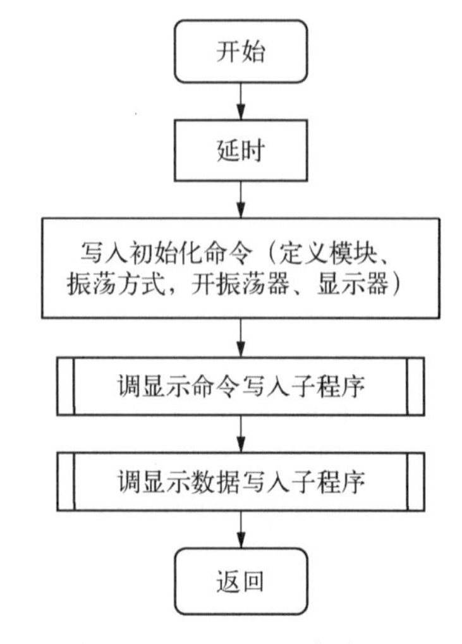


图6-32　显示子程序流程图

## 四、本节小结

现有的TTI共同的缺点是：体积大，耗电量大，并且要求用户从食品产出就使用该TTI，以及其他功能不友好等。本系统设计的南美白对虾货架期预测系统是一种基于货架期模型的电子式时间-温度指示器。

和以往的TTI相比，本系统的E-TTI的最大优点是，可以在南美白对虾产出后的任意阶段使用，用户可以根据实际需要设定温度和货架期的报警阈值；此外，本系统的E-TTI不仅具有超低功耗的特点，而且外形小巧，既可以放在食品箱、冰箱、冷藏车内，也可以贴于食品或食品包装上，使用起来非常方便。它能够以简洁清晰的形式向消费者、经销商、仓储人员快捷地显示南美白对虾的实时温度

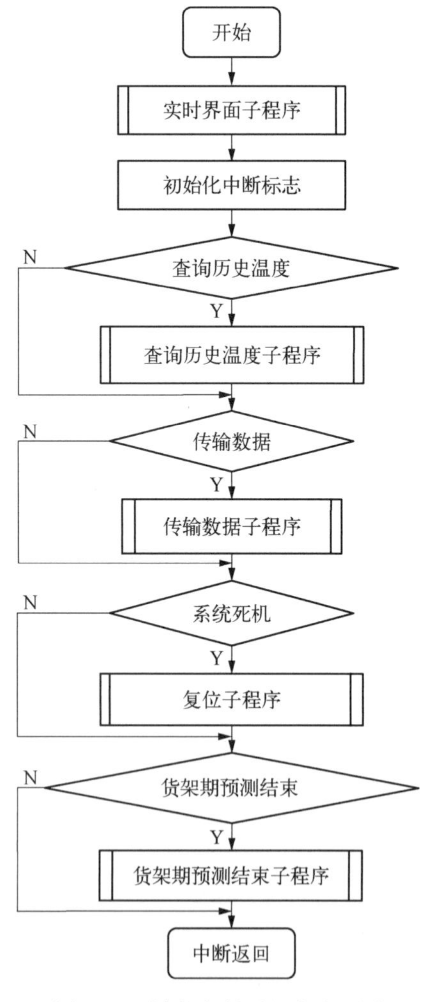


图6-33　键盘中断子程序流程图

和货架期的信息，还可以查询温度的历史信息。用户还可以根据需要将南美白对虾的货架期和温度历程信息传输到电脑上，以便研究整个流通阶段的品质变化历程。

# 第七节　电子式时间-温度指示器的理化实验验证

E-TTI设计简单，设计的核心依据是由前期工作得到的货架期预测模型。为了验证在恒温下进行的实验研究得到的货架期模型的准确性及所研发的E-TTI在变温条件下工作的精确性，设计出了按阶梯式变化的温度/时间历程的试验方案。在试验过程中，一方面通过常规的理化方法即利用菌落总数、TVB-N、pH等品质指标实测冷藏流通过程中南美白对虾的剩余货架期，另一方面利用研制出的E-TTI现场采集该过程的温度/时间历程并显示出实时的剩余货架期。同时，将分别由理化实验测得的数据与E-TTI显示得到的各时刻的剩余货架期进行对比，考察两者之间的差异，以此验证系统的准确性。

## 一、E-TTI的阶梯温度实验的设计方案

变温试验，一般可以使温度的变化按方形、阶梯状、线形波和正（余）弦等过程进行设计[115-118]。本试验采用阶梯式的变温过程。实验过程中，将研制出的E-TTI和新鲜南美白对虾样品同时放置于恒温恒湿箱（LHS-100CL，上海一恒科学仪器有限公司）内，控制初始温度为0℃，每0.5 d（12 h）升高一次，每次升温幅度为4℃，在第6个升温阶梯后放回4℃环境直至样品品质感官鉴定为变质则变温过程结束；同时，每个升温点均取出一定的样品放回4℃环境下冷藏，放回后每天取出一次样品进行感官和理化指标的检验，直至各温度历程下的样品均表现为变质则结束实验。

## 二、E-TTI的显示值与理化实验实测值的比较

### 1. 试验过程中的温度记录

E-TTI对整个试验过程的温度历程的记录曲线如图6-34所示，本试验升温次数5次，五个阶梯的温度和时间分别为：

O～Ⅰ阶段：0℃（0～12 h）+4℃（12～24 h）；

Ⅰ～Ⅱ阶段：8℃（24～36 h）；

Ⅱ～Ⅲ阶段：12℃（36～48 h）；

Ⅲ～Ⅳ阶段：16℃（48～60 h）；

Ⅳ～Ⅴ阶段：20℃（60～72 h）；

前述温度过程结束后，将所有样品放回至4℃环境中，直至食品变质、货架期结束。

### 2. 各个指标在变温过程中的测定值及试验测得的货架期曲线

在每个温度变化点（O～Ⅰ～Ⅱ～Ⅲ～Ⅳ～Ⅴ）各取3份样品，检测其菌落总数、

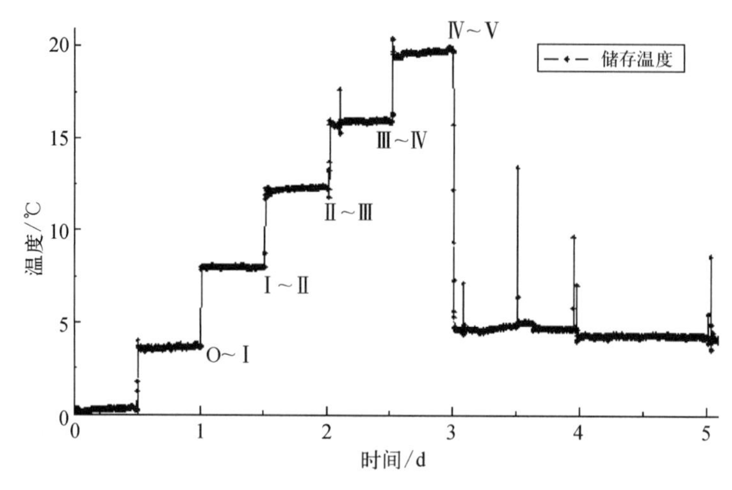


图6-34 验证试验中温度变化历程的记录曲线

TVB-N值并进行感官评价。同时在各个温度变化节点分别取若干份放回4℃环境下，从放回时刻起每天取出3份样品进行菌落总数、TVB-N和感官评价的检测，从而确定各个节点处南美白对虾的实际剩余货架期。南美白对虾经历给定的温度/时间历程后，各节点实测到的菌落总数和TVB-N值变化如图6-35、图6-36所示。菌落总数应≤$10^6$CFU/g、TVB-N≤30 mg/100 g作为货架期终点的判定标准。实验过程中，选择了TVB-N和菌落总数两个理化指标作判断，只要一个参数超标，就判断南美白对虾的货架期已到达期限。

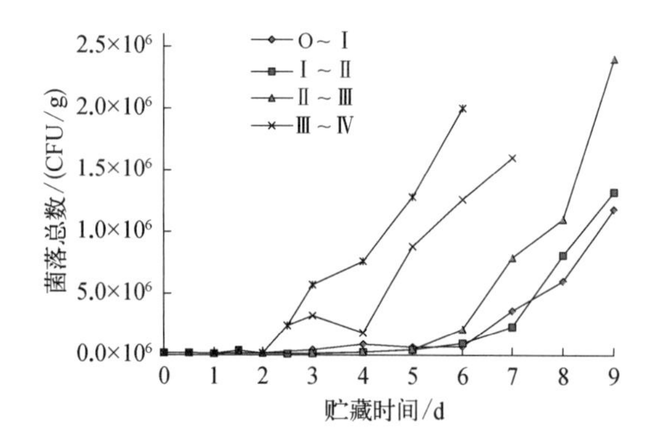


图6-35 变温过程中菌落总数随时间的变化曲线

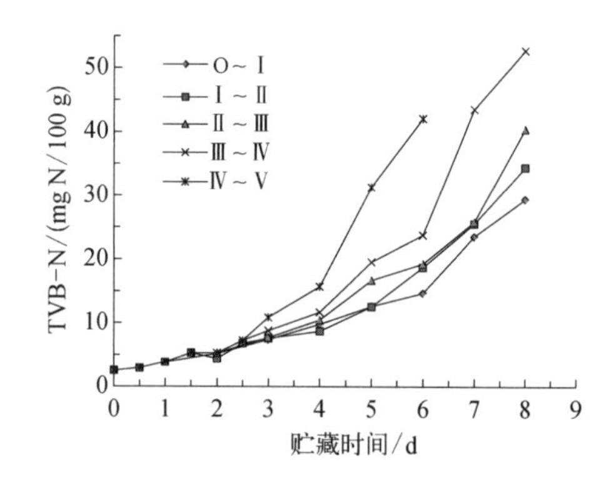


图6-36 变温过程中TVB-N随时间的变化曲线

### 3. E-TTI显示的剩余货架期

E-TTI实时监控过程中系统显示的剩余货架期随变温过程的变化如图6-37所示。

### 4. E-TTI显示的剩余货架期与上述结果的比较

E-TTI显示的剩余货架期与物理化学方法实际测量的剩余货架期随存放时间的变化如图6-38所示。

从实验结果可以知道，E-TTI显示的剩余货架期（图6-37）与物理化学方法实际测量

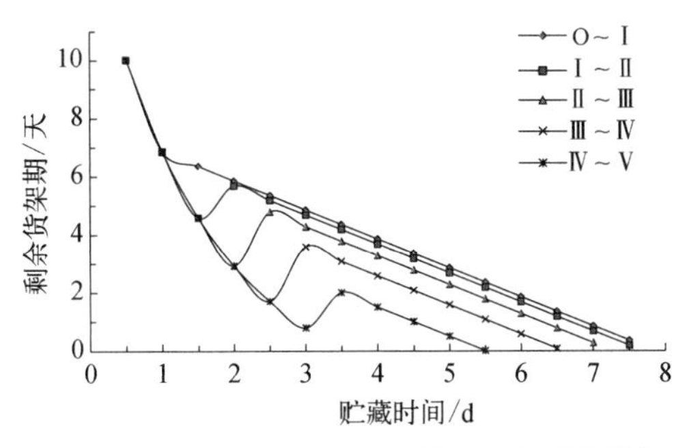

图6-37　E-TTI监控过程中系统显示的剩余货架期预测值

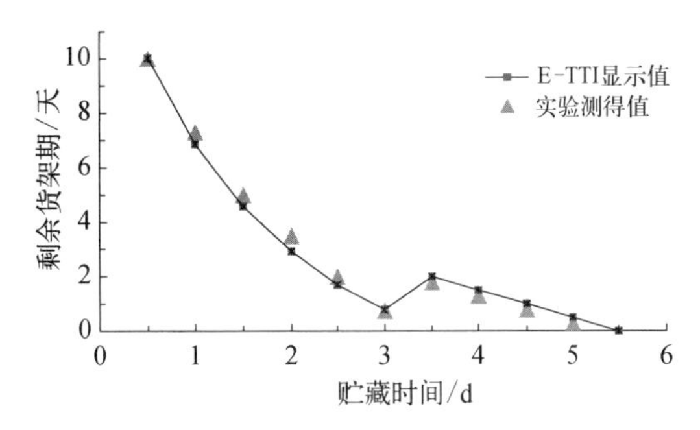


图6-38　实验测得和E-TTI计算出的货架期比较曲线

的剩余货架期随着贮藏时间的变化趋势一致。从O（12 h）～Ⅴ（72 h）节点处6组数据进行比较，E-TTI记录的剩余货架期与生化实验实际测量值非常接近，其偏差小于0.5 d。可以推知用E-TTI基本上能够精确指示水产品的剩余货架期。

## 三、本节小结

本节试验研究了冷藏链流通过程的南美白对虾在经历设定的变温过程后的品质变化。对试验过程中E-TTI实时显示的货架期和变温条件下由理化指标测定得到的南美白对虾品质变化规律进行对比分析，发现E-TTI记录显示的剩余货架期与理化实验实际测量值非常接近，最大偏差小于0.5 d，从而验证了E-TTI系统预测货架期的准确性。

## 参考文献

[ 1 ] Eisel W G,Linton R H, Muriana P M. A survey of microbial levels for incoming raw beef and ground beef in red meat processing plant[ J ]. Food Microbiology, 1997, 14: 273–82.
[ 2 ] Jeremiah L E. Freezing effects on food quality. New York: Marcel Dekker, Inc, 1995.
[ 3 ] 冯志哲，张伟民，沈月新，等. 食品冷冻工艺学. 上海：上海科学技术出版社，1984.
[ 4 ] 秦瑞昇，谷雪莲，刘宝林，等. 基于TTT理论检测冷冻冷藏食品品质的方法[ J ].食品工业科技，2006，27(9)：189–191，197.
[ 5 ] Gacula M C. The design of experiments for shelf life study[ J ]. Journal of Food Science, 1975, 40: 399–403.
[ 6 ] Gacula M C, Kubala J J. Statistical models for shelf life failures[ J ]. Journal of Food Science, 1975, 40: 404–409.
[ 7 ] Van M A J S. Statistical aspects of kinetic modeling for food science problems[ J ]. Journal of Food Science, 1996 , 61(3): 477–485.
[ 8 ] Labuza T P, Shapero M. Prediction of nutrient losses[ J ]. Journal of Food Processing and Preservation. 1978, 2: 91–99.
[ 9 ] Fennema O R 食品化学[ M ]（第3版）. 王璋，许时婴，江波，等译. 北京：中国轻工业出版社，2003：849–850.
[ 10 ] 汪琳，应铁进. 番茄果实采后贮藏过程中的颜色动力学模型及其应用[ J ]. 农业工程学报，2001，17(3)：118–121.

[ 11 ] 赵思明,李红霞.鱼丸贮藏过程中品质变化动力学模型研究[ J ].食品科学,2002,23(8):80–82.
[ 12 ] Fennema O R. 食品化学[ M ](第3版).王璋,许时婴,江波,等译.北京:中国轻工业出版社,2003:853–850.
[ 13 ] 陈杰,刘晓丹,邓伯祥,等.香菇在不同温度下品质动力学研究及货架寿命的预测[ J ].安徽农业科学,2009,37(5):2243–2245.
[ 14 ] Turenne C V, Mahfouz M, Allaf K. Three Models for determining the induction time in the browning kinetics of the Granny Smith apple under static conditions[ J ]. Journal of Food Engineering, 1999, 41(3–4): 133–139.
[ 15 ] 李欣.菠萝浓缩汁在储藏过程中美拉德褐变及其反应动力学研究[ J ].食品科技,2007,9:178–181.
[ 16 ] Fujikawa H, Itoh T. Thermal inactivation analysis of Mesophiles using the Arrhenius model and Z-value models[ J ]. Journal of Food Protection,1998,61(7): 910–912.
[ 17 ] Jonsson U, Sngag B G, Hänulv B G, et al. Testing tow models for temperature dependence of the heat inactivation rate of bacillus stearother mophilus spores[ J ]. Journal of Food Science, 1997, 42(5): 1251–1252.
[ 18 ] 田伟,徐尧润.食品品质损失动力学模型[ J ].食品科学,2000,21(9):14–18.
[ 19 ] 扬宏顺,冯国平,李云飞.嫩茎花椰菜在不同气调贮藏下叶绿素和维生素C的降解及活化能的研究[ J ].农业工程学报,2004,20(4):172–175.
[ 20 ] 刘晓丹,谢晶.番茄的质量因子分析及货架寿命预测[ J ].食品科技,2006,(9):65–68.
[ 21 ] Gram L, Huss H H. Microbiological spoilage of fish and fish products[ J ]. International Journal of Food Microbiology, 1996, 33: 121–37.
[ 22 ] Mcmeekin T A, Oily J A, Ross T N, et al. Predictive Microbiology: Theory and Application[ M ]. Somerset: Research Studies Press Ltd, 1993.
[ 23 ] Man C M D, Jones A A.Shelf life Evaluation of Foods[ M ]. Gaithersburg Maryland USA: Aspen Publishers lnc, 2000: 110–139.
[ 24 ] Lund B M, Baird, Parker T C, Gould G W. Microbiological Safety and Quality of Food[ M ]. Gaithersburg Maryland USA : Aspen Publishers lnc, 2000, 472–506.
[ 25 ] 杨宪时,许钟,肖琳琳.水产食品特定腐败菌与货架期的预测和延长[ J ].水产学报,2004,28(1):106–111.
[ 26 ] Buchanan R L. Predictive food microbiology[ J ]. Trends in Food Science and Technology, 1993, 4: 6–11.
[ 27 ] Dalgaard P. Modelling of microbial activity and prediction of shelf life of packed fresh fish[ J ]. International Journal of Food Microbiology,1995, 19: 305–317.
[ 28 ] 徐天宇.食品微生物生长预测模型[ J ].食品科学,1995,16:17–23.
[ 29 ] Koutsouman K, Nvchas G J E. Application of a systematic experimental procedure to develop a microbial model for rapid fish shelf life prediction[ J ]. International Journal of Food Microbiology, 2000, 60: 171–84.
[ 30 ] Datgaard P, Vancanneyt M, Euras V N, et al. Identification of lactic acid bacteria from spoilage associations of coked and hrined shrimps stoted under modified atmospheres at temperatures between 0℃ and 25℃[ J ]. Journal of Applied Microbiology, 2003, 94: 80–89.
[ 31 ] Zwietering M H, Jongenburger I, Rombouts F M, et al. Modeling of the bacterial growth curve[ J ]. Applied and Environmental Microbiology, 1990, 56: 1875–1881.
[ 32 ] Ratkowsky D A, Olley J, MeMeekin T A, et al. Relationship between temperature and growth rate of bacterial cultures[ J ]. The Journal of Bacteriology, 1982, 149: 1–5.
[ 33 ] Dalgaard P, Bueh P, Silberg S. Seafood spoilage predictor-development and distribution of a product specific application software[ J ]. International Journal of Food Microbiology, 2002, 73: 343–349.
[ 34 ] Koutsournanis K, Giannakourou M C, Taoukis P S, et al. Application of shelf life decision system (SLDS) to marine cultured fish quality[ J ]. International Journal of Food Microbiology, 2002, 73: 375–

382.
[35] 董彩文. 鱼肉鲜度测定方法研究进展[J]. 食品与发酵工业,2004,30(4): 99-103.
[36] 姜琳琳. 鱼肉中挥发性风味物质的研究进展[J]. 渔业现代化. 2007,34(5): 56-57.
[37] 王锡昌,陈俊卿. 顶空固相微萃取与气质联用法分析鲢肉中风味成分[J]. 上海水产大学学报, 2005,14(2): 176-180.
[38] 周益奇,王子健. 鲤鱼体中鱼腥味物质的提取和鉴定[J]. 分析化学,2006,34(9): 165-167.
[39] 江航,王锡昌. 顶空固相微萃取与GC-MS联用的鱼露挥发性风味成分分析[J]. 安徽农业科学, 2008,36(23): 9838-9841.
[40] 章超桦,平野敏行. 鲫的挥发性成分[J]. 水产学报,2000,24(4): 354-358.
[41] 陈俊卿,王锡昌. 顶空固相微萃取-气相色谱-质谱法分析白鲢鱼中的挥发性成分[J]. 质谱学报, 2005,26(2): 76-80.
[42] Hiroyuki K, Heather L L, Janusz P. Applications of solid-phase microextraction in food analysis[J]. Journal of Chromatography A, 2000, 380(1-2): 35-62.
[43] 刘源,周光宏,徐幸莲. 固相微萃取及其在食品分析中的应用[J]. 食品与发酵工业, 2003, 29(7): 83-87.
[44] 赵庆喜,薛长湖,盛文静,等. 固相微萃取技术(SPME)及其在水产品分析中的应用[J]. 水产科学, 2006,25(12): 656-660.
[45] 田怀香,王璋,许时婴. 顶空固相微萃取-气相色谱-质谱法分离鉴定金华火腿的挥发性风味物质[J]. 色谱,2006,24(2): 177-180.
[46] Nigel P B, Denis A C, Frank J M, et al. A comparison of solid-phase microextraction (SPME) fibres for measurement of hexanal pentanal in cooked turkey[J]. Food Chemistry, 2000, 68(3): 339-345.
[47] 杨华,娄永江,杨震峰. GC-MS法分析养殖大黄鱼脱腥前后挥发性成分的变化[J]. 中国食品学报,2008,8(3): 147-141.
[48] Iglesias J, Medina I. Solid-phase microextraction method for the determination of volatile compounds associated to oxidation of fish muscle[J]. Journal of Chromatography A, 2008, 1192(1): 9-16.
[49] 马晓佩,王立,涂清荣,等. 顶空固相微萃取-气相色谱-质谱-嗅觉检测器联用分析米饮料中香气成分[J]. 食品工业科技,2008,29(8): 143-147.
[50] 江新业,宋焕禄,夏玲君. GC-O/GC-MS法鉴定北京烤鸭中的香味活性化合物[J]. 中国食品学报,2008,8(8): 160-164.
[51] Brezmes J, Llobet E, Vilanova X, et al. Correlation between electronic nose signals and fruit quality indicators on shelf-life measurements with pinklady apples[J]. Sensors and Actuators B, 2001, (80): 149-154.
[52] 邹小波,吴守一,方如明. 电子鼻判别挥发性气体的实验研究[J]. 江苏理工大学学报, 2001, 22(2): 1-4.
[53] Olsson J, Borjesson T, Lundstedt T, et al. Detection and quantification of qchratoxin and deoxynivalenol in barley grains by GC-MS and electronic nose[J]. International Journal of Food Microbiology, 2002(72): 203-214.
[54] 韩丽,赵勇,朱丽敏,等. 不同保藏方式南美白对虾的电子鼻分析[J]. 食品工业科技, 2008, (11): 240-243.
[55] 胡惠平,刘 源,孙晓红,等. 应用电子鼻技术检测南美白对虾副溶血性弧菌试验[J]. 渔业现代化, 2009,36(3): 41-44.
[56] Goulas A E, Kontominas M G. Effect of modified atmosphere packaging and vacuum packaging on the shelf-life of refrigerated chub mackerel (Scomber japonicus): biochemical and sensory attributes[J]. European Food Research and Technology, 2007, 224(5): 545-553.
[57] 杨文鸽,薛长湖,徐大伦,等. 大黄鱼冰藏期间ATP关联物含量变化及其鲜度[J]. 农业工程学报, 2007,23(6): 217-222.

[58] 刘晓丹,谢晶. 利用韦氏分析预测刀豆货架寿命并确定感官评分标准切分点[J]. 食品工业科技,2006,(7): 172-174.

[59] 张丽平,余晓琴,童华荣. 动力学模型预测板鸭货架寿命[J]. 食品科学,2007,28(11): 584-586.

[60] 李苗云,孙灵霞,周光宏,等. 冷却猪肉不同贮藏温度的货架期预测模型[J]. 农业工程学报,2008,24(4): 235-239.

[61] 郭全友,许钟,杨宪时. 冷藏养殖大黄鱼品质变化特征和货架期预测研究[J]. 食品科学,2006,27(4): 237-240.

[62] 许钟,肖琳琳,杨宪时. 罗非鱼特定腐败菌生长动力学模型和货架期预测[J]. 水产学报,2005,29(4): 540-546.

[63] 鸿巢章二,桥本周久. 水产利用化学[M]. 北京: 中国农业出版社,1994: 133-136.

[64] Ehira S, Uchiyama H. Determination of fish freshness using the K value and comments on some other biochemical changes in relation to freshness[A]. Seafood Quality Determination[C]. Amsterdam: Elsevier Science Publishers B V, 1987: 185-207.

[65] Boyle J L, Lindsay R C, Stuiber D A. Adenine nucleotide e degradation in modified atmosphere chill-stored fresh fish[J]. Journal of Food Science,1991, 56(5): 1267-127.

[66] Chang K L B, Chang J J, Shiau C Y. Biochemical, microbiological and sensory changes of sea bass (Lateolabrax japonicus) under partial freezing and refrigerated storage[J]. Journal of Agricultural and Food Chemistry, 1998, 2(46): 682-686.

[67] Vanesa L, Carmen P, Jorge B V, et al. Inhibition of chemical changes related to freshness loss during storage of horse mackerel (*Trachurus trachurus*) in slurry ice[J]. Food Chemistry, 2005, 93(4): 629-625.

[68] Santiago P A, Carmen P, José M G, et al. Biochemical changes and quality loss during chilled storage of farmed turbot (*Psetta maxima*)[J]. Food Chemistry, 2005, 90(3): 445-452.

[69] Nejib G, Moza A A, Ismail M A, et al. The effect of storage temperature on histamine production and the freshness of yellowfin tuna (*Thunnus albacares*)[J]. Food Research International, 2005, 38(2): 215-222.

[70] 叶盛权. 冰鲜贮藏中鲈鱼鲜度的化学指标分析[J]. 食品研究与开发,2003,24(2): 111-112.

[71] Ozogul Y, Gokbulut C. Quality assessment of wild European eel (*Anguilla anguilla*) stored in ice[J]. Food Chemistry, 2006, 95(3): 458-465.

[72] Labuza T P, Fu B. Growth kinetics for shelf-life prediction: theory and practice[J]. Journal of Industrial Microbiology, 1993, (12): 309-323.

[73] Labreche S, Bazzo S, Cade S, et al. Shelf life determination by electronic nose: application to milk[J]. Sensors and Actuators B: Chemical, 2005, 106(1): 199-206.

[74] Elizabeth A. B, Bai J, Anne P, et al. Electronic Noses and Tongues: Applications for the Food and Pharmaceutical Industries, Sensors, 2011, 11: 4744-4766.

[75] 周亦斌,王俊. 基于电子鼻的番茄成熟度及贮藏时间评价的研究[J]. 农业工程学报,2005,21(4): 113-117.

[76] 邹小波,赵杰文. 电子鼻快速检测谷物霉变的研究[J]. 农业工程学报,2004,20(4): 121-124.

[77] 张晓敏,朱丽敏,张捷,等. 采用电子鼻评价肉制品中的香精质量[J]. 农业工程学报,2008,24(9): 175-178.

[78] Labuza T P. Application of chemical kinetics to deterioration of foods[J]. Journal of Chemical Education, 1984, 6(14): 348-357.

[79] Limbo S, Sinelli N, Torri L, et al. Freshness decay and shelf life predictive modelling of European sea bass (*Dicentrarchus labrax*) applying chemical methods and electronic nose[J]. LWT-Food Science and Technology, 2009, 42(5): 997-984.

[80] 海铮. 基于电子鼻的牛肉新鲜度检测[D]. 杭州: 浙江大学,2006.

[81] 张晓华,张东星,刘远方,等. 电子鼻对苹果货架期质量的评价[J]. 食品发酵与工业,2007,33(6): 20-23.

[ 82 ] 蓝蔚青，谢晶. 冷藏带鱼贮藏期间主要微生物动态变化的PCR-DGGE分析. 食品工业科技，2012，33(17)：118-122.

[ 83 ] Ross T. Indices for performance evaluation of predictive models in food microbiology [ J ]. Journal of Applied Microbiology, 1996, 81(4): 501-5081.

[ 84 ] Mellefont L A, Mcmeekin T A, Ross T, et al. Performance evaluation of a model describing the effects of temperature, water activity, pH and lactic acid concentration on the growth of Escherichia coli [ J ]. International Journal of Food Microbiology, 2003, 82(1): 45-58.

[ 85 ] SC/T 128—1984. 鲜带鱼 [ S ]

[ 86 ] SC/T 3102—2010. 鲜、冻带鱼 [ S ]

# 第七章　水产品冷链流通相关装备研发

本章介绍了水产品冷链过程涉及的主要设备：冷却设备、速冻设备、冷藏车等，并列举了数值模拟在上述冷链设备优化设计中的应用。

## 第一节　我国食品冷藏链的现状及展望

民以食为天，食以鲜为先，如何确保人们食用到新鲜的食品，保鲜技术是关键。采用适宜的温度保存食品是人们常用的办法，而如何保证容易腐败变质的食品在持续适宜的温度下保存，就需要冷藏链技术与装备。冷藏链是建立在食品冷冻工艺学的基础上，以制冷技术为手段，使易腐食品从原料捕获、加工、运输、贮藏、销售流通的整个过程中，始终保持合适的低温条件，以最大限度地保持食品原有品质、减少损耗为目的的系统工程。它有助于易腐食品在一定时间内保持其色、香、味和营养接近刚收获时的状态。同时，完善的冷藏链也是保证食品安全的重要手段。

然而，由于我国食品冷藏链起步晚，市场经济发展的随机性和不完整性，使当前我国食品冷藏链在设备技术、行业标准和系统管理水平等方面与发达国家相比有一定的差距；同时也暴露出我国食品冷藏链物流成本高，食品运输过程中损耗大，最终导致食品安全隐患等一系列问题[1]。

### 一、冷藏链概述

#### 1. 食品冷藏链概念

食品冷藏链是指易腐食品从产地收购或捕捞之后，在产品加工、贮藏、运输、分销和零售，直到消费者手中各个环节始终处于产品所必需的低温环境下。对于食品冷藏链的实现条件及基本要求，1958年美国的阿萨德提出了保证冷冻食品品质的“3T原则”：食品最终质量取决于食品在冷链中贮藏和流通的时间（time）、温度（temperature）和耐藏性（tolerance）。接着美国的左尔补充提出了“3P原则”：原料（product）、处理工艺（processing）、包装（package）。后来又有人提出“3C原则”：冷却（cool）、清洁（clean）、小心（care）；冷藏链中的设备数量（quantity）、质量（quality）、冷却速度（quick）需要达到一定的要求，即“3Q要求”；以及冷藏保鲜的工具和手段（means）、方法（methods）和管理措施（management）需要达到一定要求的“3M条件”。这些都是低温食品加工及流通环节必须遵循的技术理论依据[1-4]。

**2. 食品冷藏链的对象及环节**

（1）食品冷藏链的对象

包括初级农产品：蔬菜、水果、肉、禽、蛋、水产食品，花卉产品等；加工食品：速冻食品，禽、肉、水产等，冰淇淋和奶制品，快餐及半成品等。

（2）食品冷藏链的环节

包括低温加工、低温贮藏、低温运输及配送、低温销售4个环节。

1）低温加工：肉禽类、鱼类和蛋类的冷却与冻结，即在低温状态下的加工作业过程；果蔬的预冷；各种速冻预制食品和奶制品的低温加工等。这个环节主要涉及的冷藏链装备有冷却、冻结装置及冷冻干燥装置。

2）低温贮藏：食品的冷却贮藏和冻结贮藏；水果蔬菜等食品的气调贮藏等。在此环节主要涉及的冷藏链设施有各类冷藏库、冷藏柜及家用冰箱等。

3）低温运输：食品的中、长途运输及短途配送等物流环节的低温状态。这些环节上主要涉及的冷藏链设备有冷藏汽车、铁路冷藏列车、冷藏船、冷藏集装箱等低温运输工具。

4）低温销售：各种冷链食品进入批发零售环节的冷冻贮藏和销售。此环节上主要涉及冷藏冷冻陈列柜等设备。

## 二、国内外食品冷藏链的发展现状

我国的食品冷藏链建设始于20世纪50年代初的肉食品外贸出口，当时因冷冻食品运输需要，改装了一部分保温车辆。1982年，国家颁布了《食品卫生法》，推动了食品冷藏链的发展，但真正起步是90年代以后。自20世纪90年代中期，随着我国国民经济稳定、持续增长，食品工业的迅猛发展，食品冷冻、冷藏行业得到快速增长，然而当前我国冷藏链的发展仍面临着设备相对落后，物流成本较高，管理不规范，冷链不完善导致的食品安全隐患等问题。

由于冷藏流通设备不足、运输效率低，造成食品损耗高，我国每年大约有20%～25%的果品和30%的蔬菜在中转运输和存放中腐烂损坏，易腐食品的损耗每年高达几百亿元，整个物流费用占到食品成本的70%[5,6]。欧美及日本等发达国家由于较早重视冷藏链建设和管理问题，现在已经形成完整的冷藏链体系。美国在20世纪60年代就已经普及冷藏链技术；日本自20世纪60年代开始推行冷藏链技术，80年代完成了现代化冷藏链系统的建设。他们在运输易腐食品过程中全部使用冷藏车或冷藏集装箱，并配以先进的信息技术，采用铁路、公路、水路、多式联运等多种运输方式，使新鲜物品的冷冻、冷藏运输率及运输质量完好率极大地提高。美国的水果、蔬菜等农产品在采收、运输、贮藏等环节的损耗率仅有2%～3%，已经形成一种成熟的模式。日本果蔬在流通中有98%采用了冷藏链[7,8]。

**1. 我国食品冷藏链主要环节的现状**

（1）低温加工

食品低温加工是冷藏链的第1步，包括原料的前处理、预冷/冷却、冻结或冻干。

前处理主要是指原料的采收、包装等过程。

预冷/冷却主要指在原产地将刚收获或捕捞、屠宰的易腐农产品的中心温度快速降低至适宜贮藏或运输的温度，即将温度降低至接近产品冰点又不冻结的状态。常用的预冷/冷却方法有空气冷却、冷水冷却、冰冷却和真空冷却等。

冻结是将易腐食品的温度降至冻结点以下的方法。在设备方面，目前国内生产的速冻设备主要有鼓风式、接触式、液体喷淋和沉浸式4大类。与国外先进设备相比，国产速冻设备存在体积大、传热性能差、能耗高、噪声大等问题[9]。

（2）食品低温贮藏

食品在贮藏环节停留时间最长，故食品低温贮藏是冷藏链中的一个重要环节。食品的低温贮藏主要依靠冷藏库（简称冷库）。1955年我国建造了第1座贮藏肉制品的冷库，1968年建成第1座贮藏水果冷库，1978年建成第1座气调库[10]。从20世纪70年代起，各地冷库容量增长较快。根据中国仓储协会冷藏库分会统计数据显示，2006年全国冷库总容积约为3 800万$m^3$，2009年上升为6 137万$m^3$，到2016年年底增至12 560万$m^3$。

冷藏库按结构形式可分为：土建冷藏库、装配式冷藏库、夹套式冷藏库等。我国现有的冷藏库中，建于20世纪70年代、80年代的多层土建式冷藏库占大多数。以上海市为例，若按容量计算，土建式冷库占全市冷藏库总容量的82.4%；若按数量统计，土建式冷藏库占冷藏库总量的86.1%[12]。20世纪90年代起新建的冷库，绝大多数采用单层、高货位的预制装配式夹心板的做法，这种形式的冷库现场安装迅速，大大缩短了建库周期。20世纪80年代前，冷库隔热主要采用稻壳、炉渣、软木和膨胀珍珠岩等，此后新型保温材料迅速发展，岩棉、玻璃棉、聚苯乙烯泡沫塑料（EPS、XPS）和聚氨酯泡沫塑料等越来越被广泛使用。目前冷库建设主要有两种形式：① 多层的钢筋混凝土混合结构，大多采用聚氨酯现场发泡法；② 单层高货位冷库，大多采用预制装配式夹芯板，两面为薄钢板，中间充填发泡聚氨酯（或发泡聚苯乙烯）[9]。

在制冷系统应用上，我国万吨级以上的冷库基本采用氨制冷系统。20世纪90年代前建造的冷库一般采用活塞式压缩机、水冷壳管式冷凝器，随着国内制冷技术的进步和装备的发展，目前大多选用螺杆压缩机和蒸发式冷凝器。螺杆压缩机与活塞式压缩机的效率基本相当，但螺杆压缩机易损件少，更安全可靠。蒸发式冷凝器与水冷壳式冷凝器相比，能耗低，节约用水。万吨级以下的冷库有氨制冷系统，也有卤代烃制冷系统。氨制冷系统几乎全部采用螺杆压缩机和蒸发式冷凝器，卤代烃制冷系统全部采用半封闭式单机螺杆或并联机组，风冷或蒸发式冷凝器大多数采用R22，此外采用R404A、R407C等新型环保型制冷剂的也在不断增加。

（3）低温运输

低温（冷藏）运输是指将易腐食品在合适的低温下从一个地方输送到另一个地方的过程，由冷藏运输设备来完成。冷藏运输包括陆上冷藏运输（公路冷藏运输、铁路冷藏运输）、冷藏集装箱、船舶冷藏运输和航空冷藏运输。我国现有冷藏运输方式主要以公路及铁路为主。冷藏汽车分为冷藏汽车和保温汽车两大类，冷藏汽车有隔热车厢和制冷装置，温度下限低于−18℃，用于运输冻结食品。保温汽车只有隔热车厢而无制冷装置，仅适用于短途运输。按制冷方式可将冷藏汽车分为机械冷藏汽车、冷冻板冷藏汽车、干冰冷藏汽车、冰冷冷藏汽车等，其中以机械冷藏汽车为今后发展的重点。铁路运输具有运量大、速度快等特点。铁路冷藏列车可以分为加冰冷藏车、机械冷藏车、冷冻板式冷藏车、无冷源保温车、液氮和干冰冷藏车等不同类型。目前加冰冷藏车已基本淘汰，机械冷藏车是发展的重点。为了充分利用铁路运输的优势，公铁联运的装备与标准是今后值得关注的方面。表7-1显示了我国现有冷藏运输装备特点及发展现状。

**表7-1　我国现有冷藏运输装备特点及发展现状**[10]

| 种　类 | 优　点 | 缺　点 | 适用范围 | 发展现状 |
|---|---|---|---|---|
| 加冰/盐冰冷藏车 | 冰吸热能力强，可维持新鲜农产品湿度；车体结构简单；成本低 | 温度可控范围窄；对车体及货物腐蚀严重；需中途加冰，影响运送速度 | 中短途运输 | 铁路有千余辆冰冷车在使用，目前已停产；公路主要用于水产品冷藏运输 |
|  | 温度可控范围广，温度分布均匀；可实现制冷、加热、通风换气、融霜自动化 | 铁路：成组（5节一组）运行，运用不灵活；维护费用高；技术要求高 | 铁路：批量大，远距离运输 | 铁路：以成组形式为主；应发展单节机械冷藏车 |
| 机械冷藏车 |  | 公路：初投资大；噪声大；结构复杂 | 公路：应用范围较广 | 公路：使用广泛，向节能环保方向发展 |
| 冷板冷藏车 | 结构简单；制冷费用低；恒温性能好 | 自重大；调温困难；抗震性能差 | 中短途运输 | 中短途及定点定线运输中有发展前景 |
| 液氮、干冰冷藏车 | 制冷速度快，温控范围广，温度场均匀；维护费用少；具有气调功能；节能环保 | 中途需补充液氮或干冰 | 时间：在1 d内短途运输 | 已有使用，有较好前景 |
| 隔热保温车 | 无冷源及制冷设备；初投资小；结构简单；能耗小；运行费用少 | 温度可控范围小；易受环境影响 | 中短途运输；经预冷/热货物 | 可在一定程度上替代加冰冷藏车 |
| 气调保鲜车 | 能更好地保证货物品质 | 车体制造工艺要求高 | 对货物品质有较高要求 | 处于研发阶段，其应用必要性还存在争议 |
| 蓄冷板冷藏车 | 能耗低；成本低；灵活、可操作性强 | 自重大；一次充冷工作时间短（一般8～15 h） | 小批量、中短途运输 | 蓄冷板冷藏车及保温箱已有使用 |
| 冷藏集装箱 | 有效容积大；可用于多种交通运输工具间联运；调度灵活，操作简便；温度稳定；损失低 | 初投资大；对各运输环节配套措施要求高；运输管理系统庞大 | 多种交通工具联运情况下优势明显 | 尚未大规模使用，处于起步阶段 |

易腐食品产量的增加，相应地推动了冷藏运输业的发展，而冷藏运输是我国食品冷藏链中最薄弱的环节[3,9,11]。我国冷藏保温汽车占货运汽车的比例仅为0.45%左右，而美国为0.8%～1%，英国为2.5%～2.8%，法国、德国等均为2%～3%。我国的冷藏运输率（易腐食品采用冷藏运输所占比例）仅25%左右，而美国、欧洲各国、日本等发达国家为80%以上[12]。

（4）食品低温销售

低温销售是大型超市、便利连锁店及相关的贩卖机构用低温冷柜进行销售的过程。自20世纪90年代初，超市作为一种新的零售方式在我国快速发展起来。随着大中城市各类连锁超市的快速发展，各类连锁超市正在成为冷链食品的主要销售渠道。目前超市的主要销售设备是超市冷藏陈列柜。

根据冷藏陈列柜的结构形式，将陈列柜分为敞开式和封闭式；按空气冷却方式分类，可分为自然对流冷却式和强制对流冷却式，从功能上可分为卧式冷藏陈列柜（也称岛柜）和立式冷藏陈列柜。卧式冷藏陈列柜温度为−18℃左右，主要贮藏水产品、肉类食品和各种速冻食品；立式冷藏陈列柜温度为0℃左右，主要贮藏乳制品、液体饮品、低温肉制品、净菜及一些凉拌菜等。

（5）食品冷藏链的信息化建设

近年来，我国冷藏链物流信息化水平有了较大提高，主要表现在冷藏链信息网络建设方面。生产者与经营者自发地组建了信息开发和交流组织，将各种冷冻食品在市场内公布批发市场的价格。信息交流的加快，促进了冷冻食品的销售。从总体上看，我国冷藏链物流信息化程度还较低，目前尚未建立食品冷藏链流通的网络体系，服务网络和信息系统不够健全，有些地区信息化仍处于空白状态，以致很多初级农副产品缺乏准确、及时的供销信息。虽然国内很多企业都拥有管理信息系统，但所使用的信息系统基本是独立的，缺少基于全供应链的物流信息平台。由于信息化水平低，大部分食品冷藏链相关企业无法做到可追溯，存在着安全隐患。

## 三、我国食品冷藏链的发展对策

食品冷藏链是一项系统工程，其发展与经济实力、科技水平及人民生活状况密不可分。我国人口基数大，食品需求量也大，完整的食品冷藏链是确保食品安全不可或缺的重要因素。该行业在我国发展起步晚，使得我国的食品冷藏链发展存在多方面的问题，最为突出的有：① 食品冷藏链设施和装备落后，相关的技术水平有待提高；② 冷藏链相关法律、法规及标准不健全；③ 食品冷藏链的信息化建设水平低；④ 专业的冷藏链物流供应商有待出现。当前我国食品冷藏链发展机遇与挑战并存，应抓住发展的机遇，通过冷藏链行业各方工作者的共同努力，加快发展食品冷藏链。针对我国食品冷藏链发展过程中存在的问题，今后应该加强以下几个方面的工作。

**1. 加强冷藏链设施和装备建设，提高制冷装备的技术水平**

首先，要对目前全国现有的陈旧冷库设备进行节能改造，如保温层的检修、制冷设备的节能改造等，从而有效降低能耗。

其次，应有目的地引进国际先进的技术装备，学习国外先进的生产技术，快速提高我国冷藏链设备自主研发水平，从降低能耗、噪声，提高设备自动化程度与可靠性方面提升国产设备的质量。如加拿大最大的第三方物流企业Thomson Group，不但具有容量大、自动化程度高的冷藏设施，还有目前世界上最先进的强制供电器（PTO）驱动、卫星监控、自动控温与记录的“三温式”冷藏运输车，可同时运输3种温度需求的食品，极大地促进了冷藏运输的发展[12]。必须大规模改造和更新现有的冷藏运输设备，发展新型冷藏装备，加速提高我国食品冷藏链装备水平。

此外，还要积极采用冷藏新工艺新技术，如冰核活性菌的应用、冻结食品的部分玻璃化保存及冰温技术等。食品冷藏链要走可持续发展的道路，还必须重视环境保护和能源的高效利用。应避免臭氧层遭到破坏，考虑温室效应；要扩大使用氨、$CO_2$等环保型制冷剂，提高制冷装置能效，通过节能来降低碳排放。

**2. 建立食品冷藏链的相关法律、法规及标准体系**

目前我国贯穿整个冷藏链的国家和行业法律、法规及标准还十分有限，质量保障体系薄弱。

要完善冷藏链物流相关法律法规，规范冷藏链物流市场，保障食品在冷藏链物流过程中规范化流通，应制定相应的法律法规及食品质量标准，约束企业在食品冷藏链中的行为；要规范食品低温物流各环节的硬件建设、使用和维护的标准；要研究制定涉及食品安全的食品在冷藏链中各项理化指标的执行标准，加快构建食品低温物流标准化体系及安全保障体系。通过政府与食品和物流行业协会合作，共同建立和完善食品冷藏链相关的行业标准及法规和制度，并尽快全面实施，促进食品冷藏链行业的健康发展。

**3. 加强食品冷藏链信息化建设**

要不断完善市场信息服务体系建设，着力开发和应用先进的信息技术，普及计算机、条码及RFID标识技术的应用，对食品冷藏链物流各环节进行信息追踪、控制与全程管理，保证食品在整条链上始终保持在低温环境下而不断链，增强食品物流供应链的透明度和控制力，提高食品物流信息化水平。

要学习引进发达国家的先进技术和管理理念。他们已拥有成熟的食品冷藏链物流信息管理体系，例如，美国发展了基于食品供应链的回溯系统，农场主使用电子耳标及相关数据收集卡，来追踪肉牛在市场流通中各环节的免疫记录、健康记录和饲料记录。荷兰建立了虚拟电子食品供应链，通过网络连接食品供应链上的各个环节，及时改进物流计划。韩国市场管理部门建立了全方位的信息网络，信息通过互联网、电视广播、电话、报纸杂志等传播媒介，最大限度地实现信息资源的社会共享[12]。

**4. 充分开展冷藏食品第三方物流业务，有效控制成本和避免“断链”**

因冷冻、冷藏产品自身的特性，故对物流配送要求较高。要有效保证易腐食品的品质和安全，就必须建立完整的冷藏链，严格温度控制和包装[13]。专业冷藏链物流的投资、技术要求及设备运行费都很高，而我国专业的低温物流供应商较少。作为非核心业务，单个生产商的自营冷藏物流，很难承受高投入的基础设施、设备和网络及庞大的人力成本。要大力培育专业的冷藏物流供应商，借助第三方物流可以更好促进冷藏链物流上、下游的整合，降低食品冷藏链断链的风险，保障食品安全，从而提高冷藏链物流作业的效率，降低企业营运成本。

## 第二节　计算流体力学在冷链装备优化中的应用

现代研究者们通过计算流体力学（computational fluid dynamics, CFD）数值模拟技术预测食品降温过程、冷链装备的流场与温度场，并对相关设备进行优化，这对保证食品品质、降低制冷设备能耗具有重要的意义。

CFD是流体力学的一个分支，它是利用计算机技术来模拟流体流动及换热问题。近年来，CFD在食品加工过程的传热传质研究中得到了广泛的应用[14-16]，例如，用于模拟食品冷冻、冷却装备中的流场，以及冷却过程中越来越多的食品传热问题[17, 18]。对于这些问题的研究，传统的实验费时费力，且有些信息资料难以获取。然而CFD数值模拟技术可以在很短的时间内得到模拟结果而且具有一定的准确度，通过计算机可以很容易地调整实验条件和参数等，从而大大缩短实验周期，降低实验研究成本，得到实际实验难以得到的成果。

## 一、CFD数值模拟技术在食品预冷过程中的应用

预冷是冷藏链比较关键的环节，它可以快速除去果蔬田间热、降低采摘后果蔬的新陈代谢速度，延长贮藏期，对保持果蔬品质及延缓成熟衰老进程有着重要作用。预冷方式主要有：水预冷、冷库预冷、真空预冷、差压预冷，为了比较不同预冷方式的差异，王达等[19]以雪青梨为对象建立了仿真模型，采用TGird非结构化网格对模型区域进行网格划分，对差压预冷采用$k$–$\varepsilon$模型和SIMPLE算法；冷库预冷采用$k$–$\varepsilon$模型和SIMPLE算法，低湍流强度；冰水预冷采用导热模型。利用Fluent软件模拟了在差压预冷、冷库预冷、水预冷三种预冷方式下，雪青梨从26℃降温至3℃时冷却时间、失重率、冷却均匀性的差异并进行了实验验证，显示理论结果与实验结果相一致，验证了理论模型的可靠性，提出了对大批雪青梨预冷时采用差压预冷的建议。陈秀琴等[20]利用Fluent软件采用标准$k$–$\varepsilon$模型和SIMPLE算法模拟了以包装箱侧面上开孔率为11.2%的圆形、键槽形2种开孔工况下，间隔、平方间隔和错位间隔3种排列方式下果品的瞬态温度场。韩佳伟等[21]以2层瓦楞纸包装箱包装的富士苹果为研究对象模拟了苹果预冷过程中在不同的送风温度下箱体内部温度分布情况，实验验证模拟结果与实验结果较吻合。但是，以上研究并没有探讨食品所处的空间位置对预冷过程中食品温度变化的影响。因此孟志峰等[22]以龙眼为对象，采用有限元数值分析方法研究冷风温度和速度对小型包装箱内龙眼预冷过程的影响，探讨不同时间、不同空间位置的龙眼温度变化，并进行验证。结果表明：数值模拟可以较好地反映实验结果。有效的真空预冷模拟能降低实验投入，缩短试验周期，多位学者建立球形果蔬的非稳态传热传质模型研究了其真空冷却过程。韩志等[23]引用了食品材料透气性参数与食品内部到表面的最短距离，建立了低压气化模型，应用CFD软件进行了模拟计算，并以卷心菜为例进行了实验验证，实验数据与模拟数值较吻合，研究成果表明：在真空冷却过程中，食品材料的透气性对食品内部的温度场有着显著的影响。

上述研究成果表明CFD可以较为准确地模拟出食品冷却过程中的传热过程，为研究食品冷却过程提供了新途径。然而，国内外采用CFD在食品预冷方面的研究对象以蔬果类食品居多，而对于研究海产品、肉类预冷的相关文献不多，流质食品（如牛奶及奶制品）预冷的研究基本上为空白。另外还有空气预冷、水预冷、冰预冷等预冷技术，当采用这些预冷技术对食品进行预冷时，其冷却过程中温度场与流场的变化有待进一步研究。

## 二、CFD数值模拟技术在食品冻结过程中的应用

食品冻结是主要的食品保鲜加工技术之一。通过冷冻降低食品的温度，抑制食品中微生物的繁殖并降低其中酶的活性，从而延缓食品的变质，达到延长食品贮藏期的目的。然而食品的冻结速率及温度会影响食品的品质，这也是设计和评价一个冻结设备性能优劣的重要依据，并且冷冻过程还受初始条件、传热边界条件、食品形状多样性和不均匀性等因素的影响[24]。预测食品冻结时间首先需要根据食品冻结过程中传热传质特性，建立起适当的预测模型；其次，需要获得必要的食品热物理性质参数。主要有：简单公式法、数值模拟和人工神经网络法等预测方法。几种方法中简单公式法精度较低，人工神经网络法需要获得大量的原始数据费时费力。近年来，以有限体积法与有限元法发展起来的CFD数值模拟技术在制冷领域得到了广泛研究，而且数值模拟方法具有成本低、速度快，能模拟比较复杂的工况，且模拟结果更贴近于实际等优点，因此被广泛采用[25]。Moraga等[26]将3种不同碎肉圆柱体在不同对流边界条件下进行冷冻，使用有限差分法和有限体积法分别预测冷冻过程其非稳态温度场的分布情况，结果发现相比有限差分法，有限体积法可更好地模拟冷冻过程，对食品冷冻时间的预测结果也更准确。Jafari等[27]利用Fluent 6.0软件采用标准$k$–$\varepsilon$模型，模拟了食品在射流冷却过程中射流孔间距、空气流速和喷嘴到平板状食品的距离等因素对冻结时间的影响。在国内，李杰等[28]利用CFD采用SIMPLE算法并采用全隐式时间积分方案，对虾仁在鼓风冻结装置中的冻结过程及冻结时间进行了二维非稳态模拟，模拟的结果与实验实际的结果相比较最大温度误差为1.5℃，冻结时间的误差百分比为3.8%，同时他们还对影响食品冻结时间的吹风方式、吹风速度，以及送风温度进行了模拟。李杰等[29]又以冰箱冷冻室内的土豆为研究对象，建立三维非稳态数值计算模型，选用冻结模式，并引入食品热物性多项式对其进行传热分析与计算，并进行了实验验证，结果表明模拟值与实验值吻合较好。研究揭示了食品在冰箱中冻结各阶段的温度分布状态、冻结状况等，并较准确地预测了食品的冻结时间。通过数值模拟技术准确预测冷冻时间可以更好地提高冷冻食品的品质，改善冷冻装置内的温度场与流场的分布，降低冷冻装置能耗[30]，也为优化冷冻装置提供依据。

食品在进入冷库冷冻之前基本上都已经过包装。包装能够有效阻挡食品的水分流失，降低食品的干耗，同时减小外界环境温度波动对食品品质的影响。王贵强等[31]研究食品包装对冻结过程的影响，用解耦方法将食品的冻结过程模拟分为食品冻结条件的模拟、包装材料内部空气层的模拟，以及食品内部的传热过程模拟，模拟结果显示在食品冻结过程中，包装的存在确实可以对外界环境温度的波动起到一定的阻隔作用，但同时却也减慢了食品的冻结速率，影响食品的冻结质量，将模拟结果与实验结果进行对比，偏差比较小。

尽管，近年来CFD对空气流动和温度的数值模拟得到了较好的发展，研究者通过建立模型利用CFD可以很好地模拟出食品冻结过程中的流场与温度场的分布，准确地控制冷冻时间，为优化冷冻装置提供了参考依据，但CFD数值模拟技术在汽化、升华等相变过

程还未有应用。而且，食品在冷链设备中进行冻结时，其相变过程（如凝固过程）的数值模拟还有待于进一步的研究。

## 三、CFD数值模拟技术在食品冷藏过程中的应用

在冷藏链流通过程中冷藏室是食品在其中停留时间最长的环节，冷藏的环境温度和流场的控制与食品贮藏的品质和冷库设施的能耗密切相关。但研究者很难通过实验测定的方法来获得整个冷库的流场，若使用CFD数值模拟技术则可以很好地模拟出食品冻结过程中冷库房内流场的变化[32]。Akdemir等[33]使用ANSYS 14.0软件，采用$k$–$\varepsilon$湍流模型分别对直接式制冷和冷风机制冷两种制冷方式的冷库进行数值模拟，分析了冷库温度场的分布情况。谢晶等[34]以一个（长 × 宽 × 高）4.5 m × 3.3 m × 2.5 m的实验冷库为研究对象，建立了二维紊流数值计算模型并采用了SIMPLE算法与交错网格技术进行了求解并揭示了整个冷库的流场存在一个中心大回旋流区，实验验证表明模型与实际吻合较好，在此基础上研究了冷风机出口风速、拐角挡板、货物等因素对冷库内温度场与流场的影响。为了更进一步研究讨论风机的回风方式及风机的安装位置等因素对冷库流场的影响，汤毅等[35]利用CFD模拟技术预测了风机不同出回风方式、风机不同安装位置对冷库气流的影响，以及大型冷库内货物摆设间距及风机风速对货物贮存的影响。杜子峥等[36]以24.3 m × 21.6 m × 7.2 m的中型冷库为研究对象采用多孔介质模型与ergun方程，分别建立风机下吹型与对吹型冷库模型使用Fluent进行稳态模拟。对比分析两种风机摆放方式对该库及堆垛货物内部气流组织分布的影响。结果显示：与对吹方式相比，吹风方式更有利于冷库内流场的均匀分布。上述研究结果为冷库内冷风机的布置优化提供了参考依据。但以上研究并有没有研究不同的出风方式对冷库内温度场的影响，因此胡佐新等[37]以4 m × 3 m × 2.5 m（长 × 宽 × 高）的冷藏库为研究对象，采用$k$–$\varepsilon$两方程模型，利用Fluent软件模拟了目标冷藏库在风机直吹与排气孔出风两种出风方式下不同的出风速度对冷藏库内温度场的影响，通过对模拟结果的对比发现采用新提出的排气孔出气时冷藏库内温度场的均匀性较好，整个流场的换热较为充分很少存在涡流。Hoang等[38]通过PM与SB两种方法进行建模，利用CFD软件并采用SIMPLE算法对放满苹果货盘的冷库内气流及传热进行了初步研究。结果表明，气流场模拟能够直观地显示出冷库内部的流场特征与流场状态，且模拟结果与实验值之间最大的误差在10%之内，相关系数在0.9以上，说明了CFD数值模拟的可靠性。该研究成果为商用苹果冷藏库的优化与库内环境的调节提供了理论依据。

食品在冷藏过程中，由于冷库内的空气温度受到各种负荷、制冷系统及控制方式的影响，其温度不能保持恒定不变，而温度的波动势必会影响食品冷藏过程温度的稳定，而且由于冷库送风方式的限制，库房空间内温度存在温差，为了研究冷库中不同位置的食品在冷藏过程中温度的均匀性，王贵强等[39]建立了冷库房传热模型，以19 m × 6 m × 4.2 m库房为例，以带包装的分割肉为研究对象，采用$k$–$\varepsilon$模型，利用CFD进行了数值模拟并用实验验证了模型的准确性，并指出冷库内更加均匀的流场会使食品温度更加均匀。

近年来利用CFD数值模拟技术在食品冷藏方面开展的研究比较多,但是大多数都是在研究温度与流速,以及冷风机的布置方式与回风方式等因素对冷库流场的影响,且研究的对象大多为小型的冷藏设备与冷藏库。随着CFD数值模拟技术在冷库研究中的应用不断深入,进一步的研究可以从以下方面展开:① 利用CFD数值模拟技术来研究最优化的货物堆码方式,来提高冷库内储存的食品质量,为货架的堆放高度与冷库的合理高度提出建设性的建议;② 通过CFD数值模拟技术对冷库的流场进行优化,在一定程度上避免了在冷库设计中为达到冷藏库中最高温度区温度低于货物贮藏温度的要求而将设计蒸发温度降低的问题,从而实现冷藏库节能运行。

## 四、CFD数值模拟技术在冷藏运输中的应用

冷藏运输从食品品质和安全的角度而言是冷藏链中最薄弱的环节。冷藏是食品运输的主要工具之一,随着人们对新鲜食品越来越迫切的需要,对冷藏车的要求也越来越高,冷藏车内的温度波动[40]及温度场分布的不均匀[41]都会导致食品品质的下降。要保证冷藏车内的温度均匀分布,对冷藏车内部环境的研究至关重要。Tapsoba等[42]通过建立1∶3.3的缩小比例模型,利用CFD模拟研究了冷藏车空载状态下的流场分布,模拟发现在高速气流区使用RSM模型比$k$–$\varepsilon$模型计算得到的结果更加准确。和晓楠等[43]利用Ansys软件,采用$k$–$\varepsilon$湍流模型并结合合理的边界条件,对冷藏车库内流场进行了CFD数值模拟,研究了不同送风速度对冷藏运输车内流场分布的影响及不同时间内库内流场变化情况。郭永刚、张哲等[44,45]分别以外形尺寸为6.0 m × 1.8 m × 2.0 m(长 × 宽 × 高)的中型冷板冷藏车与车厢的外形尺寸为4.2 m × 1.8 m × 2.0 m(长 × 宽 × 高),冷板尺寸为0.8 m × 0.04 m × 0.5 m(长 × 宽 × 高),车厢外壁为80 mm的泡沫聚氨酯隔热壁冷藏运输模拟试验台为研究对象,模拟紧密堆码与中间存在间隔的两种堆码方式对对流场及温度场的影响,应用Gambit软件建立物理模型进行网格划分,并采用$k$–$\varepsilon$模型。结果显示:中间存在间隔的堆码方式,货物表面的温度场比较均匀,这为食品在冷藏车内的堆码方式起到了一定的参考作用。韩佳伟等[46]以4.0 m × 2.0 m × 1.7 m(长 × 宽 × 高)的短距离冷藏车为研究对象,以SST $k$–$\varepsilon$模型为基础,运用Fluent模拟了不同阶段开启风机和关闭风机车厢内温度场的分布情况,该研究为合理选择制冷风机温度和冷却时间最佳组合方式,以及实现节能减排降低运输成本提供了依据。同时,冷藏车车厢内温度和湿度的分布也是影响其运载的果蔬状态的两个重要因素。冷藏车作为公路冷藏运输的主要运输工具,它的性能差异将直接影响到食品的质量。在理论上CFD数值模拟技术为冷藏车设计与优化提供了有力的支持。工程人员通过模拟出流体区域中的温度场与流场,对改良冷链设备结构与优化内部的流场起到了一定的作用,并为后续的改进与革新提供了理论依据。

冷藏车中一般通过控制冷藏集装箱的几何大小、货物堆码的紧凑情况、空气输送速率及其流动情况等方面对运输过程中温度进行调整。Alptekin等[47]采用RSM模型,通过设置 3 种不同几何大小的冷藏集装箱,利用Fluent软件研究了天花板通风槽冷藏集装箱的内部流场分布,分析了冷藏集装箱长度等参数对厢体内部传热过程的影响。田

津津等[48]通过CFD建立三维非稳态模型，利用Fluent对尺寸为6.8 m ×2.1 m ×2.2 m的冷藏集装箱进行流场模拟研究，讨论了温度场、速度场及货物堆码对冷藏集装箱流场的影响。此后，田津津等[49]应用稳态不可压缩N-S时均方程及$k$–$\varepsilon$模型，利用均匀送风原理，设计出两种新型送风风道型式，并使用Fluent模拟研究了两种送风方式下箱体内部流场变化。研究发现与原始集装箱相比，新型的冷藏集装箱内部流场有着明显的改进。

近年来，国内外学者利用CFD技术对冷藏运输装备内部流场的优化、冷藏运输装备内货物的堆放方式及冷藏运输装备结构优化等方面进行了研究，主要集中在箱体内冷风机的位置、送风的温度与速率、货物的堆码方式对箱体内温度场与流场的影响等。然而，现阶段冷藏运输设备的数值模拟还停留在模型的建立与实验的验证阶段。今后的研究可以多考虑回风道、壁面拐角等因素的影响，并可以对壁面材料进行优化(如嵌入真空隔热板)，以及在节能减排上进行冷风机优化等。

### 五、应用展望

虽然CFD数值模拟技术在冷藏链各环节设备优化中已经得到了较广泛的应用，但多数学者采用CFD对食品冷冻、冷却过程进行模拟时，模拟对象以果蔬类食品居多，对水产品、肉类的研究比较少，在模拟冷冻冷藏过程中也很少讨论食品堆码的方式对温度场的影响，而水产品和肉类也是冷藏链流通的大类商品，而且堆垛方式直接影响到设备中的流场和温度场，所以很有必要进一步开展上述研究。而且，在CFD数值模拟计算过程中，边界条件的设置及复杂模型的构建与网格划分都会影响到计算结果的准确性，为了使数值模拟结果更加具有实用性与可接受性。今后的研究可以从复杂模型的构建与网格划分；湍流模型选取、改进；多孔介质模型改进等方面进行研究与探讨以提高数值模拟精度，使其模拟结果更好地服务于冷藏链装备的优化。在准确控制温度、湿度的同时减少不必要的能量消耗及实现快捷、方便、准确的温度控制的智能化与节能化是今后CFD数值模拟技术在冷链物流中的不断创新的目标之一。

## 第三节 食品冷却的方法、装置及冷却过程的数值模拟

### 一、食品冷却的方法

冷却是将食品的品温降低到接近食品的冰点，但不发生冻结。它是一种被广泛采用的用以延长食品贮藏期的方法。食品的冷却方法有真空冷却、差压式冷却、通风冷却、冷水冷却、碎冰冷却等。根据食品的种类及冷却要求的不同，可以选择合适的冷却方法。表7-2是几种冷却方法的一般使用对象。

表7-2　冷却方法与使用对象

| 品种＼冷却方法 | 肉 | 禽 | 蛋 | 鱼 | 水果 | 蔬菜 |
|---|---|---|---|---|---|---|
| 真空冷却 | | | | | √ | √ |
| 差压式冷却 | √ | √ | √ | | √ | √ |
| 通风冷却 | √ | √ | √ | | √ | √ |
| 冷水冷却 | | √ | | √ | √ | √ |
| 碎冰冷却 | | √ | | √ | √ | √ |

## 二、食品冷却的原理与设备

### 1. 食品真空冷却的原理与设备

真空冷却又名减压冷却。它的原理是根据水在不同压力下有不同的沸点。例如，在正常的101.3 kPa压力下，水在100℃沸腾，当压力为0.66 kPa时，水在1℃就沸腾。在沸腾过程中，要吸收气化潜热，这个相变热正好用于水果、蔬菜的真空冷却。为了利用这个原理组装设备，必须设置冷却食品的真空槽和可以抽掉真空槽内空气的装置。图7-1为真空冷却设备原理图。

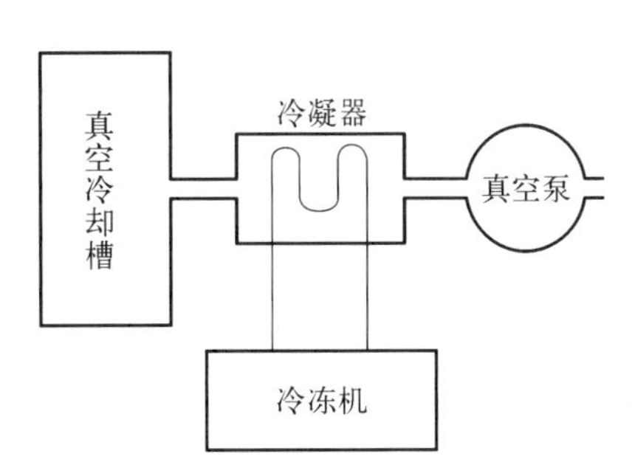

图7-1　真空冷却设备原理图

真空冷却主要用于生菜、芹菜等叶菜类的冷却。收获后的蔬菜经挑选、整理，装入打孔的塑料箱内，然后推入真空槽，关闭槽门，开动真空泵和制冷机。当真空槽内压力下降至0.66 kPa时，水在1℃下沸腾，需吸收约2 496 kJ/kg的热量，大量的气化热使蔬菜本身的温度迅速下降到1℃。因冷却速度快，水分气化量仅2%～4%，不会影响到蔬菜新鲜饱满的外观。真空冷却是蔬菜的各种冷却方式中冷却速度最快的一种。冷却时间虽然因蔬菜的种类不同稍有差异，但一般用真空冷却设备需20～30 min；差压式冷却装置约需4～6 h；通风冷却装置约需12 h；冷藏库冷却约需15～24 h。

由图7-1可见，真空冷却设备需配有冷冻机，这不是用于直接冷却蔬菜的，而是因为常压下1 mL的水，当压力变为599.5 Pa、温度为0℃时，体积要增大近21万倍，此时即使用二级真空泵来抽，消耗很多电能，也不能使真空槽内压力快速降下来，用了制冷设备，就可以使大量的水蒸气重新凝结成水，保持了真空槽内稳定的真空度。

总之，真空冷却设备具有冷却速度快、冷却均匀、品质高、保鲜期长、损耗小、干净卫生、操作方便等优点，但设备初次投资大，运行费用高，以及冷却品种有限，一般只适用于叶菜类，如白菜、甘蓝、菠菜、韭菜、菜花、春菊、生菜等。

### 2. 空气冷却方式及其装置

真空冷却设备对表面水分容易蒸发的叶菜类，以及部分根菜和水果可发挥较好的作用，但对难以蒸发水分的苹果、胡萝卜等水果，根菜及禽、蛋等食品就不能发挥作用了。这些食品的冷却就得利用空气冷却及后面介绍的冷水冷却等。

（1）冷藏间冷却

将需冷却食品放在冷却物冷藏库内预冷却，称为室内冷却。这种冷却主要以冷藏为目的，库内制冷能力小，由自然对流或小风量风机送风，冷却速度慢，但操作简单，冷却与冷藏同时进行。一般只限于苹果、梨等产品，对易腐和成分变化快的水果、蔬菜不适用。

（2）通风冷却

又称为空气加压式冷却。它与自然冷却的区别，在于配置了较大风量、风压的风机，所以又称为强制通风冷却方式。这种冷却方式的冷却速率较上述有所提高，但不及差压式冷却，图7-2为两种冷风冷却的比较。

（3）差压式冷却

这是近几年开发的新技术。图7-3所示为差压式冷却的装置。将食品放在吸风口两

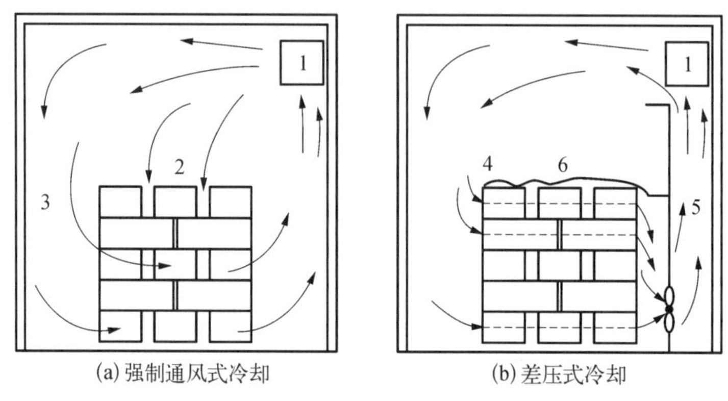


图7-2 强制通风式与差压式冷却的比较

1. 通风机；2. 箱体间设通风空隙；3. 风从箱体外通过；4. 风从箱体上的孔中通过；5. 差压式空冷回风风道；6. 盖布

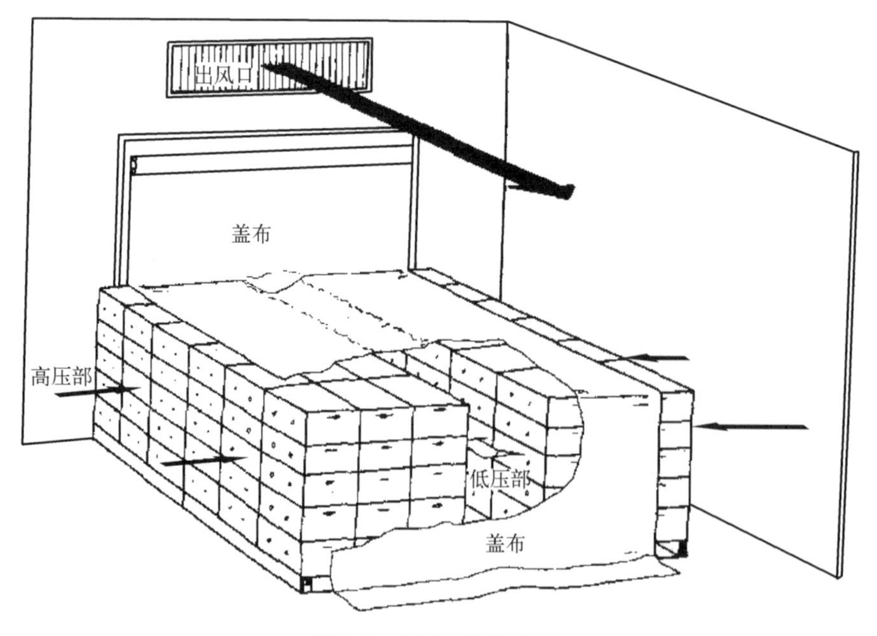


图7-3 差压式冷却装置

侧，并铺上盖布，使高、低压端形成2 ～ 4 kPa压差，利用这个压差，使−5 ～ 10℃的冷风，以0.3 ～ 0.5 m/s的速度通过箱体上开设的通风孔，顺利地在箱体内流动，用此冷风进行冷却。根据食品种类不同，差压式冷却一般需4 ～ 6 h，有的可在2 h左右完成。一般最大冷却能力为货物占地面积70 $m^2$，若大于该值，可对贮藏空间进行分隔，在每个小空间设吸气口。

差压式冷却具有能耗小、冷却速度快（相对于其他空气冷却方式）、冷却均匀、可冷却的品种多、易于由强制通风冷却改建的优点。但也有食品干耗较大、货物堆放（通风口要求对齐）麻烦、冷库利用率低的缺点。

**3. 冷水冷却及其设备**

冷水冷却是用0 ～ 3℃的低温水作为冷媒，将食品冷却到要求温度。水和空气相比热容量大，冷却效果好。冷水冷却设备一般有三种型式：喷水式（又分为喷淋式和喷雾式）、浸渍式和混合式（喷水和浸渍）。其中又以喷水式应用较多。喷水式冷却设备如图7-4所示，它主要由冷却水槽、传送带、冷却隧道，水泵和制冷系统等部件组成。在冷却水槽内设冷却盘管，由压缩机制冷，使盘管周围的水部分结冰，因而冷却水槽中是冰水混合物，泵将冷却的水抽到冷却隧道的顶部，被冷却食品则从冷却隧道的传送带上通过。冷却水从上向下喷淋到食品表面，冷却室顶部的冷水喷头，根据食品不同而大小不同；对耐压产品，喷头孔较大，为喷淋式；对较柔软的品种，喷头孔较小为喷雾式，以免由于水的冲击造成食品损坏。

浸渍式冷却设备，一般在冷水槽底部有冷却排管，上部有放冷却食品的传达带。将欲冷却食品放入冷却槽中浸没，靠传送带在槽中移动，经冷却后输出。

冷水冷却设备适用于鱼、家禽、蔬菜、水果的冷却，冷却速度较快，无干耗。但若冷水被污染后，就会通过冷水介质传染给其他食品，影响食品冷却质量。

**4. 碎冰冷却**

冰是一种很好的冷却介质，当冰与食品接触时，冰融化成水，要吸收334 kJ/kg的相变潜热，使食品冷却，碎冰冷却主要用于鱼的冷却，此外也可以用于水果、蔬菜等的冷却。

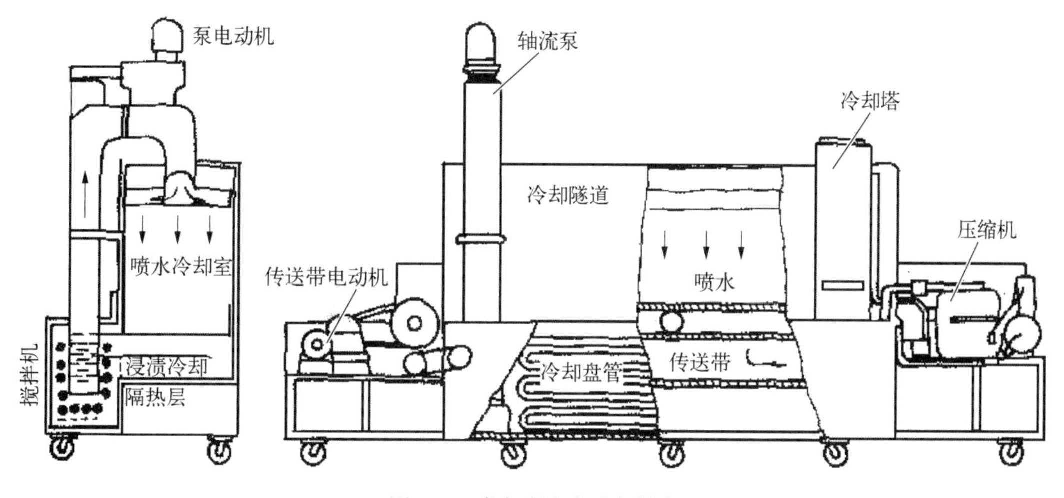


图7-4　喷水式冷水冷却设备

为了提高碎冰冷却的效果，应使冰尽量细碎，以增加冰与被冷却食品的接触面积。碎冰冷却中可以用淡水冰，也可以用海水冰。碎冰冷却用于鱼保鲜，使鱼湿润、有光泽，无干耗。但碎冰使用中易重新结块，并且其不规则形状易对鱼体造成损伤。

## 三、冷却过程的数值模拟

在已有研究的基础上，采用工程热力学、传热传质学、多孔介质理论和食品物性学对食品真空冷却过程进行了数值模拟和实验研究。

鉴于真空冷却技术在食品冷加工中的重要性，一些学者对该过程的数值计算进行了深入的研究[50-58]。CFD是通过计算机进行数值计算和图像显示，分析包含流体流动和热传导等相关物理现象的技术，可获得整个流场内详尽的信息。Fluent作为一种大型的商业化CFD软件，得到广泛的应用。然而，却检索不到Fluent在食品真空冷却过程中应用的文献，造成此问题的原因主要有以下三方面：

1）Fluent作为商业软件，提供的基本模型中不包括低压汽化模型，无法直接模拟真空冷却过程；

2）真空泵在抽真空的过程中，气体的密度随时间变化，故不能采用速度和质量出口边界条件，无法按照常规的边界条件设置方法来求解；

3）真空冷却过程是一个非稳态过程，伴随着气体密度、水分相态、对流换热量等多个复杂的变化，Fluent应用非常困难。

多孔性食品在真空冷却过程中，可近似看成其各部分处于同一个压力下，汽化强度相同，温度下降速度相同。因此，研究多孔性食品的真空冷却过程，降低了过程的复杂性。针对以上分析，本节以多孔性食品为研究对象，运用Fluent模拟其真空冷却过程，并通过实验验证，证明了方法的可行性，为Fluent在食品真空冷却过程中的应用提供了重要的参考。

### 1. 低压汽化模型

食品真空实验装置主要由真空室、真空泵和捕水器组成，真空室壁面为不锈钢钢板，选用单级旋片真空泵，捕水器采用内置式捕水器。一般情况下，每蒸发食品质量1%的水分，大约使其温度下降6℃，常见的食品真空冷却初始温度和终了温度差一般为20～30℃，因此真空冷却过程中，产生的水蒸气较少。同时，在抽气口处设有捕水器，及时地把水蒸气冷却成水或冰。因此，水蒸气的产生对真空室压力变化的影响较小。

在真空冷却中，当真空室压力降到食品温度对应的饱和压力时，水分开始沸腾，产生的水蒸气连同真空室内的空气一起由真空泵抽到外界环境，压力继续降低，水分在更低的温度下汽化，食品的温度也随之降低，直至降到预定的温度。在此过程中，热量传递的方式有：相变换热（水分汽化带走食品热量）、对流换热（真空室内气体分别和内壁及食品表面之间换热）、辐射换热（真空室内气体、内壁食品三者之间）。辐射换热量取决于辐射角系数、黑度和温度，属于非接触换热，效率较低，可以忽略不计。

为简化研究，建立模型时作了如下假设：① 不计辐射换热；② 不计外界渗入空气带来的热量；③ 真空环境中，多孔性食品内外无压力差，即其各部分温度下降速度相同；④ 降温过程中，食品热物性参数不变；⑤ 考虑到捕水器所占空间较小，且靠近抽气口处的壁面，将不计捕水器对流场的影响；⑥ 汽化产生的水蒸气全部被捕水器吸收；⑦ 不计汽化产生的水蒸气对抽气口处的压力影响。

食品温度对应的饱和蒸气压力计算公式为[59]

$$p_1 = \exp\left(23.1964 - \frac{3\,816.44}{T + 227.02}\right) \tag{7-1}$$

式中，$T$为食品的温度，℃；

当真空室内压力低于食品温度对应的饱和蒸气压力时，水分开始汽化，带走的热量为

$$Q_1 = r\,\dot{m}_s = rk_f V(p_1 - p_{vc}) \tag{7-2}$$

式中，$Q_1$为水分汽化带走的热量，J；$r$为汽化潜热值，kJ/kg；$\dot{m}_s$为食品中汽化产生的水蒸气的质量流量，kg/s；$V$为食品的体积，m³；$k_f$为多孔性食品的沸腾系数，kg/(s·Pa·m³)。

为了便于运用Fluent来模拟，现将水分汽化带走热量的过程，等效为食品内部存在的内热源作用的效果，故该内热源的计算公式为

$$\begin{cases} Q = 0 & (p_{vc} > p_1) \\ Q = -rk_f V\left[\exp\left(23.196\,4 - \dfrac{381\,6.44}{T + 227.02}\right) - a\exp\dfrac{-\eta s_0 t}{V_{sv}} - p_j - b\right] & (p_{vc} \leqslant p_1) \end{cases} \tag{7-3}$$

水分汽化吸收的热量来自食品本身，因此，食品质量的变化量即水分汽化量可由以下公式近似求得：

$$\Delta m = \frac{Q_1}{1\,000r} = \frac{Q_2}{1\,000r} = \frac{cm\Delta t}{r} \tag{7-4}$$

式中，$\Delta m$为水分汽化量，kg；$Q_2$为引起食品温度变化的显热量，J；$c$为食品的比热容值，kJ/(kg·℃)；m为食品的质量，kg；$\Delta t$为食品温度的变化，℃。从式中可以知，求解出温度的变化，就可得到质量的变化。因此，本节将不做传质过程的模拟计算。

本过程涉及的初始条件和参数为：真空室内壁、空气和食品的初始温度设为27.50℃，真空室内初始压力为101 325 Pa；真空泵名义抽速$s_0$为25 m³/h；水的汽化潜热为2 470 kJ/kg；采用球形食品，半径为0.06 m；真空室为边长0.6 m的正方体；同时基于实验数据分析得出：与真空泵效率有关的比例常数$\eta$为0.693 2；沸腾系数$k_f$为$2.763\times10^{-4}$ kg/(s·Pa·m³)；系数$a$的值为101 038.32，$b$为0；极限压力$p_j$约为270 Pa。

**2. 数值模拟及实验验证**

针对上述分析，采用GAMBIT前处理软件进行建模及计算区域网格划分(图7-5)。将网格文件读入Fluent，选择标准k-epsilon双方程湍流模型求解，采用差分控制容积法对控制方程进行离散，气体和食品之间采用流固耦合处理。并根据上述参数、初始条

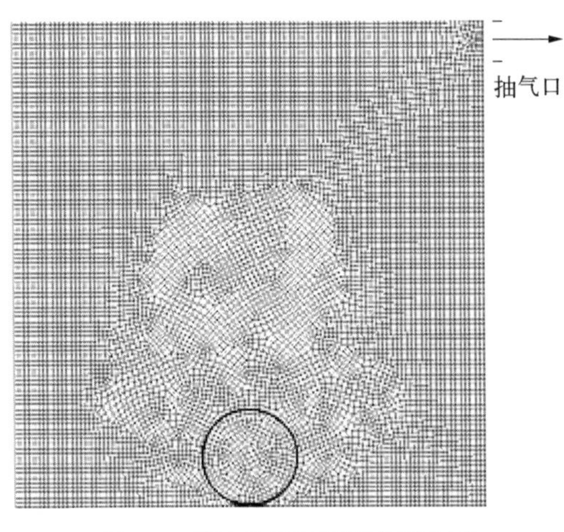


图7-5 真空室截面图及网格划分

件和边界条件进行设置，其中压力出口、对流换热系数和内热源采用用户自定义函数（UDF）编程，对亚松弛参数、计算残差进行逐步调整。

为了验证Fluent模拟的准确性，以卷心菜（菜体均匀打孔若干）代替多孔性食品进行了真空冷却实验。涉及的实验设备有：真空泵（LEYBOLD Sogevac SV25, Germany），铜-康铜热电偶（精度0.5级），多点温度采集器（FlUKE 2640 NetDAQ, USA），电容式薄膜真空计（测量范围：10 ～ 10 kPa，精度0.5级）。图7-6和图7-7显示了压力和温度的实验值和模拟值。压力在10 000 ～ 270 Pa的降压过程中最大偏差197 Pa，最大差异百分比为7.56%，温度的最大偏差1.35℃。结果表明，实验值和模拟值吻合性较好。

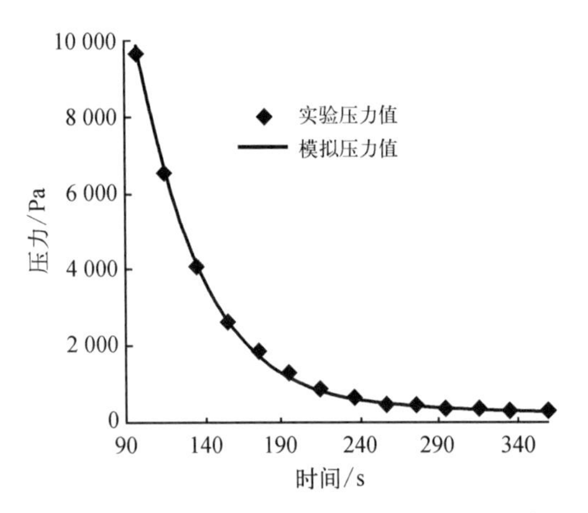


图7-6 真空室压力（10 000 Pa范围内）的模拟值与实验值随时间的变化

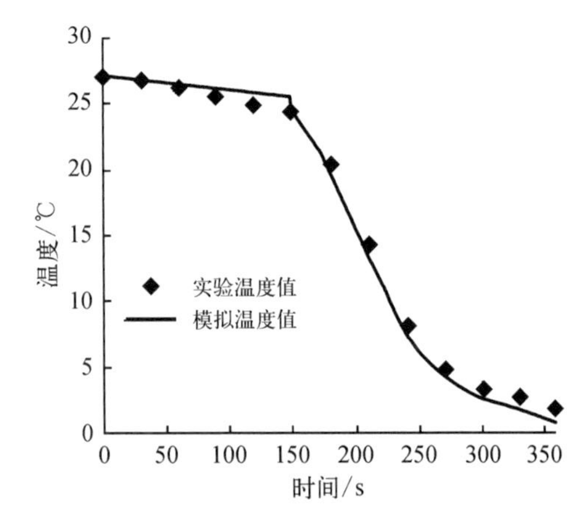


图7-7 食品温度的模拟值与实验值的比较

### 3. 结果分析

从图7-6中可以看出，在90 ～ 150 s时真空室压力模拟值大于实验值，原因可能是：真空室泄漏的影响。真空室空气的泄漏过程可认为是通过喷嘴的绝热可压缩流动[60]。随着真空室压力的下降，泄漏量逐渐变大，直至真空室压力降到临界压力后，真空室的泄漏量才保持不变。但是，在建立真空模型时，已假定整个降压过程的泄漏量等于最大值。因此，模拟过程的泄漏量大于实际过程，模拟值大于实验值。随着抽真空的进行，压力降到约3 600 Pa时，食品内部的水分开始汽化，产生水蒸气，使得真空室的实际压力大于模拟值。

图7-7中给出了食品温度的模拟值和实验值。在0 ～ 150 s时食品内水分尚未沸腾，

温度模拟值要高于实验值，原因可能是：抽真空开始阶段，压力迅速降低，大量空气被抽走，使得食品孔隙表面的水蒸气分压力远高于真空室内空气的水蒸气分压力，因此，食品的蒸发强度变大，一定量的水分汽化，带走了食品的热量，使其温度降低。而在模拟过程中，在水分沸腾之前的内热源是0，不考虑水分蒸发对食品的影响。在150～360 s时食品内部分水分处于沸腾阶段，温度下降速度明显，时间段约为150～360 s，实验值一直大于模拟值，除了辐射换热的原因，主要是因为产生的水蒸气对真空室气压产生影响，降低了沸腾的强度，也会造成实验值高于模拟值。在250 s后，模拟值和实验值的差值逐渐变大，原因可能是：在实际过程中，沸腾系数是和食品的含水量相关联的，当食品中的水分变少后，沸腾系数随之变小，因此汽化的水分量也变小，带走的热量随之降低，造成了实验值高于模拟值。

Fluent最大的优点是可以获得整个流场内详尽的信息。图7-8～图7-10分别给出了160 s时温度、压力和气体速度矢量的分布图。

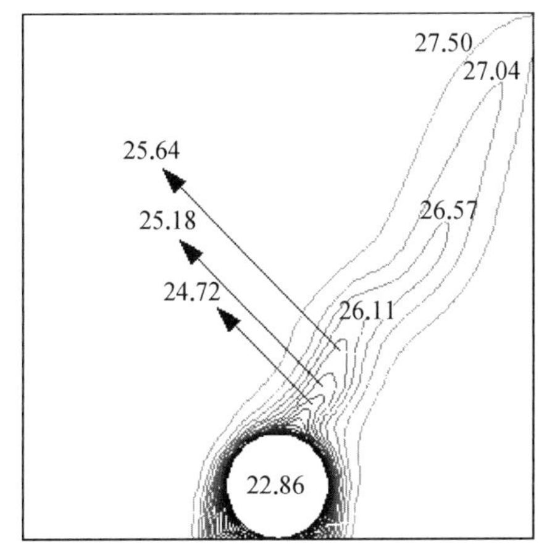

图7-8　160 s时真空室内温度等温线分布图（单位：℃）

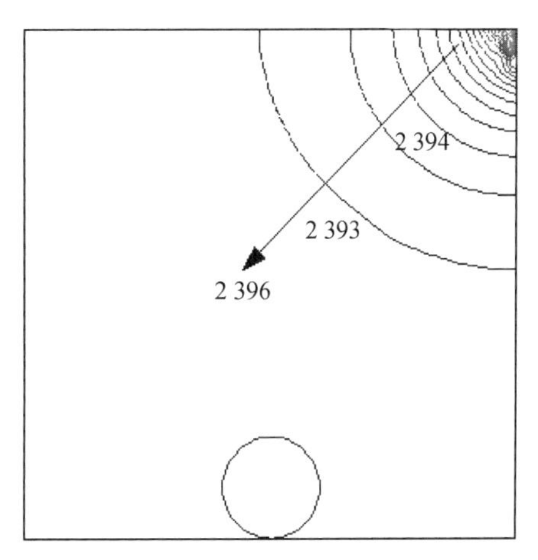

图7-9　160 s时真空室内压力分布图（单位：Pa）

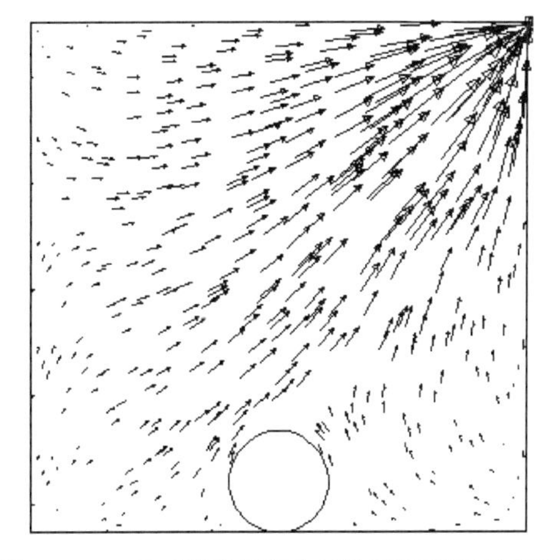
图7-10　160 s时真空室内气体速度矢量分布图

从模拟图中可以得到以下三点。

1）在食品降温过程中，抽气口到食品的直线方向上温度逐渐降低，该方向上温度梯度最大，且在食品处的梯度值较大。同时，食品内部温度均匀一致。

2）在抽气降压过程中，等压线可近似看成以抽气口为圆心的同心圆弧，从内到外压力逐渐降低。但是压力差很小，最大差值约为6 Pa，说明压力分布较均匀。因此，食品的排放位置不影响水分汽化强度。

3）流场在靠近壁面处及食品表面处的速度较小，在速度矢量图中表现为箭头密度小、长度短。同时，在拐角处和食品靠近壁面处存在小漩涡，原因是壁面和食品的阻碍扰流。

真空冷却过程中的汽化现象在CFD软件中还没有相对应的模块，而上述的工作建立了多孔性食品真空冷却过程的低压汽化模型，采用用户自定义函数编程，首次完成了基于Fluent的真空冷却模拟。实验验证表明模型与实际吻合较好。在此基础上，分析了模拟值和实验值存在差异的可能原因，并提出了真空冷却过程的一些基本流动和传热规律，为今后食品真空冷却过程的模拟奠定了基础。

## 第四节　气流上下冲击式冻结装置流场的分析优化

### 一、速冻设备的发展

#### 1. 速冻食品工业发展

速冻能最大限度地保持天然食品原有的色泽、风味和营养成分，是食品长期贮藏的最重要方法，它被国际上公认为最佳的食品贮藏保鲜技术，已成为近年来在世界上发展最快的食品行业之一。速冻食品就是将新鲜的农产品、畜禽产品和水产品等原料与配料经过加工后，利用速冻装置使其在低温−30℃及其以下进行快速冻结，使食品中心温度在20 ～ 30 min内从−1℃降至−5℃，然后再降到−18℃，并经包装后在−18℃及其以下的条件进行冻藏和流通的方便食品。

速冻食品1928年起源于美国，至今已有80多年的历史。第二次世界大战后，美国科学家系统研究了速冻食品的冷藏理论，加快了速冻食品的发展。20世纪60年代初随着冷藏链的形成，各种速冻食品开始进入超级市场，品种也迅猛增长，从过去的肉、禽、水产发展到今天的速冻蔬菜、果汁及各种调理食品。目前世界速冻食品工业已形成规模化生产，在食物构成中所占比例越来越大，已成为消费者生活中不可缺少的食品。在发达国家速冻食品销售量已占全部食品的60%左右，成为发展最快的食品工业。国际上，速冻食品发展较快的有美国、欧盟国家、澳大利亚和日本等国。其中，美国速冻食品年产量达2 000多万t，人均占有量达64 kg。品种繁多，仅速冻调理食品类就有2 200 多种。

我国速冻食品行业自20 世纪90 年代以来，总产量年增长率以20%左右的速度增长，成为我国食品工业的重要组成部分。

**2. 速冻设备的特点和需求**

速冻设备的分类及特点见表7-3。

**表7-3　速冻设备及其特点**[1,61]

| 速冻设备种类 | 二级分类 | 特点和主要用途 |
| --- | --- | --- |
| 鼓风式速冻设备 | 隧道式(包括间歇式、半连续式)冻结设备 | 主要用于单体速冻水产品和调理食品 |
| | 螺旋式速冻设备 | 适用于多种冻品的要求,应用范围广,占地面积小,适用于水产品、调理食品 |
| | 气流上下冲击式速冻设备 | |
| | 流态化速冻设备 | 适用于虾仁、蔬菜及颗粒状食品的速冻 |
| 接触式速冻设备 | | 以传导方式传热,冻结速度快,适用于水产品(如鱼盘冻结)及各种规格化食品的速冻 |
| 深冷或液体喷淋式速冻设备 | | 采用液氮或液体二氧化碳喷淋到食品表面进行速冻,适用于名贵水产品和调理食品的速冻 |
| 沉浸式速冻设备 | | 将食品沉浸在不冻液(盐水、糖溶液等)内进行快速冻结 |

速冻设备是食品冷加工生产线上投资最大的关键设备,设备的优劣直接影响冷冻食品的品质,据国内外相关资料及产品情况,今后我国在进一步发展速冻设备时,应注意考虑以下几个方面,并利用世界一流的设计、制造技术,生产世界先进的速冻设备,以适应日趋全球一体化大市场的要求。

(1) 设计合理结构紧凑

各类速冻装置主要由围护结构、机械结构、换热系统、通风系统、控制系统和清洗系统等组成。如何将这些部件设计得更加合理,结构更紧凑,达到国际先进水平,这是目前速冻装置的重要研究课题。

(2) 满足食品加工卫生标准要求

1) 全不锈钢化结构。为了满足食品加工卫生标准要求,快速冻结装置的结构必须采用全不锈钢结构,蒸发器采用不锈铝制作,具有降温速度快,无锈蚀无污染等特点。

2) 清洗系统。清洗系统必须设计足够压力,以便使传送带及其他部件上的附着物能够很容易清洗掉,喷嘴水管采用不锈钢或塑料制作。传送带清洗系统还应设置吹干装置以保证传送清洁卫生、干爽。

3) 操作灵活,维护方便。采用手动或自动控制的速冻装置,应是操作灵活、方便,并有足够的维修通道,利于维护。

4) 多功能、多用途、低耗能速冻。食品品种繁多,就其形状而言有球状、圆柱状、片状、块状及各种不规则形状。以往生产的速冻装置大多满足单一品种或部分食品的快速冻结,但在实际应用中用户要求性能用途更加广泛的速冻装置。

综上所述,加强行业管理,多与国际同行信息交流,勇于创新,最终将会提高我国速冻机行业的整体水平,进一步为市场和用户服务。

## 二、冻结装置内物理、数学模型建立

此处以上下冲击式速冻机的优化设计为例，列举数值模拟技术在速冻机研发中的应用。

### 1. 物理模型

模型一：静压箱

模拟区域为静压箱区(图7-11)，传送网带上下方各有一个均风孔板，板宽1 800 mm，两均风孔板间距130 mm。风由风机向下吹出，一部分经上均风板直接喷射至网带上方，另一部分沿隔板和静压箱侧壁形成的通道导流至网带正下方，经下方均风孔板冲击网带。

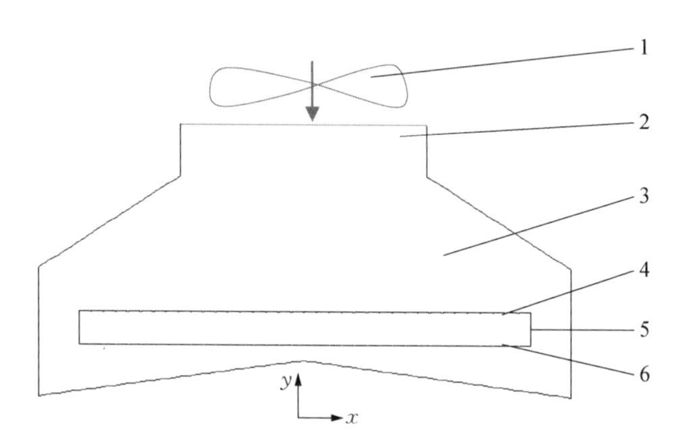


1. 风机；2. 进风口；3. 静压箱；4. 上方出风口（上均风孔板）；5. 隔板；6. 下方出风口（下均风孔板）

图7-11 静压箱物理模型

模型二：冻结区

冻结装置长度方向上，冻品随传送网带进入由上下孔板同时吹出冷风的冻结区，至出料口完成冻结。模拟区域取装置主视图剖面，包括作为吹风入口的上下孔板、位于孔板间的传送网带、底部出风口。图7-12（无冻品）、图7-13（有冻品）是部分冻结区的示意图。

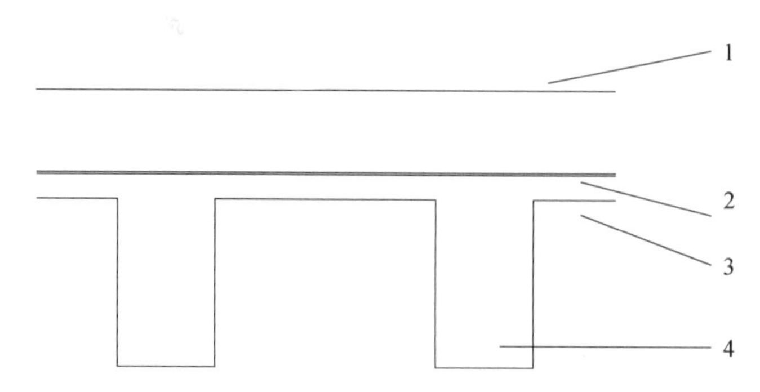


1. 上方进风口（上均风孔板）；2. 网带；3. 下方进风口（下均风孔板）；4. 出风口

图7-12 部分冻结区物理模型

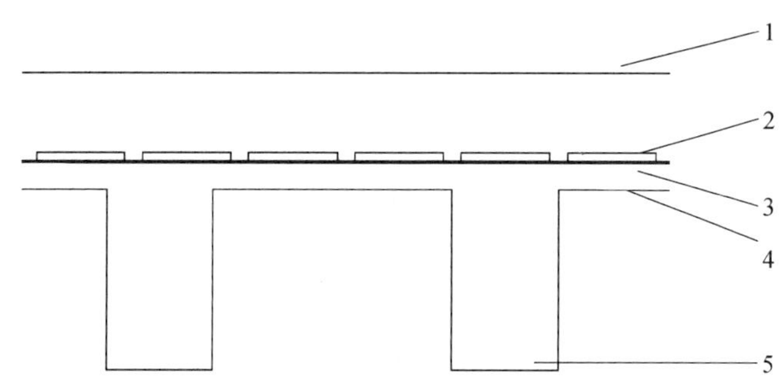


1. 上方进风口（上均风孔板）；2. 冻品；3. 网带；4. 下方进风口（下均风孔板）；5. 出风口

图7-13　部分冻结区物理模型（有冻品）

**2. 数学模型**

为了取得数值模拟的结果，首先要建立合适的描述冻结区内对流换热的数学模型。

（1）模型简化

做如下假设：

1）装置持续空载运行状态下，整场的流动及换热为稳态；

2）装置内空气为不可压缩的理想气体；

3）忽略内部各表面之间的辐射换热；

4）围护结构与外界的换热量相对于内部强迫对流换热量而言很小，将围护结构视为绝热。

（2）控制方程

冻结装置内部冻结区为有限空间强制对流，流场 $Re$ 约为 $10^5$，处于紊流状态。结合上述假设，采用紊流流场 $k$–$\varepsilon$ 数学模。采用 $k$–$\varepsilon$ 两方程模型求解湍流对流换热问题时，控制方程包括连续性方程、动量方程、能量方程、湍流脉动动能 $k$ 方程及湍流能量耗散 $\varepsilon$ 方程和确定湍流黏性系数的方程。湍流控制方程的导出是从流体力学的基本方程出发，引入时均值及脉动值，经过若干假设和简化，演化成适于湍流黏性流的湍流时均方程。

在直角坐标系下，流场满足以下控制方程组：

1）连续方程：

$$\frac{\partial u}{\partial x}+\frac{\partial v}{\partial y}=0 \tag{7-5}$$

2）动量守恒方程：

$$\frac{\partial(\rho u^2)}{\partial x}+\frac{\partial(\rho uv)}{\partial y}=-\frac{\partial p}{\partial x}+\mu\left(\frac{\partial^2 u}{\partial x^2}+\frac{\partial^2 u}{\partial y^2}\right) \tag{7-6}$$

$$\frac{\partial(\rho vu)}{\partial x}+\frac{\partial(\rho v^2)}{\partial y}=-\frac{\partial p}{\partial y}+\mu\left(\frac{\partial^2 v}{\partial x^2}+\frac{\partial^2 v}{\partial y^2}\right)-pg \tag{7-7}$$

3）能量守恒方程：

$$\frac{\partial(\rho uT)}{\partial x}+\frac{\partial(\rho \nu T)}{\partial y}=\frac{k}{c_p}\left(\frac{\partial^2 T}{\partial x^2}+\frac{\partial^2 T}{\partial y^2}\right) \tag{7-8}$$

式中，$u$为速度矢量在$x$方向的分速度，m/s；$v$为速度矢量在$y$方向的分速度，m/s；$\rho$为密度，kg/m$^3$；$p$为压力，Pa；μ为动力黏度，kg/(m · s)；$T$为温度，K；$k$为传热系数，W/(m$^2$ · K)；$c_p$为比定压热容，J/( kg · K)。

4）湍流动能$k$方程：

$$\rho\frac{\partial k}{\partial t}+\rho V_j\frac{\partial k}{\partial x_j}=\frac{\partial}{\partial x_j}\left[\left(\mu+\frac{\mu_T}{\delta_k}\right)\frac{\partial k}{\partial x_j}\right]+S_k \tag{7-9}$$

式中，$S_k=P_k-D_k$，$P_k=\tau_{ij}{}^{(T)}\frac{\partial V_i}{\partial x_j}$为生成项，$D_k=\rho\varepsilon$为耗散项。

5）湍流耗散率$\varepsilon$方程：

$$\rho\frac{\partial \varepsilon}{\partial t}+\rho V_j\frac{\partial \varepsilon}{\partial x_j}=\frac{\partial}{\partial x_j}\left[\left(\mu+\frac{\mu_T}{\delta_\varepsilon}\right)\frac{\partial \varepsilon}{\partial x_j}\right]+S_\varepsilon \tag{7-10}$$

式中，$S_\varepsilon=P_\varepsilon-D_\varepsilon$，$P_\varepsilon=C_{\varepsilon 1}\frac{\varepsilon}{k}\tau_{ij}{}^{(T)}\frac{\partial V_i}{\partial x_j}$为生成项；$D_\varepsilon=C_{\varepsilon 2}\rho\frac{\varepsilon^2}{k}$为耗散项。

对于标准的$k$–$\varepsilon$模型有：$C_{\varepsilon_1}$=1.44，$C_{\varepsilon_2}$=1.92，$C_\mu$=0.09，$\sigma_k=1.0$，$\sigma_\varepsilon=1.3$。

基于上述假设，气体流场可用下面的通用微分方程描述：

$$\mathrm{div}(\rho V\varphi)=\mathrm{div}(\Gamma grad\varphi)+S \tag{7-11}$$

式中，$\varphi$为通用变量；$\Gamma$为与$\varphi$相对应的广义扩散系数；$S$为与$\varphi$相对应的广义源项。当$\varphi$取不同的物理量时，式（7–11）将对应于相应的控制方程，不同方程对应关系见文献[27]。

在Fluent软件中提出了三种$k$–$\varepsilon$两方程模型，在进行计算时，选用标准$k$–$\varepsilon$模型。

**3. 控制方程的离散化**

建立了空气流动的数学物理模型之后，就可以对相关方程进行离散，从而将不易解的偏微分方程组转化为易解的代数方程组。控制方程的离散化方法就是把连续的待求变量值用计算区域的离散节点处的值代替，待求变量离散化以后再引入各节点变量之间相互联系的某种假设，代入控制微分方程就能得到一组由节点变量表达的代数方程式。离散方程应与原微分方程保持同样的物理内容和基本性质。虽然推导离散方程时引入节点变量相互联系的规律是人为假设的，但是当节点数目很大时，节点变量已经接近连续变化，这种联系规律的假设已无关紧要，在各个节点上离散方程的解将足够地接近微分方程精确解的值。

（1）网格划分

对装置内空气流动和换热进行数值计算时，首先要对建立的物理模型进行网格划分。只有当网格足够精细时，才能得到精确的解。即先将计算域分成许多互不重叠的子区域，通过对区域划分,可以得到如下几种几何要素。

节点(node):需要求解的未知物理量的几何位置。

控制容积(control volume):应用控制方程的最小几何单位;

界面(face):各控制容积的分解面。

从总体上来说,流动与传热问题数值计算中采用的网格大致可分为结构化网格和非结构化网格两大类。一般数值计算中正交与非正交曲线坐标系中生成的网格都是结构化网格,其特点是每一个节点与其相邻节点之间的连接关系固定不变且隐含在所生成的网格中,因而不必专门设置资料去确认节点与邻点之间的这种关系。

高质量的网格是实现数值模拟成功的首要条件,过密过疏的网格都是应该避免的。本模型选用的是四边形网格单元,主要采用非结构化网格,局部规整区域采用结构化网格,并遵循以下原则。

1)规则的正方体单元是最佳的,应该尽量避免长而扁的单元。

2)尽量减少梯度小的地方的网格数,把网格合理地分布在梯度大的地方。

3)对计算对象采用均匀网格和不均匀网格相结合的划分方法,对计算区域内某些物体本身及其周围的网格进行专门的细化分析(即局部加密),使局部的网格满足计算要求。

4)根据计算对象的实际尺寸大小选取相应的网格间距,例如,对静压箱气流出口孔板上诸多2 mm宽的小孔的处理,其网格间距(interval size)取0.2 mm。并在满足网格足够细密的基础上,尽量减少网格数量,以减少计算量,提高收敛的稳定性。

(2)控制容积积分法

目前,在流动与传热的数值计算中常用的离散方程推导方法有三种:有限差分法(finite difference method, FDM)、有限元法(finite element method, FEM)、有限体积法(finite volume method, FVM)。有限体积法在最近十几年得到迅速发展,逐渐成为一种应用广泛的数值计算方法,控制容积积分法是有限体积法中建立离散方程应用最普遍的一种方法[14]。本节采用的就是控制容积积分法。

该方法推导过程物理概念清晰直观,其特点是:所得到的结果在任何一组控制体积内,当然也就是在整个计算区域内,诸如质量、动量等一些满足守恒律的物理量的积分守恒性都可以精确地得到满足。对于任意数目的网格节点,这一特征都存在,因而,即使是粗网格的解也照样显示出准确的积分平衡。该方法具有物理意义明显、守恒定律总能满足的优点[61],得到的离散方程组可以用迭代法求解,每次只需计算一个求解变量,然后依次转换,直至得到收敛解。

(3)差分格式

通用微分方程离散过程中,针对其中的每一项,采用相应的差分格式。实践证明,采用一阶格式便可以达到一般的精度要求,扩散项常采用中心差分格式,对流项可能采用的差分格式有中心差分、迎风差分、混合格式、乘方格式和指数格式,其中迎风格式和乘方格式被广泛地采用。随着计算机速度的不断提高,为了克服一阶对流格式的假扩散现象,许多高阶的对流格式,如QUICK 格式、二阶迎风格式得到了广泛的应用。本节采用的是QUICK 格式。

## 三、求解的初始条件和边界条件

### 1. 初始条件

初始条件就是在某一时刻给出速度、压力、密度、温度等变量的初始分布。这些条件对于湍流来说是难以给出的，需要人为地根据实验给出。但是一般计算表明，只要给出的初值符合一定要求，它对以后计算结果的统计平均量影响不大，所以问题并不严重；对于定常问题，并不需要初始条件。

### 2. 边界条件

对于来流边界（入口边界），一般应给出进口流速的方向和大小，温度、密度等参数；对于出口边界，它的值应当通过计算得到，但有些情况下需要给出或做一些人为的假定。比如外流问题中，如果流动是亚音速，假定流场无黏性，则下游足够远处可认为扰动量为零；对于黏性流体流动，下游的条件给出比较困难，一种方法是在足够远处假定各种物理量变化很小。

壁面边界，也是最常用的边界，对于黏性流体，一般采用黏附条件，即认为壁面处流体速度与壁面该处的速度相同，当壁面静止时，流体速度就是零；对于无黏性流体流动，则边界条件为滑移条件，即壁面上的流体对于壁面可以有相对切向滑移，但法向速度则需相同。还应当给出温度条件，最常用的方法是给出壁面温度，并假定壁面处的流体温度与壁面温度相同；也可以给出壁面处的热流量大小，最简单的条件是绝热条件，比较复杂的是给出流体与固体在壁面处的温差引起的热交换。以上三种给法一般称为三类边界条件。

1）本节采用的标准$k$–$\varepsilon$模型，是针对高$Re$数的湍流计算模型，适用于离开壁面一定距离的紊流区域。但在贴近壁面的黏性底层，流动处于层流状态，$Re$数较低，分子黏性阻力影响较大，故采用在工程计算中应用最多的壁面函数法来处理。

采用壁面函数法，即在湍流核心区采用高数模型，在黏性底层内不布置任何节点，把第一个与壁面相邻的节点布置在湍流核心区内，也就是将与壁面相邻的第一个控制容积取得很大，这时壁面上的切应力与热流密度仍按第一个内节点与壁面上的速度和温度差来计算。这种方法节省内存与计算时间，在工程湍流计算中应用较广。

2）速度入口边界条件是由实验测出。采用湍流强度与特性尺寸来定义湍流，湍流强度$I = 0.16\mathrm{Re}^{-\frac{1}{8}}$[14]，$Re$的特征尺寸为水力直径$D_{\mathrm{H}}$。

3）设置压力出口边界条件。同样采用湍流强度与特性尺寸定义湍流。

4）在冻结区边界条件设置中，对于冻结区的入口温度取蒸发器出风温度233 K，冻结区的出口温度取蒸发器回风温度238 K。

## 四、模拟结果分析

### 1. 静压箱速度场的分析

静压箱既可用来降低噪声，又可减少动压损失，获得均匀的静压出风，使风吹得更远。模拟静压箱内部流场，设置风机送风处为入口，将与静压箱相接的上下均风板各个开孔处设为出口。

通过速度矢量图（图7-14）可以看出，箱内风速分布均匀。根据数值计算的结果，得到出风口各处风速，计算得出（图7-15）经上方均风板吹出的风在Y方向上的平均风速为7.29 m/s，经下方均风板吹出的风在*Y*方向上的平均风速为6.83 m/s。上方出口风速略大于下方。

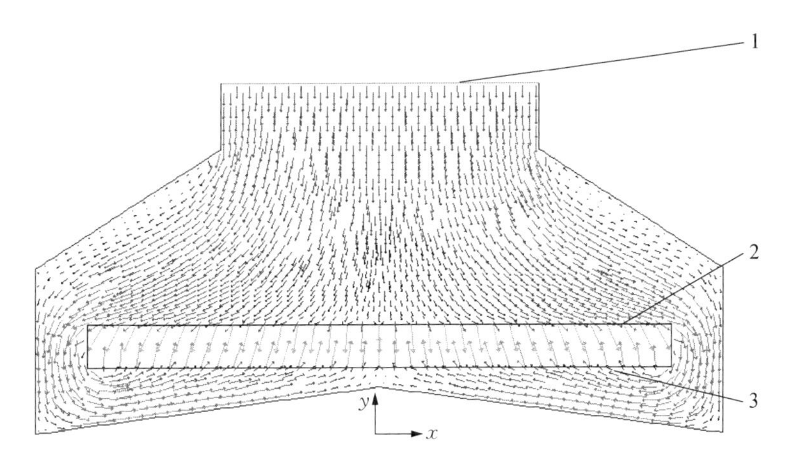


1. 进风口；2. 上均风孔板（上方出风口）；3. 下均风孔板（下方出风口）

图7-14　静压箱速冻矢量图

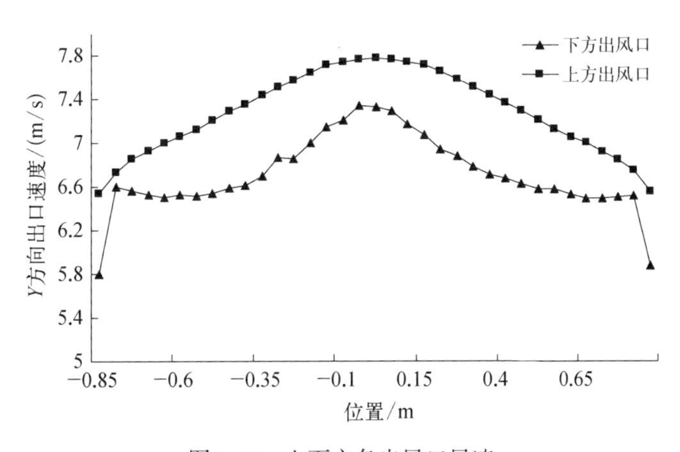


图7-15　上下方各出风口风速

**2. 静压箱压力场的分析**

从静压箱速度云图（图7-16）中可以清楚地看出，静压箱内气流分布大体是均匀的，但是当冷风在流经由隔板和静压箱侧壁形成的通道过程中，速度增大，损失了部分的能耗。从压力分布图（图7-17）也可以看出，在拐角处流体有不同程度的漩涡，导致局部呈现紊乱趋势，均匀性变差。致使下均风孔板的出口风速小于上均风孔板的出风。

**3. 冻结区速度场的分析**

（1）无冻品的冻结区

冻结装置长度方向上，冻品由传送网带运入由上下孔板同时吹出冷风的冻结区，再

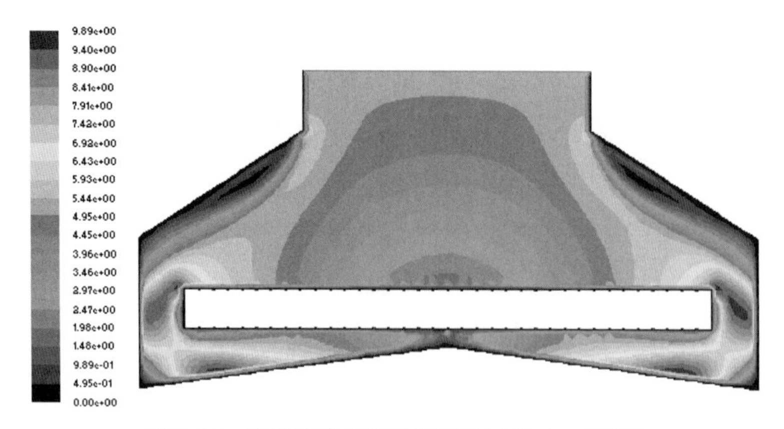


图 7-16　静压箱速度云图（彩图扫本章末二维码）

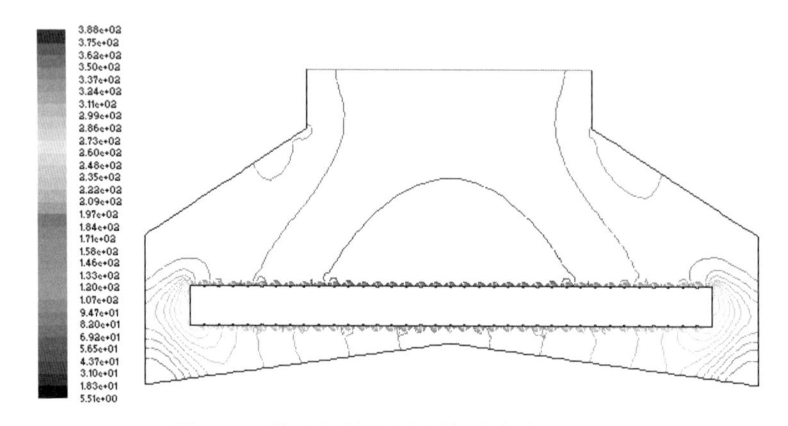


图 7-17　等压力线图（彩图扫本章末二维码）

传输至出料口，完成冻结。模拟区域取装置主视图剖面，包括作为吹风入口的上下孔板、位于孔板间的传送网带、底部的回风口。为了得到更清楚的分析结果，取部分速度矢量图（图 7-18），主要模拟分析上下孔板 1、3 与网带 2 之间的气体流场分布。

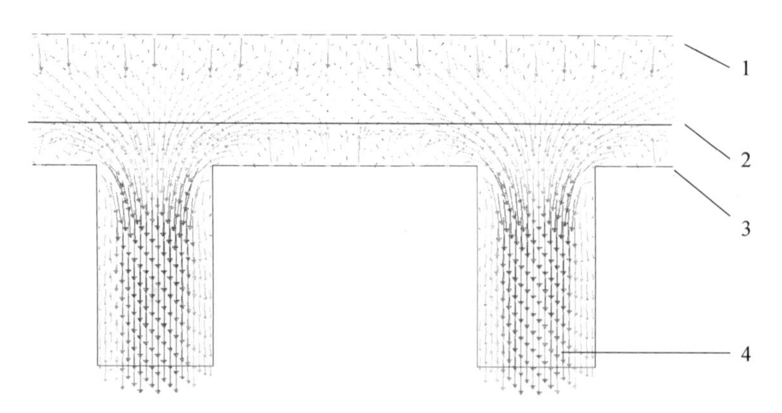


1. 上孔板（上送风口）; 2. 网带位置示意（作为多孔介质处理，实际模拟结果不显示）;
3. 下孔板（下送风口）; 4. 出风口

图 7-18　部分速度矢量图（彩图扫本章末二维码）

气流组织的均匀性对速冻装置的冻结能力的影响很大，尤其在冻品运动方向的法向上对气流组织的均匀性要求较高。图7-19是网带位于距下孔板30 mm处时，贴近4.8 m长的网带上方各点风速。通过图中曲线可以看到，风速极大的位置都是位于出风口处，距出风口处越远，风速越小。两个出风口中间的位置是风速极小处。作为冻结区内传送冻品的网带，其距离上下均风孔板的位置，是影响该区气流组织及网带上下方风速的关键问题。下一节将通过计算气流组织的均匀性系数$k$[80]，来比较网带置于距下孔板不同距离时气流组织的均匀性。

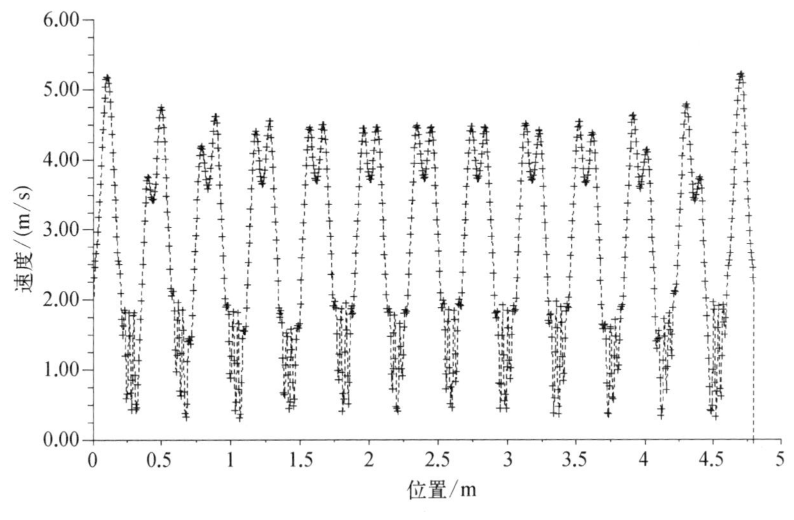


图7-19　贴近网带上方的风速

（2）有冻品的冻结区

图7-20是整个冻结区速度场分布。为了更清楚地看到气流走向，取部分速度矢量图，见图7-21。由静压箱吹出的冷风分别以7.29 m/s和6.83 m/s的速度，经均风孔板从上下两个方向同时冲击冻品。冷风在冻品表面产生柯恩达效应（沿物体表面的高速气流

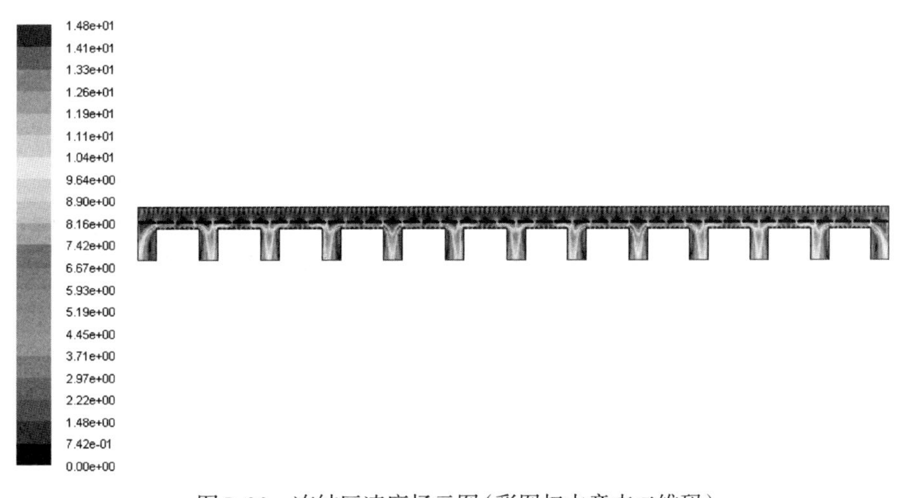


图7-20　冻结区速度场云图（彩图扫本章末二维码）

在拐角处能附于表面的现象)，见图7-22。计算得到在贴近冻品上下方的平均风速分别为2.01 m/s和4.65 m/s。冻品下方风速大于上方风速，因为冻品被置于传送网带上，网带距下方吹风口的距离为30 mm，是距上方出风口距离的1/3。

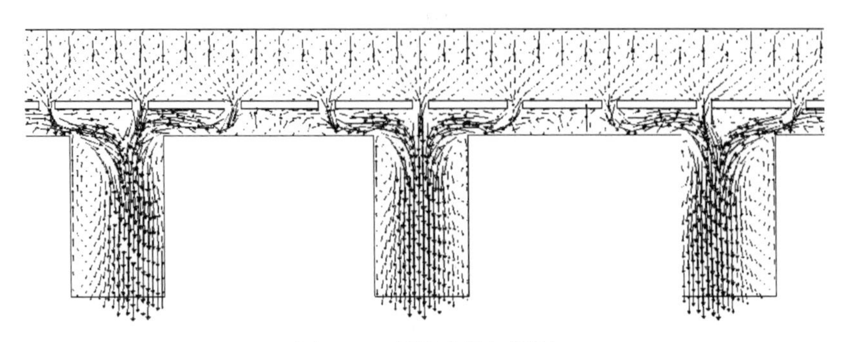

图7-21 部分速度矢量图

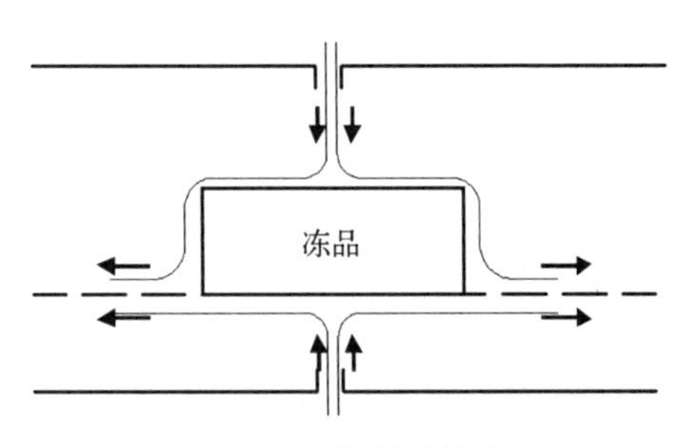


图7-22 柯恩达效应

### 4. 冻结区温度场的分析

图7-23表示的是冻结区温度场云图，鉴于冻结区较长，截取了靠近冻结区进口和出口处冻品的等温线分布图(图7-24)(单位：℃)。由模拟得到，靠近入口处冻品中心温度为11.4℃，从冻结区入口至出口冻品温度是逐渐降低的，在接近出口处冻品中心温度低于−18℃。

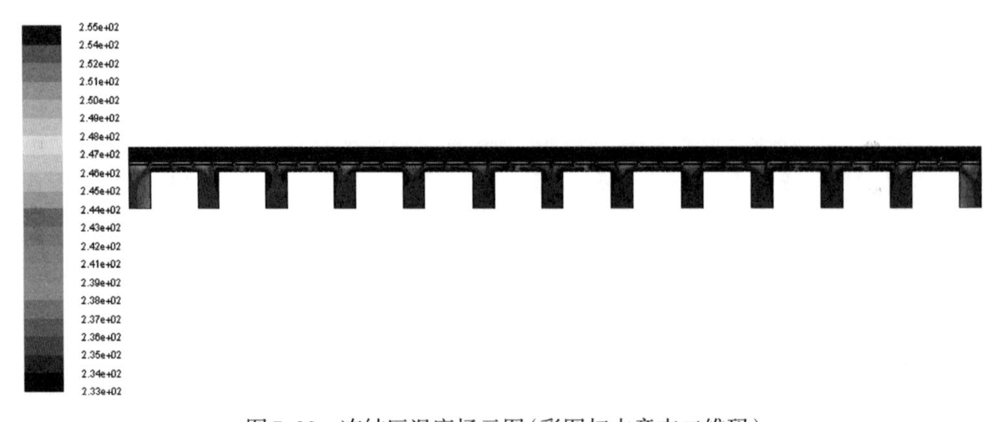


图7-23 冻结区温度场云图(彩图扫本章末二维码)

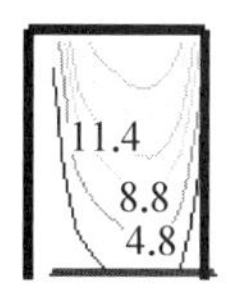

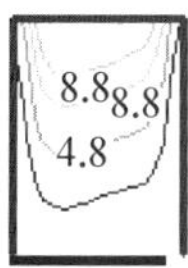

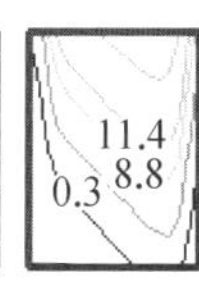

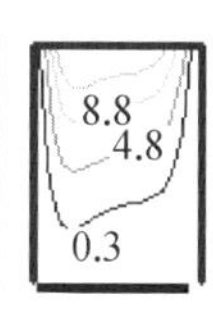

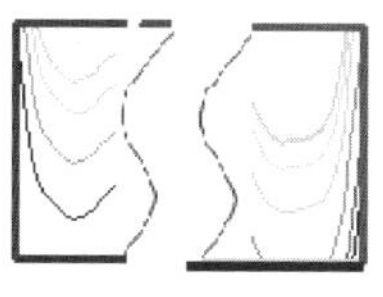
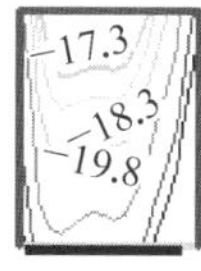

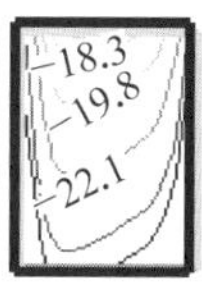

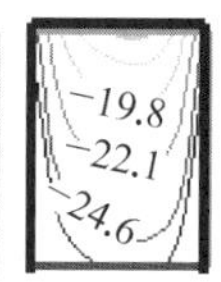


图 7-24　部分冻品的等温线分布图

## 五、实验研究

### 1. 测量仪器与设备

（1）数字式温度巡回检测仪

分离式：包括主体和20点端子箱。

该检测仪，是一种输入温度、直流电压等模拟信号，在规定的时间间隔进行数据记录的巡回检测记录仪。其使用条件如下。

数字式温度巡回检测仪

环境温度：−5 ～ 40℃；

环境湿度：小于90%RH；

电源：AC 220 V ±10% 50 Hz、60 Hz。

（2）热球风速仪

基本量程及精度如下。

风速：0.05 ～ 30 m/s，±3%（4%U± 显示最低位5个字）；

风温：0 ～ 40℃，误差不大于0.5℃；

相对湿度：0 ～ 100%RH，误差不大于5%RH。

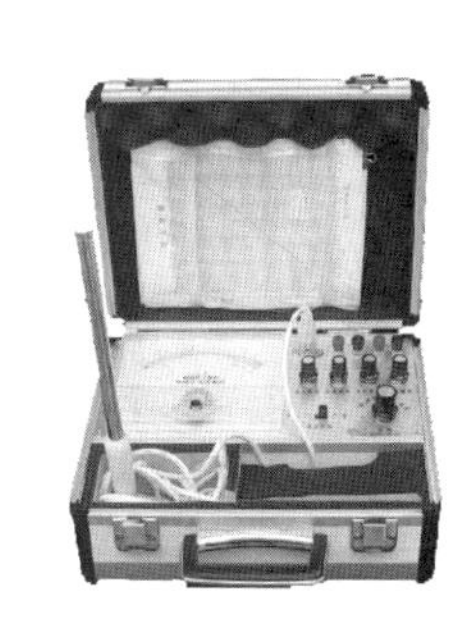

热球风速仪

（3）热电偶（又称热补偿导线，铜-康铜）

（4）直尺

用于测量网带位置。测得该装置的网带正位于距下孔板30 mm处，在模拟计算出最佳位置区间内，验证了数值模拟的准确性，也从理论上解释了该装置具有较好冻结性能的原因。

### 2. 风速测试

为验证数值模拟的准确性，针对某食品冷冻厂的上下冲击式高效鼓风冻结装置（$\varphi$=5%）进行了测试实验。

（1）静压箱

利用热球风速仪，分别在上、下均风孔板上各布置8个测点。实验值和计算值的比较见表7-4。

表 7-4　实验值和计算值的比较

| 上孔板出风 | 测点1 | 测点2 | 测点3 | 测点4 | 测点5 | 测点6 | 测点7 | 测点8 | 平均 |
|---|---|---|---|---|---|---|---|---|---|
| 实验值/(m/s) | 6.61 | 6.70 | 6.95 | 7.23 | 7.51 | 7.32 | 6.65 | 6.37 | 6.91 |
| 计算值/(m/s) | 6.91 | 7.19 | 7.45 | 7.65 | 7.65 | 7.44 | 7.17 | 6.89 | 7.29 |
| 误　差 | 4.32% | 6.81% | 6.71% | 5.49% | 1.83% | 1.61% | 7.25% | 7.54% | 5.20% |

续 表

| 下孔板出风 | 测点9 | 测点10 | 测点11 | 测点12 | 测点13 | 测点14 | 测点15 | 测点16 | 平均 |
|---|---|---|---|---|---|---|---|---|---|
| 实验值/(m/s) | 5.92 | 6.34 | 6.53 | 7.02 | 7.25 | 6.44 | 6.29 | 5.83 | 6.45 |
| 计算值/(m/s) | 6.55 | 6.62 | 7.00 | 7.32 | 7.21 | 6.87 | 6.57 | 6.47 | 6.83 |
| 误　差 | 9.61% | 4.23% | 6.71% | 4.10% | 0.55% | 6.26% | 4.26% | 9.89% | 5.70% |

误差在计算允许范围内,实验与理论计算结果基本吻合,说明本研究建立的数值计算模型是正确合理的。

(2) 冻结区

利用热球风速仪,分别在上、下均风孔板和网带间各布置8个测点(图7-25)。根据装置内部结构,网带下方在有下送风处和无下送风处均等间距布置测点,以保证测量的准确性。启动装置,运行至动态平衡状态后,再读取数据。得出贴近冻品上方的平均风速2.34 m/s,贴近冻品下方的平均风速5.20 m/s。表7-5显示的模拟计算结果是近冻品上、下方的风速分别是2.01 m/s和4.65 m/s。分析误差原因,模拟理论值是直接取冻品下表面上的风速。而实验时,因为贴近冻品下方的物体就是传送网带,只能将测点布置在网带下方,距下出风孔板较近,致使测得的风速略微高于模拟计算的结果。此误差属于系统误差,可知实验与理论计算结果基本吻合,说明本研究建立的数值计算模型是正确合理的。

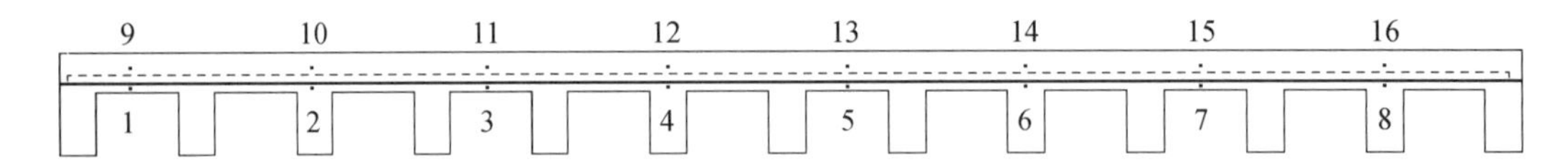


图7-25　风速测点布置

**表7-5　风速实验值和计算值比较**

| 冻品下方 | 测点1 | 测点2 | 测点3 | 测点4 | 测点5 | 测点6 | 测点7 | 测点8 | 平均值 |
|---|---|---|---|---|---|---|---|---|---|
| 实验值/(m/s) | 1.34 | 1.96 | 2.67 | 2.63 | 3.42 | 2.46 | 2.51 | 1.75 | 2.34 |
| 计算值/(m/s) | 1.47 | 0.77 | 2.35 | 2.45 | 2.39 | 2.14 | 3.25 | 1.33 | 2.01 |
| 误　差 | 8.8% | 154% | 13.6% | 7.35% | 43.1% | 14.9% | 22.7% | 31.5% | 36.9% |
| 冻品上方 | 测点9 | 测点10 | 测点11 | 测点12 | 测点13 | 测点14 | 测点15 | 测点16 | 平均值 |
| 实验值/(m/s) | 6.21 | 5.88 | 4.35 | 3.95 | 4.27 | 4.03 | 5.36 | 7.53 | 5.20 |
| 计算值/(m/s) | 5.57 | 4.90 | 3.44 | 3.71 | 2.86 | 4.28 | 4.71 | 7.74 | 4.65 |
| 误　差 | 11.4% | 20% | 26.4% | 6.4% | 49.3% | 5.8% | 13.8% | 2.7% | 16.9% |

### 3. 温度测试(测温点布置)

冻品在冻结前,冻品中心温度采用热电偶直接测量,得9.2℃。开启冻结装置,按规定要求将食品均匀布置在传送网带上。因冻品厚度≤10 mm,根据水产行业标准[59],采用隔热箱法。在冻结装置的出料口,用隔热箱取样,测温探头放在箱内食品的几何中心。测得冻品中心温度为−19.2℃。比较数值计算的结果,两者误差在允许范围内,再次验证了数值计算模型建立的合理性。

## 六、本节小结

本节获得以下三个研究结果。

1）对静压箱内流场进行模拟发现，静压箱内气流分布是均匀的，当流体经过拐角处均有不同程度漩涡，导致局部呈现紊乱趋势，均匀性变差。致使下均风孔板的出口风速小于上均风孔板的出风。需要对改进静压箱内气流组织的均匀性做进一步研究。

2）针对冻结区内速度场进行了数值模拟，发现作为冻结区内传送冻品的网带，其距离上下均风孔板的位置，是影响该区气流组织及网带上下方风速的关键问题。需要在网带置于距下孔板不同距离时，对气流组织的情况进行模拟分析。

3）通过对冻结区内温度场的模拟，证明了该装置内从冻结区入口至出口的冻品，其温度是逐渐降低，在接近出口处冻品中心温度低于−18℃。

4）为验证数值模拟的准确性，针对某食品冷冻厂的上下冲击式高效鼓风冻结装置（$\varphi$=5%）进行了测试实验。对两个模型的速度场都做了实验测量，又对冻品冻结起始和终结的温度分别进行了测量，实验测量值和理论模拟值基本吻合，验证了数值计算模型建立的合理性。

# 第五节　计算流体力学技术用于冷库气流优化的研究

本节研究的主要目的在于把可靠的数值模拟方法运用于分析不同种类的风机、货物摆设等设置条件下冷库内气流分布，从而选出最合理的方式，为冷库建设及运用方案提供各种参考依据。目前，冷库研究工作中缺少风机不同布置方案、不同出回风形式等对库内流场影响的文献记录，而现今风机的种类繁多，不同种类的风机有各自的回风形式，对于储存食品的冷库，在货物进库前冷库一般需要冷却至食品的冷藏温度，故空库降温中不同种类的风机会造成的能耗各异。本节采用数值模拟方法分析比较背回风式风机和侧回风式风机在空库降温过程中的流场、温度场分布和能耗；同时，针对一个规模适中的冷库进行了风机不同出风口设置对冷库运行过程中节能和吹风效果的研究，希望得出的结论为以后冷库风机的选择布置提供一定参照。

## 一、CFD预测风机不同出回风方式对冷库气流的影响

### 1. 数学物理模型

本节的研究对象为4.5 m（长）× 3.3 m（宽）× 2.5 m（高）的小型冷库。第一种方案使用的吊顶式冷风机的尺寸为：1.75 m（长）× 0.46 m（宽）× 0.5 m（高），回风口设置在风机的背部，回风面积为1.75 m × 0.5 m=0.875 $m^2$；而第二种方案把回风口设置在风机的两侧，吊顶式风机安装位置不变，而为了保持相同的回风面积，风机的宽度需设置为0.875 m，这

样设置的回风面积同样为$2\times0.5\ m\times0.875\ m=0.875\ m^2$。两种方案的出风口都为两个直径为40 cm的圆形风口，冷库建设材料为聚乙烯泡沫塑料。两种方案风机的形式如图7-26所示。

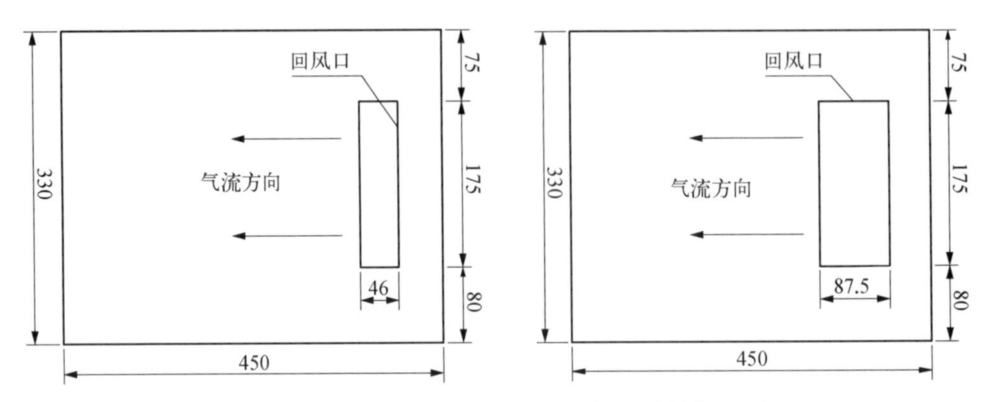


图7-26 两种方案的风机吹回风形式（尺寸单位：cm）

此处模拟的风机风速采用3.5 m/s以保证冷库货物区的风速可以维持在较低速度[62]，因此在湍流标准$k-\varepsilon$方程的设置过程中，湍流动能$k$和湍流动能耗散率$\varepsilon$也需按模拟的风速在湍流动能计算程序中重新得出后输入Fluent。

**2. 数值计算与结果分析**

CFD预测的目标冷库稳态条件下按方案一和方案二布置的风机回风形成的温度场如图7-27所示，其中，按方案一布置的风机在3.5 m/s的吹风速度条件下冷库整体温度不能达到273 K的恒定温度，这可能是射程不足所引起的，在图7-27（a）中可以初步看出气流由于风机吹风速度过小而随着吹风方向弱化；而方案二采用了侧回风却可以使冷库的温度降到恒定的蒸发温度，且同样为3.5 m/s的吹风速度下，流场在风机吹风方向上没有弱化。同样吹风条件下，两种回风方式引起的温度场分布不一致，故有必要研究两种方案的风机吹风平面的流场。

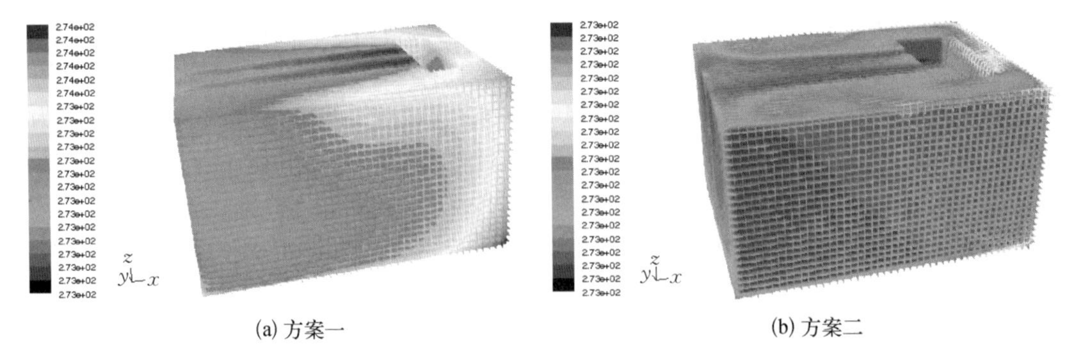

(a) 方案一　(b) 方案二

图7-27 不同风机回风形式的稳态温度场分布（彩图扫本章末二维码）

从CFD显示的流场分布图（图7-27）中可以看出，两种方案的流场在水平方向上较为对称。方案一中的流场主流有上扬的趋势，而主流一旦碰到了冷库顶部壁面就会出现拐角，气流速度会变小，这在前人研究冷库流场的二维数值模拟中也有相应的描述[39, 63]，而风机吹风平面气流场的变小会影响冷库的整体温度场，所以导致了图7-28(a)中冷库温度不能维持恒定。方案二采用侧回风，由于风机吹风平面中的气流没有在竖直平面内扩散，很好地保证了水平面内气流能充分流向左侧壁面，流动中的沿程损失较小，空库中的流速都比较稳定导致了库温能达到恒定的蒸发温度，但是方案二在风机吹风水平面上的远离风机两侧墙角处存在两个回流区，这是壁面的阻碍扰流引起的，在这个位置可能会影响冷库非稳态运行中的温降。

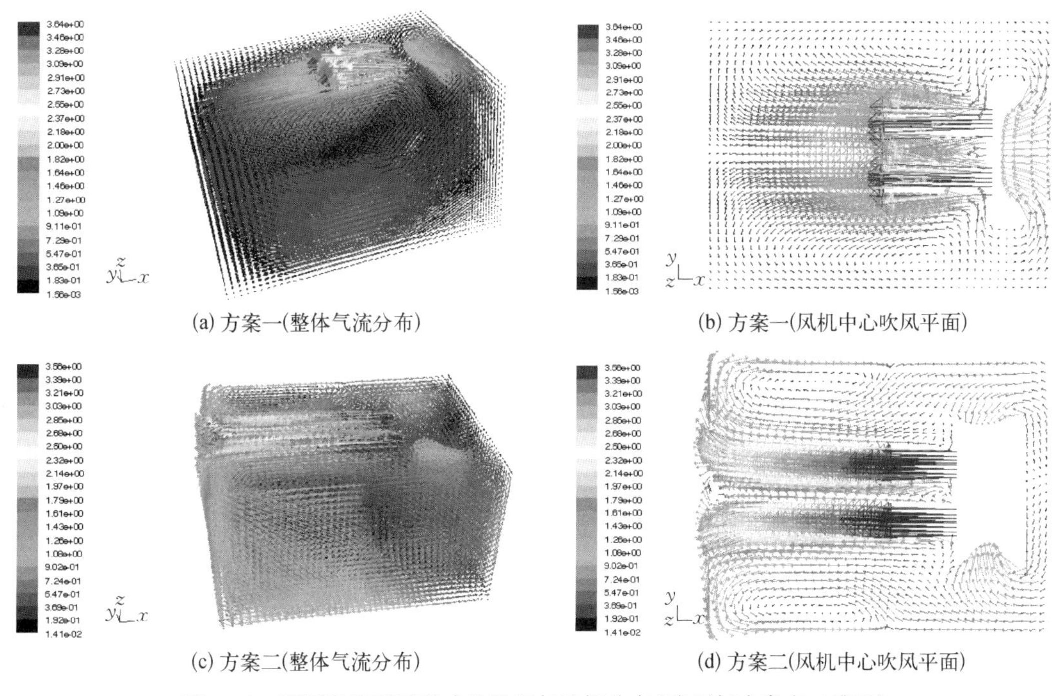
(a) 方案一(整体气流分布)　(b) 方案一(风机中心吹风平面)

(c) 方案二(整体气流分布)　(d) 方案二(风机中心吹风平面)

图7-28　不同风机回风形式的风机气流场分布(彩图扫本章末二维码)

稳态温度场的计算结果符合冷库的实际运行工况，证明了CFD在风机不同回风设置对气流及温度分布预测中的可靠性。而一般冷库运行条件下工况会不断改变因此很难在稳态条件下运行，要分析温降过程中冷库各时间点的流场和温度场分布需要对非稳态条件下冷库进行研究，故本节使用稳态模拟的方法验证CFD的可行性后进行了非稳态条件下的数值模拟计算。

由于之前分析的方案一中主流扩散严重导致射程不足的原因，故在非稳态状态下冷库的库温也很难降至恒定的蒸发温度(273 K)，图7-29显示方案一在非稳态状态下的冷库运行30 min后回风区域的温度高达282 K，即使在风机直吹的区域(货物区)温度也高达278 K，在数值计算至60 min后冷库的温度场没有改变，故风机如果按照方案一布置则需要加大出风速度以确保冷库能降温至货物的储存温度。

采用方案二布置(图7-30)的风机由于侧回风的作用较方案一后回风式改变了气流在冷库中的流动轨迹，稳态数值模拟已经证明了方案二的回风方式流场在水平平

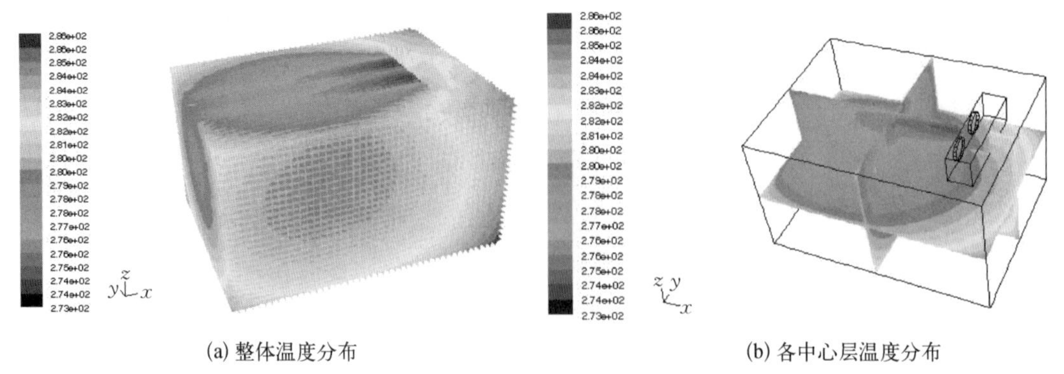

(a) 整体温度分布　　(b) 各中心层温度分布

图7-29　方案一布置的回风形式非稳态条件下的温度分布(30 min)(彩图扫本章末二维码)

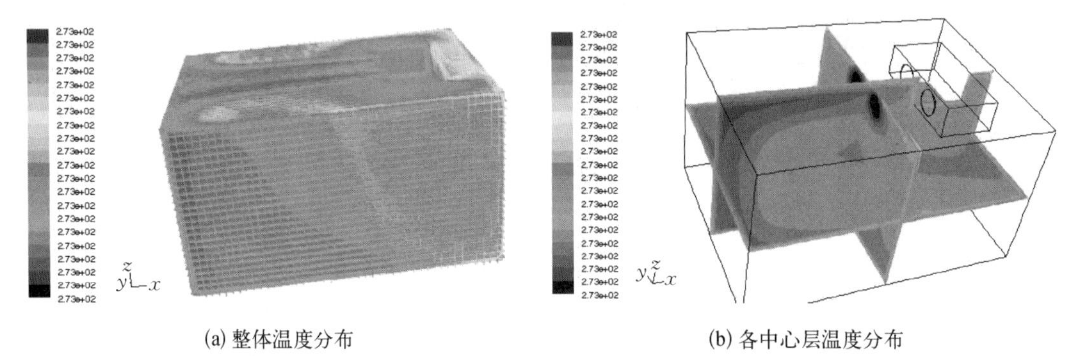

(a) 整体温度分布　　(b) 各中心层温度分布

图7-30　方案二布置的回风形式非稳态条件下的温度分布(4 min)(彩图扫本章末二维码)

面内能稳定地流动,而吹出的冷空气由于密度差的作用往下沉,在竖直面内缓慢地扩散导致冷库在4 min内形成恒定的温度场。经过Fluent软件的计算,在同样吹风速度(3.5 m/s)和回风面积设置条件下,方案一回风量仅为0.003 kg/s,而方案二的回风量达到了1.04 kg/s,这是由于方案一中的回流贴壁流动路径较长导致流动损失较大,而且主流在竖直面的扩散而导致气流经过和壁面碰撞变向后的相互抵消;而方案二中的气流在风机平面内扩散相对较小且流动损失小,故回风量大大增加,也导致温度场能够快速恒定。

对于方案一的形式,还采用了加大风速进行数值模拟计算,把风机的吹风速度从3.5 m/s增加至7 m/s,希望非稳态条件下冷库能在增强气流强度后得到恒定的温度场。而对于方案二的形式,由于先前模拟的冷库能在4 min内降至恒温,故此处把吹风速度从3.5 m/s减小至1 m/s,希望在较小吹风速度下冷库也能达到恒温。

CFD模拟的结果如图7-31所示,在加大风速后,方案一在风机吹风5 min后温度场能基本达到恒定,只有在墙角区域出现温度为274 K的温度,这是因为冷库在高风速吹风下墙角位置一般会有回流区的存在,而这些回流区造成墙角区域温度无法降至冷库的蒸发温度,可以通过设置导流板或者把墙角设计成弧形来消除墙角的回流区[62]。方案二风速在降至1 m/s后冷库运行20 min后温度场也可以基本维持恒定,温度较高的区域出现在之前分析的回流区的位置。随着时间的变化,这两种吹风速度下冷库的温度场和流场均没有改变。

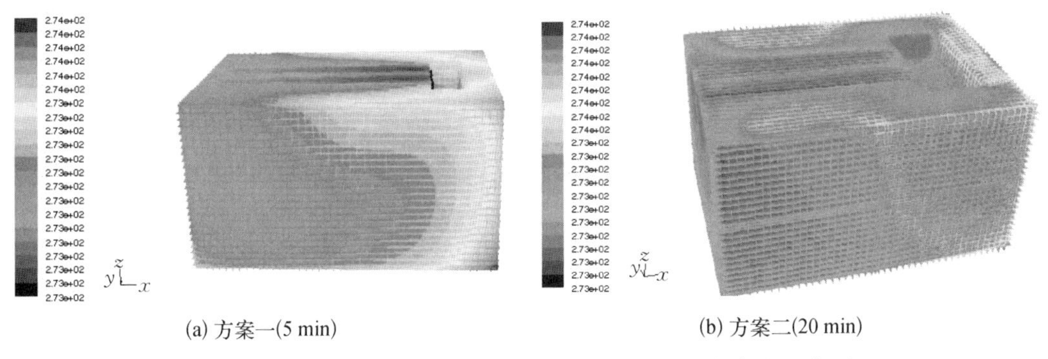

(a) 方案一(5 min)　　(b) 方案二(20 min)

图7-31　不同方案改变风速后的温度分布(彩图扫本章末二维码)

## 二、CFD预测冷库中风机不同出风口形式对气流及温度场的影响

### 1. 数值模拟的模型

对于建筑规模大的冷库,为了满足制冷要求都会装有多个冷风机,风机布置形式的不同会构成冷库内流场分布形式的不同,目前已有的文献记录中还没有包含风机不同出风口布置形式对流场影响的研究,此处研究采用SIMPLE算法,结合气流的湍流系数修正和波兴涅克(Boussineq)假设等技术对目标冷库中两种不同风机布置形式进行了三维数值模拟,针对库中气流产生的偏移问题采用改变风机的相互间距希望能改善气流的均匀性。CFD模拟及分析的结论希望能对冷库建设中风机的合理布置提供一定的参考。

此处数值仿真的对象为一个总体容积为210 $m^3$(长10 m × 宽7 m × 高3 m)的冷库,风机尺寸参照某冷风机制造厂的样本,两种冷风机的配置方案,分别为三出风口的风机(SPAE-043D ,每台制冷量7.41 kW)两台及两出风口的风机(SPAE-032D,每台制冷量4.89 kW)三台。风机在冷库竖直面内对称安装,均采取吊顶式方案,风机的详细参数如表7-6所示。

表7-6　两种风机的参数

| 型　号 | 制冷量/kW | 尺寸:长 × 宽 × 高/m | 风机间间距/m | 风口直径/m | 风口数量 |
|---|---|---|---|---|---|
| SPAE-032D | 4.89 | 1.094 × 0.43 × 0.495 | 0.859 | 0.6 | 2 |
| SPAE-043D | 7.41 | 1.486 × 0.43 × 0.495 | 1.014 | 0.6 | 3 |

风机的出风速度为7 m/s。数值模拟采用三维建模的方式,结合非结构网格进行划分,网格尺寸精度设为45,两种风机布置方案的GAMBIT模型都产生19 555个网格,图7-32为网格的生成效果。

### 2. 数值计算及结果分析

图7-33为CFD模拟的两种风机不同摆设形式下的稳态温度场,并由Fluent工程及数据文件输出后经过TECPLOT 10软件处理后的效果。图中稳态条件下两种方案的温度场基本维持在273 K这一恒定温度,这说明本次仿真模拟的方法正确。但冷库的降温过程一般是一个非稳态的过程,故需在此基础上对库体的温度场进行非稳态仿真模拟研究。

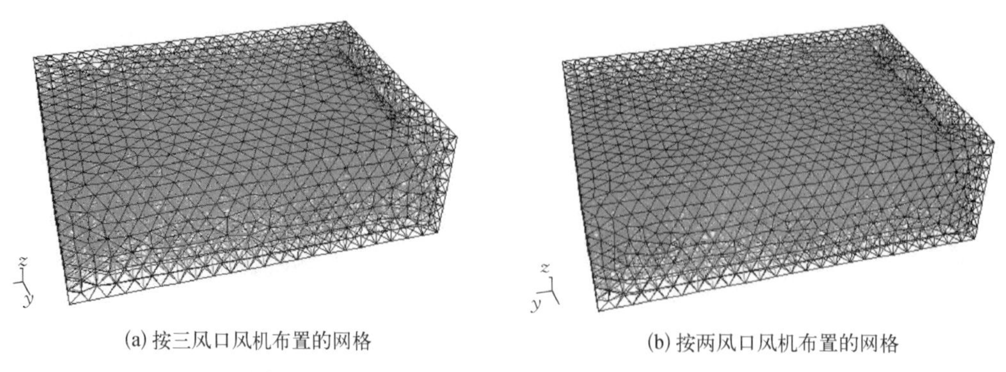


(a) 按三风口风机布置的网格　　(b) 按两风口风机布置的网格

图7-32　两种不同网格模型(彩图扫本章末二维码)

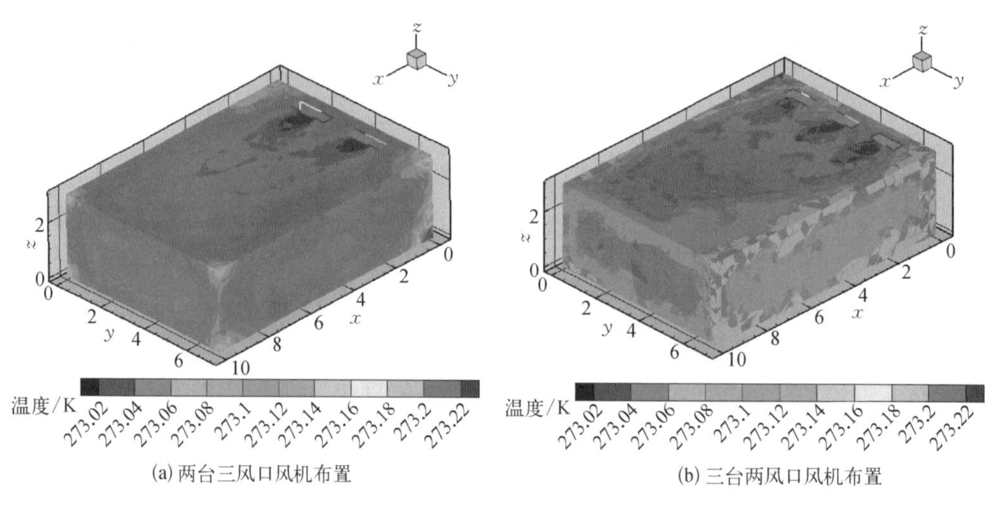


(a) 两台三风口风机布置　　(b) 三台两风口风机布置

图7-33　稳态温度场分布(彩图扫本章末二维码)

CFD仿真的非稳态气流场如图7-34所示,结果显示采用两台三风口风机布置的方式气流在水平面内对称性良好,而采用三台两风口风机布置的方式气流在水平方向内存在射流偏向中心区域的情况,这可能是由于三台风机较两台风机,气流在水平及竖直面上相互干涉形式更复杂。在冷库运行时,后者这种风机布置的吹风形式容易导致气流的分布不均匀(两边较小、中间流速过大)从而造成冷库两边的货物贮藏质量下降,所以在冷库

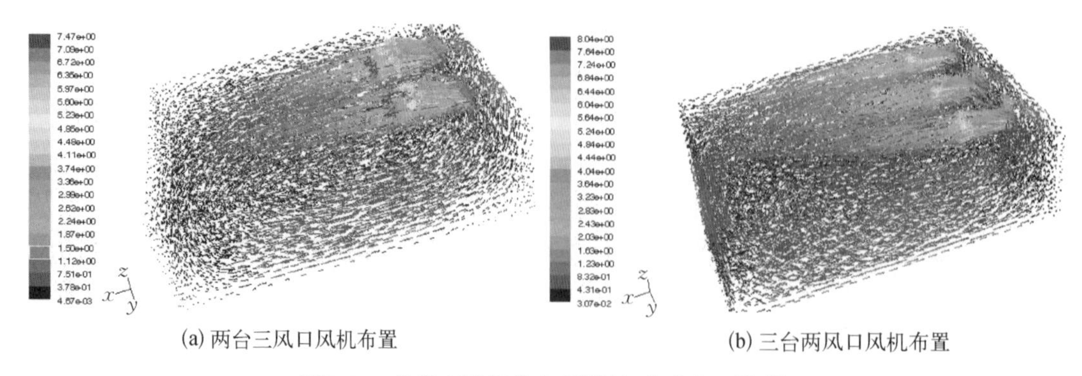


(a) 两台三风口风机布置　　(b) 三台两风口风机布置

图7-34　非稳态流场分布(彩图扫本章末二维码)

设计中应当避免这类情况的发生。

图7-35是冷库运行过程中的非稳态温度场分布效果，可以看出按三风口风机进行布置的方案中两边向中心偏移的射流造成了温度场分布中较低的区域也偏向中心，对于制冷时间仿真分析中，目标冷库中采取两风口三台风机布置时，冷库运行8 min后温度场达到稳定，采取三风口两台风机布置时，冷库则需要运行9 min才能达到恒定，冷库中温度较高的区域集中在靠近回风口和墙角的区域。

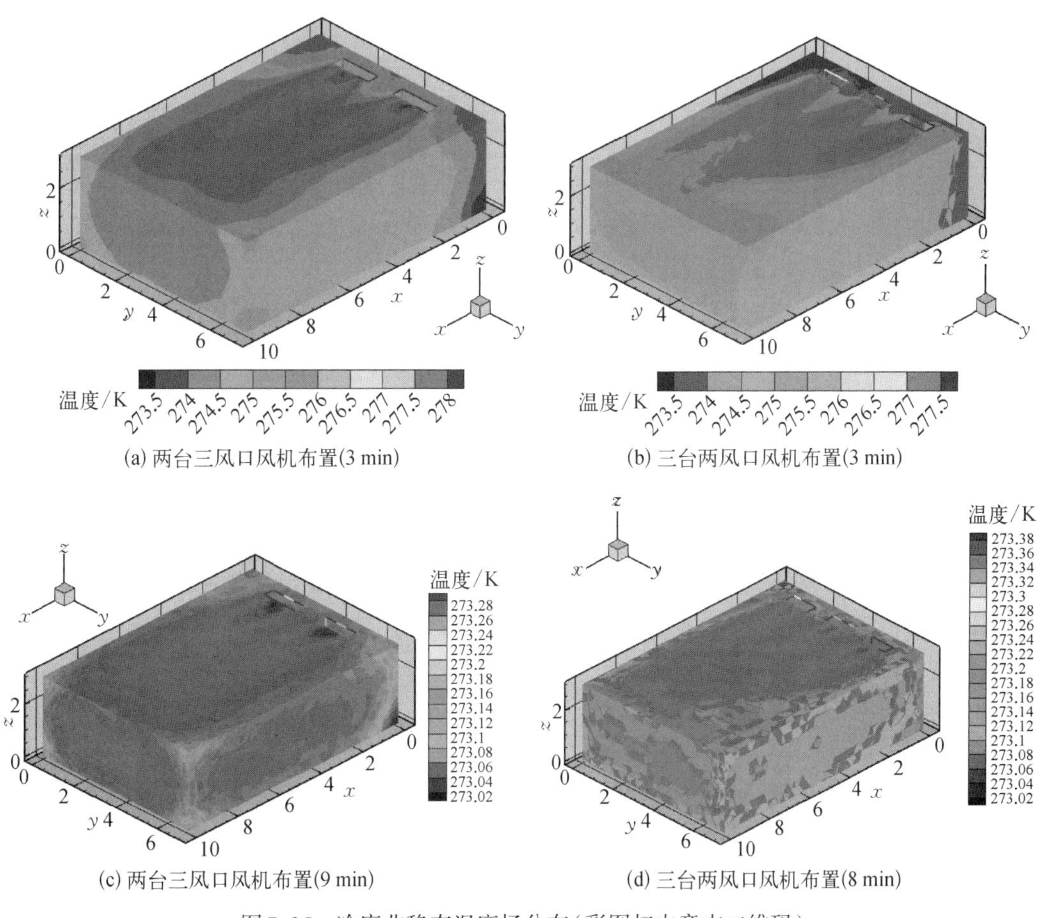


图7-35　冷库非稳态温度场分布（彩图扫本章末二维码）

针对目标冷库中按照三台两风口风机布置方式吹风所引起的气流偏向的问题，将数值仿真的模型进行了改进。现实中可以通过增加两台风机相互间的距离达到减少气流的相互干涉目的，故下面在规范允许范围内把两边两台风机分别往外移动0.5 m，即将原有的模型中的风机分别改为离冷库长度方向的墙侧0.5 m，模型的其他设置参数均不作改变进行仿真模拟，改变后的风机位置如图7-36所示。

图7-37和图7-38是风机位置调整后CFD模拟的冷库温度场和气流场分布图，模拟结果可以得到冷库内的气流通过风机间的距离位置的调整后均匀性较改变前有所提高，具体表现在两边风机吹出的偏移气流基本消除，这是由于风机间相互的距离增加后三个

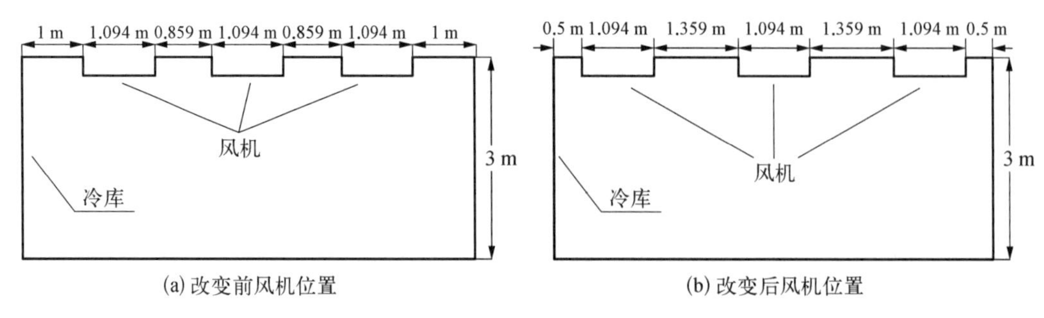


(a) 改变前风机位置　　(b) 改变后风机位置

图 7-36　风机的位置图

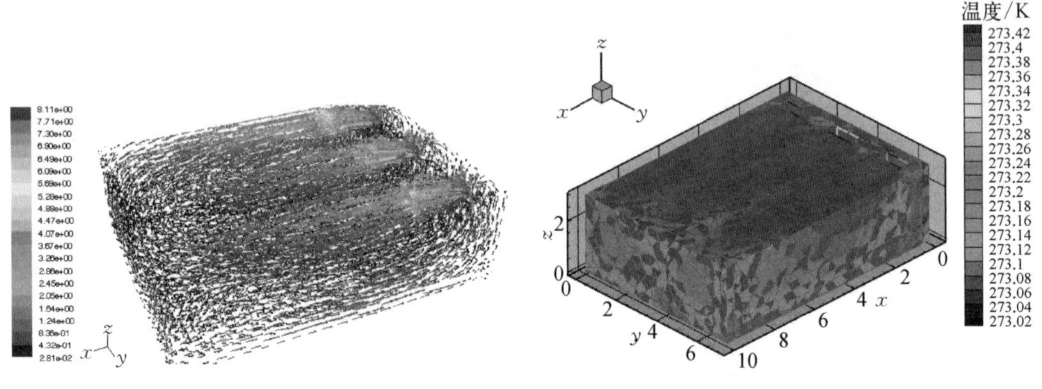


图 7-37　风机位置改变后的流场分布（彩图扫本章末二维码）

图 7-38　风机位置改变后的非稳态温度场分布（8 min）（彩图扫本章末二维码）

风机吹出气流的互相干涉大大减少，导致了冷库内整体的气流分布在水平面上有较好的对称性，此外由于流场得到了改善，温度场也趋于均匀。

## 三、小结

列举了一个小型冷库进行了数值模拟计算，对冷库运行中由于不同风机的回风形式引起的温度场和气流场变化作了分析，以下为得出的结论。

1）冷库中风机的能耗是冷库运行能耗的一项重要指标，在相同的吹风速度下，不同的回风方式会影响冷库的温降，本节模拟的两种风机的回风方式运行下方案二能在3.5 m/s的吹风速度下使冷库在4 min内达到恒定的蒸发温度，而采用方案一的吹风方式在相同的吹风速度条件下由于气流扩散程度较大而呈现射程不足导致冷库无法降至恒温；

2）不同的出风速度是影响风机能耗的关键，本节经过数值模拟，得出了风机采取方案二的回风方式能在较小的出风速度下（1 m/s）使冷库到达恒温，而采用方案一则需要加大风速（7 m/s）才能得到相同的效果，故本节建议小型冷库内使用侧回风的风机以达到冷库运行的节能；

3）合理的气流分布是影响冷库中冻藏品品质安全的重要因素，本节模拟计算了目标冷库中两种不同回风方式的气流分布，模拟结果显示冷库的回流区一般会出现在靠墙的位置，特别容易出现在墙角，今后的模拟计算可以围绕如何消除这一区域的回流区进行。

本节同时对一个总体容积为210 $m^3$的冷库进行了风机布置的不同形式对流场影响的数值

模拟，对其中气流分布不合理的布置形式通过风机位置改变进行了优化设计，得出了以下结论。

1）在冷库的冷风机两种选型方案中，使用两台三出风口相对使用三台两出风口的方案气流分布均匀性更好；

2）采用三台两出风口的风机在冷库的仿真中气流会存在偏向中心的情况，冷库冷却过程中温度场各区域达到恒定的时间为8 min，比两台三出风口的风机的制冷工况温度场所到达恒定的时间少1 min，从而在制冷中更节能；

3）冷库中使用三台两风口的风机在增加三台风机间距离后流场分布较风机位置改变前均匀，射流的偏向问题得到解决。

## 第六节　CFD预测风机不同安装位置对大型冷库气流的影响

近年来随着我国冷库的数量和库容量不断扩大，大型化正成为冷库建设的一个方向。相比大型冷库，中小型冷库的节能潜力有限，本节参考先前的数值模拟方法，研究的主要对象是大型商业冷库。

实际场合下大型冷库内采用试验进行温度和流场的测试过程中，由于相比小型冷库进行试验布置的测点更多且方法更复杂，因此试验方案更难以得到实现，只能凭借计算机数值仿真和模拟计算等措施进行分析研究。国内外已有的文献中，还没有记录CFD模拟大型冷库的不同风机摆设方式对冷库内气流场的影响，而风机不同的布置位置所导致吹风形式的不同会引起冷库内不同的气流分布形式，各方案造成的冷藏效果也各异，因此本节采用三维模拟研究了风机的不同摆设形式对运行时冷库流场的影响，希望能对大型冷库中风机的布置方案提出建设性意见以优化其中的气流分布。

### 一、模型各项参数设置

**1. 数值模型的建立**

本节研究对象为某低温物流公司拟建设的大型冷库中的一单间库，尺寸为48 m（长）×46 m（宽）×6 m（高）。在大型冷库中，由于贴近冷库壁的*Re*数偏小，所以必须采用壁面函数修正，使仿真结果更好地贴近实际工况，而在壁面函数选择中，由于在标准壁面函数的基础上，一般非平衡壁面函数会引入了压力梯度的关系，所以相比标准的壁面函数，使用非平衡壁面函数能有效提高大型冷库中高*Re*数流场的仿真精确度，故本节中的数值模拟中使用非平衡壁面函数进行冷库近壁面气流参数的修正。

**2. 热物性参数设定**

风机出风温度按照冷库的蒸发温度T=248 K（−25.15℃）设定。

**3. 冷库内风机的选型**

冷库中的总热负荷分为五部分：围护结构产生的热量$Q_1$，货物产生的热量$Q_2$，冷库通风换气产生的热流量$Q_3$，冷库内电动机热流量$Q_4$和操作热流量$Q_5$[45]，而主要对冷库制冷量造成影响的是$Q_1$、$Q_2$和$Q_4$，因此本小节主要计算这三个热流量。

目标冷库中，假设货物为块装鱼。冷库总容量按照计算吨位计算，为

$$G=3\ 735.94\ \mathrm{t}$$

围护结构产生的热流量 $Q_1$ = 58.38 kW；
货物产生的热流量 $Q_2$ = 85.45 kW；
电机产生的热流量 $Q_4$ = 8.40 kW；
总热负荷 $Q_{总}$ = 144.33 kW。

因本节研究的冷库长度方向为48 m，参照冷风机样本，为保证充分的气流末端速度，在长度上应该至少设置两台风机，宽度方向为保证均匀的流场一般至少采用4台风机，故本节拟采用8台风机进行模拟，同时根据所计算的热负荷，本节数值仿真计算所使用的风机参考某风机生产厂提供的8台冷风机（GUNTNER-0.50.2H/27-ANS），每台风机额定风量为12 840 $m^3$/h，额定的制冷量为20.1 kW，风机的两个送风口直径为50 cm，尺寸为2 470 mm（长）×825 mm（宽）×755 mm（高）。

## 二、模型的建立与计算结果

本节所有的数值建模是在GAMBIT2.2.30软件中完成。风机的三种不同吹风方式如图7-39所示。本节中三种模型的网格尺寸均设定为50，都产生108 208个网格。

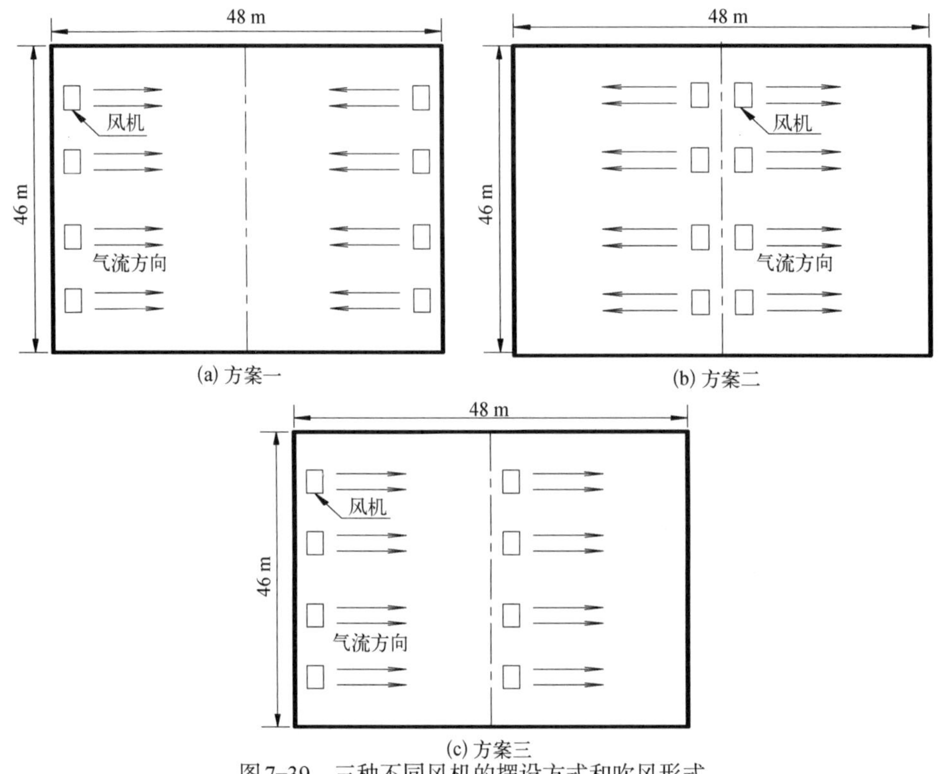


图7-39 三种不同风机的摆设方式和吹风形式

CFD在数值仿真过程中一般都需要先进行稳态工况下的计算，一般认为只有在稳态计算能够验证数值模拟的可行性后才能作进一步分析计算。稳态的CFD仿真模拟显示三种不同的风机摆设方式所导致的吹风形式都能使冷库内的温度场达到恒定（图7-40），仿真计算都达到了很好的收敛，冷库中的三种吹风方式都可以维持在−22℃左右的温度，这与−25℃的冷库吹风温度相差3℃左右，原因是本节设置的冷库保温材料并不是绝热材料，为了仿真的严谨性，同时更接近现实，本节对冷库的建设材料设置了一定的热导率。数值计算的结果能够证实仿真方法准确，但是稳态工况的模拟研究只可以验证模拟方法的可行性，因此有必要对这不同的三种风机吹风方式进行非稳态工况下的模拟。

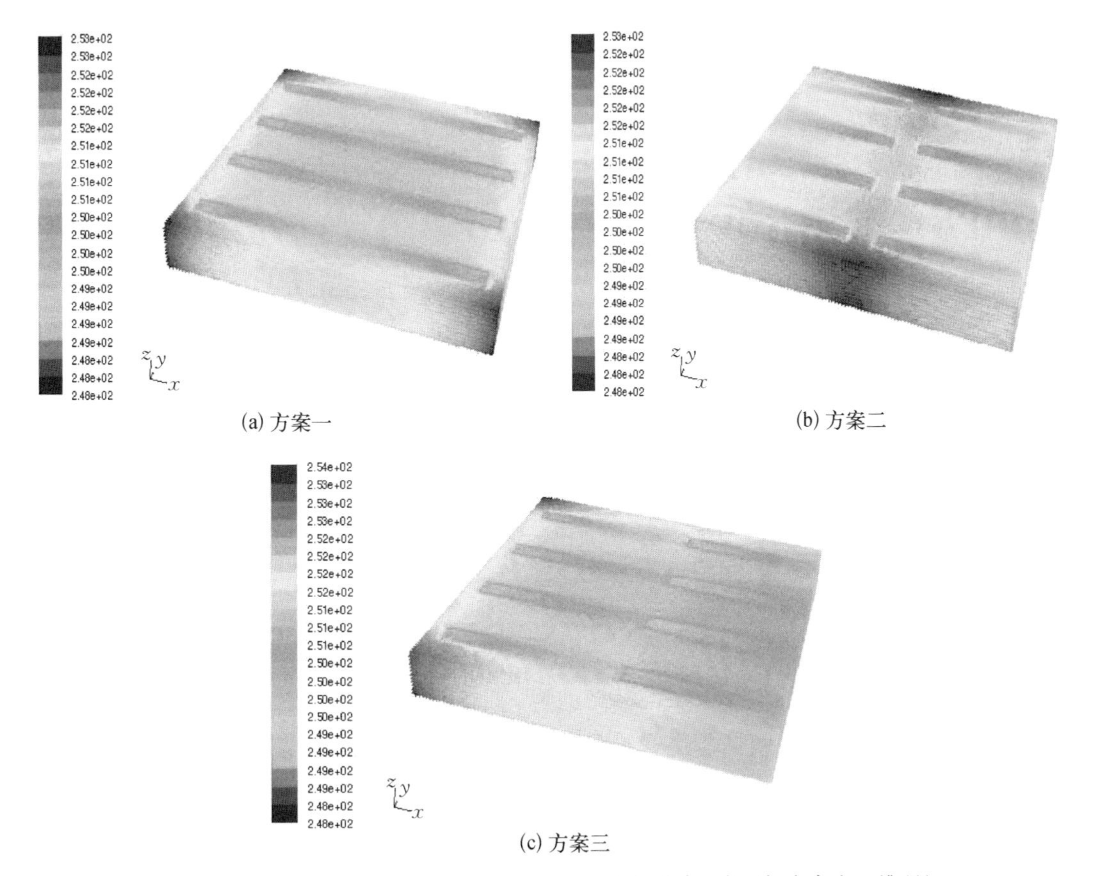

(a) 方案一　(b) 方案二　(c) 方案三

图7-40　三种不同风机摆设方式下的稳态温度场分布（彩图扫本章末二维码）

冷库的温降时间关系到冷库的节能。CFD的仿真结果也揭示了非稳态条件下三种方案的温度场都能稳定在−20℃左右的温度（图7-41），但是不同方案的吹风方式使冷库中除储货区（回风口处以外的区域）达到稳定温度所花费的时间却不同，具体为方案一50 min，方案二45 min，方案三60 min。这是由于不同风机摆设方案气流的相互干涉程度不相同。方案一工况下风机吹出的较大速度的气流会在冷库中心相互抵消；方案二工况下由于采取背对的吹风方式，风机吹出的气流各自流向墙侧，因此相互的影响较小，而一般回风速度较小，气流即使在冷库的中心纵截面有相互干涉的情况发生，但是对整个流场的影响不会太大；方案三的工况下除了风机吹出的气流存在相互干涉外，前部风机的出流也会受到中间四个风机吹出的气流回流的影响，综上所述由于方案二工况下风机间的出回流相互干涉最小，温降速度相对最快。

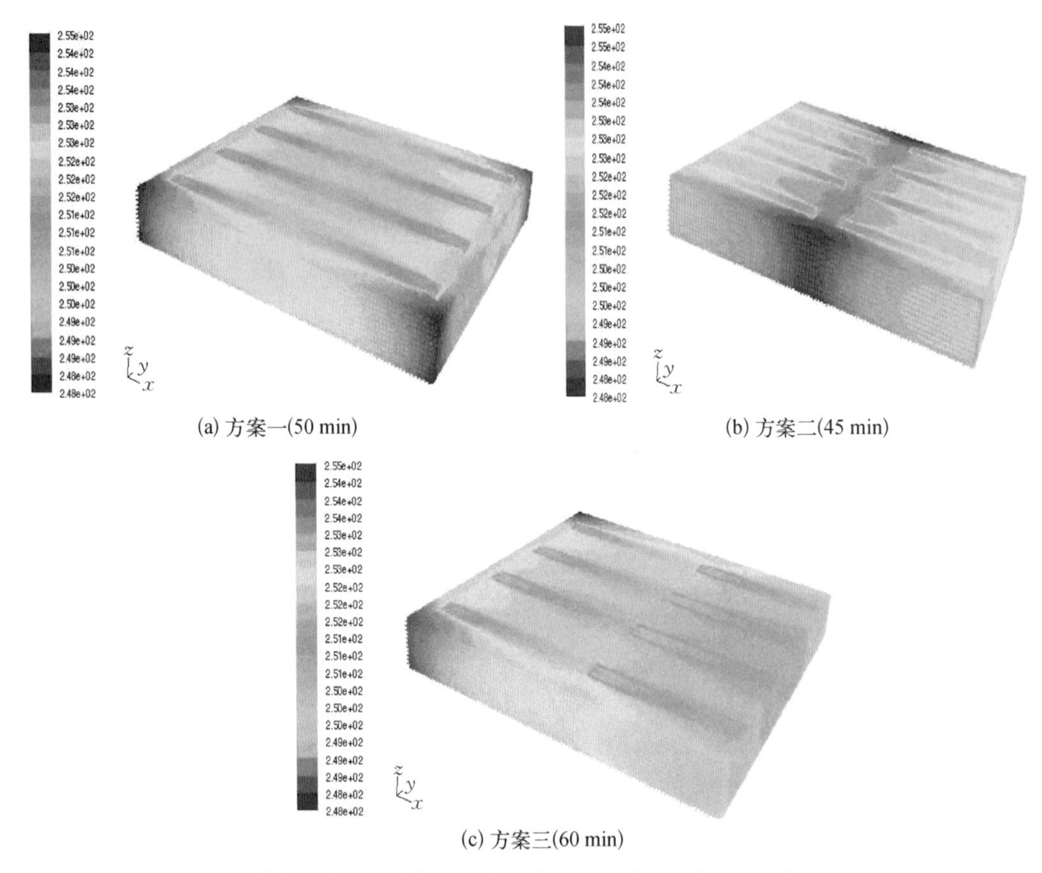

(a) 方案一(50 min)　　(b) 方案二(45 min)

(c) 方案三(60 min)

图7-41　非稳态条件下冷库内温度场稳定时的分布（彩图扫本章末二维码）

图7-42和图7-43分别是非稳态工况下冷库运行到达恒定温度时的各中心层温度场分布与冷库中气流场总体分布，数值仿真模拟的结果可以看出在冷库运行达到稳定后，由于流场在水平方向分布对称从而导致了冷库中心水平方向的温度场分布也较对称。在中心温度分布图中由于方案二工况下的气流干涉最小，冷库中的温度较其他两者均匀。三种工况的气流分布图都显示了冷库内使用8台风机进行吹风所形成的流场都较均匀。

综合数值仿真的三种方案下非稳态温度场和流场的结果分析，方案二的工况中使用气流分向式、风机背对式吹风法由于使库内气流分布更均匀，而且到达稳定温度所使用的时间更少，故本节推荐大型冷库中针对吊顶式风机的摆设可参考方案二进行布置，对于这种方案下冷库中间由于回风引起的温度较高的区域建议设置为进出货物的通道，这样既不会影响货物的冻藏质量，同时可以提高气流流动的通畅性。

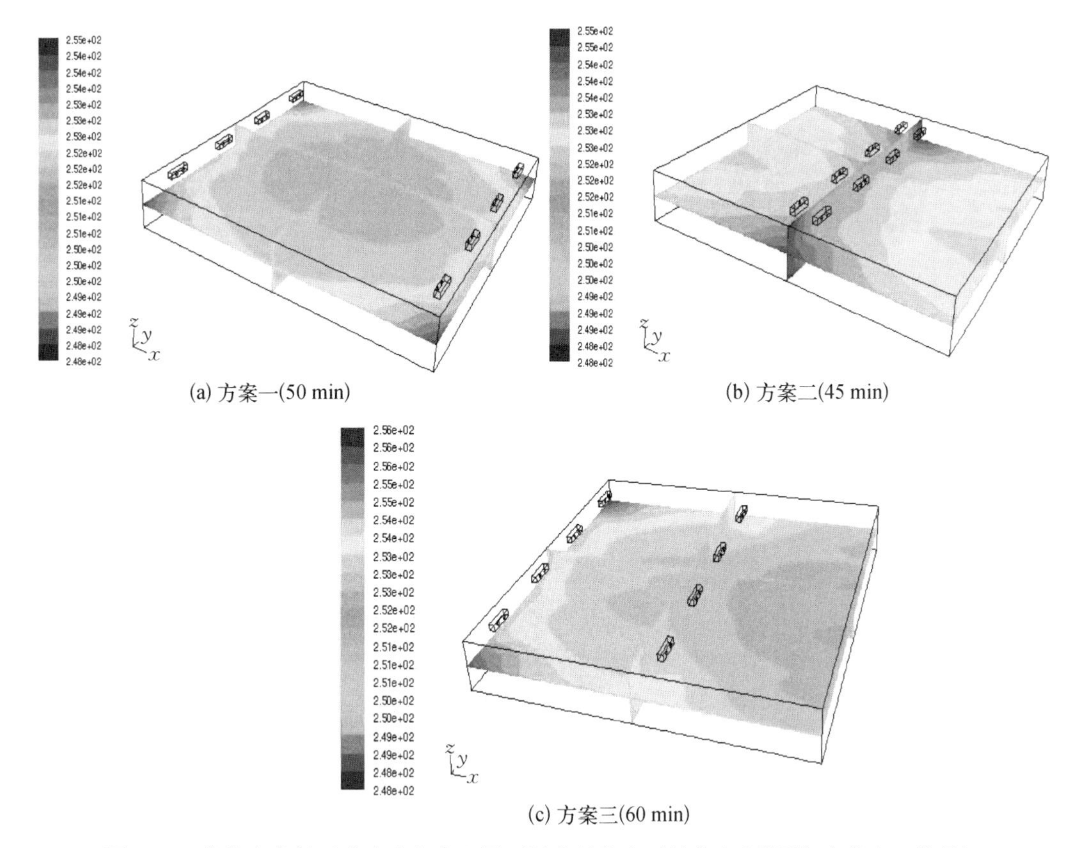

(a) 方案一(50 min)　　(b) 方案二(45 min)

(c) 方案三(60 min)

图7-42　非稳态条件下冷库内各中心层面温度场稳定时的分布（彩图扫本章末二维码）

## 三、小结

本节利用CFD技术，仿真模拟了一个总容积为13 248 $m^3$的大型单间冷库中三种不同的风机布置方案所引起的温度及流场变化，并进行对比分析，计算和仿真结果得出了以下结论。

1）数值仿真的结果可以为目前大型冷库中吊顶式风机的摆设方案提供参考依据，本节中仿真模拟的冷库中采用第二种方案的风机布置形式相比其他方案可以使冷库降至同一温度更节省时间，因此也更具有节能效果；

2）冷库中货物的摆放区域应该为温度相对较低的区域，传统经验很难判定冷库中低温区的具体位置，本节模拟结果显示冷库中三种不同风机吹风方式导致的温度场都存在出风区域的温度较低，而温度较高的区域出现在回风处的墙侧；

3）冷库中气流的合理分布不仅会影响冷库内冷藏品的贮存质量，而且关系到冷库的节能减排。本节计算的冷库中三种不同风机摆设形式所引起的气流分布在水平面上有良好的对称性和均匀性，温度场由于气流的作用也有较好的对称性。

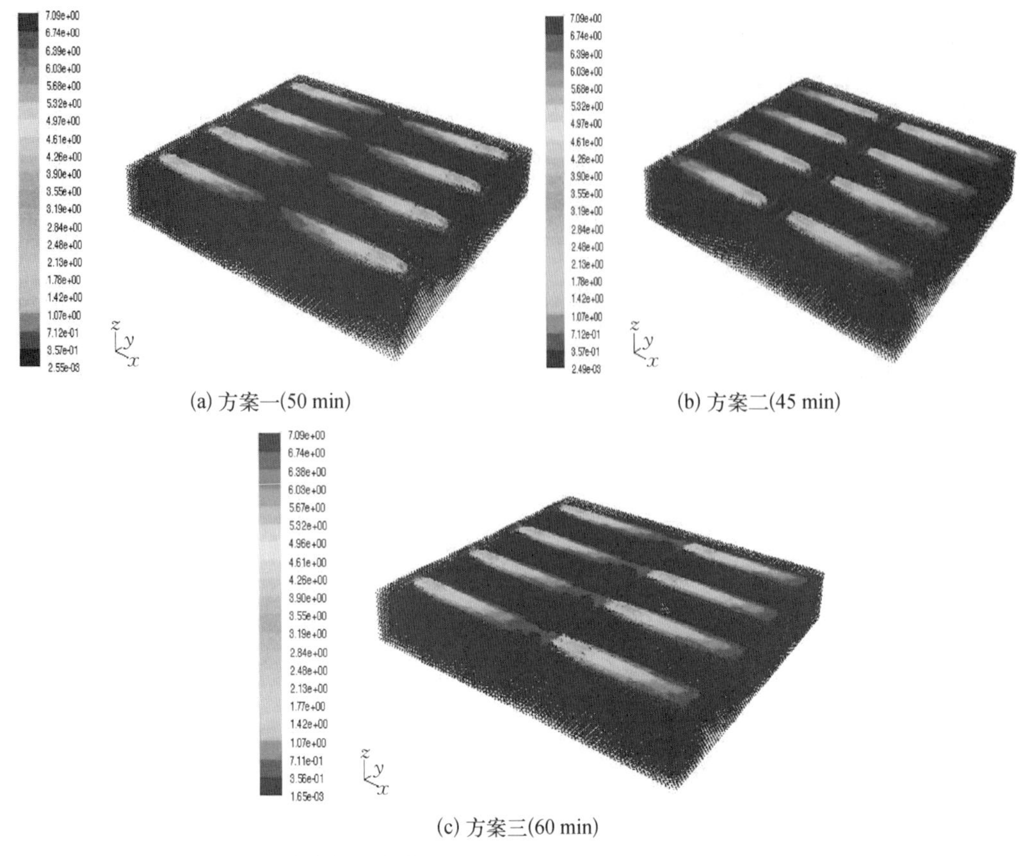


(a) 方案一(50 min)　(b) 方案二(45 min)

(c) 方案三(60 min)

图7-43　非稳态条件下冷库内气流场稳定时的分布(彩图扫本章末二维码)

# 第七节　数值模拟在多温区冷藏车领域的应用

## 一、冷藏运输

冷藏运输是食品冷藏链中十分重要而又必不可少的一个环节,由冷藏运输设备来完成。冷藏运输设备是指本身能造成并维持一定的低温环境,以运输冷冻食品的设施及装置,包括冷藏汽车、铁路冷藏车、冷藏船和冷藏集装箱等。从某种意义上讲,冷藏运输设备是可以移动的小型冷藏库。

**1. 对冷藏运输设备的要求**

虽然冷藏运输设备的使用条件不尽相同,但一般来说,它们均应满足以下条件。

1) 能产生并维持一定的低温环境,保持食品的品温;

2) 隔热性好,尽量减少外界传入的热量;

3) 可根据食品种类或环境变化调节温度;

4）制冷装置在设备内所占空间要尽可能地小；

5）制冷装置重量轻，安装稳定，安全可靠，不易出故障；

6）运输成本低。

**2. 冷藏汽车**

（1）对冷藏汽车的要求

作为冷藏链的一个极其重要的中间环节，冷藏汽车的主要任务是：作为分配性的交通工具作短途运输；当没有铁路时，长途运输冷冻食品。

虽然冷藏汽车可采用不同的制冷方法，但设计时都应考虑如下因素。

1）车厢内应保持的温度及允许的偏差；

2）运输过程所需要的最长时间；

3）历时时间最长的环境温度；

4）运输的食品种类；

5）开门次数。

（2）冷藏汽车的冷负荷

一般，食品在运输前均已在冷冻或冷却装置中降到规定的品温，所以冷藏汽车无需再为食品消耗制冷量，冷负荷主要由通过隔热层的热渗透及开门时的冷量损失组成。如果冷藏运输新鲜的果蔬类食品，则还要考虑其呼吸热。

通过隔热层的传热量与环境温度、汽车行驶速度、风速和太阳辐射等有关。在停车状态下，太阳辐射是主要的影响因素；在行驶状态下，空气与汽车的相对速度是主要的影响因素。

车体壁面的隔热好坏，对冷藏汽车的运行经济性影响很大，要尽力减小热渗透量。用作隔热层的最常用的隔热材料是聚苯乙烯泡沫塑料和聚氨酯泡沫塑料，其传热系数小于0.6 W/($m^2\cdot K$)，具体数值取决于车体及其隔热层的结构。从热损失的观点看，车体最好由整块玻璃纤维塑料制成，并用现场发泡的聚氨酯泡沫塑料隔热，在车体内、外装设气密性护壁板。

单位时间内开门的次数及开、关间隔的时间均不相同，所以，开门冷量损失的计算较困难，一般凭经验确定。其值约比壁面热损失大几倍。可达到几倍于壁面热损失的数值，分配性冷藏汽车由于开门频繁，冷量损失较大，而长途冷藏汽车可不考虑此项损失。若分配性冷藏汽车每天工作8 h，可按最多开门50次计算。

（3）冷藏汽车的分类

根据制冷方式，冷藏汽车可分为机械制冷、液氮或干冰制冷、蓄冷板制冷等多种。这些制冷系统彼此差别很大，选择使用方案时应从食品种类、运行经济性、可靠性和使用寿命等方面综合考虑。

本节将对多温区冷藏车厢的温度场和速度场的分布进行数值模拟；并分析三个不同的出风口风速（3 m/s、6 m/s、9 m/s）下所对应的温度场及速度场的分布情况，选取最佳风速；同时，模拟不同的堆货方式并根据模拟的结果优化最好的货物堆放形式。

## 二、多温区冷藏车厢物理、数学模型的建立

**1. 物理模型**

本节以一辆车厢长6 500 mm、宽2 465 mm、高2 500 mm、采用一拖二蒸发器的多温区

冷藏车为例进行模拟。车厢等分为三个温区：冷冻区、冷藏区和常温区。其中冷藏区与常温区之间用可移动隔板分隔，可根据货物对冷藏的不同需求来调节冷藏区及常温区的大小。本节模拟的是冷藏区和常温区都做冷藏使用的情况。简化后冷冻区的尺寸为(长 × 宽 × 高)：2 167 mm × 2 465 mm × 2 500 mm，设定温度为−18℃；冷藏区的尺寸为(长 × 宽 × 高)：4 333 mm × 2 465 mm × 2 500 mm，设定温度为0℃。

**2. 数学模型**

为简化研究，作以下基本假设：

1）库内气体为不可压缩且符合Boussineq假设；

2）库内的流场是稳态的，在所有的微分方程中，可忽略时间项的影响；

3）忽略围护结构气体泄漏，即可认为库体是密闭的；

4）库内空气在库体壁面上无滑移；

5）气体物性参数为常数。

**3. 入口边界**

1）K ，取来流的平均动能的0.5% ～ 1.5%，本研究中取1.0%；

2）ε，按式$\eta_t=\dfrac{\rho C_\mu k^2}{\varepsilon}$计算，其中$\eta_t$按 $\rho uL/\eta_t=100\sim1\,000$来确定。

**4. 出口边界**

1）速度分别取9 m/s、6 m/s、3 m/s进行计算；

2）紊流脉动动能 $\dfrac{\partial K}{\partial n}=0$；

3）脉动动能耗散 $\dfrac{\partial \varepsilon}{\partial n}=0$；

4）温度 $\dfrac{\partial T}{\partial n}=0$。

**5. 壁面**

1）与壁面平行的流速取为零，其黏性系数暂取分子黏性的值；

2）与壁面垂直的流速取为零，令壁面上与其相对应的扩散系数为零；

3）紊流脉动动能 $\dfrac{\partial \varepsilon}{\partial n}=0$；

4）脉动动能耗散第一个内节点上的 ε 值按 $\varepsilon_p=\dfrac{C_\mu^{\frac{3}{4}}K_p^{\frac{3}{2}}}{\kappa y_p}$来计算；

5）温度$-K_w\left.\dfrac{\partial T}{\partial n}\right|_w=-K_g\left.\dfrac{\partial T}{\partial n}\right|_g$，式中下标W表示壁面，g表示气体。

**6. 热负荷计算**

为了能更好地模拟现实情况，本节中对多温区冷藏车车厢维护结构与外界的换热量作了细致的计算。

设计参数：室外温度取40℃；车厢传热系数$K$取0.35 W/(m² · K)；运输时间$t$取6 h。计算结果如下。

1）冷冻车厢：$Q_{1上}=832.02$ W/(m² · K)

$Q_{1左}=Q_{1右}=739.57\ \mathrm{W/(m^2 \cdot K)}$

$Q_{1前}=130.64\ \mathrm{W/(m^2 \cdot K)}$

$Q_{1下}=108.52\ \mathrm{W/(m^2 \cdot K)}$

$Q_{1后}=0$

2）冷藏车厢：$Q_{2上}=1\ 146.55\ \mathrm{W/(m^2 \cdot K)}$

$Q_{2左}=Q_{2右}=1\ 020.1\ \mathrm{W/(m^2 \cdot K)}$

$Q_{2前}=0$

$Q_{2后}=81.65\ \mathrm{W/(m^2 \cdot K)}$

$Q_{2下}=135.65\ \mathrm{W/(m^2 \cdot K)}$

## 三、对冷藏车空厢的数值模拟

根据上述的一些条件利用商用计算软件Fluent对多温区冷藏车车厢进行三维数值模拟分析,得到了车厢内温度场、速度场分布的详细信息。

**1. 冷冻厢及冷藏厢空载时速度场及温度场分布情况**

（1）速度场分析

图7-44为风速为9 m/s时的模拟情况,根据模拟图可以得到:

1）冷冻厢及冷藏厢的流场均存在一个中心回流区域,回流区速度较小,由于冷藏厢的长度尺寸比冷冻厢要大,回流区域也大于冷冻厢,故冷藏厢中心的回流速度更小;

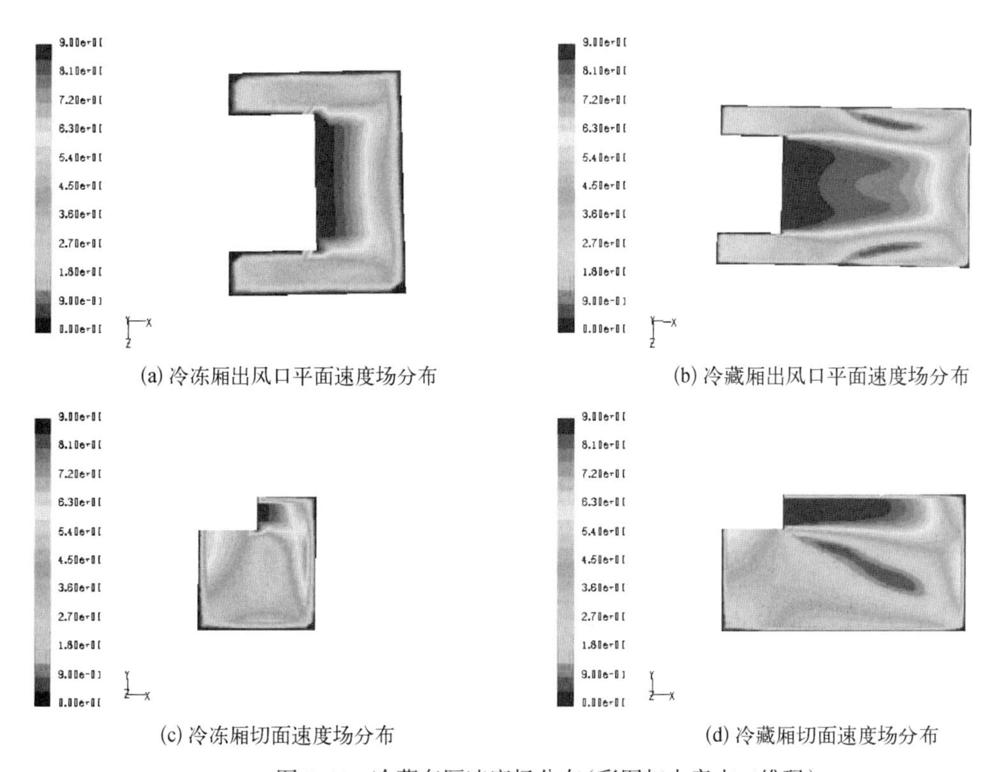

(a) 冷冻厢出风口平面速度场分布　(b) 冷藏厢出风口平面速度场分布

(c) 冷冻厢切面速度场分布　(d) 冷藏厢切面速度场分布

图7-44　冷藏车厢速度场分布（彩图扫本章末二维码）

2）流场在拐角处呈现速度减小的趋势，在速度矢量图中表现为速度的不连续。且在各个拐角处都存在小漩涡，这可用流量守恒定律解释（$A_1V_1=A_2V_2$，拐角处流动截面积增大，则该处的流动速度减小），而拐角处的小漩涡是由于壁面的阻碍扰流引起的；

3）三个拐角处流场复杂，但对整个流场影响不大，可以不作分析。对流场进行比较可以看出，漩涡沿主流的流动方向逐渐变大，说明高速具有破坏漩涡的作用。同时，低速区也是最容易产生漩涡的地方。

（2）温度场分析

图7-45显示温度场呈现均匀化趋势，但气体流场极大地影响到温度场的分布和更新速度。从图中可以看出，速度大的区域温度变化（更新）也快。而中心回流区，以库内中心大漩涡区为中心向四周辐射，其流速较小，热量向外传递较慢，温度变化（更新）速度也慢，存在较明显的滞后现象。温度沿气流方向逐渐上升。拐角处温度较高，是由于存在漩涡，不利于散热，且涡流在自动旋转过程中由于摩擦也会放出热量。在冷藏车车厢壁面上，由于流体在库体表面无滑移，加之外界热量的作用，其温度比较高，并随高度方向呈两端高中间低分布。

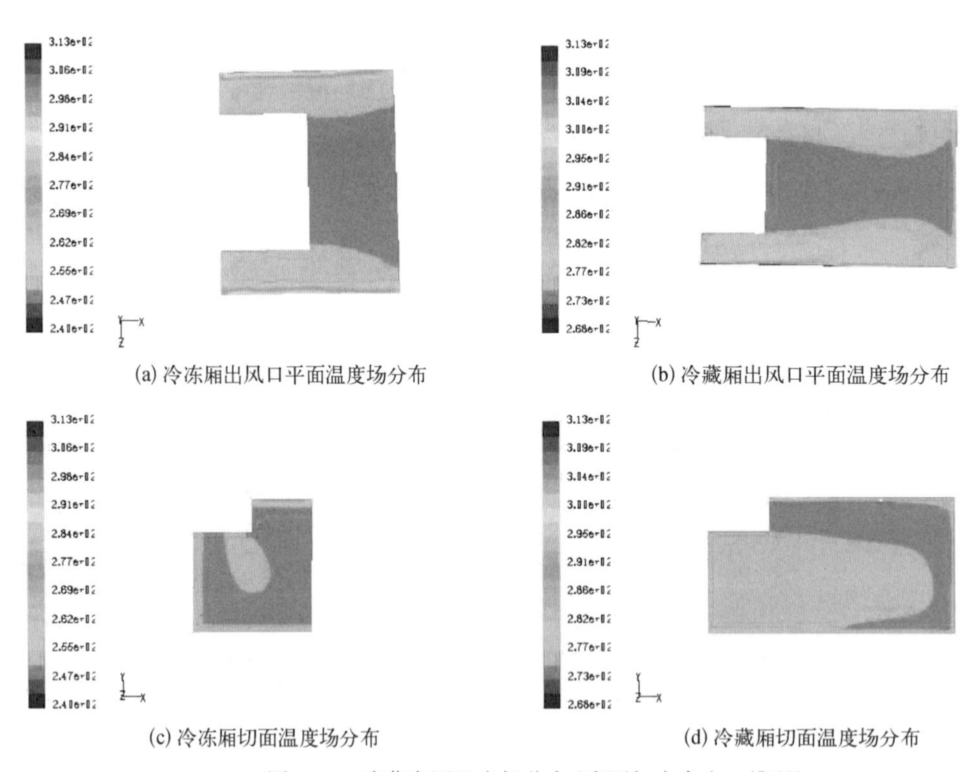

(a) 冷冻厢出风口平面温度场分布　(b) 冷藏厢出风口平面温度场分布

(c) 冷冻厢切面温度场分布　(d) 冷藏厢切面温度场分布

图7-45　冷藏车厢温度场分布（彩图扫本章末二维码）

**2. 不同出风口风速下冷冻厢速度场及温度场分布**

考虑到针对该冷藏车所选用的制冷设备风速有三挡可调，分别为3 m/s、6 m/s、9 m/s；以下将针对不同风速下的速度场和温度场进行数值模拟。

（1）速度场分析

根据数值模拟计算图7-46可以看出：当风速为3 m/s、6 m/s和9 m/s时都能形成明显的回流。由于车厢较短，当风速为9 m/s时显然风速过大，冷冻箱内速度场分布没有3 m/s和6 m/s时的均匀，而其风速过大对食品的干耗也就增大。

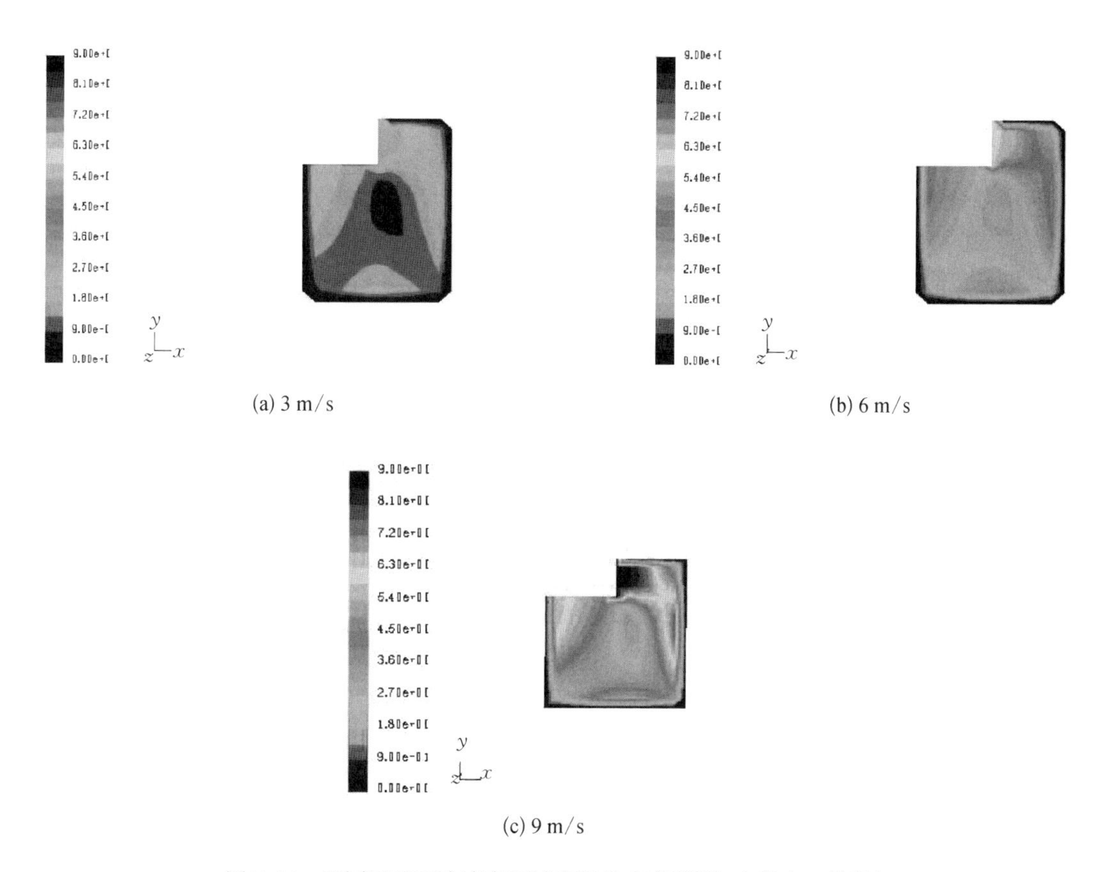

(a) 3 m/s　(b) 6 m/s　(c) 9 m/s

图7-46　不同风速下冷冻车厢速度场分布（彩图扫本章末二维码）

（2）温度场模拟

从模拟图7-47可以看出：当风速为3 m/s时，温度场分布较为均匀，能形成较明显的回流区域，离出风口较近处有一段温度较其他部分要低；风速为6 m/s时，温度分布很均匀，但回流区域过大；而当风速为9 m/s时，温度场均匀且有明显的回流区域，但考虑大风速既浪费能耗又增大了食品的干耗，显然不是最佳选择。

### 3. 不同出风口风速下冷藏厢速度场及温度场分布

考虑到针对该冷藏车所选用的制冷设备风速有三挡可调，分别为3 m/s、6 m/s、9 m/s；以下将针对不同风速下的速度场和温度场进行数值模拟。

（1）速度场分析

根据模拟图7-48可以看出：当风速为9 m/s时的流场是最合理的；当风速为6 m/s时，由于风速降低，中心回流区域明显增大且在蒸发器底部也形成了较大的局部涡流区，

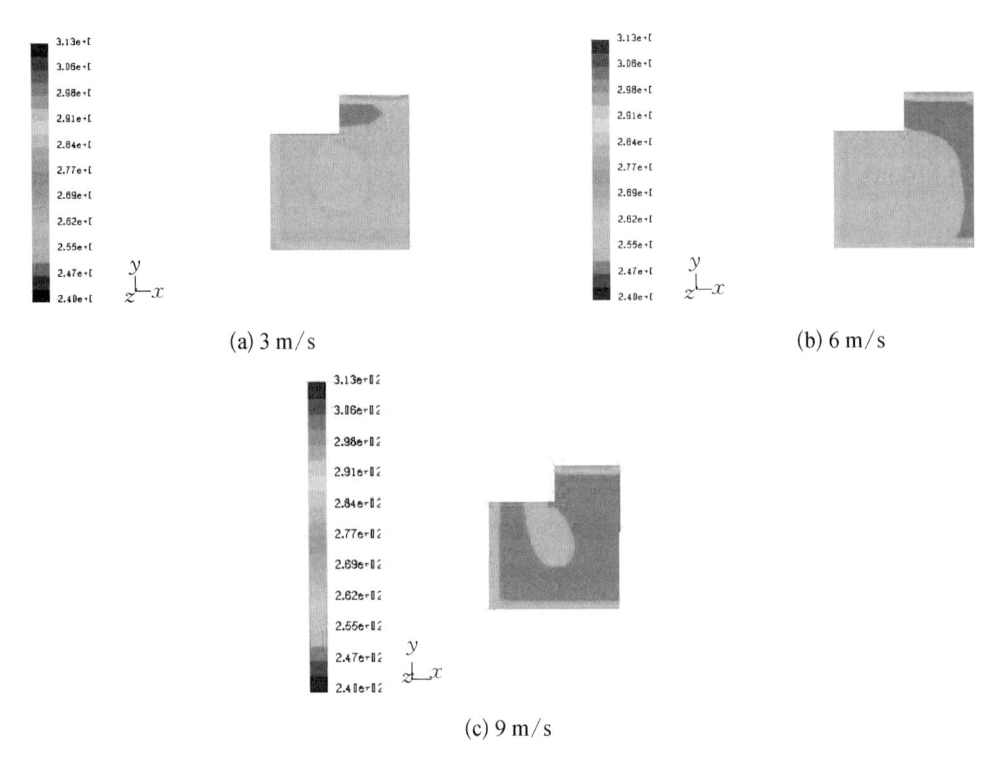

(a) 3 m/s　(b) 6 m/s

(c) 9 m/s

图 7-47　不同风速下冷冻厢温度场分布（彩图扫本章末二维码）

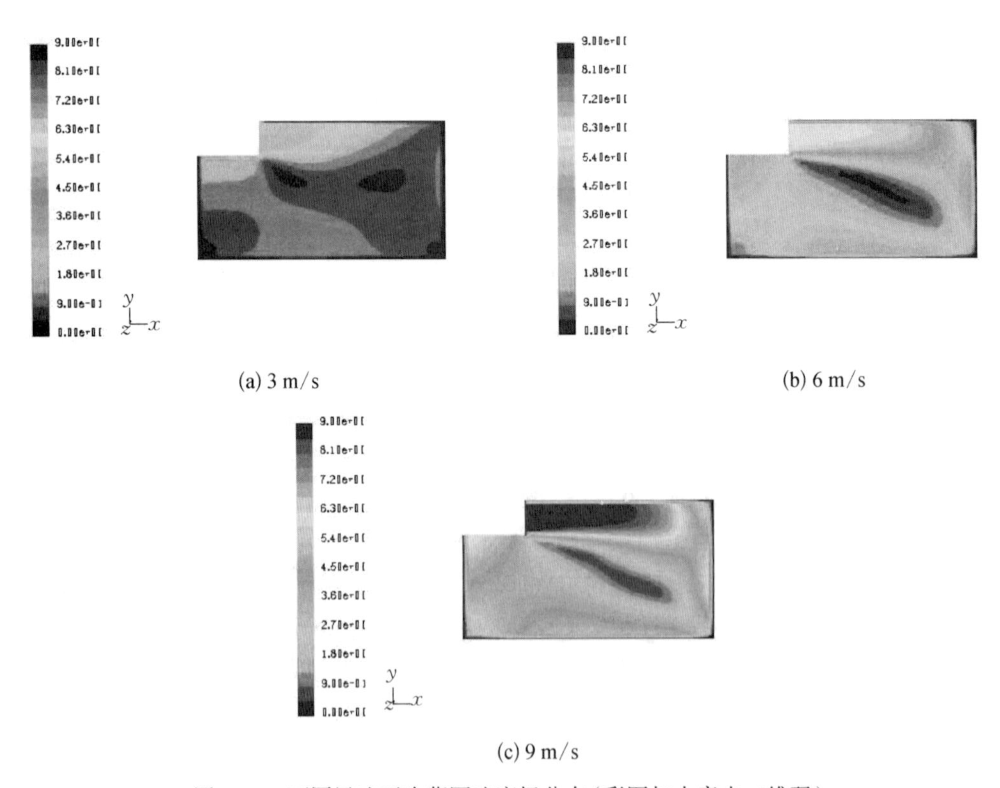

(a) 3 m/s　(b) 6 m/s

(c) 9 m/s

图 7-48　不同风速下冷藏厢速度场分布（彩图扫本章末二维码）

中心区域为主要的堆货区，中心回流区域的增大显然对食品的冷藏及保鲜是不利的；当风速进一步减小到3 m/s时，由于风速过小，甚至无法形成空气回流区，整个厢体的气流分布比较混乱，无法起到对食品进行冷却的作用。

（2）温度场模拟

从模拟图图7-49可以看出：当风速为9 m/s时，厢体内温度场的分布是最均匀的，温度波动也是最小的；当风速调到6 m/s时，厢内出现明显的温度梯度，温度场的分布也没有先前那么均匀，中心回流区域温度有明显的上升；当风速为3 m/s时，由于风速过小，无法形成回流区，蒸发器下方区域由于冷空气很难到达，温度很高，且厢内温度波动相当大，温度分布也非常不均匀，这样对货物的冷藏保鲜都会有很大的影响。

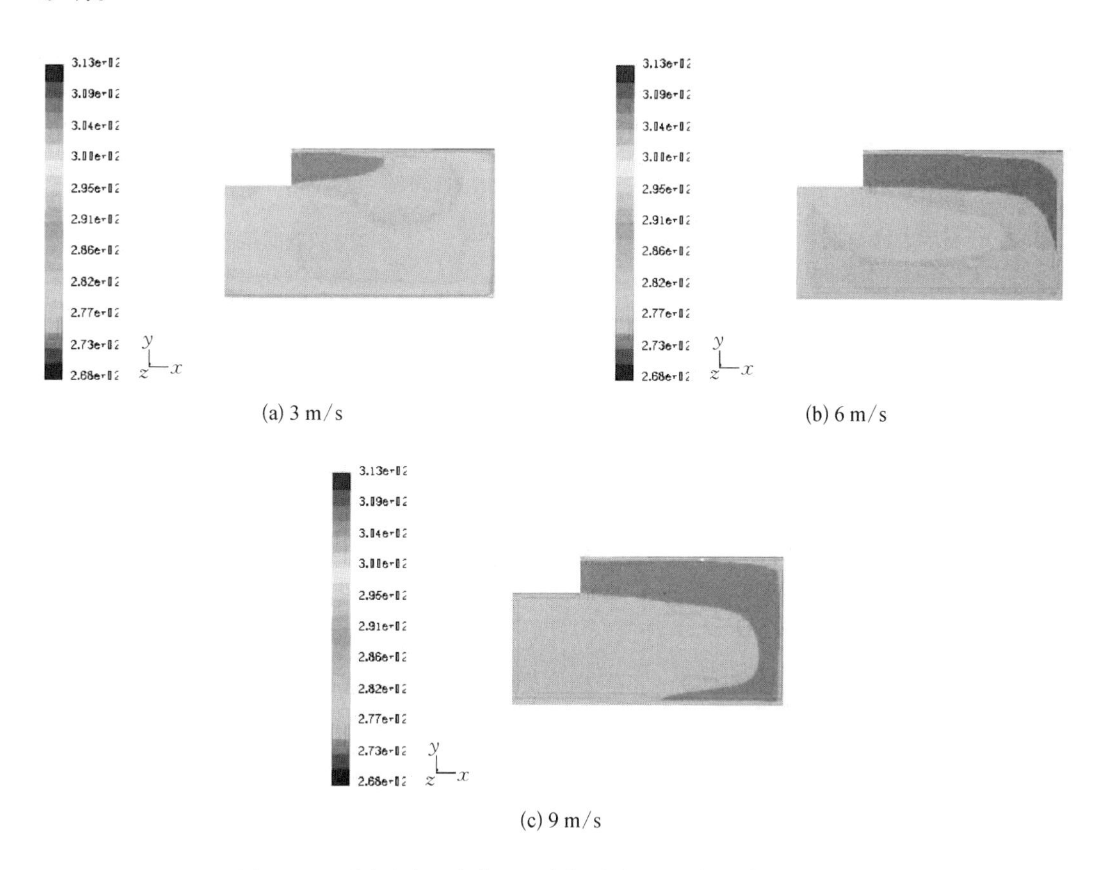


(a) 3 m/s

(b) 6 m/s

(c) 9 m/s

图7-49 不同风速下冷藏厢温度场分布（彩图扫本章末二维码）

### 4. 对不同堆货形式下的数值模拟

以风速为9 m/s时的冷藏箱为例，假设放入货物以苹果，入箱时温度取3℃，查表得到以下参数：密度：1 059.87 kg/m$^3$；比热容：3.755 8 kJ/(kg·k)；热导率：0.561 2 W/m$^2$·K。针对不同的堆货形式，进行箱体内温度场的数值模拟及优化分析。

比较图7-50、图7-51可以看出：当直接把货物置于箱内，即箱体底部紧贴车厢底部放置时，由于气流无法形成回流，会造成局部温度偏高，且车厢底部也会直接对货物进行传热，造成底部货物温度迅速升高，可见这种常用的堆货方式是需要改进的；而当货物腾空放置时，由于冷空气可以通过货物底部且货物不与车厢底壁直接换热，冷藏保温效果无疑要好很多，从图7-51中可以看出几乎没有局部过热的现象，且由于气流的通畅流通，回风效果也会较前一种好，同时制冷效果也就相应地好了。但如果在货物底部搁置货架，可能会造成空间及冷量的浪费，故建议在冷藏车底壁开设风道，这样既能保证货物的冷藏质量，又起到了合理利用空间及冷量的作用，可谓一举两得。

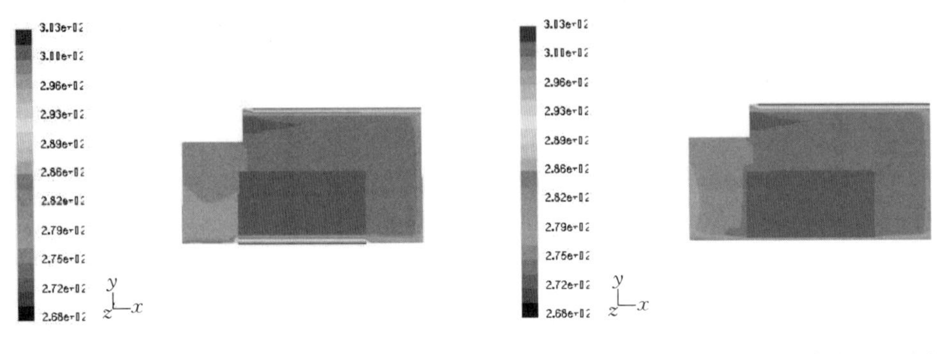


图7-50　货物直接置于箱内的温度场分布（彩图扫本章末二维码）

图7-51　货物腾空放置时箱内的温度场分布（彩图扫本章末二维码）

## 四、小结

从冷冻厢与冷藏厢的温度场及速度场模拟结果的比较可以看出，由于冷藏厢的长度较冷冻厢要长，中心回流区也较大，这对于货物的冷藏保鲜是不利的。故在设计车厢时，当容积一定的情况下，如对车厢的宽度和高度没特别的规定，建议尽可能地在允许的范围内增大高度和宽度，减小长度。

冷冻车厢风速在9 m/s、6 m/s、3 m/s三挡风速中，由于冷冻车厢的长度尺寸较小，三挡风速都能满足对货物保温的需求，考虑到当风速为9 m/s时，既浪费能耗又对食品产生较大干耗，建议使用3 m/s或6 m/s的较小的风速。

冷藏车厢风速在9 m/s、6 m/s、3 m/s三挡风速中，显然9 m/s下的温度场分布是最理想的，但考虑到风速越大，对食品的干耗也就越大，故建议当货物刚放入车厢时，由于货物在装卸过程中温度升高，应把风速调到最大，即9 m/s，使货物温度迅速冷却到车厢设定温度后，把风速调小，建议调到6 m/s，这时既能保证对货物的冷藏保温的功效又能减小干耗。

在装载货物时，货物应尽可能地往中间放置。并强烈建议使用带有风道的冷藏车厢，可能使用带风道的冷藏车厢的造价要高于普通车厢，但这样既能合理利用冷量和空间，又能最好地保证货物合理的运输条件。

## 参考文献


[ 1 ] 谢晶. 食品冷藏链技术与装置[M]. 北京: 机械工业出版社, 2011.
[ 2 ] 华泽钊. 食品冷冻冷藏原理与设备[M]. 北京: 机械工业出版社, 1999.
[ 3 ] 谢晶, 邱伟强, 我国食品冷藏链的现状及展望. 中国食品学报, 2013, 13(3): 1-7.
[ 4 ] 申江, 刘斌. 冷藏链现状及进展[J]. 制冷学报, 2009, 30(6): 20-25.
[ 5 ] 谭兆涛. 浅谈我国冷链物流的现状与提升[J]. 肉类工业, 2010, 3: 43-45.
[ 6 ] 刘国丰, 欧阳仲志. 冷藏运输市场现状及发展[J]. 制冷, 2007, 26(2): 27-30.
[ 7 ] 刘芬, 张爱萍, 刘东红. 真空预冷处理对青花菜贮藏期间生理活性的影响[J]. 农业机械学报, 2009, 40(10): 107-110.
[ 8 ] 刘芳, Sherri D C, 周洪水, 等. 易腐品冷链百科全书[M]. 上海: 东华大学出版社, 2011.
[ 9 ] 谢晶. 我国水产品冷藏链的现状和发展趋势[J]. 制冷技术, 2010, 3: 5-10.
[10] 常远, 刘泽勤. 冷藏运输装备技术及经济性分析和若干建议[J]. 冷藏技术, 2010, 4: 39-42.
[11] 白世贞, 曲志华. 冷链物流[M]. 北京: 中国物质出版社, 2012: 212-213.
[12] 兰洪杰, 李援朝, 孙大琪. 北京市冷链物流报告(2010—2011)[M]. 北京: 中国财富出版社, 2012: 25.
[13] Kuo J C, Chen M C. Developing an advanced multi-temperature joint distribution system for the food cold chain[J]. Food Control, 2010, 21(4): 559-566.
[14] Cortella G. CFD-aided retail cabinets design[J]. Computers and Electronics in Agriculture, 2002, 34(1): 43-66.
[15] Mirade P S, Kondjoyan A, Daudin J D. Three-dimensional CFD calculations for designing large food chillers[J]. Computers and Electronics in Agriculture, 2002, 34(1): 67-88.
[16] Zhao C J, Han J W, Yang X T, et al. A review of computational fluid dynamics for forced-air cooling process[J]. Applied Energy, 2016, 168: 314-331.
[17] Ambaw A, Delele M A, Defraeye T, et al. The use of CFD to characterize and design post-harvest storage facilities: Past, present and future[J]. Computers and Electronics in Agriculture, 2013, 93: 184-194.
[18] 瞿晓华, 谢晶, 徐世琼. 计算流体力学在制冷工程中的应用[J]. 制冷, 2003, 22(1): 17-22.
[19] 王达, 刘升, 王强, 等. 雪青梨在不同预冷方式下数值模拟与试验研究[J]. 制冷与空调(北京), 2015, 35(12): 77-81.
[20] 陈秀勤, 卢立新, 王军. 包装箱内层装果品差压预冷温度场的数值模拟与验证[J].农业工程学报, 2014, 30(12): 249-257.
[21] 韩佳伟, 赵春江, 杨信廷, 等. 送风风速对苹果差压预冷性能的影响[J]. 农业机械学报, 2015, 46(11): 280-289.
[22] 孟志锋, 沈五雄, 向红, 等. 小型包装箱内龙眼果实预冷过程数值模拟研究[J]. 食品科学, 2010, (12): 288-292.
[23] 韩志, 谢晶, 潘迎捷. 球性食品真空冷却非稳态过程的数值分析[J]. 真空科学与技术学报, 2010, 30(6): 657-661.
[24] 成芳, 杨小梅, 由昭红, 等. 食品冷冻过程的数值模拟技术[J]. 农业机械学报, 2014, 45(7): 162-170.
[25] 李杰, 谢晶, 张珍. 食品冻结时间预测方法的研究分析[J]. 安徽农业科学, 2008, 36(23): 10178-10181.
[26] Moraga N O, Vega-Gálvez A, Lemus-Mondaca R. Numerical simulation of experimental freezing process of ground meat cylinders[J]. international Journal of Food engineering, 2012, 7(6): 639-646.
[27] Jafari M, Alavip P. Effect of some parameters on freezing time of slab shaped foods under two impinging slot jets[J]. Journal of Applied Sciences, 2008, 8(12): 2234-2241.

[28] 李杰，谢晶. 鼓风冻结虾仁时间的数值模拟及实验验证[J]. 农业工程学报，2009，25(4)：248-252.
[29] 李杰，谢晶，陆方娟. 食品冻结过程温度场及冻结时间的数值模拟与实验研究[J]. 食品工业科技，2009(2)：123-125.
[30] Wan f L, Zhang L, Lian G. A CFD simulation of 3D air flow and temperature variation in refrigeration cabinet[J]. Procedia Engineering, 2015, 102: 1599-1611.
[31] 王贵强，邹平华，刘明生，等. 包装对食品冻结过程的影响研究[J]. 农业机械学报，2014，45(7)：171-176.
[32] Nahor H B, Hong M L, Verboven P,et al. CFD model of the airflow, heat and mass transfer in cool stores [J]. International Journal of Refrigeration, 2005, 28(3): 368-380.
[33] Akdemir S, Ozturk S, Edis F O, et al. CFD Modelling of two different cold stores ambient factors[J]. IERI Procedia, 2013, 5: 28-40.
[34] 谢晶，瞿晓华，徐世琼. 冷藏库内气体流场数值模拟与验证[J]. 农业工程学报，2005，21(2)：11-16.
[35] 汤毅. 计算流体力学(CFD)技术用于冷库气流优化的研究[D]. 上海：上海海洋大学，2013.
[36] 杜子峥，谢晶，朱进林. 数值模拟技术预测风机两种摆放方式对冷库堆垛货物的影响[J]. 食品与机械，2015，(3)：145-149.
[37] 胡佐新，黄爽，高欣，等. 不同出风方式对冷库温度分布的影响[J]. 贵州大学学报(自然科学版)，2016，1：010.
[38] Hoang H M, Duret S, Flick D, et al. Preliminary study of airflow and heat transfer in a cold room filled with apple pallets: Comparison between two modelling approaches and experimental results[J]. Applied Thermal Engineering, 2015, 76: 367-381.
[39] 王贵强，邹平华，刘明生，等. 冷库内空气参数对食品冻结的影响研究[J]. 制冷学报，2014，(05)：66-70.
[40] Margeirsson B, Lauzon H L, Palsson H, et al. Temperature fluctuations and quality deterioration of chilled cod (*Gadus morhua*) fillets packaged in different boxes stored on pallets under dynamic temperature conditions[J]. International Journal of Refrigeration, 2012, 35(1): 187-201.
[41] Main T T, Margeirsson B, Margeirsson S,et al. Temperature mapping of fresh fish supply chains-air and sea transport[J]. Journal of Food Process Engineering, 2012, 35(4): 622-656.
[42] Tapsoba M, Moureh J, Flick D. Airflow patterns in an enclosure loaded with slotted pallets[J]. International Journal of Refrigeration,2006, 29(6): 899-910.
[43] 和晓楠. 冷藏运输车流场分析及运输过程对蔬菜品质影响研究[D]. 天津：天津商业大学，2010.
[44] 郭永刚. 冷板冷藏车内温度场及其对蔬菜品质影响的研究[D]. 天津：天津商业大学，2014.
[45] 张哲，郭永刚，田津津，等. 冷板冷藏汽车箱体内温度场的数值模拟及试验[J]. 农业工程学报，2013，29(25)：18-24.
[46] 韩佳伟，赵春江，杨信廷，等. 基于CFD数值模拟的冷藏车节能组合方式比较[J]. 农业工程学报，2013，29(19)：55-62.
[47] Alptekin E, Ezan M A, Kayansayan N. Flow and Heat Transfer Characteristics of an Empty Refrigerated Container[M]//Progress in Exergy, Energy, and the Environment. Switzerland AG: Springer International Publishing, 2014: 641-652.
[48] 田津津，王飒飒，张哲，等. 冷藏集装箱内部流场的动态数值模拟与验证[J]. 食品与机械，2016，32(4)：136-142.
[49] 田津津，李曼，俞苏苏，等. 冷藏集装箱内部流场及送风方式的研究[J]. 低温与超导，2016，44(2)：57-60.
[50] Wang L J, Sun D W. Effect of operating conditions of a vacuum cooler on cooling performance for large cooked meat joints[J]. Journal of Food Engineering, 2004, 61(2): 231-240.
[51] Jin T X, Xu L. Development and validation of moisture movement model for vacuum cooling of cooked

meat[ J ]. Journal of Food Engineering, 2006, 75(3): 333–339.
[ 52 ] Houska M, Podloucky S , Zitny R , et al. Mathematical model of the vacuum cooling of liquids [ J ]. Journal of Food Engineering, 1996, 29: 339–348.
[ 53 ] Dostal M, Petera K. Vacuum cooling of liquids: mathematical model [ J ]. Journal of Food Engineering, 2004, 61(4): 533–539.
[ 54 ] Wang L J, Sun D W. Modelling vacuum cooling process of cooked meat — part 2: mass and heat transfer of cooked meat under vacuum pressure [ J ]. International Journal of Refrigeration, 2002, 25(7): 862–871.
[ 55 ] Sun D W, Hu Z H. CFD predicting the effects of various parameters on core temperature and weight loss profiles of cooked meat during vacuum cooling [ J ]. Computers and Electronics in Agriculture, 2002, 34(1–3): 111–127.
[ 56 ] Carson J K, Lovatt S J, Tanner D J, et al. Thermal conductivity bounds for isotropic, porous materials [ J ]. International Journal of Heat and Mass Transfer, 2005, 48: 2150–2158.
[ 57 ] Dostal M, Petera K. Vacuum cooling of liquids: mathematical model [ J ]. Journal of Food Engineering, 2004, 61(4): 533–539.
[ 58 ] Sun D W, Hu Z H. CFD predicting the effects of various parameters on core temperature and weight loss profiles of cooked meat during vacuum cooling [ J ]. Computers and Electronics in Agriculture, 2002, 34(1–3): 111–127.
[ 59 ] 韩志，谢晶，潘迎捷，等. 在不同真空度下的卷心菜真空冷却实验对比研究[ J ]. 真空科学与技术学报，2007，27(2)：142–145.
[ 60 ] 王健，汪小昆，丁为民. 风压通风的单栋温室内部流场的ANSYS CFD模拟[ J ]. 农业机械学报，2007，38(3)：114–116，121.
[ 61 ] 徐世琼. 我国速冻设备的发展现状[ J ]. 制冷空调工程技术，2007，(1)：15–16.
[ 62 ] Xie J, Qu X H, Shi J Y, et al. Effect of design parameters on flow and temperature fields of a cold store by CFD simulation [ J ].Journal of Food Engineering, 2006, 77 (2): 355–363.
[ 63 ] Foster A M, Swain M J, Barrett R, et al. Three-dimensional effects of an air curtain used to restrict cold room infiltration [ J ]. Applied Mathematical Modelling, 2007, 31(6): 1109–1123.

# 第七章 二维码

图7-16 图7-17 图7-18 图7-20

图7-23 图7-27 图7-28 图7-29

图7-30 图7-31 图7-32 图7-33

图7-34 图7-35 图7-37 图7-38

图7-40　图7-41　图7-42　图7-43

图7-44　图7-45　图7-46　图7-47

图7-48　图7-49　图7-50　图7-51

# 附录1　带鱼贮藏期间主要细菌的16S rDNA序列

菌株$X_1$（*Shewanella putrefaciens*腐败希瓦氏菌）的16S rDNA序列如下：

GCTTGACGGTAGACGTTAGCATGCAAGTCGAGCGGCAGCGGGAAGATAGCTTGCTATCTTTG
CCGGCGAGCGGCGGACGGGTGAGTAATGCCTAGGGATCTGCCCAGTCGAGGGGGATAACAGTTG
GAAACGACTGCTAATACCGCATACGCCCTACGGGGGAAAGGAGGGGACCTTCGGGCCTTCCGCGA
TTGGATGAACCTAGGTGGGATTAGCTAGTTGGTGAGGTAATGGCTCACCAAGGCGACGATCCCTAG
CTGTTCTGAGAGGATGATCAGCCACACTGGGACTGAGACACGGCCCAGACTCCTACGGGAGGCA
GCAGTGGGGAATATTGCACAATGGGGGAAACCCTGATGCAGCCATGCCGCGTGTGTGAAGAAGGC
CTTCGGGTTGTAAAGCACTTTCAGTAGGGAGGAAAGGTAATAGTTTAATACGCTGTTGCTGTGACG
TTACCTACAGAAGAAGGACCGGCTAACTCCGTGCCAGCAGCCGCGGTAATACGGAGGGTCCGAGC
GTTAATCGGAATTACTGGGCGTAAAGCGTGCGCAGGCGGTTTGTTAAGCGAGATGTGAAAGCCCC
GGGCTCAACCTGGGAATTGCATTTCGAACTGGCGAACTAGAGTCTTGTAGAGGGGGGTAGAATTC
CAGGTGTAGCGGTGAAATGCGTAGAGATCTGGAGGAATACCGGTGGCGAAGGCGGCCCCCTGGA
CAAAGACTGACGCTCAGGCACGAAAGCGTGGGGAGCAAACAGGATTAGATACCCTGGTAGTCCA
CGCCGTAAACGATGTCTACTCGGAGTTTGGTGTCTTGAACACTGGGCTCTCAAGCTAACGCATTAA
GTAGACCGCCTGGGGAGTACGGCCGCAAGGTTAAAACTCAAATGAATTGACGGGGGCCCGCACA
AGCGGTGGAGCATGTTGGTTTAATTCGATGCAACGCGAAGAACCTTACCTACTCTTGACATCCACA
GAATTCGCTAGAGATAGCTTAGTGCCTTCGGGACCCGTGAGACAGGTGCTGCATGGCTGTCGTCA
GCTCGTGTTGTGAAATGTTGGGTAAGTCCCGCAACGAGCGCAACCCCTATCCATATTTGCCAGCAC
GTAATGGTGGGACTCTAGGAGACTGCTGTGATAAACCCGGAAGAATGGTGGGGACGACGTCAAGT
CATCATGGCCTACGAGTAGGCTACCCACTGCTACAATTGGCGAGATACAAAGGGTGCAAAGCGCA

菌株$X_2$（*Pseudomonas fluorescens*荧光假单胞菌）的16S rDNA序列如下：

GGGGGGTAGTAGGAGATGCTACGCATGCAGTCGAGCGGTAGAGAGGTGCTTGCACCTCTTG
AGAGCGGCGGACGGGTGAGTAATACCTAGGAATCTGCCTGGTAGTGGGGGATAACGTTCGGAAAC
GGACGCTAATACCGCATACGTCCTACGGGAGAAAGCAGGGGACCTTCGGGCCTTGCGCTATCAGA
TGAGCCTAGGTCGGATTAGCTAGTTGGTGAGGTAATGGCTCACCAAGGCTACGATCCGTAACTGGT
CTGAGAGGATGATCAGTCACACTGGAACTGAGACACGGTCCAGACTCCTACGGGAGGCAGCAGT
GGGGAATATTGGACAATGGGCGAAAGCCTGATCCAGCCATGCCGCGTGTGTGAAGAAGGTCTTCG

GATTGTAAAGCACTTTAAGTTGGGAGGAAGGGCATTAACCTAATACGTTAGTGTCTTGACGTTACC
GACAGAATAAGCACCGGCTAACTCTGTGCCAGCAGCCGCGGTAATACAGAGGGTGCAAGCGTTAA
TCGGAATTACTGGGCGTAAAGCGCGCGTAGGTGGTTTGTTAAGTTGAATGTGAAATCCCCGGGCTC
AACCTGGGAACTGCATCCAAAACTGGCAAGCTAGAGTATGGTAGAGGGTAGTGGAATTTCCTGTG
TAGCGGTGAAATGCGTAGATATAGGAAGGAACACCAGTGGCGAAGGCGACTACCTGGACTGATAC
TGACACTGAGGTGCGAAAGCGTGGGGAGCAAACAGGATTAGATACCCTGGTAGTCCACGCCGTA
AACGATGTCAACTAGCCGTTGGGAGCCTTGAGCTCTTAGTGGCGCAGCTAACGCATTAAGTTGAC
CGCCTGGGGAGTACGGCCGCAAGGTTAAAACTCAAATGAATTGACGGGGGCCCGCACAAGCGGT
GGAGCATGTGGTTTAATTCGAAGCAACGCGAAGAACCTTACCAGGCCTTGACATCCAATGAACTT
TCTAGAGATAGATTGATGCCTTCGGGCACATTGAGACAGGTGCTGCATGGCTGTCGTCAGCTCGTG
TCGTGAGATGTTGGGTTAAGTCCCGTAACGAGCCGCAACCCTTGTCCTTA

**菌株$X_3$（*Pseudomonas aeruginosa*铜绿假单胞菌）的16S rDNA序列如下：**

GCGGGGGGGATAGGGGAGCTACGCATGCAAGTCGAGCGGTAGAGAGAAGCTTGCTTCTCTT
GAGAGCGGCGGACGGGTGAGTAATGCCTAGGAATCTGCCTAGTGGTGGGGGATAACGTTCGGAAA
CGGACGCTAATACCGCATACGTCCTACGGGAGAAAGCGGGGGACCTTCGGGCCTCGCGCCATTAG
ATGAGCCTAGGTCGGATTAGCTAGTTGGTGAGGTAATGGCTCACCAAGGCTACGATCCGTAACTGG
TCTGAGAGGATGATCAGTCACACTGGAACTGAGACACGGTCCAGACTCCTACGGGAGGCAGCAG
TGGGGAATATTGGACAATGGGCGAAAGCCTGATCCAGCCATGCCGCGTGTGTGAAGAAGGTCTTC
GGATTGTAAAGCACTTTAAGTTGGGAGGAAGGGTAGTAGCTTAATACGTTGCTACTTTGACGTTAC
CGACAGAATAAGCACCGGCTAACTTCGTGCCAGCAGCCGCGGTAATACGAAGGGTGCAAGCGTTA
ATCGGAATTACTGGGCGTAAAGCGCGCGTAGGTGGTTCAGTAAGTTGGATGTGAAATCCCCGGGC
TCAACCTGGGAACTGCATCCAAAACTGCTGAGCTAGAGTACGGTAGAGGGTAGTGGAATTTCCTG
TGTAGCGGTGAAATGCGTAGATATAGGAAGGAACACCAGTGGCGAAGGCGACTACCTGGACTGGT
ACTGACACTGAGGTGCGAAAGCGTGGGGAGCAAACAGGATTAGATACCCTGGTAGTCCACGCCG
TAAACGATGTCAACTAGCCGTTGGGAGTCTTGAACTCTTAGTGGCGCAGCTAACGCATTAAGTTGA
CCGCCTGGGGAGTACGGCCGCAAGGTTAAAACTCAAATGAATTGACGGGGGCCCGCACAAGCGG
TGGAGCATGTGGTTTAATTCGAAGCAACGCGAAGAACCTTACCTGGCCTTGACATGCTGAGAACT
TTCTAGAGATAGATTGGTGCCTTCGGGAGCTCAGACACAGGTGCTGCATGGCTGTCGTCAGCTCGT
GTCGTGAGATGTTGGGTTAAGTCCCGTAACGAGCGCAACCCTTGTCCTTAGTTACCAGCACGTAAT
GGTGGGAACTCTA

**菌株$X_4$（*Psychrobacter* sp. 嗜冷杆菌）的16S rDNA序列如下：**

GCCGTCAGTAGACTGTAGCATAGCAAGTCGAGCGGAACGATGATAGCTTGCTATCAGGCGTC
GAGCGGCGGACGGGTGAGTAATACTTAGGAATCTACCTAGTAGTGGGGGATAGCTCGGGGAAACT
CGAATTAATACCGCATACGACCTACGGGAGAAAGGGGGCAACTTGTTGCTCTCGCTATTAGATGAG
CCTAAGTCGGATTAGCTAGATGGTGGGGTAAAGGCCTACCATGGCGACGATCTGTAGCTGGTCTGA
GAGGATGATCAGCCACACCGGGACTGAGACACGGCCCGGACTCCTACGGGAGGCAGCAGTGGGG

AATATTGGACAATGGGGGCAACCCTGATCCAGCCATGCCGCGTGTGTGAAGAAGGCCTTTTGGTT
GTAAAGCACTTTAAGCAGTGAAGAAGACTCCATGGTTAATACCCATGGACGATGACATTAGCTGCA
GAATAAGCACCGGCTAACTCTGTGCCAGCAGCCGCGGTAATACAGAGGGTGCAAGCGTTAATCGG
AATTACTGGGCGTAAAGCGAGCGTAGGTGGCTTGATAAGTCAGATGTGAAATCCCCGGGCTTAAC
CTGGGAACTGCATCTGATACTGTTAGGCTAGAATAGGTGAGAGGAAGGTAGAATTCCAGGTGTAG
CGGTGAAATGCGTAGAGATCTGGAGGAATACCGATGGCGAAGGCAGCCTTCTGGCATCATATTGAC
ACTGAGGTTCGAAAGCGTGGGTAGCAAACAGGATTAGATACCCTGGTAGTCCACGCCGTAAACGA
TGTCTACTAGTCGTTGGGTCCCTTGAGGACTTAGTGACGCAGCTAACGCAATAAGTAGACCGCCTG
GGGAGTACGGCCGCAAGGTTAAAACTCAAATGAATTGACGGGGGCCCGCACAAGCGGTGGAGCA
TGTGGTTTAATTCGATGCAACGCGAAGAACCTTACCTGGTCTTGACATATCTAGAATCCTGCAGAG
ATGCGGGAGTGCCTTCGGGAATTAGAATACAGGTGCTGCATGGCTGTCGTCAGCTCGTGTCGTGA
GATGTTGGGTTAAGTCCCGCAACGAGCGCACCCATTGTCCTAGTTACCAGCGGTTAAGCCGGGTAC
TCTAGATACTGCAGTGACAAACTGGAAGAGCGGGACGACGTCAGTCATCATGGCCGTACGAACAG
GGCTACCACGTGCTACATGTAGTACAGAAGGGCAGCTTACATAGCGATG

**菌株$X_5$(*Aeromonas hydrophila*嗜水气单胞菌)的16S rDNA序列如下：**

GCCTTAGATGCAGGCGTAGCATGCAAGTCGAGCGGCAGCGGGAAAGTAGCTTGCTACTTTT
GCCGGCGAGCGGCGGACGGGTGAGTAATGCCTGGGGATCTGCCCAGTCGAGGGGGATAACAGTT
GGAAACGACTGCTAATACCGCATACGCCCTACGGGGGAAAGGAGGGGACCTTCGGGCCTTTCGC
GATTGGATGAACCCAGGTGGGATTAGCTAGTTGGTGGGGTAATGGCTCACCAAGGCGACGATCCC
TAGCTGGTCTGAGAGGATGATCAGCCACACTGGAACTGAGACACGGTCCAGACTCCTACGGGAG
GCAGCAGTGGGGAATATTGCACAATGGGGGAAACCCTGATGCAGCCATGCCGCGTGTGTGAAGA
AGGCCTTCGGGTTGTAAAGCACTTTCAGCGAGGAGGAAAGGTTGGCGCCTAATACGTGTCAACTG
TGACGTTACTCGCAGAAGAAGCACCGGCTAACTCCGTGCCAGCAGCCGCGGTAATACGGAGGGT
GCAAGCGTTAATCGGAATTACTGGGCGTAAAGCGCACGCAGGCGGTTGGATAAGTTAGATGTGAA
AGCCCCGGGCTCAACCTGGGAATTGCATTTAAAACTGTCCAGCTAGAGTCTTGTAGAGGGGGGTA
GAATTCCAGGTGTAGCGGTGAAATGCGTAGAGATCTGGAGGAATACCGGTGGCGAAGGCGGCCC
CCTGGACAAAGACTGACGCTCAGGTGCGAAAGCGTGGGGAGCAAACAGGATTAGATACCCTGGT
AGTCCACGCCGTAAACGATGTCGATTTGGAGGCTGTGTCCTTGAGACGTGGCTTCCGGAGCTAAC
GCGTTAAATCGACCGCCTGGGGAGTACGGCCGCAAGGTTAAAACTCAAATGAATTGACGGGGGC
CCGCACAAGCGGTGGAGCATGTGGTTTAATTCGATGCAACGCGAAGAACCTTACCTGGCCTTGAC
ATGTCTGGAATCCTGTAGAGATACGGGAGTGCCTTCGGGAATCAGAACACAGGTGCTGCATGGCT
GTCGTCAGCTCGTGTCGTGAGATGTTGGGTTAAGTCCCGCAACGAGCGCATCCCTGTCCATTGTTGC
CAGCACGTATGTTGGGAACTCAAGGGAGAACTGCCGGTGATAACTGGAGGA

**菌株$X_6$(*Vibrio rumoiensis*弧菌)的16S rDNA序列如下：**

CGACATCACTAAAGTGGTAGCGTCATCCCGAAGGTTAAACTACCTACTTCTTTTGCAGCCCAC
TCCCATGGTGTGACGGGCGGTGTGTACAAGGCCCGGGAACGTATTCACCGTGGCATTCTGATCCAC

GATTACTAGCGATTCCGACTTCATGGAGTCGAGTTGCAGACTCCAATCCGGACTACGACGCACTTT
TTGGGATTCGCTCACTATCGCTAGCTTGCTGCCCTCTGTATGCGCCATTGTAGCACGTGTGTAGCCC
TACTCGTAAGGGCCATGATGACTTGACGTCGTCCCCACCTTCCTCCGGTTTATCACCGGCAGTCTC
CCTGGAGTTCCCGACATTACTCGCTGGCAAACAAGGATAAGGGTTGCGCTCGTTGCGGGACTTAA
CCCAACATTTCACAACACGAGCTGACGACAGCCATGCAGCACCTGTCTCAGAGTTCCCGAAGGCA
CCAATCCATCTCTGGAAAGTTCTCTGGATGTCAAGAGTAGGTAAGGTTCTTCGCGTTGCATCGAAT
TAAACCACATGCTCCACCGCTTGTGCGGGCCCCCGTCAATTCATTTGAGTTTTAATCTTGCGACCGT
ACTCCCCAGGCGGTCTACTTAACGCGTTAGCTCCGAAAGCCACGGCTCAAGGCCACAACCTCCAA
GTAGACATCGTTTACGGCGTGGACTACCAGGGTATCTAATCCTGTTTGCTCCCCACGCTTTCGCATC
TGAGTGTCAGTATCTGTCCAGGGGGCCGCCTTCGCCACTGGTATTCCTTCAGATCTCTACGCATTTC
ACCGCTACACCTGAAATTCTACCCCCCTCTACAGTACTCTAGTTTGCCAGTTTCAAATGACCTTCCG
AGGTTGAGCCCCGGGCTTTCACATCTGACTTAACAAACCACCTGCATGCGCTTTACGCCCAGTAAT
TCCGATTAACGCTCGCACCCTCCGTATTACCGCGGCTGCTGGCACGGAGTTAGCCGGTGCTTCTTC
TG

**菌株$X_7$（*Pseudomonas putida*恶臭假单胞菌）的16S rDNA序列如下：**

GGCCTAACACATGCAAGTCGAGCGGATGAGAAGAGCTTGCTCTTCGATTCAGCGGCGGACG
GGTGAGTAATACCTAGGAATCTGCCTGGTAGTGGGGGACAACGTTTCGAAAGGAACGCTAATACC
GCATACGTCCTACGGGAGAAAGCAGGGGACCTTCGGGCCTTGCGCTATCAGATGAGCCTAGGTC
GGATTAGCTAGTTGGTGAGGTAATGGCTCACCAAGGCTACGATCCGTAACTGGTCTGAGAGGATG
ATCAGTCACACTGGAACTGAGACACGGTCCAGACTCCTACGGGAGGCAGCAGTGGGGAATATTG
GACAATGGGCGAAAGCCTGATCCAGCCATGCCGCGTGTGTGAAGAAGGTCTTCGGATTGTAAAG
CACTTTAAGTTGGGAGGAAGGGCAGTAAGCGAATACCTTGCTGTTTTGACGTTACCGACAGAATA
AGCACCGGCTAACTCTGTGCCAGCAGCCGCGGTAATACAGAGGGTGCAAGCGTTAATCGGAATTA
CTGGGCGTAAAGCGCGCGTAGGTGGTTCGTTAAGTTGGATGTGAAATCCCCGGGCTCAACCTGGG
AACTGCATCCAAAACTGGCGAGCTAGAGTAGGGCAGAGGGTGGTGGAATTTCCTGTGTAGCGGTG
AAATGCGTAGATATAGGAAGGAACACCAGTGGCGAAGGCGACCACCTGGGCTCATACTGACACTG
AGGTGCGAAAGCGTGGGGAGCAAACAGGATTAGATACCCTGGTAGTCCACGCCGTAAACGATGTC
AACTAGCCGTTGGAATCCTTGAGATTTTAGTGGCGCAGCTAACGCATTAAGTTGACCGCCTGGGGA
GTACGGCCGCAAGGTTAAAACTCAAATGAATTGACGGGGgCCCGCACAAGCGGTGGAGCATGTGG
TTTAATTCGAAGCAACGCGAAGAACCTTACCAGGCCTTGACATCCAATGAACTTTCCAGAGATGGA
TTGGTGCCTTCGGGAACATTGAGACAGGTGCTGCATGGCTGTCGTCAGCTCGTGTCGTGAGATGTT
GGGTTAAGTCCCGTAACGAGCGCAACCCTTGTCCTTAGTTACCAGCACGTTATGGTGGGCACTCTA
AGGAGACTGCCGGTGACAAACCGGAGGAAGGTGGGGATGACGTCAAGTCATCATGGCCCTTACG
GCCTGGGCTACACACGTGCTACAATGGTCGGTACAGAGGGTCGCCAAGCCGCGAGGTGGAGCTAA
TCTCACAAAACCGATCGTAGTCCGGATCGCAGTCTGCAACTCGACTGCGTGAAGTCGGAATCGCT
AGTAATCGCGAATCAGAATGTCGCGGTGAATACGTTCCCGGGCCTTGTACACACCGCCCGTCACAC
CATGGGAGTGGGTTGCACCAGAAGTAGCTAGTCTAACCTTCGGGAGGACGGTTACCACGG

菌株$X_8$（*Enterobacter agglomerans*成团肠杆菌）的**16S rDNA**序列如下：

CCCGGGGGGATAGTCGTAGCATGCAGTCGGACGGTAGCACAGAGAGCTTGCTCTTGGGTGA
CGAGTGGCGGACGGGTGAGTAATGTCTGGGGATCTGCCCGATAGAGGGGGATAACCACTGGAAA
CGGTGGCTAATACCGCATAACGTCGCAAGACCAAAGAGGGGGACCTTCGGGCCTCTCACTATCGG
ATGAACCCAGATGGGATTAGCTAGTAGGCGGGGTAATGGCCCACCTAGGCGACGATCCCTAGCTG
GTCTGAGAGGATGACCAGCCACACTGGAACTGAGACACGGTCCAGACTCCTACGGGAGGCAGC
AGTGGGGAATATTGCACAATGGGCGCAAGCCTGATGCAGCCATGCCGCGTGTATGAAGAAGGCCT
TCGGGTTGTAAAGTACTTTCAGCGGGGAGGAAGGCGATGTGGTTAATAACCGCGTCGATTGACGT
TACCCGCAGAAGAAGCACCGGCTAACTCCGTGCCAGCAGCCGCGGTAATACGGAGGGTGCAAGC
GTTAATCGGAATTACTGGGCGTAAAGCGCACGCAGGCGGTCTGTTAAGTCAGATGTGAAATCCCC
GGGCTTAACCTGGGAACTGCATTTGAAACTGGCAGGCTTGAGTCTCGTAGAGGGGGGTAGAATT
CCAGGTGTAGCGGTGAAATGCGTAGAGATCTGGAGGAATACCGGTGGCGAAGGCGGCCCCCTGG
ACGAAGACTGACGCTCAGGTGCGAAAGCGTGGGGAGCAAACAGGATTAGATACCCTGGTAGTCC
ACGCCGTAAACGATGTCGACTTGGGAGGTTGTTCCCTTGAGGAGTGGCTTCCGGAGCTAACGCGT
TAAGTCGACCGCCTGGGGAGTACGGCCGCAAGGTTAAAACTCAAATGAATTGACGGGGGCCCGC
ACAAGCGGTGGAGCATGTGGTTTAATTCGATGCAACGCGAAGAACCTTACCTACTCTTGACATCCA
GCGAACATGTCAGAGATGCCTTGGCTGCCTTCTCGAACGCTGAGACAGGTGCTGCATGGCTGTCG
TCAGCTCGTGTTGTGAAATGTTGGGATTAAGTCCCCAACGAGCGCACCCTTATCCTTTGATGCCAG
CGATTCGGTCGGGAACTCAAGAGACTGCCGGGTGATA

菌株$X_9$（*Acinetobacter johnsonii*约氏不动杆菌）的**16S rDNA**序列如下：

CCTGAGCAACGTGGTAGCGTCCTCCTTGCGGTTAGACTACCTACTTCTGGTGCAACAAATTC
CCATGGTGTGACGGGCGGTGTGTACAAGGCCCGGGAACGTATTCACCGCGGCATTCTGATCCGCG
ATTACTAGCGATTCCGACTTCATGGAGTCGAGTTGCAGACTCCAATCCGGACTACGATCGGCTTTT
TGAGATTAGCATGCTATCGCTAGGTAGCAACCCTTTGTACCGACCATTGTAGCACGTGTGTAGCCC
TGGTCGTAAGGGCCATGATGACTTGACGTCGTCCCCGCCTTCCTCCAGTTTGTCACTGGCAGTATC
CTTAAAGTTCCCGGCTTAACCCGCTGGCAAATAAGGAAAAGGGTTGCGCTCGTTGCGGGACTTAA
CCCAACATCTCACGACACGAGCTGACGACAGCCATGCAGCACCGGTATGTAAGTTCCCAAAGGC
ACCAATCCATCTCTGGAAAGTTCTTACTATGTCAAGACCAGGTAAGGTTCTTCGCGTTGCATCGAA
TTAAACCACATGCTCCACCGCTGGTGCGGGCCCCCGTCAATTCATTTGAGTTTTAGTCTTGCGACC
GTACTCCCCAGGCGGTCTACTTATCGCGTTAGCTGCGCCACTAAAGCCTCAAAGGCCCCAACGGC
TAGTAAACATCGTTTACGGCATGAACTACCAGGGTATCTAATCCTGTTTGCTCCCCATGCTTTCGTA
CCTCAGCGTCAGTATTAGGCCAGATGGCTGCCTTCGCCATCGGTATTCCTCCGGATCTCTACGCAT
TTCACCGCTACACCTGAAATTCTACCATCCTCTCCCATACTCTAGCTGCCCAGTATCGAATGCAATT
CCTAAGTTAAGCTCAGGAATTTCACATCTGACTTAAAGAGCCGCCTACGCACGCTTTACGCCAAG
TAAATCCAATTACCGCTCGCACCCTCTGTATTACCGCGCTGCTGGCACAGAGTAGCAGGTGCTTAT
TCTGCGAGTACGTCAACTATCTAGAGTATGATCCAAGTAGCCTCCTCCTCGCTAGGTGCTTTACAC

CGAAAGGCATC

菌株$X_{10}$（*Staphylococcus sciuri*松鼠葡萄球菌）的16S rDNA序列如下：

TGCCTAATACATGCAAGTCGAGCGAACAGATGAGAAGCTTGCTTCTCTGATGTTAGCGGCGG
ACGGGTGAGTAACACGTGGGTAACCTACCTATAAGACTGGGATAACTCCGGGAAACCGGGGCTAA
TACCGGATAATATTTTGAACCGCATGGTTCAATAGTGAAAGACGGTTTCGGCTGTCACTTATAGATG
GACCCGCGCCGTATTAGCTAGTTGGTAAGGTAACGGCTTACCAAGGCGACGATACGTAGCCGACCT
GAGAGGGTGATCGGCCACACTGGAACTGAGACACGGTCCAGACTCCTACGGGAGGCAGCAGTAG
GGAATCTTCCGCAATGGGCGAAAGCCTGACGGAGCAACGCCGCGTGAGTGATGAAGGTCTTCGG
ATCGTAAAACTCTGTTGTTAGGGAAGAACAAATTTGTTAGTAACTGAACAAGTCTTGACGGTACCT
AACCAGAAAGCCACGGCTAACTACGTGCCAGCAGCCGCGGTAATACGTAGGTGGCAAGCGTTATC
CGGAATTATTGGGCGTAAAGCGCGCGTAGGCGGTTTCTTAAGTCTGATGTGAAAGCCCACGGCTC
AACCGTGGAGGGTCATTGGAAACTGGGAAACTTGAGTGCAGAAGAGGAGAGTGGAATTCCATGT
GTAGCGGTGAAATGCGCAGAGATATGGAGGAACACCAGTGGCGAAGGCGGCTCTCTGGTCTGTAA
CTGACGCTGATGTGCGAAAGCGTGGGGATCAAACAGGATTAGATACCCTGGTAGTCCACGCCGTA
AACGATGAGTGCTAAGTGTTAGGGGGTTTCCGCCCCTTAGTGCTGCAGCTAACGCATTAAGCACTC
CGCCTGGGGAGTACGACCGCAAGGTTGAAACTCAAAGGAATTGACGGGGACCCGCACAAGCGGT
GGAGCATGTGGTTTAATTCGAAGCAACGCGAAGAACCTTACCAAATCTTGACATCCTTTGACCGCT
CTAGAGATAGAGTCTTCCCCTTCGGGGGACAAAGTGACAGGTGGTGCATGGTTGTCGTCAGCTCG
TGTCGTGAGATGTTGGGTTAAGTCCCGCAACGAGCGCAACCCTTAAGCTTAGTTGCCATCATTAAG
TTGGGCACTCTAGGTTGACTGCCGGTGACAAACCGGAGGAAGGTGGGGATGACGTCAAATCATCA
TGCCCCTTATGATTTGGGCTACACACGTGCTACAATGGATAATACAAAGGGCAGCGAATCCGCGAG
GCCAAGCAAATCCCATAAAATTATTCTCAGTTCGGATTGTAGTCTGC

菌株$X_{11}$（*Bacillus cereus*蜡样芽孢杆菌）的16S rDNA序列如下：

CGTGCCTAATACATGCAAGTCGAGCGAATGGATTAAGAGCTTGCTCTTATGAAGTTAGCGGC
GGACGGGTGAGTAACACGTGGGTAACCTGCCCATAAGACTGGGATAACTCCGGGAAACCGGGGCT
AATACCGGATAACATTTTGAACCGCATGGTTCGAAATTGAAAGGCGGCTTCGGCTGTCACTTATGG
ATGGACCCGCGTCGCATTAGCTAGTTGGTGAGGTAACGGCTCACCAAGGCAACGATGCGTAGCCG
ACCTGAGAGGGTGATCGGCCACACTGGGACTGAGACACGGCCCAGACTCCTACGGGAGGCAGCA
GTAGGGAATCTTCCGCAATGGACGAAAGTCTGACGGAGCAACGCCGCGTGAGTGATGAAGGCTTT
CGGGTCGTAAAACTCTGTTGTTAGGGAAGAACAAGTGCTAGTTGAATAAGCTGGCACCTTGACGG
TACCTAACCAGAAAGCCACGGCTAACTACGTGCCAGCAGCCGCGGTAATACGTAGGTGGCAAGCG
TTATCCGGAATTATTGGGCGTAAAGCGCGCGCAGGTGGTTTCTTAAGTCTGATGTGAAAGCCCACG
GCTCAACCGTGGAGGGTCATTGGAAACTGGGAGACTTGAGTGCAGAAGAGGAAAGTGGAATTCC
ATGTGTAGCGGTGAAATGCGTAGAGATATGGAGGAACACCAGTGGCGAAGGCGACTTTCTGGTCT
GTAACTGACACTGAGGCGCGAAAGCGTGGGGAGCAAACAGGATTAGATACCCTGGTAGTCCACG
CCGTAAACGATGAGTGCTAAGTGTTAGAGGGTTTCCGCCCTTTAGTGCTGAAGTTAACGCATTAAG

CACTCCGCCTGGGGAGTACGGCCGCAAGGCTGAAACTCAAAGGAATTGACGGGGGCCCGCACAA
GCGGTGGAGCATGTGGTTTAATTCGAAGCAACGCGAAGAACCTTACCAGGTCTTGACATCCTCTG
ACAACCCTAGAGATAGGGCTTCTCCTTCGGGAGCAGAGTGACAGGTGGTGCATGGTTGTCGTCAG
CTCGTGTCGTGAGATGTTGGGTTAAGTCCCGCAACGAGCGCAACCCTTGATCTTAGTTGCCATCAT
TTAGTTGGGCACTCTAAGGTGACTGCCGGTGACAAACCGGAGGAAGGTGGGGATGACGTCAAAT
CATCATGCCCCTTATGACCTGGGCTACACACGTGCTACAATGGACGGTACAAAGAGCTGCAAGAC
CGCGAGGTGGAGCTAATCTCATAAAACCGTTCTCAGTTCGGATTGTAGGCTGCAACTCGCCTACAT
GAAGCTGGAATCGCTAGTAATCGCGGATCAGCATGCCGCGGTGAATACGTTCCCGGGCCTTGTACA
CACCGCCCGTCACACCACGAGAGTTTGTAACACCCGAAGTCGGTGGGGTAACCTTTTTGGAGCCA
GCCGCCTAAGGT

**菌株$X_{12}$(*Aerococcus viridans*绿色气球菌)的16S rDNA序列如下:**

CGGGGGTGAGGGGGGAGCTTGAGCATAGCAAGTCGAGCGAACAGATGAAGTGCTTGCACTT
CTGACGTTAGCGGCGAACGGGTGAGTAACACGTAAGGAATCTACCTATAAGCGGGGGATAACATT
CGGAAACGGGTGCTAATACCGCATAATATCTTCTTCCGCATGGAAGAAGATTGAAAGACGGCTCTG
CTGTCACTTATAGATGACCTTGCGGTGCATTAGTTAGTTGGTGGGGTAACGGCCTACCAAGACGAT
GATGCATAGCCGACCTGAGAGGGTGATCGGCCACATTGGGACTGAGACACGGCCCAAACTCCTAC
GGGAGGCAGCAGTAGGGAATCTTCCGCAATGGGCGAAAGCCTGACGGAGCAATGCCGCGTGAGT
GAAGAAGGCCTTCGGGTCGTAAAACTCTGTTATAAGAGAAGAACAAATTGTAGAGTAACTGCTAC
AGTCTTGACGGTATCTTATCAGAAAGCCACGGCTAACTACGTGCCAGCAGCCGCGGTAATACGTAG
GTGGCAAGCGTTGTCCGGATTTATTGGGCGTAAAGGGAGCGCAGGTGGTTTCTTAAGTCTGATGTG
AAAGCCCACGGCTTAACCGTGGAGGGTCATTGGAAACTGGGAAACTTGAGTACAGAAGAGGAAT
GTGGAACTCCATGTGTAGCGGTGGAATGCGTAGATATATGGAAGAACACCAGTGGCGAAGGCGAC
ATTCTGGTCTGTTACTGACACTGAGGCTCGAAAGCGTGGGGAGCAAACAGGATTAGATACCCTGG
TAGTCCACGCCGTAAACGATGAGTGCTAGGTGTTGGAGGGTTTCCGCCCTTCAGTGCCGCAGTTA
ACGCATTAAGCACTCCGCCTGGGGAGTACGACCGCAAGGTTGAAACTCAAAGGAATTGACGGGG
ACCCGCACAAGCGGTGGAGCATGTGGTTTAATTCGAAGCAACGCGAGAACCTTACCAAGTCTTGA
CATCCTTTGACCACCCTAGAGATAGGGCTTTCCCTTCGGGGACAAAGTGACAGGTGGTGCATGGTT
GTCGTCAGCTCGTGTCTGAGATGTTGGGTTAAGTCCCGCAACGACGCAACCCCTATTATAGTTGCC
AGCATTCAGTTGGGCACTC

**菌株$X_{13}$(*Staphyloccocus aureus*金黄色葡萄球菌)的16S rDNA序列如下:**

CGGTTGAACGGGGGAGCGTATAATGCAAGTCGAGCGAACAGATGAGAAGCTTGCTTCTCTG
ATGTTAGCGGCGGACGGGTGAGTAACACGTGGGTAACCTACCTATAAGACTGGGATAACTCCGGG
AAACCGGGGCTAATACCGGATAATATTTTGAACCGCATGGTTCAATAGTGAAAGACGGTTTCGGC
TGTCACTTATAGATGGACCCGCGCCGTATTAGCTAGTTGGTAAGGTAACGGCTTACCAAGGCGAC
GATACGTAGCCGACCTGAGAGGGTGATCGGCCACACTGGAACTGAGACACGGTCCAGACTCCTA
CGGGAGGCAGCAGTAGGGAATCTTCCGCAATGGGCGAAAGCCTGACGGAGCAACGCCGCGTGA

GTGATGAAGGTCTTCGGATCGTAAAACTCTGTTGTTAGGGAAGAACAAATTTGTTAGTAACTGAA
CAAGTCTTGACGGTACCTAACCAGAAAGCCACGGCTAACTACGTGCCAGCAGCCGCGGTAATACG
TAGGTGGCAAGCGTTATCCGGAATTATTGGGCGTAAAGCGCGCGTAGGCGGTTTCTTAAGTCTGAT
GTGAAAGCCCACGGCTCAACCGTGGAGGGTCATTGGAAACTGGGAAACTTGAGTGCAGAAGAGG
AGAGTGGAATTCCATGTGTAGCGGTGAAATGCGCAGAGATATGGAGGAACACCAGTGGCGAAGG
CGGCTCTCTGGTCTGTAACTGACGCTGATGTGCGAAAGCGTGGGGATCAAACAGGATTAGATACC
CTGGTAGTCCACGCCGTAAACGATGAGTGCTAAGTGTTAGGGGGTTTCCGCCCCTTAGTGCTGCAG
CTAACGCATTAAGCACTCCGCCTGGGGAGTACGACCGCAAGGTTGAAACTCAAAGGAATTGACGG
GGACCCGCACAAGCGGTGGAGCATGTGGTTTAATTCGAAGCAACGCGAAGAACCTTACCAAATCT
TGACATCCTTTGACCGCTCTAGAGATAGAGTCTTCCCCTTCGGGGGACAAAGTGACAGGTGGTGC
ATGGATGTCGTCAGCTCGTGTCGTGAGA

# 附录2　带鱼贮藏期间细菌DGGE指纹图谱上条带序列

| 条带 | 序列 |
|---|---|
| 1 | TGGCTCATCATGACGGGACCTGATCAGCCATGCCGCGTGTGTGAGAAGG<br>CCTTTTGGTTGTAAAGCACTTTAAGCAGTGAAGAAGACTCCGTGGTTAA<br>TACCCATGGACGATGACATTAGCTGCAGAATAAGCACCGGCTAACTCTGT<br>GCCAGCAGCCGCGGTAAT |
| 2 | CGGAGATGAGGTGCTTGCACCTTATCTTAGCGGCGGACGGGTGAGTAAT<br>GCTTAGGAATCTGCCTATTAGTGGGGGACAACATTCCGAAAGGAATGCTA<br>ATACCGCATACGTCCTACGGGAGAAAGCAGGGGATCTTCGGACCTTGCG<br>CTAATAGATGAGCCTAAG |
| 3 | TCGACTAAGACGAGCTGATGCAGCCATGCCGCGTGTGTGAGAAGGCCTTCGGAG<br>TTGTAAGCACTTTCAGTCGGGAGGAAGGTGGTGAAGTTAATACCTTGCTGTTTTG<br>ACGTTACCGACAGAATAAGCACCGGCTAACTCCGTGCCAGCAGCCGCGGTAATA |
| 4 | CCCTGATGTACGAGCTGATGCAGCCATACCGCGTGTATGAGAAGGCCTTA<br>GGGTTGTAAAGTACTTTCAGCGAGGAGGACAGGTTAACGATTAATACTC<br>GGTAGCTGTGACGTTACTCGCAGAAGAAGCACCGGCTAACTCCGTGCCA<br>GCGCCGCGGTAATAGACA |
| 5 | ACTCGTAGCTGTCGGTACGTCAGACATCACGTATTAGGTAACTGCCCTTCCTCCCA<br>ACTTAAAGTGCTTTACAATCCGAAGACCTTCTTCACACACGCGGCATGGCTGGAT<br>CAGGCTTTCGCCCATTGTCCAATATTCCCCACTGCTGCCTCCCGTAGG |
| 6 | CCCCTCTGTACGAGAGTGATGCAGCCATGCCGCGTGTGTGAGAAGGCCT<br>TCGGGTTGTAAAGCACTTTCAGTCGTGAGGAAGGTGGTAGTGTTAATAGC<br>ACTATCATTTGACGTTAGCGACAGAAGAAGCACCGGCTAACTCCGTGCC<br>AGCAGCCGCGGTAATA |
| 7 | TCCCTGCATGGACGCAGCCTGATGCAGCCATGCCGCGTGTGTGAGAAGG<br>CCTTCGGGTTGTAAAGCACTTTCAGTAGGGAGGAAAGGTAGCAGCTTAAT<br>ACGCTGTTGCTGTGACGTTACCTACAGAAGAAGGACCGGCTAACTCCGT<br>GCCAGCGACCGCGGTAATAAA |
| 8 | AACTTCGTCGCTGCAGTACGTCATCGATCCGTGCGGTATTACCACGGACCTCTTCA<br>TCACTAGCTGTAAAGTGCTTTACACCCGAAGGCCTTCTTCACACACGCGGCATGG<br>CTGCATCAGGGTTTCGCCCATTGTGCAATATTCCCCACTGCTGCCTCGCGTAAGA |
| 9 | CCCTGCATGTACGAAGCCTGATGCAGCCATGCCGCGTGTGTGAGAAGGC<br>CTTCGGGTTGTAAAGCACTTTCAGTAGGGAGGAAAGGTAGCAGCTTAATA<br>CGCTGTTGCTGTGACGTTACCTACAGAAGAAGGACCGGCTAACTCCGTG<br>CCAGCAGCCGCGGTAATA |
| 10 | TACTTACTCGTCTGCGAGTACGTCACAGTAACACGTATTAAGCTGCTACCTTTCCT<br>CCTCGCTGAAAGTACTTTACAACCCTAAGGCCTTCTTCATACACGCGGTATGGCT<br>GCATCAGGCTTTCGCCCATTGTGCAATATTCCCCACTGCTGCCTCCCGTAAGA |

续　表

| 条　带 | 序　　列 |
| --- | --- |
| 13 | TAACTAGTAGCTGTAGTACGTCACAGCTAGCAGGTATTACTACTAACCTTTCCTCC<br>TGACTGAAAGTGCTTTACAACCCGAAGGCCTTCTTCACACACGCGGCATGGCTG<br>CATCAGGCTTGCGCCCATTGTGCAATATTCCCCACTGCTGCCTCTCGTAAA |
| 15 | TCTCTAGTACTAGACTGATGCAGCCATGCCGCGTGTAGTGAGATGCCTTCGGGTT<br>GTAAAGCACTTTCAGTCATGAGGAAGGTTGAGTAGTTAATACCTGCTAGCTGTGA<br>CGTTACTGACAGAAGAGCACCGGCTAACTCCGTGCCAGCAGCCGCGGTAATA |